T0215029

»Unaufhörlich Lenz gelesen ...«

»Unaufhörlich Lenz gelesen ...«

Studien zu Leben und Werk
von J. M. R. Lenz

herausgegeben
von Inge Stephan und Hans-Gerd Winter

Verlag J. B. Metzler
Stuttgart · Weimar

Die Deutsche Bibliothek – CIP-Einheitsaufnahme

„Unaufhörlich Lenz gelesen ..." : Studien zu Leben und Werk
von J. M. R. Lenz / hrsg. von Inge Stephan und Hans-Gerd Winter. –
Stuttgart ; Weimar : Metzler 1994
  ISBN 978-3-476-00973-9
NE: Stephan, Inge [Hrsg.]

  ISBN 978-3-476-00973-9
  ISBN 978-3-476-03512-7 (eBook)
  DOI 10.1007/978-3-476-03512-7

© 1994 Springer-Verlag GmbH Deutschland
Ursprünglich erschienen bei J. B. Metzlersche Verlagsbuchhandlung und Carl Ernst Poeschel Verlag GmbH in Stuttgart 1994

EIN VERLAG DER ▲ *SPEKTRUM FACHVERLAGE GMBH*

Inhalt

V

Teil 2

Teil 3

Teil 4

Teil 5

Vorwort

Inge Stephan, Hans-Gerd Winter

Am 23. Juli 1775 schreibt Lenz in bewußter rhetorischer Zuspitzung an Herder über sein Drama »Die Soldaten«, es sei »wahr« und werde »bleiben«, »und mögen auch Jahrhunderte über meinem armen Schädel hinwegschreiten«.[1] Mit der letzteren Feststellung nimmt Lenz, der zu diesem Zeitpunkt im literarischen Feld als Mitglied des Autorenkreises um den jungen Goethe durchaus beachtet wird, ein wesentliches Merkmal seiner späteren Rezeption vorweg.

1780: Jakob Michael Reinhold Lenz, der eigenwilligste und profilierteste Autor des Sturm und Drang und ehemalige Freund Goethes hat noch 12 Jahre zu leben, und zwar fast ausschließlich in Moskau, d.h. fern von den Orten im deutschen Reich, wo er die Werke geschrieben hat, die ihm begrenzte Anerkennung gebracht haben. Auch die Bewegung des Sturm und Drang ist – sieht man von der problematischen Zuordnung des Schillerschen Frühwerks ab, »im wesentlichen schon sich selbst historisch« (G. Sauder[2]). Im Deutschen Reich erklärt eine anonyme Anzeige in Friedrich Nicolais immer noch einflußreicher »Allgemeinen deutschen Bibliothek« (Bd. 40) Lenz für tot. Diese Nachricht wird offensichtlich für wahr gehalten; denn die Anzeige wird in zahlreichen anderen deutschen Journalen nachgedruckt.

1792: Im Intelligenzblatt der Allgemeinen Jenaer Literaturzeitung erscheint am 19.8. ein kurzer Nachruf des Moskauer Pastors Johann Michael Jerezembsky, der beginnt:

»Moskau den 24. May. Heute starb allhier Jac. Mich. Reinh. *Lenz* der Verfasser *des Hofmeisters, des neuem Menoza* etc. von wenigen betrauret, und von keinem vermißt.«[3]

Der Wortlaut des Nachrufes signalisiert, daß das Interesse am Werk längst zugunsten einer zum Teil mitfühlenden, zum Teil distanzierten Anteilnahme an der Person zurückgetreten ist. Nicht auf den literarischen Wert der Texte wird sich bezogen, die immerhin zu den eigentümlichsten des Sturm und Drang gehören, sondern nach Schilderung persönlicher Eigenschaften und Verhaltensweisen des Autors (»verlebte den besten Teil seines Lebens in nutzloser Geschäftigkeit, ohne eigentliche Bestimmung«) wird darauf verwiesen, daß »eine genauere Schilderung seiner letzten Lebensjahre... äusserst interessant in psychologischer und moralischer Hinsicht« wäre.

1892: hundert Jahre nach Lenz' Tod auf einer Moskauer Straße. Als zentrale Ereignisse, die den geringen Stellenwert von Lenz im literarischen und literarhistorischen Diskurs, den im Gegensatz dazu seit kurzem etwas höheren im begrenzten Kreis einiger weniger junger Literaten im wesentlichen bewirken, seien genannt Goethes Austreibung von Lenz aus der Literaturgeschichte in »Dichtung und Wahrheit«, 14. Buch (»Lenz .. als ein vorübergehendes Meteor, zog nur augenblicklich über den Horizont der deutschen Literatur hin und verschwand plötzlich, ohne im Leben eine Spur zu hinterlassen«[4]) und Büchners einfühlsam sympathisierende Präsentation der Lenz-Figur in seiner »Lenz«-Novelle (veröffentlicht 1839). 1892 sind die Positionen klar. Die an Goethe orientierte Philologie sieht in Lenz weit überwiegend das lebensuntüchtige und zu vollendeten Werken unfähige Genie, das dem Weg Goethes in die Klassik nicht zu folgen vermocht und keine repräsentativen Werke verfaßt habe, in denen die Nation sich spiegeln könne. Entsprechend wird Lenz in der Literaturgeschichte nur ein unbedeutender Randplatz eingeräumt, den zudem der Blick auf Goethe bestimmt. So bestimmt der keineswegs konservative Hermann Hettner in seiner einflußreichen und umfänglichen »Geschichte des 18. Jahrhunderts« ausdrücklich das Wort Karl Augusts von Weimar vom »Affen Goethes« zum »Schlüssel seines [Lenz'] »Seins«.[5] Auch Otto von Leixner nimmt in der in Lenz' Jubiläumsjahr erscheinenden »Geschichte der deutschen Literatur« dieses Wort zum Ausgangspunkt seiner kurzen Erwähnung.[6] Sieht man von den »Hofmeister«-Inszenierungen zu Lebzeiten des Autors ab, die dieser nicht zu sehen bekam, und von Eduard von Bauernfelds mißglückter Verschlimmbesserung der »Soldaten« zu »Soldatenliebchen« (Wien 1863), ist bisher kein einziges der Dramen Lenz' aufgeführt worden. Auch im Jubiläumsjahr wird keines aufgeführt. Im Buchhandel gibt es keine Werkausgabe. In den Bibliotheken gibt es nur die unzuverlässige, die Tieck 1828 herausgab, in deren Vorwort bekanntlich sehr viel von Goethe und kaum von Lenz die Rede ist. Verdienste um die Lenz-Philologie hat sich Karl Weinhold erworben, der, vorwiegend geleitet von einem positivistischen Interesse an der Sicherung überlieferter Texte, 1884 den »Dramatischen Nachlaß«, 1889 die »Moralische Bekehrung eines Poeten« 1891 »Gedichte« herausgegeben hat. Eine kleine Gruppe von Literaten, Naturalisten um Arent, Bleibtreu, Brahm, Halbe, Julius Hillebrand, die Brüder Hart, mit

Einschränkung auch Hauptmann begeistert sich dagegen, angeregt vor allem durch die Lektüre Büchners, für den zu diesem Zeitpunkt fast völlig unbekannten Lenz. Max Halbe schreibt, angeregt von Arent, in der von Michael Georg Conrad herausgegebenen Zeitschrift »Die Gesellschaft« einen Artikel »Der Dramatiker Reinhold Lenz. Zu seinem hundertjährigen Todestage«. Mit pathetischen Worten holt er den »vergessenen Mann« zurück ins aktuelle literarische Feld: »...die Nachwelt vollzieht gerechtes Gericht«. Auch an Lenz erfülle sich Nietzsches »tiefsinniges Wort von der ewigen Wiederkunft«. Die Aktualität des Autors umschreibt Halbe mit dem Satz: »Die Formel des naturalistischen Charakterdramas steht vor uns, jugendlich, zeit- und sturmgefeit, wie in den Tagen Shakespeares.«[7] Wilhelm Arent veröffentlicht im gleichen Heft ein Gedicht über den »Märtyrer der Phantasie« »Reinhold Lenz (Zum 24. Mai 1892), in dem es unter anderem heißt:

> Tief ward Dein Schaffensborn vergraben
> Von dunklen Schicksals Nesselschlamm.
> Die tiefgemeinte Not des Lebens,
> Des Genius Unrast, Leidensnot
> Trieb Dich auf rauhe Pilgerschaft,
> In frühen, einsam-herben Tod.[8]

Arent, einer der beiden Herausgeber der »Modernen Dichtercharaktere«, gab 1884 den Band »Reinhold Lenz. Lyrisches aus dem Nachlaß« heraus, in dem er Lenz als einen »ebenbürtigen Rivalen des jungen Goethe, gleich groß als Lyriker und Dramatiker« vorstellt. Zur Hauptsache besteht das Buch aus Gedichten, und zwar nicht nur aus echten, sondern auch aus nicht gekennzeichneten Nachdichtungen Arents, die er angeblich von einem holländischen Autographensammler erhalten hatte. Natürlich hatte die Goethephilologie diese Herausforderung scharf zurückgewiesen. Erich Schmidt sprach zum Beispiel in der Münchner »Allgemeinen Zeitung« (18./19.10. 1884) von dem Gassenjungen, der es gewagt habe, »Kot gegen die Sterne zu werfen«. Daß Arent sich, wie Halbe berichtet, zeitweise als »Reinkarnation von Lenz« sieht[9] und eine eigene subjektive Lebensproblematik unter der Gestalt Lenz' auslebt, ist nicht ohne die scharfe Ausgrenzung Lenz' aus der legitimierten Literatur zu erklären, die mit Bezug auf Werk und Person ästhetisch, moralisch und politisch begründet wurde.

1992 ist die Situation verändert. Emphatische Äußerungen von Autoren, die sich im Jubiläumsjahr auf Lenz berufen, sind uns nicht bekannt. Das liegt wohl einmal daran, daß im Zeitalter der Postmoderne nicht mehr mit ungebrochner Emphase neue Stilrichtungen proklamiert werden, die sich zugleich in Rückbezug auf Traditionen legitimieren müssen. Zum andern gibt es seit längerem eine produktive Rezeption von Lenz, für die exemplarisch der in diesem Band behandelte Christoph Hein (vgl. den Beitrag von Cornelia Berens) und Sigrid Damms »Vögel die verkünden Land« genannt seien, weil die Verfasserin über dieses (mit wissenschaftlicher Sorgfalt) geschriebene Werk zu einer anerkannten Autorin auch im literarischen Feld geworden ist. Ein Konsens in der Germanistik, sich am »Olympier« Goethe und an dessen vernichtendem Urteil über Lenz in »Dichtung und Wahrheit« zu orientieren, besteht auch nicht mehr. Im literarischen Feld ist Lenz nicht mehr völlig abgewertet Es gibt Gedenkartikel in den größeren deutschen überregionalen Zeitungen, es gibt Sendungen im Hörfunk und im Fernsehen, den »Lenz«-Film von Egon Günther, den zahlreiche Sender ausstrahlen. Der Zürcher Germanist Peter von Matt, der den Gedenkartikel in der »Frankfurter Allgemeinen Zeitung« schreibt, stellt fest: »Kein großer deutscher Dichter wurde von den deutschen Autoren bis heute so oft und so innig zum Gegenstand eigener Gestaltung gemacht.«[10]

Der Verweis auf die in der Tat bedeutende produktive Rezeption Lenz bei den Autoren (und auch bei Opernkomponisten, vgl. dazu die Beiträge von Heister und Petersen) zeigt, daß diese Aneignung spätestens seit Brechts einflußreicher »Hofmeister«-Bearbeitung (1950) sehr viel zu einer angemesseneren Beachtung und Bewertung des »vorübergehenden Meteors« Lenz in der Literaturwissenschaft und -kritik beigetragen hat. Die Bezeichnung »großer deutscher Dichter« ist freilich auch heute keineswegs selbstverständlich und dürfte von Peter von Matt auch zum Teil als Provokation einer überwiegenden Meinung gedacht sein. Der immer noch relativ geringe Stellenwert von Lenz im heutigen literarischen Feld wird sehr deutlich, wenn man ihn mit dem eines anderen großen Außenseiters der deutschen Literaturgeschichte vergleicht, mit Georg Büchner. Für diesen, der ein viel schmaleres Werk als Lenz hinterlassen hat, gibt es eine Gesellschaft und in Marburg eine Arbeitsstelle. Zum 150. Todestag 1987 gab es unter anderem eine hervorragende umfangreiche Ausstellung in Darmstadt, und 1993, als zwei Briefe neu aufgefunden werden, ist dies ein herausragendes Medienereignis, zu dem das Fernsehen, »Der Spiegel« (mit dem Vorabdruck der Briefe), Wolf Biermann mit Kommentaren beitragen.[11] In den meisten überregionalen und regionalen Zeitungen wird auf dieses Ereignis Bezug genommen. Keiner der in den letzten Jahren aufgefundenen Lenz-Texte hat ein derartiges Medienecho ausgelöst. Willi Winkler definiert in der »Zeit« den Stellenwert von Lenz im literarischen Feld so: »Jakob Michael Reinhold Lenz fristet sein Dasein in der Literaturgeschichte nur als Gegenklassiker, als

Opfer Goethes, als der Stürmer und Dränger, der am eigenen Leib bewies, daß die ganze Richtung nichts taugte.«[12]

Leider setzt Winkler in seinem Artikel diesen Diskurs fort, indem er Lenz fast durchgehend auf Goethe bezieht und auch wie so häufig in der Rezeption weniger die Werke als die Person des Autors präsentiert. Die untergründige Ausgrenzung Lenz' lebt so auch in vermeintlich positiv eine Antithese formulierenden Passagen fort wie der über Goethes »Reifen« zum »Fürstenknecht«, während Lenz »die ewige Jugend« gespielt habe. Von Matt hingegen präsentiert weniger Lenz' »Leben in Scherben« als Hinweise auf Stücke wie das Fragment »Der tugendhafte Taugenichts« und die Plautus-Bearbeitung »Das Väterchen«, die weniger bekannt sind. Zur Verknüpfung von Biographie und Werk liefert von Matt das Stichwort »schöpferischer Vaterhaß«: » ... an den Vätern konnte man zugrunde gehen, und das war die große Verlockung.«

Von Matts Artikel dokumentiert, wie das Interesse an Lenz als Realisten und Sozialkritiker, der die Widersprüche seiner Zeit in seinen Texten festgehalten habe, ein Interesse, das unter anderem in Anknüpfung an Brechts »Hofmeister«-Bearbeitung in den siebziger und achtziger Jahren auch in der Wissenschaft dominant war, sich zum Teil verlagert hat auf die Akzentuierung von psychologischen und psychosozialen Momenten. 1990 hat Rüdiger Scholz bereits die Notwendigkeit einer historisch-kritischen Lenz-Ausgabe, die die Texte des Autors vollständig und korrekt präsentieren würde, vor allem mit einem Interesse »an der sozialpsychologischen Geschichte des deutschen und europäischen Bürgertums, an den Bruchstellen zwischen psychischer Normalität und Psychose« und »an dem Zusammenhang zwischen psychischen Konflikten und künstlerischer Produktivität« begründet.[13]

Zu Recht stellt von Matt in seinem Gedenkartikel fest: »Kein großer deutscher Dramatiker wurde von den deutschen Theatern bis heute selektiver, zimperlich-zögerlicher aufgenommen.«

Seit der Spielzeit 1981/82 hat es nach der Werkstatistik des deutschen Bühnenvereins pro Spielzeit nur ein bis zwei Lenz-Premieren gegeben, 1985/86 und 1986/87 gar keine. Das Interesse des Theaters beschränkte sich zudem auf drei Stücke: »Der neue Menoza«, »Die Soldaten« und »Der Hofmeister«, letzterer zum Teil in der Bearbeitung Brechts. In der DDR ist das Interesse an Lenz noch niedriger gewesen, es werden seit 1981 zweimal (1983 und 1984) »Die Soldaten« aufgeführt und 1986 und 1987 »Die Buhlschwester«, die Bearbeitung von Plautus' »Truculentus«. Die überregional beachteten Inszenierungen im Jubiläumsjahr 1992 beschränken sich auf den »Neuen Menoza« (Ulm, Tübingen), die »Soldaten« (Karlsruhe, Köln) und »Catharina von Siena« (Berlin). In Tübingen wird die Aufführung mit Lenz-Tagen verbunden, in denen unter anderem eine Installation zur Todesnacht »Auf der Straße« von Achim Römer, Barbara Franz und Thomas Milz versprochen wird, die im letzten Moment ausfällt.[14] So verdienstvoll gerade die Uraufführung des »Catharina«-Fragments ist, den Anreiz, den das Gedenkjahr hätte bieten können, haben die Theater offensichtlich nur mäßig genutzt. Immer noch sind die meisten Plautus-Bearbeitungen, aber auch so originelle Stücke wie »Der Engländer« nicht uraufgeführt , »Die Freunde machen den Philosophen« sind es bisher nur in Frankreich.[15] Die relative Zurückhaltung der deutschen Theater steht in Gegensatz zum Beispiel zu den Bemühungen in England, wo 1992 in Birmingham eine englische Bearbeitung des »Neuen Menoza« aufgeführt wird[16] und Lenz 1993 im Rahmen der Festspiele in Edinburgh gleich dreimal auf dem Programm steht: »Die Soldaten« (übersetzt von Robert David MacDonald, aufgeführt von den Glasgow Citizens), und zwei Bühnenlesungen vom »neuen Menoza« und vom »Hofmeister« (Übersetzungen von Meredith Oakes).[17]

Die Berliner Inszenierung der »Catharina« (Regie: Klaus Michael Grüber) bindet die wichtigsten Motive der Fragmente schlüssig zusammen, das der Frau zwischen zwei Männern, dem vom Vater gewünschten standesgemäßen Edelmann und dem Maler, der ihr Herz besitzt, das Motiv der asketisch-enthusiastischen Weltabsage aus enttäuschter Liebe und das Motiv des sich von Menschen und Welt distanzierenden Künstlers. Aus den verschiedenen Fragmenten destilliert der Dramaturg Dieter Sturm eine spielbare Fassung: die junge Catharina flieht aus Angst vor der Standesheirat, die der Vater betreibt, aufs Land. Sie erlebt eine Feuersbrunst, deren Opfer sie mit Geld unterstützt. Gegen die Flammen kämpft auch der Maler Corregio (oder auch Rosalbino), den Catharina leidenschaftlich, aber unerwidert liebt. Eine Parallelfigur zu Catharina ist die Hirtin Aurilla, die ebenfalls vergebens Corregio liebt. Ihre Einsamkeit füllt Catharina unter anderem mit blutigen Exerzitien aus; in ihrer Exaltation sieht sie in Corregio zugleich Christus, den Gottessohn. Die Inszenierung stellt heraus, wie schließlich die Kunst weder der Liebe noch der Welt helfen kann und umgekehrt das liebende und am Ende entsagende Mädchen zu einem Kunst-Bild wird. Zugleich endet die Inszenierung mit einem »Frauenopfer« (Rolf Michaelis in: Die Zeit, 20.11.92) : die liebende Frau wird der Kunst geopfert, indem der Maler die klagende Frau auf seinem Zeichenblock festhält. Darüber zu streiten, ob diese Interpretation möglichen Intentionen Lenz' entspricht, erscheint uns müßig. Sicher führt die eindrucksvolle, aber relativ ungebrochen forcierte Ästhetisierung und Stilisierung (Gerhard Stadelmann hat nicht zufällig in der FAZ, 11.11.92, »das herrliche Gefühl, mit strenger Kunst in Berührung gekommen zu sein«) letztendlich eher von Lenz weg, dessen Texte auch ironisch-distanzierende Momente enthalten.

Im Hörfunk gibt es 1992 zahlreiche Sendungen zu Lenz – vor allem Porträts, aber auch eine Hörspielfassung des »Waldbruders«[18], produziert vom Bayrischen Rundfunk und vom Deutschlandsender Kultur. Egon Günthers Fernsehfilm »Lenz«, produziert vom Saarländischen Rundfunk mit dem ORB Brandenburg, steht für das immer noch starke Interesse an der Person Lenz. Günther, ehemals DEFA Spielfilmdramaturg, hat 1975 »Lotte in Weimar« (nach Thomas Mann) verfilmt und 1978 die TV-Dokumentation »Weimar, du Wunderbare«. In »Lenz« geht Günther sehr frei mit den historischen Fakten um. Außerdem läßt er seine Figuren nicht in historischen Zitaten reden, sondern überwiegend in einer am Redestil heutiger Jugendlicher orientierten Sprache. Im Vordergrund steht die Grausamkeit, mit der zwei junge Freunde und Genies, Lenz und Goethe, miteinander umgehen. Günther schont auch Lenz nicht, obwohl er klar die Armut und Abhängigkeit des Livländers im Verhältnis zum wohlhabenden Frankfurter Ratssohn herausstellt. Jörg Schüttauf, Schauspieler am Deutschen Theater Berlin und Darsteller Lenz,' macht überzeugend deutlich, wie sehr dieser Autor widersprüchliche Verhaltensweisen und Eigenschaften vereint: eine hohe Intelligenz, eine extreme Sensibilität und Verletzlichkeit, einen trotz aller Niederlagen ungebrochenen Drang nach Anerkennung und eine bis zum »Wahnsinn« reichende Unberechenbarkeit. Die intrigante Abwehr des Freundes durch Goethe in Weimar, der immer Distanz halten und die Rolle des Überlegenen spielen möchte, es allerdings in der letzten Auseinandersetzung nicht mehr kann, vermag der Film aus dem Zusammenstoß der Charaktere sehr plausibel herzuleiten. Die Würde, mit der Lenz es hinnimmt, daß Dichter »täglich Scheiße essen«, wie er seinem ihn schikanierenden Baron von Kleist sagt, paart sich mit dem Drang, durch persönliche Verletzungen bei den Freunden (vor allem bei Goethe) Nähe herzustellen, um Gleichrangigkeit zu erreichen. Unmittelbar vor der Ausweisung aus Weimar läßt Günther Goethe zugleich widerwillig die Genialität des Nicht mehr-Freundes anerkennen. Über die Einblendung der Farbdokumentationen aus der Gegenwart (Straßburg, Weimar, Moskau) in den Schwarzweißfilm läßt sich streiten, eher mißlungen scheinen uns aber die der Ausweisung aus Weimar folgenden abschließenden Szenen, vor allem der kitschige Sexualakt mit einem russischen Bauernmädchen. Doch beeindrucken immer wieder die eindringlichen Bilder, die sich meist auf prägnante Situationen, knappe Gesten und auf die nah herangeholten Gesichter der Protagonisten beschränken. Es ist ein anspruchsvoller Film, der sicher kein sehr breites Publikum anspricht, weil er eigentlich biographische Kenntnisse voraussetzt, mit denen er dann frei umgeht.

Die Verlage bringen 1992 preiswerte Leseausgaben neu auf den Markt. Dies signalisiert, daß man davon ausgeht, Lenz habe durchaus ein gewisses Lesepublikum. So kommt Sigrid Damms Ausgabe mit einigen Verbesserungen preisgünstig in drei Insel-Taschenbüchern heraus[19]. Jürgen Stötzer und Peter Müller edieren im Aufbau-Verlag »Jakob Michael Reinhold Lenz. Ein Lesebuch für unsere Zeit«,[20] Karen Lauer gibt »Dramen, Prosa, Gedichte« mit Kommentar im dtv-Verlag heraus,[21] Friedrich Voit ediert »Werke« bei Reclam.[22]

Die Aktivitäten im wissenschaftlichen Feld zeigen, daß mehr Germanisten als je zuvor bereit sind, Arbeiten zu Lenz vorzulegen. Dabei ist das besondere Engagement der Auslandsgermanistik, besonders in den angelsächsischen Ländern, hervorzuheben. In den USA existiert seit 1990 ein Lenz/Sturm und Drang-Interessentenkreis, der unter anderem einen »Newsletter« herausgibt[23] und regelmäßig Sektionen auf den Tagungen einschlägiger Gesellschaften wie der »American Society for Eighteenth-Century Studies« organisiert. Zum Teil ein Produkt der Kontakte, die den Arbeitskreis tragen, aber auch in die englische und deutsche Germanistik reichen, ist der von Karin Wurst herausgegebene Sammelband »J. M. R. Lenz als Alternative? Positionsanalysen zum 200 Todestag«.[24] Ist Lenz lange an den Werkkategorien der Weimarer Klassik gemessen und abgewertet worden, so gibt die um das Verhältnis von Moderne und Postmoderne zentrierte ästhetische Diskussion der Gegenwart der Mehrzahl der Beiträger dieses Bandes neue Perspektiven, das Werk Lenz' als ein in seiner Zeit eigenständiges zu erfassen. So schreibt die Herausgeberin in der Einleitung:

»Vielheitliche[n] Positionen (...) sind m. E. das strukturbildende Moment des Lenzschen Gesamtwerks, das nicht nur das jeweilige Einzelwerk determiniert, sondern auch ein Beziehungsgeflecht oder Intertext zwischen den verschiedenen literarischen, theoretischen, ästhetischen und moralischen Schriften bildet. Die poetische Selbstreflexivität erfordert neue Darstellungsmuster. (...) Die traditionelle Einheit (...) weicht einer kaleidoskopischen Vielheit. (...) Verweis und Andeutung sind Grundvoraussetzungen für das vielzitierte Prinzip der Offenheit der Lenzschen Texte.«[25]

In diesem Zusammenhang verwundert es nicht, wenn sich Karin Wurst in der Einleitung auch von dem älteren Programm einer Präsentation von Lenz als Sozialkritiker abgrenzt, jedenfalls dann, wenn dies mit einem Verständnis der Texte als realistische einhergeht, wie es Hans Mayer in seinem lange sehr einflußreichen Essay »Lenz oder die Alternative« (1967) formuliert hat. Wurst spricht hingegen von »realistischer Schizophrenie oder schizophrenem Realismus«,[26] womit nicht eine individualpsychologische Krankheitszuweisung, sondern ein Strukturmoment der Phantasie und der Texte gemeint ist.

Unseres Wissens hat es noch nie Konferenzen gegeben, die sich ausschließlich Lenz widmeten, 1991/92 gibt es gleich drei, die erstmals die verstreuten Lenz-Forscher zusammenführen. 1991 organisieren Helga Madland, Alan Leidner und Karin Wurst ein Internationales Lenz-Symposium in Oklahoma/USA.[27] In England (Birmingham) organisiert David Hill eine Lenz-Konferenz, die im September 1992 stattfindet.[28] Besonders verdienstvoll sind in diesem Zusammenhang Michael Butlers und David Hills englische Übersetzung des »Neuen Menoza« und ihre in Präzision und Tempo beeindruckende Aufführung durch Studenten des Department of Drama and Theatre Arts der Universität Birmingham.

In Deutschland ist neben der durch diesen Band präsentierten Hamburger Internationalen wissenschaftlichen Konferenz (Juni 1992), neben Plänen für eine Ausstellung in Jena[29] vor allem die Gründung des »Lenz-Jahrbuchs. Sturm und Drang-Studien« 1991 hervorzuheben. Die Herausgeber – Matthias Luserke und Christoph Weiß in Verbindung mit Gerhard Sauder – wollen, wie es in der »Vorbemerkung« heißt, »der Lenz-Forschung ein Forum zum Austausch ihrer Ergebnisse« bieten, aber auch Studien zum Sturm und Drang im Sinne einer »kritischen Aufklärungsforschung« fördern.[30] Die auf die »Dynamisierung und Binnenkritik der Aufklärung im Sturm und Drang« gerichtete Perspektive ist durchaus geeignet, die sich in Einzelstudien ausdifferenzierende Forschung zu Lenz und anderen Autoren seiner Zeit »in einen Gesamtzusammenhang einzubinden«. Ein Beispiel dafür ist auch Luserkes UTB-Band »Jakob Michael Reinhold Lenz: Der Hofmeister, Der neue Menoza, Die Soldaten« (1993),[31] der von einer Definition des Sturm und Drang als »Relationsbegriff« ausgeht und diese literarische Bewegung mit Sauder (1985) als »gleichermaßen Dynamisierung und Binnenkritik der Aufklärung« begreift.[32] Dieser Gesichtspunkt wird dann mit Bezug auf die Diskurse über Erziehung, Sexualität, Soldaten und Zivilisation bis in die »mikroliterarischen« Strukturen der Texte hinein verfolgt Die bisher vorliegenden Bände des Jahrbuchs enthalten Interpretationen zu Texten, Editionen nicht oder nicht zureichend edierter Texte, Untersuchungen zur Lenz-Rezeption und zum Umfeld von Lenz (Aufklärung/Sturm und Drang), sowie Rezensionen wissenschaftlicher Werke.

Schon jetzt ist das Lenz-Jahrbuch ein unverzichtbares Diskussionsforum und eine zentrale Quelle zur Information über verschiedene Tendenzen und Gegenstände der Lenz-Forschung. Daß es die Goethe- und Schiller-Jahrbücher ergänzt und von deren Konzeption und Beitragsauswahl in mancher Hinsicht notwendig abweicht, liegt auf der Hand.

1990 plädiert Rüdiger Scholz im »Jahrbuch der deutschen Schillergesellschaft« für die »überfällige historisch-kritische Gesamtausgabe für J. M. R. Lenz«.[33] Die Gründe, die Scholz anführt, die Nichtzugänglichkeit vieler Lenz-Texte und die Unzuverlässigkeit vieler Editionen gelten immer noch. Die Einzelheiten sollen hier nicht wiederholt werden. Es soll nur exemplarisch gefragt werden, was sich an der bei Scholz 1990 minutiös aufgelisteten Quellenlage verändert hat. Auszugehen ist dabei von der dreibändigen Ausgabe Sigrid Damms, die das unbestreitbare Verdienst hat, die bisher weitaus vollständigste zu sein und, soweit möglich, an den Handschriften neu überprüfte Texte zu bieten. Die Kritik, die Scholz zu Recht an dieser Ausgabe geübt hat, geht von dem Kriterium einer wünschbaren historisch-kritischen Ausgabe aus. Es ist fraglich, ob es eine solche in absehbarer Zeit geben wird. Realistischer scheint zur Zeit die Perspektive, Zahl und Zuverlässigkeit der verfügbaren Lenz-Texte durch Einzeleditionen zu erhöhen und zu verbessern. Hier ist die Lenz-Forschung, wie gleich gezeigt werden wird, durchaus erfolgreich gewesen.

Die Leseausgaben von 1992 können freilich den Bestand der edierten Texte nicht erweitern, so sehr die Ausgaben von Lauer und Voit durch philologische Zuverlässigkeit überzeugen.[34] Die Ausgabe von Müller/ Stötzer stellt dem Leser allerdings aufgrund der merkwürdigen und nicht begründeten Textzusammenstellung (»Der Hofmeister« und »Die Soldaten« fehlen, ebenso die »Anmerkungen«, die Briefzusammenstellung wirkt beliebig, bei letzterer fehlen Angaben zum Kontext und zum Adressaten), der kargen Kommentierung und der störenden Druckfehler eher die Frage nach ihrer Berechtigung.[35]

Trotz der Präzision der Ausgaben von Lauer und Voit bleiben für den Leser Fragen offen. Er ist gezwungen, sich durch den Vergleich verschiedener Ausgaben über die Tradierung des jeweiligen Textes zu informieren.[36] So muß er hinsichtlich der Lyrik häufig beide Ausgaben nebeneinander benutzen, da diese unterschiedliche Textvarianten drucken, die zudem von den bei Damm publizierten Fassungen gelegentlich abweichen.[37]

Eine ganze Reihe von Lenz-Texten sind um 1992 herum zum ersten Mal oder neu ediert worden. Zuerst sei verwiesen auf den sensationellen Fund eines bisher völlig unbekannten Lenz-Textes »Belinde und der Tod.

Carrikatur einer Prosepopee« (veröffentlicht 1988[38]). Leider ist dieses wichtige Gedicht, das das bei Lenz häufige Thema der unerwiderten Liebe kunstvoll variiert, in die neuen Lenz-Ausgaben nicht aufgenommen worden. Bereits 1985 hatte Werner H. Preuß »drei unbekannte poetische Werke von J. M. R. Lenz« veröffentlicht, nämlich die Elegie »Ernstvoll- in Dunkel gehüllt«, die Posse »Der Tod der Dido« und den Lukianischen Dialog »Der Arme kömmt zuletzt doch eben so weit«.[39] Diese Texte sind nicht in die Ausgabe von Damm übernommen worden. 1990 veröffentlicht Gert Vonhoff Gedichte in seiner Arbeit zur »Subjektkonstitution in der Lyrik von J. M. R. Lenz«[40]) In der Regel können im Rückbezug auf erhaltene Handschriften und Handschriftenteile die Texte verbessert und Lesefehler in früheren Ausgaben, die sich zum Teil tradiert haben, getilgt werden. Besonders verdienstvoll ist auch die Edition von Gedichten, die in den Ausgaben von Damm und Titel/Haug nicht enthalten sind wie z.B. »Lied eines schiffbrüchigen Europäers« (dieses ediert nach dem Erstdruck mit den Varianten eines zweiten zeitgenössischen Druckes). Im Vergleich mit Damm können einige Texte erheblich revidiert werden. Wenn an einigen Stellen Fragen offen bleiben, liegt dies an Unsicherheiten der Überlieferung.[41] Ebenfalls 1990 veröffentlicht Friedrich Hassenstein »einen bisher unbekannten Brief von J. M. R. Lenz aus Petersburg«.[42] Matthias Luserke und Christoph Weiß veröffentlichen 1991 im ersten Band des Lenz-Jahrbuchs die Plautusbearbeitung »Die Algierer« nach der in der Hamburger Staats- und Universitätsbibliothek liegenden Handschrift, auf die bereits Richard Daunicht hingewiesen hatte.[43] In ihrem Kommentar belegen die beiden Herausgeber unseres Erachtens schlüssig, daß es sich um eine durch Friedrich Wilhelm Gotter bearbeitete Fassung handelt, wobei der Umfang der Eingriffe nicht mehr ganz genau zu bestimmen ist. Im Jubiläumsjahr publizieren Luserke und Weiß Lenz' bisher schwer greifbare Übersetzung von Sergej Pleschtschejews »Übersicht des Russischen Reichs auch seiner gegenwärtigen neu eingerichteten Verfassung«.[44] 1993 beenden Luserke und Weiß mit dem Paralleldruck beider Fassungen des »Pandämonium Germanikum«, die unter Verzicht auf Modernisierungen zudem an den Handschriften neu überprüft wurden, die bisherige Verwirrung des Lesers hinsichtlich dieses Textes.[45] Dem Rezipienten wird nämlich in den sonst greifbaren Ausgaben die eine oder die andere Fassung geboten, zudem häufig modernisiert und ohne vollständige Varianten. Im zweiten Band des Lenz-Jahrbuchs publiziert Weiß 1992 den in Lenz' letztem Lebensjahr entstandenen biographischen Text »Abgezwungene Selbstverteidigung« nach der Handschrift in Krakow.[46]

Die Internationale wissenschaftliche Konferenz aus Anlaß des 200. Todestages, deren Beiträge in diesem Band zum überwiegenden Teil präsentiert werden, fand vom 9.–13. 6. 1992 in Hamburg statt. Sie wurde vom Literaturwissenschaftlichen Seminar veranstaltet und von Inge Stephan und Hans-Gerd Winter organisiert. Ihr Anliegen war, die über verschiedene Länder verstreuten und in unterschiedliche wissenschaftliche Diskurse eingebundenen Lenz-Forscher zu einem Dialog zusammenzuführen und zugleich mit den Beiträgen einen zu diesem Zeitpunkt erreichten Forschungsstand zu präsentieren.

Diese beiden Ziele spiegelt auch der vorliegende Band wieder. So ergeben sich durchaus wahrnehmbare Unterschiede in Interessennahme und Zugriff zwischen der Auslandsgermanistik (vertreten sind die USA, England, Japan, Estland) und der der deutschsprachigen Länder. Besonders wichtig erscheint uns in diesem Zusammenhang die Präsentation eines japanischen Forschers (vgl. den Beitrag von Sato); denn in der traditionell eher an Goethe orientierten Germanistik dieses Landes ist die Beschäftigung mit Lenz noch relativ ungewöhnlich. Innerhalb der deutschen Germanistik ist an die Trennung zwischen westdeutscher und DDR-Hochschulgermanistik zu denken. Etablierte Vertreter der letzteren fehlen nicht zufällig in diesem Band,[47] nicht aber jüngere, die sich neu orientiert haben (vgl. die Beiträge von Bertram und Kaufmann). Sigrid Damms umfangreiche Beschäftigung mit Lenz- unter anderem mit ihrer Lesung aus »Vögel die verkünden Land« wurde die Hamburger Tagung eröffnet –, geschah – vermutlich nicht ohne Grund – weitgehend ohne Zusammenarbeit mit der DDR-Germanistik. Die nationalen und ideologischen Zuordnungen überkreuzen sich mit der Bindung an verschiedene Generationen. Der Leser wird wahrnehmen, wie zum Beispiel Richard Daunicht, langjähriger und einer der besten Kenner Lenz', argumentiert, um die Zuordnung eines im »Teutschen Merkur« anonym publizierten Gedichtes zu Lenz zu erweisen, oder John Osborne, der das Verdienst hat, die Erzählliteratur Lenz' erstmals als eigenständig gewürdigt zu haben, wie davon unterschieden und zugleich untereinander unterschiedlich Vertreter der mittleren Generation argumentieren (z.B. Gerhard Bauer, Dirk Grathoff, Egon Menz, Martin Rector und Jörg Schönert) oder dann wieder VertreterInnen der jüngeren (z.B. Johannes Glarner, Dagmar von Hoff, Matthias Luserke). Aus diesen Hinweisen geht schon hervor, daß der Leser dieses Bandes kein einheitliches Lenz-Bild oder eine einheitliche methodische Grundlage erwarten kann. Die Beiträge zeigen im einzelnen sehr unterschiedliche Perspektiven auf, obwohl sie durchaus untereinander im Dialog sind oder durch eine kritische Leserrezeption in einen Dialog gebracht werden können.

Trotz der Unterschiede gibt es übergreifende Fragestellungen und Problemfelder, auf die der Leser immer wieder stoßen wird und die die Herausgeber bei der Publikation der Beiträge bedacht haben. Der Zusammenbruch des Ostblocks eröffnet der Lenz-Forschung neue Perspektiven, insofern als bisher zum Teil nicht oder wenig bekannte Lenz-Materialien in Krakau, Wilna und Riga leichter zugänglich geworden sind. In diesem Band wirkt sich dies hinsichtlich des Teils der Berliner »Lenziana« aus, der sich derzeit in der Bibliotheka Jagellonska, Krakau befindet. David Hill gibt erstmals einen Überblick über das umfangreiche Konvolut der Handschriften zu den Soldatenehen, ohne die weder Lenz' Überlegungen zum Militär, seine Einstellung zu Politik und Ökonomie, noch die mit dem Militärprojekt verbundenen persönlichen Hoffnungen voll gewürdigt werden können. Ulrich Kaufmanns Beitrag enthält Erkenntnisse zu den bisher kaum gewürdigten handschriftlichen Studien Lenz' über Herzog Bernhard von Weimar. Matthias Luserkes Beitrag ist vor dem Hintergrund seiner Ausgabe des »Pandämonium Germanikum« zu verstehen. In Jens Hausteins Beitrag finden sich Korrekturen zu Brieftexten in der Ausgabe von Sigrid Damm.

Ein weiteres Anliegen des Bandes ist, offene Fragen hinsichtlich der Biographie Lenz' zu klären. Hier ist zu verweisen auf die Beiträge von Indrek Jürjo zu Lenz' Vater, in dem auch bisher wenig bekannte Materialien ausgewertet werden, und auf W. Daniel Wilsons Beitrag über »Militärphantasien und Geschlechterdisziplinierung«, der – in vielem mit Hill übereinstimmend – sich auf die Umstände, Hintergründe und Ziele von Lenz' »Soldatenehen«-Projekt bezieht.

Ferner geht es darum, Lenz' Produktivität in den verschiedenen Gattungen vorzustellen – vom Briefschreiben (Jens Haustein) über Drama und Prosa bis zur Lyrik (Mathias Bertram) und weniger oder gar nicht interpretierte Texte zu thematisieren wie den »Engländer« (in den Beiträgen von Johannes Glarner, Dagmar von Hoff, Hans-Gerd Winter, mit Bezug auf Goldmanns »R. Hot« auch Hanns-Werner Heister), den »Waldbruder« (Inge Stephan), das Fragment »Die Kleinen« (Ken-Ichi-Sato) und die Märchenerzählungen »Geschichte des Felsen Hygillus« und »Die Fee Urganda« (John Osborne).

Für die literarischen Werke sind natürlich auch die ästhetischen Traditionen wichtig, denen Lenz folgt (zur Auseinandersetzung mit antiker Tragödie und Komödie vgl. die Beiträge von Egon Menz und Helga S. Madland, die zu zum Teil unterschiedlichen Ergebnissen kommen) und die er selbst fortentwickelt (vgl. den Beitrag von McInnes zu den Tragödienformen im 19. Jahrhundert). Die Themenforschung hingegen fragt nach sich wiederholenden Themen und Motiven in Lenz' Werk (vgl. den Beitrag von Horst Daemmrich).

Die produktive Rezeption Lenz' wird ebenfalls an Beispielen thematisiert: die Bedeutung Lenz' für die Entwicklung realistischer Tragödienformen im 19. Jahrhundert (Edward McInnes), Christoph Heins Bezug auf Lenz in Verbindung mit dem Wechsel vom Drama zur Prosa (Cornelia Berens). Mit den Beiträgen von Peter Petersen und Hans-Werner Heister wird bewußt ein Schwerpunkt auf die meist wenig beachtete Lenzrezeption in der Oper[48] gelegt, und zwar auf Michèle Reverdys »Le Précepteur« (»Der Hofmeister«) und Friedrich Goldmanns Oper »R. Hot«, die sich auf den »Engländer« bezieht.

Ein Sammelband über Lenz ist immer mehr als ein Band »nur« über Lenz. Lenz' Werke entstehen zu einem Zeitpunkt, wo die Widersprüche in der aufklärerischen Philosophie und Bewegung der Zeit manifest werden und zugleich die Tendenz, daß Aufklärung total, ja ›totalitär‹ werden könnte, den zum Sturm und Drang-Kreis sich zählenden Intellektuellen und Autoren bewußt wird. Der Bezug auf die Aufklärung ist vielen Beiträgen dieses Bandes immanent. Der Konsens liegt darin, Lenz' Werk einerseits als Teil sich beschleunigender Aufklärung zu begreifen und zugleich als ihre grundsätzliche Kritik. Insofern dokumentiert es immer auch einen als zwiespältig empfundenen Zustand der Aufklärung in Deutschland. In diesem Zusammenhang ist auch auf den Einfluß der pietistischen und lutherischen Theologie zu verweisen, der sich bei Lenz mit dem Einfluß der Aufklärung widersprüchlich überkreuzt. Ein Beispiel hierfür ist die Reflexion und Präsentation des (letztlich vermeintlich) frei handelnden Menschen (vgl. dazu den Beitrag von Martin Rector zum »Zerbin«).[49] In der Kritik an einem übersteigerten Autonomiestreben, das zur superbia führe, in der Forderung nach Demut[50] drückt sich Lenz' Anliegen aus, Autonomie nicht ohne moralische – und auch religiöse – Bindung zuzulassen. Ein zweites Beispiel ist Lenz' Todesreflexion und -präsentation (vgl. den Beitrag von Hans-Gerd Winter), die z.B. von Lessings einflußreicher Relativierung und Ästhetisierung des Todes deutlich abzugrenzen ist. Ein drittes Beispiel ist Lenz' offensichtliche Skepsis gegenüber dem mit sich identischen Subjekt, das in der Philosophie seiner Zeit gerade erst ausgearbeitet wird.[51] Der französische Regisseur Bernard Sobel, der »Die Freunde machen den Philosophen« 1988 uraufgeführt hat, hat gesagt, Lenz habe »mit offenen Augen und ohne Narkose in seinem Fleisch und seiner Seele die furchtbare Geburt des ›modernen‹ Menschen in seiner Einsamkeit miterlebt«.[52] Zumindest gilt dies für Teile von Lenz' literarischen Texten. Spuren dieser

Einschätzung finden sich in mehreren Beiträgen dieses Bandes, zum Beispiel bei Inge Stephan und Silvia Hallensleben. Die »Dezentrierung« der weiblichen Protagonistin in »Die Soldaten« wie die scharfsinnige Destruktion der Freundschafts- und Liebeskonzepte seiner Zeit belegen die Skepsis gegenüber einer Subjektautonomie. Die Widersprüche, in die sich die Figuren in »Die Soldaten« und im »Waldbruder« verwickeln, lassen sich nicht nur auf gesellschaftliche Zwänge zurückführen.

Trotz dieser Differenzierung ist Lenz zu Recht bekannt für seine sensible Wahrnehmung gesellschaftlicher Determinationen und Unterschiede, ein Gesichtspunkt, der in vielen Beiträgen auftaucht (vgl. vor allem die Untersuchung von »Die Kleinen« im Beitrag von Ken-Ichi Sato). Lenz scheint den frei handelnden Menschen zu fordern, stellt aber den einzelnen dar als (fast nur) bloße Funktion sozialer Zwänge.

In einem fruchtbaren Spannungsverhältnis zur Profilierung von Lenz als Kritiker der Gesellschaft stehen sozial-, bzw. mentalitätsgeschichtliche Ansätze, wie sie in den Beiträgen von Bosse über die Hofmeister- und Intellektuellenproblematik und von Schönert über das Problem von Disziplinierung und Selbstdisziplinierung vorliegen. Hier werden soziale, bzw. mentale Strukturen rekonstruiert, die die Texte bearbeiten, d.h. auch verschieben und verändern.

Lenz' unglückliches Leben, die pathologischen Züge seiner Persönlichkeit bis hin zur Schizophrenie regen psychosoziale und -genetische Ansätze zur Deutung von Werk und Person an. Zur Frage der Schizophrenie bezieht Timm Menke in diesem Band recht eindeutig Stellung. Andere Beiträge (z.B. von Glarner und Stephan) enthalten mit Bezug auf Einzelfragen zum Teil gegensätzliche Positionen. Die Frage, ob es biologisch/genetische Definitionen von Schizophrenie gibt, die auf Lenz zutreffen könnten, hat in der Tat Auswirkungen auf die Wertung biographischer Zusammenhänge, aber auch von Textstrukturen. Menke geht mit seiner schwer abweisbaren Forderung nach der Einbeziehung naturwissenschaftlicher Zusammenhänge allerdings nicht so weit, den besonderen Erkenntniswert von Lenz' Biographie und Werk für Fragen nach dem »Zusammenhang von Phantasie, Literatur und bürgerlicher Identität« (Scholz) ganz zu bestreiten.

Immer wieder dokumentieren Beiträge die besondere Einsicht Lenz' in die Widersprüchlichkeit von Beziehungs- und Gesellschaftsstrukturen. Ganz besonders gilt dies auch für seine Auseinandersetzung mit den Geschlechterrollen, mit Frauen- und Männerbildern. Hier werden, was im 18. Jahrhundert selten ist, fest gezogene Grenzlinien partiell aufgehoben oder zumindest verschoben (vgl. die Beiträge von Dagmar von Hoff, Silvia

Hallensleben und Inge Stephan). Die allgemeine Struktur von Lenz' Produktivität faßt Gerhard Bauer in die Widersprüche zusammendenkende Formel »Genialität und Gewöhnlichkeit«.

»Unaufhörlich Lenz gelesen und mir aus ihm – so steht es mit mir – Besinnung geholt.«[53] Diesen Satz notiert Franz Kafka am 21. August 1912 in sein Tagebuch. Die Formulierung belegt die Faszination, die Lenz auch auf diesen Autor ausgeübt hat. Offensichtlich geht von der Lektüre ein Sog aus, der zu einer partiellen Dezentrierung des Leserbewußtseins führt. Kafka faßt diesen Vorgang unmittelbar anschließend in ein Bild: »Das Bild der Unzufriedenheit, das eine Straße darstellt, da jeder von dem Platz, auf dem er sich befindet, die Füße hebt, um wegzukommen.« Die Bewegung, die in diesem Bild sich ausdrückt, verweist auf die eigentümliche Dynamik zurück, die Lenz' Texte prägt, und die die ästhetischen und moralischen Ordnungsstrukturen tendenziell auflöst, ohne freilich sich von ihnen ganz befreien zu können. Kafka läßt die Texte nun nicht nur auf sich wirken, sondern er beobachtet sich zugleich dabei: »so steht es mit mir«. Luserke versucht, in aktueller Terminologie die in den Texten wirkende Dynamik in eine These zu fassen, die er zum Ausgangspunkt seiner Interpretationen macht, »daß Begehren sich stets in Widerspruch setzt, da es etwas vorstellt, was im Gegenwärtigen nicht ist, es begehrt die Gegenwart des anderen und vergegenwärtigt das Begehren, sich selbst, Begehren entfaltet sich im Widerspruch, und wer über den Widerspruch schreibt, schreibt über das Begehren...«[54]

Die Literaturwissenschaft hat lange die Texte Lenz' diskreditiert und die Herausforderung, die sich in ihnen zeigt, stillgestellt. Inzwischen beginnt sie, wie insbesondere dieser Band zeigt, Sensibilität für Lenz zu entwickeln und sich stärker auf die in den Texten angelegten Ambivalenzen einzulassen. Die Herausgeber dieses Bandes haben sich in ihrem gemeinsamen Buch »›Ein vorübergehendes Meteor‹? J. M. R. Lenz und seine Rezeption in Deutschland«(1984[55]) gegen die bis dahin noch vorherrschende wissenschaftliche Lenz-Rezeption abgegrenzt.[56] Sie versuchten demgegenüber, den historischen Lenz in bewußter Anknüpfung an die »Kultfigur« Lenz und an die Wirkungskraft seines Werkes zu rekonstruieren, wie sie immer wieder in der produktiven Rezeption der Autoren von Büchner bis zur Gegenwart offenbar werden. Dabei wurde bewußt in Kauf genommen, daß damals aktuelle Zeit- und Gesellschaftserfahrungen das vorgestellte Lenz-Bild mit prägten. Es ging darum, für Lenz Leser zu gewinnen. Inzwischen gibt es eine ungleich breitere und von den Fragestellungen und Positionen her ungleich differenziertere Lenz-Forschung, als es sie zum Zeitpunkt des Schreibens jenes Buches gab. Alte Polarisierungen und Fixierungen haben an Wirkungskraft verloren. Es gibt insbesondere die Tendenz, Lenz heraustreten zu lassen aus der erdrückenden und verzerrenden Konstellation mit Goethe. Dies eröffnet neue Perspektiven und belegt auch, daß Lenz bei weitem kein »ausgeforschter« Autor ist. Die Erkenntnis, erst am Anfang der Auseinandersetzung mit ihm zu stehen, kommt wohl jedem, der sich in die Zusammenhänge einarbeitet. Und sie ergibt sich beileibe nicht nur aus der Tatsache, daß große Teile des Werkes noch unediert, aber jetzt in den Archiven immerhin leichter zugänglich sind.

Ein Anliegen des Buches von 1984 war, herauszuarbeiten, wie radikal Lenz den ›Riß‹ erfahren hat, der durch die Gesellschaft, durch die Individuen und damit auch ihn selbst ging und wie sich diese Erfahrung in den sehr spezifischen ästhetischen Strukturen seiner Texte nachweisen läßt. Dieser weiterhin aktuellen Intention folgen auch die meisten Beiträge des vorliegenden Bandes. Ingeborg Bachmann hat in ihrer Rede auf die Verleihung des Georg Büchner Preises »Ein Ort für Zufälle«(1964) mit Bezug auf Büchners Erzählung und das Oberlin-Tagebuch eine prägnante Formulierung für derartige provokante Erfahrungen mit der Figur Lenz und mit seinen Texten gefunden, die das Vorwort abschließen soll:

»Konsequenz, das Konsequente ist, wie Sie wissen, meine Damen und Herren, in fast allen Fällen etwas Furchtbares, und das Erleichternde, das Lösen, Lebbare, das kommt inkonsequent einher. Konsequenz, das Folgerichtige, im Verfolgen des Risses, eines Risses, der für Lenz durch die Welt ging und der ihn nur traurig den Kopf schütteln ließ und alles, was man ihm sagte, in guter Absicht, wie wir auch wissen –, diese Konsequenz ergibt sich nicht nur durch die körperlichen und geistigen ›Zufälle‹ eines Individuums. Zufälle: ein merkwürdiges Wort. (...) Der Wahnsinn kann auch von außen kommen, auf die einzelnen zu, ist also schon viel früher von dem Innen der einzelnen nach außen gegangen, tritt den Rückweg an, in Situationen, die uns geläufig geworden sind, in den Erbschaften dieser Zeit.«[57]

1 Jakob Michael Reinhold Lenz: Werke und Briefe in drei Bänden. Leipzig, München 1987. Bd. III, S. 329. – Künftig wird, wenn nicht anders vermerkt, im Text nach dieser Ausgabe mit Band und Seitenzahl zitiert, Briefe nach Datum.

2 Gerhard Sauder: Die deutsche Literatur des Sturm und Drang. In: Neues Handbuch der Literaturwissenschaft. Bd. 12: Europäische Aufklärung (II. Teil). Wiesbaden 1984. S. 331.

3 Nachdruck bei Matthias Luserke: Jakob Michael Reinhold Lenz: Der Hofmeister. Der neue Menoza. Die Soldaten. München 1993. S. 119.

4 Johann Wolfgang von Goethe: Werke. (Hamburger Ausg. in 14 Bdn.) Hg. von Erich Trunz. Hamburg 1948–1969. Bd. 10, S. 12.

5 Hermann Hettner: Geschichte der deutschen Literatur im 18. Jahrhundert. 3. Buch: Das klassische Zeitalter der deutschen Literatur. 7. Aufl. Braunschweig 1926. S. 192.

6 Otto von Leixner: Geschichte der deutschen Literatur. Leipzig 1892. S. 122.

7 Die Gesellschaft. Monatsschrift für Litteratur, Kunst und Sozialpolitik. Hg. von Michael Georg Conrad. Bd. 8. Leipzig 1882. S. 568f.

8 Die Gesellschaft 8 (1882), S. 587.

9 Max Halbe: Scholle und Schicksal. München 1933. S. 417f. Vgl. dazu auch: Wilhelm Arent: Mein Alter ego. Einige notgedrungene Notizen. In: Die Gesellschaft 8 (1892), S. 711–713.

10 FAZ 23.5.1992.

11 Vgl. Georg Büchner an »Hund« und »Kater«. Unbekannte Briefe des Exils. Hg. von Erika Gillmann, Thomas Michael Mayer, Reinhard Pabst und Dieter Wolf. Marburg 1993.

12 Die Zeit 29.5.92.

13 Rüdiger Scholz: Eine längst fällige historisch-kritische Gesamtausgabe: Jakob Michael Reinhold Lenz. In: Jahrbuch der deutschen Schillergesellschaft 34 (1990), S. 225.

14 Vgl. dazu: Rolf Vollmann: Halbmund in der abnehmenden Phase. Süddeutsche Zeitung 3.6.92.

15 Bernard Sobel führt das Stück 1988 auf am »Centre Dramatique National« von Gennevilliers, einem Vorort von Paris, in einer Übersetzung von Sylvie Mueller. Vgl. Die Zeit 29.4.88, FAZ 10.5.88, Süddeutsche Zeitung 4.7.88.

16 Übersetzung von David Hill und Michael Butler, aufgeführt von einer studentischen Truppe, Regie: Theresa Heskins. Die Übersetzung wird in der Reihe »Contemporary Theatre Studies« bei Harwood Academic erscheinen., und zwar unter dem Titel »Prince Tandi of Cumba«.

17 Die Übersetzungen werden im Verlag »Oberon Books« erscheinen. Vgl. dazu The Sunday Times 5.9.93, The Observer 5.9.93. Den Hinweis auf die Aufführungen bekamen wir von David Hill.

18 Bearbeitung von Holger Teschke. Hier ist auch auf die ältere Hörspielfassung von Heinz Kahlau zu verweisen.

19 Jakob Michael Reinhold Lenz. Werke und Briefe in drei Bdn. Hg. von Sigrid Damm. Frankfurt, Leipzig 1992. (Insel Tb. 1441–43.)

20 Jakob Michael Reinhold Lenz. Ein Lesebuch für unsere Zeit. Hg. von Peter Müller und Jürgen Stötzer. Berlin 1992. (ATV. 112.)

21 Jakob Michael Reinhold Lenz: Dramen, Prosa, Gedichte. Ausgew. u. komm. von Karen Lauer. Mit e. Nachw. von Gerhard Sauder. München 1992. (dtv. 2296.) Auch in gebundener Ausg. bei Hanser.

22 Jakob Michael Reinhold Lenz: Werke. Hg. von Friedrich Voit. Stuttgart 1992. (Reclam. 8755.)

23 Erhältlich über Karin A. Wurst (Hg.). Linguistics and Languages. 644 Wells Hall. Michigan State University. East Lansing. MI 48824–1027. USA.

24 J. R. M. (!)Lenz als Alternative? Positionsanalysen zum 200. Todestag. Hg. u. eingel. von Karin A. Wurst, Weimar, Wien 1992.

25 Wurst (Hg.), S. 21.

26 Wurst (Hg.), S. 7.

27 Eine Auswahl der Beiträge enthält Alan Leidner, Helga Madland (Eds.): Space to Act. The Theater of. J. M. R. Lenz. Columbia, South Carolina 1993.

28 Vgl. David Hill (Hg.): Jakob Michael Reinhold Lenz. Studien zum Gesamtwerk. Opladen 1994.

29 Vgl. dazu Ulrich Kaufmann: Heimstatt für einen »schiffbrüchigen Europäer«? Sieben Überlegungen zu einer Lenz-Ausstellung in Thüringen. In: Palmbaum. H. 3 (1993), S. 92–106.

30 Lenz-Jahrbuch: Sturm- und -Drang-Studien. Bd. 1 (1991), S. 7f.

31 Vgl. Anm. 3.

32 Johann Wolfgang von Goethe: Der junge Goethe 1757–1775. Hg. von Gerhard Sauder. München, Wien 1985. Einführung. S. 776. – Luserke, S. 16.

33 Vgl. Anm. 13.

34 Der in den Ausgaben von Lauer und Voit präsentierte Textbestand deckt sich weitgehend. Beide drucken sie »Der Hofmeister«, »Der neue Menoza«, »Die Soldaten«, »Pandämonium Germanikum«, »Der Waldbruder«, »Anmerkungen übers Theater«, »Über Götz von Berlichingen«. Lauer bietet zusätzlich »Die Freunde machen den Philosophen«, »Der Engländer«, »Zerbin« und »Der Landprediger«, Voit bietet zusätzlich »Moralische Bekehrung des Poeten«, »Über die Veränderung des Theaters im Shakespear«, »Rezension des neuen Menoza«, »Über die Bearbeitung der deutschen Sprache im Elsaß...«, Versuch über das erste Principium der Moral«, »Über die Natur unsers Geistes«, »Briefe eines jungen L. von Adel an seine Mutter in L. aus ** in **«. Lauer bietet also mehr Dramen und Prosa, Voit mehr theoretische Schriften. Lauer druckt zusätzlich zwanzig, Voit vierundzwanzig Gedichte ab. Beide Ausgaben bieten eine gute Kommentierung, sowie ein Nachwort (bei Lauer von Gerhard Sauder).

35 Inwieweit sich in der Auswahl die Kriterien eines »Lesebuchs für unsere« Zeit auswirken, bleibt unklar, da die Herausgeber sich hierüber ausschweigen. Die Ausgabe enthält »Pandämonium Germanicum«, »Der Engländer«, »Die Freunde machen den Philosophen«, »Das Tagebuch«, »Zerbin oder Die neuere Philosophie«, »Über Götz von Berlichingen«, »Für Wagnern«, Rezension des Neuen Menoza«, »Das Hochburger Schloß«, »Über die Natur unsers Geistes«. Hinzu kommen 46 Gedichte (davon »Die Landplagen« im Auszug).

36 So stutzt der Leser bereits bei der Schreibung des Titels »Pandämonium Germanikum« mit »k« bei Voit, bzw. mit »c« bei Lauer und bei Damm. Erst ein Blick in die Edition der Handschriften durch Luserke (vgl. Anm. 38) zeigt, daß Lauer und Damm offensichtlich einer Verbesserung durch die ersten Editoren (Dumpf, E. Schmidt) folgen, Voit hingegen der Schreibung in beiden Handschriften. Wird die Ausgabe von Damm hinzugezogen, ergibt sich als zusätzliche Komplikation, daß Damm mit Titel/Haug nach der älteren Handschrift druckt (mit Wiedergabe »der sachlich wesentlichen Varianten der jüngeren Handschrift« (S. 739)), Voit und Lauer mit E. Schmidt nach der jüngeren drucken.

37 So druckt Lauer nach dem Erstdruck im Tiefurter Journal »Eduard Allwills einziges geistliches Lied/beim Aufstehen, Schlafengehen/und bei der Versuchung/der Sirenen zu singen«, Voit nach der auf der Handschrift beruhenden Fassung in der Ausgabe von Titel/

Haug »Eduard Allwills erstes geistliches Lied«. Lauer gibt einen Hinweis auf die Handschrift, Voit erwähnt den Erstdruck nicht. Unterscheiden sich die beiden Fassungen zusätzlich hinsichtlich der Interpunktion, so gibt es weitere Unterschiede in der Interpunktion, wenn die Lesart der Handschrift bei Vonhoff (Anm. 40), S. 216, 218 hinzugezogen wird. Deutliche Unterschiede bei einzelnen Worten und hinsichtlich der Interpunktion zeigen auch die beiden Fassungen von »Wo bist du itzt, mein unvergeßlich Mädchen«. Lauer druckt nach dem Druck in den Blättern für literarische Unterhaltung, 5.1.1837. Voit druckt nach der Fassung in der Ausgabe von Titel/Haug, die wiederum auf einer von Edward Schröder in »Die Sesenheimer Gedichte von Goethe und Lenz« hergestellten Fassung beruht. Nur Lauer weist auf die Textvarianten hin. Zieht man Vonhoff, S. 194 hinzu, stößt man zusätzlich auf die Großschreibung der Anredeformen, die von Voit, nicht aber von Lauer übernommen wurde. Die Beispiele ließen sich vermehren.

Vgl. zum Vergleich der Leseausgaben auch die informative Rezension Hans-Ulrich Wagners in: Lenz Jb. 2 (1992), S. 232–237.

38 Jakob Michael Reinhold Lenz: Belinde und der Tod. Caarikatur einer Prosepopee. Mit e. Nachw. hg. von Verena Tammann-Bertholet und Adolf Seebaß. Basel 1988.

39 In: Wirkendes Wort 35 (1985) H. 5. S. 257–266.

40 Gert Vonhoff: Subjektkonstitution in der Lyrik von Lenz. Mit e. Ausw. neu hg. Gedichte. Frankfurt, Bern, New York 1990.

41 So teilt Damm »Die Erschaffung der Welt« nach Lewy mit. Sie hält den Text für einen Entwurf und die in Krakau erhaltene Handschrift für eine »Teil-Handschrift« (Damm III, 816). Vonhoff dagegen druckt die in Krakau erhaltene Handschrift und sieht in dieser in einer durchaus überzeugenden Interpretation zwar auch ein Fragment, dessen Unabgeschlossenheit aber auf eine Utopie verweise, deren objektive Uneinlösbarkeit sich in diesem Strukturmerkmal vergegenständliche. Offen bleibt dabei die Frage, wie die offensichtlichen Textabweichungen zu Tieck, Lewy und Blei zustandekommen: sind in den drei Editionen grobe Lesefehler oder lag z.B. Tieck eine andere Handschrift vor?

42 In: Jahrbuch des Freien deutschen Hochstifts 1990, S. 112–117.

43 Eine Veröffentlichung in der von Daunicht im Deutschen Klassiker Verlag geplanten Ausgabe kam nicht zustande. Vgl. Matthias Luserke (und) Christoph Weiß: Arbeit an den Vätern. Zur Plautus-Bearbeitung von J. M. R. Lenz' Dramen und Dramentheorie. In: Lenz Jb. 1 (1991), S. 59–92.

44 Sergej Pleschtschejew: Übersicht des Russischen Reichs nach seiner gegenwärtigen neu eingerichteten Verfassung. Aus dem Russischen übs. von J. M. R. Lenz. Hildesheim, Zürich, New York 1992.

45 Jacob Michael Reinhold Lenz: Pandämonium Germanikum: eine Skizze; synoptische Ausg. beider Handschriften. Mit e. Nachw. hg. von Matthias Luserke (und) Christoph Weiß. St. Ingbert 1993.

46 Christoph Weiß: »Abgezwungene Selbstvertheidigung.« Ein bislang unveröffentlichter Text von J. M. R. Lenz aus seinem letzten Lebensjahr. In: Lenz Jb. 2 (1992), S. 7–42. Erhebliches Aufsehen erregt der Fund der »Philosophischen Vorlesungen«, die Christoph Weiß 1993 veröffentlicht: Jakob Michael Reinhold Lenz. Philosophische Vorlesungen für empfindsame Seelen. Faksimiledr. d. Ausg. Frankfurt und Leipzig 1780. Mit e. Nachw. hg. von Christoph Weiß.

47 Die offensichtlichen Schwierigkeiten mit Lenz offenbaren sich auch bei einem so versierten und erfahrenen Kenner der Literatur des 18. Jahrhunderts wie Günter Müller, der sein 1992 erschienenes Sturm und Drang-«Lesebuch« mit einer Einleitung versieht,

die von der in seiner älteren Sturm und Drang-Ausgabe von 1978 ohne Begründung erheblich abweicht. Vgl. dazu auch die Rezension von Gerhard Sauder (Zwei Einleitungen. In: Lenz Jb. 2 (1992), S. 227–232). An der Einleitung zu Müllers Lenz- Ausgabe (vgl. Anm. 15) fällt die deutliche Zurückstufung sozialrevolutionärer Tendenzen bei Lenz auf. Ferner scheint eine in der marxistischen Literaturgeschichtsschreibung traditionell weit verbreitete Orientierung an Goethe als Fixpunkt durch, an dem Lenz gemessen und für unvollkommen befunden wird (vgl. u.a. S. 25: »Die durch das literarische Leben, die Freunde, speziell Goethe, eröffneten Horizonte, die er [Lenz] bedenkenlos wie beglückt nutzt bzw. denen er sich auf immer neuen Wegen nähert, überdehnen die Möglichkeiten einer durch physische und psychische Konstitution und geistige Disposition eingeschränkten Persönlichkeit.«

48 Vgl. dazu auch Peter Petersen, Hans-Gerd Winter: Lenz – Opern. Das Musiktheater als Sonderzweig der produktiven Rezeption von J. M. R. Lenz' Dramen und Dramentheorie. In: Lenz Jb. 1 (1991), S. 9–58.

49 Vgl. dazu auch: Martin Rector: Sieben Thesen zum Problem des Handelns bei Jakob Lenz. In: Zeitschrift für Germanistik NF 2 (1992), S. 628–639.

50 Vgl. dazu David Hill: Stolz und Demut, Illusion und Mitleid bei Lenz. In: Karin Wurst (Anm. 24), S. 64–91.

51 Vgl. dazu auch: Rudolf Käser: Die Schwierigkeit, ich zu sagen. Rhetorik der Selbstdarstellung in den Texten des »Sturm und Drang«. Herder – Goethe – Lenz. Bern, Frankfurt, New York 1987.

52 Zitiert in: Joseph Haniman: Wie modern ist J. M. R. Lenz? Zur Uraufführung seiner Komödie »Die Freunde machen den Philosophen«. In: FAZ 10.5.88.

53 Franz Kafka: Gesammelte Werke. Hg. von Max Brod. Bd. 4. Frankfurt, New York 1954. S. 285. – Ulrich Kaufmann hat in seinem Beitrag das Kafka-Zitat als eines der Motti ausgewählt, um seine eigene Stellung als Rezipient und Wissenschaftler zu Lenz zu perspektivieren.

54 Luserke (Anm. 3), S. 20.

55 Stuttgart 1984.

56 Vgl. auch: Hans-Gerd Winter: J. M. R. Lenz. Stuttgart 1987; Hans-Gerd Winter: J. M. R. Lenz as Adherent and Critic of Enlightenment in »Zerbin; or, Modern Philosophy« and »The Most Sentimental of all Novels. In: W. Daniel Wilson, Robert C. Holub (Eds): Impure Reason. Dialectic of Enlightenment in Germany. Detroit 1993. S. 443–464; Hans-Gerd Winter: »Denken heißt nicht vertauben.« Lenz als Kritiker der Aufklärung. In: David Hill (Hg., vgl. Anm. 28).

57 Ingeborg Bachmann: Werke. Hg. von Christine Koschel, Inge von Weidenbaum, Clemens Münster. Bd. 4. München 1978. S. 278.

Teil 1

Genialität und Gewöhnlichkeit

Gerhard Bauer (Berlin)

Originalgenies waren sie alle. Sie schwärmten für Shakespeare und die Freiheit, für die große »Natur«, die auf den Vornamen Jean-Jacques hörte, manche noch besonders für »große Kerls«, am liebsten in der Vergangenheitsform. Worin bestand aber die Genialität der »Genies«? Wie verträgt sich bei unserem Lenz die Aspiration auf Ungewöhnlichkeit, ja auf Ausbruch aus der rings umschließenden Mediokrität mit dem bohrenden oder hohnlächelnden Insistieren auf eben dieser Mediokrität?

Das Zusammenstoßen von Außergewöhnlichkeit und drastischer Gewöhnlichkeit ist an Lenz verschiedentlich bemerkt und meist psychologisch erklärt worden: Es war eine »Unart« seines Geistes. »Grandiosität« und »Depression« hätten sich abgewechselt.[1] Eine »seltsame Komposition von Genie und Kindheit« schreibt ihm Wieland zu.[2] Am leichtesten läßt sich der beunruhigende Widerspruch als Knick in seiner intellektuellen Karriere abtun: Er war eben ein »scheiterndes Genie« (von Wiese), ein verdrehtes oder schlechterdings verrücktes Genie.

Lenz selbst betont weniger das Hin und Her als den Zusammenprall der Gegensätze, das Platzen jeder Illusion von Grandiosität. Man »glaubt sich einen Gott und ist ein Tor«, stellt der reisende Held gleich im zweiten Satz der Komödie mit dem programmatischen Titel »Die Kleinen« fest (II, 489).[3] Mit methodischer Wut werden die »großen Männer«, zumal wenn sie herrschen wollen, auf die kleinsten Größen reduziert, die man damals kannte: »Pygmäen, Kolibris und Staubinsekten« (ebd.). Nicht als Götter, wie manche seiner Altersgenossen, sondern höchst zwiegesichtig als Halbgötter stellt Lenz die frechen Genies in seinem »Pandämonium Germanicum« dar und sich selbst dabei auf allen Vieren in die Höhe kriechend: »böse Arbeit«! (II, 251). Lenz, möchte ich behaupten, suchte mit obsessiver Gewalt, die seine Form von Genialität war, die Menschen in der niedrigsten, trivialsten, also verständlichsten, ideologisch gesprochen »einfachsten« Grundform ihrer selbst zu fassen. Er schrieb nie so erhaben und schwärmerisch (und gedanklich simpel) wie Gerstenberg, der Programmatiker der neuen »Genialität«.[4] Er war nicht so großsprecherisch und enttäuschend wie sein zeitweiliger Freund,[5] der »Kraftapostel der Geniezeit« Christoph Kaufmann, der dem »Sturm und Drang« seinen Namen verpaßt hat, der mit dem ungedeckten Scheck »Was ich wil, das kan ich« bei den Intellektuellen hausierte, der zum Anhänger der »idealistischen Periode« (s. Büchner) denkbar ungeeignet war,[6] der nicht verrückt, sondern Herrnhuter wurde und in der Literaturgeschichte nur als unerträglicher Spinner und Betrüger steckbrieflich gesucht oder zum »ersten Bohemien« verklärt wurde.[7] Lenz war das kaum verzogene und dennoch mißratene Kind dieser Geniebewegung, aber am stärksten und ganz original war er in seiner subtilen, äußerst findigen Kritik an allem Gehabe von Größe.

Der Mensch soll sich nicht so haben, denn er ist ein nacktes, unansehnliches, triebgeplagtes, ebenso bedürftiges wie gemeines Wesen. »Eine Kotseele«, resümiert ein lebenserfahrener alter Eremit (II, 511). »Unsere ohnmächtige oder groteske Natur« stellt ergänzend dazu eine Pietistin fest (II, 515). In ihren sozialen Handlungen, um die es dem Komödienautor vor allem geht, erweisen sich die Menschen als egoistisch und borniert, treulos, vergeßlich, brutal, feige und verlogen, und zwar gegen sich selbst ebenso wie vor anderen. Wenn sie mit etwas Erfolg haben, dann mit ihren Strategien des Selbstbetrugs, der ihre »ganze Seligkeit« ist.[8] Selbst wenn sie das einmal aussprechen, verheddern sie sich stärker in ihre Machinationen, als daß ihnen deren groteske Untauglichkeit zu Bewußtsein käme. »Laß dir nur immer nichts davon merken als ob ich davon wüßte«, so projektiert ein lebenskundiger Galanteriewarenhändler das Verhalten seiner Tochter, »sondern sag nur, daß er's recht geheim hält und daß ich sehr böse werden würde wenn ich's erführe« (II, 196).

Natürlich sind es vor allem die sozialen Verhältnisse, die die Menschen hart und eng, geizig, kriecherisch, zu Domestiken und Puppen machen, und zwar die Adligen und Begüterten kaum weniger hart und geizig und puppenhaft als die viel zu vielen Armen und »Kleinen«. Doch die Verhältnisse sind ihnen so fest eingeschrieben, daß sie sie nicht objektivieren, nicht zum Gegenstand ihrer Kritik machen können. Sie stehen nicht nur in einem fühllosen, jede persönliche Regung verschlingenden Mechanismus, sondern sie sind selbst sein Teil: die »vorzüglich-künstliche kleine Maschine«, die die »große Maschine« Welt in Bewegung hält (I, 378). Sie plappern ihr »Non Madame... Oui Madame«, wie es paßt oder auch nicht paßt (II, 14). Den Sensibelsten wie dem »Waldbruder«, einer wichtigen Figur der Selbstabrechnung des Autors, kann es passieren, daß sie ihr eigentlichstes Herzenseigentum, das ist natürlich eine unglückliche Liebe, als Produkt von lauter Intrigen von Freunden oder schadenfrohen Gleichgültigen erkennen müssen. Mit Hand und Kopf und Zunge zappelt der Mensch an Fäden, die er nicht in die Hand bekommen kann.[9]

Natürlich werden bestimmte Überspitzungen und Modetorheiten der Zivilisation gegeißelt. Rousseau ist allgegenwärtig. Seine Alternative »Natur« läßt sich aber nirgends einfach greifen. Es wirkt unheilbar komisch, wenn der Eintritt ins »vernünftige« Lebensalter dadurch definiert wird, daß der Junge einen Bart bekommt, eine Perücke aufsetzt und einen Degen ansteckt (»wie ich«, sagt der skeptisch-stolze Vater, II, 22). Im Paradies der Kindheit, einem in Wirklichkeit gänzlich unparadiesischen Zivilstand, können die Menschen nicht bleiben, dafür hat eben die große »Natur« gesorgt. Und zwar durch den Trieb aller Triebe, diesen verdammten, oft verredeten und gebannten, übel beleumdeten, vom Pastorensohn Lenz durchweg »tierisch« genannten Trieb, der sich aber aus dem höchsten Glücksverlangen der Menschen nicht wegräsonnieren läßt, der durch noch so eifriges Rauchen nicht vergeht (II, 58) und nicht mal abstirbt, wenn man sich gar kastriert[10]. Der zu Lenz' Zeiten bekannte Mensch kann die Häute der Zivilisation so wenig entbehren wie seine eigene Haut. Die Komödienfigur Pätus, verschuldet bis aufs Hemd und notorischer Schwerenöter, kann nicht anders in die Komödie gehen, als daß er sich (im Sommer) in seinen Wolfspelz wirft, worauf ihn die Hunde den ganzen Weg hetzen und worauf das gesittete Frauenzimmer sich ausschüttet vor Lachen (II, 37–39).

Rabiat verschärft wird die konstatierte Gemeinheit in den vielen Akten der Aggression, besonders der Aggression in Worten. »Ich will dich peitschen, daß dir die Eingeweide krachen, Tuckmäuser«, so soll ein fauler Sohn auf den Weg der Bildung gebracht werden (II, 16). Mit ähnlichen Invektiven werden Freunde, Untergebene, Ehefrauen und andere Frauenzimmer belegt, die Weiber bekommen es besonders drastisch zu hören.[11] Der zitierte lebenskundige Vater sagt seiner Tochter in aller Grobheit, was man in Männerkreisen von ihresgleichen spricht: »(...) und die und die kenn ich auch und die hätt ihn auch gern drin – « (II, 189). Ein von der adligen Tochter behelfsweise genommener Liebhaber und Hofmeister sagt eben dieser adligen Geliebten, indem er sie zum Abschied küßt, sie müsse ihren Mund ein wenig spülen, sie fange wieder an »erschrecklich zu riechen«[12]. Den immer noch verführerischen Selbstmörder Werther sollte man ausgraben, verbrennen, einen Mühlstein an die Asche hängen und sie ersäufen, so ereifern sich zwei Sittenhüter und Amtschristen (II, 270f). Wenn es einer der

3

gepeinigten »Kleinen« nicht mehr aushält, wenn er seinen Nebenbuhler und sich selbst auf der Bühne umbringt, dann aber auch gleich mit Rattengift (II, 237–42). Das Gewöhnlichste ist zugleich das Unsäglichste. Es wird in Lenz' Komödien mit solcher Wucht in Bilder gesetzt, daß es uns zu unangenehmen Einsichten über uns selbst oder zu einem sehr betretenen Lachen nötigen kann.

Die Handlungen reduzieren durchweg die stolzen Bürger oder Adligen auf zerknirschte, weinende, manchmal ziemlich kindische Sünder. In dieser Zerstörung oder im Fahrenlassen des edlen Scheins hat Lenz' Komödie ihre Größe, stärker als in seinem vehementen Imperativ des »Handelns«, das sich fast nur im Betrachten oder Einfühlen verwirklicht,[13] entschiedener als im Selbstgenuß des einsamen »Herzens«, das sich an seinen Tränen »weidet«.[14] Nicht die »Beständigkeit«, sondern die Veränderlichkeit der Menschen und also der Welt ist die Erfahrung, ein wenig auch die Hoffnung der »Kleinen« (II, 505 u.ö.). Daß sie umkehren und einlenken, daß sie den Schaden, den ihr allzu rigides Handeln angerichtet hat, notdürftig reparieren wollen, das ist noch das Beste an diesen ernsthaften Komödienfiguren, selbst wenn es nur ein schäbiger, gebrochener Impuls ist. Wenigstens für die beschädigte, ins Unglück getriebene Tochter hat der verblendete Major wirklich Herz, nicht nur Flausen und Floskeln. Er hat keine Sprache für seine Herzensanwandlungen. Er kleidet seine Rührung in die gleichen Schimpfwörter, mit denen er alle Mithandelnden laufend bedacht hat, und gerade dadurch macht er sie glaubwürdig (II, 70 u.ö.).[15] Der Chor der alten Sünder am Schluß des »Hofmeisters« bekommt einen Abglanz von »Gnade« und Charme, weil diese alten Herren einmal umdenken. Sie bekennen ihre Irrtümer oder Verbrechen, und mit einem Schlag macht sie die Reue, auch wenn es eine sehr rasche Reue mit sofortigem Selbstpardon ist, lebendiger, als sie es in ihren lebensfeindlichen Projekten bisher hatten werden können.[16]

Ich frage mich allmählich, ob Lenz nicht noch den Verächtlichsten von allen, den feigen Seelen, eine eigene Würde zuerteilt, eben die Würde von Feiglingen. Der Lautenist Rehaar ist von allen Domestiken der devoteste, ein Mann ohne Herz (im Sinne von: »unbeherzt«) – das vertritt er wörtlich und ereifert sich gegen die seinem Stand nicht zukommende »Courage«. Auf die größte Schande, die einem Vater im 18. Jahrhundert angetan werden konnte, kann er nur mit Lamentieren, mit Ausweichen und erneuter Kriecherei reagieren (II, 72–79). Aber gerade in seiner hilflos-malhonetten Aufführung liegt ein eindringliches Flehen um Schonung: Die schutzlose Kreatur hätte den Anspruch an die Gestiefelten, daß sie sie nicht zertreten.[17] So, wie das Ensemble der Figuren geartet ist, bekommt denn auch der ehrlose Vater seinen zwar nicht sonderlich ehrenwerten, aber auf ein Minimum von Anstand zurechtgestauchten Schwiegersohn. Solange den Menschen zuviel niederdrückte, als daß er aufrecht gehen konnte, mußte er es eben auf allen Vieren versuchen.[18] Uns geht die Forderung nach dem aufrechten Gang geläufiger von der Zunge, aber auch unserem Jahrhundert schreibt der Spötter Lec ins Stammbuch: »Was hinkt, geht«.

Der rebellische Impuls des genialischen Poeten Lenz verwirklicht sich am entschiedensten in kleinen Gesten der Brechung, des Innehaltens, des Bockens oder Trotzens oder in einem »guten spasmatischen Gelächter« (I, 362). Die Menschen leben ihre Leidenschaft aus in vertrackten persönlichen oder gesellschaftsreformerischen Projekten, in wilden Aggressionen gegeneinander, aber sie tun das vorwiegend im Passiv, zur Probe, als Vorschlag für eine andersgeartete Welt. Die leidenschaftlich Liebenden müßten »die Welt umkehren«, wenn sie die Standesschranken überwinden, die Liederlichkeit der »jungen Milizen« besiegen und einen Offizier dazu bringen wollten, sich ganz als Person zu stellen (II, 227). Sie wollen das trotz der unübersteigbaren Schwierigkeiten, doch im Wollen wissen sie, daß sie scheitern; mit ihren bescheidenen oder ungebärdigen Willensimpulsen tragen sie zu ihrem Scheitern bei.[19]

Auf allen Ebenen scheint so die Niedrigkeit, die Gewöhnlichkeit, oft genug auch einfach die Trivialität zu triumphieren: in den betrachteten Zügen der Menschennatur und der Gesellschaft, in der Art der Betrachtung, in der Urteilsbildung, in der poetischen Verbildlichung und Versprachlichung. Bleibt also von der anfangs behaupteten Genialität gar nichts übrig? Wird sie Lügen gestraft durch die allenthalben festgestellte und obsessiv herausgestellte Gemeinheit? Man kann Lenz so lesen und inszenieren, doch seine Texte werden dann abgebrühter (also auch plumper, eindeutiger) gemacht, als sie sind. Heuristisch adäquater scheint mir die Spannung zwischen Genialität und Gewöhnlichkeit zu sein, wie sie sich an seinen Dramenfiguren, den vielerlei Ich-Projektionen in seiner Erzählprosa und laut Matthias Bertram nun auch in seinen Gedichten erkennen läßt: Da gibt es immer wieder die weit ausholenden Gesten, die ausgereckte, überdeutlich etwas hinhaltende und vorzeigende Hand – »Schreibtafel her!« würde Shakespeares Hamlet sagen –, und was die Hand präsentiert, ist dann das Häufchen Lehm: klebrig oder bröckelig, »kotig« in dem etwas weiteren Sinn, den das 18 Jahrhundert mit diesem Wort verband, und aus diesem Lehm sind wir gemacht und können's nun nicht mehr leugnen. Das Herzstück der genialischen Bewegung, die Verwirklichung des eigenen Selbst (vorsichtiger: einer zugleich angenommenen und gesuchten »Natur«

des Menschen), scheitert ostentativ und immer von neuem.[20] Doch die Frage danach, der Versuch, die Mahnung und Selbstermahnung hört nicht auf und behält ihr eigenes Recht. Selbst wenn Lenz' Entdeckungen, die Ergebnisse seiner Arbeit in der unendlichen Desillusionierung aller Aspirationen bestehen, läßt sich sein Genie daraus nicht abziehen. Es hat diese Bewegung nicht nur angestoßen, ihr nicht nur die markante »Fallhöhe« gesetzt. Es ist auch als Wucht, als spontane oder methodische Wut direkt in der Desillusionierung spürbar.

Lenz war natürlich kein Demokrat in irgendeinem heutigen Sinne, aber seine Poetik hat energische, in die Zukunft weisende demokratische Züge. Nicht nur »Erd und Himmel aufwühlen« (I, 362), sondern alles »durchdringen, durch und durch sehen«,[21] das dunkel Gefühlte bewußt machen (I, 393), die Natur »mutterfadennackt auszuziehen« und darzustellen, »wie Gott sie geschaffen hat« (I, 331), das ist der Ansatz, der ihn mit den anderen Genies verbindet. Stärker als die Kampfgenossen aber bleibt er bei den »tausend Einzelheiten« stehen, setzt sein Genie in ihre Vertretung und Pointierung, nicht ihre schwungvolle Synthesis (I, 346). »Millionen unberufene Gedanken« muß er konstatieren, »oft bis auf die Wäsche hinunter« (ebd.) – was verfängt dagegen die Einheit, die womöglich ein Gott darin erkennt? Ob es die »Millionen Unglücklichen« nicht mehr gäbe, wenn die ausgedachten Projekte Gehör fänden (II, 245), darf bezweifelt werden, aber in seiner Kunst stellt sich Lenz mit großer Eindringlichkeit auf die Seite der einzelnen oder vielen oder Millionen »Unglücklichen«. So wenig Goethe seinem Freund gerecht geworden ist, mit seinem Wort von der »Poesie die er [Lenz] in das Gemeinste zu legen wußte«, hat er genau das Richtige getroffen.[22] Es war eine eigenwillige, widerspenstige Genialität, eindringend und sich aufbrauchend in dem »Gemeinsten«. Wenn später Schiller postuliert: »Aber der Genius ruft Gutes aus Schlechtem hervor«,[23] so setzt Lenz, bei aller pflichtschuldigen Reverenz, die der Bezeichnung »gut« immer noch gebührte,[24] das Gute nicht eigentlich dem »Schlechten« entgegen, sondern sucht es im Schlechten, im Niedrigen, notorisch Verachteten, im Vergänglichen, und wenn es die neueste »Zitternadel« aus Lille ist, an der der Vater noch zu verdienen meint, während sie der Tochter schon den Kopf verdreht (II, 187) und demnächst das Herz bricht usw. Das Schwankende, Gierige, Verworrene, das Lebendige also ist der tauglichste Gegenstand der Komödie, wenn sie mehr als bloß Spaß machen will.

---

1   I. Stephan, H.-G. Winter, »Ein vorübergehendes Meteor«? J. M. R. Lenz und seine Rezeption in Deutschland, Stuttgart 1984, S. 32

2   ebd., S. 34

3   I und II: J. M. R. Lenz, Werke und Schriften, 2 Bde., hg. B. Titel und H. Haug, Darmstadt (ursprünglich Stuttgart) 1966f.

4   Über Gerstenbergs »Denkwürdigkeiten der Literatur«, die bei den Stürmern und Drängern hoch im Kurs standen, geht Lenz vor allem dadurch hinaus, theoretisch wie poetisch, daß er die hier noch angenommene Einheit der Natur und der Welt zersplittern läßt durch die Fülle von Widersprüchen, gegen die seine denkenden Köpfe und handelnden Figuren anrennen. In Lenz' Poetik, s. u., ist die Welt nicht die das Genie beflügelnde Einheit, sondern der unendliche, unendlich komplexe Stoff, an dessen Brüchen und Stürzen das Ich sich abarbeitet. Dem strikt geordneten, übersichtlichen Typ von Dramen stellt er den anstrengenderen Typ entgegen, der »die Rauhigkeit der Gegend« bewahrt, bei dem man also »auf- und abklettern« muß »wie in der Natur«: »Für Wagnern (Theorie der Dramata)«, I, 466.

5   Lenz hatte offenbar Grund zur Dankbarkeit: Kaufmann sei »mir und meinen Eltern ein Engel gewesen«. Er fand aber (im gleichen Brief an Lavater, 24.6.1777) auch Grund zur Distanz: »sein Brief wird dich lachen machen«. Immerhin verdanken wir Kaufmann die materiellste Beschreibung von Lenz' Existenz zu Beginn seiner Krankheit: die Auflistung seiner abgerissenen Garderobe (mitgeteilt von J. Baechtold in: Archiv für Literaturgeschichte, Bd. 15, 1887, S. 168).

6   Warum Büchner in seinem »Lenz« ausgerechnet Kaufmann zum Repräsentanten der (bei ihm vordatierten) »idealistischen Periode« macht, ist mir nicht klargeworden. (In der Forschung finde ich nicht einmal die Frage danach gestellt.) Möglicherweise zirkulierten im Kreis um August Stöber nicht nur zuverlässige Nachrichten über Oberlin, sondern auch Gerüchte und von Aversionen gespeiste Klischees über dessen Freunde.

7   Laut Goedeke (IV, 1, S. 942f.) kommen in Kaufmann die Tendenzen der Geniezeit »am tollsten und überspanntesten zum Ausdruck«. Als Naturmensch und Gesandter Gottes, als Mäßigkeitsapostel, Vegetarier, Menschenfischer und Gottespürhund sei er »der Hanswurst unter den Stürmern und Drängern« gewesen. Lavater attestiert ihm »die kindliche Einfalt und die Last von Heldengröße« (Physiognomische Fragmente Bd. 3, Leipzig und Winterthur 1777, Nachdruck 1969, S. 161). Ebenso unentbehrlich wie in den meisten Wertungen schlicht rufmörderisch ist die Monographie von H. Duentzer, Christof Kaufmann, der Apostel der Geniezeit und der Herrnhuthische Arzt. Ein Lebensbild, Leipzig 1882. Milch will dem »hochbegabten, genialischen, aber völlig unkonzentrierten« Mann Gerechtigkeit erstreiten, aber läßt ihn nur im allgemeinen »vorromantischen Irrationalismus« (nach Unger) und in dessen religiöser Unterströmung verschwimmen (W. Milch, Christoph Kaufmann, Frauenfeld und Leipzig 1932). Von einem neueren Forschungsstand kann nicht die Rede sein. Der Mann, der die hervorragendsten Zeitgenossen fasziniert und zu heftigen Aversionen gereizt hat – Miller nennt ihn einmal schlechthin: »der Einzige« (an Kayser 5.2.1776, in: Grenzboten 29, 2, S. 503) –, tritt offenbar mangels eines eigenen hinterlassenen Werkes in die Vergessenheit zurück. Im Großen Meyer wie im Brockhaus ist er seit 1989 (1990) gestrichen. In der NDB (1977) und in Killys Literaturlexikon (1990) wird er noch mit informativen, nüchtern-sympathisierenden Artikeln vorgestellt. Einen Eindruck von seiner Aspiration (seinem Selbstbewußtsein nach »mehr als Spekulation«) vermittelt sein proklamatorischer Entwurf »Was ich wil, das kan ich«, in: Deutsches Museum, Leipzig 1779, S. 141–46 (gez. Johann Peter Kraft). Ein kleines Funkeln seines Witzes bietet der anonym veröffentlichte Sechszeiler »Archiplagiarius« in den Frankfurter Gelehrten Anzeigen vom 21.7.1775.

8   Der »Waldbruder« Herz verwendet die höchste Sorgfalt darauf, sich in einer schmeichel-
    haften, ihn tragenden Illusion zu wiegen. Er erkennt den Selbstbetrug, bringt seinen
    Mechanismus auf die Formel (I, 305f.) und hört doch nicht auf, an ihm zu arbeiten. Der
    Wunsch, Gegenstand ernster Absichten anderer zu sein, produziert auch in weltkundi-
    geren Menschenkindern die unglaublichsten Illusionen. Der Verführer Desportes muß
    seine Leidenschaft nur in vier schlechte Verse kleiden, schon glaubt nicht nur die
    entgegenkommende Mariane, sondern auch der mißtrauische Vater an die Aufrichtigkeit
    seiner so gereimten »reinen Triebe« (II, 196).

9   »Unbehelfsame Existenz«, womit Lenz sich selbst zur Zeit seiner beginnenden Krankheit
    kennzeichnet (24.6.1777 an Lavater), also das Gegenteil des »Selbsthelfers«, trifft auch auf
    die meisten Figuren zu, in denen er die ebenso unaufhörlichen wie vergeblichen
    Anstrengungen von Menschen seiner Zeit zeichnet.

10 Martin Rector hat in seinem Beitrag ganz plausibel gemacht, daß die Triebe zur Vernunft,
    ja zur Autonomie hinführen (hingeführt werden) sollen. Mit dieser »eigentlichen«
    Bestimmung konnte und wollte er aber nicht verdecken, daß Lenz dem schönen
    Räsonnement häufig ein »schön wär's« nachschickt.

11 »Schön Sauleder« ist nur eine der deftigen Formeln (II, 240). In Form einer Retourkut-
    sche fällt es einmal auch auf die Männer zurück: »Laß uns Hosen anziehen und die Männer
    bei ihren Haaren im Blute herumschleppen«, II, 121.

.12 II, 721: aus der handschriftlichen Fassung von 1772, offenbar von Lenz selbst für den
    Druck 1774 gestrichen.

13 Bezeichnenderweise befindet sich das leidenschaftlichste Plädoyer für das Handeln: die
    Kraft, die in uns wirkt und »tobt«, »bis sie uns Freiheit um uns her verschafft«, in Lenz'
    enthusiastischer Besprechung von Goethes »Götz« (I, 393). Lenz schafft aber keine Ritter-
    und keine Selbsthelfergestalten. Aus dem »Götz« zitiert er in seinen Werken eben das
    bewußte Zitat, und das von vornherein in abgebrochner Form (Pätus schlägt Fritz von
    Berg zu einem Brief an den schuftigen Herrn von Seiffenblase die Formulierung vor: »und
    bitte, Sie wollen mich im – «, II, 86).

14 I, 292. Besonders im »Waldbruder« ist das bei Lenz poetisch wie praktisch so zentrale
    Mitleid auf das »Mitleiden mit mir selbst« verkürzt und wird diese Verkürzung zugleich
    der peinigendsten Infragestellung ausgesetzt.

15 Daß nur eine »Umkehr« im biblischen Verstand: diametral entgegengesetzt dem Streben
    und Aufsteigenwollen aller, die Menschen zu sich selbst bringt, wird mit starken
    Sprachgesten unterstrichen. Der Major begreift auf der Suche nach seiner verlorenen
    Tochter, daß er sich für alle Unglücklichen einsetzen – bildlich: in den Teich stürzen –
    muß, auch »wenn gleich nicht meine Tochter«. »Nach, Berg!« (so mahnt er sich selbst
    nicht weniger als den Bruder), »Das ist der Weg zu Gustchen oder zur Hölle!« (II, 63).
    Bloßes Zureden dagegen kann keine Umkehr und keine Verzeihung produzieren, dazu
    muß immer erst einer in den Teich gesprungen sein (so wörtlich, aber auch nur in
    Worten: II, 88).

16 »O die Scham bindt mir die Zunge«, sagt der alte Pätus. »Aber ich will's der ganzen Welt
    erzählen, was ich für ein Ungeheuer war –« (II, 101).

17 Der gleichen Meinung ist der selbsternannte Anwalt der »Unschuld«, Fritz von Berg, II,
    71.

18 In Lenz' langem Jugendpoem »Die Landplagen« wird das Aufbegehren des Wurms gegen
    die Ferse, die ihn zertritt, zwar moralisch wie ästhetisch verächtlich gemacht, doch
    immerhin bleibt dieser Widerstreit in seiner kraß betonten Niedrigkeit auf der Bühne der
    leeren Brandstätte am Ende der großen Feuersbrunst stehen, I, 61.

19 »Trifft mich's, so trifft mich's, ich sterb nicht anders als gerne« (II, 197) – das schwebt der impulsiven Mariane schon in der Anfangsphase ihres Liebesprojekts vor, dessen Scheitern die Gräfin dann mit der weitsichtigen Erklärung »Sie wollten die Welt umkehren« ebenso würdigt wie verurteilt.

20 Jochen Schmidt sieht in seiner »Geschichte des Genie-Gedankens« dem Genie in Lenz' Gebrauch bereits die »autonome Innerlichkeit« (im Sinne Herders) abgesprochen; nur noch im »Streben nach Authentizität«, nach »Unmittelbarkeit und Unverstelltheit« dürfe es sich rühren (d.h. de facto: darauf dringen, aber nicht sich darin verwirklichen). Da Cornelia Berens diese Passagen ausführlich zitiert, verweise ich hier nur auf ihren Beitrag.

21 I, 363; I, 652 u. ö. Zedlers Großes vollständiges Universallexikon von 1735 findet eben im Durchschauen den zentralen Sinn des damals noch neuen Fremdworts »Genie«: »Penetration der Sachen«, durchdringender und scharfer »Trieb des Verstandes« im »Judicieren und Aussinnen, den Wohlstand eines Dinges zu begreifen«.

22 Dichtung und Wahrheit, 14. Buch, Goethe, dtv-Gesamtausgabe Bd. 24, München 1962, S. 145.

23 »Der Nachahmer«, Schillers sämtliche Werke, hg. O. Güntter und G. Witkowski, Leipzig o. J., Bd. 2, S. 167.

24 Sein Selbstverständnis bringt er etwa, arglos und trotzig (und in einer polemischen Abwehr der Kritik von »klugen und erfahrenen Leuten«), auf die Formel: »ich suche zu sehr, was zum Gutsein gehöre und versäume darüber das Sein« (Pandämonium Germanicum, II, 253). Auch als »Opfer für der Menschen Seligkeit! Märtyrer! Heiliger!« stilisiert er sein Ideal (I, 337).

Lenz in themengeschichtlicher Sicht

Horst S. Daemmrich (Philadelphia)

Die literaturgeschichtliche Darstellung der Sturm und Drang – Periode deutet Stilzüge der Autoren weitgehend aus einem bedeutenden Wandel der geistesgeschichtlichen Struktur der Zeit. Mit der geistigen Neuorientierung ist Lenz durch sein Schaffen, mit der Epoche durch seinen äußeren Lebenslauf aufs engste verknüpft. Die ideengeschichtliche Einordnung war und ist umstritten.[1] Die unterschiedlichen und widersprüchlichen Urteile gehen zurück auf Bildfügungen, Themenkonstellationen und bühnentechnische Eigenheiten des Werkes. Die Kompositionstechnik begünstigt sowohl kritische Vorbehalte und negative Einschätzungen als auch die Aufwertung sozialkritischer Aspekte und Angleichungen an das absurde Theater. Die umfassenden kritischen Interpretationen der Lenz-Forschung der letzten Jahrzehnte haben Lenz bisher nicht den Platz im literaturhistorischen Kanon gesichert, der ihm gebührt. Aus der Sicht der Themenforschung nimmt Lenz jedoch eine bisher nicht beachtete Schlüsselstellung in einem tiefgreifenden Motivwandel ein. Sein Werk erfaßt in der thematischen Engführung, im Aufbau von Parallelen und Kontrastpaaren, in der Inversion traditioneller Motive und im bedeutenden Neuansatz wesentliche Anliegen der Epoche. Außerdem ist das künstlerische Verfahren besonders aufschlußreich. Widersprüche werden bewußt bewahrt, nicht aufgelöst. Themen werden streckenweise nicht entwickelt, sondern direkt angesprochen oder nur durch Raummotive vermittelt. Die Desillusionstechnik baut überlieferte Sinnstiftungen ab. Das Neue ist klar ersichtlich, denn es ist noch nicht durch die schnell verlaufende weitere Themenverbreitung der Periode eingeebnet.

Meine Ausführung stützt sich auf eine umfassende komparatistische Untersuchung der Themenstrukturen im 18. und 19. Jahrhundert.[2] Ich begrenze mich auf das zentrale Thema der Selbstvergewisserung und die ihm beigeordneten Motive. Von grundsätzlicher Bedeutung für die Entwicklung des Themas im Werk von Lenz sind die Raumgestaltung, die Figur der Marionette und die Motivkreise gesellschaftlicher Störerscheinungen. Die Verknüpfung von Thema, Figurenkonzeption oder Haltung des sprechenden Ichs mit Motiven ist für Bühnenstücke, Erzählungen und Lyrik verbindlich. Die Ortung der Situation des einzelnen fordert die Bestimmung der gesellschaftlichen Bindung und im weiteren Sinne ein Verfahren oder erkennbaren Ansatzpunkt, der das Beobachtete faßbar macht. Lenz präzisiert den Ausgangspunkt zur Befragung der gegebenen Situation in einigen kritischen Äußerungen. In den »Anmerkungen übers Theater« umreißt Lenz unter anderem die Bedingungen der Möglichkeit der literarischen Gestaltung jeder Erfahrung. Der Erkenntnisvorgang ist ein Prozeß der Wertung abstrakter Begriffe in ihrer Bedeutungsfunktion. Sie werden geprüft, in der lebendigen Auseinandersetzung mit der Wirklichkeit geklärt und ins Kunstschaffen übernommen. Jedes Anschauen geht über in Denken, jedes Denken in erneutes Betrachten. »Wir suchen ... zusammengesetzte Begriffe in einfache zu reduzieren... « Sie sind »schneller« erkenntlich, umfassen jedoch »mehr zugleich«. Wir dürfen in diesem Vorgang nicht »das Anschauen und die Erkenntnisse verlieren ... und das immerwährende Bestreben, all unsere gesammelten Begriffe wieder auseinander zu wickeln und durchzuschauen, sie anschaulich und gegenwärtig zu machen ...«[3] Das Ziel der Vergegenwärtigung in der Dichtung kann weder einfache Nachahmung (»Echo, Mechanik«) noch Naturverschönerung sein. »Der wahre Dichter ... nimmt Standpunkt« (II, 648). Erst dann kann er »alles scharf durchdacht, durchforscht, durchschaut ... in getreuer Nachahmung« gestalten (II, 649). Ohne den Erkenntnisvorgang, der dem Schaffensprozeß zugrunde liegt, kann der Dichter die individuellen Ursachen menschlicher Handlungen nicht deuten (II, 652ff.).

Lenz entwickelt vergleichbare Gedanken in »Über die Natur unsers Geistes«. Nur die bewußte Erfahrung der Zeit sondert den einzelnen aus dem »mechanischen« Getriebe unreflektierter Anpassung an die Umstände ab. »Denken heißt ... unangenehme Empfindung mit aller ihrer Gewalt wüten lassen und Stärke genug in sich fühlen, die Natur dieser Empfindungen zu untersuchen und sich so über sie hinauszusetzen.« Denken heißt »Empfindungen mit vergangenen zusammenzuhalten, gegeneinander abzuwägen, zu ordnen und zu übersehen« (II, 621).[4] Die Forderungen des subjektiven Gefühls stehen unvermittelt gegenüber. Sie werden aber nicht als unversöhnliche Widersprüche empfunden. Die denkende Erfahrung verbürgt die »Selbständigkeit« (II, 622) des einzelnen. Diese Überlegungen verdeutlichen die Haltung des Dichters als kritisch-bewußt. Die Dichtung soll nicht an literarisch vorgeprägten Formen, Themen, Motiven und Topoi haften. Sie soll »die nackte Wahrheit«, nicht »Dunst« oder »überspanntes Hirn« (»Der neue Amadis«, III, 163, 166) zeigen und dadurch die Signatur der Zeit mitbestimmen.[5] Diese Formel bedingt eine außerordentliche Konkretisierung der Zeittendenzen und zugleich Umwertung oder Neugestaltung der Themen- und Motivbezüge.

Die Thematisierung der Selbstvergewisserung im dichterischen Werk übernimmt die Standortbestimmung der erkennenden Erfahrung des Daseins als Ausgangspunkt möglicher Selbst- und Welterkenntnis. Im Zuge der Absage an die falsche Vortäuschung der Wirklichkeit stößt die Ortung der eigenen Lage sofort auf allgemeine Tendenzen der Desorientierung. Die Wahrheitssuche erscheint daher häufig im Gegenbild des Nicht-Denkens, die menschliche »Selbständigkeit« (II, 622) in der radikal verfremdeten Anpassung an die Gesellschaft oder im Rollentausch, das Urbild menschlicher Entelechie als Ab- oder Trugbild und der Raum in der Nahperspektive, die systematisch die vertikale Dimension ausklammert. Die veränderte Raumdarstellung ist besonders aufschlußreich: Raummotive sind nicht auf die äußere Erscheinung des Raums begrenzt. Sie haben synthetische Funktion und verbinden formale Anschauung und Empfindung.

Raumperspektive – In der Raumgestaltung sind bis zum Ende des 18. Jahrhunderts und selbst danach im Werk einzelner Autoren die Grundrichtungen »oben« und »unten« nicht austauschbar. Der Blickrichtung und Bewegung im Raum sind grundsätzlich andere Empfindungen zugeordnet. Oben und unten sind Orientierungspunkte. Bildfügungen und ideelle Konzeptionen von Flugsehnsucht, Bergeshöhe, offenem Horizont, Licht, Vernunft und Gott kennzeichnen die Klärung des Gesichtskreises. Höhle, Nebel, verschlossene Räume und Idole der Liebeslust detaillieren die dämonische Bindung des Menschen an die Erde. Im Rahmen der vertikalen und horizontalen Raumbestimmung heben sich zwei Grundfiguren ab, die einer Spirale und die eines Kreises, die im Zusammenspiel mit einer zentrifugalen und zentripetalen Bewegungskurve grundsätzlich verschiedene Existenzerfahrungen verdeutlichen.

Die Bildkinetik einer Reihe von Gedichten veranschaulicht in der Höhentiefenordnung von lichter Höhe über furchtbarer Tiefe und der Bewegung nach oben eine mögliche Erfahrung des erfüllten Augenblicks in der Berührung mit dem Göttlichen und der beseelten Natur oder auch in der Bejahung des eigenen selbstbewußten Strebens. In Gedichten wie »Die Auferstehung«, »Die Demut«, »Eduard Allwills erstes geistliches Lied«, »Nachtschwärmerei«, »An den Geist«, »Seele der Welt unermüdete Sonne«, »Dir, Himmel wächst er kühn entgegen« und »O du mit keinem Wort zu nennen« sind jedoch bereits eigenartige Akzentverlagerungen erkennbar. »Auferstehung« setzt ein mit der Höllenfahrt und verläuft über den Aufstieg

– »den Himmel in dem Auge« – zum Aufruf, am Reich des Friedens teilzunehmen. Die Kantate nimmt das religiöse Gefühl auf; sie strebt aber aus der der Heilsgeschichte immanenten Synthese von sehen und glauben (III, 88) zu einer gegenwartsbezogenen Heilsvorstellung, die erkennend erfahrbar ist. Die Jünger »staunen/gedankenlos«, »wähnen« zu sehen, »sehen« und hören den Ruf: »Ja ich bin's, ich bin es; Friede,/Ewger Friede sei mit euch!« Der Friede ist Gegenwart, ist wirksam. Das Zukünftige wird im Erkennen bereits vorausgenommen. In »Demut« ist der Gegenwartsbezug noch deutlicher ausgeprägt. Außerdem wirkt die Vertikalbewegung eigentümlich gebrochen. Der Anlauf nach oben – »Ich wuchs, kroch, flog und kletterte empor« – kommt zum Stillstand. Das »Ich« hängt in der Schwebe und schaut »aus Dunst und Wolken/Nach dir furchtbare Tiefe nieder –« (III, 89). Die Verunsicherung tritt deutlich zutage. Die stolze Autonomieerklärung des einzelnen kommt wie in »An den Geist« ins Wanken. Erst die Rückbesinnung auf die christliche Tugend und ihre Erneuerung läßt die Zweifel abklingen. Die außerordentliche Spannung zwischen der Lebensverpflichtung (»Hütte, Haus, Lebensfreuden«, Körper) und der Jenseitsorientierung (»Geist«, Seele, Gast auf Erden) findet ihre Lösung im Anruf der Gnade.[6] Der Baum soll »mehrjährig« Frucht tragen, ehe ihn die »himmlische Flamme« verzehrt (III, 227).

Der diesen Gedichten zugrunde liegende Konflikt zwischen Selbstbewußtsein und Vertrauen auf eine haltgebende Heilserfahrung ist noch stärker betont in »Eduard Allwills erstes geistliches Lied« und »Dir, Himmel, wächst er kühn entgegen«. Die »Lebensflamme brennt«, entspringt der Schöpfung und sucht im Mitleben einen Weg aus der peinigenden Begrenzung (III, 94). Das Leben verwehrt jedoch die echte Begegnung mit dem anderen – »wo brennt sie himmlischschön« –, die die Voraussetzung zur Bejahung des Daseins ist. Auf kurze »Augenblicke voll Entzücken« folgt die Erkenntnis der Begrenzung. Die Orientierung versagt. »Höh' und Tief« entziehen sich der Deutung. Zurückgeworfen auf das Gefühl, besteht das Ich darauf, dem erfüllten Augenblick Dauer zu verleihen. Das Herz »will ausgefüllt« sein: mit oder ohne Gott. In dem Schrei wird ersichtlich, daß die Sinnstiftung des Daseins nur dem Vertrauen des eigenen Gefühls entspringt. Die Strophe »Dir, Himmel, wächst er kühn entgegen« scheint die kosmische Ordnung zu bestätigen. Das sprechende Ich konstituiert jedoch seine Vorstellungskraft und damit seine eigene Selbstheit. Dem kühnen Entgegenwachsen entspricht das Sehen, welches den Himmel erst befestigt. Sicherlich stützt sich die hier angedeutete Entwicklungsfähigkeit des einzelnen noch auf das Vertrauen auf eine sinnvolle Ordnung. Dennoch entspringt das »Vermögen« zu wachsen der eigenen Fähigkeit, die Welt erkennend zu erfahren. Die beiden Strophen »Seele der Welt unermüdete Sonne« erfassen in der Flugsehnsucht das Streben zum belebenden Licht. Zugleich zeichnet sich in der Betonung des Ichs sowohl der Wille zur Autonomie als auch die Distanz zum Mitmenschen ab: »Hier allein beseelt und beseligt« (III, 137). Die Vertikaldimension der »Hymne« (Anruf nach oben, du, Himmel, Stärke, höchste Liebe) entspricht der Selbstvergewisserung des Ichs (Ahnung, Glück, danken, Herz, Stolz, Liebe, schritt, befreit vom Bann). Die Strophen vermitteln den Eindruck seelisch-gefühlsmäßiger Zuversicht, die in der Anschauung der göttlichen Heils- und Leidensgeschichte gründet (III, 215–217). Nach einigen unvermittelt abgebrochenen Andeutungen setzt ein spekulatives, erkennendes Moment ein. Das Ich steht »auch auf dem Hügel«, vollzieht die Höllenfahrt nach, befragt und bestätigt zugleich seine Erkenntnisfähigkeit: »Wer bin ich, der, befreit vom Bann,/ Das denken und noch leben kann!« (III, 217). Das Geistige erscheint anschaulich und ist mögliches Leitbild. Die Gegenwart (»Des Heuchlerdursts nach Pöbel-Ehre, Eigendünkel, Verwirrung«) ist zersetzt von Störerscheinungen.

Die Raumkoordination dieser Gedichte erweckt Zweifel an der Möglichkeit eines direkten, unvermittelten Zugangs zur Erfahrung des Lichts, der Gottesnähe oder des Einswerdens mit der Schöpfung. Die Selbstvergewisserung im Anschluß an die Tradition erweist sich als problematisch. Die Besinnung auf den reinen Glauben stößt auf den Autonomieanspruch des Ichs. Die in der Heilserfahrung angedeutete Kontinuität verläuft ins Ungeschichtliche. Sie ist subjektiv an eine persönliche, relative Wahrheitsfindung gebunden. Der Weg führt zurück ins Dasein, zur Ortung der gegenwärtigen gesellschaftlichen Verfassung. Die überwiegende Tendenz in den Schriften ist daher auch eine radikale Wendung zur Erde. Die Nahperspektive verdrängt das offene Panorama. Der Kreis nimmt die Form der Einkreisung an.

Die Raumerfahrung steht unter den Vorzeichen der Hilflosigkeit, Angst und Sorge. Die Darstellung vergegenwärtigt die Bestandsaufnahme der zwischenmenschlichen Beziehungen in der bestehenden gesellschaftlichen Verfassung durch Aggressionsmotive, die zerrüttete Familie, Täuschung und die Motivreihe abgebrochener Dialog-Schweigen. Einzelne Szenen und Bildfügungen vermitteln im Fallen, Krümmen und dem Kriechen auf der Erde den Verlust der Orientierung. Die Nahperspektive und die Kreisführung befestigen die allgemeinen Schwunderscheinungen. Dieser Stilzug ist bereits in dem szenisch entworfenen Zyklus »Die Landplagen«

deutlich. Obwohl die Strophen noch in Gotteslob ausklingen, steht die Klage über den Verlust der Menschenwürde im Mittelpunkt der Betrachtung. Der Blick gleitet von lieblichen Weiden zur verwilderten, vergifteten Natur. Die Landschaft entkleideter Felder, vereinsamter Haine und rauchender Mauern ist blutig eingefärbt. Die Menschen erscheinen im Zustand »tödlicher Angst«. Totschlag, »bluttränende Augen« und selbst Kannibalismus (III, 51) kennzeichnen das letzte Aufbäumen des Selbsterhaltungstriebes. Ist das Ganze nur die Schilderung des göttlichen Strafgerichts durch einen jungen Dichter? Ja und Nein! Dafür sprechen Metaphern, die auch in der Erbauungsliteratur und den Predigten der Zeit anklingen. Darüber hinaus stützt sich jedoch die Gestaltung auf Elemente, die zu Konstanten im Gesamtwerk werden: Gottesferne, Liebesverlust, vergebliche Suche nach Erfüllung (III, 122, 175), blutige Auseinandersetzung (»blutige Locken«, III, 30; das Blutbad in »Die sizilianische Vesper«), die Todesbezogenheit des Daseins, die selbst in dem erfreulichen »Neujahrswunsch« (III, 174) plötzlich auftaucht, und besonders auf Vergleiche des Menschen mit einem Wurm. Lenz schreibt in seinem Brief aus dem Jahre 1790 an den Vater: »ich winde mich als ein Wurm im Staube« (III, 671). Diese Zwangsvorstellung entspricht seiner Ortsbestimmung der eingekreisten Menschen. Sie fallen hin, werden ohnmächtig wie Läuffer, der mit seinem Kind umfällt (I, 100) und kriechen wie beispielsweise Wesener, der sich mit seiner Tochter »halb tot auf der Erde« wälzt (I, 245), Mariane, die weiter »kriecht« (I, 241) oder der König, der »auf allen vieren scheußlich entstellt unter einem glimmenden Ruinenberge« hervorkriecht (I, 385). Deshalb gibt Lenz auf die Frage »Was sind wir denn, wir Götter, wir, / Auf diesem Würmerneste hier« die illusionslose Antwort: »Sich ein- und ausziehn, wie ein Wurm, / Und sterben dann beim ersten Sturm« (III, 174). Der Vertierung steht die in der Zeit verbreitete Metapher der Marionette gleichberechtigt zur Seite. Die Marionette erfährt im Schaffen von Lenz eine bedeutende Erweiterung. Sie wirkt hektisch bewegt, hüpft, fällt und steht wieder auf, ohne die Gründe für die Mechanik des Lebens zu erkennen (Donna Diana, Graf Camäleon, Frau Blitzer, Mezzotinto, Pirzel).

Die Raffung der Raumdimension normt außerdem die Verlagerung des Handlungsverlaufs in Zimmer und sphärisch eigentümlich entleerte Räume. Sicherlich spielen bühnentechnische Rücksichten eine beachtliche Rolle in der Ortsbestimmung der Stücke. Aber Lenz profiliert das Geschehen hauptsächlich an Plätzen, die eine Horizonterweiterung versperren. »Der Schauplatz ist hie und da« (I, 125); die Räume enthalten selten konkrete Anhaltspunkte, weisen auch nicht den Blick durch offene Fenster in die

Landschaft. Die Lokalisierung im Außenraum – Nebel, Regen, nacktes Feld, Schlachtfeld, ein Teich, in den man sich stürzen kann, ein Wäldchen für ein Duell und besonders alle Garten- oder Straßenszenen sind eine »Karte menschlicher Schicksale«, auf die der Erzähler »verschiedene neue Wege« (II, 354) einzeichnet. Die Wege führen zur Bestimmung der individuell und gesellschaftlich gegebenen Begrenzungen, die eine sinnvolle Gestaltung des Daseins verhindern. Sie sind in zwischenmenschlichen Beziehungen verankert. Im Gegensatz zu stark ausgeprägten Tendenzen der Periode bietet die Landschaft keinen festen Orientierungspunkt. Die »goldenen Zeiten ... stecken nur im Hirn der Dichter« (I, 148). Die Landschaft ist häufig Kulisse, auswechselbar, vorübergleitend und hingemalt. Garten, Hain und Lustort sind »schön«. »Die Illuminationen taten im Wasser herrliche Wirkung« (II, 455). »Unter dem Schimmer des rosenlächelnden Himmels müssen sich ... zwo große Seelen ... im höchsten Taumel der Liebe küssen« (II, 397). Außerdem ist der Lustort bereits Stätte des Betrugs, in der nicht wahre Liebe, sondern geheuchelte Empfindungen zu Wort kommen (»Die beiden Alten«, I. ii. Rosinette: »Die Luft ist tödlich hier, alle die süßen Aushauchungen der Blumen sind Gift für mich« I, 344). Die Schilderungen von Reiseeindrücken wirken schemenhaft. Die Erfahrungen, die Herz in Frankreich sammelt, verlaufen ins Ungewisse. Es gelingt ihm, sich das »Eigentümliche« der französischen Nation »zu eigen zu machen« (»Der Waldbruder« II, 407). Auf Johannes Mannheims Reisen »flogen Täter, Seen und Gebirge bei ihm vorbei« (»Der Landprediger« II, 419). Der Blick auf die Landschaft führt entweder zurück zur eigenen Gefühlswelt oder zur Feststellung, daß sie kein unberührtes Eigendasein hat.

Im Schaffen von Lenz vollzieht sich die Entwicklung von der Darstellung einer Landschaft, die in ihrem Wesen noch organisch-natürlich ist, zur kritischen Beobachtung einer vom Menschen grundsätzlich verwandelten Welt. Lenz umreißt die Situation eindringlich in dem Bericht Tandis und der Schilderung, die Herz von seinem Leben in der Mooshütte gibt. Tandi befindet sich am dreißigsten Tage auf dem Pyramidenturm in schwindelnder Höhe. Er schaut hinab in die Tiefe, »die feucht und nebligt alle Kreaturen aus meinem Gesichte entzog. Ich sah in dieser fürchterlich-blauen Ferne nichts als mich selbst ...« (»Der neue Menoza«, I, 127).[7] Herz betrachtet die »malerische« Gegend und trifft dann sofort auf »den engen Kreis von Ideen ... die einfachen und ewig einförmigen Geschäfte« (»Der Waldbruder«, II, 380) der Menschen. Seine Erfahrungen verdeutlichen dann auch nicht nur, daß die Rückbesinnung auf Natur-Landschaft im Kreis führt, sondern auch die trügerische Grundlage menschlicher Beziehungen. Ein Bauer raubt

Herz sein letztes Geld. Die Witwe Hohl betrügt ihn. Sein Freund Rothe beschuldigt ihn der »Narrheit«, weil er sich nicht der gesellschaftlichen Konvention fügen will und sich weigert zu sehen, »daß der größte Teil der Menschen mittelmäßig ist« (II, 409). Aber Herz wird nicht nur betrogen, er betrügt sich selbst. Sein Ideal der reinen Frau, die ihre Integrität in der Gesellschaft bewahrt, ist literarisch vorgeprägt (II, 410). Er verliebt sich in ein aus literarischen Figuren verschmolzenes Urbild, sieht es ins Leben treten und hält schließlich nur das Gemälde eines trügerischen Abbilds in der Hand.

Motivbereich der Marionette – Lenz desillusioniert die Rückversicherung in der literarischen Tradition als Anlehnungsbedürfnis in einer Zeit der Verunsicherung der Werte. Damit beseitigt er eigentlich das letzte Hindernis, das sich dem Lageverzeichnis der gegebenen Zustände in den Weg stellt. Hinweise auf Literatur und Philosophie heben die Banalisierung des Bildungsguts hervor. Zierau plappert: »Wir haben itzt schon seit einem Jahrhundert fast Namen aufzuweisen ... Genies ... die alle zur Verbesserung und Verfeinerung unsrer Nation geschrieben haben, einen Besser, Gellert, Rabner, Dusch, Schlegel, Uz, Weiße, Jacobi, worunter aber vorzüglich der unsterbliche Wieland über sie alle gleichsam hervorragt ...« (I, 134). Fritz und Gutschen spielen »Romanstreiche«, die »nur in der ausschweifenden Einbildungskraft eines hungrigen Poeten ausgeheckt sind« (I, 53). Fritz lebt sich außerdem in die Rolle des unerschütterlich treuen Freundes ein. Er landet zur Belohnung im Gefängnis, und wird nur durch den zufälligen Lotteriegewinn seines »Freundes« Pätus gerettet. Prado in »Die Freunde machen den Philosophen« verinnerlicht die Vorstellung des empfindsamen, selbstlosen Liebhabers und gerät darüber in eine »Art der Entzückung« (I, 315). Erwartungsgemäß fällt Seraphine gerührt »auf ihr Angesicht« und Strephon kann gemeinsam mit Prado die »Wollust einer großen Tat« (I, 316) anbeten. Die Gräfin La Roche glaubt, das Lesen verführe die Jugend und befürchtet, Mariane werde wie eine zweite Pamela ihren Sohn dazu verleiten, seine Standesehre zu vergessen (I, 229). Das Gespräch belegt jedoch, daß die Gräfin selbst die Welt aus der Sicht literarischer Texte sieht. Sie mutmaßt, Mariane spiele die Rolle von Marianne in Marivaux' Roman »Vie de Marianne«, die einen jungen Lord heiratet. Gustchen rezitiert Zeilen aus Shakespeares »Romeo und Julia« und übernimmt Klischeevorstellungen aus Rousseaus »Neue Heloïse«, während Läuffer sorgenvoll an das Schicksal Abelards denkt (I, 67–69). Als sich Läuffer dann in Abwandlung und Anlehnung an die Geschichte Abelards kastriert, frohlockt der traditionsverpflichtete Schulmeister Wenzeslaus: »... zweiter Origines! ... fast kann ich dem Heldenvorsatz nicht widerstehen, Euch nachzuahmen ... Das ist die

Bahn, auf der Ihr eine Leuchte der Kirche, ein Stern erster Größe, ein Kirchenvater selber werden könnt« (I, 103). Er wird natürlich enttäuscht, als Läuffer die »göttliche Lise« heiraten will. Die Beispiele lassen sich beliebig vermehren. Sie zeigen eine ausgesprochen kritische Einstellung zum Verbrauch des Kulturgutes und die illusionslose Bewertung des Anlehnungsbedürfnisses an vorgebildete Denkformen.

In der Darstellung der gesellschaftlichen Zustände schließt Lenz an zentrale Anliegen der Periode an. Die Zusammengehörigkeit ist ersichtlich in Stoffkreisen, Milieuschilderungen, der Konzentration auf soziale Mißstände, der Sprachhaltung und einigen Motiven wie beispielsweise Verführung – Schwangerschaft und Folgen, Bruderzwist, Vater-Sohn Konflikt und der verlorene Sohn. Die Gemeinsamkeiten werden besonders in Literaturgeschichten betont, die den »Sturm und Drang« als Übergangsperiode bewerten. Lenz geht jedoch in der Gestaltung der Kontaktlosigkeit der Menschen erstaunlich neue Wege. Seine Figuren sind selten reine Opfer der Gesellschaft. Sie sind Mitspieler und vergegenwärtigen die Ursachen ihrer Deformierung. Ihr Handeln gibt keine genaue Auskunft über die historischen Bedingungen, aber über die erkennbaren gegenwärtigen Gründe der Krise. Im Figurenaufbau findet Lenz die Formel für die Störerscheinungen im Motiv der hektischen Marionette. Die Marionette springt, fällt um, steht augenblicklich wieder auf. Sie wütet, rast, wirbelt umher und wird unvermittelt wehleidig. Die Auftritte der marionettenhaften Figuren heben das Theatralische ihrer Lebensführung hervor. Die Situation ist besonders ausgeprägt in »Der Neue Menoza«. Graf Camäleon wirft sich hin, küßt Frau Biederling auf Knie, Hand und Mund und stolziert davon, um neue Pläne zu schmieden. Der Prinz wird ohnmächtig. Biederling imitiert ihn sofort: »Prinz! es geht mir wie Ihnen, der Henker holt mir die Sprache und es wird nicht lang währen, so kommt die verzweifelte Ohnmacht auch ... *Fällt hin.*« (I, 152). Er springt jedoch sofort wieder in die Höhe: »... ich wollte nur Spaß machen. Ha ha ha ...« Lenchen (»Der verwundete Bräutigam«) wirft sich hin und fällt in Ohnmacht (I, 30). Keller (»Die Aussteuer«, II, 66) wirft sich »an die Erde«. Die Aggression schlägt unversehens in scheinbar nüchternfriedfertige Gedanken um. Biederling spricht mit Zopf, wird erregt, wirft die Schaufel weg und fordert ihn zum Duell. Er ist jedoch sofort beruhigt, als ihm Zopf Seidenwürmereier zeigt und wendet sich der Zucht der Seidenwürmer zu (I, 164–165). Donna Diana tobt gegen Babet. »Lies Hexe! oder ich zieh dir dein Fell ab ... und verkauf es einem Paukenschläger« (I, 139). Sie tauscht anschließend die Rolle mit Babet »Geißele mich«. Der Bürgermeister verprügelt Zierau mit dem Stock. Der Auftritt wird als Tanz aufgeführt. Während der Bürgermeister auf Zierau einschlägt, ruft dieser: »Papa, was fehlt Ihnen, Papa? ... Papa, was kann ich denn dafür?« (I, 190). Seine Frage legt die Seinsverfassung der Figuren bloß. Die innere Substanz ist entweder total erschüttert oder im Rollenspiel einer Scheinexistenz aufgegangen. Die Figuren suchen Selbstvergewisserung in plötzlichen Gefühlsausbrüchen und sinken haltlos zurück oder verwachsen mit Klassenvorstellungen.

In diesem Zustand der Verunsicherung ist das Schlagen oder Geschlagenwerden, das Aufbäumen oder die Unterwerfung gleichermaßen möglich. In der »Familie der Projektenmacher« beschreibt Redan die Fähigkeit St. Mards, sich in die widersprüchlichsten Haltungen zur Welt einzuleben. St. Mard sucht Halt in Rollen, die er aus Romanen übernimmt, spielt sie »treu« durch und wechselt sie aus. »Das hat ihn nun ... schon in tausend Labyrinthe geführt, aus denen er sich durch seine Mir-nichts-dir-nichtsheit so wieder herausgefunden hat, wie er hineingeraten war« (I, 588). Die totale Anpassung kann im Exzess erheiternd lächerlich oder beunruhigend ernst wirken. Graf Wermuth erklärt gelassen, Essen, Trinken, Glücksspiel und Liebeleien lassen keine Zeit zur Besinnung. Austern beunruhigen weder sein Denken noch seinen Magen: »Ich habe neulich mit meinem Bruder ganz allein auf unsre Hand sechshundert Stück aufgegessen und zwanzig Bouteillen Champagner dabei ausgetrunken« (I, 69). Pirzels Fixierung auf die Menschenwürde wird zur Zwangsvorstellung, die sein Leben beherrscht. Er fordert »Denken«, nicht Handeln, kann aber nur noch die Gattung, nicht Einzelmenschen erkennen. Er erweckt den Eindruck einer Gliederpuppe, die nur noch ruckartig von einem Gedanken bewegt wird (I, 206–207).

Auch das Umschlagen der Aggression in Selbstmitleid oder Reue verdeutlicht die innere Haltlosigkeit der Figuren. Der Major von Berg tobt: »Ich will ein Exempel statuieren – Gott hat mich bis hieher erhalten, damit ich an Weib und Kindern Exempel statuieren kann – verbrannt, verbrannt, verbrannt!« (I, 77). Er schleppt seine ohnmächtige Frau von der Bühne. Später zerrt er seine Tochter aus dem Teich, flucht und bittet zugleich um Verzeihung und stellt plötzlich ganz sachlich fest: »aber wir wollen nicht eher schwimmen als bis wir's Schwimmen gelernt haben« (I, 94). Der alte Pätus jagt seine Mutter aus dem Haus, nachdem sie ihm das gesamte Vermögen übergeben hat. Die Bettlerin tritt durch die rein zufällige Verknüpfung mit Gustchens Kind wieder in sein Leben. Er nimmt sie wehmütig auf. Seine pathetische Rede belegt jedoch, daß er einfach eine neue, der augenblicklich vorherrschenden Tendenz entsprechende Rolle spielt. »Welche Gnade von Gott ist es, daß sie noch lebt, daß sie mir noch verzeihen kann, die großmütige Heilige! daß es noch in meine Gewalt gestellt ist, meine verfluchten Verbrechen wieder gut zu machen« (I, 121). Auswechselbare Gefühle, hektisches Handeln und stilisierte Gestik kennzeichnen eine bedeutende Zahl der Figuren in den Stücken und Erzählungen. Diese Merkmale zusammen mit dem übertriebenen Pathos desillusionieren auch die scheinbar versöhnenden Lösungen einzelner Konflikte. Lenz legt bloß, daß die Voraussetzungen zu einer Reform von Bestand fehlen.

Die ungewöhnliche Dehnung des Motivs bedingt, daß marionettenhafte Figuren grotesk wirken, den Eindruck des Tragikomischen erwecken und besonders aus der Sicht der Moderne zum Sinnbild eines absurden Welttheaters werden.[8] Die Deutungen bieten sich aus der Figurenkonzeption des Marionettenwesens an. Aber selbst eine Figur wie Zerbin, der seine innere Leere zuerst durch einen abstrakten Begriff der Menschheit und später durch den Gefühlsrausch der Liebe – »Er mußte etwas lieben« (II, 367) – ausfüllen will, ist weder tragisch noch komisch. Zur Tragik fehlt die Absolutsetzung eines erkennbaren Ideals. Zur Komik fehlt der Hintergrund einer heilen Welt, an dem die komischen Züge der Umstände oder der Figuren gemessen werden.[9] Das bedeutet keinen Verzicht auf Situationskomik. Lenz weist darauf hin, wenn Sarucho seiner Tochter vorhält: dieser Mann »ist nur lächerlich, nicht verächtlich« (»Myrsa Polago oder Die Irrgärten«, I, 394). Eine Figur ist lächerlich, wenn sie glaubt, die äußeren Umstände seien zufällig und veränderlich. Sie ist verächtlich, wenn sie sich unreflektiert anpaßt und zur Zersetzung der Gesellschaft beiträgt. Das absurde Weltbild, andererseits, setzt die Entleerung des Himmels voraus. Lenz schneidet die Vertikaldimension ab. Und die Figuren finden sich in der Situation von Tantalus, der nur Trugbilder sieht, die er nicht festhalten kann. Somit sind die Voraussetzungen zur Erkenntnis eines kosmischen Ordnungsprinzips nicht gegeben (I, 56). Den Menschen der Gegenwart ist das Heil erst nach der Korrektur der beschrittenen Irrwege erreichbar. Die Motivfunktion der hektischen Marionette im Zusammenspiel mit dem Figurenaufbau verweist daher zurück auf die gegenwärtige Verfassung der Gesellschaft.

Die Marionette ist widerspruchsvoll, weil sie Widersprüche austrägt. Sie beleuchtet den Verlust der Orientierung besonders in Verbindung mit den Motiven der auswechselbaren Rolle, der Täuschung und des Dialogs, in dem die Figuren aneinander vorbeireden oder schreien. Die Motive machen indirekt die Isoliertheit des einzelnen kenntlich. Sie konstatieren im Mitspielen und der Anpassung eigenes Verschulden. Sie belegen hauptsächlich die konsequente Wendung zur Darstellung der Einkreisung der Personen in einer brüchigen Gesellschaft. Die Motivtechnik ist dialektisch: sie deckt

Zusammenhänge zwischen gesellschaftlichen Bedingungen und Selbstbetrug auf. Der Kausalnexus ist daher häufig die unreflektierte oder entsagende Eingliederung in die bestehende Verfassung. Der Lagebericht des Zwangs der Verhältnisse ermittelt die Störerscheinungen, die ein sinnvolles Leben verhindern. Sie sind in allen Schichten der Gesellschaft nachweisbar. Sie bezeugen die Erkenntniskrise, den Liebesverlust, das Maskenspiel der Täuschung und die Versklavung in der Bindung an die Konvention. Tandi charakterisiert allgemeine Züge der Zustände: »... alles, was ihr zusammengestoppelt, bleibt auf der Oberfläche eures Verstandes, wird zu List, nicht zu Empfindung, ihr kennt das Wort nicht einmal; was ihr Empfindung nennt, ist verkleisterte Wollust, was ihr Tugend nennt, ist Schminke, womit ihr Brutalität bestreicht. Ihr seid wunderschöne Masken mit Lastern und Niederträchtigkeiten ausgestopft ...« (I, 141).

Motivkreise der Störerscheinungen – Das Individuelle äußert somit gesellschaftliche Unstimmigkeiten. Der kleine Kreis der Familie bietet kaum die Möglichkeit eines auf Wahrheit beruhenden Zusammenlebens. Lenz erfaßt die Brüchigkeit der Existenzgrundlage im Motiv der gestörten Familie. Intime Familienverhältnisse der Figuren sind teilweise wie bei Herz und Diana bereits in der Kindheit behindert. Aus der Gesellschaft übernommene Vorstellungen verhindern in anderen Familien wechselseitige Beziehungen, welche die Integrität des einzelnen wahren. Konflikte wurzeln in der Geldgier (Just Leybold, Zerbin, St. Armand), im Verlangen, mehr zu scheinen als zu sein (Stadtprediger Läuffer, Familie Wesener) und in der Verinnerlichung von konventionellen Anschauungen (Vater Leybold im Verhältnis zu David, Pätus; Mariane). Die Familie bietet somit keine echte Alternative zur Gesellschaft. Ihre Anfälligkeit ist besonders erkenntlich im Versagen des förderlichen Gesprächs.

Die Sprache ist zersetzt von aggressiven Ausbrüchen. Sicherlich bezeugt die Vorliebe für schlagkräftige Ausdrücke die Zugehörigkeit zur Zeit. Aber die von Lenz entwickelte Technik greift tiefer. Die aggressive Sprache ist mehr als ein konventionelles Zeichen starker Gefühle. Sie bestimmt den Umgangston und verhindert die Verständigung. Väter brüllen Söhne und Töchter an. Major Berg: »Du sollst mir anders werden, oder ich will dich peitschen, daß dir die Eingeweide krachen sollen, Tuckmäuser!« (I, 47). Graf Leybold: »Einfältiger Hund! ... ich werf dich zum Haus naus und du sollst nie meinen Namen tragen« (I, 500–501). Wesener: »Fort von mir, du Luder – willst die Mätresse vom Baron werden? ... Ja lüg nur, lüg dem Teufel ein Ohr ab – geh mir aus den Augen du gottlose Seele« (I, 201–202). Die Vermieterin Blitzer übernimmt die Sprache der Studenten und begrüßt

Pätus: »Du nichtsnutziger Kerl, was lärmst du? Bist du schon wieder nichts nutz, abgeschabte Laus? … kahler lausigter Kerl … Hundejunge« (I, 63). Die Angesprochenen hören kaum zu. Damit wird ersichtlich, daß weder in der verletzenden Rede noch in den galanten Unterhaltungen bei Besuchen ein echtes Gespräch zustande kommt (II, 431ff.). Auch Ansätze zu weiterführenden Gesprächen schlagen fehl, wenn sich der Gesprächspartner nicht von den eigenen Vorstellungen befreien kann (I, 230–231). Ein Meinungsaustausch findet eigentlich nur statt, wenn eigentümlich begrenzte Reformanliegen zur Sprache kommen (I, 245f., II, 431ff.). Gespräche dienen eigentlich nicht der Wahrheitsbekundung, sondern wie Briefe und geheuchelte Liebeserklärungen der Täuschung.

Das geschriebene Wort trügt. Briefe spiegeln Gefühle vor, die dem Zeichen nicht entsprechen (I, 192f.). Sie enthalten Vermutungen, die Tatsachen entstellen (II, 417–18). Sie dienen dem Betrug (I, 225; II, 332ff.) oder Plänen, das Leben anderer Menschen zu beeinflussen (Rothes Briefe im »Waldbruder«). Das bedeutet, die Figuren können die Sprache nicht mehr beim Wort nehmen. Plettenberg erhält Nachrichten von Rothe, aber nie die Wahrheit: »In der Tat … habe ich Ursache von diesem Ihrem Verfahren gegen mich ein wenig beleidigt zu sein, besonders aber von der Gewissenhaftigkeit, mit der Sie alles das vor mir verschwiegen gehalten … wozu sollen die Verheimlichungen?« (II, 412). Die Darstellungen der gesellschaftlichen Sphäre enthalten die Andeutung einer Antwort. Die Konvention des Scheindaseins bestimmt weitgehend das Denken und Handeln in der Gesellschaft. Die Sprache ist im Wesen der Gesellschaftsstruktur verankert. Sie übernimmt die Konvention und verdeckt den Zugang zur Wahrheit. Lenz geht in einem Brief um 1790 an Brunner auf das Problem ein: »Ich lachte über sein Mißverständnis, denn vermutlich war er an den Ton des Umgangs nicht gewohnt und nahm alles so vollkommen nach dem tötenden Buchstaben …« (III, 670).[10] Die Züge der Gesellschaft, die Lenz in seinem Werk entwirft, sind selten zum Lachen: Schachzüge, Betrug, Selbstbetrug, Verdinglichung des Lebens. »Willkommen kleine Bürgerin/Im bunten Tal der Lügen!/Du gehst dahin, du Lächlerin!/Dich ewig zu betrügen.« (III, 213). Der einzelne verstummt, kann Gefühle nur noch »unerklärt im Herzen« bewahren (III, 214) oder klammert sich an täuschenden Bildern noch im Tod fest (I, 337).

Im Netz der Motivbezüge verweisen außer den Figurenkonzeptionen und der Handlungsführung auch anschaulich erfaßte Bilder auf den Selbstbetrug und den Scheincharakter der Gesellschaft. So verfällt beispielsweise Mariane dem Glanz der vibrierenden Zitternadel (I, 196ff.) und wird von

Desportes im Verlauf des Geschehens zum käuflich-verkäuflichen Objekt erniedrigt. Johannes Mannheim erhält von Luzilla einen gestrickten »schönen rotseidenen Geldbeutel« (II, 414), der ihn als Zeichen reiner Liebe auf seinen Reisen begleitet. Beim Wiedersehen stellt sich heraus, daß Luzilla nicht Liebesglück, sondern einen gefüllten Geldbeutel im Leben erwartet. Sie weist Johannes, »den sie gleich auf den zweiten Blick erkannte«, (II, 420) kühl als unbekannten Eindringling ab. Ihr zukünftiges Leben an der Seite des Stadtpfarrers ist fest umrissen. Es ist das der Konvention verbundene mechanische Dasein. Differenzierter und in der Sinngebung mehrdeutig ist der Stellenwert von Porträts und Dunstbildern. Die Bilder erscheinen wiederholt im Werk. Sie sind unlösbar mit dem Ablauf und der Auflösung des Geschehens verknüpft in »Der Waldbruder«, »Der Engländer« und »Tantalus«. Herz bildet in seiner Phantasie ein Ideal menschlicher Vollkommenheit. Er sieht die Gräfin und glaubt, sein Wunschbild sei ins Leben getreten. Er verliebt sich und sucht Erfüllung seines Traumes. Herz ist unbeirrbar, vertraut seiner Vision und ist bereit, ein Gemälde der Gräfin als gültigen Ersatz einer Wirklichkeitserfahrung anzunehmen. Das Abbild ist vollwertig und ungetrübt durch Erkenntnis menschlicher Schwächen, die die Pfarrerstochter in der »Liebe auf dem Lande« (III, 97–100) verwirren. Ideal, Abbild und Bild des Abbilds verschmelzen. Herz muß das Bild besitzen. Die Vermutung, es werde ihm vorenthalten, führt zu ungestümen Ausbrüchen (II, 408, 411–412). Das Ende der Erzählung zeigt, daß für Herz das Bild wichtiger ist als die Gegenwart der Gräfin. Er begrenzt dadurch die Wirklichkeit und zugleich jede weitere mögliche Entwicklung oder Steigerung seines Ideals.

Robert Hot ist gleichermaßen überzeugt, daß die Prinzessin – eine göttliche »Erscheinung für die ganze Natur« (I, 325) – seinem Ideal der Vollendung entspricht. Er empfängt aus ihrer Hand das Porträt, das seine Leiden hindern soll: »... versüßen Sie sich die Einsamkeit damit; und bilden Sie sich ein, daß das Urbild von diesem Gemälde vielleicht nicht so fühllos bei ihren Leiden würde gewesen sein, als es dieser ungetreue Schatten von ihm sein wird« (I, 322). Seine Leidenschaft für die Prinzessin ist jedoch nicht zu stillen. Er verletzt sich tödlich und besteht im Augenblick des Sterbens darauf, das Abbild ins Jenseits zu retten. Seine Idealsetzung ersetzt die christliche Heilserfahrung. Er »*hebt das Bild in die Höhe ... Armida! Armida. – Behaltet euren Himmel für euch*« (I, 337).[11] Auch Tantalus sucht in Juno die Bestätigung seiner eigenen Vorstellung, nicht die Erkenntnis kollektiver Anschauungen, welche in den Gesprächen zwischen Merkur, Apoll und Amor zu Wort kommen. Er befindet sich im Zustand der »Qualentrunkenheit«, der Liebe und des »Selbstgenusses« (III, 200). Sein Versuch, das Bild der Göttin zu befestigen, mißlingt. Ihr Abbild erscheint in der Wolke, verschwindet, erscheint und entschwindet. Tantalus' Zielsetzung ist deutlich. Er will die Göttin zeichnen, aber zugleich seinem Ideal entsprechend verklären. Das Bildnis soll »milder«, persönlicher, menschlicher sein als das Urbild. Der Versuch scheitert, da Tantalus in seinen subjektiven Anschauungen befangen bleibt. Die Strafe ist seiner Verfassung angemessen. Er darf »nichts hören, noch sehen« (III, 203).

In der Verflechtung der Motivreihe Urbild-Abbild-mögliches Ideal und gleichermaßen mögliches Trugbild mit dem Thema der Selbstvergewisserung gewinnt die subjektive Begrenzung im Erkennen des Standorts entscheidende Bedeutung. Gefühle der Selbstliebe, der Glückseligkeit und der Wollust verhindern die Erkenntnis des Ideals. Der Wille, das Bild zu besitzen, verneint jeden Anspruch der allgemeinen Gültigkeit. Die Desillusionierung erweckt Zweifel an der Tragkraft aller Idealkonzeptionen.[12] Der Kreis schließt sich, nicht wie einige Kritiker annehmen, um »an einer Sklavenkette [zu] verseufzen« (I, 55), sondern im Appell an die Mit-Verantwortung aller für die Lebens- und Gesellschaftskrise.

Das Fazit – Die Motivverknüpfungen mit der thematisierten Selbstvergewisserung bilden die Grundlage einer ausgesprochen kritischen Bestandsaufnahme einer allgemeinen Krisensituation. Lenz befragt die Rückversicherung, das Anlehnungsbedürfnis an die Tradition, Neuansätze und das in der Periode weit verbreitete Streben nach Selbsbestimmung. Das Gesamtwerk ist ein Werk der Zeitwende. In ihm kommen wesentliche Sinnzusammenhänge der Epoche auf bedeutende Weise zur Sprache. Lebenskrise und Zeitkrise, Individuelles und Überpersönliches greifen ineinander. Ansätze zu konkreten Reformvorschlägen verlaufen ins Ungewisse, werden desillusioniert (I, 172–173) oder erschöpfen sich in der Beschreibung des selbstgenügsamen Zusammenlebens (II, 424, 431ff. 452).[13] Eingehende Erörterungen einer grundsätzlichen Neugestaltung der Erziehung und der Agrarwirtschaft kommen später in der Periode in Verbindung mit dem Thema der Gesellschaftsreform in Adolph Knigges »Geschichte des Amtsraths Gutmann« (1794) und Goethes »Wilhelm Meisters Wanderjahre« (1821–1829) zu Wort.[14] Lenz' Bedeutung liegt in der eigensinnig verfolgten, harten Bestandsaufnahme der Störungserscheinungen seiner Zeit, in seiner Motivtechnik und im Austragen der Widersprüche im Werk. Lenz ist in der Gestaltung der Raumstruktur und im dialektischen Aufbau der Motive richtungsweisend, in scharfen Angriffen gegen die Verdinglichung des Lebens seiner Zeit verbunden. Das Verfahren der Desillusionierung ist bestechend. Die häufig nur in Ansätzen angedeuteten Stilmittel gehören zu Eigenheiten der Epoche. Aus der Sicht der Themenforschung hat das Werk zentrale Bedeutung. Es verschärft typische Tendenzen der Zeit. Darüber hinaus macht die Thematisierung der Selbstversicherung die verunsicherte Grundlage des Strebens nach Selbstbestimmung ersichtlich. Im Schaffen von Lenz ist das Thema noch deutlich als Aufgabe und Forderung zu verstehen. Die autonome Selbstbestimmung setzt die Ortung der eigenen Position voraus.

---

1 Vgl. Hans-Gerd Winter: J. M. R. Lenz, Stuttgart 1987 (Sammlung Metzler 233), 4–14.
2 Horst S. und Ingrid Daemmrich: Spirals and Circles. A Key to Thematic Patterns in Classicism and Realism. Die Veröffentlichung der zweibändigen Darstellung ist für 1994 geplant.
3 »Anmerkungen übers Theater«, II, 647; hier und im folgenden wird zitiert nach Jakob Michael Reinhold Lenz: Werke und Briefe in drei Bänden, hrsg. von Sigrid Damm, München 1987. Band- und Seitenzahlen stehen in Klammern hinter dem jeweiligen Hinweis.
4 Vgl. die Bemerkungen Prinz Tandis (»Der neue Menoza«) I, 142, 146.
5 Vgl. »Rezension des Neuen Menoza«, II, 699–704.
6 Richtig erkannt und gedeutet von Gert Vonhoff: Subjektkonstitution in der Lyrik von J. M. R. Lenz, Frankfurt/M. 1990, 89–92.
7 Vgl. »Ach bist du fort?« I, 96–97.
8 Vgl. dazu die Deutungen von Karl S. Guthke: Geschichte und Poetik der deutschen Tragikomödie, Göttingen 1961, 55–72; Wolfgang Kayser: Das Groteske. Seine Gestaltung in Malerei und Dichtung, Oldenburg 1961, 42–49 und Hans Günther Schwarz: Dasein und Realität. Theorie und Praxis des Realismus bei J. M. R. Lenz, Bonn 1985, 93–108.
9 Vgl. Inge Stephan und Hans-Gerd Winter: »Ein vorübergehendes Meteor?«J. M. R. Lenz und seine Rezeption in Deutschland, Stuttgart 1984, 16f., 134ff.
10 Der Ansatz von Lenz wird später von Schiller weiter verfolgt und verläuft im Mißtrauen gegen die Sprache über Hofmannsthal zum Verstummen des Wortes in der Moderne. Vgl. Matthijs Jolles: »Toter Buchstabe und lebendiger Geist. Schillers Stellung zur Sprache«, in: Deutsche Beiträge zur geistigen Überlieferung 4 (1961): 65–108.
11 Vgl. dazu »Freundin aus der Wolke« und »Von Gram und Taumel fortgerissen« (III, 100, 192).
12 Vgl. »Die Geschichte auf der Aar« (III, 209–211). Selbst das vorbildliche Handeln des

Mannes, der sich für seine Familie opfert, führt Frau und Kind nur tiefer in Not, Sorge und Erstarrung im Leid.

13 Auch die Vorschläge in »Über die Soldatenehen« (II, 787–827), der »Entwurf einiger Grundsätze für die Erziehung überhaupt, besonders aber für die Erziehung des Adels« (II, 830–837) und Äußerungen in Briefen wie etwa »Ich will aber nichts, als dem Verderbnis der Sitten entgegen arbeiten« (III, 326) belegen nichts Gegenteiliges, da sie nichts über die Kunstprinzipien aussagen.

14 Vgl. in »Gutmann« den Antritt der Amtspachtung und die Geschichte des Herrn von Fürstenruf in: Adolph Knigge: Geschichte des Amtsraths Gutmann, von ihm selbst geschrieben, Hannover 1794, 154ff., 219ff., 238ff. und in »Wilhelm Meister« besonders die Schilderung der Landbesitze, Flächennutzung und Erziehung der Jugendlichen in: Johann Wolfgang Goethe: Goethes Sämtliche Werke. Jubiläumsausgabe, hrsg. von Eduard von der Hellen, Stuttgart 1902–12. 18: 180ff.; 19: 47ff., 72ff., 131–47; 173ff.; 20: 3–20, 212ff.

Zwei Thesen zur Rezeption und Krankheit von J. M. R. Lenz

Timm Menke (Portland)

I.

Wir befinden uns heute – darf man den Behauptungen von Kulturfachleuten Glauben schenken – bereits in der Epoche der allmählich zu Ende gehenden Postmoderne.[1] Zu den erfreulichen Resultaten des Nachdenkens über die postmoderne Welt gehört die Neubeschäftigung mit dem Komplex des Mythos als einem ernstzunehmenden Ausdruck menschlicher Erfahrung. Untersuchungen zu diesem Thema nehmen ihren Ausgang von der Definition von Mythen als Erzählungen, die von menschlichen Grundkonflikten und von wiederkehrenden (quasi)-überhistorischen Konstellationen und Befindlichkeiten menschlichen Daseins handeln. Mythen tragen Elemente der Kategorie des Typischen in sich, und man braucht nicht gleich Nietzsche zu bemühen, um festzustellen, daß sie phänomenologisch eine Wiederkehr von strukturell Gleichem in geschichtlich auseinanderliegenden Epochen markieren.

In dieser historischen Situation wird nun gleich wichtig die Überprüfung von »Pseudo-Mythen«, d.h. von ungeprüft akzeptierten kulturgeschichtlichen Überlieferungen, von allem, was im trivialen Sinne und im täglichen Sprachgebrauch als »Mythos« mißverstanden wird. Im folgenden geht es um Vorschläge zur Auflösung zweier Lenz-»Mythen«, eben von historisch etablierten Konzepten, die in der literarischen Aneignung und der wissenschaftlichen Forschung das Bild der geschichtlichen Person J. M. R. Lenz weitgehend bestimmt haben. Mit einem solchen *Dekonstruktionsversuch* könnte vielleicht ein kleiner Beitrag zur *Konstruktion* eines historisch objektiveren Bildes von Jakob Lenz geleistet werden.

II.

Einmal hat sich in der Lenz-Rezeption (in der poetischen wie auch teilweise in der wissenschaftlichen) ein Verständnis von J. M. R. Lenz durchgesetzt, das weitgehend von der Erzählung Büchners geprägt ist. Eine Korrektur dieser falschen Gleichsetzung setzt bei einer scharfen Trennung zwischen J. M. R. Lenz-Forschung und Büchner-Forschung an. In der Tat bestätigt ein Überblick über Untersuchungen zum Lenz-Komplex, daß bei der Bearbeitung von Lenz-Thematiken eher auf Büchners fiktionalen Text rekurriert wird, als daß man sich auf Leben und Werk von Jakob Lenz bezöge, und die in Büchners Erzählung beschriebene Lebenskrise eines gescheiterten Künstlers/Intellektuellen hat sich in der Folge zum Paradigma für das überlieferte landläufige Bild von Lenz entwickelt. Der Abbau eines auf der Büchnerschen Textgrundlage beruhenden »Lenz-Mythos« stellt ein Desiderat der J. M. R. Lenz-Forschung dar, ist doch die Objektivität der Büchnerschen Quellen, insbesondere des Gedächtnisprotokolls Oberlins, bekanntlich nicht völlig gesichert. Daher scheint es sinnvoll, alle Texte über Lenz-Figuren mit Lenz-ähnlichen psychischen Verfassungen, deren Autoren sich an der Erzählung des Darmstädters orientieren, kategorisch in die Rubrik Büchner-Rezeption einzuordnen und die Forschung über Leben und Werk von Jakob Lenz wachsam davon abzusetzen.

Vom Lenz-Bild im Naturalismus bis heute dient fast ausschließlich Büchners Protagonist als Vorbild für die jeweiligen künstlerischen Adaptionen. Eine Ausnahme bildet die Lenz-Rezeption von Christoph Hein. Und selbst Literaturwissenschaftler, insbesondere Büchner-Forscher, erliegen wiederholt der Gefahr der Rückübertragung der Büchnerschen Lenz-Figur auf die historischen Person. Knapp spricht noch 1984 von *Lenz* als einer »biographischen Erzählung« und Hinderer ein Jahr früher vom unbestrittenen »Wirklichkeitscharakter« der Erzählung.[2] Und nach der Auffindung und kritischen Kommentierung der Oberlinschen Handschrift ist Hubert Gersch der Ansicht, das »historisch entscheidende, weil authentische Dokument für jene Lebensphase des J. M. R. Lenz [sei] nun gesichert«.[3] Schaub schreibt weiter in bezug auf Büchners Protagonisten und den historischen Lenz, es brauche *nicht weiter erörtert* zu werden, daß fiktive Figuren grundsätzlich anders beschaffen seien als außerfiktionale Personen. Genau diese selbstverständlich erscheinende Annahme aber muß weiterdiskutiert werden, denn gerade sie ist meines Erachtens Ausdruck einer des öfteren konstatierbaren Leichtfertigkeit der Büchner-Forschung beim Umgang mit Lebensdaten des historischen Lenz, vor allem was die Zeit seines Aufenthalts in Waldersbach betrifft. Notwendig bleibt so die postulierte scharfe Abgrenzung von Büchner-Forschung und Lenz-Forschung . Aber damit wird Büchners Prosa, eine der großartigsten in der deutschen Literatur, noch lange nicht unbrauchbar für biographische Forschungen zu Jakob Lenz. Vielmehr besteht die Aufgabenstellung in der differenzierten Analyse dessen, was biographisch nachprüfbar und was teilweise unauthentisch ist. Der bald nach dem Abtransport von Lenz zu Oberlins eigener Rechtfertigung verfaßte Bericht erweist sich als nur teilweise verläßlich. Von den 21 Tagen nämlich, die Lenz im Winter 1778 in Waldersbach zubrachte (vom 20. Januar bis zum 8. Februar) war Oberlin nur knappe zehn Tage anwesend: das ist weniger als die Hälfte der Aufenthaltszeit von Lenz im Steintal. An den restlichen elf Tagen befand Oberlin sich auf einer Reise im Badischen und konnte daher in diesem Zeitraum unmöglich Zeuge des Verhaltens von Lenz gewesen sein, sondern mußte sich in wesentlichen Partien seines Berichts auf unbestätigte Aussagen Dritter verlassen. Der Schullehrer Johann David Bohy zum Beispiel berichtet anders als Oberlin über den Auferweckungsversuch in Fouday. Aus diesen Gründen scheint es angebracht, den Partien des Oberlinschen Berichts, die auf Hörensagen und Aussagen Dritter beruhenden, einen guten Schuß gesunden Skeptizismus entgegenzubringen, ohne freilich den Bericht in toto zu verwerfen.

Eine biographisch orientierte Lenz-Forschung sollte weiterhin die Zusätze Büchners zu seiner Quelle isolieren und auf ihre Ergiebigkeit hin prüfen. Es sind im wesentlichen fünf von der Vorlage abweichende Bereiche der Erzählung, die als Büchners Eigenleistung begriffen werden müssen: der Krankheitsverlauf, das Kunstgespräch, die religiöse Entwicklung, die Naturbeschreibung und der Identitätsverlust des Protagonisten. Daß selbst verdiente Lenz-Forscher in ihren Schriften auf Büchners poetische Zusätze zurückgreifen, zeigt das Beispiel von Sigrid Damm, die sich in ihrer Lenz-Biographie viel literarische Freiheit nimmt, wenn sie, Textpassagen paraphrasierend, Büchners Beschreibung von Lenzens Gefühlshaushalt während seiner Wanderung ins Steintal nachempfindet.[4] Die historische Authentizität dieser Passage muß fraglich bleiben. Auch die Person von Kaufmann, bei vielen Büchner-Interpreten ein Vertreter der kapitalistischen Geschäftswelt, war in Wirklichkeit eher das Gegenteil, nämlich ein bürgerlicher Revolutionär, Stürmer und Dränger und Anhänger der Kraftgenie-Bewegung. Mit der Lebensgeschichte des historischen Lenz nicht überein stimmt insbesondere Büchners letzter Satz, das apokalyptisch-lapidare: »So lebte er hin«, ein Satz, der impliziert, Lenz habe in seinen letzten Jahren in geistiger Umnachtung dahinvegetiert. Gerade die gegenwärtige Forschung zu den Moskauer

Schriften von Lenz widerlegt die These des apostrophierten »Wirklichkeit-scharakters« des Büchnerschen Lenz-Bildes. In den russischen Jahren hat Jakob Lenz keineswegs in Apathie alles getan, »wie es die anderen taten«, wie es bei Büchner heißt.

Daß sich dennoch fast 200 Jahre lang in der Rezeption das schiefe Bild von Jakob Lenz als wahnsinnigem Schriftsteller halten konnte, ist zu gleichen Teilen auf die Wucht des Büchnerschen Textes und auf den Mangel an Differenzierung zwischen Erzählung und dem tatsächlichen Schicksal des historischen Vorbilds zurückzuführen. Auch bei der Untersuchung der Krankheit von Jakob Lenz ist es wiederum Büchners Text, der das Bild von Jakob Lenz geprägt hat. So wurde in der Literaturgeschichtsschreibung bis in unser Jahrhundert hinein das *gesamte* Schaffen von Lenz aufgrund der späteren Schizophrenie als wertlos klassifiziert. Selbst seine Meisterdramen wurden erschreckend lange nur im Spiegel seiner später ausbrechenden Krankheit interpretiert und verworfen.[5]

III.

Der zweite Aspekt der hier vorgeschlagenen neuen Sichtweise des herkömmlichen Lenz-Bildes hat mit seiner Erkrankung zu tun. Wohl wiederum im Rückgriff auf Büchners Erzählung hat sich in der Fachliteratur der letzten 25 Jahre weitgehend die Ansicht von der gesellschaftlichen Verursachung seiner Krankheit durchgesetzt, nicht zuletzt durch die Thesen der Anti-Psychiatrie und die methodische Neubesinnung in der Germanistik durch die materialistisch bzw. sozialgeschichtlich orientierte Literaturwissenschaft der späten sechziger Jahre. Heute überwiegt in der Lenz-Forschung die Ansicht, die psychischen Schwierigkeiten von Lenz – so wie sie in der Schweiz und in Waldersbach zuerst auftraten und ihn bis an sein Lebensende nicht losließen – seien das Resultat einer selbstquälerischen Identitätsdestruktion als letzter Stufe einer fortschreitenden umfassenden gesellschaftlichen Entfremdung. Außer von der Literaturwissenschaft ist Lenzens »Zustand« in unserem Jahrhundert auch eingehend von anderen Disziplinen untersucht worden. Es liegen eine Reihe von Untersuchungen von literarisch Interessierten Fachleuten aus der Medizin und der Psychiatrie vor, die fast unisono die Diagnose der Katatonie stellen (einer Sonderform der Schizophrenie). Die Episode in Waldersbach wird dabei als zweite Phase des ersten Schizophrenieschubes interpretiert. Auch Hans-Gerd Winter stellt in seiner Monographie fest, daß Lenzens Krankheit von Medizinern übereinstimmend als Schizophrenie gedeutet wird, ohne sich allerdings dieser Diagnose anzuschließen.[6] Auf die Darstellung dieser einschlägigen Forschungsergebnisse wird hier verzichtet: sie lassen sich bei Herwig Böcker nachlesen.[7] Selbst wenn bei Teilen von Oberlins Bericht Skepsis angebracht ist, lassen sich die klassischen Schizophreniesymptome bei Lenz in Waldersbach kaum übersehen: das Auseinanderfallen von Vernunft und Emotion, die spektakulären unangebrachten wilden Gesten, seine Halluzinationen, das Stimmenhören im eigenen Kopf, die Überzeugung, messianische Missionen erfüllen zu müssen (der Erweckungsversuch), das intensive gefühllose Sichentziehen, die apathische Leere, seine Suizidversuche. Fuller Torrey, der führende Experte der Virus-Theorie der Schizophrenie, argumentiert, Stimmenhören sei das spezifische Symptom von Schizophrenie: 75% aller Patienten hörten Stimmen – Stimmen, die Selbstmord befehlen, zwei Stimmen, die im Kopf des Patienten Diskussionen führen.[8] Alle diese Symptome werden von Oberlin in seinem Bericht über den kranken Lenz erwähnt. Vielleicht noch erhellender sind neueste Erkenntnisse, nach denen bei Schizophrenen die gesamte linke Gehirnhälfte durch die Krankheit impliziert ist – eben *die* Hemisphäre, die Sprache möglich macht, und damit auch die Interpretation von Wörtern und Symbolen definiert. Die Zerstörung dieser Definitionsgrenzen schafft so die horrende Furcht der Kranken vor ihrer Welt.[9] Auch hierfür läßt sich bei Oberlin ein Hinweis finden. Bei J. M. R. Lenz äußert sich dieser sprachliche Verlust in seinen verzweifelten Ausrufen: »Hieroglyphen – Hieroglyphen«, und wird so Ausdruck der antagonistisch verrätselten Welterfahrung des kranken Dichters.

Vor der Verwendung des Begriffs Schizophrenie hat die literaturwissenschaftliche Lenz-Forschung ein gewisses Unbehagen entwickelt. In der Tat läßt sich bei Germanisten eine Tendenz zur Vermeidung bzw. Metaphorisierung dieses Terminus beobachten. Die »Krankheit« (in Anführungszeichen!) wird als »Unbehaustheit« oder ein »In-sich-Zerrissensein« bezeichnet, vielleicht um die Möglichkeit offenzuhalten, das physiologische Phänomen weiterhin mit literarisch-existentiellen Begriffen als Leiden an der Welt erklären zu können.[10] Exakt dieses Phänomen der Umschreibung hat, freilich in einem anderen Zusammenhang, Susan Sontag in ihrem Essay »Krankheit als Metapher« kritisiert, einem nach Thomas Anz »ungewollt literaturfeindlichen Essay«, dessen Hauptargument sich gegen die Metaphorisierung von Krankheiten richte, da diese so in der Folge entkörperlicht und zu einem bloßen Bild degradiert würden.[11]

Während die Debatte zwischen Endogenetikern und Soziogenetikern um die Ätiologie von Schizophrenie in Deutschland noch andauert (oder genereller: zwischen Natur- und Geisteswissenschaften bzw. zwischen Schul- und Antipsychiatrie)[12], ist diese Diskussion in den USA weitgehend abgeschlossen. Neuere Forschungen zur Ätiologie von Schizophrenie haben dort nachgewiesen, daß es sich um eine physiologische Erkrankung des Gehirns handelt, für die sowohl genetische Veranlagungen (die jedoch nicht unmittelbar vererbt werden müssen, sondern eine Generation überspringen können) als auch Virusinfektionen, die sich die Patienten pränatal oder in den ersten Lebensjahren zuziehen, verantwortlich sind. Der Schizophrene leidet unter dem Mangel an Aktivierungsfähigkeit eines bestimmten Gehirnteils, der präfrontalen Großhirnrinde. Die Diskussion um prozentuale Verteilung der Gewichte dauert zur Zeit noch an.[13]

Schizophrenie ist dann eben diejenige körperliche Krankheit, die den Menschen von allen anderen Säugetieren unterscheidet und ihn einzigartig macht, ist er doch das einzige Lebewesen mit einer präfrontalen Kortex und eingeborenen sprachlichen Fähigkeiten. Die kulturgeschichtliche Konsequenz ist dann eigentlich die Erkenntnis einer auf Kopernikus, Darwin und Freud folgenden weiteren Erniedrigung des Menschen, denn es ist eben genau diese Kortex, die homo sapiens erst Bewußtsein und die Reflektion über sein Dasein überhaupt ermöglicht, deren Dysfunktion jedoch ihn hinter das Tierreich zurückwirft. Falls genetische und biologische Faktoren als Ursache von Schizophrenie nachgewiesen werden können, dann sollte die Krankheit in ätiologischer Hinsicht als nicht primär gesellschaftliche verstanden werden. Auch was die Bedeutung von sozialem Stress als Auslöser angeht (also ein exogener Anlaß), so sind die Meinungen geteilt. Bei einer ernstzunehmenden Schule von US-Wissenschaftlern (der Gruppe um Andreasen) herrscht Skeptizismus, was die Wichtigkeit des sozialen Auslösers betrifft. Einige vertreten sogar die Ansicht, diese Faktoren könnten praktisch vernachlässigt werden, es komme ihnen kaum eine Schlüsselfunktion zu. Forschungen zur »Paläontologie« dieser Erkrankung haben weiterhin nachgewiesen, daß Schizophrenie keineswegs eine Krankheit des Industriezeitalters oder eine Folge der Entfremdung und Identitätsdestabilisierung des modernen Menschen ist, und wenig mit seiner oft prekären existentiellen Situation zu tun hat. Schizophrenie befällt 1% der Bevölkerung eines Landes, ist nicht an eine bestimmte historische Zeit gebunden, läßt sich in allen Kulturen antreffen und ist soziologisch und ökonomisch unparteilich: recht eigentlich demokratisch.

Auch sollte auch im Zuge dieser Funde der Terminus »Geisteskrankheit« überdacht werden, denn das dem Wahnsinn anhaftende moralische Stigma ist spätestens seit der Aufklärung Teil unserer abendländischen Kultur. Der Dualismus von Körper und Geist beherrscht seit ihrer kategorialen Trennung durch Descartes das abendländische Denken, und die Unterscheidung von körperlicher und geistiger Krankheit war seine logische Folge. Vielleicht können die neuen Ergebnisse der US-Schizophrenieforschung zu einem Überdenken und zur Überwindung dieser geschichtlich überholten Kategorien beitragen.

Was können diese neuen Einsichten nun für die Biographie von Jakob Lenz leisten? Treffen die Forschungsergebnisse von der biologisch/genetischen Ätiologie der Schizophrenie zu, könnte es auch bei der geisteswissenschaftlichen Lenz-Forschung zum Überdenken der Hypothese von der – im weitesten Sinne – gesellschaftlichen Verursachung der Krankheit (und damit seiner Zerstörung) von Jakob Lenz führen. Wo müßte angesetzt werden, um die neuesten Ergebnisse der Schizophrenie-Forschung für die Biographie von Lenz fruchtbar zu machen? Wir lächeln heute über das zeitgenössische Urteil Oberlins, es sei Lenzens »herumschweifende Lebensart, seine unzweckmäßigen Beschäftigungen, sein häufiger Umgang mit Frauenzimmern« gewesen, die die Krankheit ausgelöst hätten.[14] Andere Erklärungen verlieren aber ebenfalls an Überzeugungskraft: so das Argument, seine ausweglose existentielle Situation als freier frühbürgerlicher Schriftsteller im Spannungsfeld aufklärerischer Ideale und gesellschaftlicher Wirklichkeit hätten die Schizophrenie ausgelöst, oder verantwortlich seien seine geistige und soziale Heimatlosigkeit bzw. seine Hoffnungslosigkeit nach dem Bruch mit der Bruder/Vater-Figur Goethe und seiner Ausweisung aus Weimar. Sicherlich, diese Probleme waren lebensgeschichtlich real und im Ensemble gesehen zusammen mit seinen psychosexuellen Schwierigkeiten manifestieren sie sich bei Lenz als handfeste neurotische Züge.[15] Doch dürfte allerdings ein qualitativer Umschlag von der Neurose zur ausbrechenden physiologischen Krankheit Schizophrenie schwer nachzuweisen sein.

Das scheinbar überzeugendste gesellschaftliche und besonders bei Geisteswissenschaftlern beliebte Erklärungsmodell freilich stellt die Doublebind Theorie von Gregory Bateson[16] dar, nicht nur im Falle von Jakob Lenz. Nach dieser Theorie müssen folgende Bedingungen für die Genese von Schizophrenie gegeben sein:

- Zwei Personen in einer intensiven Beziehung, die eine davon das »Opfer«;
- Zwei sich widersprechende Gebote der mächtigeren Person, Gebote, die vom Opfer nicht beide befolgt werden können;

– Die Herausbildung einer jahrelangen habituellen Erwartungshaltung beim Opfer, verbunden mit dem tertiären Verbot, das Feld des Konflikts zu räumen, d.h. die Kommunikation einseitig abzubrechen.

Überträgt man dieses (hier stark vereinfachte) Modell auf das Verhältnis von Lenz-Vater und Sohn, so finden sich alle diese Bedingungen erfüllt: der streng pietistische Vater verlangt als pater familias vom Sohn völligen Gehorsam und Unterwerfung unter seinen Willen. Der jedoch begibt sich in Königsberg und Straßburg durch seine Hinwendung zu aufklärerischen Ideen und zur Schriftstellerei auf einen Konfrontationskurs mit dem Vater und zieht sich dessen heiligen Zorn und Liebesentzug zu, denn das Verfassen von weltlicher Literatur gilt dem Vater als Müßiggang (und damit als Sündhaftigkeit). Dadurch entsteht eine habituelle Erwartungshaltung von Schuld beim Sohn, die in der späteren Straßburger Zeit auch durch den Befreiungsversuch des Schreibens nicht mehr kompensiert werden kann. Je mehr er schreibt, desto tiefer stürzt er sich in Schuld. Die Religion schließlich fungiert als das notwendige dritte negative Verbot, das Feld der Auseinandersetzung zu räumen. Lenz-Sohn hat sich nie von den Fesseln der Glaubensgrundsätze des väterlichen Pietismus losmachen können. Als Lenz die Widersprüche nicht mehr aushält, meldet sich die Schizophrenie. Die Plausibilität dieses Ansatzes besitzt nur einen Nachteil: die Double- bind Theorie hat sich in der klinischen Forschung inzwischen als rein spekulatives Modell herausgestellt und konnte durch Fallstudien nie verifiziert werden. Als Kommunikationsmodell zur Genese von Neurosen mag die Theorie ihre Bedeutung haben; als Erklärung für das Entstehen von Schizophrenie freilich wird sie heute von den meisten Neurobiologen und Medizinern abgelehnt und ist als Sackgasse der Ätiologieforschung in den USA bereits seit längerem ad acta gelegt.[17]

IV.

Die Attraktivität der Double-bind Theorie freilich beruht auf ihrem geisteswissenschaftlichen Denkansatz, so wie auch die meisten soziogenetischen Erklärungsmodelle für die Krankheit aus diesem Forschungsbereich stammen. Thomas Anz beispielsweise spricht im Zusammenhang mit seiner Untersuchung der Krankheitsthematik in der deutschsprachigen Gegenwartsliteratur von »Krankheiten, die sich kultur- und gesellschaftskritisch leicht instrumentalisieren« lassen.[18] Ähnliches ließe sich wohl auch für literaturwissenschaftliche Versuche behaupten, die Schizophrenie von Lenz in den Griff zu bekommen. Freilich bedeutet der Vorschlag der Einbeziehung naturwissenschaftlicher Erkenntnisse keineswegs eine prinzipielle Infragestellung sozialgeschichtlich oder materialistisch orientierter Forschungsansätze. Nur wird wie hier im Falle von Jakob Lenz die Solidität einer Interpretation von menschlichen Schicksalen als Opfer ausschließlich gesellschaftlicher Verstrickungen und Widersprüche problematisch.

Dennoch überrascht das fortwährende Interesse an der Biographie von Jakob Lenz in der Gegenwart nicht. Die Vielzahl von modernen literarischen Lenz-Aneignungen zeigt allerdings nicht nur das Mit-Leiden unserer Zeitgenossen mit dem an den gesellschaftlichen Verhältnissen leidenden Lenz.

Schließlich und endlich läßt sich aber auch – psychoanalytisch gefaßt – eine Spur von Selbstmitleid bei Lenzianern feststellen, denn es könnte zutreffen, daß der durch die Erfahrungen seiner eigenen Lebenszeit selbst neurotisierte und leidende Intellektuelle des industriellen Massenzeitalters sich in der historischen Person Lenz teilweise wiederentdeckt. Die Furcht vor dem eigenen (metaphorischen) »Verrücktwerden« bzw. »Die Angst vor der Angst«, um den Titel eines Fassbinder-Fernsehfilms zu zitieren, macht sicherlich einen nicht zu unterschätzenden Teil der Faszination bei der Lenz-Forschung und -Aneignung aus. Im Hintergrund der modernen Ängste vor Identitätsverlust und Sinnlosigkeit taucht das Schicksal von Lenz auf, der die erfolgte Zerstörung seiner Identität als Schriftsteller und Intellektueller (und damit die Katastrophe) zugeben muß, als er bei der Ankunft in Waldersbach von Oberlin gefragt wird, ob er nicht gedruckt sei. Er antwortete bekanntlich: »Ja; aber belieben Sie mich nicht darnach zu beurteilen«.[19] Die aktuelle Frage dann bleibt: das Schicksal von Jakob Lenz als schwarzer Spiegel der individuellen und kollektiven Ängste unser eigenen Zeit?

1 Andreas Huyssen und David Bathrick, Hg.: Modernity and the Text: Revisions of German Modernism. New York, 1989.

2 Zit. bei Gerhard Schaub, Hg.: Georg Büchner: Lenz. Erläuterungen und Dokumente. Stuttgart, 1987, S. 5–6. Selbst Thomas Anz unterscheidet in seiner ausgezeichneten Habilitationsschrift meines Erachtens nicht gründlich genug zwischen Büchners Lenz-Figur und dem historischen Jakob Lenz. Thomas Anz: Gesund oder krank? Medizin, Moral und Ästhetik in der deutschen Gegenwartsliteratur. Stuttgart, 1989, S. 1–25.

3 Hubert Gersch, Hg.: Georg Büchner: Lenz. Studienausgabe. Stuttgart, 1984. Nachwort. S. 66–67.

4 Sigrid Damm: Vögel, die verkünden Land. Das Leben des Jakob Michael Reinhold Lenz. Berlin und Weimar, 1988, S. 296–297.

5 Zwei Beispiele aus der Gründerzeit für diese Sichtweise:
Robert Koenig: Deutsche Literaturgeschichte. 1. Band. 33. Auflage. Bielefeld/Leipzig, 1910,
S. 369: »In seinen Anmerkungen über das Theater kündigt er allen bisherigen dramatischen Regeln den Krieg an – das wildeste Durcheinander der Szenenfolge galt ihm als das Ideal. In seinem ersten Stück: Der Hofmeister oder die Vorteile der Privaterziehung, in dem die unnatürlichsten Verhältnisse auf das widerlichste verzerrt erscheinen, sucht er sein Ideal zu verwirklichen. Noch wüster und wilder sind seine darauf folgenden Stücke, durch die ein Kampf gegen die Schranke der Sitte und Sittlichkeit tobt, der zum Teil nur aus der Geistesumnachtung sich erklärt, in welcher der Unglückliche endlich zu Grunde ging.«
Oder Eduard Engel: Geschichte der deutschen Literatur. 16. Auflage. Wien/Leipzig, 1912. »Die einfache Wahrheit hat zu lauten, daß Lenz schon früh körperlich und geistig krank war, also für die Sittenrichterei kein Gegenstand ist.« (S. 472).
Oder »Der neue Menoza [...] ist überhaupt kein Stück, auch nichts einem Stück Ähnliches, sondern ein in drei Akte eingeteilter Unsinn.« (S. 474). Engel hat sich freilich das Stück noch nicht einmal flüchtig angeschaut: es hat nämlich fünf Akte.

6 Hans-Gerd Winter: J. M. R. Lenz. Stuttgart, 1987, S. 100.

7 Herwig Böcker: Die Zerstörung der Persönlichkeit des Dichters J. M. R. Lenz durch die beginnende Schizophrenie. Med. Diss. Bonn, 1969, S. 11–13.

8 Tony Dajer: »Divided Selves«. In: Discover. The World of Science. Vol. 19, Nr. 9 (1992). S. 40.

9 Dajer, 1992. S. 42–43.

10 Siehe zu diesem Punkt Hans-Gerd Winter, 1987. S. 100, S. 278, S. 291, oder Sigrid Damm, 1988. S. 309.

11 Thomas Anz: Gesund oder krank? Medizin, Moral und Ästhetik in der deutschen Gegenwartsliteratur. (Anm. 2). Zu Susan Sontag besonders S. 13–14.

12 Vergl. z.B. den Artikel von Hans Harald Bräutigam: »Diktat des Wahns«. In: Die Zeit. Nr. 20. 18. Mai 1990, S. 20. [Überseeausgabe].

13 Hierzu Nancy C. Andreasen: The Broken Brain: the Biological Revolution in Psychiatry. New York, 1984 . Auch: Irving I. Gottesman: Schizophrenia Genesis: the Origins of Madness. New York, 1991. Weiter auch Tony Dajer. Siehe Anm. 8.

14 Siehe Johann Friedrich Oberlins Bericht Herr L.... In: Gersch, S. 47.

15 Lenzens psychosexuelle Schwierigkeiten rühren aus der pietistischen Anschauung seiner Jugend von der Sündhaftigkeit alles Sexuellen, von der er sich zeit seines Lebens nicht befreien kann. Siehe dazu auch das Supplement zu den Moralisch-theologischen Vorträgen: »Die Triebfeder unserer Handlungen ist die Konkupiszenz... Gott wollte also

unsere Konkupiszenz in Bewegung setzen – das konnte nur durch ein *Verbot* geschehen«. J. M. R. Lenz, Gesammelte Schriften IV. München und Leipzig 1910, S. 63. Die zahlreichen Selbstkastrierungen bzw. Kastrierungsversuche der Helden in seinen Stücken weisen – lebensgeschichtlich real – auf diese Problematik hin. Auch die einseitigen Liebesbeziehungen zu älteren oder verheirateten Frauen, auf die hier nicht weiter eingegangen werden kann, gehören in diesen Bezugsrahmen. Die geliebten Frauen werden durch die Stilisierung zu einem Mutterbild entsexualisiert.

16 Gregory Bateson: »Toward a Theory of Schizophrenia«. In: Carlos E. Sluzki und Donald C. Ransom: Double Bind: The Foundation of the Communicational Approach to the Family. New York, 1976, S. 3–22.

17 Zur Unbrauchbarkeit der Double-bind Theorie für die Schizophrenie bes. Ming T. Tsuang: Schizophrenia. The Facts. Oxford, 1982, S. 46–47.

18 Anz, 1989, S. 86.

19 J. F. Oberlin: Herr L.... In: Gersch, 1984, S. 35.

Berufsprobleme der Akademiker
im Werk von J. M. R. Lenz

Heinrich Bosse (Freiburg)

Lenz, so möchte ich denken, verknüpft die Berufssorgen der Akademiker mit den psychischen Nöten des Erwachsenwerdens. Er entdeckt die Jugend von der Gefahrenseite her, als eine Übergangszone voller Risiken und Krisen.

Es liegt nahe, daß Lenz in seinem Werk die Probleme derjenigen sozialen Gruppen anspricht, der er selber angehört. Das ist die Schicht der Studierten oder der Akademiker. In der ständischen Gesellschaft wird diese Schicht auch ständisch unterschieden. Die »Gelehrten« (*literati*) bilden einen eigenen, eben den gelehrten Stand. Dazu gehören alle, die eine Universität besuchen oder besucht haben. »*Literatus*«, erklärt ein Zeitungslexikon um die Jahrhundertmitte, ist einer, »der studirt hat, Gelehrter«[1]. So ist der gelehrte Stand, anders als die anderen Geburts- oder Berufsstände, allein durch die Ausbildung definiert. Diese Ausbildung findet außerhalb des »ganzen Hauses« statt, weder im elterlichen noch in einem fremden Haushalt, sondern in einer eigens dafür gegründeten lateinsprachigen Institution. Wenn andere Jugendliche in der ständischen Gesellschaft ihre Ausbildung beginnen, so sind sie von Anfang an angehender Bauer oder Handwerker oder Kaufmann oder Soldat, also ständisch und beruflich festgelegt. Wenn jedoch ein *Academicus* studiert, so ist er damit nur ständisch festgelegt, keineswegs aber beruflich. Der Theologe kann, vorübergehend oder dauernd, auch Schulmann werden; der Jurist kann, selbst im Staatsdienst, Positionen ausfüllen, die gar nichts mit seinem Studium zu tun haben[2]. Für den Akademiker tut sich in den meisten Fällen zwischen Ausbildung und Beruf eine Lücke auf. Dies Intervall, eine Phase persönlicher und sozialer Unsicherheit, verschärft die Probleme des Erwachsenwerdens.

Lenzens Beitrag zur Entdeckung der Jugend[3] ist sehr deutlich sozial pointiert. Die Pointe entgeht einem jedoch, wenn man die soziale Zuordnung von heute her vornimmt, also nach Problemen des Bürgertums oder der Bürgerlichen oder der Gebildeten oder der Intellektuellen fragt. In der

Zuordnung von damals, vor der Französischen Revolution, sind soziale Fragen Statusfragen, also wörtlich, Standesfragen. Wenn die Akademiker über sich selber Auskunft geben, spielen sie das freilich gerne herunter. So schreibt ein Kieler Professor 1784, als wenn es ihn nichts anginge: »Es ist ein Gelehrter, pflegen die welche nie eine hohe Schule bezogen haben, von dem zu sagen, der diesen Vortheil oder Nachtheil vor ihnen voraus hat. Nach dem Sinne dieser Leute ist der Gelehrten-Stand eine ziemlich weitläuftige Innung«[4]. Doch wenn es Ernst wird, d.h. wenn es ums Geld geht, dann kommt sofort heraus, daß ein Geistesarbeiter einen höheren Rang zu beanspruchen hat: »Das Etablissement eines Gelehrten erfordert gleich beträchtliche und unvermeidliche Ausgaben. Er ist seinem Range eine anständige Erscheinung schuldig, er ist es seinem Amte schuldig, daß er sich mit den kostbaren Werkzeugen desselben, mit Büchern versehe«[5]. Die Berufsfindung oder das »Etablissement eines Gelehrten« ist nämlich der kritische Punkt. Im Werk von Lenz spielt er eine bemerkenswerte Rolle.

Akademiker sind in vielen seiner Texte zu finden. Pastor Johannes Mannheim im »Landprediger« (1777) hat Kameralwissenschaften, Chemie und Mathematik studiert, anstatt theologische Vorlesungen zu besuchen, und illustriert damit geradezu herausfordernd den Hiatus zwischen Studium und Beruf. Magister Zerbin in »Zerbin oder die neuere Philosophie« (1776) bewegt sich frei durch die Fächer der philosophischen Fakultät. Er hat Moral bei Gellert gehört und hält dann selber Vorlesungen über modische Fächer wie Algebra oder zivile und militärische Baukunst, um schließlich zur Moral und zum Völkerrecht zu wechseln, da er Professor der ökonomischen Wissenschaften werden will. Läuffer in »Der Hofmeister oder Vorteile der Privaterziehung« (1774) nimmt in diesem Zusammenhang eine Sonderstellung ein: auf der Universität hat er, anstatt etwas zu lernen, sogar das vergessen, was er seinerzeit in der Schule gelernt hatte – mit entsprechenden Folgen für die Berufsfindung. Aber auch der Baccalaureus Zierau im »Neuen Menoza« (1774), der immerhin einen akademischen Grad erworben hat, wenn auch den billigsten, hat Probleme, einen Beruf zu finden. In diese Reihe gehören noch zwei Figuren, die nicht eindeutig als Akademiker auftreten. Da ist einmal der Philosoph Strephon in »Die Freunde machen den Philosophen« (1776), über dessen Ausbildung nichts bekannt ist, der sich aber durch Gelehrsamkeit, Autorschaft, Bücherschrank und Studieren als *vir doctissimus* qualifiziert. Da ist auch der Waldbruder namens Herz (»Der Waldbruder«, publ. 1797). Der ist zwar national und sozial kaum festzulegen, zugleich ein Adliger und ein Bürgerlicher, Akademiker und Nicht-Akademiker, doch hat er immerhin in Leipzig studiert.

Haben die Akademiker einmal einen Beruf gefunden, der sie ökonomisch selbständig macht, so sind sie zwar in Probleme mehr oder weniger verwickelt, doch eher wegen ihrer Ansichten als wegen ihres Status. So Pastor Läuffer im »Hofmeister«, der Magister Beza im »Neuen Menoza«, der Feldprediger Eisenhardt in den »Soldaten«. In der Laufbahn des Pastors Mannheim stellen sich Konflikte ein, keine Krisen. Nachdem er ein Amt gefunden hat – wobei die ganze Problematik der Stellenvermittlung ausgeklammert ist –, findet er fast ebenso leicht eine Frau. Und im Amt wie zu Hause gelingt es ihm regelmäßig, seine Stellung zu seiner Zufriedenheit zu definieren[6]: gegenüber den Bauern, gegenüber dem Adel, gegenüber der Öffentlichkeit, gegenüber der nachwachsenden Akademikergeneration, gegenüber der Kirche. Selbst unbedroht von den Gefahren, die »in dem Vorbereitungsstande« lauern, hilft er seinerseits jungen Akademikern, diese Gefahrenzone zu überwinden:

> »Er wußte, welch eine unangenehme Epoche im menschlichen Leben der Übergang vom Jünglingsalter zu männlichern Geschäften macht, und wie nötig jungen Leuten, die von der Akademie kommen, oder sonst in dem Vorbereitungsstande zu wichtigern Geschäften stehen, ein Hafen sei, in welchem sie ihr Schiff takeln, kalfatern und segelfertig machen können, ehe sie es wagen dürfen, es vom Stapel abzulassen.«[7]

Die Bruchzone zwischen Studium und Beruf, diese »unangenehme Epoche«, dazu das Studium selber sind der Ort für die Berufsprobleme der Akademiker bei Lenz.

Sieht man einmal vom Schulbesuch ab, so lassen sich die Berufsprobleme in vier Fragen fassen:

1. Wer bezahlt das Studium?
2. Wie wird das Intervall zwischen Studium und Beruf überbrückt?
3. Wer vermittelt den Zugang zu einem »Amt«, d.h. zur beruflichen Selbständigkeit?
4. Wie verhalten sich Berufsfindung und Partnerfindung zueinander?

Die ersten beiden Punkte sind auch heute unmittelbar einsichtig. Der dritte Punkt betrifft zwei Besonderheiten der ständischen Gesellschaft. Erstens gab es keinen öffentlichen Stellenmarkt für Akademiker. Stellen waren nur durch Empfehlungen zu bekommen, also im Systemzusammenhang der Patronage[8]. Sie funktioniert in einem Netz verwandtschaftlicher, bekanntschaftlicher oder auch autorschaftlicher Beziehungen, wie Lenz es ausdrückte: »es entsteht eine Lücke in der Republik wo wir hinein passen – unsere Freunde, Verwandte, Gönner setzen an und stoßen uns glücklich hinein –«[9]. Zweitens erlauben es nicht alle Berufspositionen, ökonomisch so selbständig zu werden, daß man einen Hausstand gründen konnte. Manche

Stellen machten die Heirat möglich und nötig, andere, namentlich Lehrer-
und Sekretärstellen, nicht. Der Dorfschulmeister Wenzeslaus, obgleich kein
Akademiker, ist ein bekanntes Beispiel dafür. Die Doppelfrage nach Berufs-
und Partnerfindung schließlich verbindet die beiden wichtigsten Aspekte
des Erwachsenwerdens miteinander. In der ständischen Gesellschaft, in der ja
nicht jeder heiraten konnte, gehören sie eng zusammen, und erst recht im
System der Patronage, wenn eine Stelle direkt oder indirekt zu erheiraten
war[10].

Zu erwähnen wäre noch, daß ein modernes Problem in der ständischen
Gesellschaft *nicht* auftritt, nämlich das des Studienabschlusses. Wenn der
Student nicht an der Universität graduierte, meldete er sich nach der
üblichen Verweildauer von zwei, allenfalls drei Jahren zu Hause bei den
kirchlichen oder staatlichen Behörden, um sich prüfen und in die Liste der
Amtsanwärter für Kirche oder Staat aufnehmen zu lassen. Damit war er
registriert, nichts weiter. Für sein Fortkommen war er auf Empfehlungen
angewiesen, die ihrerseits zugleich die Leistungsnachweise ersetzten, solange es noch keine genormten Zeugnisse und Staatsprüfungen an den
Universitäten gab.

Was die Bezahlung des Studiums betrifft, so entwickelt Lenz drei
Konfliktvarianten. 1. Der Vater mißbilligt die Studien des Sohnes, übt aber
keinen finanziellen Druck aus. Der spätere Landprediger Johannes Mannheim erhält zwar allerlei Bannstrahlen von seinem orthodoxen Vater, doch
hören wir nichts davon, daß dieser ihm die materielle Unterstützung
entzöge. So aber Variante 2: der Vater mißbilligt das Verhalten des Sohns so
sehr, daß er sich von ihm lossagt und beides, Geld- und Nachrichtenfluß,
sperrt. Das tun zwei Väter im »Hofmeister«. Der bürgerliche Vater bestraft
auf diese Weise die Verschwendung oder die Unfähigkeit seines Sohnes, mit
Geld umzugehen. Der adlige Vater glaubt, aufgrund einer Verleumdung,
seinen Sohn jenseits aller Standesgrenzen in die Kriminalität abgesunken,
und reagiert ebenso. Das adlig-bürgerliche Freundespaar, das sich tatsächlich
heillos in Schulden eingefressen hat[11], geht jedoch nicht wie Schillers
hochverschuldete Studenten unter die Räuber, sondern wechselt einfach
die Universität. Sie spielen, indem sie sich aufs neue verschulden, nunmehr
ihr Verhalten zu den Frauen aus, bis ein Lotteriegewinn sie zur Rückkehr
befreit. Das Glück kann den Geldhahn wieder aufdrehen, den die Väter
zugedreht hatten. Variante 3 zeigt uns den »Werkstudenten«, der neben dem
Studium »jobbt«, d.h. standesgemäß Privatunterricht erteilt. Auf diese Weise
gelingt es Zerbin, ohne alle väterlichen Zuwendungen und ohne Schulden

zu studierten. Er hat sich von seinem Vater losgesagt, und das Glück ist zunächst mit ihm, da er Gebührenerlaß und Unterrichtsarbeit erhält. Selbst die Magisterdisputation[12] kann er offenbar aus Eigenem bestreiten.

Wenn die Jugend, nach der Formulierung von John R. Gillis, »im Status der Halbabhängigkeit« lebt[13], so ist diese Halbabhängigkeit bei den Studenten finanzieller Art. Sie kommt bei den Konflikten zwischen Vater und Sohn ins Spiel, jedoch nicht in allen Texten und vor allem nicht lebensbedrohlich. – Wesentlich gefährlicher ist die unangenehme Epoche zwischen Studium und Beruf. Diese Periode kann auf dreifache Weise überbrückt werden: I. durch Warten, sei es zu Hause, sei es anderswo; II. durch eine »Interimsversorgung« als Hofmeister[14]; III. durch eine zölibatäre Versorgung, d.h. durch Einkünfte, welche zu gering sind, um darauf einen Hausstand zu gründen.

I. Wartestellung. »Gütiger Gott! es ist in der Welt nicht anders: man muß eine Warte haben, von der man sich nach einem öffentlichen Amt umsehen kann, wenn man von Universitäten kommt«, so der Pastor Läuffer[15]. In Wartestellung, wenn auch nicht mit hoher Aussicht, befindet sich der Baccalaureus Zierau im »Neuen Menoza«. Er hat in Wittenberg und Leipzig studiert und schreibt an einem Buch über die Verbesserung der Verhältnisse, läßt sich jedoch als Helfer in einer Verführungsintrige gebrauchen, erhofft nichts mehr von der Beziehung zu Frauen und spielt mit Selbstmordgedanken. Im Hause seines Vaters lebend, gestattet er sich das, was Erik H. Erikson ein »psychosoziales Moratorium« nennt[16], einen Aufschub des Erwachsenwerdens. Kennzeichnend dafür ist seine Verzweiflung, sein Schwanken zwischen »ich habe zu viel gelebt« und »ich habe zu wenig«[17]; ebenso auch die Leistungsverweigerung, er hat eine Stelle als Lehrer in Schulpforta ausgeschlagen. Sein Vater, Bürgermeister in Naumburg, droht zum Schluß, ihn herunterzumachen und ihn in das kaufmännische Arbeitsleben zu integrieren – im Kontor soll sich der Musensohn »krumm und lahm schreiben«.

Die gleiche Phase ist in »Die Freunde machen den Philosophen« gestaltet, nur hier im Gegensatz zum gelehrten Nichtstun als gelehrte Sklaverei. Strephon ist seit sieben Jahren als reiner Beobachter unterwegs und, da ihm sein Vater kein Geld schickt, auf Unterstützung angewiesen. Die Freunde, die sie ihm gewähren, sind zugleich Gönner und Gläubiger, die seine Schreibkompetenz in Anspruch nehmen. Obgleich er den Untergang vor Augen sieht, bleibt Strephon auf seiner Warteposition im Ausland und im Elend, weil er zugleich auf eine unerreichbare, ständisch über ihm stehende Frau wartet. Die Frau ist es, die Bewegung in die Sachen bringt, indem sie eine *ménage à trois* ansteuert. Strephon durchkreuzt ihren Erlösungsplan, Seraphine heiratet einen anderen, und eben dieser andere macht dem Helden großzügig zum Geschenk, was er zum Erwachsensein benötigt – Frau und Lebensunterhalt. Allerdings ist der letzte Punkt nicht eindeutig geklärt, so daß man sagen müßte: indem Strephon eine Gattin geschenkt erhält, ohne für ihren Lebensunterhalt sorgen zu müssen, verschwinden auch die Probleme seiner eigenen Berufsfindung. Damit ist die Adoleszenzkrise, für die derlei Lähmungszustände charakteristisch sind, nicht beendet, sondern verewigt.

II. Interimsversorgung. Hofmeister Läuffer ist sicherlich eines der berühmtesten Beispiele für die Interimsversorgung des Akademikers und die dabei auftretenden Probleme. Ihm sind nach der Rückkehr von der Universität die Türen zu einem Schulamt ebenso wie zu einem kirchlichen Amt verschlossen, weder der Vater noch der Schulpatron wollen etwas für ihn tun. Doch verhilft ihm die Empfehlung seines Vaters immerhin zu einer Hauslehrerstelle. Damit ist das Ziel, ökonomisch selbständig zu werden, im großen Netz der Beziehungen um eine Station verschoben. Denn nun wird Läuffer ausschließlich auf die Empfehlung des Majors von Berg angewiesen sein, wenn er eine berufliche Existenz gründen will. Liest man das Drama als Drama einer Stellensuche in der ständischen Gesellschaft, so lautet der Ausgangspunkt: wie kann ein Akademiker, der nichts kann, trotzdem eine statusgerechte Stelle finden? In den Worten des Geheimen Rats aus der Erstfassung: »(...) aber mit Schurken die den Namen vom Gelehrten auf dem Zettel tragen aber im Kopf ist weiß Pappier, nun die müssen freilich Leute suchen die noch weniger verstehen als sie und ihnen für ihr gelehrtes Nichtsthun zu fressen geben«[18]. Läuffer, da er sich nicht auf Kenntnisse und Leistungen berufen kann, ist vom Vitamin B so abhängig geworden, daß er der Serie von Demütigungen nichts entgegenzusetzen hat außer seiner Galanterie. Er muß aus dem Haus fliehen, als er gegen das 6. Gebot verstoßen hat, und damit sind notorisch seine Chancen auf eine Position im Kirchen-, ja selbst im Schulbereich vernichtet. In der Abhängigkeit vom Dorfschulmeister potenziert sich die Abhängigkeit vom adligen Patron. Eine junge Frau steigert zuletzt noch seine Not, da Läuffer auch vom Schulmeister vor die Tür gesetzt wird, und hilft sie zugleich zu beenden, indem sie ihn unter die Bauern aufnimmt, eben weil er ein Gelehrter ist. So ist Läuffer zwar sozial abgestiegen, aber nicht bis in die Unterschichten der Bettler und Fahrenden wie Marthe und Gustchen. Sozial gesehen, ist die Gefahr, die dem Akademiker in dem Intervall zwischen Studium und Beruf droht, die der Deklassierung. Das Hofmeister-Drama verspricht, daß die Gefahr sich durch

Leistung abwenden ließe. Aber genügend andere Texte Lenzens sprechen davon, daß die Leistungsfähigkeit in der Adoleszenz eine fragile Sache ist. III. Zölibatäre Versorgung. In zwei Texten kommt das vor, was ich zölibatäre Versorgung nennen möchte, aber in beiden kommt sie nicht zur Geltung. Einmal werden die Verdienstmöglichkeiten weggelassen, das andere Mal werden sie ausdrücklich abgebaut. Magister Zerbin hat es aus eigener Kraft zum Privatdozenten gebracht. Jedoch spielen die Vorlesungshonorare keine Rolle für seine Geschichte, obwohl er unerhörten Zulauf hat, und ebenso wenig das Honorar für sein Lehrbuch, das in allen gelehrten Zeitungen gerühmt wird. Der Held bleibt somit ökonomisch unselbständig, fixiert auf einen reichen Grafen. Als dessen Pension ausfällt, gerät Zerbin in Schulden; als der Graf Leipzig verläßt, verliert er den letzten Kredit. Der Vater fällt als Helfer in der Not aus. Die Notlage ist zwar begleitet von Arbeitsunfähigkeit, aber sie besteht vor allem in der Aufgabe, die rechte Frau zu finden, in einem Entscheidungskonflikt also. Die Bauerntochter Marie bietet ein stilles, nicht-akademisches Glück auf dem Lande, wie im »Hofmeister« – die städtische Hortensie bietet eine Zweckehe samt Mitgift und Universitätskarriere. Zerbin entscheidet sich gegen die hingebungsvolle Liebe, für den Statuserhalt, und damit falsch. Der erste Kontakt mit Frauen hatte ihn zunächst in eine Leistungskrise gestürzt, der zweite (physische) Kontakt stürzt ihn in moralische Desorientierung. Die zwar kann er wiederum für akademische Erfolge nutzen, doch sie retten ihn nicht. Er hat zu einem Beruf gefunden um den Preis, daß er die Frau, die ihn liebt, und sein eigenes Kind im Stich läßt. Als er ein Erwachsener geworden ist wie die anderen alle, wirft er sein Leben weg.

Herz, der spätere Waldbruder, ist bei einer Kanzlei angestellt und führt damit eine gesicherte, wenn auch zölibatäre Existenz. Die Leidenschaft für die Gräfin Stella stürzt ihn in Ausgaben, so daß er sein Vermögen und, schlimmer noch, seinen Kredit verliert. Er flüchtet sich aufs Land, wo er, wie er behauptet, an einem Tag im Tagelohn genug verdient, um drei Tage davon zu leben. In die Stadt zurückgekehrt, ernährt er sich von Privatstunden. Wie in seiner Herkunft, so verwischen sich auch im Beruflichen die sozialen Unterschiede. Er arbeitet als Kanzlist, als Tagelöhner, als Informator, wird Adjutant beim Militär, selbst eine Stelle als Hofjunker ist im Gespräch. Das Gespräch, genauer: die Briefe, aktivieren jenes berufsnotwendige Netz der Beziehungen, nur daß hier gleichaltrige Freunde den Ausschlag geben, nicht die Autoritätsfiguren der vorangehenden Generation. Oberst von Plettenberg ist sowohl Studienfreund als auch beruflicher Wohltäter als auch der Verlobte der Gräfin Stella. Sein Ableben wäre für

Herz die günstigste Lösung. – Wie Läuffer, Strephon und Zerbin ist auch Herz in ein Niemandsland, nicht eigentlich der Arbeitslosigkeit, doch der Stellensuche mit all ihren Risiken eingetreten. So spiegelt sich auch bei ihm die doppelte Aufgabe, eine Frau und einen Beruf zu finden, in einer doppelten Not.

Die materielle und erotische Doppelnot in der Adoleszenz scheint mir etwas zu sein, was Lenz allein entdeckt hat. Goethes Werther zum Beispiel bringt sich in Schwierigkeiten, aus denen er sich nur um den Preis seines Lebens befreien kann, aber er hat keine Geldsorgen dabei, Ähnlich wie Werther befinden sich auch eine Reihe von Lenzens jungen Akademikern in einem psychosozialen Moratorium. Sie nehmen eine Auszeit zur Selbst-bestimmung, in der es gilt, die Frau des Lebens und den eigentlichen Beruf und durch beides sich selber zu finden. Es ist nun bezeichnend, daß dieser Zeitraum finanziert werden muß – bei Lenz gibt es kein ökonomisches Moratorium. Baccalaureus Zierau und Strephon nehmen sich die Mußezeit einfach heraus. Für Läuffer wandelt sich der Freiraum, da er auf der Universität sein Wissen eingebüßt hat, in einen Raum gesteigerter Abhän-gigkeit. Für Zerbin und den Waldbruder entsteht der Freiraum, nachdem sie schon mit ihrem Etablissement im Berufsleben begonnen hatte, jeweils erst durch die Begegnung mit einer »koketten« Frau, d.h. mit einer Frau, die ihrerseits auf Partnersuche aus ist. In dem Freiraum, der das Erwachsenwer-den vertagt, wird der Wunsch nach Freiheit und Selbstbestimmung vor allem in seiner dunklen Schattenseite verspürt, in Erfahrungen der Ohn-macht. Im Erotischen drohen die Doppelbindungen der romantischen Liebe, im Materiellen droht nicht einfach Armut, sondern standesspezifische Armut, soziale Deklassierung. Was Strephon fürchtet, was Zerbin und Herz widerfährt, ist, daß sie den Kredit verlieren. So im moralischen Sinne auch der Hofmeister Läuffer: da man ihm keine Achtung schuldig ist, kann man ihm eine Gehaltskürzung nach der anderen zumuten, bis er nicht mehr subsistieren zu können glaubt. Nur der Baccalaureus Zierau erlebt, ohne finanzielle Codierung, die Verzweiflung direkt als Lebensüberdruß (*taedium vitae*). Verzweiflung, das ist tatsächlich der gemeinsame Nenner ihrer Erfahrungen. Die Adoleszenz erleben Lenzens Helden als eine so tiefe Krise, daß sie zu sterben wünschen.

Läuffer: »Lassen Sie mich – Ich muß sehen, wie ich das elende Leben zu Ende bringe, weil mir doch der Tod verboten ist –«.
(Der Hofmeister II/2).

Zierau: »Wenn ich nur mein Buch zu Ende hätte, meine Goldwelt, wahrhaftig, ich macht's wie der Engeländer und schöß mich vorn Kopf (...) – und wenn ich zitterte und verfehlte wie der junge Brandrecht – O wenn's lange währt, Desperation! so hast du mich«.
(Der neue Menoza V/3).

Strephon: »So drauf zu gehen, Ihr glaubt nicht, welche Wollust darin steckt«.
(Die Freunde machen den Philosophen I/5).
Strephon: »Lahm – lahm nun alle Triebfedern, die mich zum Leben spornten. Was soll ich denn hier länger?« Sucht nach seinem Degen. »Das ist die kälteste Überzeugung, die ein Mensch haben kann, daß sein Tod von höheren Mächten beschlossen sei«.
(Die Freunde machen den Philosophen IV/3).

Herz: »Ich denke, es wird doch für mich auch ein Herbst einmal kommen, wo diese innere Pein ein Ende nehmen wird. Abzusterben für die Welt, die mich so wenig kannte, als ich sie zu kennen wünschte – o welch schwermütige Wollust liegt in dem Gedanken!«
(Der Waldbruder).[19]

Zerbin beendet sein Leben selber. Die anderen wünschen sich den Tod als Erlösung, so daß bei ihnen der Gedanke an den Tod und das Warten auf die Erlösung homolog sind. Die Krise kann eigentlich nur von außen beendet werden, als Vernichtung oder als Rettung. Wenn man, mit Egon Menz, das Tragische in den Satz fassen will »Nicht durch Fremdes, sondern durch das Eigene gehen wir zugrunde«[20], so müßte die Lösung der Adoleszenzkrise tragikomisch lauten: »Nicht durch Eigenes, sondern durch Fremdes werden wir erwachsen«. Das wird in Strephons *happy end* behauptet, in Läuffers Hochzeit mit erheblichen Einbußen inszeniert, beim Waldbruder Herz der Zukunft anheimgestellt. Für Zierau endet die Adoleszenzkrise mit Strafarbeit, für Zerbin tödlich.

Lenz selbst hat das Intervall zwischen Studium und Beruf nicht nach den Wünschen seines Vaters gestaltet. Anstatt nach Livland zurückzukehren, um – wie alle seine studierten Brüder – erst einmal Hofmeister zu werden, begab er sich auf Reisen, um in einer Wartestellung erst einmal schreiben zu können. So stellt er es am 2. September 1772 gegenüber seinem Vater dar:

»Was für eine Stelle mir also dereinst der Hausvater im Weinberge anweisen wird, weiß ich nicht, sorge auch nicht dafür. Noch arbeite ich immer nur für mich und lerne von den Vögeln frei und unbekümmert auf den Armen der Bäume den Schöpfer zu loben, gewiß versichert, das Körnchen das sie heute gesättigt, werde sich morgen schon wieder finden. Nach Straßburg schicke ich von Zeit zu Zeit kleine Abhandlungen an eine Gesellschaft der schönen Wissenschaften, die mich zu ihrem Ehrenmitgliede erwählt hat, und die davon mehr Aufhebens macht, als mir lieb ist. (...) Ich werde keinen Wink der Vorsehung aus der Acht lassen, aber auch nicht murren, wenn ich dort noch eine Weile unerkannt und ungedungen am Markt stehen bleibe.«[21]

Die biblischen Wendungen suggerieren ein gottergebenes Warten auf den von Gott ergehenden Ruf, wo doch gerade die Wartezeit die fruchtbare

Arbeitszeit ist und ein selbstbestimmtes Schreiben ermöglicht, das immerhin in der Straßburger *Société de philosophie et belles lettres* Anerkennung findet. Kreativität erblüht für Lenz geradezu – und vielleicht: nur – in diesem Intervall zwischen Studium und Amt. Die Arbeit »nur für mich«, die denen zu Hause als Egoismus, ja als asoziale Einstellung erscheint[22], die Lenz selber den Seßhaften als nomadisierende oder »herumschweiffende« Lebensart einbekennt[23], ist der Versuch, sein schöpferisches Moratorium maximal auszudehnen, am besten schlechterdings für immer. Als Lenz Heinrich Christian Boie 1776 zu seiner festen Anstellung in Hannover Glück wünscht, wünscht er ihm, wie zu erwarten, auch alles denkbare Familienglück und fügt hinzu: »Mir wird dies Glück sobald nicht werden, denn zu jedem öffentlichen Amt bin ich durch meine Schwärmereien verdorben«[24]. Wieder verbirgt sich unter dem abfälligen Prädikat das Wertvollste, nämlich sein Schaffen, selbstbestimmtes und selbstvergessenes Produzieren. Doch die Schönen Wissenschaften machen in der ständischen Gesellschaft keinen Beruf aus. Wer nichts als schreiben will, muß sich seine Lebensweise gegen viele Widerstände, darunter auch die Widerstände der Familie, erst erkämpfen. Daran ist abzulesen, wie sehr die Umgestaltung der literarischen Öffentlichkeit im 18. Jahrhundert mit den Strukturen, und mit den strukturellen Problemen, der akademischen Ausbildung verbunden ist. Die besondere soziale Unsicherheit, die man bisher mit einer ganzen Schicht wie den »sozial freischwebenden Intellektuellen«[25] oder mit globalen Prozessen wie der »Marginalisierung des Individuums«[26] interpretiert hat, erweist sich bei näherem Hinsehen als etwas, das aus den Berufsproblemen der Akademiker resultiert.

In seinen Ausführungen »Über Götz von Berlichingen« spottet Lenz über das bescheidene Bedürfnis, eine Lücke in der Gesellschaft auszufüllen, in die man gerade hineinpaßt, und verlangt statt dessen Platz zu handeln, »guter Gott Platz zu handeln und wenn es ein Chaos wäre das du geschaffen, wüste und leer, aber Freiheit wohnte nur da und wir könnten dir nachahmend drüber brüten, bis was herauskäme«[27]. Das heißt, würde ich sagen, der in die Welt Hineintretende wünscht die Welt neu zu machen. Er will seinen Platz als erwachsenes Mitglied der Gesellschaft nicht einfach hin- oder einnehmen, sondern er will diesen Platz, analog zu Gottes Schaffensprozeß, selber kreativ bestimmen. Dazu braucht er den besonderen Freiraum, in welchem die üblichen erwachsenen Verpflichtungen oder Bindungen noch nicht gelten sollen, eine Probebühne, wie Erik H. Erikson sagt: »Man kann diese Periode als *psychosoziales Moratorium* sehen, während dessen der junge Erwachsene durch freies Experimentieren mit Rollen einen passenden Platz in irgendeinem Ausschnitt seiner Gesellschaft finden sollte, einen passenden Platz, der fest umrissen ist und doch ausschließlich für ihn gemacht zu sein scheint«[28]. Dies psychosoziale Moratorium ist für die moderne dynamische Leistungsgesellschaft besonders interessant. Eine Gesellschaft, die fortlaufend ihren eigenen Fortschritt organisiert, braucht Freiräume für soziale Erfindungen, in denen neue Arbeitsmöglichkeiten und neue Spielregeln des Zusammenlebens entworfen werden können. Die brauchbaren Lebensentwürfe bringen ihren Urhebern Erfolg ein, die unbrauchbaren aber Disqualifikation. So wird die Jugendphase, wenn sie in der Ablösung von den Eltern systematisch »soziokulturelle Eigenständigkeit« zu entfalten hat[29], zu einer kritischen Phase in jeder Hinsicht. Sie kultiviert die Auseinandersetzung mit den bisherigen Lebensformen – damit ist die fortlaufende Innovation der Leistungsgesellschaft durch sich selber gesichert. Sie riskiert aber, daß diejenigen Lebensformen, die sich zum Fortschritt nicht brauchen lassen, verworfen werden – und dann haben sich die Jugendlichen entweder an die Gesellschaft anzupassen oder sie fallen aus ihr heraus als *dropouts*. Das ist es, was die Jungakademiker um 1770 zugleich entdeckt und praktiziert, gelebt und geschrieben haben. Es spricht für die Aufmerksamkeit von Lenz, daß er die Adoleszenz vor allem als Krise gesehen hat.

Lessings Komödie »Der junge Gelehrte« (1747) endet damit, daß der Akademiker auf Reisen geht, womit die Probleme für diesmal gelöst sind. Bei Lenz beginnen die Probleme in gewisser Weise damit, daß einer oder eine auf Reisen geht, und nicht nur Akademiker. Prinz Tandi ist in Europa, speziell in Sachsen unterwegs, bevor er sich anschickt, das ferne Cumba zu regieren. Der Engländer Robert Hot entweicht vor der ihm zugemessenen Erwachsenrolle in selbstgewählte Milieus. Und auch Marie Wesener experimentiert mit den Grenzen ihres Elternhauses, um nicht den ersten besten Mann zu nehmen, der sich anbietet. Zwischen dem Vaterhaus und der Fremde eröffnet sich für diese und andere Gestalten die riskante Passage in die Erwachsenenwelt. Damit wären, da Lenz alle Stände darstellen will[30], die speziellen Probleme des gelehrten Standes erweitert zu einer allgemeineren Frage hin. Ich glaube, daß es um etwas Einfaches geht, das schwer zu machen ist, um das Erwachsenwerden in der modernen Gesellschaft.

1 Wohlmeinender Unterricht für alle diejenigen, welche Zeitungen lesen; Nebst einem Anhange einiger fremden Wörter, die in Zeitungen häufig vorkommen. Leipzig 1755. Anhang S. 37. Ein »Gelehrter« kann auch derjenige sein, der ein Buch geschrieben hat, oder einfach einer, der Latein beherrscht, da Textkompetenz nur im lateinsprachigen Bildungswesen vermittelt wird.

2 Nach der Einschätzung von J. J. Moser gelangt ein Drittel der Rechtsstudenten in eigentlich juristische Positionen; ein weiteres Drittel sollte zusätzliche Kenntnisse erworben haben, um ihr Amt auszufüllen; das letzte Drittel findet sich in Berufen wieder, »die einer, der sein Lebtag die Rechte nicht studiert hat, eben so wohl, und offt noch beßer, versehen kan, als ein Rechtsgelehrter«. Johann Jacob Moser: Allgemeine Betrachtungen über das Studieren, besonders derer Rechte. In: Ders.: Abhandlungen verschiedener Materien. 13. Stück. Ulm 1776. S. 96.

3 Den Anstoß gab Walter Hornstein: Vom »Jungen Herrn« zum »Hoffnungsvollen Jüngling«. Wandlungen des Jugendlebens im 18. Jahrhundert. Heidelberg 1965. In Hornsteins geistesgeschichtlicher Untersuchung ist allerdings der Sturm und Drang ausgeklammert. Die nachfolgenden, sozialgeschichtlich eher diffusen, Arbeiten zum Thema vermitteln kaum mehr als Andeutungen. Sozialgeschichtliche Orientierungen enthält erst die grundlegende Darstellung von Michael Mitterauer: Sozialgeschichte der Jugend (Neue Historische Bibliothek). Frankfurt/M 1986.

4 Johann Georg Wiggers: Aristipp, oder über die gelehrte Lebensart. In: Ders.: Vermischte Aufsätze. Leipzig 1784. S. 196. Wiggers (1749–1820) wurde 1782 außerordentlicher Professor der Philosophie, 1787 jedoch Agent der Hansestädte in St. Petersburg.

5 Ebda., S. 206; ein Gehalt »von einigen hundert Thalern« (S. 204) wäre für ihn das mindeste. Zu den Einkommensverhältnissen der Akademiker, bezogen auf die Studienkosten und auf zeitgenössische Bedarfsschätzungen, vgl. Heinrich Bosse: Die Einkünfte kurländischer Literaten am Ende des 18. Jahrhunderts. In: Zeitschrift für Ostforschung 35 (1986). S. 516ff.

6 Allerdings beobachtet M. E. Müller eine Verschiebung des Konfliktpotentials ins Eheleben. Vgl. Maria E. Müller: Die Wunschwelt des Tantalus. Kritische Bemerkungen zu sozial-utopischen Entwürfen im Werk von J. M. R. Lenz. In: Literatur für Leser 1984. S. 148ff.

7 Der Landprediger. Zit. n. Jakob Michael Reinhold Lenz: Werke und Briefe in drei Bänden. Hg. von Sigrid Damm. Bd. II. Leipzig 1987. S. 438.

8 Abgesehen von der Schriftstellerpatronage ist die fundamentale Bedeutung der Patronage für die ständische Gesellschaft bisher kaum untersucht worden. Vgl. den einleitenden Bericht von H. H. Nolte in: Patronage und Klientel. Ergebnisse einer polnisch-deutschen Konferenz. Hg. von Hans-Heinrich Nolte. Köln Wien 1989. S. 1ff.

9 Über Götz von Berlichingen. Damm II, S. 637.

10 Vgl. Christoph August Heumann: Der Politische Philosophus, Das ist, Vernunfftmäßige Anweisung Zur Klugheit Im gemeinen Leben. 3. Aufl. 1724. Reprint Frankfurt/M 1972. S. 77f. und S. 251f.: »Endlich muß man sich vor Heyrathen hüten, so lange man noch kein Amt hat. (...) Denn es machet offt ein Patron auf eine Heyrath Reflexion. Wird er denn hernach von seinem Clienten in dieser Hoffnung betrogen, so hat doch dieser nunmehr seinen Zweck erreichet, und kan schon andere Mittel finden, die Gunst dieses Patrons zu erhalten«.

11 So der drohende Ausdruck im Briefkonzept des Vaters zu Ostern 1771. Briefe von und an J. M. R. Lenz. Hg. Von Karl Freye u. Wolfgang Stammler. Bd. I. Leipzig 1918. S. 14.

12 Eine Leipziger Magisterpromotion im Jahr 1761 schildert Carl Friedrich Bahrdt: Geschichte seines Lebens, seiner Meinungen und Schicksale. Von ihm selbst geschrieben.

Bd. I. (Berlin 1790) Reprint 1983. S. 227ff. Die Gebühr von 40 Rth entspricht der zwei-bis dreifachen Jahresmiete für ein Studentenzimmer. Um sich für Vorlesungen zu habilitieren, war eine *disputatio pro loco* erforderlich, die beispielsweise in Göttingen 10 bis 12 Rth kostete. Vgl. Wilhelm Ebel: Zur Entwicklungsgeschichte des Göttinger Privatdozenten. In: Ders.: Memorabilia Gottingensia. Elf Studien zur Sozialgeschichte der Universität. Göttingen 1969. S. 62.

13 John R. Gillis: Geschichte der Jugend. Tradition und Wandel im Verhältnis der Altersgruppen und Generationen in Europa von der zweiten Hälfte des 18. Jahrhunderts bis zur Gegenwart. Weinheim/Basel 1980. S. 18.

14 Der Ausdruck findet sich bei Johann Gottlob Severin Steininger: Eine Gute Absicht für Ehst- und Liefland, insbesondere Aeltern und Lehrern zum Besten, von einem ehstländischen Erzieher. Reval 1789. S. 18.

15 Der Hofmeister II/1. Damm I, S. 56.

16 Erik H. Erikson: Jugend und Krise. Die Psychodynamik im sozialen Wandel (Identity. Youth and Crisis, 1968). München 1988. bes. S. 150ff. Der Begriff hat eine institutionelle und zugleich eine individuelle Dimension. Einmal handelt es sich um feste Übergangszeiten wie die Lehr-, Wander- oder Universitätsjahre, die gesellschaftlich akzeptiert sind. Zum anderen geht es um persönliche Abenteuer des Ausbruchs, bis hin in die Krankheit oder in die Kriminalität, die gesellschaftlich schwer oder gar nicht mehr akzeptiert werden. Auch die zweite, für die moderne Leistungsgesellschaft wichtigere, Dimension kann sich wiederum stabilisieren, dann aber eher in Subkulturen.

17 Der neue Menoza V/3. Damm I, S. 189.

18 J. M. R. Lenz: Der Hofmeister. Synoptische Ausgabe von Handschrift und Erstdruck. Hg. von Michael Kohlenbach. Basel u. Frankfurt/M 1986. S. 40.

19 Damm I, S. 61; S. 189; S. 283; S. 308; Damm II, S. 382. Erikson: Jugend und Krise (Anm. 16), S. 165, weist darauf hin, daß der Wunsch zu sterben vielfach in das Bild der jugendlichen Identitätsverwirrung (*identity diffusion*) gehört, ohne aber notwendig suizidal zu sein.

20 Vgl. den Beitrag von Egon Menz in diesem Band unter dem Titel »Lenzens Konzept des ›hohen Tragischen von heut‹«.

21 Damm III, S. 268f. Das Gleichnis von den Arbeitern im Weinberg (Matth. 20/1ff.) und der berühmte Blick auf die Vögel und Lilien (Matth. 6/25ff.) sollen mit Hilfe des göttlichen Wortes den Vater dazu bringen, etwas zu akzeptieren, was in seiner Sicht einfach Ungehorsam und also ein Verstoß gegen das 4. Gebot gewesen sein muß.

22 Vgl. den Brief von Johann Christian Lenz an den Vater vom 12. Juni 1775: »Wie gesagt, ich glaube noch immer, daß die Zeit kommen wird, da dieser unser Bruder nicht blos sein eigenes kleines Selbst, das bei dieser Lage wohl recht glücklich und zufrieden sein mag, sondern auch die Pflichten, die er als Weltbürger und redlicher Mann, am meisten aber als Christ, seinen Mitgeschöpfen schuldig ist, vor Augen haben wird«. Zit. n. Franz Waldmann: Lenz in Briefen. Zürich 1894. S. 24.

23 So im Brief an die Mutter vom 5. April 1776: »Lassen Sie sichs nicht reuen daß ich noch immer so herumschweife«. Damm III, S. 422. Vgl. a. das Gedicht »An meinen Vater« (publ. Januar 1777). Ebda., S. 185.

24 Anfang Februar 1776. Damm III, S. 380.

25 Karl Mannheim: Das konservative Denken (1927). In: Ders.: Wissenssoziologie. Auswahl aus seinem Werk. Hg. Von Kurt H. Wolff (Soziologische Texte 28). Neuwied 1964. S. 458.

26 Andreas Huyssen: Drama des Sturm und Drang. Kommentar zu einer Epoche. München 1980. S. 77.

27 Damm II, S. 638.
28 Erikson: Jugend und Krise (Anm. 16), S. 151.
29 Mitterauer: Sozialgeschichte der Jugend (Anm. 3), S. 32.
30 Vgl. den Brief an Sophie von La Roche vom Juli 1775: »Überhaupt wird meine Bemühung dahin gehen, die Stände darzustellen, wie sie sind; (...) Dazu gehört aber Zeit, und viel Experimente«. Damm III, S. 325f.

Zwischen Kritik und Affirmation.
Militärphantasien und Geschlechterdisziplinierung
bei J. M. R. Lenz[1]

W. Daniel Wilson (Berkeley)

Über die letzten Jahrzehnte des 18. Jahrhunderts schrieb ein Zeitgenosse:
»Nach der Anstellung im Staatsdienste strebte fast alles in Deutschland, was
auf Bildung Anspruch machte [...]«.[2] Natürlich hatten die jungen Männer
meist keine Wahl als den Staatsdienst: Berufsaussichten waren schlecht (auch
für freie Schriftsteller), und Deutschland war ein Land unzähliger Höfe, an
denen gut ausgebildete Männer hoch im Kurs standen. Aber es waren auch
positive politische Motive da, die eine politisch interessierte Intelligenz zur
Versorgung im staatlichen Bereich trieben. Die Basis einer Massenbewe-
gung ›von unten‹ fehlte weitgehend, und der Einfluß auf einen potentiell
aufgeklärten Fürsten schien die einzige Möglichkeit, die Gesellschaft zu
verändern. Die Aussicht, zum »Fürstenknecht« zu werden und zum Zweck
einer recht ungewissen Reformtätigkeit das absolutistische System letztlich
zu befestigen, bedrückte gewiß die meisten ›Gelehrten‹, aber viele nahmen
diese widerspruchsvolle Situation trotzdem in Kauf. Also in der Zopfzeit
sozusagen schon der lange Marsch durch die Institutionen. Dabei ist ein
breites Spektrum an Möglichkeiten festzuhalten, wenn man im weiteren
Sinne von der »Teilnahme am Staat« sprechen will.[3] Das eine Extrem ist die
Teilnahme im engsten Sinne, in der staatlichen Verwaltung bzw. den
politischen Beratungsinstanzen. Aber andere, weniger offizielle Möglichkeiten wurden anvisiert, besonders von Schriftstellern. Die alte Form des
regelrechten ›Hofpoeten‹ war in Mißkredit geraten, aber als Mentor oder
Freund des Fürsten glaubten einige Intellektuelle auch politisch für das Gute
wirken zu können. Die zukunftsträchtigste Alternative war politisches
Raisonnement in der literarischen Öffentlichkeit: Hier zeichnet sich die
allmähliche Entstehung einer öffentliche Meinung ab, der Jürgen Habermas
als wichtige Voraussetzung der demokratischen Gesellschaft eine Untersuchung gewidmet hat.[4] Aber dieses öffentliche Raisonnement gebärdete sich
in der Zeit vor der Französischen Revolution bei weitem nicht immer
demokratisch bzw. oppositionell, eher das Gegenteil: Es hatte zum Ziel, im

Sinne des aufgeklärten Absolutismus den Fürsten zu Reformen zu bewegen. So möchte ich auch dieses öffentliche Raisonnement wenigstens tendenziell als Orientierung am absolutistischen Staat bewerten. Allerdings beinhaltete die entstehende öffentliche Meinungsbildung eine potentielle Macht, die sie für den Staat gefährlich machen konnte und die daher durch Zensur beschnitten wurde. Deshalb optierten auch die meisten Intellektuellen nicht für diese publizistische Alternative, sondern für die eher privatistische Möglichkeit des Einflusses auf einen Fürsten.

Die vielen historischen Impulse dieser Bestrebungen können hier nur angedeutet werden; sie reichen natürlich in die Antike zurück, und in der frühen Neuzeit kann nur stellvertretend auf Modelle wie den Fürstenspiegel in der Tradition von Fénelons »Telemach« hingewiesen werden, auf historische Erfahrungen französischer Aufklärer wie Voltaires am Hofe Friedrichs II. von Preußen oder Diderots am Hofe Katharinas II. von Rußland, auf Projekte für fürstliche Akademiegründungen von Leibniz bis Klopstock, und schließlich auf eine wichtige literarische Tradition, die in der uns interessierenden Zeit und in unmittelbarer Nähe zu Lenz drei bedeutende Werke hervorgebracht hatte, die sich mit der Möglichkeit eines positiven Einflusses auf Fürsten befaßten: Wielands Romane »Die Dialogen des Diogenes von Sinope« (1770) und besonders »Der goldne Spiegel« (1772), sowie der von Sophie von La Roche verfaßte empfindsame Roman »Geschichte des Fräuleins von Sternheim« (1771). Das Fazit dieser Werke war nicht immer positiv; sie schienen manchmal, wie Goethes »Werther« (1774), überlieferte hofkritische Topoi[5] einzusetzen, um eine erfolgreiche Tätigkeit im absolutistischen Staat als illusionär erscheinen zu lassen.[6] Friedrich II., auf den zunächst die aufgeklärte Intelligenz große Hoffnungen gesetzt hatte, war schon längst seinen Machtinteressen verfallen. Aber der hoffnungsvolle Blick lenkte sich auf andere Fürsten, vor allem in kleineren Territorien.

Lenz könnte auf den ersten Blick als ein idealer Kandidat für eine staatliche Versorgung im aufgeklärten Absolutismus erscheinen, war er doch bekanntlich darauf ausgerichtet, zu handeln statt zu grübeln.[7] Aber während seines Aufenthaltes in Straßburg scheint Lenz auf das wiederholte Drängen der Familie und der Freunde, eine Versorgung zu suchen, nicht einzugehen[8]; trotz seiner großen finanziellen Not behauptet er, er habe Anträge von anderen Orten außerhalb Straßburgs ausgeschlagen.[9] Lenz kann sich selbst als Staatsbediensteten kaum vorstellen; in einem Brief kontrastiert er Boie, »einen Mann im Amt, ein wirksames Glied des Staats« mit sich selbst, dem »Ebenteurer«.[10] Lenz sah wohl zu deutlich die Abhängigkeiten, denen er sich als Fürstendiener unterwerfen müßte. Man hört im Stück »Die Freunde machen den Philosophen« Lenzens eigene Lage heraus; ein Freund sagt dem Protagonisten Strephon: »Es kostet Ihnen nur ein Wort an Don Alvarez, so macht er Ihnen eine Bedienung aus –«, und Strephons Freund Arist antwortet für ihn: »Wenn aber seine Empfindlichkeit, seine Unabhängigkeit, die Muße selber, die er zu seinem Studieren braucht –« (D 1: 279). Für Lenz ist dies eine verzweifelte Situation, denn eine solide Anstellung war die unabdingbare Voraussetzung für die Gründung einer Familie, was immer sein Traum blieb, und Lenz hat diesen Zusammenhang immer wieder betont. Wenn er z.B. von Boies Anstellung als Stabssekretär in Hannover erfährt, drückt er seine Gratulationen so aus: »Von ganzem Herzen umarm ich Sie, wünsche Ihnen Glück, wünsche Ihnen zur Vollendung Ihres Glücks eine Gattin die Ihr ganzes Herz auf ewig in Besitz nimmt und es so in Enkeln bis auf folgende Jahrhunderte hinausdehnt. Mir wird dies Glück sobald nicht werden, denn zu jedem öffentlichen Amt bin ich durch meine Schwärmereien verdorben«.[11]

Erst nachdem Lenz im Februar 1776 erfährt, daß Goethe sich wahrscheinlich in Weimar etablieren werde und dort das Herz des jungen Herzogs gewonnen habe,[12] der selbst ein ›Genie‹ zu sein scheint, macht Lenz Anstalten, sich einem Hof anzubieten. Der achtmonatige Aufenthalt in Weimar vom April bis zu seiner Ausweisung Ende November 1776 ist seit eh und je als der Wendepunkt in Lenzens Leben angesehen worden. Man hat auch gebührend erkannt, daß ein abstruses Projekt Lenzens Denken und Handeln in dieser Zeit geleitet hat: Die Schrift über die Soldatenehen. Bevor wir uns den nicht weniger abstrusen biographischen Grundlagen dieser entscheidenden Zeit wieder zuwenden, die m.E. in ihrem Zusammenhang mit seiner Produktion noch nicht richtig gewichtet worden sind, müssen wir diese Schrift vornehmen, denn sie ist das Schlüsseldokument für Lenzens Haltung zum aufgeklärten Absolutismus. Auch die Rolle dieses Projekts in Lenzens Scheitern in Weimar ist zu wenig beachtet worden.

Die frühere Forschung hatte dem Urteil Goethes in »Dichtung und Wahrheit« beigepflichtet, Lenz habe in der Soldatenschrift »die Gebrechen« des Soldatenstandes »ziemlich gut gesehen, die vorgeschlagenen Heilmittel dagegen« seien »lächerlich und unausführbar«, das Werk sei letztlich »phantastisch«.[13] Aber diese ältere Ansicht ist seit Mitte der 1970er Jahre durch einen neuen Konsens ersetzt worden, der (nicht ganz zu Unrecht!) in Lenz die »Alternative«,[14] den progressiven Widerpart zum Staatsmann Goethe sieht. Und diese Interpreten können tatsächlich einige sehr scharf formulierte kritische Stellen der Schrift anführen, wie die folgende: »Wenn der Bauer außer den Frondiensten, die er dem Edelmann, und denen, die er dem König tun muß, noch von dem wenigen Schweiß, den er für sich verwenden kann, alles bis auf die Hefen für außerordentliche Abgaben aufopfern muß – die Feder fällt mir aus den Händen für Entsetzen« (S. 807f.). In einer wichtigen Arbeit, welche die »dichterische Erkenntnis« Lenzens auf seine soziopolitische »Projektemacherei« bezieht, sieht Klaus Scherpe *beide* Bestrebungen Lenzens auf die Veränderung des Bestehenden gerichtet, er meint, daß »seine projektiven Reformschriften die Fortschrittsidee appellativ und antithetisch zur bestehenden gesellschaftlichen Wirklichkeit formulieren.«[15] Einen weiteren Schritt tut Leo Kreutzer, und ihm sind inzwischen andere Forscher gefolgt: Lenz habe die Notwendigkeit gesehen, dem Soldaten Engagement für die Sache einzugeben, für die er kämpft. »Was Lenz hier, ohne es zu wissen, nichtsdestoweniger in aller Klarheit beschreibt, ist das Konzept des Revolutionsheers, eines Heeres nicht zusammengekaufter und -gepreßter Söldner, sondern motivierter Soldaten, motiviert, weil sie, indem sie für ihr Land kämpfen, für sich selbst kämpfen«[16]; wie weitere Forscher nach ihm stellt Kreutzer ausdrücklich eine Verbindung zwischen Lenz und den Ereignissen der Koalitionskriege 1792 und damit der Französischen Revolution her,[17] so daß die Schrift mit den Worten Herbert Krämers »etwas Revolutionäres« aufweise.[18]

Indessen ist eine Schrift aus dem Jahre 1776 nicht mit der Elle der Französischen Revolution zu messen, sondern aus der eigenen Zeit heraus, und unter diesem Gesichtspunkt scheint mir Lenz bei weitem nicht so progressiv zu denken, wie diese Forscher es sehen. Allerdings ist nicht nur das konkrete Reformprojekt zu berücksichtigen, sondern die von Lenz entworfene Situation des Intellektuellen. Denn in der Soldatenschrift umreißt der Dichter nicht nur gesellschaftliche Reformen, die völlig im Rahmen des aufgeklärten Absolutismus bleiben, sondern er reflektiert – wie vor ihm Wieland im »Diogenes«-Roman – auch über die Bedingungen der Einwirkung des Intellektuellen auf den Staat, also über die Voraussetzungen des aufgeklärten Absolutismus selbst. Gleich im ersten Satz schneidet er die Frage an, ob dieses Modell überhaupt Erfolg haben könne: »Ich schreibe dieses für die Könige, ohne zu wissen ob jemals einer von ihnen mich lesen wird. Unglück für sie, wenn sie mich nicht lesen, denn ich schreibe um ihrent- nicht um meinetwillen« (S. 787). So benennt Lenz von vornherein die Problematik des öffentlichen Intellektuellen, der nicht – wie ein leitender Beamter – direkten Zugang zum Ohr des Herrschers hat; er muß sich mit der ungewissen Hoffnung begnügen, daß die kritischen Schriften vor den Herrscher gelangen. Die Absicht einer Publikation zeigt, daß Lenz' fiktive Bestimmung seiner Leserschaft nicht den in der Wirklichkeit intendierten Rezipienten entspricht; kein Verleger wäre schließlich an einer Publikation interessiert, wenn *nur* Könige sie kaufen würden. Lenz denkt sich als Leser nicht nur Fürsten, sondern auch Minister und andere Beamte, er denkt auch an die Intelligenz im weiteren Sinne – und dementsprechend durchbricht er später die Fiktion, es handele sich bei seinen Lesern nur um Fürsten.[19] So war mit der Idee einer Publikation nicht nur die Möglichkeit gegeben, viele Höfe direkt zu beeinflussen, sondern auch die Chance, durch Verbreitung der Ideen unter der Intelligenz auch bescheidenen Druck auf die Regierungen im Sinne der anvisierten Reformen auszuüben.

Schon in dieser Leserdefinition sind alle Probleme der Intelligenz, die einen Fürsten im Sinne des aufgeklärten Absolutismus beeinflussen wollte, knapp umrissen. Es geht darum, die Mauer der egoistischen Hofschranzen zu durchbrechen und – Lenz verwendet die bewährte Metapher – das »Ohr« des Fürsten selbst zu erreichen (S. 798, 806). Dies ist der Topos und gleichzeitig auch das schwierigste Problem der Reformer im System des Absolutismus. Lenz scheint über die Aussichten auf Erfolg pessimistisch zu sein. Er ruft frustriert aus: »Ach daß ich diese Vorstellungen mit einem Gewicht in die Herzen der Fürsten hinabschicken könnte [...]« (S. 802). Lenz will den ersten Anstoß nicht über den Kopf des Fürsten geben, sondern über das Herz. Hier nimmt er die Impulse der empfindsamen Absolutismuskritik auf. Er setzt voraus, daß der Fürst noch von der Mauer seiner Hofschranzen umgeben sei und das Elend weder gesehen noch gefühlt habe. Der Dichter – und Lenz tritt in diesem Werk zunächst als Dichter auf, nicht als beliebiger Intellektueller –, also Lenz selbst habe »Gelegenheit gehabt, die Seufzer und Beschwerden der Leute [= der Soldaten] aus der ersten Hand zu hören«, aber »Es ist niemand da, der den Fürsten alles dies im Gemälde weist, und wer kann das auch, sie müßten selber sehen und *fühlen* um sich von der Wahrheit alles dessen überzeugen zu können« (S. 809f.). Indessen ist sich Lenz bewußt, daß die Fürsten nichts von diesem Elend sehen werden, so daß er die dichterische Begabung einsetzen muß, um die Lage wirksam auszumalen; »jetzt ist es Zeit den Fürsten, die auch Menschen wie wir sind, zu sagen, was sie zu sehen versäumt und was wir *gefühlt haben*« (S. 789). So weist Lenz dem Dichter eine Schlüsselrolle im Projekt des aufgeklärten Absolutismus zu: Die Dichtung ersetzt für den Fürsten die Wahrnehmung der Mißstände im eigenen Land; ja, sie zeigt sie ihm vielleicht eindringlicher, als die Wahrnehmung selbst. Aber die Dichtung reicht nicht aus; auch die analysierende Interpretation ist nötig, und nachdem der Fürst anhand der Ausmalungen des Dichters gefühlt hat und begeistert wird, obliegt es dem

Dichter, sich in einen rationalistisch analysierenden »Philosophen« (S. 798)
zu transformieren und den Fürsten wieder abzukühlen, d.h. das, was der
Fürst »bei der ersten Hitze der Begeisterung« projiziert habe, mit »unserem
kälteren Blut« auszuführen; »die Klugheit und das ruhige Nachdenken« des
Intellektuellen werde den Fürsten schon zum richtigen Projekt leiten (S.
790). So wird der Fürst in jedem Stadium des Projekts – vom Sehen über
Fühlen und Begeisterung zur kalten, rationalen Ausarbeitung des Projekts –
vom Intellektuellen geleitet, der sich seinerseits vom seherisch malenden
Dichter in einen theoretisch wirkenden ›Philosophen‹ verwandelt. Hier
entwirft Lenz an sich nichts Neues; die Verzweiflung, mit der er manchmal
schreibt, verleiht dem Projekt allerdings einen gewissen Pessimismus, der
zwar von der Ironie Wielands und der noch stärkeren Skepsis Sophie von
La Roches vorgeprägt wurde, im Grunde jedoch einzig dasteht und
wiederum eng mit dem Wesen des Dichters, mit der Weltfremdheit seiner
Vision zusammenhängt. Lenz nimmt so oft die Einwände seiner Leser voraus
– den Einwand vor allem, er sei nur ein »junger Mensch«, gar ein
»Schwärmer«, ein »bloß[er] Poet«, der »Platonische Träume« von sich gebe
(S. 796, 798) – er kalkuliert das Scheitern der intendierten Botschaft also so
bewußt ein, daß man den Eindruck hat, er sabotiere sie selber. Und das
Scheitern wird auffällig genug mit der enthusiastischen Natur des traditionell
›weltfremden‹ Dichters in Beziehung gesetzt.

Gerade wegen der vorausgesetzten Unmöglichkeit, den Fürsten affektiv
bzw. durch eine bloße Vorstellung von Ideen aufzurütteln, sieht Lenz ein,
daß der zweckrationalistische Appell an die »Selbstliebe«, d.h. an die
Interessen der Fürsten notwendig ist: »Euer ist der Vorteil, meine Fürsten!
nicht unserer« (S. 802), er schreibe also »um ihrent- nicht um meinetwillen«
(S. 787). Natürlich meint Lenz damit, daß *auch* den Untertanen diese
Reformen zugutekommen würden (damit auch ihm selbst, wie wir sehen
werden). Aber er betont immer wieder die staatlichen Interessen, darunter
implizit die Verhütung des Aufruhrs. Und Lenz unterwirft sich vollkommen
diesen Interessen, er macht sich ausdrücklich zu ihrem Werkzeug. Dies tut
er paradoxerweise dadurch, daß er die Begierde der Untertanen betont,
»Größe und Macht« zu besitzen, aber es stellt sich heraus, daß diese Begierde
auf sehr affirmative Art gestillt werden soll: »Sollte also nicht jeder Ihrer
Untertanen es sich für das höchste Glück schätzen, […] in Ihnen und durch
Sie größer und mächtiger zu werden. Ihre Größe, Ihre Macht, meine
Fürsten sind unsere Zwecke, weil diese zugleich unsere Größe, unsere
Macht ausmachen« (S. 789f.). Das Interesse des Fürsten – nicht der Nation
– bleibt der Hauptbezugspunkt, von dem aus das Interesse der Nation sich

herleitet; Lenz schreibt ausdrücklich, »wir« – also die Untertanen, im Kontext jedoch vor allem die Intelligenz – seien »das Instrument« der Größe und Macht der Fürsten (S. 790). Analog dazu ist auch der Soldat »das Instrument der Macht des Fürsten« (S. 797).[20] Diese Ansichten sind nicht geeignet, die dynastischen Kriege, die so viel zur Unterdrückung und Verelendung der Bevölkerung des 18. Jahrhunderts beitrugen, zu beenden, sondern geben ihnen zusätzliche Legitimation. Auch wenn Lenz fordert, daß nur Defensivkriege geführt werden sollen, so überläßt er den Fürsten die Definition eines solchen Krieges; und viele Fürsten hatten ihre Kriege für Verteidigungskriege ausgegeben. Lenz gibt sich ihnen preis.[21]

Nun war der Soldat ja schon immer »das Instrument der Macht des Fürsten«, aber der Unterschied soll jetzt sein, daß er »weiß«, daß er es ist (S. 797). »Es *muß*«, erklärt Lenz, »*eine Idee* da sein die den Soldaten begeistern kann, zu stehen. Da in unsern kalten nervenlosen Zeiten eine *solche Idee fast ein Unding ist,* so muß der *Philosoph auf ein Mittel denken, alle diese flüchtigen Leute an einem Bande festzuhalten*« (S. 798). Der Soldat wird nicht ohne äußeren Antrieb für die »*Ehre* seines Königs, die Ehre seiner Nation« kämpfen; das Interesse des Fürsten ist also nicht automatisch das des Untertans. Der Intellektuelle – der »Philosoph« – muß die ideologische Legitimation des Krieges liefern, und diese Legitimation hat den Zweck, den Soldaten »*an einem Bande festzuhalten*«, also zum absoluten Gehorsam im Kriegsdienst zu bewegen. Und dieses Legitimationsbedürfnis des Staates befriedigt Lenz dann: Den Soldaten muß nämlich bewußt werden, daß sie »für Weiber und Kinder fechten« (S. 798). Das führt zur Kernidee seines Projektes. Ich gebe sie in Lenz' Wortlaut wieder, da u.a. auch die dichterische Selbstreflexion entscheidend ist:

»Ist es ein Gedicht das ich jüngsthin las, oder ein Gesicht das ich sah, daß alle die Bürger, alle die Bauren, alle die Edelleute selbst von allen bürgerlichen Abgaben oder von den Zöllen befreit waren, die ihre Töchter an Offiziere oder Soldaten verheuratet hatten. Daß dagegen alle die Offiziere und Soldaten die heurateten die Erlaubnis hatten, den Winter über bei ihren Weibern auf dem Lande [sich] aufzuhalten, den Sommer aber sich wieder unter den Waffen einzufinden. Daß dafür ihre Schwiegerväter gehalten waren, ihre Weiber lebenslänglich zu ernähren, mit den Kindern aber sich nicht belasten durften [=mußten], weil sie ihnen der König abnahm und auf seine Unkosten zu künftigen Soldaten erzog. Waren es aber Töchter, ihnen eine Ausstattung aus der königlichen Kasse bewilligte, übrigens sie der Sorgfalt der Eltern und Großeltern überließ. Ach wenn es ein Gedicht war, wie nah war es der Wahrheit und wie kurz der Weg es zu realisieren.« (S. 798 f.)

Um dieses eigenartige Projekt zu retten, sieht man in der Forschung meist geflissentlich von seinem zentralen Aspekt ab und weist auf die zukunftsträchtige Reform des Heeres oder die scharfen gesellschaftskritischen

Spitzen der Schrift hin. Aber es läßt sich nicht übersehen: Zum Kern der ›Vision‹ gehört es, daß die Frau zur Prostituierten für den Staat wird, sie wird auf ihre sexuelle und reproduktive Funktion beschränkt und dazu noch ihrer Kinder beraubt.[22] Wird die Frau »nur für ihn [d.h. den Soldaten] so sorgfältig erzogen« (S. 800) und damit »zum Dienst des Staats unterhalten« (S. 808), so werden auch die Kinder für staatliche Zwecke erzogen: Die Söhne (in der Schrift heißt es schlicht »Kinder«, was der überlieferten Gleichsetzung von »Mensch« und »Mann« entspricht) werden zu Soldaten erzogen (egal, wozu sie veranlagt und gewillt sind), ja, bis in den Körper hinein sollen sie für den militärischen Dienst hergerichtet werden, denn Lenz schreibt, durch Exerzieren solle »ihr ganzer Nervenbau und Gelenksamkeit der Muskeln, Sehnen und Glieder dazu [d.h. zum Militärdienst] erzogen werden« (S. 818). Die Töchter – nun, man hat den Eindruck, Lenz weiß nicht recht, was er mit ihnen machen soll, es überrascht eigentlich, daß er sie nicht wie ihre Mütter von vornherein zu künftigen Soldatenweibern und -gebärerinnen bestimmt. Auf jeden Fall spielen die Wünsche der Betroffenen überhaupt keine Rolle; sie werden alle für den Staat instrumentalisiert, die Mutter als Gebärmaschine, Vater und Sohn als Kampfmaschinen – im Widerspruch zu Lenz' expliziter Abneigung gegen die bisherige Zurichtung der Soldaten zu »Maschinen« im Absolutismus (S. 803). Die Befreiung von Abgaben, die in der Schrift so viel Anerkennung der Forscher gefunden hat, hat ihre Begründung lediglich in der Bezahlung für die sexuellen und reproduktiven Dienste; den Gewinn haben allerdings – hier wieder eine Spiegelung des Bestehenden – in erster Linie nicht die Prostituierten, sondern die Zuhälter, nämlich ihre Väter, »die ihre Töchter an Offiziere oder Soldaten verheuratet hatten«.

Nun könnte man natürlich einwenden, diese Art von Kritik sei reichlich unhistorisch, von modernen Einsichten über die Natur der Geschlechterverhältnisse geprägt. Dem ist entgegenzusetzen, daß Lenz eine Selbstkritik seines Projekts in diesem Sinne veranstaltet hat, und zwar in der Überarbeitung des Schlusses seines Schauspiels »Die Soldaten«, das in dieser Hinsicht als Vorstufe zur Soldatenschrift anzusehen ist. In diesem Stück hatte er unter anderem die fatalen Auswirkungen der Ehelosigkeit der Soldaten dargestellt, vor allem die uneheliche Schwangerschaft, die häufig zum Kindermord führte. Was am Schluß des Stückes an rationalistischen Reformvorschlägen steht, könnte angesichts der dadurch nicht gelösten Antinomien des Werkes für Ironie gehalten werden – und ist häufig so gesehen worden –, wäre die Schrift über die Soldatenehen nicht entstanden, die diese Vorschläge weiterführt, sowie auch Lenz' explizite Hinweise auf seine ernsthafte

Absicht mit Bezug auf diese im Drama enthaltenen Vorschläge.[23] In der ersten, handschriftlichen Fassung des Stückes ist es die Gräfin, die das Projekt umreißt: »Ich habe allezeit eine besondere Idee gehabt, wenn ich die Geschichte der Andromeda gelesen. Ich sehe die Soldaten an wie das Ungeheuer, dem schon von Zeit zu Zeit ein unglückliches Frauenzimmer freiwillig aufgeopfert werden muß, damit die übrigen Gattinnen und Töchter verschont bleiben«; der Obrist sagt, er sei auf die nämliche Idee geraten, und nach einem wiederholten Hinweis auf die Aufopferung einer Frau sagt er explizit, diese Frauen müßte der König »besolden«, sie wären dann richtige »Konkubinen« (D 1, S. 246). Allerdings besteht noch ein wichtiger Unterschied zum später entworfenen Projekt darin, daß diese Prostituierten »in den Krieg mitzögen«, und von Kindern ist nicht die Rede; was in der Schrift über die Soldatenehen eine wenn auch verzerrte bürgerliche Ehe ist, war in der frühsten Konzeption offenere Prostitution. Herder erhob offensichtlich Einwände gegen diese Fassung, wahrscheinlich vor allem gegen den anstößigen Ausdruck »Konkubinen«.[24] Lenz änderte daraufhin den Schluß in entscheidenden Aspekten; jetzt soll eine »Pflanz-schule von Soldatenweibern« angelegt werden, die also nicht mehr Konku-binen, aber noch nicht richtig Ehefrauen im bürgerlichen Sinne wären, denn sie müßten sich dazu bereit finden, »den hohen Begriffen, die sich ein junges Frauenzimmer von ewigen Verbindungen macht, zu entsagen.« So bleibt die Frau in dieser Phase der Überlegungen noch eine Prostituierte, ein Zustand, dem der Obrist dadurch recht vage abhelfen will, wenn er vorschlägt, daß der König »das Beste tun« solle, »diesen Stand glänzend und rühmlich zu machen« (D 1, S. 734), womit er natürlich meint, dieser Prostitution müßte finanzielle und soziale Legitimation zukommen, was die Frauen freilich nicht weniger zu Prostituierten macht. Wo der Obrist noch vage bleibt, gibt Lenz in seinem Brief an Herder konkretere Vorstellungen davon, wie diese Ehen auszusehen hätten: die Soldatenweiber müßten »durchs Los in den Dörfern« gewählt werden, sie würden dann »auf gewisse Jahre« heiraten, ihre Kinder zur Erziehung dem König abgeben, gingen dann »wohl wieder in ihr Dorf zurück und blieben ehrlich, es war *sors*«, also Schicksal, was ihnen begegnet sei.[25] Mit dem Rückgriff auf »Schicksal« hofft Lenz offensichtlich etwas halbherzig, das gesellschaftliche Ansehen dieser verbrauchten Prostituierten zu retten.

Auch ohne über diese in Lenz' Brief beschriebenen Details im Bilde zu sein, äußert die fiktive Gräfin in der Druckfassung der »Soldaten« Kritik an diesen Entwürfen – hier finden wir die erwähnte Selbstkritik Lenz' am Projekt der Soldatenehen. In der Druckfassung formuliert nämlich nicht mehr die Frau den Reformvorschlag, sondern der Mann; der Gräfin bleibt dann nur noch Kritik vorbehalten, die mit der Aussage endet: »Wie wenig kennt ihr Männer doch das Herz und die Wünsche eines Frauenzimmers« (D 1, S. 734). Daß Lenz hier der Frau eine Stimme gegen dieses ungeheuerliche Projekt einräumt, ist sicher beachtenswert.[26] Aber er tut das offensichtlich erst auf die Einwände Herders hin und läßt die Stimme dann in der Schrift über die Soldatenehen verstummen. Denn er hat hier das Kunststück fertiggebracht, die Prostitution mit den sanften Farben einer empfindsam getönten bürgerlichen Ehe zu übermalen und sie dadurch gegen Kritik abzusichern. Hier ist nicht mehr von einer nur vorübergehenden, sondern von einer dauerhaften Ehe die Rede (wobei jedoch die Partner nur in den Wintermonaten zusammenleben, wo die Feldzüge aussetzen). Man spricht auch nicht mehr von einer Lotterie, die in Lenz' Brief zur Konzeption einer Art Wehrpflicht oder besser Hurenpflicht für die Frauen führte. In der Soldatenschrift wird vielmehr überhaupt nicht davon gesprochen, wie die »Soldatenweiber« ausgewählt werden, so daß man den Eindruck haben könnte, eine Liebesehe sei gemeint, in der die Frau ein Maß an Eigenständigkeit und Selbstverwirklichung erlangen könne.

Dieser Eindruck täuscht in vieler Hinsicht. Zunächst zur Partnerwahl: Wir lernen nur, daß der Vater die Tochter »an Offiziere oder Soldaten verheuratet« und infolgedessen von Abgaben befreit wird. Das bedeutet sicherlich, daß die Heirat unter ökonomischem Druck geschieht, nicht als Ausdruck der Liebe. Das war zwar auch in anderen Ehen der Fall, wurde aber nicht als staatliche Maßnahme, als Ventil für die Sexualität staatlicher Bediensteter bewußt durchgeführt, und zwar zur Versorgung des Staates mit weiteren Bediensteten. Merkwürdig ist auch, daß die sozioökonomischen Verhältnisse *unsichtbar* gemacht werden; Lenz versteckt sie hinter der Fassade einer bürgerlichen Liebesehe, die keine ist. Diese Unsichtbarkeit der den Menschen drückenden Verhältnisse, besonders der Arbeit, macht gerade den Charakter der Idylle aus.[27] In diesem die Arbeitsverhältnisse verklärenden Sinne wird auch die bäuerliche Arbeit des zurückkehrenden Soldaten idyllisch beschrieben: »Ich sah ihn«, schreibt Lenz visionär, »wie er seinem Weibe, seinen Eltern zu gefallen, die er sechs Monate und länger nicht gesehen hatte, hier an der Ernte, dort an der Weinlese, dort am Dreschen und andern ländlichen Arbeiten lachend mit Anteil nahm, dadurch seinen Körper stärkte, seinen Geist in beständiger Munterkeit erhielt und des Nachts mit seinem Weibe viel Freude haben konnte« (S. 800). Die Arbeit ist bloß »Zeitvertreib« (S. 808), sie wird also idyllisch verklärt, aber sie bleibt Arbeit, die der Soldat im Winterurlaub zu leisten hat. Und wenn Lenz dann in der Folge die gegenwärtigen Tätigkeiten des überwinternden Soldaten beschreibt, so wird deutlich, daß die vorgeschlagene Situation nicht nur der Gesellschaft eine produktive Kraft zuteil lassen, sondern den Soldaten auch wieder zu einem geschlechtsspezifisch angemessenen Tätigkeitsbereich – eben richtiger männlicher Feldarbeit – zurückführen soll. Lenz sieht diese Änderung als Fortschritt gegenüber der bestehenden Situation, wo der Soldat im Winter »elender, weibischer [!] und doch verächtlicher als die geringsten Tagelöhner Knötgen macht, Strümpfe strickt und Blonden klöpfelt [= Seidenspitze klöppelt[28]] [...]« (S. 800). Am auffallendsten kommt die Geschlechterdifferenzierung dort zur Sprache, wo Lenz die Ansicht zu widerlegen sucht, daß verheiratete Soldaten die schlechtesten sind. Das ist ein zentraler Punkt des Textes, denn Lenz hatte diese Ansicht bisher selbst geäußert; im erwähnten Brief an Herder aus dem November 1775 heißt es ganz traditionell: »Ordentliche Soldatenehen wollen mir nicht in den Kopf. Soldaten können und sollen nicht mild sein, dafür sind sie Soldaten. Hektor im Homer hat immer recht gehabt, wären der Griechen Weiber mit ihnen gewesen, sie hätten Troja nimmer erobert.«[29] In der Soldatenschrift vertritt Lenz nun die entgegengesetzte Meinung, aber nur deswegen, weil er die Sexualbeziehung für reformfähig hält. Er meint jetzt, die Soldatenweiber seien nur »bei unsern Sitten« schädlich, und es wird deutlich, daß er damit die schlechten Sitten von Frauen meint, die sich nicht dem traditionell passiven Modell des weiblichen Verhaltens anpassen, sondern sexuell aggressiv werden: »Wo das Weib dem Kerl überall nachschlendert und ihn, der ohnehin Sorgen genug hat, mit den Haussorgen vollends zum Narren macht. Wo sie durch die Sitten unserer Zeit zu einer unbändigen Geilheit erhitzt, seinem Körper eben so zusetzt als seinem Geiste« (S. 801). Wenn Lenz »dies[e] schändlichen Ehen« eine »Mißgeburt des äußersten Elendes« sowie der schlechten Sitten seiner Zeit nennt, so setzt er voraus, daß eine grundlegende soziale Reform die Sitten verbessern könnte. Und diese besteht seiner Ansicht nach in der staatlichen Förderung der bürgerlichen Ehe für Soldaten im dargestellten Sinne. Mit dieser Reform erfolgt dann eine ›Normalisierung‹ bzw. Disziplinierung der Geschlechterrollen (was sicher auch einen Nebensinn der Behauptung ergibt, durch dieses Projekt werde der Untertan, also der Mann, im Fürsten »größer und mächtiger« werden: die patriarchale Ordnung wird wieder hergestellt). Der Soldat beseitigt in dreifacher Hinsicht seine aus Lenz' Sicht »weibische« Unart: Erstens wird ihm in den Sommermonaten des Feldzugs nicht mehr von einer sexuell aggressiven Frau »zugesetzt«, sondern er setzt »alle sein Vergnügen gern auf die Zeit [heraus], da er sein Weib wiedersehen wird« (S. 801); damit wird

die aggressivste männliche Tätigkeit, der Krieg, vom Gespenst der Zersetzung durch die aggressive Frau und deren »unbändige Geilheit« befreit, der
Bereich der Aggression bleibt damit dem Manne vorbehalten. Zweitens
wird der Mann wieder in seine sexuelle und zugleich gesellschaftliche
Funktion des patriarchalen Hausvaters und Ehemannes restauriert, indem er
in den Wintermonaten über seine Familie herrscht. Das, meint Lenz, macht
ihn erst richtig zum Mann; »wie können sie auch Männer werden, ohne zu
heuraten?« fragt er (S. 808 Anm.). Eng verbunden mit dieser normativen
patriarchalen Rolle ist die Vorstellung, die dem ganzen Projekt zugrunde-
liegt: Der Soldat kämpft um so wilder, wenn er seine Frau und Kinder
verteidigt, so daß dem Mann die traditionellste Geschlechterrolle zugewiesen wird, die des Beschützers, nun auch im atavistischsten Sinne des
gewalttätigen Kriegers. Drittens entspricht nun die Frau einer normativen
Rolle der Passivität, so daß ihre Sexualität die des Mannes nicht mehr
gefährdet, sondern steigert und – so sehen wir aus einer ganz merkwürdigen
Stelle – ihn nicht mehr zum Krieg verdirbt sondern dazu befähigt; man
beachte, wie der Mann durch diese Art Sexualität zum Kampf gestärkt wird,
so daß der Krieg nunmehr, nach dem Abschied von der Frau, unmerklich
zu einem Sexualersatz wird: »Ach in den Armen der Ruhe wird er
wahrhaftig nicht erschöpft, nicht entnervt, nicht weibisch werden, er wird
neue Stärke dort holen, um hernach die Waffen regieren zu können. Er wird
wie ein Ermüdeter hingehen, wie ein Faun zurückkommen, dem Liebe und
Most und Fülle und Freude Sehnen und Adern schwellen« (S. 801f.). Der
Gefahr, daß auch noch in dieser Art Ehe »die Weiber zu gierig wären«, sieht
Lenz dadurch begegnet, daß durch sein Projekt »*die Sitten des ganzen Staats*«
verbessert würden (S. 802).

Geschlechter- und Sexualdisziplinierung – das sollte uns wohl nicht
überraschen. Aber geht es hier wirklich um Prostitution? Lenz sah es gewiß
nicht so, und die Forscher meist auch nicht, denn die Sexualität wird hier
ja in die Ehe kanalisiert, die dauerhaft bleiben soll. Aber gerade Lenz hatte
den Schlüssel dazu hergegeben; in den drei Stufen des Projekts von dem
Manuskript der »Soldaten« über die Druckfassung bis zur Schrift über die
Soldatenehen besteht nur ein gradueller Unterschied, kein prinzipieller. Die
»Konkubinen« in der ersten Stufen werden genauso wie die nur vorübergehend als »Soldatenweiber« funktionierenden Frauen der zweiten und die
permanenten Ehefrauen der dritten Stufe für ihre sexuellen Dienste bezahlt;
der Unterschied besteht nur darin, daß der Staat in der dritten Stufe auch den
Nachwuchs bezahlt, und daß die Sexualität und Reproduktion durch die
bürgerliche Ehe staatlich sanktioniert werden. Das entscheidende Kriterium

für die Bewertung dieses Projekts ist die Autonomie und Selbstverwirklichung des Individuums, hier der Frau. In allen drei Stufen der Entstehung dieses Projekts ist die Frau durch materielle Interessen *gezwungen*, sexuelle und reproduktive Dienste zu leisten, und im dritten Stadium wird ihre Selbstverwirklichung und ihr freier Wille dadurch noch mehr als in den ersten Stufen beeinträchtigt, daß sie ihr Kind dem Staat opfern muß. Lenz hat diese Kritik nicht ausführlich geäußert, aber er hat immerhin den Ansatz dazu hergegeben, nämlich in der schon zitierten Selbstkritik durch die Stimme der kritischen Frau, der Gräfin, sowie in der Unterminierung des eigenen Projekts durch die Vorwegnahme der Leserreaktion auf den schwärmerischen Poeten, der es ausgeheckt hatte.

So wird deutlich, daß Lenz' Soldatenehenprojekt nicht nur das Ziel verfolgt, eine engagiertere Armee einzurichten, die den absolutistischen Staat desto effektiver schützen könnte, sondern es ging ihm auch darum, die schlechten Sitten seiner Zeit zu beseitigen, und aus seiner Perspektive resultieren diese vor allem aus sexueller Ausschweifung und, damit verbunden und noch viel wichtiger, aus der Schleifung der Geschlechterdifferenz: aus weibischen Männern und geilen Frauen. Das Projekt ist auf Sozialdisziplinierung angelegt. Es ist ein paradigmatisches Beispiel dafür, wie der Intellektuelle dem Staat Propagandadienste leistet, um für drückende Verhältnisse eine ideologische Legitimation zu finden, die den Untertan desto gefügiger für staatliche Zwecke macht. Darin und in der konservativen sozialen Ideologie der ›Geschlechtscharaktere‹[30] ist die Schrift über die Soldatenehen ein paradigmatisches Beispiel für die bei aller Brisanz einzelner Einsichten doch affirmative Tendenz der Reformbestrebungen des aufgeklärten Absolutismus. Eine Parallele zum modernen Totalitarismus, etwa zum ›Lebensborn‹-Projekt im Dritten Reich, ist wohl zu weit hergeholt, aber es mutet schon unheimlich an, wenn in Lenz' Projekt die Familie systematisch instrumentalisiert bzw. zerstört wird, um den Staat mit Kanonenfutter zu versorgen, und wenn der Intellektuelle freiwillig die Gelegenheit ergreift, sich Legitimationen für den Krieg auszudenken. »Der Soldat muß für sich selbst fechten, wenn er für seinen König ficht« (S. 798): So benennt Lenz bündig eine sehr modern anmutende Ideologie, in der die wahre Natur der dynastischen Machtkämpfe hinter der Fassade der mutigen, paradigmatisch männlichen Tapferkeit des für die Seinen kämpfenden Hausvaters versteckt bleibt. Für den absolutistischen Staat hätte Lenz' Projekt ideale Folgen, wenn es hätte verwirklicht werden können: Beseitigung der unehelichen Geburten und damit nicht nur der teuren sozialen Maßnahmen, die dagegen eingeleitet wurden, sondern auch der sozialen

Kritik, die sich gegen die Behandlung der Kindermörderinnen und unverheirateter Mütter richtete; Versorgung des Staates mit ideologisch dressierten Soldaten und sogar mit deren Nachwuchs; soziale Disziplinierung durch Zurechtweisung der Geschlechterrollen; schließlich ein ideologischer Blankoscheck für jeden Krieg, den der Fürst als Verteidigungskrieg ausgeben konnte.

Bisher bewegten sich diese Ausführungen im Ideellen, sie behandelten Lenz als abstrakten, autonomen Denker, der den Ereignissen und dem Druck der Verhältnisse nicht unterworfen ist. Gerade für Lenz, in dessen Werk und Leben diese Verhältnisse eine so große Rolle spielen, muß die Darstellung – und, so wird sich herausstellen, auch die Bewertung – entsprechend korrigiert werden. Gerade bei Lenz muß jedoch nicht nur auf die biographisch-historische Situation im gängigen Sinne eingegangen werden, sondern auf die bizarren Phantasien, die ihn bewegten. Und hier finden wir eine seiner bizarrsten.

Zunächst zur historischen Situation. Die Forschung hat schon längst erkannt, daß die Soldatenschrift nicht nur auf Weimar, sondern auch auf Frankreich gemünzt war; das wäre schwer zu leugnen, da der größte Teil der Schrift sich mit der sozialen Situation und dem Militär in Frankreich befaßt und Lenz in Briefen wiederholt auf Frankreich als Ziel des Projekts hinwies. Aber meist hat man den Bezug auf Weimar betont, obwohl nur an einer einzigen Stelle des Textes die Möglichkeit der Durchsetzung dieses Projekts in Weimar erwähnt wird, und auch hier nur als Plattform zur weitergehenden Wirkung in Frankreich.[31] Lenz hatte doch eben vier Jahre in Frankreich verbracht, an der Grenze zwischen deutscher und französischer Kultur, in Straßburg. Seit 1774 herrschte in Frankreich Aufbruchstimmung. Wir sind heute gewohnt, den in jenem Jahr zum König gewordenen Louis XVI. als schwachen Herrscher zu sehen, der in den Revolutionsjahren versagte und unter der Guillotine verendete. Aber in den ersten zwei Jahren seiner Herrschaft wurde er als Retter Frankreichs begrüßt, besonders nachdem er den mit wichtigen Aufklärern verbündeten Reformminister Turgot installierte. Turgot beließ zwar die Adligen weitgehend in ihren Privilegien, um seine Stellung nicht von vornherein aufs Spiel zu setzen, aber er unternahm oder plante hoffnungserweckende Reformen: Einschränkung der Staatsausgaben, neue Methoden der Steuereintreibung, Gewissensfreiheit für Protestanten u.a.m. Besonders brisant waren seine Sechs Edikte, die im Januar 1776 dem König eingereicht und in der zweiten Februarwoche öffentlich bekannt wurden[32]; das umstrittenste verordnete die Beseitigung der drückenden Straßenfrondienste (corvées). Nach dem lit de justice am 12.3., in dem der König die Edikte gegen den Widerstand des Adels durchsetzte und bestätigte, wurde Paris illuminiert, und in den niedrigen Schichten wurde enthusiastisch gefeiert.[33] Der Berichterstatter für Wielands »Teutschen Merkur« – eine Zeitschrift, die Lenz spätestens seit seiner Aussöhnung mit Wieland gleich nach der Ankunft in Weimar regelmäßig gelesen haben wird – schreibt enthusiastisch im Aprilheft 1776:

> »Die Vorberichte zu diesen neuen Gesetzen sind Meisterstücke von Gesetzgebung, und allein genug, den hellen Verstand und die Weisheit Ludewig des 16ten und der Minister, die ihn umgeben, unsterblich zu machen. Alles athmet da Liebe der Unterthanen, Achtung für die Menschheit, die so oft von den gewöhnlichen oder von tyrannischen Gesetzgebern gemißhandelt und unterdrückt worden. Man entdeckt da philosophische Grundsätze, erhabene weite Absichten, und es herrscht da eine Sprache, die vielleicht bis jetzt noch unbekannt bey den Thronen war.«[34]

Der Widerstand des Adels zwang den König, Turgot am 12.5.1776 zu entlassen. Lenz verfolgt diese Ereignisse mit großem Interesse; aus Weimar verlangt er von seinem Freund Röderer in Straßburg politische Neuigkeiten, und dieser antwortet mit der Meldung über Turgots Entlassung.[35] Obwohl die meisten Reformen im Sommer 1776 rückgängig gemacht wurden, wird Lenz erst im Herbst davon erfahren haben, denn er bekam etwa Mitte Juni die Falschmeldung von Röderer, daß Turgots Reformen doch noch durchgeführt würden.[36] Lenz sieht sein Projekt eindeutig im Zusammenhang dieser Reformbewegung, wie unveröffentlichte Dokumente belegen.[37] Er sammelt fleißig an allen Enden und Ecken Nachrichten über französische Militärverhältnisse.[38] Bereits auf dem Wege nach Weimar erkundigt er sich beim Verleger Reich wegen einer Veröffentlichung der Soldatenschrift in französischer Sprache und drängt schon zu einer Anzeige im Messekatalog.[39] Denn, so schreibt er, er werde die Schrift »die Reise [...] nach Paris machen lassen«, und er hat den Boten schon ausgedacht, einen mit ihm bekannten Staatsmann, der im Herbst dahin reisen wird.[40] Goethe fragt er sogar, »ob es ein Utopisches Projekt wäre eine Handlung [d.h. Handelsbeziehungen] zwischen Frankreich und Weimar anzuspinnen.«[41]

Weimar spielt also in diesen Entwürfen auch eine Rolle, so viel ist klar – aber welche? Wollte Lenz damit eine beliebige Sinekure in Weimar ergattern, wie viele Forscher meinen? Dagegen spricht nicht nur die ganze Ausrichtung des Projekts auf Frankreich, sondern auch die Tatsache, daß Lenz eine Berufung in Weimar abgelehnt hat.[42] Er hat seine Ablehnung so begründet: »Sobald meinen Platz ein anderer ausfüllen kann, warum ihn nicht verlassen?«[43] Wenn Sigrid Damm Recht hat, daß die angebotene Stelle die eines Vorlesers am Hofe war,[44] so kann man Lenzens Zurückhaltung verstehen – und wenn er eine beliebige Hofstelle angestrebt hätte, so hätte er den Hof nicht so schnell verlassen, um in der Einsamkeit des Dorfes Berka seine Soldatenschrift auszuarbeiten (denn daß er deswegen Weimar verließ, geht aus den Dokumenten eindeutig hervor[45]). Welchen Platz *konnte* aber nur er ausfüllen? Nach Lenzens Vorstellungen war es sicher der eines Beraters, der seine Kenntnisse zum Wohl des Staates anwendet, in seinem Falle militärische Kenntnisse, die er als Begleiter zweier Offiziere in Straßburg und durch Lektüre erworben hatte. Und so muß man seine Bemerkung in einem Brief vom Oktober 1776 verstehen, welche die meisten Forscher mit Schweigen übergehen, die jedoch Weimar und Frankreich schlüssig verbindet: »Vielleicht sehen Sie mich einmal in herzoglich sächsischer Uniform wieder. Doch das unter uns.«[46] Der Briefempfänger war in Straßburg; aus dem Kontext geht hervor, daß Lenz vorhatte, als herzoglich sächsisch-weimarischer Offizier nach Straßburg zurückzukehren und seine Schrift dort dem adligen Bekannten zu übergeben, der nach Paris reiste[47] (auch in anderen, in der Forschung übersehenen Briefstellen deutet er die Rückkehr nach Frankreich an[48]). Offensichtlich erhoffte er sich einen Einfluß seiner Schrift am französischen Hof, so daß er dort wirken könnte; schreibt doch Goethe, Lenz »hielt sich überzeugt, daß er dadurch [d.h. durch dieses »groß[e] Memoire an den französischen Kriegsminister«] bei Hofe großen Einfluß gewinnen konnte«.[49] Irgendeine offizielle Stellung wäre dazu nötig, etwa als weimarischer Militärattaché; jetzt, nachdem er den in einen Wassergraben gestürzten Herzog gerettet hat, könnte er offensichtlich mit einer entsprechenden Aussicht belohnt werden.[50] Er meinte, sein Ruf als bloßer Komödienschreiber, zumal als Verfasser einer kritischen Komödie über Soldaten, wäre hinderlich für eine staatliche Anstellung, und deswegen versteckt er (erneut) seine Verfasserschaft der »Soldaten«[51]; er wollte in größerem Format sein Glück in Paris versuchen.

Aber das Projekt wird noch schrulliger; Lenzens Gedanken bewegten sich nicht nur auf der Ebene militärischer Reformaktivitäten. Auch eine Frau löste die Phantasie aus. Lenz hatte sich in Straßburg bekanntlich in eine hohe Adlige verliebt, noch bevor er sie anders als aus Briefen an Dritte kannte. Diese Liebe zur Baronin Henriette von Waldner war schon wegen des unüberbrückbaren Standesunterschieds von Anfang an zum Scheitern verurteilt, aber gerade wegen dieser Unmöglichkeit ließ Lenz sie in der Phantasiewelt von wenigstens vier Werken gelingen. Und in drei dieser Schriften ist der weitere Sinn des Lenzschen Bestrebens, Offizier zu werden, deutlich zu erkennen: Er malte sich in seiner Phantasie die Gewinnung der Henriette von Waldner durch eine glänzende militärische Laufbahn aus.[52]

In diesen drei Werken verrät Lenz seine Wunschvorstellungen mit möglichster Deutlichkeit: Ein junger bürgerlicher Liebhaber verläßt die unerreichbare adlige Geliebte, um im Militär das soziale Niveau zu erklimmen, auf dem er zu ihr zurückkehren und sie heiraten könne. Im wichtigsten dieser Werke, dem nach der Henriette von Waldner benannten Dramenfragment »Henriette von Waldeck«, sagt die adlige Frau vor der Rückkehr des Liebhabers: »Was für ein Anblick mir die Uniform sein wird! Er dachte auf rosengebahnten Wegen der Ehre und des Glücks zu mir [zurück] zu kehren«, denn, so erklärt eine andere Figur, »Er wollte es so weit bringen, daß er auch in den Augen der Welt eine wünschenswürdige Partie für Henrietten würde« (D 1, S. 531, 530). Und im anderen großen Werk, an dem Lenz in diesen Monaten arbeitet, der Erzählung »Der Waldbruder«, schreibt der Held Herz, den die Forschung im allgemeinen, wenn nicht in allen Zügen, mit dem Verfasser identifiziert hat: »Eben erhalte ich einen wunderbaren Brief von einem Obristen in hessischen Diensten, der ehmals mit mir in Leipzig zusammen studiert hat, und mir die Stelle als Adjutant bei ihm anträgt, wenn ich ihn nach Amerika begleiten will. [...] dieser Sprung aus dem Schulmeisterleben auf die erste Staffel der Leiter der Ehre und des Glücks, der Himmelsleiter auf der ich alle meine Wünsche zu ersteigen hoffe«; an anderer Stelle schreibt eine andere Figur deutlicher: »Er [= der Obrist] trug ihm also die Stelle als Adjutant bei seinem Regiment an, die denn auch Herz mit beiden Händen annahm, weil er glaubte, dies sei die Laufbahn an deren Ziel Stella mit Rosen umkränzt ihm den Lorbeer um seine Schläfe winden würde«.[53] In diesen Werken wird die Liebesbeziehung durch die Heirat der Frau mit einem adligen Rivalen verhindert, und diese Ehe wird dem bürgerlichen Protagonisten verheimlicht, was auch autobiographische Züge trägt.[54] In leichter Abwandlung erscheint diese Phantasie auch in »Die Freunde machen den Philosophen«; hier reist das standesmässig ungleiche Paar nach Frankreich, dem »glücklichen Boden, wo die Freiheit atmet«, wo sie »gleich« werden, aber die Verbindung läßt sich nicht verwirklichen; der Held sucht umsonst nach einer Gelegenheit, die Geliebte durch Leistung zu gewinnen: »Kein Krieg da – keine Gefahr da, der ich um Seraphinens willen trotzen könnte«, er weiß, um sie zu »gewinnen«, muß er »[sich] von ihr [...] entfernen und in der schrecklichen Einöde des Hofes [sein] Glück [...] versuchen«, er ist also gezwungen, »nach Paris zu gehen und alle unsere großen Hoffnungen auszuführen«, er muß, in den Worten der Geliebten, »nach Paris gehn, Geschäfte zu übernehmen, die Sie bald zu einem Rang heben werden, der meinem Bruder den letzten Vorwand benehmen soll, unsere Verbindung zu hindern«.[55]

Die vier fiktiven Helden wollen also eine adlige Frau durch eine militärische (bzw. amtliche) Karriere gewinnen. Der Bezug dieser Phantasie auf die Soldatenschrift wird durch die Forschungen David Hills bestätigt (s. den Beitrag in diesem Band); er hat unter den zahlreichen Manuskripten zum Soldatenprojekt Hinweise auf ein Liebesverhältnis als besondere Begründung für die Ausrichtung der Schrift auf Frankreich gefunden, ja es ist sogar explizit von der hoffnungsvollen Liebe zu einer Französin die Rede, die ihm entrissen worden sei (darauf kommen wir noch zurück), und auf die Notwendigkeit, vor seinem nahen Tod etwas zu tun, was ihrer würdig wäre.[56] Der im Militär zu bewerkstelligende Aufstieg zum Niveau der geliebten Adligen war aber nicht ganz so phantastisch, wie es auf den ersten Blick erscheint; ein kleines Stück Wirklichkeit liegt dieser Phantasie zugrunde, und daher richtet Lenz seine Augen nach Frankreich. Dort hatte man im Jahre 1750 einen eigenen Militäradel (noblesse militaire) eingerichtet, d.h. besonders verdienstvolle bürgerliche Offiziere wurden nach geregelten Kriterien geadelt.[57] Unter diesen günstigen Umständen strömten Bürgerliche in die bisher Adligen vorbehaltenen Reihen der Offiziere; unter dem Druck des Adels wurde dieser Brauch 1758 zwar eingeschränkt, aber erst 1781, also nach der uns interessierenden Zeit, wurde der Weg der Bürgerlichen in die Offiziersränge wieder vollständig blockiert; inzwischen betrugen sie etwa 15% der Offiziere. Welch Potential für Klassenkonflikte bzw. soziale Mobilität innerhalb der verkrusteten Hierarchie des europäischen Feudalismus in dieser Maßnahme lag, wird deutlich aus der entrüsteten Denkschrift eines adligen französischen Offiziers aus der Zeit um 1780: »Man sieht den Kaufmannssohn sich die Uniform anziehen, den Vorrang behaupten und als Gleichwertiger der Vornehmen marschieren wollen! Nicht ohne Grund sage ich katastrophale Folgen dieser Verwirrung der Stände voraus, denn sie verursacht jetzt schon die Bestrebungen der Adligen, den Unterschied aufrechtzuerhalten, der sie ewig von den Bürgerlichen trennen sollte [...]«.[58] Folgende Stelle aus dem vierten Werk Lenzens mit diesem Thema (»Die beiden Alten«) liest sich fast wie eine Entgegnung auf diese adligen Ressentiments; Belloi, ein französischer Bürgerlicher, hat den noblesse militaire errungen und eine Adlige geheiratet; deren großmütiger Onkel räumt die Ressentiments ihres Bruders aus: »[...] als ob der Adel, den der König einem braven Offizier wegen seiner Verdienste beilegt, weniger echt sei, als der, den unsere Vorfahren von ihren Königen erhielten«.[59] In den deutschen Territorien wurden Offiziersstellen im allgemeinen noch dem Adel vorbehalten, und ein geregeltes Adelungsverfahren für bürgerliche Offiziere kam nicht in Frage. So überrascht es nicht, daß in »Henriette von Waldeck« der hoffnungsvolle Offizier »an den Hof« geht, »um dort Gelegenheit zu finden, das durch [seine] Talente zu erhalten, wozu andere niedrige Kunstgriffe brauchen«, und wir lernen an anderer Stelle, was damit gemeint ist: »Reichtum und Adel« (D 1, S. 536, 529). Der operative Begriff ist hier »Talente« bzw. »Verdienste« (D 1, S. 536, 529): Der alte Traum Bürgerlicher, ja vielleicht die wichtigste Forderung bürgerlicher Intellektueller im Absolutismus, nämlich die Durchsetzung des Verdienstes statt der adligen Geburt als Kriterium für die Anstellung im höheren Staatsdienst (Stichwort: Verdienstadel gegen Geburtsadel), schien im Militärdienst des aufgeklärten Regimes in Frankreich im Ansatz Wirklichkeit geworden zu sein, so daß diese Maßnahme von den französischen Aufklärern entsprechend gefeiert wurde.[60] Turgot trieb diese Entwicklung voran; der im Herbst 1775 ernannte Kriegsminister St. Germain hatte vor, Privilegien für adlige Offiziere abzuschaffen. Turgot selbst argumentierte vor dem König gleich vor der Durchsetzung der Sechs Edikte, es gäbe viel zu viele Militärämter, die nur als Sinekure des Adels angesehen würden;[61] Lenzens Interesse an St. Germains Reformen ist verbürgt.[62]

Diese bescheidenen Reformen reichten hin, um Lenzens Phantasie zu beflügeln, aber er gab ihr nur in der Dichtung Ausdruck. Diese ließ die Wirklichkeit bald hinter sich, denn trotz der Anhaltspunkte in der Wirklichkeit mußte diese Phantasie eben noch Phantasie bleiben. Die Bedingungen für den noblesse militaire waren nicht dazu geeignet, einen jungen, mittellosen Mann zum Adligen zu erheben.[63] Und obwohl Henriette von Waldner einen besonderen Geschmack für Männer in Uniform hatte,[64] wäre ihr nie der Einfall gekommen, einen niedrigen Neuadligen zu heiraten, auch wenn sie das gegen die Familie hätte durchsetzen können. Es ist also wohl zu viel gesagt, daß Lenz in Weimar, vielleicht in Frankreich durch eine militärische Laufbahn, der durch das »Verdienst« seiner Soldatenschrift Bahn gebrochen werden sollte, sein Glück machen und die hochadlige Henriette von Waldner heiraten wollte, wie sein fiktiver Held die Henriette von Waldeck. »Wollte« ist zu stark; er lebte aber wohl in dieser Phantasie – und erkannte sie als Phantasie: ein Stück Selbstkritik, das nicht unterschätzt werden sollte. Die fiktiven Gegner dieses eigentümlichen Projekts drücken Lenzens Zweifel aus: In »Henriette von Waldeck« nennen sie diese Idee »Grillen«, »Romane«, »schimärisch[e]« Hoffnungen,[65] in »Der Waldbruder« heißt es: »Er schwimmt jetzt in lauter seligen Träumen von Liebe und Ehre«, »Er lebt und webt in lauter Phantasien«, oder abgewogener: »Er hat Vernunft genug einzusehen, daß in seinem jetzigen Stande es Torheit wäre, Ansprüche oder Hoffnungen auf den Besitz der Gräfin zu machen, aber auch wilde

Einbildungskraft genug sich alles möglich vorzustellen was ihn zur Gleichheit mit ihr erheben kann [...]«[66] – autobiographisch gesehen wohl die authentischste dieser fiktiven Aussagen über die als phantastisch erkannte Besessenheit. In »Die Freunde machen den Philosophen« bringt die Geliebte konkretere Einwände zur Sprache: »Bedenken Sie, was dazu gehört, an einem Hofe wie der französische nur bemerkt zu werden, geschweige sich emporzuarbeiten, sich unentbehrlich zu machen«.[67] Es wurde für Lenz auch angesichts der Ereignisse immer schwieriger, diese Phantasie zu leben, denn Henriette von Waldner heiratete am Tag vor seiner Ankunft in Weimar einen der reichsten Adligen im Elsaß, Karl Siegfried von Oberkirch. Als Lenz von der Heirat hört, wehrt er die Wahrheit vorläufig ab; weil ihm berichtet worden war, daß sie am 1. April stattgefunden hatte, vermutet er einen Aprilscherz[68], will Lavater dazu bewegen, ihr die Heirat auszureden[69] und äußert den Wunsch, nach Straßburg zurückzukehren.[70] Auch nachdem er erfährt, daß es kein Aprilscherz war, nennt er die nunmehrige Frau von Oberkirch in einem Brief an Röderer noch »meine W[aldner]«,[71] entwirft Scheidungsgesetze und faßt den Entschluß, zum Katholizismus zu konvertieren.[72] In einem »An W-« überschriebenen Gedicht beteuert er: »Jetzt hab ich dich – und soll dich lassen/Eh möge mich die Hölle fassen.«[73] In den literarischen Werken »Henriette von Waldeck« und »Der Waldbruder« wird Lenzens zählebige Hoffnung dadurch ausgedrückt, daß die Ehe der adligen Geliebten mit einem Standesgenossen gleichfalls sich als Falschmeldung gutgesinnter Freunde erweisen könnte oder auf andere Art abgewehrt wird – also als eine Art Aprilscherz. Wiederholt fragt Lenz in Briefen an Röderer nach dem Wohlbefinden der Frau von Oberkirch (die er jetzt auch richtig so nennt) und schreibt mehrere Briefe an die Geliebte selbst, schickt sie aber fast alle nicht ab.[74] Den Höhepunkt des Widerspruchs zwischen Wirklichkeit und Phantasie bildet ein nicht abgesandter Brief an die Henriette, in dem sich Lenz von ihr verabschiedet, um sie im nächsten Leben wiederzusehen; am Rande heißt es jedoch, er hoffe zurückzukehren, also wohl nach Straßburg; aber auf der anderen Seite des Blattes gelobt sich Lenz, nie wieder an sie zu schreiben oder sie zu sehen, da er sich »nicht trauen darf«.[75]

Ein Wiedersehen im Jenseits: Wie dieser Brief und auch andere andeuten, fand die sentimentale Floskel, zu sterben und die Geliebte im nächsten Leben wiederzufinden, da er sie in diesem Leben nicht gewinnen könne, in Lenzens Phantasie Eingang, und hier bot wieder die militärische Alternative eine günstige Gelegenheit zum Sterben an, da Lenz den Selbstmord aus religiösen Gründen entschieden ablehnte.[76] Und so phantasierte er einen Tod im amerikanischen Unabhängigkeitskrieg, wenn seine allzu phantastischen Pläne scheitern sollten. In vielen Briefen, in denen von der Waldner/ Oberkirch die Rede ist, drückt sich eine verstärkte Todessehnsucht aus;[77] in einem dieser Briefe will er Lavater dazu überreden, die Waldner von der Heirat mit Oberkirch abzubringen; nach dem »Todesstreich« dieser Verlobungsnachricht heißt es nun: »Mein Schicksal ist nun *bestimmt*, ich bin dem Tode geweiht, will aber rühmlich sterben, daß weder meine Freunde noch der Himmel darüber erröten sollen«.[78] Mit dem rühmlichen Tod kann nur der Tod auf dem Schlachtfeld gemeint sein. Lenz riet auch einem von ihm beneideten Freund, der mit den hessischen Söldnertruppen nach Amerika ging, nicht Selbstmord zu begehen, sondern den Heldentod zu suchen: »Wollt Ihr Euch totschießen lassen oder juckt Euch die Haut so das Leben zu verlieren so geht nach Amerika und verliert es auf eine edle Art«; »Sterbt aber sterbt als Mann«.[79] Er spielt mit dieser Möglichkeit für sich selbst, aber erst nach der Heirat der Waldner; er erkundigt sich einmal im Zusammenhang seines mit den hessischen Truppen nach Amerika abgefahrenen Freundes, »wenn [= wann] wieder ein Schiff abgeht auch ob stark geworben wird«,[80] und auf einem Zettel notiert er: »An La Roche geschrieben, daß ich nach Amerika gehe«.[81] Auch hier geht die Wirklichkeit in Dichtung über und umgekehrt; diese Idee, auf dem Schlachtfeld zu fallen, war im Sturm und Drang beliebt[82] (zumal im Klingerschen Drama, das der Bewegung ihren Namen verlieh), und Lenz scheint hier nicht zuletzt auch Werther (wieder einmal) nachzuahmen, der (nach dem Scheitern seiner Reformpläne!) »in Krieg« wollte, bevor er zu der Einsicht gelangt, daß dies nur »Grille« sei.[83] Genauso wie der Selbstmord nach der »Werther«-Lektüre zur Besessenheit wird,[84] scheint Lenz sich auch diesen Gedanken Werthers zu eigen zu machen, sei es, um zu sterben oder »durch Wildheit und Wut« das ihn nun marternde Frauenbild »auszulöschen«, wie die fiktive Henriette von Waldeck es ausdrückt.[85] Es war den Dichtern des Sturm und Drang im Grunde einerlei, für welche Sache sie kämpften – im Falle Lenzens, ob er sich für oder gegen die amerikanische Unabhängigkeit einsetzte –, so uninteressiert waren sie an der konkreten Politik; bis heute gibt es nur widersprüchliche Zeugnisse über Lenzens Haltung zu den um Freiheit kämpfenden Amerikanern, die negative scheint gar zu überwiegen.[86] Amerika war ein Signum für den ehrenvollen Selbstmord, für das Ausleben gewalttätiger Phantasien gegen die bestehende Ordnung, paradoxerweise auf der Seite dieser Ordnung. Das alles zog Lenz immer tiefer in seine Soldatenphantasie hinein; wir sollten ihn wohl beim Wort nehmen, wenn er schreibt: »Ich habe eine Schrift über die *Soldatenehen* unter Händen, die ich einem Fürsten vorlesen möchte, und nach deren Vollendung und Durchtreibung ich – wahrscheinlichst wohl sterben werde.«[87] Was der Gedankenstrich ersetzt, ist der Wunschtraum, militärische Ehren zu erlangen und damit die Henriette von Waldner zu gewinnen; als Alternative sah er nur den Tod im Krieg. Das hat Lenz nur in seinen Dichtungen auszusprechen gewagt; was in seinen Briefen übrigbleibt, ist nur eine dringende Eile, das Projekt durchzusetzen, das er für so wichtig hält, daß sein Leben davon abhänge.[88] In den Briefen äußert er verschlüsselt auch dieselbe Selbstkritik am Phantasieprojekt, die er in den Mund seiner fiktiven Figuren legt: Während der Arbeit am Soldatenprojekt bittet er Lavater, ein »Bild« der Henriette zu schicken, weil er etwas brauche, »das meine Kräfte aufrecht erhält, das mich dem großen Ziel entgegenspornt um des willen ich nur noch lebe. Ich weiß sehr wohl daß dies *Schatten*, daß es nur ein Traum, daß es Betrug ist, aber laß – wenn es nur seine Wirkung tut.«[89] Der Traum hatte ein eigenes Leben bekommen, so daß Lenz seinem Soldatenprojekt auch dann eine Weile nachhängen konnte, nachdem er eingesehen hatte, daß die Henriette verheiratet war: In den Entwürfen heißt es, er wolle jetzt den Rest seines Lebens über dem Projekt verbringen, so daß Henriette nicht nur als Opfer, sondern auch – sozusagen als die ›Muse‹ des Projektemachers – als Retterin Frankreichs in die Geschichte eingehen wird.[90]

Mit der Ausweisung aus Weimar Ende November 1776 war der Traum jedoch endgültig vorbei, und die Soldatenschrift blieb unvollendet und unveröffentlicht. Oder vielleicht provozierte er nach dem Zusammenbruch seines Traumes die Ausweisung aus Weimar? Drei entscheidende Faktoren kamen nämlich im Spätsommer und Herbst 1776 zusammen, um das Projekt unmöglich und damit die Stelle in Weimar überflüssig zu machen: 1) Lenz erkannte endgültig, daß Henriette verheiratet war; 2) Turgots Reformen wurden nach dessen Entlassung rückgängig gemacht, was Lenz wohl erst im November erfuhr[91]; 3) Lenz vermutete, daß der Bote, der seine Schrift am Versailler Hofe vorlegen sollte, schon im Oktober aus Salzburg abgereist war[92], bevor er die Schrift, wie geplant, »fertig gedruckt« mitschicken konnte (D 3, S. 460). Wie Goethe in Lenzens Vorstellungen mit diesem Scheitern zusammenhing, ist schwierig einzuschätzen; sicher waren im allgemeinen die »tiefgreifend[en] Unterschiede im ästhetischen, literarischen und gesellschaftspolitischen Auffassungen«[93] entscheidend im Bruch mit Goethe, aber gerade die Lenz zutiefst beschäftigende Beziehung zu Henriette von Oberkirch konnte diese Differenzen bis zur Krise verschärfen. Während der verarmte Poet Lenz in den Memoiren der Oberkirch nicht erwähnt wird, erinnerte sie sich lebhaft an die Glückwünsche zu ihrer Hochzeit, die ihr von Goethe durch – das Format ist bezeichnend – einen weimarischen Kammerjunker überreicht wurden.[94] Merkwürdig ist auf jeden Fall, daß die Figur, die in »Der Waldbruder« und »Henriette von Waldeck« die Heirat der adligen Geliebten dem bürgerlichen Protagonisten verheimlicht, in vielen Zügen mit Goethe gleichzusetzen ist.[95] Jedenfalls vermutet Damm anhand der angeführten Stelle aus »Dichtung und Wahrheit«, daß es Goethe selbst war, der dem Freund riet, die Soldatenschrift zu verbrennen (D 2, S. 946); wenn das stimmt, so kann Goethe kaum gewußt haben, wie sehr diese Zurücksetzung Lenzens Phantasiegebäude zerstörte; hinzu kamen auf jeden Fall die oben beschriebenen Faktoren, die das Projekt vereitelten. Es wäre auch nicht verwunderlich, wenn Lenz aus seiner Verzweiflung heraus mit der bekannten »Eseley« reagierte, die den Bruch mit Goethe und die Ausweisung aus Weimar herbeiführte.

Wenn wir annehmen, daß Lenz die Phantasie lebte, mit der Soldatenschrift einen hohen militärischen Posten und damit Henriette von Waldner zu gewinnen, so ändert das in einigen Punkten unsere Bewertung dieses Projekts. Denn offensichtlich wurde er durch diese seelischen Nöte[96] so sehr beherrscht, daß er die Fähigkeit verlor, das Groteske seines Plans zu sehen. Ja, vom Phantasiebild der unerreichbaren Frau geleitet, hat er ein Projekt entworfen, in dem die Frau bloß als Instrument des Staates dient, und darin liegt wohl eine verborgene Parallele zwischen den Entstehungsbedingungen und dem Inhalt dieser Schrift, zwischen der phantasierten Offiziersgattin Henriette von Waldner und dem projektierten Soldatenweib: Beiden liegt das Phantasma der verfügbaren Frau zugrunde. Das ist widersprüchlich genug, hatte Lenz doch im Drama »Die Soldaten« das adlige Verfügen über bürgerliche Frauen schonungslos angeprangert – und dieses Bemühen leitete dann zum Soldatenprojekt über. Gerade an diesem Punkt müssen wir Lenzens persönliche Schwierigkeiten, die diesen Widerspruch hervorbrachten, als ein Politikum festhalten. Sie gehen ja vor allem aus dem riesigen Standesunterschied zwischen ihm und Henriette hervor, also aus der argen sozialen Ungleichheit, den »Umständen«, an denen Lenz nicht nur zeitlebens litt und vielleicht zugrundeging, sondern die er in seinen dichterischen Werken immer wieder für das menschliche Verhalten verantwortlich machte. Die Soldatenschrift und ihre Entstehung demonstrieren also die fatale Übermacht der sozialen Bedingungen, sie demonstrieren damit, wie schwierig es ist, die hochgespannten Erwartungen dieser Männer an den Staat zu beurteilen. Die »Verdienste« des bürgerlichen Intellektuellen, die Lenz im »Hofmeister« an adligen Privilegien provokativ scheitern läßt,[97] reichen nur in der Phantasiewelt dazu aus, die Standesunterschiede zu überbrücken. Im Soldatenprojekt wie in der privaten Offiziersphantasie demonstriert Lenz somit ein trügerisches Vertrauen in den absolutistischen Staat, die Ständegesellschaft zu überwinden. Hierin liegt ja der Widerspruch des ›aufgeklärten‹ Absolutismus, der vom starken Staat, ohne jeglichen Druck von unten, eine Auflockerung der argen sozialen Ungleichheit erwartete, obwohl die Interessen dieses Staates letztlich mit dieser sozialen Ungleichheit verquickt waren. Wir sollten nicht überrascht sein, daß Lenz diesem Modell folgte; im Grunde war sein Trugbild nicht weniger illusorisch als das Prinzip des aufgeklärten Absolutismus, das ihm zugrunde lag. Fast alle Intellektuellen der Zeit waren diesem Widerspruch verfallen. Lenz konnte ebensowenig wie andere Lösungen anbieten, denn es gab keine. Er analysierte zwar die Stellung des Dichters im aufgeklärten Absolutismus, aber er gelangte zu keinem kritischen Modell. Er versuchte zwar, einen Mißstand der feudalen Gesellschaft zu beseitigen, aber er reproduzierte und befestigte in seiner Vision einer auch geschlechtsmäßig disziplinierten Militärgesellschaft nur die Herrschaftsverhältnisse aus dieser Gesellschaft. Wenigstens beschritt Lenz jedoch den Weg aus der Abhängigkeit vom überlieferten Modell des personalistischen Einflusses auf einen Fürsten, als er mit der Schrift über die Soldatenehen *öffentliches* Raisonnieren über die Struktur der Gesellschaft erprobte. Und: Wenigstens leistete er eine beachtliche *Selbstkritik* sowohl am Soldatenprojekt wie an der eigenen überwuchernden Phantasie. Diese Leistungen retteten ihn jedoch nicht vor den Auswirkungen einer eigentümlichen Dialektik der Aufklärung, auch mit Bezug auf die Unprivilegierten; in Berka näherte sich Lenz ihnen zwar an, aber nur zum Zweck seines bizarren Projekts: Er wollte »versuchen ob ich einem Bauernbuben das Exerzieren spielend beibringen kann«;[98] auch ein Lenz, der sich den »stinkend[en] Atem des Volks« nannte[99], konnte es für seine Reformexperimente instrumentalisieren. Wenn man sich Lenzens Reformschrift vornimmt, so denkt man unwillkürlich an die Überschrift des bekannten Goya-Bildes: Der Traum der Vernunft gebiert Ungeheuer. Die Ungeheuerlichkeit liegt jedoch in der Zeit selbst, in der Lenz lebte, und es ist nicht verwunderlich, daß ein so labiler Mensch wie Lenz dieser Ungeheuerlichkeit erlag.

1 Mein besonderer Dank gilt David Hill (Birmingham), der mir freundlicherweise Stellen aus den Krakauer Dokumenten mitteilte, die meine Thesen unterstützen (vgl. den Tagungsbeitrag in diesem Band). Im folgenden werden diese Dokumente aus der Sammlung Lenziana der Bibliteka Jagelionska, Kraków, nach Hills Zitierweise angeführt (Kasten-, Heft- und Blattzahl).

2 Ernst Brandes: Betrachtungen über den Zeitgeist in Deutschland in den letzten Decennien des vorigen Jahrhunderts. Hannover 1808, S. 167.

3 Rudolf Vierhaus: Politisches Bewußtsein in Deutschland vor 1789. Der Staat 6 (1967), S. 175–96, Zit. S. 179.

4 Jürgen Habermas: Strukturwandel der Öffentlichkeit. Untersuchungen zu einer Kategorie der bürgerlichen Gesellschaft. Darmstadt 1962.

5 Vgl. Helmuth Kiesel: »Bei Hof, bei Höll«. Untersuchungen zur literarischen Hofkritik von Sebastian Brandt bis Friedrich Schiller. Tübingen 1979.

6 Vgl. W. Daniel Wilson: Wieland's »Diogenes« and the Emancipation of the Critical Intellectual. In: Christoph Martin Wieland: North American Scholarly Contributions on the Occasion of the 250th Anniversary of his Birth. Hg. von Hansjörg Schelle. Tübingen: Niemeyer, 1984. S. 149–79; ders.: Intellekt und Herrschaft. Wielands Goldner Spiegel, Joseph II., und das Ideal eines kritischen Mäzenats im aufgeklärten Absolutismus. In: Modern Language Notes 99 (1984), S. 479–502; ders.: Labor and Werther's Search for Nature (Anm. 83).

7 Vgl. etwa folgende Briefstelle: »[...] unsere Seele ist nicht zum Stillsitzen, sondern zum Gehen, Arbeiten, Handeln geschaffen«. Oktober 1772, Jakob Michael Reinhold Lenz: Werke und Briefe in drei Bänden. Hg. von Sigrid Damm. Leipzig und München 1987, Bd. 3, S. 288. Nach dieser Ausgabe wird im folgenden unter das Sigle »D« mit Band- und Seitenzahl im Text zitiert; im Falle der Schrift über die Soldatenehen wird nur auf die Seitenzahl verwiesen.

8 Der Bruder Johann Christian schreibt am 24.9.1772: »Eile mein Bruder. Du bist Dich Deinem Vaterlande schuldig – mir – und o wie vielen anderen. Der Himmel wird Dir hier schon Brot geben, und vielleicht, gleich sobald Du ankömmst« (D 3, S. 278; der Bruder hatte gerade eine Versorgung bekommen). Lenz hatte bekanntlich keine Lust, in Livland zu leben; er behauptete auch, er könne in seinem »Vaterlande« keine Stelle bekommen, weil er als Komödienautor bekannt geworden sei (23.10.1775, D 3, S. 347).

9 An den Vater, 18.11.1775, D 3, S. 350. Boie fragt verwundert aus Hannover: »Sagen Sie mir Ihre Aussichten. Werden Sie je eine Bedienung suchen. Und von welcher Art?« (10.1.76, D 3, S. 364).

10 11.3.1776, D 3, S. 403.

11 Feb. 1776, D 3, S. 380.

12 Anfang Feb. 1776, D 3, S. 381.

13 Goethe, Johann Wolfgang: Sämtliche Werke nach Epochen seines Schaffens. Münchner Ausgabe. Hg. von Karl Richter u.a. Bd. 16. München 1985, S. 634 (14. Buch).

14 Vgl. Hans Mayer: Lenz oder die Alternative. In: J. M. R. Lenz: Werke und Schriften. Hg. von Britta Titel, Hellmut Haug. Stuttgart 1967, Bd. 2, S. 795–827.

15 Klaus R. Scherpe: Dichterische Erkenntnis und »Projektemacherei«. Widersprüche im Werk von J. M. R. Lenz. In: Goethe Jahrbuch 94 (1977), S. 206–35, zit. nach dem Nachdruck in: K. S. R.: Poesie der Demokratie. Literarische Widersprüche zur deutschen Wirklichkeit vom 18. zum 20. Jahrhundert. Köln 1980, S. 12–42, Zit. S. 27.

16 Leo Kreutzer: Literatur als Einmischung: J. M. R. Lenz. In: Sturm und Drang. Ein literaturwissenschaftliches Studienbuch. Hg. von Walter Hinck. Kronberg/Ts. 1978,

S. 213-29, Zit. S. 218 (umgearbeiteter Neudruck u. d. T.: Der Klassiker und »ein vorübergehendes Meteor«: J. M. R. Lenz, in: L. K.: Mein Gott Goethe. Reinbek 1980, S. 81–101).

17 »Lenz nahm vorweg, was sich geschichtlich bald zeigen sollte: 1792 im Konflikt zwischen dem französischen Revolutionsheer und der konterrevolutionären preußisch-österreichischen Koalition sowie in der Niederlage Preußens 1806 [...]« (Sigrid Damm, D 2, S. 948); »Diese Schrift stellt ein markantes Beispiel dafür dar, wie Gedankengänge der Stürmer und Dränger auf die französische Revolution vorausweisen [...]«; »[...] Lenz läßt sich nicht pragmatisch aufs Gegebene ein, sondern fordert eine Reform, die das feudale System grundlegend verändern würde [...]« (Hans-Gerd Winter: J. M. R. Lenz. Stuttgart: Metzler, 1987, S. 73, 93). Ähnlich: Inge Stephan, Hans-Gerd Winter: »Ein vorübergehendes Meteor«? J. M. R. Lenz und seine Rezeption in Deutschland. Stuttgart 1984, S. 173; Curt Hohoff: J. M. R. Lenz in Selbstzeugnissen und Bilddokumenten. Reinbek 1977, S. 80.

18 J. M. R. Lenz: Die Soldaten. Erläuterungen und Dokumente. Hg. von Herbert Krämer. Stuttgart 1974, S. 34. – Eine erfreuliche Ausnahme zu dieser Tendenz ist die faszinierende Untersuchung von Maria E. Müller, die allerdings nur am Schluß einige scharfsinnige Bemerkungen zur Soldatenschrift enthält: Die Wunschwelt des Tantalus. Kritische Bemerkungen zu sozial-utopischen Entwürfen im Werk von J. M. R. Lenz. In: Literatur für Leser 1984, S. 148–61, hier S. 156ff.

19 Der Erzähler vermutet »runzelnde Stirnen« bei einer seiner Aussagen, und antwortet den Zweifelnden mit der Anrede »m[eine] H[erren]« (S. 801), als Fürstenanrede unmöglich.

20 Dies scheint einer früheren Stelle zu widersprechen, wo Lenz bemängelt, daß »man vergaß, daß der Soldat Verteidiger des Vaterlandes war, er ward das Instrument der Einfälle der Fürsten und der Leidenschaften ihrer Minister, deren Sklaven sie waren« (S. 789). »Instrumente« sollen die Soldaten jedoch bleiben, nicht jedoch Instrumente der »Einfälle« und »Leidenschaften« der Herrschenden, sondern der – allerdings von den Herrschenden definierten – objektiven Interessen des Fürsten.

21 Lenz legitimiert sogar explizit die Kriege Friedrichs des Großen, »dessen Angriffe nur zuvorkommende (und also vollkommnere) Verteidigung waren« (S. 792; vgl. S. 794).

22 Lenz strich später die Stelle, die den Entzug der Söhne vorsieht, da sie weiteren Stellen widersprach (S. 814, 824, 825). Überhaupt wären die zahlreichen Varianten der Soldatenschrift zu berücksichtigen, die in Kraków liegen; Lenz konzipierte z.B. ein Verbot nahezu jeden Kontaktes des Soldatenweibs mit anderen Männern während der Abwesenheit ihres Gatten, damit in diesem keine Eifersucht entstehe, und verhängte die Todesstrafe »sans aucune exception et sans jamais accorder de grace«, wenn die Frau des Ehebruchs überführt werden sollte (Lenziana Kraków [vgl. Anm. 1], IV, iv, 48v). Indessen ist eine ausführliche Analyse dieser Entwürfe und Varianten auf eine dringend benötigte historisch-kritische Ausgabe angewiesen.

23 Vgl. folgende Briefstellen über »Die Soldaten«: »Ich freue mich himmlische Freude, daß Du mein Stück gerade von der Seite empfindest auf der ichs empfunden wünschte, von der politischen«; »Laß mich die Fürsten erst fragen, ich will Ihnen [= ihnen] mein Projekt schon deutlicher machen« (20.11.1775 an Herder, D 3, S. 353f.); die Schrift über das Soldatenehen werde dem Stück »ein größeres Gewicht und einen ganz anderen Ausschlag geben« (Ende Feb. 1776 an Zimmermann, D 3, S. 388). – Zu dieser Thematik und insbesondere zur Geschlechterproblematik vgl. David Hill: ›Das Politische‹ in »Die Soldaten«. In: Orbis Litterarum 43 (1988), S. 299–315.

24 Wohl nicht gegen »das Unkünstlerische, Aufklärerisch-Didaktische des Schlusses«, wie

Damm meint (D 1, S. 730), denn Lenz gibt in seinem im folgenden zitierten Brief keinen Hinweis auf solche Einwände, sondern nur auf »verdrießlich[e] Folgen«, denen durch »Weglassung oder Veränderung einiger Ausdrücke des Obristen begegnet werden« könne, und erwähnt dann den Ausdruck »Konkubinen«; dieses didaktische Element ist außerdem auch noch in der Druckfassung vorhanden.

25 An Herder, 20.11.1776, D 3, S. 353; Lenz beruft sich hier auf das Vorbild der »römischen Weiber die nicht *confarreatae* waren«, was den lateinischen Ausdruck *sors* erklärt.

26 Vgl. dazu jetzt den Beitrag von Silvia Hallensleben im vorliegenden Band.

27 Barbara Duden beschreibt diesen Vorgang treffend mit Bezug auf Frauenarbeit, die als ›Liebe‹ verklärt und damit unsichtbar wird: »Durch die relative Entwertung der gebrauchswertorientierten Arbeit der Frau gegenüber der in Geld bezahlten Tätigkeit des Mannes war auch ein Anstoß gegeben, die Arbeit der Frau neu einzuschätzen: sie konnte *idyllisch* verklärt werden. Es ist das Wesen der Idylle, die Arbeit der Mühe zu entkleiden und sie in eine schön anzusehende liebende Zuwendung umzuinterpretieren« (Barbara Duden: Das schöne Eigentum. Zur Herausbildung des bürgerlichen Frauenbildes an der Wende vom 18. zum 19. Jahrhundert, in: Kursbuch 47 [März 1977], S. 125–40, Zit. S. 134).

28 So Sigrid Damm, D 2, S. 950, nach Freye, 1913.

29 An Herder, 20.11.1775, D 3, S. 353.

30 Vgl. Karin Hausen: Die Polarisierung der ›Geschlechtscharaktere‹ – Eine Spiegelung der Dissoziation von Erwerbs- und Familienleben. In: Sozialgeschichte der Familie in der Neuzeit Europas. Neue Forschungen. Hg. von Werne Conze. Stuttgart 1976, S. 363–393.

31 Auf die Stelle, an der Lenz den Weimarer Herzog bittet, ihm »Ihre Einwilligung [zu] geben, Ihren Arm [zu] leihen« in der Ausführung des Projekts, folgt der später hinzugefügte Hinweis: »ihr Ansehen es an einem Hofe gelt[end] zu machen wo Ihre persöhnl. Eigenschaften Ihnen die Hochachtung jedermanns versichern« (Über die Soldatenehen. Nach der Handschrift der Berliner Königlichen Bibliothek. Hg. von Karl Freye. Hamburg 1913, zit. nach Edward McInnes: Jakob Michael Reinhold Lenz: Die Soldaten. Text, Materialien, Kommentar. München 1977, S. 169). Obwohl die Schrift in der überlieferten deutschen Fassung dem Weimarer Herzog gewidmet ist (S. 807), ist sie in erster Linie nicht »für die Protektion [= Schutz, Verteidigung]« des Herzogs konzipiert, wie Damm meint (D 2, S. 946), denn mit diesem Ausdruck übersetzt sie eine falsche Lesart, »ecrit sur la protection [du] Duc de Saxe Weymar«; die richtige Lesart ist »sous la protection« (Hinweis von David Hill: Lenziana Kraków (vgl. Anm. 1), IV, iv, 30ʳ).

32 Zum folgenden: Douglas Dakin: Turgot and the Ancien Régime in France. London 1939, S. 231ff. – Lenz konnte spätestens kurz nach seiner Ankunft in Weimar im Märzheft von Wielands »Teutschem Merkur« einen Bericht über die Sechs Edikte lesen (1. Vierteljahr, S. 286f.).

33 Vgl. ebda., S. 254. Im Aprilheft des »Teutschen Merkur« wird von solchen »Ergötzlichkeiten« berichtet, »und ein immerwährendes Geschrey von ›Es lebe der König! es lebe Herr Turgot! es lebe die Freyheit‹« (2. Vierteljahr 1776, S. 118).

34 »Teutscher Merkur« 1776, 2. Vierteljahr, S. 116 (das Aprilheft erschien erst im Mai).

35 »Mr. Turgot hat seine Dimission bekommen, vermutlich daß er sich durch verschiedene Edikte viel Hasser gemacht denen seine ökonomischen Projekte (die an den meisten Orten bis zur Ausführung reif waren) – für ihre besondere Ökonomie nicht anständig waren. Der König selbst soll, wie man mich zuverlässig versichert hat, sein letztes *lit de justice* bereuen« (Röderer an Lenz, 23.5.1776, D 3, S. 450). Dieser Brief spiegelt Lenzens

Anfragen; Röderer schreibt: »ich schrieb in großer Unordnung, wie ich eine Seite Deiner lieben Briefe nach der andern wie sie mir vorfielen beantwortete« (D 3, S. 454).

36 »Ich widerrufe die Nachricht von Mr. Turgot in sofern: Er hat zwar seine Dimission ist aber nicht in Ungnade, sondern hat nur des Lärms wegen seine Entlassung bekommen, übrigens aber wird der Ökonomieplan fortgeführt werden« (Röderer an Lenz, 4.6.1776, D 3, S. 462). Im Juliheft des »Teutschen Merkur« (das erst im August erschien) konnte Lenz über die beginnende Rücknahme der Reformen lesen (»Der Teutsche Merkur« 1776, 3. Vierteljahr, S. 94); erst im Oktoberheft wird von der völligen Zerstörung der Reformen gesprochen (4. Vierteljahr, S. 94; das Heft erschien erst im November).

37 Die folgende Stelle aus den Lenziana das Soldatenehenprojekt betreffend in der Bibliotheka Jagelionska (Krakow) wirkt wie ein Hinweis auf die gerade zitierte Stelle aus dem »Teutschen Merkur«: »Monseigneur/Les feuilles publiques ont annoncé que le Ministère de France se signalisant toujours parmi toutes les puissances crétiennes d'une tendresse paternelle envers ses états, agréeroit les idées d'un quelconque qui se croiroit autorisé de lui en communiquer de bonnes et utiles pour subvenir aux maux publiques et pour ouvrir a sa patrie de nouvelles ressources du commerce et du crédit[.] Voilà pourquoi j'ose porter ma petite obole avec assurance dans le trésor public.« Lenziana Kraków (vgl. Anm. 1), IV, iii, 26r, mitgeteilt von David Hill.

38 An Röderer, 23.5.1776, D 3, S. 450f.; vgl. Juli 1776, D 3, S. 483. Vgl. an Pfeffel, Mitte Juli 1776, D 3, S. 486f. Im Zusammenhang mit dem Projekt verlangt er von Salzmann Auskunft über die Anzahl der Bürger und Handwerker in Salzburg: 21.9.1776, D 3, S. 497.

39 An Reich, 1.4. und 6.5.1776, D 3, S. 421, 444.

40 An Zimmermann, Ende Mai 1776, D 3, S. 459f.

41 Juli 1776, D 3, S. 478; vgl. Sigrid Damm: Vögel, die verkünden Land. Das Leben des Jakob Michael Reinold Lenz. Berlin und Weimar 1985, S. 220.

42 Wie Damm (1985, S. 204ff.) überzeugend argumentiert hat, geht das aus dem Antwortbrief Röderers vom 23.5.1776 (Anm. 35) hervor: »Lenz Lenz von der Vocation ins Philanthropin sag ich kein Wort, aber warum nimmst Du die zu Weimar nicht an?«; »im 2ten [Stockwerk des Lauthischen Hauses in Salzburg] hören sie das Ablehnen Deiner Vokation zu W[eimar] nicht gern« (D 3, S. 449, 451).

43 Am Rand des in der vorigen Anm. erwähnten Briefes von Röderer, zit. nach Damm, 1985, S. 205.

44 Damm, 1985, S. 204ff. (so auch Johann Froitzheim: Lenz und Goethe. Stuttgart 1891, S. 26ff.; dagegen Matjev N. Rosanow: J. M. R. Lenz. Der Dichter der Sturm- und Drangperiode. Sein Leben und seine Werke. Leipzig 1909, S. 345).

45 Natürlich spielten die Probleme mit Goethe eine Rolle in Lenzens Umzug nach Berka, aber er selbst hat immer wieder betont, daß er (weit entfernt, am Hof um eine Stelle bemüht zu sein) aufs Land gehen müsse, »um zu meinen Arbeiten wiederaufzuwachen« (30.4.1776, D 3, S. 443); »Ich werde wohl bald den gar zu reizenden Hof verlassen und in eine Einsiedelei hier herum gehen meine Arbeit zu Stande zu bringen, zu der ich hier nur Kräfte sammle« (Ende Mai 1776, D 3, S. 460); an Goethe schreibt er beim Verlassen Weimars: »Ich geh aufs Land, weil ich bei Euch nichts tun kann« (27.6.1776, D 3, S. 472), und Goethe antwortet entsprechend: »Leb wohl und arbeite Dich aus, wie Du kannst und magst« (Juli 1776, D 3, S. 477). Übrigens hilft er in dieser Zeit Klinger, eine Anstellung in Weimar zu bekommen (Mitte 1776, D 3, S. 461f., 872), was er wohl nicht getan hätte, wenn er Klinger als Rivalen für eine Stelle angesehen hätte.

46 An Salzmann, 23.10.76, D 3, S. 505. Diese Stelle ist kaum beachtet worden; Damm z.B.

erwähnt sie, macht jedoch nichts daraus (Damm, 1985, S. 241); sie unterstellt jedoch, es sei kaum vorstellbar, daß Lenz, wenn er zum Offizier geworden wäre, in den Revolutionsjahren gegen die Franzosen gekämpft hätte; »Wir sehen ihn eher an der Seite Georg Forsters im jakobinischen Mainz« (ebda. S. 371).

47 D 3, S. 460, 505, 522.

48 Röderer an Lenz: »Der Akt[uarius Salzmann] versteht nicht was das heißt: ›Grüßen Sie Jgfr. Lauth *auf Wiedersehen*‹, er meint Du kommst wieder« (Ende Juni 1776, D 3, S. 470); in einem nicht abgeschickten Brief an die Waldner schreibt Lenz: »j'espère de revenir« (15.7.1776, D 3, S. 486); bis zu 3 Tagen vor dem Bruch mit Goethe war er ungewiß, ob er sich »auf den Weg nach Strasb. zurückmachen würde« (an Lauth, 23.11.1776, D 3, S. 513).

49 Goethe: Sämtliche Werke, Bd. 16, S. 634; dort heißt es, das Werk sei »schon sauber abgeschrieben, mit einem Briefe begleitet, couvertiert und förmlich adressiert«; dem entsprechen die vielen auf französisch geschriebenen Fragmente über das Soldatenprojekt, u.a. Schriften an den französischen Kriegsminister Saint-Germain (auch der Entwurf einer an diesen gerichteten Vorrede ist vorhanden) und den Premierminister Maurepas (D 2, S. 946f.; der »Teutsche Merkur« hatte im Juniheft 1776 berichtet, daß Maurepas nach Turgots Sturz der »Mentor« des Königs geworden sei und dessen schrankenloses Zutrauen besitze: 2. Vierteljahr, S. 308).

50 So schon Rosanow, 1909, und Hohoff, 1977, S. 108).

51 Vgl. den Brief an Gotter, 23.8.1775: »Mein Glück in meinem Vaterlande [= Livland] ist verdorben, weil es bekannt ist, daß ich Komödien geschrieben« (D 3, S. 347). Nur in Zusammenhang mit seiner Phantasie einer militärischen Laufbahn ist, glaube ich, die neuerliche Leugnung seines Stückes »Die Soldaten« zu verstehen; er hatte sich früher aus den bekannten Gründen hinter einem Pseudonym verstecken wollen, sich inzwischen aber gegenüber allen möglichen Freunden und Bekannten (auch dem Verleger Reich gegenüber, für den Messekatalog!) zur Verfasserschaft bekannt (Briefe zwischen 1.4. und Juni 1776, D 3, S. 421, 428, 430, 446, 458, 466); jetzt, im Sommer in Berka, setzt er sich vehement dafür ein, einen Pseudonym auf die Titelseite zu setzen, mit der Begründung, die Bekanntmachung seiner Verfasserschaft hätte »*die allernachteiligsten Folgen von der Welt für mich*« (Berka, 26.7.1776, D 3, S. 489); er leugnet die Verfasserschaft sogar Boie gegenüber, in demselben Brief, in dem er sich über die Werbung für den Krieg in Amerika erkundigt (Anfang August 1776, D 3, S. 489f.). Wie kann er Offizier werden, wenn bekannt ist, daß er, wie er selbst sagt, in den »Soldaten« diesen Stand »geißele« (März 1776, D 3, S. 400), wenn »ein ganzer Stand, der mir ehrwürdig ist, [...] ein gewisses Lächerliche [...] auf sich bezöge« (Anfang März 1776, D 3, S. 395)? Dem Urteil von McInnes ist zuzustimmen: »Furcht vor einer möglichen Rückwirkung [...] insbesondere wegen seiner offenen und kritischen Betrachtungsweise des Sexualverhaltens der der Oberschicht zugehörigen Offiziere beherrschte ganz eindeutig das Lenzsche Denken über das Stück in den Monaten vor und nach dessen Veröffentlichung« (McInnes, 1977, S. 83), aber die erneute Furcht im Sommer 1776, als er am intensivsten dem Soldatenprojekt nachging, hängt wohl mit der Phantasie zusammen, Offizier zu werden.

52 Die Biographen (Froitzheim, Rosanow, Hohoff, Damm) haben die wiederholte Phantasie der Gewinnung der Henriette von Waldner gelegentlich erwähnt, sie aber nie mit der Bestrebung, im Zusammenhang mit der Soldatenschrift zum Offizier zu werden, in Verbindung gesetzt.

53 D 2, S. 396, 405. Merkwürdig ist, daß Lenz im »Waldbruder« die Phantasie gleichermaßen verdoppelt, denn auch der adlige Offizier, der die Geliebte des Protagonisten heiraten

soll, muß sich durch Militärdienst noch zu ihr emporarbeiten; die Gräfin sei »seit fünf Jahren schon eine Braut mit einem gewissen Obersten Plettenberg [...], der schon eine Kampagne wider die Kolonisten in Amerika mitgemacht hat, bloß damit er Gelegenheit habe, sich bis zum General oder Generallieutnant zu bringen, weil er sonst nicht wagen darf, bei dem Vater der Gräfin um sie anzuhalten« (ebda. S. 400). Vgl. den Beitrag von Inge Stephan im vorliegenden Band.

54 Es ist bekannt, daß Lenz meinte, seine Freunde hätten ihm die herannahende Heirat der Waldner verheimlicht; Froitzheim meinte sogar, Lavater und Luise König, vielleicht sogar Goethe, hätten den Dichter deswegen zur Reise nach Weimar bewogen, um ihn von dieser Heirat abzulenken, was die neuere Forschung ablehnt (Winter, 1987, S. 87). Im gegenwärtigen Zusammenhang geht es nicht um die eigentlichen Gründe, sondern um Lenzens Wahrnehmung.

55 D 1, S. 288, 294, 296, 303. – Auch im um diese Zeit entstandenen Drama »Der Engländer« ist ein Anklang an diese Thematik; hier wird der Protagonist zum Soldaten, um seine Angebetete zu gewinnen (»Habe die Soldaten und ihre Knechtschaft und ihre Pünktlichkeit sonst ärger gehaßt wie den Teufel! – Ha! was täte man nicht um dich, Armida? – ebda. S. 318), aber hier spielt der Standesunterschied keine Rolle. Dagegen wird der Selbstmord thematisiert (vgl. weiter unten).

56 In einem Widmungsentwurf an den französischen Kriegsminister St. Germain versucht Lenz zu erklären, warum er als Deutscher diese Schrift nach Frankreich richte: »[...] cet attachement, pourquoi le vous cacher, cet étude continuel que je me suis fait depuis quelque temps des interêts de la France dérive de tout une autre source un peu romanesque peut être mais d'autant plus convenable a me donner ces dispositions nécessaires de coeur et d'esprit que demande l'exposition d'un projet aussi vaste et compliqué que celui que je vous dedie. C'est l'amour, l'amour que je portois pour une Françoise qui m'a été a jamais ravie et qui pour tout dedommagement d'une perte que je payerai de ma vie ne m'a laissé que cet amour pour la patrie que je regarde absolument comme la mienne.« Lenziana Kraków (vgl. Anm. 1), IV, iv, 35ʳ–35ᵛ, mitgeteilt durch David Hill.

57 Zum folgenden vgl. besonders Louis Tuetey: Les Officiers sous l'ancien régime. Nobles et roturiers. Paris 1908.

58 Tuetey, 1908, S. 182, zit. aus de Bohan: »Examen critique du militaire français«.

59 D 1, S. 348. Belloi wird vom Bedienten des grollenden Bruders einen »neugebackenen Edelmann«, einen »lumpigte[n] Bürgerkerl«, eine »Bürgerkanaille« und »Offizier von Fortun« genannt (ebda. S. 341f.), aber der Onkel – ein General! – entgegnet dem Bruder mit den Parolen der bürgerlichen Intellektuellen: »Belloi ist ein Mann, der seinem Vaterlande mehr Ehre macht als Ihr jemals tun werdet, ein Mann, den Ihr Euch zum Muster nehmen sollt, an dessen Lippen Ihr hängen solltet, da Ihr jetzt anfangen wollt, Euer Glück am Hofe zu versuchen. Ein Mann, der alles sich selbst zu danken hat« (ebda. S. 346f.).

60 Zu Voltaire und Marmontel (der ein »Epître au roi sur l'édit pour la noblesse militaire« verfaßte) vgl. Tuetey, 1908, S. 263–65.

61 Feb. 1776; Oeuvres de Turgot et documents le concernant. Hg. von Gustav Schelle. Paris 1923, Bd. 5, S. 189f.; vgl. Dakin, 1939, S. 227f.; 246.

62 Der Weimarer Kammerherr und Major C. W. G. von Wilkau wurde von Lenz über Weimarer Militärverhältnisse befragt; in seinem Antwortschreiben geht Wilkau dann auf eine andere Anfrage ein, die er offenbar nicht beantworten konnte: »Sollten Sie die neuen Verordnungen des Ministers St. Germain so die Französ: Truppen betreffen erhalten, so

erbitte ich mir solche [...]«, Sommer 1776, D 3, S. 481. – In Wielands »Teutscher Merkur«, den Lenz in dieser Zeit kannte, wird monatlich über politische Ereignisse in Frankreich berichtet, und viele Berichte beginnen mit Nachrichten über St. Germains Reformen; z.b. im Februarheft 1776 fängt der Bericht aus Frankreich so an: »Man redet hier von nichts als den Verbesserungen und neuen Anordnungen des Grafen von St. Germain [...]«; (»Der Teutsche Merkur« 1776, 1. Vierteljahr, S. 198); im Maiheft wird von der Abschaffung der »Verkauflichkeit der Officiersstellen« berichtet (ebda. 2. Vierteljahr, S. 215; Lenz kannte nachweislich dieses Heft: D 3, S. 475, 878), und im Juliheft wird von den von Wilkau erwähnten Verordnungen berichtet (ebda. 3. Vierteljahr, S. 93).

63 Nicht nur mußte der Kandidat schon dreißig Jahre im Militär verbracht haben, davon zwanzig als Kapitän, sondern er wurde als Mitglied des noblesse militaire auch nicht reich (Tuetey, 1908, S. 263, 274). Und wenn Lenz davon träumte, als sogenannter Glücksoffizier (officier de fortune, der sich erst durch die unteren Ränge zum Offizier hocharbeitete) zum noblesse militaire zugelassen zu werden, dann täuschte er sich, denn dies war praktisch eine Unmöglichkeit (ebda. S. 267).

64 Vgl. Mémoires de la Baronne d'Oberkirch sur la cour de Louis XVI et la société française avant 1789. Hg. von Suzanne Burkard. Paris 1970, S. 513.

65 D 1, S. 530, 534, 535.

66 D 2, S. 406, 409, 411.

67 D 1, S. 303f.

68 Vgl. den schon erwähnten Antwortbrief Röderers (Anm. 35): »Teuerster Bruder ich schwöre Dir bei dem einzigen Gran von gutem Herzen den Du bei mir vermutest daß ich nicht spaße mit dem ersten April O Lenz wie kannstu das von mir glauben? [...] wie gesagt es war am ersten April in der neuen Kirche mittags um 12 Uhr« (23.5.1776, D 3, S. 449; Röderers ursprüngliche Meldung der Trauung: 16.4.1776, D 3, S. 430).

69 Um 1.4.1776, D 3, S. 419–21.

70 Ebda.: »Freilich sollst Du wieder einmal herkommen und ohn den Gedanken wäre mir Deine Entfernung sehr hart, aber fixieren kannstu Dich hier wohl schwerlich« (D 3, S. 449).

71 Röderer an Lenz: »Nachricht von Deiner W«, es folgen dann Nachrichten über die Oberkirch; dies ist eindeutig ein Zitat aus Lenzens Brief, den Röderer – wie im oben erwähnten Fall (Anm. 35) – Punkt für Punkt beantwortet (Juli 1776, D 3, S. 483).

72 Lenziana Kraków (vgl. Anm. 1), IV, iv, 51ʳ.

73 D 3, S. 170; zur Datierung vgl. S. 801. Der Anfang des Gedichts gibt einen Eindruck von der Bedeutung des Unternehmens, die Waldner zu gewinnen: »Ach eh ich dich mein höchstes Ziel/Eh ich dich fand, welch mutlos Streben [...]«. Vgl. das andere Gedicht, das auf die Nachricht von der Heirat der Waldner hin verfaßt wurde: ebda. S. 186.

74 Um 1.4.1776, Anfang Juli 1776, 15.7.1776, Mitte Nov. 1776 (wurde wohl abgeschickt); D 3, S. 418, 476f., 486, 510f. Zum Brief vom Anfang Juli meint Damm, er sei abgesandt, da Röderer den Erhalt durch Frau von Oberkirch bestätigt habe (D 3, S. 879), aber im erwähnten Brief Röderers wird nur bestätigt, daß ein Brief an Luise König mit dem darin enthaltenen Heft des »Teutschen Merkur« für Frau von Oberkirch, nicht jedoch unbedingt ein Brief an diese, erhalten worden sei (Röderer an Lenz, Juli 1776, D 3, S. 483; der Brief an Luise König: Juli 1776, S. 475).

75 15.7.1776 (Namenstag der Oberkirch), D 3, S. 486, 883.

76 An H. L. von Lindau, April 1776, D 3, S. 423–25.

77 D 3, S. 389, 418, 419, 419–21.

78 Um 1.4.1776, D 3, S. 419; in diesem Brief spricht Lenz von sich als »Sterbender« (S. 420).
79 An von Lindau, April 1776, D 3, S. 423, 425.
80 An Boie, Anfang August 1776, D 3, S. 490.
81 Zit. nach Damm, 1985, S. 241; Waldmann datiert diesen Zettel auf den Februar 1776
      (F[ranz] Waldmann: Lenz in Briefen. Zürich 1894, S. 40), anscheinend deswegen, weil
      kein Briefwechsel zwischen den beiden nach diesem Zeitpunkt überliefert ist, aber im
      Februar waren Lenzens Gedanken mit »einer kleinen Reise nach Deutschland« beschäf-
      tigt, wie er der La Roche selber schrieb (Ende Feb. 1776, D 3, S. 387). Logischer wäre
      eine Datierung auf den Sommer oder Herbst, als Lenz die Alternative der hessischen
      Truppen erwog.
82 Klinger wurde tatsächlich Offizier; schon vor seiner Ausweisung aus Weimar wurde von
      einer möglichen militärischen Laufbahn in Amerika gesprochen (Damm, D 3, S. 872).
83 2. Teil, 25.5.; Goethe: Sämtliche Werke, Bd. 1.1 (1987), S. 259f. Zu Werthers Hang zur
      »politischen Wirksamkeit« (ebda. S. 277) vgl. W. Daniel Wilson: Patriarchy, Politics,
      Passion: Labor and Werther's Search for Nature. In: Internationales Archiv für Sozialge-
      schichte der deutschen Literatur 14, H. 2 (1989), S. 15–44.
84 »Seit der Lektüre 1774 äußern, wie Herwig Böcker festgestellt hat, bis zum Winter 1775/
      76 in dreizehn Werken des Autors achtzehn Personen Selbstmordabsichten« (Stephan/
      Winter, 1984, S. 23f.).
85 »Ich muß ihn aufgeben – er geht in den Krieg – er geht, mich unter Getümmel und Rauch
      und Blut und Dampf zu vergessen, er geht, all die schönen Eindrücke, die ich ihm
      gemacht, die jetzt seine grausamste Marter machen müssen, durch Wildheit und Wut
      auszulöschen« (eine Variante zur zweiten Bearbeitung der »Henriette von Waldeck«: D
      1, S. 768).
86 Lenz argumentiert gegenüber seinem Freund Lindau, der mit den hessischen Söldner-
      truppen nach Amerika eingeschifft war (wo er 1777 dann starb), sehr nachdrücklich gegen
      die rechtlichen Ansprüche der »Narren« in Amerika; diese Bemerkungen sind zwar mit
      Bezug auf den Adressaten mit Vorsicht zu werten, sie werden aber wiederholt und wirken
      überlegt und überzeugt (Anfang März 1776, D 3, S. 404f.). Wenig später versucht Lenz
      zwar, ein Gedicht Lindaus an die amerikanischen Rebellen gelangen zu lassen, in dem
      anscheinend der »Sache der Freiheit« das Wort gesprochen wurde (Ende Mai 1776, D 3,
      S. 458–59; vgl. dazu Boie, ebda. S. 465); Röderer scheint jedoch einer Aufforderung
      Lenzens zu entgegnen, für das Kriegsglück der Briten zu beten (Ende Juni 1776, D 3, S.
      469; vgl. S. 471). Merkwürdig ist, daß Lenz den Wunsch Lindaus zur Veröffentlichung
      des Gedichts »diesen letzten Willen des trefflichsten aller Don Quichotte« nennt (ebda.
      S. 459), womit er dessen Todeswunsch, aber auch dessen ›Schwärmerei‹ namhaft macht,
      mit denen er sich selber identifizieren mußte. – Lenz hätte natürlich schon zu diesem
      Zeitpunkt mit der Möglichkeit rechnen können, auf französischer Seite *für* die Ameri-
      kaner zu kämpfen, denn der erst 1778 erfolgte Einsatz Frankreichs für die Amerikaner
      zeichnete sich schon zu diesem Zeitpunkt ab (wie er u.a. aus den laufenden Berichten im
      »Teutschen Merkur« wissen konnte), so daß Lenz auf einem Zettel in den Krakauer
      Dokumenten zum Soldatenprojekt schreibt: »On ne parle partout que d'une nouvelle
      guerre« (Lenziana Kraków [vgl. Anm. 1], IV, iii, 1ʳ, mitgeteilt von David Hill), aber als
      konkrete Möglichkeit für sich selbst erwähnt Lenz nur die hessischen Werbungen.
87 März 1776, D 3, S. 400.
88 Briefstellen, die von der Dringlichkeit und Bedeutung des Projekts für Lenz zeugen: »eine
      mir sehr wichtige Reise« (An Boie, Mitte Feb. 1776, D 3, S. 384), »hatte ich dringende
      Angelegenheiten die meine Gegenwart in Weimar notwendig machten u. die Du auch

einmal erfahren und Dich drüber freuen sollst« (an Lindau, Anfang März 1776, D 3, S. 404), »wegen einer Reise, zu der ich mich über Hals und Kopf anschicken muß« (an Merck, 14.3.1776, D 3, S. 406), »eine Reise deren Folgen für mein Vaterland wichtiger als für mich sein werden [...] Ich brauche Geld nötiger als das Leben und das zu einem entscheidenden Augenblick der hernach nicht wiederkommt. [...] Ich bin auf der Hälfte des Weges der meine Laufbahn endet – und komme zu kurz« (an Zimmermann, 15.3.1776, D 3, S. 407), »die Sache [d.h. der Druck der Schrift über die Soldatenehen] hat Eile« (an Reich, 1.4.1776, D 3, S. 421).

89 An Lavater, Ende Mai 1776, D 3, S. 456. Vgl. Herz' Selbstkritik in »Der Waldbruder«: »[...] der Mensch sucht seine ganze Glückseligkeit im Selbstbetrug. Vielleicht betrüge ich mich auch. Sei es was es wolle, ich will das Bild wieder haben, oder ich bringe mich um« (D 2, S. 399).

90 Vgl. Anm. 56; nach der dort zitierten Stelle führt Lenz fort: »Je consacrerai donc pour remplir ma carriere et n'avoir pas en vain vecu le reste de ma vie et de mes forces a travailler en ce qui [unleserliches Wort bzw. Wörter] en mon pouvoir son bien et de rendre par la au moins immortelle la mémoire d'une femme que peut etre la posterité regardara comme sa liberatrice [unleserliches eingefügtes Wort] et en même tems comme la victime de sa felicité. Pour moi que jusqu'à mon nom soit oublié car a quoi bon de se ressouvenir des infortunés determiner a quitter la vie, pourvu que mon projet reussisse et que mon malheur put avoir occasionné le bonheur et la gloire d'une nation qui renfermant la cause de tous mes désastres m'est la plus estimable et la plus chère de toute la terre« (35v–36r). Auf einem anderen Blatt erklärt Lenz, daß diese Frau seine Abneigung gegen die Franzosen in Anhänglichkeit verwandelt habe; »je l'ai perdú cet etre adorable, elle ma été ravie elle a été obligé d'épouser un autre je suis sa présance sans esperance et par conséquent sans attachement pour la vie et tous les biens qu'elle pourroit m'offrir, il ne me reste qu'une chose avant de mourir, que de [unleserliches Wort: contribuer?] tout ce qui est dans mes forces au bienêtre de ses compatriotes pour lesquelles elle a un attachement inexprimable. je veux au moins avant de mourir me montrer digne d'avoir vécu pour elle [...]«. Lenziana Kraków (vgl. Anm. 1), IV, vi, 19r–19v, mitgeteilt von David Hill. – Den biographischen Zeugnissen nach (vgl. Anm. 68) können diese Stellen erst im Juni 1776 geschrieben worden sein.

91 Vgl. Anm. 36.

92 Vgl. Anm. 47.

93 Damm: D 3, S. 896.

94 Oberkirch, 1970, S. 77.

95 Der Name Rothe in »Der Waldbruder« wird auch als Alternativname für Gangolf in »Henriette von Waldeck« verwendet (D 1, S. 539, 767); schon Rosanow sah in »Gangolf« eine Verschlüsselung von »Wolfgang [Goethe]«.

96 Es sei hier nur angemerkt, daß auch die Konstellation, in welcher der Sohn der Familie genommen wird, sicherlich auf das bekannte Motiv des verlorenen Sohnes in Lenzens Werk und damit auf die Entfremdung vom Vater bezogen ist; die Übergabe an den König, spielt die Rückkehr zum Ersatzvater durch. So trifft man überall auf die seelischen Störungen Lenzens.

97 An einer entscheidenden Stelle des Textes sagt der Pastor, um »Geheimer Rat« zu werden, »gehören heutiges Tags andere Sachen dazu als Gelehrsamkeit«, worauf der Geheime Rat antwortet: »Sie werden warm, Herr Pastor!« (II/1, D 1, S. 57), denn der Pastor gibt zu verstehen, daß der Geheime Rat durch seine adlige Geburt Anspruch auf dieses Amt hatte; in der Handschrift hieß es statt »Gelehrsamkeit« pointierter: »Verdienste« (J. M. R.

Lenz: Der Hofmeister. Synoptische Ausgabe von Handschrift und Erstdruck. Hg. von Michael Kohlenbach. Basel 1986, S. 40).

98 Notiz auf einem Merkzettel; Lenz nahm nach Berka auch »Soldatenpuppen für die Baurenkinder« mit (D 3, S. 473, 876). In der Soldatenschrift heißt es: »Meine Soldatenkinder die die Woche über den Eltern arbeiten hülfen, wären gehalten des Sonntags nach dem Gottesdienst zusammen zu kommen und wie im Spiel von denen in ihrem Dorf stehenden entlassenen Soldaten und Offiziers sich exerzieren zu lassen«; »Welch eine lustige, lachende militärische Erziehung [...]!« (S. 817).

99 28.8.1775, D 3, S. 333.

»Ein kleiner Stoß und denn erst geht mein Leben an!« Sterben und Tod in den Werken von Lenz

Hans-Gerd Winter (Hamburg)

Die Aufklärung gilt im allgemeinen Verständnis als die Epoche, in der sich der Grundgedanke durchsetzt, die autonome Vernunft sei der allgemeingültige Wertmaßstab für alle menschlichen Werke, Tätigkeiten und Lebensverhältnisse. Für die Zielsetzung der Aufklärer, den Menschen zum Herrn seiner inneren und der äußeren Natur zu machen und ihn im Diesseits »Glückseligkeit« finden zu lassen, ist der Tod eine schwer erträgliche Provokation; denn dieser ist eine nicht weg zu diskutierende Grenze jeder Vernunftautonomie. Der Tod vollzieht nach Kant das »Ich bin nicht«, welches das seiner selbst bewußte Subjekt nicht einmal denken könne.[1] Die deutsche Aufklärung hat, soweit sie in der Tradition des Leibniz-Wolffschen Rationalismus steht, der Todesgewißheit die Verheißung auf eine Unsterblichkeit der menschlichen Seele entgegengesetzt – für den tugendhaft Vernünftigen das weltliche Pendant zum ewigen Leben, das die Kirche den Frommen verspricht. Der Tod wird aus dieser Sicht zu einem bloßen Durchgangsstadium, bei dem sich die Seele vom allmählich zerfallenden Körper löse.[2] Alte platonische Ideen prägen diese Vorstellung mit. Mendelssohn stellt in seinen die opinio communis erfolgreich und beredsam vertretenden »Phädon«-Dialogen (1767) die rhetorische Frage: »Ists der Weisheit anständig, eine Welt deswegen hervorzubringen, damit die Geister, die sich hineingesetzt, ihre Wunder betrachten, und glückselig sein mögen, und einen Augenblick darauf diesen Geistern selbst die Fähigkeit zur Betrachtung und Glückseligkeit auf ewig zu entziehen?«[3] Mendelssohn setzt dem Menschen im Diesseits einen Prozeß der Selbstvervollkommnung zur Aufgabe, der sich im Jenseits als weitere Vervollkommnung der Seele durch das Anschauen Gottes fortsetze. Die Vorstellung vom Tod als Durchgangsstadium drängt das christliche Bild des strafenden Gottes zurück und läßt auch die Vorstellung eines jüngsten Gerichtes verblassen. Kant widerlegt später zwar alle Unsterblichkeitsbeweise, weil ein mögliches Leben im Jenseits unserer Erfahrung nicht zugänglich sei, läßt aber im Hinblick auf die auf das »höchste Gut«, das moralische Gesetz ausgerichtete praktische

Walter Gramatté, Lenz – Radierung (1925)

Vernunft des Menschen die Hoffnung auf ein »künftiges Leben« als nicht beweisbares »Postulat« bestehen.[4] Kant folgt darin der übergreifenden Tendenz der Aufklärung, den Tod dem Diesseits näherzubringen. Besonders signifikant bringt Lessing diesen Wunsch zum Ausdruck, wenn er die christlichen Allegorien des Gerippes und des Schnitters Tod entkräften will, indem er in »Wie die Alten den Tod gebildet« (1767) in Rückbezug auf die Antike den Tod als Schlaf und den Toten als »Entschlafenen« deutet.[5] Lessing will zeigen, daß »tot sein ... nichts Schreckliches« beinhalte und »insofern Sterben nichts als der Schritt zum Totsein ist, kann auch das Sterben nichts Schreckliches haben.«[6] Lessings Vorschlag, der auch eine latent schon vorhandene Tendenz, den Schrecken des Todes durch eine Ästhetisierung des Todes und des Sterbevorgangs zu mildern, mächtig fördert, kann in seiner Wirkung auf die zeitgenössische Kunst, vor allem die Grabmalkunst, kaum überschätzt werden.

Diese Tendenzen zur Relativierung und Ästhetisierung heben aber die Einsicht nicht auf, daß der Tod als »mechanische Reaction der Lebenskraft« (Kant[7]) natürliche Ursachen hat. Bei abnehmender Verbindlichkeit der christlichen Deutung muß der Tod, der ja das Individuum, nicht die Gattung betrifft, zunehmend auch individuell bestanden werden. Diese Entwicklung wird auch gefördert durch die Tendenz zur Intimisierung und Privatisierung, die sich mit der allmählichen Auflösung des ganzen Hauses und der Entwicklung der Kleinfamilie entwickelt. War Sterben bis ins 18. Jahrhundert noch ein eher öffentlicher Vorgang, setzt jetzt der Prozeß der »Relegierung des Sterbens und des Todes aus dem gesellschaftlich-geselligen Leben der Menschen« ein mit einer »entsprechenden Verschleierung des Sterbens« (Norbert Elias[8]).

Lenz wird von der aufklärerischen Relativierung des Todes beeinflußt. Doch sind für ihn gegensätzliche Einflüsse genauso wichtig. Insbesondere prägt ihn natürlich die Grundeinstellung des Vaters und Pastors und überhaupt die christlich-pietistische Erziehung, der er unterworfen ist. Zu aufklärerischen Positionen muß er sich erst mühsam emanzipieren. Der Vater auf der Kanzel, aber auch als Hausvater ist zunächst unbestrittener Weltdeuter, Richter, ja Abbild Gottes auf Erden. Nach Rosanow sind des Vaters überlange Predigten – bis zu eineinhalb Stunden – darauf angelegt, die Gläubigen bis an den Grund der Seele zu erschüttern, sie als Sünder ›sterben‹ zu lassen, um sie dann zu Buße und Umkehr aufzurufen und in einer Art geistiger Wiedergeburt die versöhnende Gewalt Gottes erfahren zu lassen.[9] Im »Neujahrswunsch«[10], den Lenz vermutlich als Zwölfjähriger für die Eltern schreibt, ist für die Eltern der Tod nach einem vom Kampf gegen »Teufel, Sünd und Tod« geprägten Leben der verdiente Durchgang zu ewiger Verklärung.

Schon in seiner Jugend liest Lenz Young und Klopstock. In Youngs Memento mori »Die Klage oder Nachtgedanken über Leben, Tod und Unsterblichkeit«, 1751 zum ersten Mal von Ebert übersetzt, brechen mit der Rehabilitierung des Gefühls, das nicht mehr als bloß »unteres Seelenvermögen« diskriminiert wird, Erfahrungen, Wünsche und Ängste wieder auf, die die aufklärerische Vernunftorientierung nie ganz verdrängen konnte. Young kultiviert eine düstere Atmosphäre von Nacht, Tod und Grab; das Diesseits steht von vornherein im Zeichen des Todes, der im Hinblick auf die christliche Unsterblichkeitserwartung gedeutet wird. Für Klopstock werden in den Oden, im »Messias« und im Drama »Der Tod Adams« Vergänglichkeit und Unsterblichkeit zentrale Themen, um sich als Sänger der göttlichen Wahrheiten zu etablieren und seine Lesergemeinde zu rühren. Ein anderer wichtiger Einfluß, der in der Forschung noch zu wenig untersucht ist dürfte der Lavaters sein, den Lenz den »ersten aller Knechte Gottes« nennt (an Lavater, Sept. 1775). Allerdings distanziert sich Lenz Ende März 1774 in einem Brief von Lavaters Vorstellung, »daß ... alles Leben durch Tod eines andern erhalten werden muß«. Während Lavater das Leben von der verheißenen Unsterblichkeit her definiert, die er in den »Aussichten in die Ewigkeit« (1768-1778) detailliert schildert, gewinnt Lenz aus dem Opfertod Christi Richtlinien für das Diesseits, indem er ihn aufklärerisch als »Symbol und Vorbild von den Erfolgen unsrer Mor... oder Immoralität« interpretiert.

Wie sind Lenz' Todesvorstellungen in seinem Werk im Rahmen der knapp skizzierten Einflüsse und Entwicklungen zu sehen? Im folgenden soll gezeigt werden, daß für Lenz der Schrecken des Todes eine ganz wesentliche Bedingung darstellt, um den Menschen als empfindendes, leidendes, zugleich aber auf freies Handeln ausgerichtetes Wesen zu definieren, das unser Autor dem Bild des vernunftgesteuerten Menschen entgegensetzt. Der Tod als gefürchtetes, erwartetes, manchmal gar gewünschtes Ereignis gibt dem Menschen erst die Möglichkeit, seine Gefühle und Passionen zu entwickeln und auszuleben. Besonders gilt dies für die Liebe. Schon für Lenz gilt – und nicht erst für die Romantik[11] –, daß auf die Verbindung zwischen Tod und Schlaf die zwischen Tod und Liebe folgt. Eros und Thanatos werden eins im imaginierten Liebestod. Bedeutet hier das Ende des Lebens zugleich den Augenblick höchster erotischer Befriedigung, können für Lenz aus anderer Perspektive im Tod auch die Begrenzungen kulminieren, die dem Autonomiestreben des Menschen gesetzt sind. Er setzt dann dem Selbstverwirkli-chungsstreben eine Grenze, er kann als härteste Strafe für ein Versagen im Leben interpretiert werden.[12]

Bereits in den ganz frühen Texten Lenz' spielt der Tod eine zentrale Rolle. Gemeinsam ist diesen Texten freilich meist noch eine Abwertung des Diesseits und eine christliche Heilserwartung im Hinblick auf ein Leben nach dem Tode. Das erste veröffentlichte Werk ist – bezeichnenderweise, wenn man an die Prägung durch den Vater denkt – »Der Versöhnungstod Jesu Christi«. In diesen Zusammenhang gehört auch das »Fragment eines Gedichts über das Begräbnis Christi«. In »Vertrauen auf Gott« (III, 20), vermutlich ebenfalls ein sehr frühes Gedicht, ist Gott der »Fürst«, der den Tod bestehen hilft. In den »Landplagen« wird der Tod durchaus paulinisch als »der Sünde Sold« interpretiert, wogegen sich Lessing in »Wie die Alten den Tod gebildet« gewandt hatte[13]. Im Widmungsgedicht an Kant (III, 85–87) ist der Tod immer noch der »Retter aus des Lebens Schlingen«, der »mit Rosen und Jasmin gezieret« den Lebenden »voll neuer Reize ... zugeführet« werden soll.

Vorbild für das wichtigste und umfangreichste frühe Gedicht »Die Landplagen« (III, 32–82) könnte des Vaters Strafpredigt an die Gemeinde Wenden gewesen sein, in der dieser eine schwere Feuersbrunst als Strafe Gottes über die von ihm abgefallenen Einwohner interpretiert.[14] Durchaus in Übereinstimmung mit der Predigt will das Gedicht »Gedanken an Tod und Ewigkeit« fördern. Der sechsteilige Text schildert die »Landplagen« des Krieges, der Hungersnot, der Pest, des Feuers, des Wassers und des Erdbebens. Offensichtlich bewußt ist jeder Bezug auf konkrete Ereignisse vermieden. Die Plagen gelten dem Sänger als Vorboten des jüngsten Gerichtes, das der Schluß andeutet. Sie sind vom »Todesengel aus Schalen des Zornes/Über die Länder« ausgeschüttet. Der Tod, den sie bringen, ist hier schon eingesetzt als »der große Lehrer/Der Tugend und des Glückes«, wie es später in »Ach meine Freundin tot?« heißt. Lenz' Blick ist trotz der Kultivierung einer Atmosphäre von Katastrophe und Sterben auf das Diesseits gerichtet. Die Angst vor dem Sterben ist Mittel, die Menschen zu einem gottgefälligen und tugendhaften Leben zu zwingen. Entsprechend werden die Gottesfürchtigen mit dem ewigen Leben belohnt, die übrigen fallen dem Teufel anheim. Eindeutig dominieren in dem Text die Bilder des richtenden Gottes, des Todesengels Abbadona – ein direkter Anklang an Klopstocks »Messias« –, des Schnitters Tod und des »scheußlichen Gerippes« (Lessing). Im »Supplement zur Abhandlung vom Baum des Erkenntnisses

Gutes und Bösen« wird Lenz später »die Trödelbuden und Wechslerstuben der philosophischen und theologischen Moralverkäufer« verspotten, »die den *Tod* des Sünders wollen, da Gott nur will, daß er sich bekehre – und *lebe*«.(II, 516) Hier hingegen wird der Tod funktionalisiert, um aus asketischer Gesinnung Welt- und Lebensgenuß, sowie Diesseitsfreudigkeit zu verdammen.

Sehr deutlich ist diese Grundhaltung noch anläßlich des Todes der Pastorin Szibalski und der lebensgefährlichen Krankheit einer von Lenz' Schwestern in »Ach meine Freundin tot« (III, 85f.) formuliert. Eine Todes'betrachtung' soll den »blinden Schmerz« der Hinterbliebenen in »Lust« verwandeln. Der Tod zerreiße aber »die tausend Ketten/Die uns ans Elend angeschmiedt«. Durchaus antiaufklärerisch läßt Lenz nur den »Tor« im Diesseits »glücklich« werden, während der Tod »unaussprechlich Glück« beinhalte. Entsprechend sei die Pastorin schon »an schönen Ufern angekommen«. Dort werde sich dereinst wieder vereinen, was jetzt getrennt sei. Da auf der Welt »sterben« müsse, was »liebenswürdig« sei und auch das, »was schön ist« – ein Hinweis auf die Vergänglichkeit der Kunst -, solle jeder – dies gilt auch für den Künstler – »nach dem Himmel brennen -/Vielleicht verzehrt uns diese Glut«. Der in uns entfachte göttliche Funke, Ausdruck des Lebens, ist hier also noch gegeben, um uns auf das Sterben vorzubereiten.

Schon früh stehen diesem Lebens- und Todesbild andersartige Vorstellungen und Bewertungen gegenüber. Entsetzen über einen gewaltsam herbeigeführten Tod prägt das »Gemälde eines Erschlagenen« (III, 31f.). Eine moraldidaktische Reflexion fehlt. Das Opfer ist im »einsam schreckenden Walde« von »verlarvten Mördern« umgebracht worden. Das Gedicht schildert die vergebliche Gegenwehr und die tödlichen Verletzungen. Die Seele steigt »ungern vom röchelnden Busen empor«. Die »untröstbare Witwe« findet noch auf der Wange des Mannes »den sonst freundlichen Zug« und auf der Stirn »die kostbare Runzel« – letzte Zeichen ausgelöschten Lebens und endender Gemeinsamkeit. Dieser Tod ist offensichtlich keine Erlösung aus einem abgewerteten Diesseits.

Kant hält die Ohnmacht für ein »Vorspiel vor dem Tod«[15]. Leibniz schreibt in seiner »Monadologie«:

»Dreht man sich z.B. ununterbrochen in die nämliche Richtung mehrere Male hintereinander herum, so tritt ein Schwindel ein, der uns ohnmächtig machen kann und nichts mehr unterscheiden läßt. In gleicher Weise versetzt der Tod die Lebewesen eine Zeitlang in diesen Zustand.«[16]

Diese Analogien von Ohnmacht und Tod nutzt das Drama »Der verwundete Bräutigam« (I, 6–39) aus. Dabei wird sich der junge Autor der Angst seiner Zeitgenossen vor dem Scheintod[17] bewußt gewesen sein, die allein schon vom Stand der damaligen Medizin her durchaus begründet ist. Der Protagonist fällt nach einem Überfall seines Kammerdieners schwer verletzt in Ohnmacht. Für Lalage ist dies bereits »der Tod in seiner ganzen Schrecklichkeit« (23). Auch für Lucinde liegt der Verletzte »erstarrt« (23) da. Sie ruft nach der Braut: »Vielleicht erwacht er um sie noch sterbend zu küssen« (23) – eine erste zarte Annäherung von Eros und Thanatos. Lenchen will ihrem Bräutigam nachsterben und fällt ebenfalls in Ohnmacht: »Gottlob! – ich sterbe schon.« (30) Der Vater möchte stellvertretend für Lenchen sterben. Als Lenchen aus ihrer Ohnmacht erwacht, hält sie an ihrem Sterbewunsch fest und bittet sie den Vater um einen letzten Segen: »Beweinen Sie eine Tochter nicht, die durch den Tod glücklich wird!« (33) Das plötzliche Erwachen des Bräutigams aus der Ohnmacht wertet Lenchen folgerichtig als eine Art Auferstehung. Lenchen »fährt zurück«, »reißt sich los«, ist »furchtsam«, hält sich für träumend, den Bräutigam für ein »Schattengebilde«. Letzterer wertet Lenchens Todeswunsch zu Recht als Liebesbeweis, ruft aber Lenchen ins Leben zurück: »Ohne Sie würde mir das Leben ein Tod sein!« (35) Jetzt ist auch der Tod für Lenchen kein Freund mehr: »Das Grab selbst, das fürchterliche Grab soll uns nicht trennen.« (36) Das Spiel mit Scheintod und Tod dient dem Autor dazu, die Empfindungen der Personen auszumalen. Im Angesicht des Todes enthüllen sich die wahren Gefühle der Liebenden füreinander. Deutlich geht es hier Lenz nicht um das Jenseits, sondern um das Diesseits, um tiefempfundene Zuneigung füreinander als Fundament einer zu begründenden Ehe und Familie. Daher läßt der Autor den Bräutigam Gott beschwören, daß dieser ein so zärtliches Paar »nicht trennen« werde (37).

Im Grunde um das Diesseits geht es auch in dem »Schreiben Tankreds an Reinald« (III, 26 –31). Der christliche Tankred möchte sich im Kampf mit der heidnischen Kämpferin Clorinde von ihr als »gezähmter Löwe« einen »tödlichen Streich« geben lassen: Erotik als Mord. Clorinde verweigert Reinald diesen Liebestod und entflieht. Zu einem späteren Zeitpunkt der Belagerung Jerusalems trifft Tankred auf Clorinde, erkennt sie nicht, fordert sie zum Kampf und verwundet sie tödlich. Er kann sie auf ihren Wunsch noch taufen. Da erkennt er sie und fühlt sich sogleich lebend gestorben. In der folgenden Nacht erscheint die Tote als »heiliger Engel« im Traum. Tankred beklagt den Verlust um so heftiger, da für ihn der Tod der Liebe ein Ende setzt, weil Clorinde als Wesen »höheren Stoffes« »sterblich Lieben« verachten müsse. Auch die Chance, den Tod zum Liebesakt zu machen, ist vertan. Der Text schließt damit, daß Tankred Reinald bittet, für seinen Tod zu beten. Das Leben hat für ihn jeden Sinn verloren. Ein Selbstmord ist hier – wohl aus christlicher Überzeugung – noch vermieden.

Das »Schreiben Tankreds an Reinald« nimmt Motive vorweg, die Lenz' Liebesgedichte immer wieder thematisieren: unerfüllte Liebe, unerreichbare Geliebte, Liebesschmerz. Der Bezug auf den imaginierten Tod – allein oder als Liebestod – spielt eine große Rolle. Wegen dieser Motivik und entsprechender Formstrukturen sind Lenz' Liebesgedichte von der Forschung auf die petrarkistische Tradition bezogen worden. In der Tat ist der Zusammenhang Liebe – Tod ein zentrales Motiv im Petrarkismus. Es findet sich die unerreichbare oder sich versagende Geliebte, der der Liebende Treue bis in den Tod schwört. »Die Todesmotivik durchläuft in der Geschichte des Petrarkismus alle Stufen von der realen Bedeutung über das witzige Spiel mit dem Gegensatzpaar Tod – Leben bis zur bloßen stilisierten Metapher, die in der Formulierung vom »süßen Tod« renaturalisiert auf den Geschlechtsakt (...) bezogen werden kann. (Gerhart Hoffmeister[18]). Lenz liest Petrarkas »Canzoniere« vermutlich spätestens in Königsberg. Die wahrscheinlich dort entstandene »Carrikatur einer Prosepopee« »Belinde und der Tod« enthält einen Verweis auf Petrarkas Lauragedichte, und zwar bezeichnenderweise auf das Todesmotiv[19].

Im Sommer 1775 bekommt Lenz zum Abschluß seines Emmendinger Aufenthaltes einen Band Petrarka von Cornelia Schlosser geschenkt. Die Frucht der Lektüre ist »Petrarch. Ein Gedicht aus seinen Liedern gezogen« (III, 124–133). In diesem Text gestaltet Lenz Petrarka als durch den »Tod/Getraut mit Lauren«. Obwohl noch lebend, ist er der »Liebestote«, weil seiner Liebe zu Laura im Gegensatz zu seinem glücklicheren Freund Colonna die Erwiderung versagt bleibt: »Sie dürfen lieben/Nur nie ein Wort mehr. – Den Befehl im Blick. –/Und totenbleich kam er mit ihr zurück.« In dieser drohenden Ehe Colonnas mit Laura sieht Petrarka die Geliebte »elend leben, elend sterben«. In seinen Imaginationen führt er einen »Liebeskrieg«, in dem er sich ins Grab wünscht, auch den Nebenbuhler »noch übers Grab hinaus« »quälen« will. Lenz läßt Petrarka den Opfertod in dem Moment sterben, als Laura »auf ihn zu« eilt. Anregungen für die Motivik Liebe/Tod findet Lenz nicht nur bei Petrarka selbst, sondern auch in Gedichten des Barock, vor allem aber der Anakreontik und der Empfindsamkeit, die in der Tradition des Petrarkismus stehen. Ein herausragendes Beispiel für diese Einflüsse ist »Belinde und der Tod«. Es muß aber betont werden, daß Lenz für die Entwicklung der Liebe/Tod-Motivik vorwiegend eigene Beweggründe und Anlässe hat. Zu Recht stellt Dwenger fest, der »Petrarch« sei nur »vage an Petrarka angelehnt« und eher »subjektive

Phantasie (...), zusammengehalten durch eine von der Lenzschen Ich-Erfahrung her arrangierte Erzählhandlung«.[20] Faßt man Lenz' Lyrik als Medium und Forum von »Selbstreflexion«, die sich durch die Auseinandersetzung mit Themen-, Motiv- und Formtraditionen zu objektivieren versucht,[21] muß nach seinem Menschen- und Selbstverständnis gefragt werden, das ihn zum Teil petrarkistische Motivik bevorzugen läßt.[22]

Die Biographie gibt erste Hinweise. Nie sicher über den eigenen Lebensweg, vor allem über die Entscheidung, gegen den Willen der Eltern nach Straßburg zu gehen, ist für Lenz der Tod vertraut. Der Tod ist Zuflucht aus einem Leben, das in seinen Widersprüchen kaum auszuhalten ist. Damit zusammenhängend imaginiert sich Lenz den Tod als »Bruder«, der Beratung und Führung im Leben gibt. In einem Brief an Herder am 28.8. 1775 fragt Lenz: »Wenn wird die Zeit kommen, da ich Dich von Angesicht sehen werde, Herr der Herrlichkeit – in Deinen Erwählten!« Bevor Lenz nach Weimar geht, schreibt er an Lavater: »Ich gehe wohin mich Wink der Vorsehung ruft, mein Ziel kann ich dir noch nicht bestimmen. Ich kenne es und der Tod soll mir Bruder sein, wenn er mich dahin führt.« (Ende Febr. 1776) Was den Zusammenhang zwischen Liebe und Tod betrifft, bekennt Lenz im September 1775 Sophie von La Roche: »wie oft liebte ich ohne Hoffnung! (...) Jede neue Freundin kostet mich einen Teil meines Lebens. Doch kenn ich keinen glücklichern Tod. Kenne sonst kein Glück auf dieser Alltagswelt.« Lenz sieht in den für ihn enttäuschend verlaufenden Beziehungen zu Frauen also Anteile seines Selbst absterben, bereits im Leben macht er die Erfahrung vorweggenommener Tode.

Über diese biographische Motivation hinaus nutzt Lenz vor allem den Motivkomplex Liebe/Tod für die Ausarbeitung seines Menschenbildes. Im Gegensatz zur rationalistischen Trennung zwischen »oberen« und »unteren Seelenkräften«, zwischen Kopf und Herz, an die Lenz zunächst in pietistischem Asketismus mit dem Ziel der Unterdrückung sexueller Regungen anknüpft (vgl. die Schrift »Meine Lebensregeln«), strebt er später mehr und mehr – auch unter dem Einfluß des englischen Sensualismus – nach einer Einheit von Denken, Fühlen und Handeln. Dem »Denken der Philosophen«, das auf die Unabhängigkeit im und durch das Denken vertraut, wirft er vor, die dabei auftretenden »unangenehmen Empfindungen« zu verdrängen. »Denken heißt nicht vertauben – es heißt, seine unangenehmen Empfindungen mit aller ihrer Gewalt wüten lassen und Stärke genug in sich fühlen, die Natur dieser Empfindungen in sich zu fühlen, die Natur dieser Empfindungen zu unterscheiden und sich so über sie hinauszusetzen. (...) Da erst kann man sagen man fühle sich.« So bekomme der Mensch »Festigkeit«.

(»Über die Natur unsers Geistes«, II, 621) Den »vollkommenen Menschen« kennzeichnet – das hat für Lenz schon Christus vorgelebt –, daß er »durch allerlei Art Leiden und Mitleiden *werde* und *bleibe*« (II, 624). Das Gedicht-schreiben als Versuch, derartige Empfindungen im ästhetischen Medium zu strukturieren, ist zugleich ein Weg, diese zu bannen, zu ordnen, zu überstehen, durch Gestaltung sich »über sie hinauszusetzen«. Entsprechend wollen die Texte den Leser auch nicht nur gedanklich ansprechen, sondern zugleich seine Gefühle erregen. Für die Liebesgedichte gilt, was Lenz anläßlich seiner Beschäftigung mit Ovid feststellt, daß nämlich der Dichter »uns erwecken und beleben« wolle, »mit neuem prometheischen Feuer entzünden und inspirieren (...), so daß wir unsere Existenz zehnfach fühlen« (II, 709). Entsprechend kann uns, wie es in »Auf die Musik von Erwin und Elmire« heißt, »der Dichter ... in selger Raserei/Bis an des Todes Schwelle führen« (III, 189). Merck schreibt am 8.3.1776 an Lenz, er habe mit Goethe seine Liebesgedichte gelesen »u(nd) gefunden was das ist, wahre Leiden-schaft. (...) Innen wehte der große Wind heraus, der uns mitschaudern machte.«[23] Die Liebesgedichte appellieren, wie Merck als sympathisierender Leser erkennt, vor allem an die Fähigkeit zum Mitleid. Allerdings halten die lyrischen Ichfiguren häufig auch zu sich eine Distanz, die eine kontinuier-liche Identifikation des Lesers verhindern soll.

Der Tod, der Beender menschlichen Lebens wird im Rahmen dieses Programms eingesetzt, um den »großen Wind« zu erzeugen und die Empfindungen zu steigern. den. Statt auf das Jenseits zu orientieren, ermöglicht die Orientierung auf den Tod den dargestellten Ichfiguren wie dem mitfühlenden Leser, einen möglichst hohen Grad an Vollkommenheit im Diesseits zu erreichen, eben »wahre Leidenschaft«.[24] Im folgenden soll die Diesseitsorientierung an zwei Gedichten aus der Straßburger Zeit belegt werden. In »Ach bist du fort?« (96f.) bleiben dem Liebeskranken nur »die Verzweiflung und das Grab«. Im Gedicht redet das Ich ein Du, das der Geliebten, an. Es handelt sich aber um keinen echten Dialog; denn das Gedicht hält nur die Vorstellungen und Empfindungen des Liebenden fest und bringt sie in eine Reihenfolge, die mit einer äußersten Steigerung endet. Aus der durch »Tränen« ausgedrückten empfindsamen Gemeinschaft der Geliebten mit den »Freundinnen« sieht der Geliebte sich ausgeschlossen. Entsprechend fühlt er sich lebendig gestorben, was zunächst dadurch verdeutlicht wird, daß die blühende Natur ihm abstirbt. Zugleich empfindet er eine existentielle Einsamkeit, da er weder die Geliebte wiederfindet, noch in der Gesellschaft anderer – andere Frauen erscheinen ihm als »Puppen« – Beziehungen anknüpfen kann. Der Vorsatz, die endgültige Trennung anzuerkennen, wenn ihm die Geliebte nicht schreibe, wird am Ende sofort verworfen: »Ström alle deine Qual auf mich/Ich fühl' ich fühl' ihn ganz – es ist zuviel – ich wanke/Ich sterbe Grausame – für dich –.« Der Liebende vollzieht hier ein imaginäres Selbstopfer. Er nimmt alle Leiden auf sich bis hin zum Tod. Ganz altruistisch ist dieses Angebot freilich nicht. In offensichtlich übersteigertem Narzismus vermeint der Liebende so eine neue Einheit mit der Geliebten herstellen zu können. Zugleich soll die Todesdrohung die Geliebte unter Druck setzen.

»Auf ein Papillote« (III, 107–109) ist ebenfalls eine imaginäre Anrede, die sich im Bewußtsein des Verschmähten abspielt. Dieser möchte eine echte emotionale Beziehung, erkennt sich aber als Opfer weiblicher Galanterie. Das führt zu einer extremen Gefühlsambivalenz: »Und strafe mich oft selbst und nehm mir Tugend vor/Und kämpf und ring mit mir und sterb und kann nicht sterben«. Er unterstellt der Geliebten Freude an seinem »Leiden« und öffnet die »Brust« für sein »kleines Federmesser«, das er ihr für den Todesstoß zur Verfügung stellen will. Den Liebestod imaginiert er sich als Medium, eine im Leben unerreichbare Einheit im (scheinbar) erfüllten Augenblick zu genießen. Dann möchte der Narzist, der sich im Bild der unerreichbaren Geliebten auch selbst vergöttert, die Unsterblichkeitshoffnung ausnutzen, indem er nach seinem Tod der Geliebten als »Geist« im Diesseits unbemerkt »zur Seite schweben« will: »Ein kleiner Stoß und denn erst geht mein Leben an.« Nur scheinbar altruistisch ist diese Vorstellung, die Geliebte so in ihrem irdischen Leben nicht zu belästigen (»dann bistu meiner los«), weil der »Geist« eine Präsenz genießt, der sich die irdische Frau gar nicht entziehen kann. Das Ziel ist offenkundig eine durchaus diesseitige körperlich-seelische Einheit: »Dann will ich dir im Traum zu deinen Füßen liegen/Und wachend horch' ich auf wie dir's im Busen schlägt«.[25] Zum Schluß wird die Bitte um einen Liebestod noch einmal wiederholt – auch in der realistischen Einschätzung, im irdischen Leben der Geliebten »im Wege« zu sein. Komme es nicht dazu, bleibe dem Liebenden nur noch größere Verbitterung bis hin zur Gefahr, den Verstand zu verlieren. Die letzte Zeile setzt einen ironischen Bruch zum Vorigen, indem das Ich sich selbst über die Empfindungen und Vorstellungen, die es ausagiert hat, »hinaussetzt« und die Gefahr des Liebeswahns reflektiert. Der Liebende ist eine lächerliche Figur, zugleich aber wagt er, seine Empfindungen »mit aller ihrer Gewalt« wüten zu lassen. Darin liegt seine menschliche Qualität. Wie Lenz am Ende das Ich seinen Zustand reflektieren läßt, bringt das Gedicht als Ganzes planvoll extreme Empfindungen in eine Form. Der elegische Alexandriner mit seiner Pause nach der dritten Hebung eignet sich für die Darstellung von Ambivalenzen, zwingt die Gefühle aber in eine geregelte Form. Wenn Schiller einmal kritisiert, der Alexandriner fordere »ununterbrochen« den »Verstand« auf und zwinge »jedes Gefühl, jeden Gedanken wie in das Bette des Prokrustes«,[26] so eignet er sich gerade wegen dieses Effektes zum Mittel, die Gefühle zu bannen und zum Medium der Distanzierung. Letzteres gilt allerdings nicht nur; denn in Vers 6–12 nutzt Lenz den Alexandriner auch zur Darstellung von Gefühlsambivalenzen aus.[27]

Das eindrucksvollste Beispiel für die Verknüpfung von Liebes- und Todesverlangen bildet die »dramatische Phantasei« »Der Engländer« (II, 317–337).[28] Vom ersten Monolog an ist mit der Liebe Robert Hots zur Prinzessin Armida der Todeswunsch verbunden. Der sprechende Name des Protagonisten (»Hot«) deutet schon auf die ihn auszeichnende Fähigkeit, »Empfindungen mit aller ihrer Gewalt wüten zu lassen«. Anders als das Ich des Gedichtes »Auf ein Papillote« weigert sich Robert bis zum Schluß, sich von seinen Gefühlen zu distanzieren. Seine Konsequenz im Fühlen und Handeln führt ihn in den Freitod. Freilich wendet Lenz auch hier distanzierende Techniken an. Er versetzt den Helden in groteskkomische Situationen, läßt ihn vor Leidenschaft so überdreht sprechen, daß er als lächerlicher Tor erscheint. Hot ist nur begrenzt eine Identifikationsfigur. Offensichtlich handelt es sich bei seiner Liebe auch um eine Projektion narzistischen Größenwahns.« Der sich, weil er wirklich vortrefflich, einbildet, jedermann gebe Achtung auf ihn«[29], heißt es in einem Entwurf. Offensichtlich fasziniert den Autor aber das konsequente Fühlen und Handeln seiner Figur. Andererseits läßt er diese »Vortrefflichkeit« Hots nicht von der Welt anerkannt sein, und diesen zugleich eine solche von der Prinzessin erhoffen. Robert vermag nicht die reale Prinzessin zu lieben, die er kaum kennt, sondern er liebt sein selbstgeschaffenes Bild von ihr. Sie ist Projektionsfläche seiner Wünsche nach Selbstentfaltung. Entsprechend schwankt das Bild je nach Lage und innerer Befindlichkeit Roberts zwischen einer »Heiligen« und einer Verräterin. Unerfüllbarkeit ist von vornherein die Bedingung dieser Liebe. Ihre wichtigste Funktion für Hot liegt darin, daß sie Anlaß zum extremen Ausagieren von Gefühlsambivalenzen gibt. Als die Prinzessin Roberts Angebot des Liebestods nicht annimmt, indem sie seine Begnadigung erwirkt, erscheint ihm der vorher ersehnte Tod plötzlich nur noch als »grauenvoller Abgrund«, weil Robert zwar im Gefängnis sitzt, sich Armida dennoch nah wähnt. Als Hot erkennt, daß er so sich dem Zugriff des Vaters ausliefert – die Liebe zu Armida ist ja auch Flucht vor der väterlichen potestas, die ihm keinen Raum zur Selbstentfaltung läßt –, will er schließlich wieder den Tod, diesmal als letzte Möglichkeit der Selbstbefreiung. Er stürzt sich aus dem Fenster. Diese Handlung korreliert mit dem Gefühl völligen Ausgesetztseins: »Wie hoch diese Leute über mich sind, wie sie über mich wegschreiten, wie man über eine verächtliche Made wegschreitet.« (I, 327) Unfähig, die eigene Aggressivität gegen den Vater zu richten, richtet Robert sie gegen sich selbst: nach dem Biß in den eigenen Finger der Fenstersturz. Die angebliche Heirat Armidas, nach jenem Vorfall von Vater und Hamilton als untaugliches Mittel, Hot zu heilen eingesetzt, erregt in ihm narzistische Wut. Er sieht Armidas Heirat als Verrat an, wie er sich von der ganzen Menschenwelt verraten fühlt. Nachdem er der von Hamilton geschickten Buhlerin die Schere entrissen hat, um sich einen Stich in die Gurgel zu geben, bittet er den richtenden Gott, »das furchtbarste aller Wesen«, ihm nach dem Sterben wenigstens das Andenken an seine Geliebte zu lassen, einen Wunsch, von dem er auch sein Eingehen auf das Zureden des Beichtvaters abhängig macht.

Lord Hot informiert den Beichtvater, sein Sohn habe »in der Kindheit gewisse Bücher« gelesen, »die ihm Zweifel an der Religion beibrachten« (336). Offensichtlich hat Robert ein eher utilitaristisches Verhältnis zur Religion. Er funktionalisiert wie die Ichfigur in »Auf ein Papillote« Gott und Unsterblichkeit, um seine irdischen Strebungen ins Überzeitliche zu verlängern, parallel zu den Intentionen der Aufklärer, die dieses allerdings mit einem ganz anderen Ziel wollen. Robert ist in seinem Empfinden und Leiden offensichtlich partiell Christus nachstilisiert, den Lenz als den am vollkommensten Leidenden ansieht.[30] Hot sieht sich zum Beispiel »dem Spott aller Vorübergehenden, selbst dem Geknurr und Gemurr der Hunde ausgesetzt« (328) und später von allen verraten.(332) Für Lenz ist das »allerhöchste Leiden«, das Christus erfahren habe und der Mensch erfahren könne, »Geringschätzung« (III, 624). Hot akzeptiert schließlich sein Leiden und stirbt einen Opfertod – freilich nicht für die Menschheit, sondern allein für die Geliebte als »Schlachtopfer ihres Glücks« (I, 332). Er breitet nach dem Stich in die Gurgel die Arme aus: »Ich komme, ich komme.« (334f.) Insofern beansprucht Hot auch ein direktes Verhältnis zu Gott, während die anderen Menschen den Mittler Christus brauchen. Hots »Behaltet euren Himmel für euch!« (337) am Schluß ist von daher konsequent. Es beinhaltet die Abwendung von der Lehre und Autorität der Kirche des Vaters.

Zugleich muß dieser Ausspruch in Zusammenhang mit dem Ausruf »Weg mit den Vätern!« (330) interpretiert werden. Sowohl die Liebe als auch der Selbstmord drücken Roberts Wunsch nach Verfügung über sein eigenes Leben, seinen eigenen Körper aus. Der Topos »Tod« ist im Drama also auch gegen ein nicht akzeptiertes Leben, einen nicht akzeptierten Gesellschafts-

zustand eingesetzt. Dagegen steht eine »Vernunft«, die patriarchalen Absolutismus ausdrückt. Von ihr aus gesehen erscheint Hot als ein Wahnsinniger.
»Besser ihn tot beweint, als ihn wahnwitzig herumgeschleppt« (336),
kommentiert Lord Hamilton Roberts Tod.

Wie ein Kommentar zur Gestalt Hots wirken die ersten vier Zeilen der
fünften Strophe des Gedichts »Aus einem Neujahrswunsch aus dem Stegreif
aufs Jahr 1776« (III, 172–176) : »Der Liebe Traum, der Ehre Schattenbilder,/
Sagt, machen sie die Seele wilder/Als tierischer Genuß? und dürfen
Phantasein/Nicht ihnen auch Gewänder leihn?« In den folgenden Strophen
gebraucht Lenz das Bild des Gipfelstürmers, der kurz vor den »Höhen« sich
versteigt und fällt. Keinesfalls wird dessen Streben als Selbstüberhebung
verdammt, vielmehr ist er ein »Märtyrer«, »den Busen voll von seinem
Leiden«. Die nächste Strophe reduziert dann in bewußtem Kontrast zur
vorigen den Dichter und seine Freunde zu Würmern, die »zwischen Tod
und Leben« »ohne Mut und Kraft am Boden« kleben und sich »durch
Muskelwitz, ha oft mit Mißvergnügen,/Um ihre Existenz betrügen«.
Sie stürben »beim ersten Sturm«. Ist der Topos Tod im »Engländer« auch
als Befreiung von Fremdbestimmung eingesetzt, fungiert er hier als äußerste
und schärfste Fremdbestimmung des nach Autonomie strebenden Ichs.
Entsprechend fragt Lenz im »Versuch über das erste Principium der
Moral«:

> »Aber warum fürchten denn alle Nationen des Erdballs den Tod, da sie doch sehen, daß kleine
> niedliche Würmer von uns essen, die eben so gut Materie sind als wir. Warum verlieren wir
> lieber einen Arm, ein Bein, als den Kopf, an dem die Materie nichts mehr wiegt, als an jenen.
> Ja dort oben in der Zirbeldrüse sitzt etwas, das sagt: Ich bin, und wenn das Etwas fort ist, so
> hört das Ich bin auf.« (II, 502)

Die nächsten Strophen des »Neujahrswunsches« formulieren das Aufbegehren gegen die Fremdbestimmung: »Wir sterben? Götter sterben? – Nimmer.« Wenn man das »Fratzenangesicht« des Todes ansehe, falle seine
»Plunderrüstung« auseinander. Gegen die christliche Todesallegorie gerichtet heißt es: »Die Sense mäht den Feigen nur«. Die Uhr als Ausdruck der
Zeitlichkeit des irdischen Lebens – ein Symbol, das auch im »Engländer«
auftaucht (I, 327) – wird der »Drahtpuppe« des Todes – ein Hinweis auf sein
mechanisch zufälliges Eintreten – entrissen. Statt dessen setzt sich das Ich mit
seinen Freunden als »Weltbeherrscher« ein, die die Naturgesetze außer Kraft
setzen können. Entsprechend beansprucht das Ich für sich und seine Freunde
ein ewiges diesseitiges Leben. Bewußt wird der Allmachtsanspruch so
zugespitzt, daß er ins Absurde umschlägt. Vorher wird deutlich, daß eine
solche Selbstvergötterung des Menschen auch etwas Bedrohliches hat: »Soll

unter unserm Tritt der Boden der uns scheut/Die Luft sich auseinander pressen, Streit/die Elemente führen, die uns dämpfen...« (III, 175). In der letzten Strophe bietet das Ich seinen Zuhörern die Möglichkeit zur Distanzierung an: »wem mein Flügelroß zu hastig rennt«, dem wünscht das Ich »ein *fröhlich stilles* neues Jahr« (III, 176). Der Tod ist die Grenze menschlicher Existenz, durch deren imaginäre, nicht reale Überwindung im Absolutheitsanspruch menschlichen Strebens – bei Lenz liegt hier die Selbsterfahrung im Sichfühlen und Sichausleben, nicht primär im menschlichen Geist – der Mensch seine Kraft und Identität erfährt.

Im »Neujahrswunsch« ist eine direkte religiöse Einbindung des Todes vermieden. In den »Meinungen eines Laien« finden wir eine in einigen Punkten parallele Interpretation des Todes, allerdings im christlichen Kontext. Die Sterblichkeit sei für den Menschen Bedingung, Gottesebenbildlichkeit zu entwickeln. Im Paradies habe der Mensch noch nicht die »Macht und Gewalt« der Gottheit erfahren, sei er ein »Atheist« gewesen, wenn auch der »unschuldigste, der je auf Gottes Erdboden herumging« (II, 529). Nach der Verstoßung aus dem Paradies sei es in die Entscheidungskraft des einzelnen gelegt, den »Odem Gottes« in sich zu erahnen, zu erfühlen, in Wollen und Handeln umzusetzen.(II, 531) »Die Natur« habe ihre Zwecke« – sie gibt auch das Gesetz des Sterbens vor -, »der wahrhaftig freie Mensch die seinigen, und die Vereinigung dieser Zwecke gibt das vollkommenste Ganze«.(II, 532) Im Fühlen, Wollen und Handeln kann, ja muß der Mensch über seine eigene Begrenztheit, Sterblichkeit hinausstreben. Allerdings zielt Lenz nicht wie später Kant und Schiller auf eine Überwindung der Naturdetermination durch den Geist und die praktische Vernunft. Zumindest der Lenz in »Über die Natur unsers Geistes« will, daß der Geist auf den Körper »in der zu seinem Glück notwendigen Spannung« (II, 619) bezogen bleibt. »Denken heißt nicht vertauben« (II, 601), sondern die Gefühle wüten zu lassen und sich zugleich analysierend über sie hinauszusetzen. Diese Grundhaltung ist auch im »Neujahrswunsch« ausgedrückt. Sie deckt sich weder mit der ins Absurde umschlagenden Selbstvergötterung noch mit dem Wunsch nach fröhlicher Stille; denn des Menschen »Natur« ruft ihm »immer heimlich zu: (...) du bist nicht für die Ruh«. Auch die Angst vor dem Tod als dem Begrenzer menschlichen Strebens kann nicht wegdiskutiert werden. Sie trägt zu dieser Unruhe bei. Im »Versuch über das erste Principium der Moral« heißt es, »der höchste Zustand der Bewegung« sei »unserm Ich der angemessenste«. Sie eröffne uns das »größtmögliche Feld ..., unsere Vollkommenheit zu erhöhen zu befördern und andern empfindbar zu machen, weil wir uns alsdenn das größtmögliche Vergnügen versprechen können, welches eigentlich (...) in dem größten Gefühl unserer Existenz, unserer Fähigkeiten, unsers Selbst besteht«.(II, 507f.)

So auftrumpfend wie im »Neujahrswunsch« ist Lenz im Umgang mit dem Tod nur selten. Ein Gegenbeispiel ist »Über die deutsche Dichtkunst« (1774, III, 115–117). Hier ist kein Halt im Freundeskreis imaginiert. Das lyrische Ich erfährt sich in der Konkurrenz zu anderen als nur mit »zwei Körnern Genie« begabt. Die »junge Blume«, »Deutschlands und Lieflands Stolz«, sieht sich gegenüber der Blütenpracht um sich herum »auf einem Sandkorn« stehen. Demjenigen, dem die Entäußerung in die Kunst mißlingt, bleibt in der Perspektive der Ichfigur nur der Tod. »Unberührt« und ohne die Anwesenheit anderer will sie sterben. Das Ich möchte sich dadurch für den anmaßenden Wunsch zu dichten bestrafen. Es ruft seinen Genius (Schutzgeist) an, das »einsame Grab« vor dem »Blick aus dem Reich der Seligen« zu schützen, damit sich nicht noch die körperlichen Überreste (»meine Asche im Grabe«) vor Scham empörten. Der Topos Tod ist hier zur Selbstbestrafung eingesetzt. Statt gegen Grenzen anzugehen, akzeptiert das Ich die Grenze und imaginiert es sein Scheitern.

Deutlich wird hier aber auch, daß der Tod ein Problem des Lebens ist, und hier muß zunächst biographisch argumentiert werden: Lenz steht sich selbst immer kritisch gegenüber. Er lebt nicht ungebrochen Kraftgenialität aus, wie es »Aus einen Neujahrswunsch« nahelegen könnte. Er hat - das zeigen seine Texte und Briefe – einen extrem hohen und oft unrealistischen Anspruch an sich selbst, vor dem er sich immer wieder scheitern sieht. Ein wenig Selbstinszenierung ist freilich auch dabei. Lenz braucht offensichtlich diese tiefe innere Unruhe, um produktiv sein zu können. Typisch für ihn ist eine Äußerung wie die folgende, die er März 1776 an Herder schreibt: »Ich habe eine Schrift über die *Soldatenehen* unter Händen, die ich einem Fürsten vorlesen möchte, und nach deren Vollendung und Durchtreibung ich – wahrscheinlichst wohl sterben werde.« Darin und in der Art des imaginierten Todes in »Über die deutsche Dichtkunst« liegt freilich auch ein Moment festgehaltenen Stolzes. Die Qualität der Schrift »Über die Soldatenehen« ist für Lenz von einer Art, daß sie durch den Tod beglaubigt werden kann. Und der den eigenen Tod wollende Dichter in »Über die deutsche Dichtkunst« bittet den eigenen »Genius«, das erwünschte »einsame Grab« vor den Blicken nicht beliebiger Dichterkollegen zu schützen, sondern nur vor denen der ganz Großen, die »kühne Gedanken« formulierten, wie Shakespeare, Ossian und Homer. Zugleich wirken die ganzen Umstände der Selbstbestrafung mit dem Tod in »ödester Wüste« so überzogen, daß darunter das Gegenteil, der Wunsch nach Selbstbehauptung und Anerkennung für den Leser sichtbar wird.

Einen vorbildlichen Umgang mit dem eigenen Tod hat Lenz nicht dargestellt. Eine »Sterbekunst« im Sinn eines bewußten Akzeptierens der Todesstunde, eines Sichfügens in einen übergeordneten Willen hat Lenz nicht entwickeln können und wollen. Am ehesten begegnet dieses Sichfügen bezeichnenderweise bei einer Frauenfigur, bei Zerbins Marie. Ihr Sterben belegt ein unbeirrbares Festhalten an ihrer Liebe. Hot kann im Freitod seine imaginierte Liebe zum letzten Mal ausdrücken. Maries Tod ist ungleich realer ein Opfertod, weil sie Zerbin wirklich nicht im Wege stehen und auch keine imaginäre Einheit mit ihm herstellen will. Dennoch ist Marie, die ganz dem Manne hingegebene, schemenhaft Fügsame, die sich konsequent in die Verurteilung wegen »verhehlter Schwangerschaft« und in die Todesstrafe schickt, nur begrenzt eine Vorbildfigur; denn ihre passive Moral macht sie zum »unglücklichen Schlachtopfer«.(II, 375) Hot kann sich wenigstens zum »Schlachtopfer des Glücks« stilisieren.(I, 332) (Mariane in den »Soldaten« versucht aktiv, ihr »Glück besser« zu »machen« (I, 204), wird aber, obwohl ebenfalls »unglückliches Schlachtopfer« (I, 245), mit dem Scheitern bestraft und stirbt keinen Märtyrertod.) Allerdings hat Zerbins Marie die Fähigkeit, die den vollkommenen Menschen auszeichnet, nämlich Leiden zu akzeptieren. Bis zuletzt sucht sie die Schuld an ihrem Schicksal bei sich selbst, sieht sie es, das in den Tod führt, »als eine Strafe Gottes für ihren Leichtsinn« (II, 374) an. »Es stirbt kein Mensch so gern als ich.« (375) Als Gegenfigur zu den Stadtfrauen in »Zerbin« ist Marie diesen überlegen durch ihre selbstverständliche und harmonische Übereinstimmung mit sich selbst. Aus ihr heraus sind Doppelmoral und Doppelspiel unvorstellbar. Marie erfüllt instinktiv die Gesetze der »allgemeinen Harmonie« (II, 622), auf die sich Lenz in »Über die Natur unsers Geistes« in Anknüpfung an Leibniz beruft. Im Sterben kann Marie daher ihre Gottesebenbildlichkeit ein letztes Mal ausdrücken. In der Stadt spricht man bis zuletzt davon, Marie werde »Gnade bekommen«. Ihre »liebenswürdige Gestalt« prägt sich unmittelbar vor dem Tod allen ein; »der Prediger war nicht im Stande, ihr ein einziges Trostwort zuzusprechen«. Lenz steigert Marie zur Märtyrerin, sie kann diesbezüglich in Parallele zu dem herabgestürzten Gipfelstürmer gesehen werden. »Sie hat bis an den letzten Augenblick die liebenswürdige milde Heiterkeit in ihren Mienen, sogar in ihrer ganzen Stellung, in dem nachlässigen Herabsinken ihrer Arme und des Haupts, noch beibehalten (...). Sie stand da, etwa wie eine von den ersten Bekennerinnen des Christentums, die für ihren Glauben Schmach und Martern getrost entgegen sahen.« (II, 377)[31]

Nach dem Streich des Scharfrichters fliegt ihre »schöne Seele« »gen

Himmel«. Mit der Bezeichnung als »schöne Seele« ist, in der Tradition Shaftesburys, noch einmal die Übereinstimmung des Inneren und Äußeren gemeint, die als Harmonie auf die allgemeine Weltharmonie verweist. Eine solche Übereinstimmung verweigert Lenz in der Regel seinen Männerfiguren, während er sie einer Frau gewährt. Dafür behält Lenz den Männern das Scheitern unterm Gipfel vor, zu dem Marie schon aufgrund ihrer Passivität gar nicht vordringen könnte.

Vergleicht man Maries Tod mit dem der Frauenfiguren in Lessings bürgerlichen Trauerspielen, mit Sara und Emilia, beinhaltet ihr Ende nicht, daß zur Tugend zurückgefunden, bzw. eine Unschuld gewahrt ist; Marie ist ja nicht tugendhaft geblieben und hat ihre Reinheit nicht retten können; ihr Sterben bringt eher ein letztes Mal ihr Wesen zum Ausdruck, auf das hin sie von vornherein angelegt ist. Dieses Wesen drückt sich, wie das Bild der schönen Seele aussagen will, in ihrem Geist *und* in ihrem Körper aus. Wenn dieses Bild aber Maries Wesen ausdrückt, relativiert sich damit in diesem Fall das zeitgenössische bürgerliche Frauenbild, das die Frau auf ›Reinheit‹ und sexuelle Enthaltsamkeit vor dem Eheschluß festlegt; denn Maries Wesen ist durch ihren ›Fehltritt‹ überhaupt nicht tangiert.

In ihrem Ende liegt zugleich ein Protest gegen eine abstrakte Moral, die die besonderen Umstände und Motive des Individuums nicht bedenkt (vgl. II, 354) und gegen eine Gesellschaft, die trotz propagierter Moralität rein ökonomisch-zweckrational denkt. Interessant ist in diesem Zusammenhang, wie Lenz die Reaktion Zerbins auf Maries Tod gestaltet. Zerbin hat sich im Interesse seines sozialen Aufstiegs an die Gesellschaft angepaßt[32] und letztlich den Opfertod Maries zugelassen. Zu spät bereut er dies bitter. Seine einzige Rettung sieht er in der toten Marie, die sich für ihn folgerichtig zu einer »Heiligen« verklärt. Mit ihr will er sich nach seinem Selbstmord vor den »Richterstuhl« Gottes stellen, um das »Urteil ... zu erwarten«: das vom Manne ins Unglück gebrachte »gutartige holde Geschöpf (II, 367), die Frau, die für ihn gestorben ist – wie Christus für die Menschen –, erhofft er sich als seine Fürbitterin.[33]

Einen Opfertod stirbt nicht nur Marie, auch die unerwidert und vergeblich liebenden Männer in Lenz Gedichten, sowie Robert Hot im »Engländer« sterben ihn. In der zeitgenössischen Literatur ist den Männern eher ein selbstbestimmter Heldentod vorbehalten, das eher passive Selbstopfer ist auf die Frauen beschränkt. Insbesondere gilt dies für das bürgerliche Trauerspiel: Man denke an Lessings Sara und Emilia und – im Unterschied dazu – an Goethes Goetz. Letzterer stirbt nach einem aktiven Leben, das geprägt ist von einer Autonomie, die die »Nachkommenschaft«, die ihn

»verkennt«, nicht mehr leben kann. Und Werthers Selbstmord, zu dem es ihm gar gelingt, Lotte zum Verleihen der Pistolen zu bringen, trägt deutlich heroische Züge. Lenz hingegen tendiert dazu, hinsichtlich des Todes den grundsätzlichen Unterschied zwischen den Geschlechtern aufzuheben. Er zeichnet Männer- wie Frauenfiguren, die sich opfern.

Der Tod als solcher ist nicht vorstellbar. Er ist für das menschliche Bewußtsein das Nicht-Seiende, letztlich eine Abstraktion. »Das Sterben kann kein Mensch selbst erfahren (denn eine Erfahrung zu machen, dazu gehört Leben), sondern nur an andern wahrnehmen«, stellt Kant fest.[34] Von daher ist der Tod der Kunst nicht direkt zugänglich. Allerdings kann die Kunst den Sterbevorgang darstellen.[35] Lenz tut dies auch, und zwar nicht nur als »mechanische Reaction der Lebenskraft« (Kant[36]) – wie im »Gemälde eines Erschlagenen« –, sondern auch verklärend wie eben bei Marie im »Zerbin«. Den Tod, das Ergebnis des Sterbevorgangs kann die Kunst nur durch Allegorien vergegenwärtigen. Bei Lenz finden sich die christlichen Sinnbilder Gerippe, Sensenmann, Todesengel – im Gegensatz zu Lessing, der sie durch den freundlicheren Jüngling mit der umgestürzten Fackel ersetzen will. Allerdings nutzt Lenz auch die euphemistische Analogie zwischen Tod und Schlaf (vgl. z.B. III, 116f.). Deutlich steht er in der Tradition des christlichen Glaubens, wenn sich auch für ihn das jüngste Gericht relativiert und gelegentlich die Unsterblichkeitshoffnung brüchig scheint. Darüber hinaus zeigt sich an Lenz, daß der Tod, eben weil er nicht vorstellbar ist, zum Medium von Projektionen wird. So basiert bei Robert Hot die Todessehnsucht auf einer narzistischen Projektion. Die Selbstvergötterung durch die Liebe soll ins Überzeitliche verlängert werden. Der Tod ist nur Durchgangsstation. Gegenüber dem aufklärerischen Konsens, der die Selbstverwirklichung des Individuums an die Pflichten in der bestehenden Gesellschaft bindet, radikalisiert Lenz diesen Anspruch. Die unerfüllbare Liebe wird zum Medium, die eigenen Leidenschaften zu erfahren und auszuleben und darin Individualität und Identität zu erfahren. In dieser Perspektive können Eros und Thanatos in der Imagination zusammenrükken. Andererseits läßt Lenz den Liebenden in anderer Perspektive auch zu der bitteren Einsicht kommen, daß mit dem Tod eigentlich alles aus ist. Der Tod ist eben nicht nur Projektionsfläche, sondern die ganz reale Grenze jeden menschlichen Strebens. In dieser Spannung vollzieht sich für Lenz menschliche Selbstverwirklichung, die ihm Handeln, vor allem aber Fühlen und Leiden ist. Das eigene Schreiben sieht Lenz als Todesüberwindung an und zugleich als bedroht durch den Tod. Wenn man so will, ist die leere Seite zunächst das Tote, Unbelebte, das der Schreibvorgang mit Gedanken und Vorstellungen belebt; doch dieser Vorgang ist vom Scheitern bedroht. Lenz mißtraut der eigenen Genialität. Er leidet an dem extremen Anspruch, der Einsamkeit und Scheitern geradezu vorprogrammiert. Festgehalten ist diese Spannung zwischen Versagen und Produktivität, Tod und Leben zum Beispiel in den Worten, mit denen Lenz Herder das Drama »Die Soldaten« schickt: Es nehme sein »halbes Dasein mit (...). Es ist wahr und wird bleiben, mögen auch Jahrhunderte über meinen armen Schädel verachtungsvoll fortschreiten.« (23. 7. 1775)

---

1   Immanuel Kant: Anthropologie in pragmatischer Hinsicht. In: Werke (Akademieausg.). Nachdr. Berlin 1968. Bd. 7, S. 166f.
2   Zum Todesbild der Aufklärung vgl. immer noch: Walter Rehm: Der Todesgedanke in der deutschen Dichtung vom Mittelalter bis zur Romantik. Halle 1928, S. 244–280.
3   Moses Mendelssohn: Phädon oder die Unsterblichkeit der Seele. In drei Gesprächen. In: Gesammelte Schriften. Hg. v. G. B. Mendelssohn. Leipzig 1863. Bd. 2, S. 175f.
4   Immanuel Kant: Kritik der praktischen Vernunft. In: Werke. Hg. v. Wilhelm Weischedel. Bd. 4. S. 107–109, 252–254.
5   Vgl. zur Analogie Schlaf/Tod Philippe Ariès: Geschichte des Todes. München 1989, S. 35–37; Thomas H. Macho: Todesmetaphern. Frankfurt 1987, S. 249–257.
6   Gotthold Ephraim Lessing: Wie die Alten den Tod gebildet? In: Werke und Briefe. Hg. von Klaus Bohnen. Frankfurt 1985. Bd. 6, S.761.
7   Kant: Werke (Akad.ausg.) Bd. 7, S. 167.
8   Norbert Elias: Über die Einsamkeit des Sterbenden in unseren Tagen. Frankfurt 1990, S.39.
9   M. N. Rosanow: J. M. R. Lenz, der Dichter der Sturm und Drangperiode. Sein Leben und Seine Werke. Leipzig 1909. S. 34f. Vgl. zu der religiösen Einstellung des Vaters auch den Beitrag von Indrek Jürjo in diesem Band.
10 In: Jakob Michael Reinhold Lenz: Werke und Briefe in drei Bdn. Hg. von Sigrid Damm. Leipzig, München 1987. Bd. 3, S. 8. Künftig wird im Text mit Bandzahl und Seite nach dieser Ausgabe zitiert. Gleiches gilt für die Briefe, allerdings mit Angabe des Datums.
11 Heinz Kindermann: J. M. R. Lenz und die Romantik. Wien/Leipzig 1925 sieht zu Recht in der Todesthematik und im Liebestodproblem bei Lenz eine wichtige Verbindung zur Romantik. Kindermanns Interpretationen sind immer noch sehr lesenswert, doch begrenzt die forciert antiaufklärerische Tendenz, die Lenz zum Irrationalisten stempeln will, ihren Wert. Lenz will eben nicht »flammend aufgehn in der ewigen Liebe des Todes«

und ist auch nicht bewegt von einem »todesbegeisterten Willen zur Tat« (S. 47). Dies sind gefährliche Deutungen, die Lenz in einen ganz falschen Zusammenhang rücken. – Die Verbindung zwischen Tod und Liebe taucht auch bei anderen Sturm und Drang – Autoren auf, z.B. bei Bürger (vgl. »Lenore«), bei Goethe im »Werther« und – stärker ins Metaphysische gewendet – als Verbindung zwischen Tod und All-Liebe im dramatischem Fragment »Prometheus« (II, Schluß). Herders Abhandlung »Wie die Alten den Tod gebildet« (1774), die auf Lessings Text mit dem gleichen Titel Bezug nimmt, stellt u.a. programmatisch die Beziehung zwischen Todesgenius und Amor wieder her, die Lessing gekappt hatte. Vgl. auch Herders Gedicht »Amor und Psyche« (erste Fassung um 1768). Zu Herder vgl. Ludwig Uhlig: Der Todesgenius in der deutschen Literatur von Winckelmann bis Thomas Mann. Tübingen 1975. (Untersuchungen zur deutschen Literaturgeschichte. 12.) S. 19–29.

12 Im folgenden kann nur ein knapper Überblick gegeben werden, der Lenz' Anfängen nur begrenzt gerecht wird und die Zeit in Petersburg und Moskau ganz ausspart.

13 Lessing, S. 778. Vgl. dazu Apostelgeschichte 12,13, aber auch schon 2. Samuel 24,16, Psalm 35,5.

14 Zu dieser Predigt vgl. auch den Beitrag von Indrek Jürjo in diesem Band. Mathias Bertram: Jakob Michael Reinhold Lenz als Lyriker. Diss. phil Berlin 1991. (Masch.) nennt S. 27ff. auch Johann Arndts Erbauungsschrift »Vier Bücher vom Wahren Christentum«, auf die sich die pietistische Frömmigkeitsbewegung berief.

15 Kant: Werke (Akad.ausg.) Bd. 7, S. 166.

16 Gotthold Wilhelm Leibniz: Hauptschriften zur Grundlegung der Philosophie. Leipzig 1924. Bd. 2, S. 440. (21. Satz.)

17 Vgl. Ariès, S. 504–518.

18 Gerhart Hoffmeister: Petrarkistische Lyrik. Stuttgart 1973, S. 27f.

19 Jakob Michael Reinhold Lenz: Belinde und der Tod. Carrikatur einer Prosepopee. (Mit e. Nachw. hg. von Verena Tammann-Bertholet und Adolf Seebaß.) Basel 1988. (= Faksimile der Handschrift mit Transkription. Privatdruck. Haus der Bücher AG, Basel.) S. 12.

20 Heinz Dwenger: Der Lyriker Lenz. Diss. phil. (Masch.) Hamburg 1961. S. 155.

21 Vgl. dazu Bertram, S. 79ff. Vgl. auch Gert Vonhoff: Subjektkonstitution in der Lyrik von J. M. R. Lenz. Frankfurt 1990.

22 Ein anderer wichtiger Einfluß ist vermutlich Klopstock, der sich freilich auch mit Petrarca auseinandergesetzt hat (vgl. die Ode »Petrarka und Laura«, verfaßt 1748). Klopstock setzt in den Fanny-Oden den eigenen Tod in der Hoffnung auf eine mögliche Umstimmung der Geliebten effektvoll in Szene. Auch in diesen Gedichten geht es im Grunde weniger um den Tod als um das Leben, das durch die unerwiderte Liebe des Dichters zu seiner Cousine M. S. Schmidt bestimmt ist. Der Grundgedanke in den Texten ist, daß es füreinander bestimmte Seelen gibt, die im Diesseits nicht zueinander finden können, jedoch im Jenseits zusammengeführt werden. Dieser Grundgedanke führt zur Todessehnsucht und zur Verneinung des unbefriedigenden Lebens. Vgl. »Salem«, »Der Abschied«, »An Gott«, »An Fanny« u.a. – alle in: Franz Muncker (und) Jaro Pawel (Hg.): Friedrich Gottlieb Klopstocks Oden. Bd. 1. Stuttgart 1889. Eine Lektüre von Klopstocks Gedichten zeigt zugleich aber den diametralen Unterschied zu Lenz. Bei Klopstock ist, wie schon sein Zeitgenosse Carl August Küttner als opinio communis feststellt »alles groß, erhaben, mächtig und von schöpferischem Genie beseelt« (Charaktere teutscher Dichter und Prosaisten. Bd. 2. Berlin 1781. S. 374). Klopstock schreibt aus dem Sendungsbewußtsein des »Messias«-Dichters heraus, der »das Herz des Hörenden zu erwärmen« sucht »für

den Göttlichen« (Küttner) und beschwört die erhabene Vorstellung von der Vereinigung des Liebenden mit der im Diesseits abweisenden Geliebten im Jenseits. Lenz hingegen zitiert diese Vorstellung in seinen Gedichten mit deutlicher Ironie, die zugleich ihren narzistischen Charakter deutlich macht, den Klopstocks Pathos verdecken möchte. Zugleich ist das in Lenz' Gedichten geschilderte Begehren gerade in seiner Mischung aus Ernst und Lächerlichkeit weit konkreter und irdischer.

23 Merck fällt aber auch die Objektivierungsabsicht Lenz' auf, die sich im bewußten Aufgreifen von Form- und Motivtraditionen ausdrückt.

24 Diese prägt bereits der Dichtertraum in »Belinde und der Tod«, wo Lenz den Gott Amor dem verzweifelten Liebenden zu Hilfe kommen und die schöne Belinde vor dem Schrecken erregenden Knochenmann mit der Hippe retten läßt. Die überraschende Pointe ist, daß Amors Pfeil am Ende nicht die Geliebte trifft, sondern den um sie werbenden Dichter, der sich eingestehen muß, daß ein anderer »das Glück« erfährt, »das ich nur erdichtet«.

25 Eine Entsprechung hat diese Phantasie im »Petrarch«, nur will hier der unglücklich Liebende seinen erfolgreichen Nebenbuhler als »Geist« umschweben, um ihn zu quälen.

26 Schiller an Goethe, 15.10.1799.

27 Vonhoff, S. 76f. deutet die Verwendung des Alexandriners als »Materialisation des gesellschaftlichen Antagonismus von Selbstverwirklichung und Herrschaft«. Meines Erachtens geht es Lenz eher um das Hinaussetzen über die eigenen Gefühle. Allerdings teile ich die Einschätzung, daß Lenz um der Ernsthaftigkeit des Gefühlsausdrucks willen nicht auf eine der freieren, ›tändelnden‹ Versformen seit der Anakreontik zurückgreift (vgl. Vonhoff, S. 75).

28 »Phantasie, Phantasey« heißt nach Zedler »im sittlichen Verstande ... die Wahl und Neigung des Verstandes oder Willens, die bloß auf den Eindruck und Regung der äusserlichen Sinnen gegründet ist, wodurch man aber leicht und mehrentheils von der Vernunfft ab und in Eigensinn oder Thorheit verfället«. Für Lenz hingegen ist die Phantasie in durchaus positiver Wertung »das Paar Flügel oder Floßfedern unserer Seele« (III, 602). Entsprechend läßt Lenz in dem Stück seinen Imaginationen freien Lauf, ohne sich um tradierte Gattungsvorschriften zu halten. Den »Imaginationscharakter des Werkes« hat schon Kindermann, S. 294 betont. Bereits Zedler weist auf »Phantasien« als musikalische Stücke hin, »die nach der Phantasey des Erfinders eingerichtet, und an keine Regel der Composition gebunden«seien« (Bd. 27, S. 1742) Man denke an die Phantasien Carl Philipp Emanuel Bachs. Daß Lenz als Autor sich die Freiheit nimmt, in seiner »Phantasey« sich nicht an überkommene Gattungen zu halten, korrespondiert auch mit dem Freiheitsverlangen seines Protagonisten Hot, der sich in die gesellschaftlichen Grenzen nicht fügen will. – Zum Drama »Der Engländer« vgl. auch die Beiträge von Hannes Glarner, Dagmar von Hoff und Hanns-Werner Heister in diesem Band.

29 Dramatischer Nachlaß von J. M. R. Lenz. Hg. u. eingel. von Karl Weinhold. Frankfurt/ M 1884. S. 333.

30 Vgl. zu Christus als tragischem Held den Beitrag von Egon Menz in diesem Band.

31 Der Verweis auf Maria, die Mutter Christi, darf nur als Analogie hinsichtlich der vorbildlichen Haltung im Leiden verstanden werden. Christi Mutter ist der Lebensregel gefolgt, »daß wir nicht begehren sollen, sondern lieben und empfinden«. Lenz: Werke. Hg. von Franz Blei. München, Leipzig 1909, S. 31) Zerbins Marie hat geliebt *und* begehrt.

32 Vgl. zu Zerbin auch den Beitrag von Martin Rector in diesem Band.

33 Vorbildlich sterben auch die Eltern Mannheim im »Landprediger«. Begünstigt wird dies dadurch, daß sie einen sanften Tod erleiden. Obwohl krank, liegen sie sich »mit den

heitersten Gesichtern einander gegenüber« und werfen einander mit den Händen Küsse zu. »Ein wenig Angst und große Mattigkeit« empfinden sie vor ihrem Tod. Als der Sohn unerwartet kommt, können sie ihn mit Hand und Blicken noch segnen, bevor sie sterben. (II, 453). Das Sterben bringt hier ein letztes Mal die Familie als harmonische Ganzheit zum Ausdruck.

34 Kant: Werke (Akad.ausg.). Bd. 7, S. 167.

35 Vgl. dazu Peter Horst Neumann: Die Sinngebung des Todes als Gründungsproblem der Ästhetik. Lessing und der Beginn der Moderne. In: Merkur 34 (1980) S. 1071–1080. Vgl. auch Christian L. Hart Nibbrig: Ästhetik der letzten Dinge. Frankfurt 1989, S. 9ff.

36 Vgl. Anm. 23.

Teil 2

J. M. R. Lenz im Herbst 1777.
Zu einem anonymen Gedicht in Wielands
»Teutschem Merkur«

Richard Daunicht (Offenburg)

Eines der Probleme jeglicher Philologie ist: wie findet man die beste Methode, von einem anonym überlieferten Text den Verfasser zu bestimmen. Heute, im Zeitalter der Computer, hat man vielleicht (!) mehr Möglichkeiten als früher, Parameter festzulegen und wie in einer Rasterfahndung die aufscheinenden konkurrierenden Schreiber stilistisch zu analysieren, die unwahrscheinlichen unter ihnen auszugrenzen und zu einem Ergebnis zu gelangen, das befriedigt. Aber natürlich kann auch der beste Rechner nicht ausschließen, daß außerhalb der gewählten programmierten Beispiele andere unentdeckte Möglichkeiten schlummern. Eine Gefahr, die um so größer wird, je kürzer der zu untersuchende Text ist. Es muß also wie eh und je zunächst darum gehen, eine Vielzahl von Kriterien zu erhalten. Dabei ist auch der Fall nicht undenkbar, daß Fehler beim Forscher liegen, der eventuell in wohlmeinender Absicht die Merkmale allzu subjektiv festgemacht hatte. In den Zeiten Heinrich Düntzers genügte zuweilen die Tatsache, daß ein Gedicht in Abschrift neben zwei authentischen Gedichten Goethes erhalten war, es ebenfalls für echt anzusehen. Zu den problematischen Beispielen dürften folgende Verse gehören, die 1777 im Dezemberheft von Wielands »Teutschem Merkur« erschienen und die ich Jakob Michael Reinhold Lenz zuschreibe. Ich werde Beobachtungen mitteilen, die Lenzens Autorschaft untermauern können.

An★★
Im November

Die Geister weichen allgemach,
die, gleich den Stürmen hoch am Dach,
in meinem Kopfe Sabbath hielten,
und jämmerlich den Meister spielten;
mich hämisch neckten, jung und alt,
in hundertfältiger Gestalt,
mit Affen-Schwanz und Pferde-Fuß,
als wär' ich *Sanct Antonius.*
Die Geister weichen allgemach
zurück in ihre Zauberhöle;
schon wieder sind in meiner Seele
die Hoffnung und die Freude wach.
Ergötze mich am Stadt-Getümmel,
und in der Fern' am freyen Himmel,
am offnen Feld, und am Gemisch
des falben Laubes im Gebüsch.
Mein Auge weilt auf jenen Bäumen,
worunter du in süßen Träumen,
voll jungfräulicher Sehnsucht, gehst,
dich um ein schönes Bildchen drehst
von Seligkeit aus öbern Welten,
von reiner Liebe, die zu selten,
so rein wie sie vom Himmel kam,
in Erden-Hütten Wohnung nahm.
Durch manchen Irrweg dieses Lebens
gieng ich, und suchte sie vergebens.
Da wollt' ich aus dem Götter-Saal,
im hellen, stillen Mondes-Strahl,
mein fein gewebtes Ideal
mit allen seinen Herrlichkeiten
mir unverdorben nieder leiten;
und hatt's, und drückt' es froh und warm,
und ruhig lags in meinem Arm,
bis mir der neue Tag begann
und es im Morgen-Duft zerrann.
Da klagt' ichs aller Welt; erschreckte

die Nymph' am Bach, den jungen West,
vertraut es jedem Baum, und weckte
die Vögelchen in ihrem Nest.
Auf Rosen-Lippen sah' ich Trug,
und mit den Mädchen wollt' ich hadern;
Was aber halfs? Zu mächtig schlug
die Liebe noch in Herz und Adern.
Und als die Wiese Veilchen trug,
da sah ich lauter Liebes-Flug
in blauer Luft, an frischen Quellen,
im grünen Wald; und sonder Lug
sich eins dem andern zugesellen.
Da war um mich ein Paradies,
und jeder Blüthen-Hayn verhieß
mir gleiche Wonn, und allerwegen
kam leises Flüstern mir entgegen:
»Du Sohn des Staub's, der Himmels-Lust
begehrt! die Hand auf deine Brust!
Wie leicht, wie schwach! Ein Blumen-Stengel
im Abend-Sturm! wie voller Mängel!
Und trotzest, forderst einen Engel
für deinen Kuß; wenn, schön und keusch,
ein Mädchen, Fleisch von deinem Fleisch,
die Wange roth, mit zartem Neigen
dir näher tritt, mit holdem Schweigen
die alles giebt, und ganz dein eigen
an Leib und Seele, Tag und Nacht,
so wie sein Leben, dich bewacht?
Das arme Kind! Ein kleiner Fehl
wird dann und wann von ihm begangen;
doch wird es trauter dich umfangen,
wird sonder List und sonder Hehl
mit naßen Blicken dirs bekennen,
dich mit den schönsten Nahmen nennen;
und bist du werth geliebt zu seyn,
du findest Wollust im Verzeyhn.«

So flüstert' es, und hatte Recht,
und mit dem liebenden Geschlecht

erneuert' ich den ersten Frieden,
befand mich treflich wohl hienieden,
begnügt mich, im Mondes-Strahl
am hell beglänzten Bach zu sitzen,
vergaß mein feines Ideal,
und baut' im tiefen, engen Thal,
bedroht von Hagel, Sturm und Blitzen,
mir keinen ew'gen Freuden-Saal.
Da ließ ich, immer im Genuß,
anstatt das Mädchen umzudrechseln,
an seinem Busen Spiel und Kuß
mit ernsterem Gespräche wechseln;
und wenn es Sünde beichtend stand,
um meinen Nacken seine Hand;
so tönte sanfter als zuvor
Du Herz! Du Engel! mir ins Ohr.
Ich blieb; ich schwebte nicht empor,
sah dürstend nicht im seel'gen Chor
die vollen Nektar-Becher schäumen.

O Freundin! unter jenen Bäumen,
o käm' in deinen süßen Träumen
ein solch Geflüster auch zu dir!
Wir armen Erden-Söhne wir
sind allesamt wie unsre Väter,
und minder noch aus zartem Aether,
aus Geistes-Stof, gebaut als ihr.
Gelingts dem Mädchen dann und wann,
sich einen guten lieben Mann
in einen Seraph umzukleiden;
wie kurz die hohen Götter-Freuden!
und wenn er noch so weise spricht;
er hält die Engel-Probe nicht.

Doch giebt es wackre Männer-Seelen,
die einmahl nur ein Liebchen wählen,
die fest im Wort, im Bunde wahr,
in Leid, in Mangel und Gefahr,
im Tode selbst unwandelbar,
mit ihrem Leben euch beschützen.

Für euch ist jeder Tropfen Blut;
ihr könnt auf ihren stärkern Muth
die holde Schwäche ruhig stützen.
Und mancher ist, der einsam geht,
im Lenze traurt, um Liebe fleht,
des Mädchens Ahndungen versteht,
das, so wie Du, ein reines Feuer
im Herzen sucht, wie Du, getreuer
als Tausende, sich fromm und still
in Himmels-Unschuld geben will.
Und wenn *Er* lang herumgeirrt,
Sie lang geweint; am Ende wird
das Pärchen sich gewiß begegnen,
und Er und Sie die Stunde seegnen,
wo in der Träume Vaterland
ihr goldnes Bild vorüber schwand;
und irrdischer, an seiner Stelle,
doch schön genug, in trauter Zelle
die Liebe sie beysammen fand.

Das Gedicht ist auf den ersten Blick als Erlebnislyrik zu erkennen. Das dichterische Ich und der Dichter selbst sind – bei aller Symbolsprache – fast identisch. Es beschreibt die Seelenlage eines jungen Mannes, der eben noch sich von »Geistern« gepeinigt fühlte, jetzt langsam zur Ruhe zu kommen glaubt und sich Rechenschaft ablegt, wie er in diese Krise geraten konnte. Die Wandlung des gläubig-idealisierenden Liebhabers zum desillusionierten wird sinnlich sublimiert. Im Hintergrund, in der Ferne steht eine Mädchengestalt. An sie sind die Verse gerichtet. Am Schluß bleibt dem Dichter die Hoffnung, daß seine geheimen Sehnsüchte gestillt werden könnten, und daß aus den beiden mit ihrer Liebe gescheiterten Menschen dereinst ein für immer glückseliges Paar werde.

Nirgends sagt das Gedicht genau, welcher Art die »Geister« waren, die in »hundertfältiger Gestalt« dem Armen gleich einem zweiten Antonius von Padua so übel mitgespielt haben. Doch es müssen unglückliche Umstände und fatale Phantasien gewesen sein, denn ihm waren Hoffnung und Freude genommen. Den Umschwung erhofft er sich in einer Quasireduktion der Probleme von einer Klärung seines Verhältnisses mit den Frauen.

Setzt man voraus, daß die Überschrift des Gedichts »Im November« Aktualitätsbezug hat, so erkennt man eindringliche unmittelbare Parallelen zur Situation Lenzens im Herbst des Jahres 1777. Es handelt sich um eine Art biographische Momentaufnahme. Man braucht sich nur einmal die Häufung körperlicher, seelischer und materieller Schwierigkeiten, die Lenz quälten, vor Augen zu halten: angefangen bei einer bestehenden Krankheit, die ihm schon seit Jahren zu schaffen machte, über das Weimarer Debakel mit »Bruder« Goethe und dem Herzog, über die psychischen Komplexe aufgrund seiner Anlagen und seiner Erziehung bis zu den jüngsten persönlichen Auseinandersetzungen mit Zürcher Bekannten, von denen noch die Rede sein wird. Dabei sind die großen Geldnöte des Alltags wegen unzulänglicher Autoreneinnahmen noch nicht einmal eingerechnet. Auch nicht die schweren Belastungen, die er durch den Tod der von ihm sehr verehrten Cornelia Schlosser, der Schwester Goethes, und durch die Nachrichten von der Krankheit seiner Mutter (sie starb ein paar Monate später) erfahren mußte, und auch nicht die immer wieder mißlungenen Versuche, Frauen auf Dauer für sich zu gewinnen. Alles dies konnte einen Menschen an den Rand des Wahnsinns treiben. Der geistige und seelische Zusammenbruch kam dann im Februar des nächsten Jahres. Insbesondere sei ein Moment herausgegriffen. Wenn man die sogenannten »Geister« als Erregungs- oder gar Verwirrungszustände versteht, korrespondieren diese mit den Vorfällen, die sich Anfang November ereigneten. Seine Fassung verlierend steigerte sich Lenz in verbale Attacken auf die Gegner Lavaters hinein, so daß dieser sich schließlich selbst distanzierte. Lenz fand um den 10. des Monats Zuflucht auf dem Schloß Hegi bei Winterthur, wo Christoph Kaufmann bei dem Obervogt Ziegler, seinem Schwiegervater in spe, lebte. Nur mit einem Rucksack machte er sich auf den Weg. Der Brief, den Elise Ziegler, die Braut, über die wenigen Habseligkeiten des Unbehausten an Gaupp in Schaffhausen richtete, spricht Bände. Kaufmann konnte wenigstens im materiellen Bereich helfen.

Damals, am 15. November schrieb Heinrich Füßli in Zürich an Jakob Sarasin in Basel, daß sich Lenz (wie ich eben von Lavatern vernehme«) »in ganz verrücktem Zustande befinden soll.« Es bezeichnet die Entwicklung, daß im Gedicht die Exaltation selbst kaum reflektiert wird, sondern daß der Autor solcherlei eher zu verdrängen sucht. Für ihn lassen sich die Wirren in Rück- und Ausblick auf das Auf und Ab seines Liebeslebens fokussieren. Zu der leise flüsternden Geisterstimme, die zugunsten der willigen Mädchen spricht und zu den wenig realistischeren Erkenntnissen des ernüchterten Liebhabers ergeben sich ein paar Anmerkungen. Man weiß kaum Konkretes über erotische Begegnungen Lenzens aus der Zeit nach Friederike Brion, aber Andeutungen in den Werken berechtigen dazu, von wechselnden

Amouren oder amourösen Erlebnissen zu sprechen. Da gibt es etwa eine
Schilderung in dem ekstatischen Gedicht »Über die Erschaffung der Welt«,
das höchstwahrscheinlich auf den Schweizer Sommer 1777 zu datieren ist.
Ein junger Bergwanderer, in dem man Lenz vermuten darf, sieht voller
»Furcht und Hochmut« auf einen nur sinnlich reagierenden Mann herab,
aber dann entdeckt er eigene Schwächen:

> Meint, er habe sich selbst überwunden,
> Dünkt sich Weiser und bleibt ein Tor,
> Bis er die Furcht in tierschen Stunden
> Mit einem Tier, das ihm gleicht verlor.

In demselben Text liest man übrigens auch Hinweise auf quälende Vorstellungen, die an das Novembergedicht erinnern:

> Ach da türmen sich Schreckbilder auf,
> Wie kein Mittelgeschöpf sie empfunden.
> Und ein zürnender Gott scheint ihm sein Bruder,
> Der ihm den Fuß auf den Nacken setzt.

Eine Fülle von Belegen ergeben auch sonst frappante Übereinstimmungen
in Wort- und Motivwahl mit anderen Texten Lenzens. Die Reihe reicht
von Ausdrücken wie Zauberhöhle, falb, umdrechseln, Stadtgetümmel bis
zum Topos des Ausgesperrtseins von der Göttertafel. Ich verzichte hier auf
Ausführlichkeit. Unter allen solchen Einzelheiten bleibt jedoch eine besonders hervorzuheben: die angeredete Unbekannte in der Ferne besitzt ein
Bildnis ihres, wie man annehmen darf, untreuen Geliebten, der – wie gesagt
– nicht Lenz sein kann:

> Mein Auge weilt auf jenen Bäumen,
> worunter du in süßen Träumen,
> voll jungfräulicher Sehnsucht, gehst,
> dich um ein schönes Bildchen drehst
> von Seligkeit aus öbern Welten,
> von reiner Liebe, die zu selten,
> so rein wie sie vom Himmel kam,
> in Erden-Hütten Wohnung nahm.

Noch ein zweites Mal spielt der Dichter auf das Porträt an, da er von der
kommenden Vereinigung mit der platonisch Geliebten schwärmt, die dem
anderen ja doch vergeblich nachgetrauert hat:

> ... am Ende wird
> das Pärchen sich gewiß begegnen,
> und Er und Sie die Stunde seegnen,
> wo in der Träume Vaterland
> ihr goldnes Bild vorüber schwand
> ...

Es kann vor diesem Hintergrund kaum den geringsten Zweifel geben, daß Lenz mit der fernen Angebeteten Friederike Brion gemeint hat, von der man weiß, daß sie ein Goethebildnis als teuren Besitz aufhob, was Lenz in seinem bekannten Gedicht »Die Liebe auf dem Lande« so formulierte:

> Denn immer, immer, immer doch
> Schwebt ihr das Bild an Wänden noch,
> von einem Menschen, welcher kam
> Und ihr als Kind das Herze nahm.
> ...

Schließlich muß noch betont werden, daß auch das Bild des glücklich vereinten Paares in den letzten Versen öfters in Lenzischen Gedichten als eine Art Apotheose erscheint, so in »An mein Herz« und in der »Nacht-schwärmerei«. Eins dieser Gedichte stammt sogar aus demselben Zeitraum wie »An★★«; es ist der Hochzeitsglückwunsch für Kaufmann und seine Elisabeth.

> Wo treue Liebe thronet
> In vollem Sonnenschein,
> Wens stärket, wens belohnet;
> Der trete froh herein;

aber Lenz fährt fort:

> Versuch es mitzuschwärmen
> Und fühlt er eignen Schmerz,
> An ihrem Glück zu wärmen
> Sein Schweitzerisches Herz.
> Exempel nur genommen,
> Es wird an ihn auch kommen,
> Die Welt ist rund und weit,
> Hat jeder seine Zeit.
> Es kann durch langes Trauren
> Leicht unser Herz versauren
> ...

Und hier rundet sich der Kreis; in den Versen klingt auch Seelenpein mit. Die Frage, ob die Vorbereitungen der Hochzeit des Freundes Lenzens Stimmung im November 1777 beeinflußt haben, ist sicher mit ja zu beantworten. Aber war das nur ein positiver Einfluß? Lenz war bei der Hochzeit am 2. Februar 1778 nicht anwesend.

Bilanziert man das hier vorgetragene Material, erscheint unser Gedicht als ein weiterer Beleg für Lenzens Bemühen, ein Gleichgewicht zwischen moralischen Skrupeln und idealisierter Sinnlichkeit zu finden. Allerdings ist die vorgestellte Lösung, eine in die Zukunft projizierte selige Liebe, nur eine utopische Lösung, eine Pseudolösung gewesen. Sehr bald nach dem November erlebte Lenz bei Oberlin in Waldersbach eine noch schwerere Erschütterung.

Die Arbeiten von Lenz zu den Soldatenehen.
Ein Bericht über die Krakauer Handschriften.

David Hill (Birmingham)

Die von Sigrid Damm besorgte Ausgabe der Werke und Briefe von Lenz[1] hat der gegenwärtigen Welle von Interesse an Lenz, von dem dieser Band Zeuge ist, einen entscheidenden Impuls gegeben. Obwohl sie sofort zur Standardausgabe wurde, erhob sie weder den Anspruch, textkritisch die genaue Form der Lenzschen Handschriften wiederzugeben, noch den, vollständig zu sein, und in den darauffolgenden Jahren provozierte sie die Publikation von mehreren einzelnen Texten in Ausgaben, die sie korrigierten oder ergänzten. Es besteht sicherlich ein Bedürfnis nach einer solchen Leseausgabe, aber es besteht nicht weniger das Bedürfnis nach einer Ausgabe, die den Ansprüchen einer wissenschaftlich fundierten historisch-kritischen Ausgabe gerecht wird.[2] Die wahrscheinlich größte Gruppe von noch nie gedruckten Lenz-Handschriften ist diejenige, die sich im Kasten IV der Sammlung Lenz-Handschriften (»Lenziana«) in der Biblioteka Jagiellonska, Krakau, befindet.[3] Der Zweck dieses Aufsatzes ist es, einen ersten Bericht über den Inhalt dieses Kastens zu geben.

Kasten IV der »Lenziana« enthält insgesamt mehr als 500 Seiten, von denen nur ein kleiner Teil, die Schrift »Über die Soldatenehen«, je gedruckt worden ist.[4] Dieser Text ist auch der einzige unter den Blättern, der je als fast vollständige Reinschrift existiert zu haben scheint. Es fehlen zwei Blätter, von denen sich eines in der Staatsbibliothek Preußischer Kulturbesitz, Berlin befindet,[5] und der Schluß des Textes. Weil der Text plötzlich am Ende einer Seite abbricht, kann man nicht sicher sein, ob der Schluß jemals voll ausformuliert war,[6] aber auch wenn es zutrifft, daß er für Lenz zu einem bestimmten Zeitpunkt als abgeschlossen galt, wurde er später zum Status eines Entwurfs degradiert, indem verschiedene Passagen aus- oder unterstrichen oder mit Zusätzen versehen wurden.[7] Der Text »Über die Soldatenehen« macht aber nur etwa ein Achtel des Materials aus, das sich im Kasten IV befindet. Unter den anderen Handschriften finden sich mehrere Ansätze zu Reinschriften, die aber alle nicht so weit gediehen sind. In den meisten Fällen sind die ersten Seiten sauber und deutlich geschrieben, aber mit späteren Korrekturen zwischen den Zeilen und an den Rändern der Blätter; die Korrekturen werden dann immer häufiger, der Text wird unordentlicher, bis er, ohne zu einem richtigen Schluß zu kommen, abbricht. Sonst besteht diese Handschriftensammlung aus Bruchstücken, Auszügen aus den Werken anderer Autoren und einer Masse von kleineren Notizen und Berechnungen. Die Schriftzüge sind manchmal sehr schwer zu entziffern. Die Gestaltung der Buchstaben ist weder in sich konsistent, noch unterscheidet sie alle konsequent von einander;[8] es ist nicht klar, ob Interpunktion und Großschreibung, die im Vergleich zum heutigen Gebrauch sehr spärlich sind, einem bestimmten Gestaltungswillen entsprechen.[9] Dazu kommt, daß die Schrift oft sehr klein und undeutlich ist,[10] vor allem bei den häufigen Korrekturen und Hinzufügungen, und manchmal hat Lenz sogar mit Tinte über eine Bleistift-Vorlage entweder eine spätere Fassung dieser Vorlage oder einen ganz neuen Text geschrieben. Offensichtlich bestimmte Lenz alle diese Handschriften, abgesehen von den versuchten Reinschriften, zum eigenen Gebrauch. Er hat Papier der verschiedensten Sorten gebraucht, gerade das, was bei der Hand war, manchmal sogar abgerissene Zettel und gebrauchte Umschläge.[11]

Mit Ausnahme von »Über die Soldatenehen« und Auszügen aus den Werken deutscher Autoren sind diese Handschriften meistens – aber nicht ausschließlich – in französischer Sprache geschrieben. Eine weitere interpretatorische Schwierigkeit bereiten hier die vielen Sprachfehler, besonders bei der Kongruenz, die nicht nur auf Eile hinweisen, sondern auch auf Kenntnisse der französischen Sprache, die vor allem über die gesprochene Form der Sprache erworben wurden. Diese Schwierigkeiten zeigen sich auch in kleinen Glossaren oder Versuchen zu französischen Formulierungen.[12] Es gehört oft zu der Rhetorik der Widmungsbriefe, die er entwarf, daß sich Lenz als Ausländer, als unvoreingenommenen Deutschen stilisierte, und auf diese Weise kommt er einmal dazu, seine mangelhaften Sprachkenntnisse zu thematisieren: »Voici un {faiseur de projets} projetteur nouveau, et pour comble de disgrace, qui ne sait pas même Votre langue; mais je suis sur que l'amour de la France m'inspirera un langage, qui ne peut pas manquer de se rendre intelligible a Votre Excellence« (IV, iii, 20ʳ).[13] Ob die sprachlichen Unregelmäßigkeiten eventuell gebraucht werden können, um unbewußte Einstellungen und Vorgänge aufzudecken,[14] muß offen bleiben; es ist eher wahrscheinlich, daß eine Analyse der sich ändernden Form der Schrift selbst oder, zum Beispiel, der Kollokationen Einsichten in den Vorgang des Schreibens und dessen Bedeutung für den Autor erlaubt.

Solche Ergebnisse kämen dann dem Versuch zugute, eine Chronologie der verschiedenen Handschriften untereinander wie auch absolut zu ermitteln, denn die Plazierung der Bruchstücke stellt ein grundsätzliches interpretatorisches Problem dar. Nicht nur ist es selten möglich, aus einer Masse von Entwürfen den Entwicklungsgang eines Projekts zu rekonstruieren. Es ist sogar oft nicht klar, wie sich die verschiedenen Notizen auf einem Blatt zueinander verhalten, auf welche Stelle im Haupttext, zum Beispiel, eine Randbemerkung oder eine Fußnote sich bezieht, oder ob es überhaupt ein Verhältnis gibt, weil Lenz, wie es anscheinend manchmal der Fall war, einfach ein schon beschriebenes Blatt aufnahm, um weitere Notizen zu machen, ohne auf seinen Inhalt achtzuhaben. In einzelnen Fällen kann man auf diese Weise auf einen Terminus a quo schließen. So haben sich zwei als verschollen geltende Briefentwürfe erhalten, die in diesem Kasten überhaupt nur aufgenommen wurden, weil Lenz später dieselben Blätter zu anderen Notizen benutzte. Der Entwurf eines Briefes an Neukirch, der dem ersten Halbjahr 1777 zugeschrieben wird (IV, v, 9ᵛ),[15] und einer an die Herzogin Amalia, der im Herbst 1776 geschrieben wurde (IV, vi, 22ᵛ),[16] zeigen, daß die Notizen zu den Soldatenehen, die sie umranden, frühestens aus dieser Zeit stammen müssen. Einmal hat Lenz die Rückseite eines datierten Zettels (IV, v, 37ʳ) und einmal die Rückseite eines an ihn in Berka adressierten Umschlags benutzt (IV, vii, 20ʳ). In einzelnen Fällen gibt es also einen zeitlichen Hinweis, aber solche Hinweise sind zu spärlich und zu ungenau, um uns eine chronologische Ordnung der Handschriften insgesamt zu erlauben. Die wenigen Hinweise dieser Art, die wir besitzen, deuten auf eine Zeit zwischen dem Frühjahr 1776 und dem Sommer 1777.

Wie diese Beispiele zeigen, gehören nicht alle Texte im Kasten IV zu den Arbeiten von Lenz zur Sozialreform. Es findet sich so zum Beispiel außer diesen Briefen ein kleines Dramenfragment (zehn Zeilen, die einen ersten Akt abschließen, und eine kurze Rede), das anscheinend nur in diesem Kasten aufbewahrt ist, weil das Blatt auch Skizzen zu dem Projekt über die Soldatenehen enthält (IV, iv, 56ʳ). Dasselbe gilt für einen Zettel, den Lenz anscheinend als Entwurf einer Begleitschrift für einige seiner Dramen betrachtete (IV, vi, 17ʳ), und einige Zeichnungen. Umgekehrt gehören in diese Unterabteilung seiner Werke einige Handschriften, die sich im Kasten IV nicht befinden, weil dasselbe Blatt auch zu einem anderen Zweck benutzt wurde.[17]

Es ist nicht bekannt, in welcher Form dieses Textkonvolut in die Hände von Rudolf Köpke geriet, aber wenn er es ist, dem wir die heutige Anordnung in Krakau zu verdanken haben, muß es für ihn selbstverständlich gewesen sein, daß die Auszüge und Notizen zu der Geschichte Bernhards von Weimar eine relativ geschlossene Einheit bilden,[18] ebenso wie die längste und geschlossenste Reinschrift, »Über die Soldatenehen«. Als dritte Einheit boten sich die Auszüge und Notizen (mit deutsch-französischem Glossar) zu Julius Caesar an. Andererseits, aber, zeigen die vielen Hinweise in den anderen Handschriften auf Caesar und auf die Erfolge der römischen Armee, daß dieses Thema zusammen mit dem in »Über die Soldatenehen« dargestellten Projekt eng zusammenhängt. Es findet sich wiederholt die These vom Nationalcharakter der Franzosen, der demjenigen der Römer nahe verwandt sei, und die zur Folge habe, daß die Franzosen nicht erwarten dürften, durch Übernahme der brutalen Methoden der preußischen Armee, sondern nur durch die von Lenz vorgeschlagenen Reformen militärische Erfolge zu erzielen. Die These von dem inneren Zusammenhang zwischen den politischen Reformplänen und der Arbeit über Julius Caesar wird bestätigt durch zwei Blätter mit lateinischen Auszügen zu diesem Thema, die französisch geschriebene Notizen zu den Soldatenehen auch enthalten und an einer Stelle sogar den Entwurf eines Titels: »La France sauvée ou pensées sur les mariages du Soldat et l'éducation militaire« (IV, viii, 1ʳ).

Das ist dann das Problem, das der Organisation der weiteren Handschriften so viele Schwierigkeiten bereitet. Sie behandeln alle verschiedene Aspekte eines großen Problembereichs, etwa desjenigen, der mit »Über die Soldatenehen« abgesteckt ist, obwohl der Ausgangspunkt und das Ziel der Argumentation unterschiedlich sind. Auch scheint Lenz an verschiedene Formen der Veröffentlichung gedacht zu haben, und die Handschriften sind so angeordnet, daß man, außer den Studien zu Bernhard von Weimar und Julius Caesar, insgesamt sieben Arbeitsprojekte unterscheiden kann.

»Über die Soldatenehen« macht die erste Mappe aus. Die zweite enthält verschiedene Entwürfe zur Reform der französischen Armee. Sie behandeln vornehmlich die Bildung und die Verteilung von Legionen, wobei Lenz auf Einzelheiten der Zusammensetzung der Truppen und auf die Bedürfnisse der verschiedenen Provinzen Frankreichs eingeht: die Institution der Soldatenehen scheint hier vorausgesetzt und wird nur am Rande berührt.

Der Schwerpunkt der dritten Mappe liegt im Bereich von ökonomischen Problemen, insbesondere der Ungleichmäßigkeit der Entwicklung der verschiedenen Wirtschaftszweige und dem schlechten Zustand der französischen Landwirtschaft; aus diesem Anlaß geht Lenz auf die Wirtschafts- und Finanzgeschichte ein und kommt dann zu Reformvorschlägen, unter ihnen den Soldatenehen und der Änderung des Erbrechts zugunsten der ältesten Tochter bei den Bauern.

Die vierte Mappe behandelt wieder die Organisation der französischen

Armee und enthält mehrere Titelseiten mit der Überschrift »Sur le mariage des Soldats« (oder ähnlich) und einer Widmung an den französischen Kriegsminister, den Graf Saint-Germain. Sie enthält auch einen französischen Text, der in den ersten Absätzen genau der Schrift »Über die Soldatenehen« entspricht, dann aber von ihr abweicht.[19] Ein Merkmal vieler Handschriften in dieser Mappe ist, daß sie einen starken Ordnungswillen aufzeigen, denn Lenz benutzte hier ein System von Buchstaben, um zu zeigen, wie die verschiedenen Bruchstücke in ein vorne stehendes Konzept einzugliedern wären.[20]

Die fünfte Mappe enthält weitere Handschriften zu den Soldatenehen und verwandten Problemen, z.B. der Erziehung der jüngeren Generation, der Entwicklung der Landwirtschaft und der Organisation der Armee, einschließlich des Vorschlags, daß jede Legion einen eigenen Geschichtsschreiber und Dichter haben sollte, um ihre Taten zu dokumentieren, beziehungsweise zu veredeln.[21]

Auch die sechste Mappe enthält weitere Handschriften zu diesem Problembereich, aber mit dem interessanten Unterschied, daß sie hier die Form eines fiktiven Briefes von einem elsässischen Soldaten, wahrscheinlich an Saint-Germain gerichtet, annehmen. Die siebte Mappe wendet sich an die Wirtschaftsgeschichte Frankreichs und enthält auch die Abschrift längerer Berichte und Berechnungen über landwirtschaftliche Erträge.

Schon diese Übersicht macht deutlich, wie sehr diese sieben Handschriftensammlungen zusammen mit den Studien zu Julius Caesar eine größere Einheit bilden. Die ersten Seiten einer Mappe sind oft eine längere Reinschrift mit eigenem Ansatz und eigenem Charakter, aber in vielen Fällen gibt es keinen überzeugenden inhaltlichen Grund, warum eine bestimmte Handschrift einer bestimmten Mappe zugeordnet werden soll. Obwohl die vorliegende Anordnung uns einen ersten Einblick in die Verschiedenheit der Mitteilungsformen erlaubt, an die Lenz gedacht hat, scheint diese Ordnung etwas Willkürliches an sich zu haben, denn die Zugehörigkeit einer bestimmten Handschrift zu einem bestimmten Projekt ist oft nicht selbstverständlich, und man findet verteilt auf verschiedene Mappen nicht nur dieselbe Argumentation wieder, sondern auch denselben Wortlaut und dieselbe seltene Papiersorte.

Offensichtlich widerspiegelt die Verschiedenartigkeit der Handschriften untereinander eine ungelöste Unsicherheit bei Lenz selbst, welche Form er seinen Arbeiten zur Sozialreform geben sollte. Der fiktive Brief eines elsässischen Soldaten ist nicht die einzige Möglichkeit der Briefform gewesen. Eine Randbemerkung in einer anderen Mappe erwähnt einen »lettre d'un Soldat a son Camarade« (IV, v, 20ᵛ), und eine weitere Randbemerkung zeigt, daß Lenz sogar daran gedacht hat, eine Art Briefroman zu schreiben: »tableau des mariages tant d'officiers que de Soldats en différentes lettres des femmes Soldats« (IV, iv, 2ᵛ). Der Entwurf einer bestimmten Titelseite ist in dieser Hinsicht von besonderem Interesse. Unter dem Haupttitel »[Projet] {Plan} sur le mariage des Soldats en France« steht der Untertitel »proposé par un étranger en lettres de différentes personnes« (IV, iv, 34ʳ). Dieser Untertitel ist aber ausgestrichen, und neben dem Haupttitel findet sich dann die deutsch geschriebene Notiz, »Kann der letzte Brief werden«. Es scheint also, daß er zu diesem Zeitpunkt eine Reihe von fiktiven Briefen plante, die die gegenwärtigen Zustände beschreiben und dann in seinen eigentlichen Vorschlag als letzten Brief einmünden sollten. Eine andere Möglichkeit, die er – aber nur als nachträglichen Einfall – erwogen zu haben scheint, war eine Mischung aus fiktiven Briefen und im eigenen Namen geführter Argumentation; in einem Widmungsentwurf spricht er folgendermaßen von seinem Reformvorschlag: »Je l'ai exposé {tantot en raisonnements} tantot en lettres pour en rendre la lecture plus amusante<,> l'execution plus facile« (IV, iv, 36ʳ).[22] Die Briefform ist aber, wie man weiß, nicht die einzige Form, an die Lenz gedacht hat, und acht Blätter später in der vorliegenden Anordnung befindet sich ein ganz anderer Entwurf, der für das Werk drei Bände vorsieht: »Dans le 1er tome je ne veux rien demontrer que tout ce que les grandshommes ont désiré dans la guerre peut s'accomplir par mon projet, voilà assez fait. dans le 2 tome jen veux demontrer la possibilité et la facilité. le 3ème tome devient le principal« (IV, iv, 43ʳ).

Die Handschriften zeigen auch, daß sich Lenz nicht nur mit verschiedenen Möglichkeiten der äußeren Form befaßte, sondern auch mit dem Stil. Diese Randnotizen sind weniger problematisch, weil sie einander nicht widersprechen und weil sie konventionellen Anforderungen an einen guten Stil entsprechen,[23] aber sie sind dennoch bedeutend, weil sie zeigen, wie wichtig – und vielleicht wie schwer – für ihn die richtige Formulierung war, und weil sie Hinweise darüber geben, welche Stilforderungen Lenz bewußt an sich selbst stellte. Insbesondere wird die bekannte nachträgliche Kritik an den pathetischen Tiraden in »Über die Soldatenehen«, »mais quel fatras de déclamations« (IV, i, vor 2ʳ) unterstützt durch ähnliche Bemerkungen, z.B. eine durchgestrichene, die auf demselben Zettel steht wie eine französische Fassung des ersten Satzes von »Über die Soldatenehen«:[24] »Je voudrois pour tout or du monde n'avoir ecrit qu'une déclamation dont il y a quantité en France« (IV, vii, 32ᵛ).[25]

Wenn man sich aber fragt, was man als erstes Ergebnis einer genauen

Analyse dieser Handschriften erwarten dürfte, dann wäre es sicherlich die Rekonstruktion der Weise, wie Lenz gesellschaftspolitische Strukturen und die Möglichkeit ihrer Reform verstand. In dieser Hinsicht ist »Über die Soldatenehen« nicht untypisch, aber die Handschriften gehen auf mehrere Probleme genauer ein, oft mit einer bezeichnenden Akzentverschiebung. Nicht nur ist die Analyse, besonders der Wirtschafts- und Finanzgeschichte, beträchtlich ausgeweitet, sondern auch das Reformprojekt selbst, wobei Lenz zum Beispiel Vorschläge macht für Gesetze, die die moralische Ordnung der Soldaten und ihrer Frauen aufrechterhalten sollen.[26] Schon ein Überblick über die Handschriften zeigt, daß Lenz erstaunlich umfassende Kenntnisse nicht nur über das Militärwesen, sondern vor allem über die Wirtschaft, ihre Geschichte und die zeitgenössische Diskussion über ihre Reform in Frankreich besaß. Viele der Themen, die Lenz ansprach, waren sehr aktuell; die miserable Lage der französischen Landwirtschaft, die sinkende Geburtsrate und die Schwäche der Armee lagen auf der Hand, und der Regierungsantritt von Ludwig XVI (1774) fiel mit einer Reihe von Reformvorschlägen zusammen. Bekanntlich folgte Lenz Guibert in dem Versuch, die Armee an die Nation zu binden und dafür das Mittel der Soldatenehen anzuwenden, aber auch andere Vorschläge von Lenz gehören zur zeitgenössischen Diskussion, wie zum Beispiel die Abschaffung der Steuerfreiheit des Adels oder die von den Physiokraten befürwortete Besteuerung der Getreide.

Wie wichtig es auch sei, durch die Aufarbeitung eines solchen Zusammenhangs die Position von Lenz innerhalb dieses ideologischen und politischen Kräftespiels zu bestimmen, darf man sich nicht verleiten lassen, die Bedeutung seines Projekts – oder seiner Projekte – innerhalb einer Tradition utopischen Denkens zu übersehen. Wesentliche Bestandteile der Utopie bei Lenz sind die ökonomische wie die ideologische Harmonisierung der verschiedenen Wirtschaftszweige und Stände. Diese Harmonievorstellung scheint vorauszusetzen, daß der Adel ungerechte Privilegien aufgibt, ist aber eher mit der Vorstellung eines »great chain of being«[27] zu vereinbaren als mit einem Begriff der Gleichheit. Es paßt zu einem solchen organischen Bild der Gesellschaft, daß Lenz von der Problematik eines Staatsorgans, der Armee, ausgeht, weil dann der Anspruch erhoben werden kann, daß sie im Interesse des gesellschaftlichen Ganzen handelt. Die Argumente in »Über die Soldatenehen« über die Fähigkeit jedes Tieres, sich zu verteidigen, und (in Anlehnung an Rousseau[28]) über Sparta als Stadtstaat, in dem jeder Bürger zugleich Soldat war, zeigen, daß für Lenz die Armee die Objektivierung von einem Aspekt der organischen Totalität der Gesellschaft (beziehungsweise Nation) war. Es ist bezeichnend, daß Guibert, der wie Lenz praktische Reformvorschläge mit der utopischen Vorstellung einer Nation als organischer Ganzheit verband, andere politische Konsequenzen zog, indem er die Bedeutung des Bürgers viel stärker betonte und eine Verfassungsmonarchie entwarf, in der die Bürger selbst praktisch die Regierung übernehmen würden.

In einer solchen Analyse des intendierten Inhalts dieser Handschriften[29] liegt vielleicht der wichtigste Beitrag, den sie gegenwärtig dem wissenschaftlichen Verständnis von Lenz leisten können. Auch von Bedeutung wären die Einsichten, die sie uns erlauben würden in die Vorstellung der Ehe und des Verhältnisses zwischen Mann und Frau bei Lenz. Es soll also keineswegs bedeuten, daß Lenzens Auseinandersetzung mit der Struktur der Gesellschaft und der Möglichkeit ihrer Reform nicht ernst zu nehmen sei, wenn abschließend einige Beispiele für die biographische, beziehungsweise literarische Bedeutung dieser Handschriften gebracht werden.

Eine Handschrift ist besonders geeignet, das Entstehen eines Textes nachvollziehen zu lassen, weil es Stadien der Genese dokumentiert. Unten auf einem Blatt findet man in deutscher Sprache den Satz: »Es ist alles in der Welt schraubenförmig u. wir sehen grade«. Erst der handschriftliche Kontext dieser Bemerkung gibt Aufschluß darüber, was Lenz damit meinte und wie der Satz entstand. Es handelt sich um einen französisch geschriebenen Briefentwurf, der eine Widmung an Karl August zu sein scheint.[30] Kurz bevor der Entwurf abbricht, zitiert Lenz die Behauptung des Grafen von Sachsen, daß sich die guten Folgen einer Initiative erst nach langer Zeit zeigen. Dann fährt er fort: »Le comte de Saxe étoit un grand homme, pour moi qui ne suis qu'un petit faiseur de Comédies ou l'on pleure et des Tragédies ou l'on rit, et qui ne voit pas les grandes allées des affaires du monde qui vont toujours <...>« (IV, ii, 2ᵛ). Man sieht, die interessante Bemerkung über sich selbst hat Lenz von der Sache weggeführt, und weil er nicht vermag, den Satz in die Logik des Widmungsbriefs zurückzuforcieren, bricht der Satz und damit der Brief an dieser Stelle ab. Lenzens Irritation drückt sich darin aus, daß er diesen Absatz dreimal durchgestrichen und daneben am Rande notiert hat, »mauvaise plaisanterie« (IV, ii, 2ᵛ). Eng am Ende des ausgestrichenen Absatzes steht dann das deutsche Wort »schraubenförmig«, und erst viel weiter unten der Satz, »Es ist alles in der Welt schraubenförmig u. wir sehen grade«. Zur Interpretation ist man zwar auf Mutmaßungen angewiesen, aber der Zusammenhang scheint eindeutig. Der Anfang des Satzes, in dem sich Lenz dem Graf von Sachsen gegenüberstellen wollte, ließ ihn irgendwie der Kluft bewußt werden zwischen sich selbst und der Rolle, die ihm dieser Widmungsbrief aufzwang. Gleichzeitig scheint das Rollenhafte so auf die Beschreibung von sich selbst als Dichter übergegriffen zu haben, daß diese dann nur in einem ironischen und etwas abschätzigen Ton möglich war. Die Erfahrung der Indirektheit, der Uneigentlichkeit der Welt der Großen, hielt Lenz zunächst mit dem Wort »schraubenförmig« fest, um sie dann später zu einem richtigen Spruch auszuformulieren, der die Gegenüberstellung von »schraubenförmig« und »grade« weiterführt durch diejenigen von »alles in der Welt« und »wir«, wie auch von »sein« und »sehen«.

Bei Lenz haben die der vielleicht vollen Kontrolle des Bewußtseins entgehenden Einfälle, die ein Manuskript dokumentiert, – und vor allem solche Wandlungen der Ich-Rolle – ein besonderes Interesse, weil seine Arbeiten zur Sozialreform unter anderem die Funktion hatten, emotionale Konflikte auf einer anderen, rationalen Ebene auszutragen. In der Regel ist der Ton der Handschriften sachlich, und man könnte sie nur emotional nennen in dem Sinn, daß die Rhetorik ein gewisses unpersönliches Pathos verlangt. Nur manchmal scheint das Hervortreten eines individuellen Ichs den Zusammenbruch des Abstands zu kennzeichnen, den Lenz zwischen den Krisen seines Privatlebens und dem Diskurs des Projektmachers einhalten konnte. Gleichzeitig muß hervorgehoben werden, daß, auch wenn ein Ich zu sprechen scheint – und besonders in einem Fall wie Lenz –, man mit größter Vorsicht von einem persönlichen Bekenntnis sprechen darf. Literaturwissenschaft wie auch Psychologie haben uns gelehrt, daß ein anscheinend »eigentliches Ich« ebensogut eine Rolle sein kann, was wiederum nicht bedeutet, daß die Behauptung des Ichs als Thema weniger »echt« sei, noch daß sie weniger geistesgeschichtliches beziehungsweise psychologisches Gewicht habe, nur daß sie lediglich mit Vorsicht auf die biographische Person Lenz bezogen werden darf.

In diesen Handschriften wird der Begriff der »subordination« immer wieder verwendet, wenn es um die Erziehung geht, und zwar im positiven Sinn einer Haltung, die eingeübt werden muß. Andererseits kommt man auf eine Stelle, die eher an die unmenschliche Unterordnung erinnert, die Lenz während seiner Verbindung zu den Brüdern von Kleist erlitt;[31] am Rande eines Blattes mit einem Briefentwurf in Bleistift steht in großer Schrift mit Tinte geschrieben: »dernier billet m'est sacre et que personne ne peut savoir mieux que moi ce que c'est que la subordination« (IV, vi, 15^r).[32] Oder: Es gehört zu der Rhetorik der vielen Widmungsbriefe, deren Entwürfe in dieser Handschriftensammlung sich befinden, daß Lenz sein besonderes Interesse am Wohl Frankreichs erklärt, und an einigen Stellen werden

Hinweise auf ein Liebesverhältnis als besondere Begründung eingesetzt. Es finden sich zum Beispiel (in jeweils verschiedenen Mappen) zwei Widmungsentwürfe, die von einer hoffnungslosen Liebe zu einer Französin sprechen, die ihm entrissen worden sei, und von der Notwendigkeit, vor seinem nahen Tod etwas zu tun, das ihrer würdig wäre (IV, iv, 35r–v; IV, vi, 19r–v).

Ein letztes Beispiel ist besonders aufschlußreich. Es handelt sich wiederum um einen Widmungsentwurf, einen längeren, der ihm sehr wichtig gewesen zu sein scheint, denn auf der Rückseite steht eine dringende Bitte, dieses Vorwort zuerst zu lesen.[33] Aber das Ich, daß hier hervortritt, ist ein ganz anderes. Lenz spricht zunächst von seinem Interesse für das Militärwesen und von den Gelegenheiten, die er gehabt hat, es zu studieren, und umreißt dann die Schlüsse, zu denen er gekommen ist, das heißt die Notwendigkeit, den Soldaten ein eigenes Interesse am Krieg zu geben. An dieser Stelle spricht er von einem Drama, das er zu diesem Thema geschrieben hat, offensichtlich »Die Soldaten«:

»Toutes ces considérations m'ont donné lieu a écrire une pièce théâtrale, ou j'exposois avec les couleurs les plus vives les désordres que les militaires introduisent imperceptiblement et comme un mal épidémique dans notre société civile, pour exciter la curiosité {du} public a vouloir faire plus d'attention aux remèdes que je vais préscrire a ces maux inévitables et tot ou tard déstructive pour tout le genre humain.« (IV, iv, 13ᵛ).

Er erzählt dann, daß er die Fabel des Dramas der Wirklichkeit entnommen habe, um mit einem Hinweis auf ihre Bedeutung für ihn selbst zu schließen, der ganz im Gegensatz steht zum überschwenglichen Pathos der erwähnten Liebesbekenntnisse: »Je serois plus que payé pour toutes les petits souffrances qu'un sujet pareil m'a pu avoir [causé] {coûté}, si cette piece avoit pu prévenir des nouveaux [accid] événements de [s]{c}ette manière« (IV, iv, 14ʳ). Es scheint, als ob Lenz mit dieser zurückhaltenden Formulierung seine Gefühle so verdrängte, daß sie nicht umhin konnten, an einer anderen Stelle zum Ausdruck zu kommen. So steht als Randnotiz neben dem letzten Absatz (aber offensichtlich davor geschrieben[34]) folgender Ausruf: »coulez coulez larmes ameres – mais d'ou prendre des larmes pour des maux pareils. Retournez plutôt dans mon coeur et dévenez ou un spécifique a ma valeur ou un poison mortel a mes jours déjà trop prolongés« (IV, iv, 14ʳ). Abgesehen davon, daß das Französisch fehlerhaft ist,[35] muß aber auch hier gefragt werden, ob nicht das Pathos dieses Ausrufs dasjenige des Topos der Melancholie, also einer Rolle, ist, und nicht so sehr der reine Ausdruck eines Selbst, wie es auf den ersten Blick erscheinen möchte.[36] Eine stilistische

Analyse des Kunstgriffs des wiederholten »coulez«, des planvollen Satzbaus mit »ou... ou« und der fallenden Schlußkadenz könnte diese These untermauern; sogar der Schreibduktus ist äußerst genau und deutlich geführt und zeugt eher von Rationalisierung und Distanzierung als von einem eilig hingeworfenem Bekenntnis.

Dieser leblosen Starre entspricht auch der Inhalt des Ausrufs. Tränen, die bei Goethe die produktive Überwindung einer psychischen Krise, die Rückkehr zum Leben, bedeuten, sind in dieser Form für Lenz unmöglich. Die Energie, die also nicht zum Ausdruck gelangen kann, muß entweder gebraucht werden, um das Problem zu verdrängen, oder gegen den Schreiber selbst gerichtet werden. Daß beide Möglichkeiten auf eine Leugnung des Ichs hinauslaufen, sieht man an den letzten Worten. Die grammatische Struktur des Satzes setzt zwei Alternativen voraus, »ou... ou«, aber die Bezeichnung seines Lebens als »mes jours déjà trop prolongés« wird als Tatsache dargestellt, nicht als grammatisch abhängig von der zweiten Möglichkeit, wie es die Logik eigentlich verlangt, und damit drückt Lenz aus, daß es für ihn keine wirkliche Alternative zum Tod gibt. Somit gilt für diese Handschriften insgesamt, was Scherpe als die »Leidens- und Konfliktsituation« von Lenz bezeichnet, nämlich eine »zwischen sittlicher Forderung als Wille zur gemeinnützig-reformerischen Tätigkeit und der Erfahrung des Scheiterns an diesen Aufgaben«.[37]

In diesen Handschriften findet man in erster Linie Bruchstücke eines teilweise phantastischen, aber sachlich geführten Arguments über die ökonomischen und sozialen Zustände in Frankreich. Die Kontexte und die Formen, in denen ein Ich trotzdem gelegentlich zur Sprache kommt, sind so unterschiedlich, daß man geneigt ist, sie als eine Reihe von Versuchen zur Ich-Konstruktionen zu verstehen, wobei das Ich im Grunde nicht weniger problematisch ist als in den offensichtlich dichterischen Texten. Aber auch wenn sie diesen direkten Bezug zu seiner literarischen Tätigkeit nicht haben, sind die Arbeiten von Lenz zur Sozialreform ein wichtiges Feld für seine Versuche, seinen Glauben an eine Ordnung mit seiner Erfahrung der Unordnung in Verbindung zu bringen.[38] Um dieses Feld der Forschung zugänglich zu machen, ist es zuerst notwendig, die Krakauer Handschriften zu entziffern, zu ordnen und in ihrem geschichtlichen Zusammenhang zu interpretieren.

1 Jakob Michael Reinhold Lenz, Werke und Briefe in drei Bänden, Leipzig, 1987; im folgenden zitiert als ›Damm‹.

2 S. Rüdiger Scholz, Eine längst fällige historisch-kritische Gesamtausgabe: Jakob Michael Reinhold Lenz, in Jahrbuch der deutschen Schiller-Gesellschaft, 1990, 34, S. 195–229; Gert Vonhoff, Unnötiger Perfektionismus oder doch mehr? Gründe für historisch-kritische Ausgaben, in Jahrbuch der deutschen Schiller-Gesellschaft, 1990, 34, S. 419–423; ders., Subjektkonstitution in der Lyrik von J. M. R. Lenz, mit einer Auswahl neu herausgegebener Gedichte, Historisch-kritische Arbeiten zur deutschen Literatur, 9, Frankfurt, 1990.

3 Hiermit möchte ich den Bibliothekaren der Biblioteka Jagiellonska, Krakau, sowie der Staatsbibliothek Preußischer Kulturbesitz, Berlin, für ihre Hilfe danken. Meine Forschungsreise nach Krakau und Berlin wäre ohne die finanzielle Unterstützung der British Academy unmöglich gewesen.

4 Zuerst herausgegeben von Karl Freye, Hamburg, 1913.

5 Nachl. J. M. R. Lenz, 39.

6 In der Handschrift finden sich einige leere Stellen, wo Zahlen noch hineingeschrieben werden sollten (s. Damm, II, S. 815, 817).

7 Nicht bei Damm; teilweise bei Freye und bei Edward McInnes (Herausgeber), Jakob Michael Reinhold Lenz, Die Soldaten, Reihe Hanser, 8, München, 1977, S. 138–169.

8 Zum Beispiel ›a‹ und ›o‹ bei lateinischer Ausgangsschrift.

9 Im Französischen scheint zum Beispiel die Großschreibung bei Lenz eher Ehrerbietung oder Emphase auszudrücken als den Anfang eines Satzes zu kennzeichnen.

10 »Ein Buchstabe fließt mir oft dicker und größer in die Feder als der andere und wenn das Auge der Figur nicht nachgeht wie sie ursprünglich gewesen ist, kann sie leicht für eine andere genommen werden« (Brief an Lavater vom 3.9.1775; Damm, III, S. 335).

11 S. Sigrid Damm, Vögel, die verkünden Land, Berlin, 1985, S. 169.

12 Lenz wollte sich »Girards Grammaire« nach Berka schicken lassen (Brief an Goethe und Seidel vom 27.6.1776, Damm, III, S. 472).

13 Ähnlich IV, iii, 26ʳ. Die drei Zahlen, die benutzt werden, um die Handschriften in der Sammlung »Lenziana« in der Biblioteka Jagiellonska, Krakau, zu identifizieren, beziehen sich jeweils auf Kasten, Heft und Blatt. Bei der Transkription von Handschriften haben die verwendeten Zeichen folgende Bedeutung:
   [ ] – vom Autor getilgt;
   { } – vom Autor nachgetragen;
   < > – vom Herausgeber ergänzt.

14 So Rüdiger Scholz, 1990, S. 213.

15 Damm, III, S. 527f. und 902.

16 Damm, III, S. 507 und 890, wo Damm die Möglichkeit erörtert, dieser Brief könnte an den Herzog Karl August gerichtet sein.

17 Z.B Damm, III, S. 873, Anmerkungen zu den Briefen 155 und 157.

18 Es handelt sich hier fast ausschließlich um Auszüge über das Leben Bernhards – die allerdings ein besonderes psychologisches Interesse haben, wenn sie zum Teil tatsächlich in dem letzten Tag vor der Ausreise Lenzens aus Weimar niedergeschrieben wurden (s. den Brief an Herder vom Ende November 1776, Damm, III, S. 517). Nur auf einer Seite findet man eine Bemerkung, die auf eine weiterführende Interpretation dieser Geschichte hindeutet: »Sich immer von andern leiten zu lassen, er will auch einmal selbst seyn. fühlt sich als Herzog von Weymar das machten alle seine unglücklichen Affairs« (IV, ix, 8ʳ).

19 Insofern ist die handschriftliche Anmerkung von Freye, »Bruckstück einer (zusammen-

gefunden) Übersetzung der deutschen Reinschrift« (IV, iv, vor 38), problematisch; es ist nicht einmal sicher, welcher Text dem anderen zugrundegelegen hat.

20 Da man dieselben Buchstaben auch als nachgetragene Randbemerkungen in der Handschrift von »Über die Soldatenehen« findet, muß man den Schluß ziehen, daß der Plan, der der vierten Mappe zugrunde lag, auch die Aufnahme von Stellen aus dieser – also früheren – Arbeit vorsah.

21 Bezeichnenderweise betont Lenz, daß beide mit den Offizieren, nicht mit den Soldaten, zusammenarbeiten müssen (IV, v, 20^r).

22 Dieser Widmungsentwurf ist von gattungstheoretischem Interesse, weil er die Vorteile der Briefform aufführt, und zwar nicht nur, daß sie unterhaltsam und praxisnahe ist, sondern auch daß sie die Emotionen anspricht und deswegen wirksamer ist.

23 Z.B. »plus court et plus tendant au but« (IV, vi, 11^r). S. auch Damm, II, S. 947.

24 »C'est aux princes que j'adresse cela« (IV, vii, 32^v). Vgl. den Anfang der oben erwähnten längeren französischen Fassung: »C'est aux Rois que j'écris cela« (IV, iv, 39^r).

25 Der Begriff »déclamation« erinnert vielleicht an Guibert: »Faire le tableau des abus, sans en fournir à la fois les preuves et les remèdes, c'est s'ériger en déclamateur« (Essai général de tactique ..., 2 Bände, London, 1772, Bd. I, S. cvi).

26 Der Ehebruch wird zum Beispiel mit dem Tod bestraft (IV, iv, 47^r–49^v, 55^v). Obwohl Lenz vorgibt, Katholik werden zu wollen (IV, iv, 51^r), besteht er auf die Möglichkeit der Ehescheidung. Der erste Grund für die Ehescheidung, den er anführt ist der, daß einer der Partner eine ekelerregende Krankheit hat (IV, iv, 47^r).

27 S. Arthur O. Lovejoy, The Great Chain of Being, Harvard, 1964.

28 »Discours sur les sciences et les arts« in Jean-Jacques Rousseau, Du Contrat Social, Paris, 1962, S. 9; später in diesem Aufsatz legt Rousseau Nachdruck auf die »vertu militaire«, S. 17.

29 Wie zum Beispiel diejenige von Daniel Wilson in diesem Band.

30 »La protection et la grace particulière dont Vous m'avez fait jouir pendant mon sejour a Weymar m'obligent a Vous dédier un ouvrage qui est pour ainsi dire l'<?> de toute mon existence, me flattant que Vous l'accepterez avec cette même bienvoillance {indulgence} que Vous avez daigné accepter ma petite personne [quand] {lorsque} j'avois la hardiesse de Vous la faire présenter« (IV, ii. 2^r).

31 S. Sigrid Damm, 1985, S. 88–89.

32 Es ist nicht klar, ob sich diese Worte auf den restlichen Text dieses Blattes oder auf etwas ganz anderes beziehen.

33 »Je prie très instamment mes lecteurs de vouloir bien agréer de lire l'avant propos avant d'entrer dans la lecture de mon livre« (IV, iv, 14^v).

34 Der Haupttext ist mit Rücksicht auf die seitwärts stehende Bemerkung in einer engeren Spalte geschrieben.

35 Für die Bestätigung dieses Urteils möchte ich Herrn Professor Michel Gilot, Grenoble, danken.

36 S. Hubert Gersch und Stefan Schmalhaus, Die Bedeutung des Details: J. M. R. Lenz, Abbadona und der ›Abschied‹, Germanisch-Romanische Monatsschrift, 1991, 41, S. 385–412.

37 Klaus R. Scherpe, Dichterische Erkenntnis und ›Projektmacherei‹, in Goethe Jahrbuch, 1977, 94, S. 206–235; wiederabgedruckt in Sturm und Drang, herausgegeben von Manfred Wacker, Wege der Forschung 559, Darmstadt, 1985, S. 279–314, hier S. 284.

38 Entsprechend ließe sich die treffende Bemerkung von Martin Rector über Lenz ergänzen: »So schwankt er, abhängig auch von wechselnden persönlichen Befindlichkei-

ten und Stimmungen, unsicher hin und her zwischen einer eher optimistisch-metaphy-
sischen und einer eher pessimistisch-empiristischen Weltsicht – und ist zugleich immer
auf der Suche nach einer Vermittlung und Versöhnung beider Extreme, theologisch wie
ästhetisch« (Götterblick und menschlicher Standpunkt. J. M. R. Lenz' Komödie »Der
Neue Menoza« als Inszenierung eines Wahrnehmungsproblems, Jahrbuch der deutschen
Schiller-Gesellschaft, 1989, 33, S. 199).

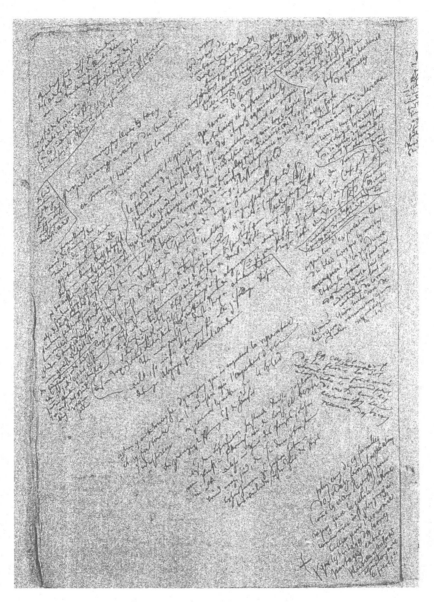

IV, iii, 12ᵛ

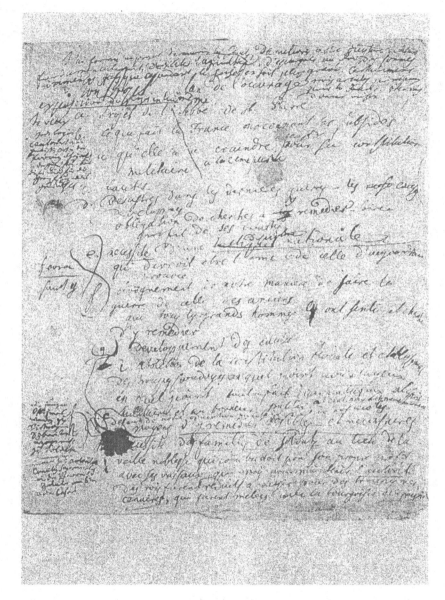

IV, iv, 1ʳ

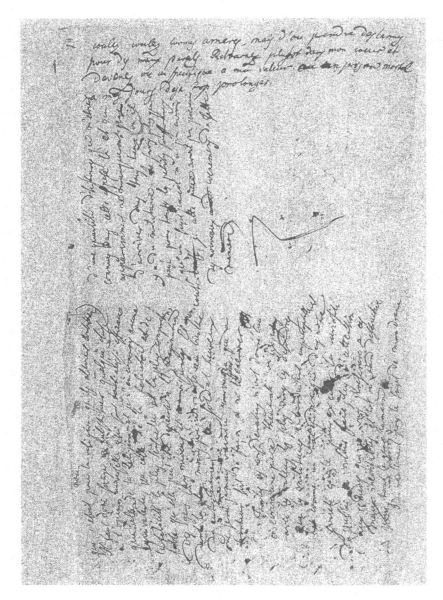

IV, iv, 13ʳ–14ʳ

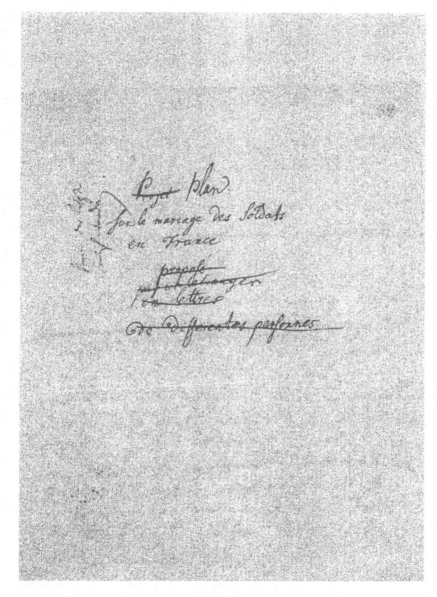

IV, iv, 34ʳ

135

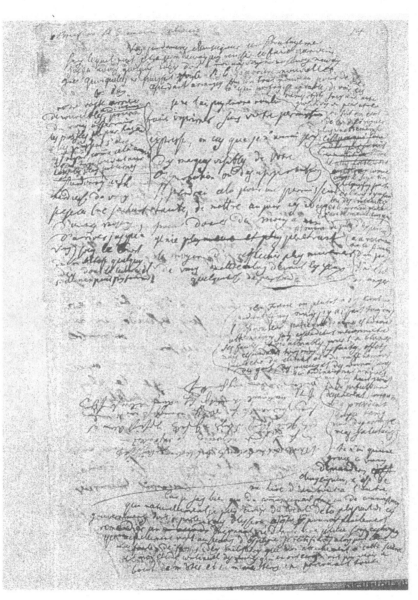

IV, vi, 14ʳ

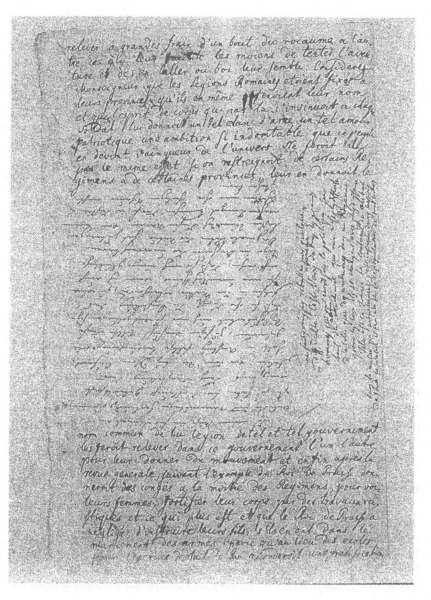

IV, vi, 22ᵛ

137

Die Weltanschauung des Lenz-Vaters

Indrek Jürjo (Tallinn)

Die Geistesgeschichte und Mentalitätsgeschichte im Baltikum in der Mitte des 18. Jahrhunderts kann mit den Schlüsselwörtern lutherische Orthodoxie, Pietismus und Brüdergemeine beschrieben werden.[1] Die lutherische Orthodoxie, die ähnlich dem Katholizismus als autoritäres System zur Geltung kam, strebte nach der vereinheitlichenden Formulierung der Lehre der Heiligen Schrift und Inspiration und kanonisïerte neben den Werken von Luther auch die symbolischen Bücher und die Beschlüsse der bischöflichen Konzile. In schwedischer Zeit wurde die lutherische Orthodoxie im Baltikum noch unterstützt von der Königsmacht, die einheitliche Rechtgläubigkeit und Untertanentreue für identisch hielt. Im letzten Viertel des 17. Jahrhunderts begann der Pietismus die einheitliche lutherische Orthodoxie zu untergraben. Sein Ziel war die Vertiefung der persönlichen Frömmigkeit, in deren Mittelpunkt die Wiedergeburt jedes einzelnen Menschen steht, und die Betonung des tätigen Christentums. Die so begründete Frömmigkeit schließt eine intensive Hinwendung zum Studium der Bibel ein. Deswegen ist es auch kein Zufall, daß die Übersetzung der Bibel sowohl ins Lettische 1685–1689 als auch ins Estnische 1739 von den pietistisch gesinnten Pastoren verwirklicht wurde. Die Herrnhuter Brüdergemeinde, eine von dem Grafen Zinzendorf begründete und organisierte christokratische Erweckungsbewegung, eroberte seit 1729 die Massen der estnischen und lettischen Bauern und gewann die Landbevölkerung des Baltikums für das Christentum.[2]

Ein markanter Vertreter dieser von vielen geistigen Strömungen beeinflußten Epoche, zu denen im Laufe der Zeit immer machtvoller die Aufklärung hinzukam, ist Pastor Christian David Lenz, in der deutschen Literaturgeschichte bekannt als Vater des Dichters Jakob Michael Reinhold Lenz.[3] Christian David Lenz wurde geboren am 26. Dezember 1720 in Köslin (Pommern) in ärmlichen Verhältnissen als Sohn eines Kupferschmiedemeisters.[4] Der Vater schickte Christian David nach Halle, den damaligen Hauptsitz des Pietismus, wo er anfänglich im Waisenhaus unterrichtet wurde, sich aber schon am 17. Juni 1737 als Theologiestudent immatrikulieren ließ.[5] Die Studienjahre in Halle sind für C. D. Lenz von entscheidender Bedeutung. Seine Weltanschauung ist wesentlich geprägt von den religiösen Ansichten von August Hermann Francke, bei dessen Nachfolgern er in Halle studierte. Im Unterschied zu dem heiteren und mehr innerlichen Glauben seines Vorgängers Philipp Jakob Spener betonte Francke den Bußkampf und einen für den Pietismus geziemenden äußeren Wandel und stellte so dem System der Orthodoxie ein neues System, das von Halle, gegenüber.

Da sein Vater ihn nur wenig finanziell unterstützen konnte[6], war Christian David Lenz gezwungen, sein Studium möglichst schnell zu beenden. Wie viele deutsche Universitätsabsolventen im 18. Jahrhundert, wanderte auch er aus nach Livland, wo sich besonders für Theologen viel bessere berufliche Chancen als in Deutschland anboten.[7] Seit dem Jahr 1740 treffen wir ihn im lettischen Süd-Livland, wo er bei der Familie Öttingen und nach anderen Angaben auch bei der Familie von Liphart eine Hofmeisterstelle hatte.[8]

Die theologischen Ansichten und religiösen Gefühle des jungen Christian David Lenz spiegeln sich sehr anschaulich in seinem im Jahr 1741 geführten Tagebuch.[9] Der Literaturhistoriker Otto von Petersen, der sein Tagebuch geistvoll analysiert hat, beobachtet darin die psychische Ähnlichkeit zwischen Lenz sen. und seinem Dichtersohn: ungeachtet ihrer weltanschaulichen Verschiedenartigkeit schlägt bei beiden ein starkes Gefühlsleben zeitweilig in Gefühlsleere um.[10] Der Inhalt von Lenzens Tagebuch entspricht der aufgepeitschten Stimmung der sog. »Sichtungszeit« in der Brüdergemeine mit ihrer Übersteigerung einer zum Teil erotischen Bildersprache. Neben dem ständigen pietistischen Bußkampf kann man da oft die herrnhutischen Bilder des Opferlammes und Jesublutes finden. Für den heutigen Menschen geradezu erschütternd wirkt die im Tagebuch beschriebene Szene, wo Lenz, geistliche Lieder singend, sich zur Ader läßt und dabei einen lebendigen Eindruck von dem blutigen Lamm und seines Versöhnungsblutes bekommt. Ungeachtet der damaligen Feindschaft zwischen dem Hallenser Pietismus und der Herrnhuter Brüdergemeine, sind die Merkmale der beiden religiösen Strömungen im Bewußtsein von Lenz friedlich vereinigt. Von seiner Zuneigung zu der Brüdergemeine machte Lenz vor dem Verbot derselben 1743 auch keinen Hehl.[11]

Die bohrende Selbstbeobachtung blieb Lenz sen. auch in den späteren Jahren eigen. 1776 berichtete er dem Historiker und Dorpater Justizbürgermeister Friedrich Konrad Gadebusch, daß er früher lange an seiner Selbstbiographie gearbeitet, dann aber diese Arbeit wegen äußeren und seelischen Umständen gelassen habe.[12]

Von der inneren Unsicherheit und Selbstquälerei wurde Christian David Lenz befreit durch aktive Amtstätigkeit und sorgenvolles Familienleben. 1742–1749 ist er Pastor in Südlivland, in Serben und Drostenhof, 1749–1758 in Seßwegen, seit 1751 ist er auch Probst des 2. Wendenschen Kreises. Dann folgten zwanzig Jahre, 1759–1779, im estnischen Nordlivland, wo er in Dorpat zum Oberpastor der deutschen St. Johannis Kirche wurde und dabei noch das Amt des Assessors des Konsistoriums und des Aufsehers der Stadtschule ausübte.

Pastor geworden gab Lenz sich viel Mühe, die sündhafte Welt zur Reue und zur Rückkehr zu einem verinnerlichten Glauben zu bekehren. Der tief pietistische und zugleich temperamentvolle Charakter von Lenz sen. kommt in seiner dem Brand von Wenden 1748 gewidmeten Predigt plastisch hervor.[13]

Im 18. Jahrhundert waren Brände in den überwiegend aus hölzernen Häusern bestehenden baltischen Städten eine gewöhnlich Erscheinung. Der Brand von Wenden war aber besonders katastrophal; denn im Feuer wurden von 80 Häuser fast alle zerstört und von 600 Einwohnern kamen 40 um.[14] Den verzweifelten, in ihrer ganzen Existenz erschütterten Leuten hielt Pastor Lenz, dessen religiöser Ernst den Stadteinwohnern allgemein bekannt sein mußte, eine die Zuhörer tief bewegende Gastpredigt, nach seinen eigenen Worten »unter vielen Tränen und Schluchzen der zahlreich versammelten Einwohner, womit sich auch meine Zären vereinigten«.[15] Zur Erhitzung der Stimmung half noch die hervorragende Rednergabe von Ch. D. Lenz, der nach Einschätzung eines Zeitgenossen »von der Natur zum Redner des Herzens berufen« war,[16] mit.

Obwohl Lenz erst eine Woche nach dem Brand nach Wenden kam und von dem Unfall nicht direkt betroffen war, mußte diese spektakuläre Katastrophe die Phantasie und das Glaubensgefühl des sensiblen Pietisten erschüttern. Vermutlich fühlte Christian David ähnlich, wie Deutschlands origineller, von der offiziellen Kirche verketzerter Pietist Adam Bernd, der den Brand anschauen ging, »um gute Bewegungen in meinem Hertzen zu bekommen«. Nach Bernds Überzeugung ist jede Feuersbrunst für die Menschen ein lehrhaftes Gottesgericht: »Gott ist manchmal im Feuer und läßt alsdann seine wunderbare Regierung sehen, nach welcher er den eigenen Menschen samt seinem Hause und Güthern wunderbar zu erhalten und den andern auf eine handgreifliche Weise zu strafen und zu verderben weiß.«[17]

Die Idee des Gottesgerichtes ist auch die Idee der ganzen Predigt des Christian David Lenz. Die ganze Predigt ist um das Beispiel vom zerstörten

Jerusalem herum aufgebaut. Der Brand war die Strafe und Warnung Gottes für die von ihm entfernten Wendenser, die ihren Sonntag nicht mit dem Gebet, mit erbaulichen Gesprächen und mit Lesen der Heiligen Schrift verbrachten, sondern »mit Fressen und Saufen oder doch mit eiteln Visiten und mit Verplauderung des Nächsten, wo nicht gar noch mit andern Greueln und Wercken des Fleisches.«[18] Nach der Meinung eines solchen Bußpredigers wie Lenz war Gott noch barmherzig gegen Wenden. Schon vor zwei Jahren hatte er die Stadteinwohner mit einem kleinen Brand, den man leicht löschen konnte, gewarnt. Gott war noch barmherzig sogar in der großen Feuersbrunst 1748; denn er steckte die Stadt nicht in der Nacht, sondern am Tage in Brand und vernichtete nur vierzig Einwohner, nicht alle.

Mentalitätsgeschichtlich am merkwürdigsten ist das der Predigt drei Jahre nach dem Brand 1751 hinzugefügte Vorwort. Lenz teilt darin mit, daß er anfangs mit dem Druck seiner Predigt, die die Stadteinwohner selbst in Abschriften verbreiteten, nicht geeilt habe. Den Anlaß zum Druck gab ihm die Rückkehr der Einwohner zum vorigen sündhaften Leben, in welchem der bußkämpferische Pastor die Gefahr einer neuen, noch schwereren Strafe Gottes sah. Er malt von dem Sündenregister der Wendenser ein farbenreiches Bild: schändliche Wollust, Fleischeslust, öffentliche Ärgernisse, Geiz, Hochmut, Kleiderpracht, Trunkenheit, Zorn, Haß, Feindschaft. Man muß nicht die Echtheit der Gefühle und der Angst des Christian David Lenz bezweifeln, wenn er am Ende seines Vorwortes schreibt: ›Jammerte mir vor 3 Jahren euer erlittenes zeitliches Unglück so, daß ich darüber viel bittere Tränen vergoß; Wie solte mir denn euer itziges abermal sich vermehrendes Sünden-Elend, womit ihr euch aufs neue den Zorn auf den Tag des Zornes häufet, nicht tief zu Herzen gehen? Das wenige, was ich dabey zu eurer Rettung thun kann, ist, daß ich euch die ehemals gehaltene Brandpredigt wieder in die Hände gebe.‹

Christian David Lenz mit seinem gesteigerten Glaubens- und Gefühlsleben war natürlich auch in seiner Zeit eine außergewöhnliche Erscheinung; seine Angst vor dem sündhaften Leben der Gemeinde, daß die Strafe Gottes verursachen konnte, entsprach dennoch dem Kollektivbewußtsein vieler Zeitgenossen. Das Leben der Menschen im vorindustriellen Zeitalter war von den Epidemien, Bränden, Mißernten usw. beständig gefährdet, der Tod viel weniger aus dem Alltagsleben und Wertvorstellungen verdrängt als heutzutage. Die lutherische Orthodoxie, die in vielem das Verhalten der Gläubigen auch in der ersten Hälfte des 18. Jahrhunderts beeinflußte, sah in der Sünde den Faktor der Gefahr, der den Zorn des Gottes auf die Gemeinde und die ganze Umgebung ziehet. Die Sünde war also niemals eine private Angelegenheit, sondern – wir zitieren den finnischen Kirchenhistoriker Mikko Juva – »Sabotage gegen allgemeine Sicherheit«, der die Gemeinde mit strengen Maßnahmen gegen den Sünder entgegenwirken sollte.[19] Diese orthodoxe Auffassung der Sünde, die sich in mehreren analogen zeitgenössischen »Brandpredigten« offenbart,[20] wird durch das pietistische Bußbewußtsein noch verschärft. Am Anfang des 18. Jahrhunderts hat die pietistische Universität von Halle erfolgreich sogar gegen die Theaterschauspiele interveniert, »damit nicht die schweren Gerichte Gottes über das Land gezogen« würden.[21]

Aber der Glaubenseifer und der aufrichtige Wunsch, die Wendenser sowohl von dem weltlichen als auch von dem Höllenfeuer zu erretten, zog für Lenz einen lästigen Prozeß mit dem Wendener Magistrat nach sich, da der Magistrat, sich offensichtlich in seiner Ehre und Würde beleidigt fühlend, den streitbaren Pastor beim Gericht verklagte. Die teilweise erhaltenen Prozeßakten des Livländischen Hofgerichts ermöglichen uns, einen Blick auf den Konflikt der Stadtväter und des Pastors zu werfen, wo sich die selbstbewußte Persönlichkeit des Lenz sen. deutlich abzeichnet. In der Klageschrift der Stadt Wenden[22] behauptet man, daß schon während der Predigt mehrere Stadteinwohner von den da vorkommenden »scandaleusen und höchstehrenrührigen Ausdrücken« geärgert wurden, aber das Maß des Erträglichen war für den Magistrat voll, als der Pastor nach drei Jahren die Predigt mit einem Vorwort drucken ließ. »worinne er ihnen die graulichsten Laster, und Schandtaten vorgeworfen.« Nach der Meinung des Rats hatte Lenz die Kompetenz eines Pastors überschritten und »die ganze arme Stadt Wenden und ihre Einwohner vor der ehrbaren Welt stinkend und verächtlich gemacht.«

In seiner langen Erklärung an das Hofgericht[23] wehrt Lenz alle Beschuldigungen ab und erläutert näher die äußeren Umstände der Predigt. Er hebt hervor, daß gerade er das Herz des wohlhabenden Gutsbesitzers von Liphart bewog, den Stadteinwohnern 500 Rubel und 7 Fuhren Lebensmittel auszuteilen; auch hatte Lenz den Auftrag zur Gastpredigt nur aufgrund einer ausdrücklichen Bitte der verwitweten Frau Obristin von Böttcher erhalten, die das Begehren vieler Gläubiger vertrat. Er betont auch die sehr günstige und emphatische Aufnahme seiner Predigt durch die Zuhörer. In der dritten Person beschreibt Lenz die für ihn als strengen Pietisten ausschlaggebenden Gründe, die ihn veranlaßt hätten, seine Predigt drucken zu lassen:

»...nachdem er hierin bald ein Jahr hernach einigen gewilfahret, ließ er um mehrere seiner damaligen Zuhörer die Predigt in die Hände zu bringen und die damals empfundener

Rührungen mancher wieder Eingeschlafenen wieder auf zu wecken, solche 3 Jahre hernach öffentlich drucken, und, weil ihm von einigen glaubwürdigen Personen aufs neue verschiedene schwere Sünden, worin einige Einwohner wieder zu leben anfingen, bekannt, ja die Erzehlung davon ihm von verschiedenen wiederholt worden, er sich auch nicht wol vorgestellet haben mag, daß die nach dem Brande geäusserte gebeugte und erweichte Gemüthsauffassung bey uns so sehr solte abgenommen haben; so drang ihn das herzliche Mitleiden mit dem Seelenzustande unserer Einwohner und die Sorge, es möchten solche Sünden neue Gerichte Gottes herbey ziehen...«[24]

In diesem Zitat fällt das pietistische Wortpaar wecken – -einschlafen auf, das den anfänglichen Aufstieg des religiösen Gefühls nach dem Brand und das allmähliche Abnehmen desselben im Laufe der Zeit mit der Normalisierung des Lebens widerspiegelt. Offensichtlich wurde unter dem Einfluß der Erschütterung des Brandes, die Lenz für die religiöse Bekehrung der Stadteinwohner in vollem Maße auszunutzen erstrebte, der Kreis der Pietisten, dessen tragende Person wahrscheinlich die Obristin von Böttcher war, durch neue Mitglieder ergänzt. Aus der Erklärung von Lenz kann man herauslesen, daß die Stadteinwohner sich zur Zeit des Druckes der Predigt teilten in eine weltlich orientierte Gruppe, die sich zur Auffassung des Brandes als der göttlichen Strafe nicht bekennen wollte und darüber spottete, und in eine pietistische Gruppe, welche den Brand für das Gericht Gottes hielt.

Im Prozeß wurde Lenz auch vom livländischen Oberkonsistorium unterstützt. Das Oberkonsistorium formulierte nur die sanfte Zurechtweisung, »daß er hinführo in seinem Schreiben mehrere Vorsichtigkeit gebräuche«, nahm den Pastor von Seßwegen aber sonst in Schutz.[25] Der damalige livländische Generalsuperintendent Jakob Andreas Zimmermann, der als ein scharfer Verfolger der Herrnhuter bekannt geworden ist, aber dem Halleschen Pietismus nahestand,[26] fand in der Predigt von Lenz, den zu heftigen Ton des Vorwortes ausgenommen, keine Kompetenzüberschreitungen des Seelsorgers. Auch Zimmermann bezeichnet den Brand als ein »über die Stadt Wenden gegangenes Gericht Gottes«.

Da die Prozeßakten nicht vollständig erhalten geblieben sind, bleibt das Endresultat dieser Streitsache, die Lenz nach seinen eigenen Worten »so viel Weitläufigkeiten, Reisen, Mühe, Beschwerden und Unkosten« brachte,[27] dunkel. Gadebusch behauptet, daß Lenz den Prozeß verloren habe.[28]

Allerdings hat die mögliche Niederlage im Prozeß die weitere Karriere von Christian David Lenz nicht beeinträchtigt. Seiner Auffassung von der Feuersbrunst als das Gottesgericht blieb er auch später treu. In Dorpat sollte Lenz noch zwei große Brände 1763 und 1775 überleben. Ein Jahr nach dem letzten großen Brand in Dorpat am 10. März 1776 schreibt Lenz sorgenvoll

an Gadebusch, daß er als »Seelenwächter dieser Stadt« wegen vier unzüch-
tigen und sündhaften Personen »einige Angstberge« auf seinem Herzen
habe. Lenz schlägt vor, gegenüber diesen Leuten auch seitens des Rates
strenge Maßnahmen zu ergreifen und sie zurechtzuweisen, »damit nach
unserem Abschiede keine Ärgernisse in der Stadt zurück blieben, welche
ihre Schuld über dieselbe bringen und ihr neue Gerichte Gottes zuziehen
könnten«.[29] Aber im Laufe des Säkularisationsprozesses und mit der mehr
und mehr Boden gewinnenden Aufklärung verringerte sich die Zahl der
Stadteinwohner, die in jedem Unglücksfall den Finger des Gottes sahen. Aus
dem letzten Brand zog der Dorpater Rat statt der von Pastor Lenz
erwünschten christlichen Buße ganz nüchterne weltliche Schlüsse und
erließ die Anordnung, daß fernerhin in der Stadt nur Steinhäuser und in den
Vorstädten die Holzhäuser nur mit steinernen Dächern gebaut werden
sollten.[30]

Des Vaters Auffassung von den Unfällen und Naturkatastrophen als
Geißeln Gottes war anfangs auch dem jungen Jakob Michael Reinhold
eigen. Zweifellos war dem Sohn auch die Brandpredigt von Wenden
bekannt. Ähnliche Ansichten zeigen sich noch im 1769 erschienen Gedicht-
zyklus »Die Landplagen«, wo der Feuersnot ein eigenes Gedicht gewidmet
ist[31]:

> Wie beben sie jetzt die flammenden Richter,
> Der Elemente Vater zum strengen Eifer zu reizen;
> Aber bald vergißt ihre Schwachheit der strafenden Allmacht
> und mit emporgesträubtem Haupt, (o, Greuel der Menschheit!)
> Spottet der krümmende Wurm der Ferse die ihn zerquetschte.

Natürlich wurden die acht Kinder des Christian David Lenz aus der Heirat
mit Dorothea Neoknapp auch pietistisch erzogen. Über die Kindheit und
Erziehung des J. M. R. Lenz gibt es sehr spärliche Angaben. Etwas Licht
darauf werfen die neun Briefe des Ch. D. Lenz aus den Jahren 1750–1757
an Gotthilf August Francke nach Halle.[32] Unter anderem handelt es sich um
die Bestellung eines Hauslehrers aus der Halleschen Universität in ein
Pastorat in Seßwegen. In einem Brief beschreibt Lenz-Vater seine Kinder
und hebt die Fähigkeiten des kleinen Jakobs hervor, dessen geistige Aufge-
wecktheit sich schon in fünfjährigem Alter bemerkbar machte.

Den Gipfel seiner Karriere erreichte Christian David Lenz im Jahr 1779,
als er das Amt des livländischen Generalsuperintendenten, das höchste
geistliche Amt in Livland, antrat.[33] Die rechthaberische Hitzigkeit und
gesteigerte religiöse Strenge blieben Lenz sen. auch bei der Ausübung dieses

Amtes eigen: gerade Generalsuperintendent geworden, veröffentlichte er 1780 ein im kraftvollen Stil verfaßtes »Sendschreiben«, an alle livländischen Pastoren3[4], in dem er alle möglichen Sünden der Pastorenschaft geißelte und ihr religiöse Gleichgültigkeit vorwarf.

Lenz begnügte sich nicht mit der Verurteilung der groben Laster und Verstöße gegen die kirchliche Lebensordnung, sondern kritisierte auch die Gläubigen, die äußerlich moralisch lebten, sogar beteten, Bibel läsen und zum Gottesdienst und Heiligen Abendmahl kämen, denen aber doch der tiefere, innere Glaube fehle.3[5] Als Idealtyp des Christen beschreibt er Anna Elisabeth von Münnich, die ihre Tage mit Beten und Lesen der Erbauungsliteratur verbrachte. Lenz, der besonders gute Kontakte zu den frommen Adelsfrauen gehabt zu haben scheint, hielt als Beichtvater der Frau von Münnich in deren Gut in Lunia, in der Nähe von Dorpat, alle vier bis sechs Wochen eine Hauspredigt.

Aber trotz der äußersten Glaubensleidenschaft war Lenz auch zu Kompromissen fähig. Der lettische Kulturhistoriker Andrejs Johansons hat Ch. D. Lenz sogar Opportunismus vorgeworfen[36]; denn obwohl er anfangs ein eifriger Unterstützer der Brüdergemeine war, sagte Lenz sich nach dem Verbot der Brüderunität in Rußland 1743 von den Brüdern schnell los und fügte seinem 1750 erschienenen Buch noch eine die Herrnhuter theologisch scharf angreifende Vorrede hinzu.[37] Solche demonstrative Loyalitätsäußerung konnte zweifellos seine kirchliche Karriere nur begünstigen. Wahrscheinlich war die Verdammung der Brüdergemeine jedoch kein reiner Opportunismus von Lenz, sondern entsprach seinen eigenen Anschauungen; denn die Herrnhuter kritisiert er auch in seinem Privatbrief an G. A. Francke nach Halle am 26. November 1747, wo er als Serbener Pastor die geistige Situation in der livländischen Kirche recht pessimistisch schildert.[38] Später Generalsuperintendent geworden, zeigte Lenz keine Aktivitäten in der Verfolgung des Herrnhutertums und suchte sich sogar mit der Brüdergemeine als einer wirksamen Gegenkraft gegen den mehr und mehr zunehmenden Rationalismus neu in Verbindung zu setzen; die Brüder übten aber mit ihm bis zu seinem Lebensende Vorsicht.[39]

Pastor Lenz hat auch seine Verdienste in der Entwicklung der lettischsprachigen kirchlichen Literatur. Aus seiner Feder stammt ein in den Jahren 1764 und 1767 erschienenes umfangreiches lettisches Predigtbuch »Sprediku-gramata« (1858 Seiten), das für die lettischen Schulmeister und häusliche Andacht bestimmt war. In der lettischen geistlichen Literatur stellt das in einem weitschweifigen und eintönigen Stil geschriebene Buch keine große Leistung dar. Literarisch ist am ausdrucksvollsten, im Hinblick auf Lenzens religiöses Temperament, die farbige Höllenszene. Ferner fällt der Unterschied zwischen den lettischen und deutschen Vorwörtern des Predigtbuches auf: im ersten mahnt Lenz die lettischen Bauern zum ernsten Glauben und dazu Predigten den des Lesens Unkundigen vorzulesen, um deren Seelen zu erretten; im deutschen Vorwort macht er den Gutsbesitzern klar, daß es in ihrem eigenen Interesse liege, das Predigtbuch unter den Bauern zu verbreiten, da die Bauern in der Gottesfurcht gehorsamer und arbeitsamer würden und die Gutsbesitzer so ihr ausgegebenes Geld zehnfach zurückbekämen.[40] Diese Doppelzüngigkeit, wo entsprechend dem Stand des Lesers die ideologischen Perspektiven gelegt werden, muß man nicht unbedingt als zynischen Pragmatismus interpretieren; denn fast alle Vertreter der lutherischen Kirche, mit Einschluß des Gründers der demokratisch akzentuierten Brüdergemeine Grafen Zinzendorf, nahmen die Ständegesellschaft mit ihrer straffen Sozialstruktur und ihren Rechtsnormen als eine vom Gott gegebene Lebensordnung hin.

Als Generalsuperintendent kümmerte sich Lenz auch um das livländische Schulwesen. Am 13. Juli 1780 richtete er an die livländische Ritterschaft ein Memorial, in dem er für eine bessere Ausbildung der lettischen Schulmeister, für einen Bau der Schulhäuser und für eine schnellere und billigere Herstellung der lettischen und estnischen Schulliteratur plädierte. Als sein Antrag von der Ritterschaft abgelehnt wurde, hat sich Lenz daraufhin noch an den Generalgouverneur Browne gewandt.[41]

Die Persönlichkeit und der Charakter des Christian David Lenz wird schon von den Zeitgenossen sehr unterschiedlich gewertet.[42] Vielen mißfielen seine seelsorgerliche Härte und sein herrscherliches Auftreten im kirchlichen Amt, was dem streitbaren Pastor schon in Dorpat häufige Auseinandersetzungen mit Rat und Gemeindeangehörigen brachte. Als Generalsuperintendent konnte Lenz mit ihm unterstellten Pastoren sehr gebieterisch und arrogant umgehen.[43] Andererseits hebt man auch seine positiven Charaktereigenschaften hervor. Sogar sein ideologischer Gegner, Pastor August Wilhelm Hupel, einer der wichtigsten Repräsentanten der livländischen Aufklärung[44], schätzte Lenz, ungeachtet des Konflikts, »wegen seines guten Herzens« sehr hoch.[45] Der beste Beweis dafür, daß Lenz sein christliches Glaubensbekenntnis auch im persönlichen Leben konsequent befolgte, ist seine hervorragende Wohltätigkeit unter den Rigaer Armen, unter denen er nach Aussagen der Zeitgenossen mindestens ein Viertel seines Einkommens verteilte.[46]

Die meisten Lenz-Biographen verurteilen Christian David Lenz als borniertern religiösen Eiferer und lieblosen Menschen. Mit Recht strebt

Ottomar Rudolf nach der Relativierung dieses einseitigen Bildes des Lenz-Vaters. Rudolf zitiert einen unveröffentlichten längeren Brief des Ch. D. Lenz im Jahre 1763 an den Rektor der Dorpater Stadtschule. Vater Lenz gibt da Ratschläge, wie man die Lehrstunden, wo nur »memoriert« wurde, modernisieren könnte, und verurteilt die harten körperlichen Strafen, die besonders bei seinem höchstsensiblen Sohn Jakob nur schädlich wirkten.[47] Hier zeigt sich, daß Christian David Lenz die psychische Eigenart seines Lieblingssohnes sehr gut erkennen konnte.

Mit der Verweigerung des J. M. R. Lenz, 1771 entsprechend dem Gebot des Vaters in die Heimat zurückzukommen, wird aus dem Lieblingssohn der »Schmerzenssohn«, den nur die Ermahnungen und Vorwürfe trafen. Nach der Heimkehr des verlorenen Sohnes 1779 gab sich der Generalsuperintendent noch Mühe, um für ihn die Rektorstelle an der Rigaer Domschule zu gewinnen.[48] Nach dem Scheitern dieses Vorhabens sollte der Sohn in Rußland seinen Platz für sich gewinnen. Vater Lenz verweigerte ihm das Empfehlungsschreiben und überschüttete Jakob statt dessen mit Warnungen vor Schulden, Polizei und Gefängnis.[49] Gelegentlich schickte er ihm ein wenig Geld[50], überließ aber den Sohn sonst seinem Schicksal.

Der einsame Tod des Jakob Michael Reinhold Lenz in Moskau 1792 fällt zeitlich fast zusammen mit der Apotheose seines Vaters in Riga: in demselben Jahr beging Christian David Lenz mit großem Pomp sein fünfzigjähriges Amtsjubiläum. Doch entbehrt auch sein Leben nicht einer gewissen Tragik. Mit dem Fortschritt der Aufklärung begann er mehr und mehr unter einer geistigen Einsamkeit zu leiden. Der Kampf gegen die moderne Theologie, gegen den säkularisierten, diesseitig orientierten Zeitgeist, zieht sich wie ein roter Faden durch alle Werke und die Privatkorrespondenz des Christian David Lenz hindurch. Die lebenslängliche Konfrontation mit der Aufklärung liegt in vielem auch seinem Konflikt und Mißverständnis mit dem Sohn zugrunde. Diese fundamentale Meinungsverschiedenheit hat der Dichter Lenz in seinem Brief an seinen Vater 1776 auch zum Ausdruck gebracht: »Die Welt ist groß mein Vater, die Wirkungskreise verschieden. Alle Menschen können nicht einerley Meynungen oder vielleicht nur einerley Art sie auszudrücken haben. So unvollkommen das was man in jedem Fach der menschlichen Erkenntniß modern nennt, seyn mag, so ist es, wie sie selbst mir nicht ganz absprechen werden, jungen Leuten doch nothwendig, sich hinein zu schicken, wenn sie der Welt brauchbar werden wollen.«[51] Am Lebensende des greisen Lenz-Vaters entwickelte sich an Stelle der ihm sonst eigenen glaubenskämpferischen Haltung, die durch die vertiefende geistige Isolation unvermeidlich gelähmt wurde, eine in geringem oder hohem Maß aufgezwungene Toleranz gegenüber den anderen religiösen und geistigen Strömungen. Im 1792 geschriebenen offenen Brief[52], wo Lenz noch einmal seinem »positiven« Glauben Treue schwört, ist deutlich Resignation zu spüren.

Ein Urteil der Zeitgenossen spricht sein späterer Nachfolger im livländischen Generalsuperintendentenamt Karl Gottlob Sonntag in der Leichenpredigt an Lenz sen. 1798 aus: »Ach! aber gerade für einen solchen Mann ist es zehnfach schmerzhaft, seine Mit-Welt, in der und für die er sich gebildet, so zu überleben; Formen und Sprache, Lehren und Grundsätze, und – wie es in unseren Tagen geschieht – die ganze Ansicht des Menschen-Geschlechts verändert zu sehen; ach! und am Ende – sich selbst zu überleben!«[53]

---

1   Zu den Begriffen zusammenfassend: Die Religion in Geschichte und Gegenwart. Handwörterbuch für Theologie und Religionswissenschaft. Tübingen 1986, Bd. 1, Sp. 1435–1446; Bd. 4, Sp. 1719–1730; Bd. 5, Sp. 370–383.

2   Siehe Webermann, Otto Alexander: Pietismus und Brüdergemeine. In: Baltische Kirchengeschichte. Hg. von Reinhard Wittram. Göttingen 1956, S. 149–166; Philipp, Guntram: Die Wirksamkeit der Herrnhuter Brüdergemeine unter den Esten und Letten zur Zeit der Bauernbefreiung. Köln, Wien 1974; Poldmäe, Rudolf: Lisaandmeid eesti talurahva elu kohta XVIII sajandil ja XiX sajandi esimesel poolel (hernhuutlike allikate pohjal). In: Eesti talurahva sotsiaalseid vaateid. Hg. von Juhan Kahk. Tallinn 1977, S. 25–66

3   Die Persönlichkeit des Christian David Lenz wird behandelt in allen wichtigen Lenz-Biographien wie Rosanow, M. N.: Jakob M. R. Lenz, der Dichter der Sturm- und Drangperiode. Sein Leben und seine Werke. Leipzig 1909; Girard, René: Lenz 1751–1792. Genèse d'une dramaturgie du tragi-comique. Paris 1968; Rudolf, Ottomar: Jakob Michael Reinhold Lenz. Moralist und Aufklärer. Bad Homburg, Berlin, Zürich 1970; Winter, Hans-Gerd: J. M. R. Lenz. Stuttgart 1987; Damm, Sigrid: Vögel die verkünden Land. Das Leben des Jakob Michael Reinhold Lenz. Frankfurt a. M. 1989.

4   Eine Kurzbiographie von Ch. D. Lenz gibt: Deutschbaltisches biographisches Lexikon 1710–1960. Hg. von Wilhelm Lenz. Köln, Wien 1970, S. 445. Die Bibliographie der Werke des Ch. D. Lenz findet man in: Recke, Johann Friedrich v. und Napiersky, Karl Eduard: Allgemeines Schriftsteller- und Gelehrten-Lexikon der Provinzen Livland, Esthland und Kurland. Mitau 1831, Bd. 3, S. 40–42.

5   Die evangelischen Prediger Livlands bis 1918. Hg. von Martin Ottow und Wilhelm Lenz. Köln, Wien 1977, S. 317.

6   In der Handschriftenabteilung der Fundamentalbibliothek der Akademie der Wissenschaften Lettlands (Ms. 1113, Akte 21, Nr. 31) befindet sich eine von Ch. D. Lenz selbst verfertigte Rechnung seiner Studienkosten in der Universität Halle 1737–1740, aus der hervorgeht, daß er doch von seinem Vater finanzielle Hilfe bekam, entgegen den Behauptungen der Lenz-Biographen wie z.B. Rudolf: Lenz (Anm. 3), S. 20; Damm: Vögel (Anm. 3), S. 8.

7   Siehe Lenz, Wilhelm: Der baltische Literatenstand. Marburg/Lahn, S. 7–16. Auch Ch. D. Lenz selbst hebt in seinem Brief an den Sohn 1771 die viel besseren Einkommensverhältnisse der Pastoren in Livland im Vergleich mit denen in Nord-Deutschland hervor: »... wir haben hier 10mal bessere Land-Pastorate, als die dortigen Dorf-Pfarren sind, wo die armen Prediger fast das Hungerbrod fressen.« Briefe von und an J. M. R. Lenz. Gesammelt und herausgegeben von Karl Freye und Wolfgang Stammler. Leipzig 1918, Bd. 1, S. 15.

8   Vgl Petersen, Otto von: Lenz, Vater und Sohn. Jena 1927. Sonderdruck aus Dankesgabe für Albert Leitzmann. S. 4; Deutschbaltisches biographisches Lexikon (Anm. 4), S. 445.

9   Siehe Petersen: Lenz (Anm. 8); Kirschfeldt, Johann: Das Tagebuch eines unbekannten Pietisten. In: Theologische Studien und Kritiken. Gotha 1933, S. 337–345. Das Tagebuch befindet sich im Staatlichen Historischen Staatsarchiv Lettlands (SHZL), Bestand 4038, Verzeichnis 2, Akte 1330. In der schwer lesbaren Handschrift ist die erregte Stimmung des Verfassers spürbar.

10 Petersen: Lenz (Anm. 8), S. 8.

11 Über die positive Einstellung des Lenz sen. zur Brüdergemeine vgl. Adamovics, Ludvigs: Vidzemes un latviesu zemnieks 1710–1740. Riga 1933, S. 533–534, 538, 547, 560.

12 »Da ich jünger und gesunder war, fühlte ich Feuer und Trieb genug, meinen an Gnaden-Woltahten Gottes und mancherley Prüfungen eben nicht armen Lebenslauf ganz ausführlich aufzusezen. Ich habe daher im Unreinen mit flüchtiger Feder, andere sehr unleserlich, drey Bogen davon entworfen und bin doch kaum meine akademisches Jahr zu Ende kommen, ohne daß ich eben unerhebliche Kleinigkeiten en detail erzählt hätte. Hierauf ist aber diese Arbeit vieler Hindernisse wegen etliche Jahre hindurch ganz abgebrochen worden, und nachdem ich mich darauf mein Gott, durch ... innerliche und äusserliche Noth, treulich gedemüthiget und dis dazu gesegnet hat, daß ich an mir nichts, als Elend sehe, und nur Christus und seine Gerechtigkeit mein Trost und Ruhm ist; so ist mir fast alle Lust zu weiterm Aufsatz und Fortsetzung meines Lebenslaufs vergangen.« SHZL, B. 4038, Verz.2, A. 1641, S. 238.

13 Das schreckliche Gericht Gottes über das unglückselige Wenden an dem Bilde des ehemals zerstörten Jerusalems wurde nachdem die Stadt Wenden, im Lettischen Teil des Herzogtums Liefland belegen, im Jahr Christi 1748 den 3. Augusti st. v. durch eine grausame Feuersbrunst gänzlich eingeäschert worden, und auf die 40 Menschen ohngefähr in der Flamme umgekommen waren und in einer auf Verlangen gehaltenen Gast-Predigt, den 14. Augusti des besagten Jahres als am letzten Sonntage nach dem Fest der heiligen Dreyeinigkeit aus dem ordentlichen Evangelio Luc. 19. v. 41–48. Bey volkreicher Versammlung unter viel Tränen und Wehmut vorgestellet, und auf vielfältig wiederholtes Begehren drey Jahre hernach herausgegeben von Christian David Lenz, Prediger der Gemeine zu Seßwegen. Riga 1751.

14 Sivers, Jegor von: Wenden, seine Vergangenheit und Gegenwart. Ein Beitrag zur Geschichte Livlands. Riga 1857, S. 7.

15 Lenz: Das schreckliche Gericht (Anm. 13), Vorwort (die Seiten unpaginiert).

16 Sonntag, Karl Gottlob: Formulare, Reden und Ansichten bei Amtshandlungen. Riga 1818, Bd. 2, S. 167–168.

17 Pietismus und Rationalismus. Hg. von Marianne Beyer-Fröhlich. Leipzig 1933, S. 150–151.

18 Lenz: Das schrecklich Gericht (Anm. 13), S. 36.

19 Suomen kulttuurihistoria. Red.: Päiviö Tommila, Aimo Reitala, Veikko Kallio. Porvoo, Helsinki, Juva 1979, Bd. 1, S. 318.

20 Besonders kennzeichnend ist z.B. der Titel der Brandpredigt des Pastors Johann Georg Buschmann an die Insel Rügen »Die liebreiche Art des grundgütigen Gottes die Menschen zu bekehren ...« (Greifswald, 1726).

21 Martens, Wolfgang: Officina Diaboli. Das Theater im Visier des Halleschen Pietismus. In: Halle. Aufklärung und Pietismus. Hg. von Norbert Hinske./Wolfenbütteler Studien zur Aufklärung, Bd. 15y. Heidelberg 1989, S. 185.

22 SHLZ, B.7363, Verz. 4, A. 320, B 1.1–3,

23 Ebenda, Bl. 4–8.

24 Ebenda, Bl. 5

25 Ebenda, Bl. 9–12.

26 Vgl. Winter, Eduard: Halle als Ausgangspunkt der deutschen Rußlandkunde im 18. Jahrhundert. Berlin 1953, S. 283.

27 SHLZ, B. 7363, Verz. 4, A. 320, Bl. 8.

28 Gadebusch, Friedrich Konrad: Livländische Bibliothek. Riga 1777, T. 2, S. 175. Ch. D. Lenz selbst behauptet in seinem Brief an Gotthilf August Francke am 17./28. August 1755 eher das Gegenteil: »Der Herr sey gelobt, der meinen deshalb gehabten langwierigen Process so glücklich geendiget, daß die Feinde nichts gewonnen und die Predigt nur dadurch in desto mehr Hände gekommen. Ein Freund von hier soll die Sache nach Deutschland überschrieben haben, und sie soll den Actis hist: eccl: Weimariensibus inserirt seyn. Ich habe aber weder diese Acta gesehen, noch kenne ich den Auctorem, der sie herausgeschrieben.« Universitäts- und Landesbibliothek Sachsen-Anhalt in Halle (Saale), Abteilung Archiv der Franckischen Stiftungen, C 381, Brief 132. Die von Ch. D. Lenz erwähnte Zeitschrift war mir leider nicht zugänglich.

29 SHLZ, B. 4038, Verz. 2, A. 1641, S. 239.

30 Lenz, Friedrich David: Skizze einer Geschichte der Stadt Dorpat. Dorpat 1803, S. 47.

31 Lenz, Jakob Michael Reinhold: Gesammelte Schriften. Hg. von Ludwig Tieck. Berlin 1828, Bd. 3, S. 40.

32 Die Briefe befinden sich in der Universitäts- und Landesbibliothek Sachsen-Anhalt in Halle (Saale), Abteilung Archiv der Franckischen Stiftungen (Signatur C381). Leider habe ich die von mir bestellten Mikrofilme der Ch. D. Lenz-Briefe nicht erhalten. Deswegen kann ich diese Briefe hier nicht voll auswerten.

33 Man darf die Ernennung Ch. D. Lenz zum livländischen Generalsuperintendenten nicht allzu politisch deuten, wie z.B. Sigrid Damm (Anm. 3, S. 51), die die Karriere des Lenz-Vaters mit dem »Umschwung der Katharinäischen Politik zur offenen Adelsredaktion« in Zusammenhang bringt. Über die äußeren Umstände der Ernennung Ch. D. Lenz' zum Generalsuperintendenten siehe Schaudinn, Heinrich: Deutsche Bildungsarbeit am lettischen Volkstum des 18. Jahrhunderts. München 1937, S. 18.

34 Lenz, Christian David: Sendschreiben an die samtlichen evangelischen Lehrer und Hirten den Herzogtums Livland, so seiner Oberaufsicht anvertraut sind, bey Gelegenheiten der so zu feyrenden vier Bußtage des itztlaufenden 1780sten Jahrs. Riga. Dieser Schrift ließ

Lenz nach zwei Jahren ein analoges handschriftliches an Pastoren gerichtetes Rundschreiben folgen. Vgl. Schaudinn: Deutsche Bildungsarbeit (Anm. 33), S. 34.

35 »Andere leben moralischer. Alle groben Laster, z.E. Saufen, Huren, Stehlen, lügen und betrügen in ihren groben Ausbrüchen sind ihnen ein Greuel. Dagegen leben sie äusserlich ehrbar und vor der Welt unsträflich, sind stille und bürgerlich ruhig, auch im Umgang mit andern bescheiden, höflich und verbindlich. Den äusserlichen Gottesdienst warten sie fließig ab, sind in der Kirche still, aufmerksam und bisweilen äusserlich auch recht andächtig. Sie gehen zur ordentlichen Zeit zur Beichte und zum heiligen Abendmahl, verrichten ordentlich ihr Morgen- und Abendgebet, und lesen auch wol in der Bibel und anderen guten Büchern. Hier denken sie nun: Was fehlt mir noch? Ich bin reich und habe gar satt. Bey dem allen aber wissen sie doch nichts aus eigener Erfahrung von der Erleuchtung des heiligen Geistes, von den innern Wirkungen der Gnade, von einer wahren Aenderung des steinernen, kalten und todten Herzens, vom rechten Leben im Glauben des Sohnes Gottes, vom götlichen Frieden und der Freude im heiligen Geist, von der wahren innern Kraft und Triebe zur Gottseligkeit und von der lebendigen Hoffnung des ewigen Erbes. Kurz sie sind bey dem allen noch entfremdet von dem innern Leben in Christ, das aus Gott«. Lenz, Christian David: Der Grund zur wahren, dauerhaften und unvergänglichen Wolfahrt eines Menschen, wenn Christus sein Leben ist, und Sterben sein Gewinn wird, in einer Leichen-Predigt in der St. Johannis-Kirche bey dem im Jahr Christi 1761, den 28 Octobr. gehaltenen feierlichen Leichen-Begängniß Ihro Excellenz der weiland Hochwolgebornen nun aber Wolseligen Frauen, Frauen Anna Elisabeth Freyherrin von Münnich ... Riga, S. 8.

36 Johansons, Andrejs: Latvijas kulturas vesture 1710–1800. Stockholm 1975, S. 259.

37 Lenz, Christian David: Gedanken über die Worte Pauli I Cor. v. 18. von der ungleichen Aufnahme des Wortes vom Kreutz. Zwey Theile, nebst einer starken und für unsere Zeiten sehr nöthig geachteten Vorrede, worinnen die Kreutztheologie des so genannten Herrnhuter, vornehmlich aus ihrem XII, Lieder-Anhange und deßen drey Zugaben unpartheyisch und genau geprüft wird. Königsberg, Leipzig 1750.

38 »Wenn Ewr. Hochwürden ich übrigens von dem hiesigen leider jämmerlich verwirrten Zustand unserer Liefländischen Kirche eine volständige Nachricht mitteilen solte, so würden viel Bogen nicht hinlänglich seyn. Überhaupt ist er leider sehr zerrüttet. Zugeschweigen, daß die mehrsten Lehrer Feinde des Creuzes Christi und Bauchdiener sind, so seyn die Herrnhuter itzo zwar, da wir einen neuen General-Superintendenten, Herrn Jac. Andr. Zimmermann, vorhin gewesenen Landprediger, einen sehr heftigen Antagonisten derselben bekommen, nicht viel mehr zu hören und zu sehen, und durch Sperrung ihrer Versammlungshäuser, gleichwie auch andere Äusserungen wieder sie, ziemlich dünne geworden. Die meisten redlichen Lehrer, deren doch ohne das eine kleine Anzal, sind mit dieser Partei vermengt gewesen, und können zum Teil davon noch nicht ganz ablassen. Ein unsectirerisch rechtschaffener Prediger ist hier folglich wie ein einsamer Vogel auf dem Dach und entweder mit Bauchdienern oder Herrenhutisch gesinnten Lehrern, die weder Ihm, noch er Ihnen ganz trauen kann, umgeben.« Archiv der Franckischen Stiftungen, C 381.

39 Philipp: Die Wirksamkeit (Anm. 2), S. 168.

40 Johansons: Latvijas (Anm. 36), S. 459.

41 Schaudinn: Deutsche Bildungsarbeit (Anm. 33), S. 71–72.

42 Vgl. Girard: Lenz (Anm. 3), S. 43.

43 Material darüber publiziert Johann Christoph Petri: Ehstland und die Ehsten. Gotha 1802, T. 3, S. 106–141.

44 Siehe Jürjo, Indrek: August Wilhelm Hupel als Repräsentant der baltischen Aufklärung. In: Jahrbücher für Geschichte Osteuropas 39 (1991), H. 4, S. 495–513.

45 Fundamentalbibliothek der Akademie der Wissenschaften Lettlands, Abteilung der Handschriften und raren Bücher, Bestand 25, Akte 6, Nr. 115 (A. W. Hupel an J. F. Hartknoch 22. IX 1783). Über Hupels Konflikt mit Lenz siehe Jürjo, Indrek: Valgustuslik pastor ja Liivimaa kirik. A. W. Hupeli filosoofilisi ja teoloogilisi vaateid. In: Akadeemia, 1990, Nr. 6, S. 1272–1287. Die deutschsprachige Fassung des Artikels ist im Druck.

46 Sonntag: Formulare (Anm. 16), S. 179–180.

47 Rudolf: Jakob (Anm. 3), S. 25–26.

48 Der Rigaer Pädagoge und Geistliche Gottlieb Schlegel beschreibt eher abschätzig diese Bemühungen in seinem Brief an F. K. Gadebusch 1. XI 1779: »Eben zu gleicher Zeit bemühte sich der Herr G. S. Lenz für seinen hiesigen älteren Sohn Reinhold, um die Stelle; fuhr mit ihm bey einigen Gliedern des Raths herum, und brachte gar die Empfehlung der Frau Generalgouverneurin. Man verwunderte sich deswegen, da der Herr Reinh. Lenz sich doch mit eigentlichen theologischen Wissenschaften nicht abgeben und in Schulsachen nicht Erfahrung hat: auch klagt er immer, wie sehr er durch seine Krankheiten zurückgesetzt sey in literar. Kenntnissen. Doch gibt er sich auf Willen des Vaters jetzt für einen Theologen aus: und man fürchtet, daß der Rector Geuder wohl einmahl werde weichen müssen.« SHLZ, B. 4038, Verz. 2, A. 1642, S. 435.

49 Lenz: Briefe (Anm. 7), Bd. 2, S. 156.

50 Ebenda, S. 197.

51 Ebenda, S. 37.

52 Lenz, Christian David: Antwortschreiben an einen Theologie Beflissenen, seine Gesinnungen bey dem itzigen neuen für Aufklärung gehaltenen in der Theologie und Religions-Lehre eingerissenen Meinungen betreffend mit einer apologetischen Vorrede und dem Briefe, der zu diesem Antwortschreiben Gelegenheit gegeben. Riga 1793.

53 Sonntag: Formulare (Anm. 16), S. 179.

»Ich geh aufs Land, weil ich bei Euch nichts tun kann.« Zu einigen Aspekten des Aufenthalts von J. M. R. Lenz am Weimarer Musenhof

Ulrich Kaufmann (Jena)

> »Unaufhörlich Lenz gelesen und nur aus ihm –
> so steht es mit mir – Besinnung geholt.«[1]
> (Franz Kafka, 21.8.1912)

> Placet.
> Ein Kranich lahm, zugleich Poet
> Auf einem Bein Erlaubniß fleht
> Sein Häuptlein dem der Witz geronnen
> An Eurer Durchlaucht aufzusonnen.
> Es kämen doch von Erd und Meer
> Itzt überall Zugvögel her
> Auch woll' er keiner Seele schaden
> Und bäte sich nur aus zu Gnaden
> Ihn nicht in das Geschütz zu laden.[2]

Mit »Placet«, diesen ehrfürchtigen und zugleich heiter-ironischen Versen, die Lenz Anfang April 1776 Carl August zur Begrüßung schenkte – auch wenn sich das Original im Bertuch-Nachlaß fand – führte er sich in Weimar ein.

Im Gegensatz zum Triumvirat Goethe, Herder, Wieland war Lenz von niemandem in die Residenzstadt eingeladen worden. Obgleich ihm nachweislich – und nicht, wie Peter Hacks behauptet, »angeblich«[3] – Anfang April 1776 ein lukratives Angebot als Literaturlehrer am Dessauer Philantropin vorlag, entschied er sich für Weimar. Zum einen suchte er die Nähe Goethes, des Freundes aus Straßburger Zeiten, zum anderen hoffte der mittellose und über keinen Berufsabschluß verfügende Poet 1776, dem Jahr, in dem alle Posten am Hofe neu besetzt wurden, gerade hier eine Anstellung finden zu können. Den wichtigsten Grund für Lenzens Ortswahl sieht die

Placet.

[handschriftliches Gedicht, schwer leserlich]

neuere Forschung[4] in seinem Plan, den jungen Herzog für sein Projekt einer grundlegenden Militärreform zu gewinnen. Obgleich ihn Goethe vor diesem Plane warnte und dringlich die Vernichtung der Papiere empfahl[5], beschäftigte sich Lenz, zunehmend radikaler denkend, in seiner Weimarer Zeit (gemeint sind dabei immer auch die Wochen, die der Dichter in Berka und Kochberg verbrachte) weiter mit der Soldatenschrift.

Im folgenden muß zunächst an Bekanntes zum Weimar-Aufenthalt Lenzens erinnert werden, um dann weniger beachtete Aspekte dieser für Lenz so bedeutsamen und folgenreichen Phase seines Lebens herausarbeiten zu können. Bisherige Forschungen zu unserem Thema, auch wenn diese zunehmend die Texte Lenzens befragten, konzentrierten sich auf die Frage nach Lenzens »Eseley«.

Sicher ist, daß Lenz zunächst in Weimar herzlich aufgenommen wurde. Nach wenigen Tagen empfing ihn der Herzog und auch in den Kreis um die Herzogin-Mutter Anna Amalia ward er bald einbezogen. Sogleich wollte sich der Neuankömmling nützlich machen, ohne sonderlich um fürstliche Gunst zu buhlen. Nicht nur eigene Werke trug er des öfteren in Hofkreisen vor, sondern zunehmend auch die anderer Autoren. Sigrid Damm nimmt an, daß Lenz die offizielle Stelle eines »Vorlesers« am Hofe gehabt haben könnte[6]. Er schien mit dem höfischen Leben anfangs zurecht-zukommen. Von Lenz ist bekannt, daß er in Weimar ebenfalls übliche Huldigungsgedichte für den Hof schrieb. Eines dieser Gedichte lautet in der Schreibweise des Dichters:

> Auf einem
> einsamen Spaziergang
> der durchlauchtigsten Herzoginn
> Louise
> unter Bäumen
> nach dem tödlichen Hintritt
> der Großfürstinn von Rußland[7]

Da er die Herzogin Luise besonders verehrte, muß ihn die Nachricht vom Tod ihrer Schwester am 16.5.1776 besonders getroffen haben. In ihrer Ausgabe gibt Sigrid Damm das Gedicht nach der Weimarer Handschrift exakt wieder. Jedoch darf bezweifelt werden, ob es sich tatsächlich um ein zweistrophiges Gedicht handelt[8]. Zwischen den Zeilen 4 und 5 ließ Lenz nicht mehr Platz als sonst, sondern rückte lediglich den Beginn der fünften Verszeile »Darf ich es nennen,...« etwas ein. Für den Charakter des Huldigungsgedichts dürfte von Interesse sein, daß Lenz in der zweiten Verszeile »stummer Schmerz« durch »hoher Schmerz« ersetzte.

Zusehends fühlt sich Lenz aber in die Rolle des Hofnarren gedrängt. In einem Brief an Frau von Stein heißt es im September 1776: »... trotz der Ehre, die ich darein setzte, einem Hofe zu gefallen, der gegenwärtig die Augen von ganz Deutschland und sogar unserer Nachbarn auf sich zieht, habe ich Ehrgeiz genug, um nicht mehr den Narren machen zu wollen.«[9]

Nach knapp drei Monaten hatte Lenz das höfische Leben satt, plante er, sich zurückzuziehen, um ungestört arbeiten zu können. Goethe teilte er mit: »Ich geh aufs Land, weil ich bei Euch nichts tun kann.«[10] Seit langem gehen Literaturgeschichtsschreiber davon aus, daß Lenzens Ortswechsel nach Berka auch mit der Übernahme der Regierungsgeschäfte Goethes am 11. Juni zusammenhängt. Goethe soll eine Woche später davon gesprochen haben, daß er »seine literarische Laufbahn Lenzen überlassen«[11] werde. Lenz litt darunter, wie der Verfasser des »Götz« und des »Werther« sich auf lange Sicht dem Niveau des Liebhabertheaters der Anna Amalia anpaßte. Es gibt sogar die Auffassung, daß die Differenz beider Dichter in dieser Frage zum Bruch geführt habe.[12]

In Berka schrieb Lenz das Prosafragment »Der Waldbruder«, das Stück »Henriette von Waldeck oder Die Laube«, das Dramolett »Tantalus«, das Kurzdrama »Die Kleinen«, Gedichte (u.a. »Epistel eines Einsiedlers an Wieland«) und anderes mehr. Hier, in unmittelbarer Nähe zu einfachen Menschen, zu Bauern, fand er seine künstlerische Produktivität wieder. »Ich schmecke die ganze Wollust der Einsamkeit auf den Kontrast des Hofes«.[13]

Die Monate September und Oktober verbrachte Lenz bekanntlich im wesentlichen auf Schloß Kochberg bei Charlotte von Stein. Er erteilte ihr Englischunterricht, sie übersetzten gemeinsam Shakespeare. Lenz, der Erfahrungen als Hauslehrer hatte, teilt Goethe auf wenig diplomatische Art mit: »Die Frau von Stein findet meine Methode besser *als* die Deinige.«[14] Im Sommerdomizil der Steins hatte Lenz seine erste persönliche Begegnung mit Herder. Hier konnte Lenz dichten und zeichnen. In dem Charlotte von Stein gewidmeten Gedicht aus den späten Oktobertagen »So soll ich dich verlassen, liebes Zimmer«, das in älteren Ausgaben den Titel »Abschied von Kochberg« trägt, finden sich die prophetischen Schlußzeilen:

> Ich aber werde dunkel sein
> Und gehe meinen Weg allein[15]

Wenige Wochen später, am 1. Dezember 1776, mußte Lenz wegen einer erneuten »Eseley«, die wohl eher Anlaß als Ursache war, Weimar verlassen, ohne die Möglichkeit zu haben, sich zu erklären. »...die sofortige Ausweisung Lenzens« aus Weimar steht fraglos in keinem Verhältnis zu dem wahrscheinlichen Anlaß«, schreiben Peter Müller und Jürgen Stötzer treffend in der Einleitung zum gerade erschienenen Lenz-Lesebuch.[16]

Für Jahrzehnte war es angebracht, in Goethes Gegenwart den Namen Lenz nicht im Munde zu führen. Es ist wenig bekannt, daß Friedrich Schiller mehrfach Interesse für Lenz bekundete. Als Herausgeber der »Horen« und des »Musen-Almanachs« mußte er bestrebt sein, seinen Lesern regelmäßig literarische Neuigkeiten zu präsentieren. Am 25. April 1796 bat er Cotta, für ihn in Leipzig die Stücke »Der Hofmeister« und »Die Soldaten« zu besorgen[17]. Schon dieser Wunsch zeigt, daß Schiller über Lenz im Bilde war, denn er ließ sich nicht irgendwelche Texte kommen, sondern dessen bedeutendste Dramen. Die Lektüre mußte ihn zu der Absicht geführt haben, künftighin weitere Werke des vor wenigen Jahren einsam verstorbenen Autors vorzustellen. Und so wandte er sich am 17. Januar 1797 aus Jena an Goethe: »Fällt Ihnen etwas von der Lenzischen Verlassenschaft in die Hände, so erinnern Sie sich meiner. Wir müssen *alles* (Hervorhebung – U. K.), was wir finden, für die ›Horen‹ zusammenraffen.«[18] Goethe reagierte schnell, auch wenn er gleich mehrfach versuchte, Schiller von seiner Lenz-Euphorie abzubringen. Am 1. Februar 1797 hieß es beiläufig: »Auch einige *Lenziana* liegen bey, ... Ob und wie etwas davon zu brauchen ist, werden Sie beurteilen. Auf alle Fälle lassen Sie diese *wunderlichen Hefte* (Hervorhebung – U. K.) liegen, bis wir uns nochmals darüber besprochen haben.«[19] Schon einen Tag später hat Schiller ein Urteil parat, bekundet aber als Dichter und Arzt sein Mitgefühl für Lenz: »Die Lenziana, so weit ich bis jetzt hinein gesehen, enthalten sehr tolles Zeug, aber die Wiedererscheinung dieser Empfindungsweise zu jetzigen Zeiten wird sicherlich nicht ohne Interesse sein, besonders da der Tod und das unglückliche Leben des Verfassers allen Neid ausgelöscht hat und diese Fragmente immer einen biographischen und pathologischen Wert haben müssen.«[20]

Was Goethe und Schiller in Bezug auf Lenz mündlich klärten, wissen wir nicht, wir können es nur ahnen. Fakt ist, daß Schiller aus mehreren »Heften« dann doch eine schmale Auswahl traf: Im 4. und 5. Heft der »Horen« von 1797 brachte der Herausgeber das Prosafragment »Der Waldbruder« – versehen mit der Bemerkung »von dem verstorbenen Dichter Lenz«. Für den Musen-Almanach 1798 entschied sich Friedrich Schiller für das Dramolett »Tantalus« sowie das berühmte Gedicht »Die Liebe auf dem Lande«. Auffällig ist, daß Schiller Texte wählte, die Lenzens Weimarer Erfahrungen von 1776 thematisieren bzw. die Liebe zur Sesenheimer Pfarrerstochter Friederike Brion besingen. Aber Schiller hatte wohl kaum eine andere

Wahl, denn Lenz in seiner wenig diplomatischen Art schenkte seinem Jugendfreund Goethe in der Regel gerade solche Texte, die diesen peinlich berühren mußten. Durch Schillers Engagement sind uns heute wesentliche Texte Lenzens bekannt, auch wenn die hier erwähnten merkwürdigerweise handschriftlich nicht mehr überliefert sind.[21]

Das bislang Gesagte versteht sich nicht als modisch gewordene Goethe-Schelte. Das Problem ist viel komplizierter: Immerhin hat Goethe in den frühen achtziger Jahren mehrere Lenz-Gedichte in das Tiefurter Journal gegeben. Er hat wohl doch nicht nur Lenz' Spuren verwischt ...[22]

Über Lenzens Weimarer Zeit ist viel geschrieben und mindestens ebensoviel spekuliert worden. Dieses Feld erweist sich nicht nur als eine Domäne der Germanistik, sondern gleichermaßen auch als eine heutiger Schriftsteller. Die weitere Beschäftigung mit Lenzens Weimarer Zeit ist nicht lediglich ein Gebot literaturhistorischer Forschung, sondern sie ist erforderlich, um heutige Literaturdebatten verstehen zu können. Im Streit um das Erbe im Allgemeinen, und das Lenzsche im Besonderen tragen zeitgenössische Autoren ihre heutigen Kämpfe aus.[23]

Im Jahre 1990 schrieb Peter Hacks, der kürzlich sarkastisch ein »Literaturedelmann«[24] genannt wurde, gewissermaßen den Gegentext zu Christoph Heins einfühlsamen Essay »Waldbruder Lenz« (1981). In seiner Abhandlung »Lenzens Eseley« trat Hacks mit dem Anspruch auf, das vielbesprochene Geheimnis nun endlich zu lüften: Der Autor des »Hofmeister« plauderte nicht, wie noch Eissler behauptete[25], das Geheimnis aller Geheimnisse (Goethes Liebe zur Herzogin Luise) aus, sondern Lenz habe sich dieser Dame selbst unsittlich genähert, sie vielleicht sogar geküßt. Als »Quellen« bietet Hacks Lenzens Dramolett »Tantalus« und Goethes »Tasso« an. »Sicherlich und sichtlich ist der ›Tasso‹ ein Stück über Lenz. Weshalb haben sich alle Ausleger geeinigt, in ihm ein Stück über Goethe zu erkennen? ... Die Sachlage ist so einfach, daß einer schon Professor sein muß, um sie verwickelt zu finden. Goethe erzählt im ›Tasso‹ von sich, aber anhand des Lenz-Stoffes und also vermittelt über eine unerfreuliche Figur.«[26]

Hacks, der gern darauf verweist, (Alt-)Philologe zu sein, hat selbstredend Sigrid Damms Lenz-Biographie studiert, auch wenn er davon nicht spricht. Bei Damm findet sich bereits der Vorschlag, den »Tasso« als »eine verdrängte Erinnerung an seinen Freund Jakob Lenz«[27] zu lesen.

Hacks »übersetzt« die italienischen Orte des »Tasso« ins Deutsche: »Denkbar wäre, daß Florenz für Dessau steht; denn Dessau stand zu Weimar in eben der schöngeistigen Konkurrenz wie der Hof der Medici zu dem der Este, und Lenz hatte eine angebliche Aufforderung, nach Dessau zu eilen, mit deren angeblicher Ablehnung er Weimar ein angebliches Opfer brachte.«[28]

Auch sonst wird Lenz von Hacks ausschließlich negativ charakterisiert: Er sei ein »kleinerer Poet« gewesen, »auf den es sonst nicht ankommt.«[29] Im Gegensatz zu Goethe, »der Akademiker und von Stand« war, handele es sich bei Lenz um eine Erscheinung der »Szene«[30], um einen »Nachwuchsdichter«[31]. Das dramatische Werk von Lenz nimmt Hacks lediglich als Dokument zur Kenntnis, wenn es um das Finden von »Wahrheiten« in der Biographie des Dichters geht. Wer den »Klassiker« Hacks kennt, weiß, daß Lenz hier nur als Sack geprügelt wird, die Schläge aber bekannten Zeitgenossen wie Volker Braun und Heiner Müller gelten.

Ein Drama läßt Hacks hingegen unerwähnt, (das im Gegensatz zum »Tasso« gewiß nicht zu den Meisterwerken gehört), in dem Goethe – und zwar zeitlich eher – ebenfalls Lenzens Weimar-Aufenthalt thematisiert. Die erste Fassung der sechsaktigen »dramatischen Grille« »Der Triumpf der Empfindsamkeit« entstand in den Jahren 1777/78 für das Weimarer Liebhabertheater. Zur gleichen Zeit, als man sich in Weimar – auf Kosten von Lenz, wie wir noch sehen werden – herzlich über Goethes belanglose Posse amüsierte (die Premiere war am 30. Januar 1778) ging, um mit Büchner zu reden, Lenz durch's Gebirg, ereilten ihn erste Wahnsinnsanfälle.

Goethe erzählt die Geschichte des »humoristischen Königs« Andrason (den er in der Premiere selbst spielte), welcher erbost darüber ist, daß der empfindsame Prinz Oronaro sich für seine Gemahlin Mandandane interessiert. Ein Orakel soll Hilfe bringen. In diesem ist von einer »geflickten Braut« die Rede. Oronaro will durch eine »männliche Tat« auf Mandandane verzichten. Andrason scheint Oronaro verzeihen zu wollen und überläßt ihm die zweite Mandandane, die sich als Puppe erweist.

Es ist nicht schwer, in dem Prinzen Züge Lenzens zu entdecken. Offenkundig spielt Goethe nicht nur auf Lenzens Sympathie für die Herzogin Luise an, sondern vor allem auf die in Weimar stadtbekannte unglückliche Liebe Lenzens zu der Straßburger Adligen Henriette von Waldner. (Zu allem Unglück war in Weimar eine Cousine Henriettes als Hofdame tätig.) Prinz Oronaro, »der empfindsamste Mann von allen Männern« legt wenig Wert auf »Rang und Hoheit«[32], sondern geht viel lieber in einer mitgebrachten Laube seinen Träumen nach. Damit erinnert Goethe an Lenzens in Weimar und Berka entstandenes Stück »Henriette von Waldeck oder Die Laube« an, welches ihm Lenz schenkte. In diesem Dramenfragment versucht Lenz, seine Beziehung zu Henriette von Waldner poetisch zu gestalten.

Als letzter Beleg sei angeführt, daß Goethe im Zusammenhang mit dem Prinzen von »tantalischem Streben« und vom Los des Tantalus spricht. Damit erinnert er an das in Berka entstandene Dramolett »Tantalus«, in dem sich Lenz über seine Rolle am Weimarer Hof klarzuwerden suchte. Lenz, hier Tantalus mit Ixion verwechselnd, erzählt, wie Tantalus Juno verführen will, weshalb ihm Zeus eine Falle stellt und ihm eine nach ihrem Bilde geformte Wolke schickt.

Der exkursorische Verweis auf Goethes zu Recht wenig bekannte »dramatische Grille« ist nicht nur historisch von Interesse, sondern hat auch einen aktuellen Hintergrund: 1986 hatte am Deutschen Nationaltheater Weimar Horst-Ulrich Wendlers Stück »Lenz oder Der Triumpf der Empfindsamkeit« Premiere. In diesem etwas geschwätzigen Text wird erzählt, wie Mimen des Weimarer Hofes am 30. November 1776, dem letzten Tag Lenzens in Weimar, bei der Generalprobe zu Goethes Posse »Der Triumpf der Empfindsamkeit« – die zu diesem Zeitpunkt noch ungeschrieben war – sind. Der Probe zu seinem Stück bleibt der Autor und Regisseur wegen einer erneuten »Eseley« Lenzens fern. In Wendlers Phantasie bestand diese in einem von Lenz fingierten Unfall mit der Hofkutsche, die dem fiktiven Lenz Gelegenheit bot, die Herzogin Luise zu »retten«.

Interessant an Wendlers Stück ist, wie die Spielebene ständig unterbrochen wird durch neue Nachrichten aus der Weimarer Hofszene. Konsequenterweise läßt Wendler den Oronaro durch Lenz darstellen, obgleich die Mimen zusehends ahnen, daß dieser zur Premiere gar nicht mehr in der Stadt an der Ilm sein wird.

Zu den bislang überhaupt nicht beachteten Tatsachen zu Lenzens Weimarer Zeit gehört, daß er in den letzten Thüringer Tagen daranging, eine Biographie vorzubereiten über Bernhard von Weimar (1604–1639), den Bruder Herzog Johann Ernst d. J., des Mitbegründers der Fruchtbringenden Gesellschaft, die Weimars Ruhm als Musenstadt begründete. Ganz offensichtlich versucht sich Jakob Lenz an dieser Lebensbeschreibung über den »unsterbliche(n) Bernhard«[33] (der ein Urenkel des Begründers der Jenaer Universität, Johann Friedrich war), um dessen regierenden Nachfahren doch noch von dem Entschluß abzubringen, ihn aus der Residenzstadt und dem Herzogtum zu verweisen. In einem französisch verfaßten, offenkundig nicht abgesandten Brieffragment an den Herzog schrieb Lenz, gegen tiefe Verzweiflung ankämpfend: »Ich sehe Hoffnungsschimmer darin, daß Sie (Eure Hoheit – U. K.) nicht einen Plan fallenlassen wird, dessen Ausführung den fühlbarsten Reiz meines Lebens ausmachen wird! ...«[34] Aus einem etwa zeitgleich entstandenen Brief an Herder wissen wir, daß Lenz Bücher des Herzogs für seine Studien nutzte. Herder wurde gleich zweifach angefleht, beim Herzog wenigstens einen Tag Aufschub zu erreichen, »um ... aus dem Archiv die großen Züge seines eigenen Charakters (gemeint ist der Carl Augusts – U. K.) in denen seines großen Ahnherren Bernhard zu Ende studieren zu können.«[35]

Lenz war durch das jähe Ende seiner Weimarer Zeit so überrascht, daß er davon sprach, sich seine »süßesten Arbeiten«[36] (zu denen er offenkundig die Fürstenbiographie rechnete) aufgespart zu haben.

Jüngst hat Werner H. Preuss[37] die These vertreten, Lenzens »Eseley« habe darin bestanden, die Farce »Der Tod der Dido« (die übrigens in der Dammschen Werkausgabe fehlt) geschrieben zu haben. Auch wenn Preuss den letzten philologischen Beweis schuldig bleiben muß, erinnert er daran, daß 1794 Charlotte von Stein ebenfalls ein Dido-Drama (ein »Trauerspiel in 5 Akten«)[38] schrieb. Preuss spricht die Vermutung aus, die Verfasserin habe im Herbst 1776 in Kochberg die Bekanntschaft mit Lenzens Stück (von dem sich die Entstehungszeit bislang nicht genau bestimmen ließ) gemacht. In der zweiten Szene dieses Melodramas gibt es folgenden Dialog:

Graf ...	... Aber was will er denn eigentlich vorstellen?
Erst(er) Dicht(er)	Ich dächte eine vaterländische Geschichte.
	Wüßte der Graf jemand von ihren berühmten Vorfahren.
Graf	Was soll der?
Erst. Dicht.	Ich würde suchen ihn in seiner ganzen Grösse auf der Bühne darzustellen.
Graf	Ist er toll? oder meynt er, daß Jemand aus meinem Geblüt dazu sey, Komödien zu spielen?[39]

Diese Parodie könnte den Herzog – vorausgesetzt, er hat sie gelesen! – dazu geführt haben, wenig Interesse an Lenzens Bemühungen um Bernhard zu bekunden. Und so erklärt sich Preuss den Wunsch des Dichters, Goethe möge – trotz aller Differenzen – bei Carl August für die »Reinheit (seiner) Absichten«[40] beim Schreiben der Biographie bürgen.

Lenzens Notate zu einem der strategisch begabtesten Heerführer des 30jährigen Krieges, der gewissermaßen Musterschüler des Schwedenkönigs Gustav Adolf und, nach dessen Tod 1632 auf dem Schlachtfeld von Lützen, Führer seines Heeres war, sind nicht nur als Huldigung an das ernestinische Fürstenhaus und dessen Nachfolger Carl August zu verstehen, sondern sie gehören in den Umkreis des Reformprojekts zum Soldatenwesen.

Die Forschungsliteratur spricht davon, daß sich in der Universitätsbibliothek Kraków 9 Blätter über Bernhard befinden.[41] Tatsächlich handelt es sich um 13 Seiten mit Notizen, die Lenz in französischer Sprache einer Weimarer Quelle des Archivarius Neuberger[42] entnahm. Lenzens Notierungen wurden hastig niedergeschrieben. Voll konzentriert konnte der Dichter unter diesem psychischen Druck wohl kaum noch arbeiten. Seine Gedanken schweiften offenkundig ab, so entstanden, gegen Ende der Studien, kleine Zeichnungen. (Lenz hat übrigens bis zum Ende seiner Tage gezeichnet. Dieser Nebenstrang seines Oeuvres ist, soweit ich sehe, bislang kaum beachtet worden.)

Zu Zeiten als Lenz und Goethe in Weimar waren, war Herzog Bernhard, den man gelegentlich den »Großen« nannte, ein noch allseits bekannter und geschätzter Mann. Überliefert ist nicht nur, daß er sich durch überdurchschnittliche strategische Fähigkeiten im Krieg, einen besonderen Mut, eine gütige Strenge auszeichnete, sondern auch durch einen besonderen Charme gegenüber den Frauen sowie, wie alle Ernestiner, durch tiefe Religiosität und hohe Bildung[43].

Wer eine geringe Meinung von Lenz hat, dem mag der Plan, die Lebensgeschichte Bernhards zu schreiben, als eines von vielen Hirngespinsten erscheinen. Indessen sei darauf verwiesen, daß kein Geringerer als Goethe knapp vier Jahre nach (!) Lenz mitteilte, ähnliche Absichten gehabt zu haben.

»Zur Geschichte Herzog Bernhard's habe ich viel Documente und Collectaneen zusammengebracht. Kann sie schon ziemlich erzählen und will, wenn ich erstlich den Scheiterhaufen gedruckter und ungedruckter Nachrichten, Urkunden und Anekdoten recht zierlich zusammengelegt, ausgeschmückt und eine Menge schönes Rauchwerks und Wohlgeruchs drauf herumgestreut habe, ihn einmal bei schöner, trockner Nachtzeit anzünden und auch dieses Kunst- und Lustfeuer zum Vergnügen des Publici brennen lassen.«[44]

Auch Goethe sollte allerdings über das Stadium der Materialsammlung zur Lebensgeschichte Bernhards nicht herauskommen.

Zu denen, die sich nach dem bitteren Zerwürfnis zwischen Goethe und Lenz für letzteren einsetzten, gehörte unter anderen auch Johann Gottfried Herder. Der Superintendent ist der einzige unter den Weimarern gewesen, der die an ihn gerichteten Briefe Lenzens gesammelt hat. Allerdings engagierte sich Herder vorsichtig, da er sich, wie Sigrid Damm schreibt, als Neuling auf dem »glatten Hofparkett«[45] bewegte und man bedenken sollte, daß er durch Goethe an den Weimarer Hof gelangt war. Am letzten Tag, den Lenz in Weimar verbrachte (am 30.11.1776), erhielt er einen knappen Brief Herders. Dieser sprach diesmal ungewöhnlich hart mit Lenz, auch wenn er – mit Blick auf Lenzens letztes Weimarer Projekt – einen Hoffnungsschimmer andeutete. Der Brief schließt mit den Worten: »Sudle

u. laure aber nicht, sondern geh. Jetzt ist an Bernhard zu denken.«[46] Nach der schlimmen Enttäuschung, die sich als Wendepunkt seines Lebens erweisen sollte, war Lenz offenkundig nicht in der Lage, Herders gut gemeinten Ratschlag zu beherzigen.

Lenzens Notate zu Bernhard selbst erwiesen sich nicht als so interessant, wie die hier skizzierten Umstände, unter denen sie aufgeschrieben wurden. Im Zentrum des Interesses von Lenz standen die letzten Lebensjahre Bernhards, in denen dieser in französischen Diensten stand (seit 1635). Aufgezeichnet wurden Informationen über Vertragsverhandlungen, Truppenstärken, Militäretat und vieles andere mehr. Unter dem Datum 1639, Juli, notierte Lenz auf S. 6: »Der Herzog Bernhard von Weimar starb in Neuburg am Rhein (an den Schwarzen Blattern oder an französischem Gift[47] – U.K.) im Ruf einer der größten Hauptmänner seines Jahrhunderts, obwohl er nicht älter als 36 Jahre war.«[48]

Hermann Hettner (der bekannterweise von Lenz keine hohe Meinung hatte, diesen, Carl August folgend, lediglich als den »Affen Goethes«[49] sah) hob an ihm allerdings ein Talent für das »Derbkomische«[50] hervor. In Bezug auf Lenzens Weimar-Aufenthalt schreibt er: »Das schlimme war nur, daß Lenz überall glaubte, ernten zu können, ohne zu säen, und daß sein ärgster Feind seine leichtfertige Haltungslosigkeit war.«[51] Dieses Urteil verfehlt das von Lenz in den Thüringer Monaten Versuchte und Geleistete gründlich. Denn Lenz hat in Weimar nicht nur intensiv in allen literarischen Gattungen gearbeitet, sondern er war möglicherweise als Vorleser, mit Sicherheit jedoch als Übersetzer und Gesellschafter am Hofe tätig, gab in Kochberg Unterricht, war intensiv mit seiner Soldatenschrift beschäftigt, die er nach dem Desinteresse in Weimar einem französischen Verlag anzubieten plante, und er trieb Studien zu einer Biographie. Dies ist ausdrücklich hervorzuheben, weil man bis heute in Reiseführern, sofern sie überhaupt Lenz erwähnen, Aussagen findet, die sich kaum von denen Adolf Bartels' in seiner »Geschichte der thüringischen Literatur« (1938) unterscheiden: »Goethe soll beabsichtigt haben, ihn anstellen zu lassen, aber er machte dann alle Tage regelmäßig seinen Dummenstreich und beging im November eine solche Eselei, daß er entfernt werden mußte.«[52] Das ist so ziemlich alles, was der Leser zu Lenz und Thüringen erfährt!

Aus dem bislang zu Lenz und seinen Weimarer Erfahrungen Gesagten könnte sich für die Gegenwart und Zukunft der Lenz-Forschung eine Schlußfolgerung ergeben. Sollte man nicht so bald als möglich an der Jenaer Universität, die den Namen eines Mannes trägt, der sich intensiv um Lenzens Werke bemühte, eine Forschungsstelle zu Jakob Michael Reinhold

Lenz gründen[53]? Dies ist als eine wesentliche Voraussetzung für eine dringend notwendige historisch-kritische Lenz-Ausgabe anzusehen.[54]

---

1 Franz Kafka, Tagebücher, herausgegeben von Max Brod, Austria, 1967, S. 204.

2 Das Gedicht wird nach der Handschrift zitiert. Aus ihr geht hervor, daß Lenz die Überschrift mit einem Punkt beschließt, Erlaubnis mit ›ß‹ schrieb und ›Erd‹ nicht mit einem Apostroph abschloß. Vgl. Goethe-Schiller-Archiv Weimar Zn 1877. Vgl. auch Damm, 1987, Bd. 3, S. 187. In dem Film »Lenz« (Regie Egon Günther/1992/) wird dieses Gedicht in aufgeräumter Stimmung von der Herzogin Luise vorgetragen.

3 Vgl. Peter Hacks, Lenzens Eseley. In: Transatlantik, August 1990, S. 37–42. Aus dem Brief von Simon an Lenz vom 4.4.1776 (Bd. 3, Damm, 1987, S. 422) geht eindeutig hervor, daß Lenz ein mehrjähriges Angebot am Dessauer Hof hatte.

4 Vgl. Horst Albert Glaser, Bordell oder Familie – Überlegungen zu Lenzens ›Soldatenehen‹. Vortrag auf dem Lenz-Symposium in Norman (Oklahoma), Oktober 1991. In: J.R.M. Lenz als Alternative? – Positionsanalysen zum 200. Todestag. Hrsg. v. Karin A. Wurst. Köln, Weimar, Wien 1992, S. 112–122.

5 Vgl. Johann Wolfgang Goethe, Dichtung und Wahrheit. 14. Buch, Berliner Ausgabe, Bd. 13, Berlin und Weimar, 1960, S. 646.

6 Vgl. S. Damm, 1985, S. 205.

7 Goethe-Schiller-Archiv 33/1168.

8 Vgl. Damm, 1987, Bd. 3, S. 187.

9 Lenz an Ch. v. Stein, Anfang September 1776 (frz.), Damm, Bd. 3, S. 887.

10 Lenz an Goethe, 27.6.1776, Damm, 1987 Bd. 3, S. 472.

11 S. Damm, 1985, S. 199.

12 Vgl. Werner H. Preuss, ›Lenzens Eseley‹: ›Der Tod der Dido‹, in: Goethe-Jahrbuch, Bd. 106, Weimar 1989, S. 53–90. Preuss hat die Verfasserschaft Lenzens später selbst in Frage gestellt. Vgl. Goethe Jb. 108, 1991.

13 Lenz an Pfeffel, Mitte Juli 1776, Damm, 1987 Bd. 3, S. 487.

14 Lenz an Goethe, Mitte September 1776, Damm, 1987 Bd. 3, S. 495.

15 Damm, 1987, Bd. 3, S. 206.

16 J. M. R. Lenz – Ein Lesebuch für unsere Zeit. Herausgegeben von Peter Müller und Jürgen Stötzer, Berlin 1992, S. 27.

17 Vgl. Friedrich Schiller, Briefe, Herausgegeben von Fritz Jonas, Kritische Gesamtausgabe, Stuttgart, Leipzig, Berlin, Wien, Bd. 4, S. 445. Vgl. auch Max Rubensohn, Schiller und Lenz. In: Euphorion 12 (1905), S. 692–693.

18 Ebenda, Bd. 5, S. 143.

19 Goethe an Schiller. Weimarer Ausgabe, Nr. 3478.

20 Schiller an Goethe, a.a.O., Bd. 5, S. 152–153.

21 Lediglich von der Erzählung ›Der Waldbruder‹ gibt es einige Seiten in Kraków. Vgl. Christoph Weiß, »Waldbruder«-Fragmente. Über einige ungedruckte Entwürfe zu J.H.R. Lenz' Briefroman »Der Waldbruder ein Pendant zu Werthers Leiden.« In: Lenz Jb. 3/1993, S. 87–98.

22 Vgl. meinen Lenz-Vortrag in Birmingham (September 1992): Neue Sicht auf alte Funde – Die Lenziana in Weimar. In: J.M.R. Lenz – Studien zum Gesamtwerk. Hrsg. v. David Hill, Opladen 1994, S. 214–221.

23 Vgl. Peter Hacks, Über eine Goethesche Auskunft zu Fragen der Theaterarchitektur. In: Hacks, Essays, Leipzig, 1984. Vgl. auch Ulrich Kaufmann, Dichter in ›stehender Zeit‹ – Studien zur Georg-Büchner-Rezeption in der DDR, Erlangen und Jena, 1992, S. 11f.

24 Vgl. Willi Winkler, Auf der Nadelspitze. (Beitrag zum 200. Todestag von Lenz). In: Die Zeit, Nr. 23, 29.5.92, S. 61.

25 Vgl. K. R. Eissler, Goethe – eine psychoanalytische Studie 1776–1786, Bd. 1, München 1987, S. 64f.

26 Hacks, 1990, S. 41–42.

27 Damm, 1985, S. 246.

28 Hacks, 1990, S. 41.

29 Ebenda, S. 37.

30 Ebenda, S. 39.

31 Ebenda, S. 42.

32 J. W. Goethe, Der Triumph der Empfindsamkeit. Berliner Ausgabe, Bd. 5, Berlin 1964, S. 352.

33 Lenz, Über die Soldatenehen, Damm, 1987, Bd. 2, S. 807.

34 Lenz an den Herzog Carl August, 20.11.1776, (frz.), Damm 1987, Bd. 3, S. 897.

35 Lenz an Herder, 29. oder 30.11.1776, Damm, 1987, Bd. 3, S. 517.

36 Ebenda, S. 518.

37 Werner H. Preuss, 1989, S. 53–90.

38 Vgl. Sigrid Lange, Über epische und dramatische Dichtung Weimarer Autorinnen. Überlegungen zu Geschlechterspezifika in der Poetologie. In: Zeitschrift für Germanistik – Neue Folge, 2/1991, S. 341–351.

39 Zitiert nach Werner H. Preuss, 1989, S. 66.

40 Lenz an Herder, 29. oder 30.11.1776, Damm, 1987, Bd. 3, S. 518.

41 Vgl. Lenz, Kommentar zu ›Über die Soldatenehen‹, Damm, 1987, Bd. 2, S. 947.

42 Diese Quelle war bislang im Hauptstaatsarchiv Weimar nicht auffindbar.

43 Vgl. G. Droysen, Bernhard von Weimar, 2 Bde., Leipzig, 1885. Vgl. auch Günther Franz, Herzog Bernhard von Sachsen-Weimar. In: Forschungen zur Thüringischen Landesgeschichte, Weimar 1958, S. 43–54.

44 Goethe an J. H. Merck, 3.4.1780, Goethe-Briefe, Bd. 1, Hamburger Ausgabe 1962, S. 299f.

45 Vgl. S. Damms Kommentar zu: Lenz an Herder, 29. oder 30.11.1776, Damm, 1987, Bd. 3, S. 898.

46 Herder an Lenz, 30.11.1776, Damm, 1987, S. 519.

47 Vgl. Peter Mast, Thüringen – Die Fürsten und ihre Länder, Graz, Wien, Köln, 1992, S. 46.

48 Zitiert nach dem französisch abgefaßten Original, das in Kraków liegt, S. 6 (Übersetzung Simone Teuchgräber).

49 Hermann Hettner, Geschichte der deutschen Literatur im achtzehnten Jahrhundert, Bd. 2, Berlin, 1961, S. 184.

50 Ebenda, S. 190.
51 Ebenda, S. 192.
52 Adolf Barthels, Geschichte der thüringischen Literatur, Bd. 1, Jena 1938, S. 205.
53 Karin Wurst hat in den in den USA erschienenen »Lenz-papers« 1992 die Konzeption für eine Jenaer Forschungsstelle abgedruckt.
54 Rüdiger Scholz, Eine längst fällige historisch-kritische Ausgabe: Jakob Michael Reinhold Lenz. In: Jb. der deutschen Schiller-Gesellschaft, 34, 1990, S. 195–229.

Teil 3

Lenz, Aristophanes, Bachtin und ›die verkehrte Welt‹[1]

Helga Stipa Madland (Oklahoma)

Auch nachdem zweihundert Jahre vergangen sind, haben sich Literaturhistoriker noch nicht darüber geeinigt, ob Lenz nun Tragödien, Komödien oder Tragikomödien geschrieben hat. Dieser Dissens liegt zum Teil in Lenz' eigener Unsicherheit begründet, wie er seine Dramen nennen solle, eine Haltung, die sein (und des Sturm und Drang) Experimentieren mit der konventionellen Dramenstruktur reflektiert. Aber auch Lenz' Vielseitigkeit ist verantwortlich dafür, daß sich die Forschung widerspricht: die Tatsache, daß, wie John Guthrie kürzlich nochmals betont hat, Lenz sowohl vom bürgerlichen Melodrama, der neulateinischen Komödie als auch von der Comedia dell'arte wie auch von Shakespeare, der sächsischen Typenkomödie und von Puppenspielen Anleihen nimmt.[2] Man mag Lenz' Technik als die eines dramatischen Bastlers (bricoleur) bezeichnen, dessen Originalgenie in der Fähigkeit wohnt, vorhandene Elemente zu kombinieren und sie in neue Strukturen zu überführen. Guthrie interessiert sich für Lenz als Komödiendichter und kommt zu dem Schluß, daß »parody holds the key to this new style of comedy«.[3] Guthries Schlußfolgerung ist in vieler Hinsicht plausibel. Sicherlich gibt es starke parodistische Elemente in Lenz' Hauptdramen, insofern es sich bei ihnen in vieler Hinsicht um kritische und spöttische Imitationen des bürgerlichen Trauerspiels handelt. Aber die Aufsätze Guthries und anderer zum Thema Lenz und Komödie[4] beschäftigen sich nicht speziell mit Technik, obwohl sie auf Stil und komische Mittel anspielen. Mit Technik beschäftigt sich dieses Referat. Es soll betont werden, daß Inversion (Umkehrung) Lenz' wesentliches komische Mittel ist, und daß dieses ihn mit dem antiklassischen Kanon verbindet, den Bachtin als »grotesken Realismus[5]« bezeichnet, eine ästhetische Position außerhalb der Klassik, die schon von Auerbach betont wurde, und die Lenz mit Aristophanes in Verbindung bringt.[6]

Bachtin assoziiert das Groteske, wie es sich in der Attischen Komödie, bei

Cervantes, Shakespeare und Rabelais, und in neuerer Zeit im Sturm und Drang, in der Romantik und der Moderne manifestiert, mit dem Geist des Karnevals. Karneval, wie Bachtin es beschreibt, war die Gelegenheit, den Sitten und der Kultur des Volkes Ausdruck zu verleihen; insbesondere waren alle hierarchischen Ordnungen während der Festivitäten aufgehoben, welches eine verkehrte aber auch eine demokratische Welt erschuf. Bachtin meint, daß der enge Kontakt auf den Straßen der mittelalterlichen Städte »a special type of communication impossible in everyday life«[7] erschuf, und obwohl die Karnevalrituale einerseits dazu dienten Aggressionen abzubauen wodurch eine gewisse Versöhnung herbeigeführt werden könnte, erlaubte diese Kommunikationssituation es, daß die Bewußtseinsstrukturen sich verändern könnten. Während der karnevaleske Geist die frühere Literatur unmittelbar beeinflußte, hat er heute nur einen äußerst geringen Einfluß auf literarische Formen. Bachtin erwähnt das weiterlebende Volkstheater, vor allem Puppenspiele und Vorstellungen auf Jahrmärkten, die im 18. Jahrhundert immer noch beliebt waren, und folgert, daß es vor allem die rein literarische Tradition war, die spätere Autoren beeinflußte. Als der Sturm und Drang und Lenz den grotesken Realismus wiederbelebten, war das Genre subjektiv geworden: die respektlose Kritik an gesellschaftlichen Zuständen, die sich in Formen und Symbolen des Karnevals ausdrückte, wurde unterdrückt, erschien aber erneut in Form von Ironie, Satire und Parodie bei einzelnen Autoren.[8]

Eine Erinnerung an die volksnahe Literatur früherer Zeiten, wie Bachtin sie erkannt hat, wird in Lenz' Haltung zum Verhältnis seiner eigenen Schriften zum Volk ersichtlich. Der Anstoß in Lenz' Dramaturgie leitet sich sicherlich von der Absicht her, Stücke für das Volk zu schreiben, wie er an einer bekannten Stelle aus einem Brief an Sophie von La Roche erklärt: »Doch bitt ich Sie sehr, zu bedenken, gnädige Frau! daß mein Publikum das ganze Volk ist... .«[9] Es ist behauptet worden, daß Lenz glaubte, Stücke schreiben zu müssen, die komisch und tragisch zugleich seien, weil das Publikum, für das er schrieb, »das ganze Volk«, aus Gebildeten und Ungebildeten bestehe, und die Komödie traditionell für die unteren Schichten, die Tragödie für die oberen Schichten gedacht war. Auch nahm man an, daß Lenz sich selbst als untergeordneter Autor angesehen habe, der komische oder Mischstücke in einer Zeit des Übergangs geschrieben habe, eifrig sein Publikum für den »richtigen« und großen Dichter vorbereitend, den Tragödienschreiber, der folgen sollte. Schließlich schrieb Lenz, daß »der komische Dichter dem tragischen sein Publikum erschafft« (Damm 2, 704), eine Beobachtung, die die Lenzforschung mit einem Eifer und einem Maß an Kritiklosigkeit akzeptiert hat, die einem sonst bei Lenz nicht begegnet. Es ist aber problematisch zu behaupten, daß Lenz seine eigenen Stücke als den klassischen unterlegen angesehen habe. Eine Erklärung für seine deutliche Wertschätzung der Tragödie mag in der Tatsache liegen, daß Lenz' Kritik am klassischen Kanon und an der klassischen Ästhetik sich zu einer Zeit abspielte, als die öffentliche Verbannung des Hanswurst von der Bühne – einer Figur, die den populären und respektlosen Humor des Volkes verkörperte – noch gut im Gedächtnis war, und Lenz' hohe Achtung vor der Tragödie mag durchaus eine Konzession an den dominanten literarischen Diskurs gewesen sein. Aber die Stücke selbst und eine Reihe von Beobachtungen in seinen Briefen und Schriften legen nahe, daß Lenz sich schreibend auf ein neues Drama zubewegte, ein komisches Drama in der Art von Aristophanes und späteren Autoren, die für das Volk schrieben.

Lenz' Verhältnis zu Aristophanes war fraglos zwiespältig. Seine Bemerkungen deuten an, daß er von Aristophanes zugleich angezogen und abgestoßen war: er befürchtete selbst an der »Aristophanischen Krankheit«[10], das heißt, an einem Hang zu Satire und Schmähung zu leiden. Roger Bauer glaubt, daß Lenz' negative Einschätzung aristophanischer Obszönität mit den vorherrschenden Ansichten über die Angemessenheit literarischer Sprache übereinstimmt, eine Position, die sich mit dem dominanten klassischen Kanon in Übereinstimmung befindet. In einem Brief an Herder demonstriert Lenz jedoch seine Affinität zur obszönen Sprache und zum Humor der antiken Komödie, indem er schreibt, daß er bedaure, die Schlußszene des »neuen Menoza« im Stil der alten Komödie komponiert zu haben, hinzufügend: »Wie konnt ich Schwein sie auch malen!« (Damm 3, 333). Ähnlich erklärt Lenz in der »Verteidigung des Herrn W. gegen die Wolken«, daß er – beeinflußt vom »aristophanischen Spleen« (Damm 3, 713) – beim Schreiben der »Wolken« zu weit gegangen sei. Im »Pandämonium Germanicum« applaudiert er aber Aristophanes, der zusammen mit Plautus die alte Komödie repräsentiert, mit der Lenz wetteifern möchte:[11] »Glücklicher Aristophanes, glücklicher Plautus, der noch Leser und Zuschauer fand« (Damm 1, 256). Bauer folgert, daß Lenz nicht zu derselben unkomplizierten Identifikation mit Aristophanes kommt wie mit Plautus, daß aber all diese Anstrengungen auf die Erneuerung der antiken Komödie gerichtet gewesen seien: »Die Plautinische und zum Teil Aristophanische Komödie, die Urkomödie«.[12] Bauer zufolge war Lenz' Komödientheorie nur teilweise von den antiken Modellen selbst bestimmt, während »die Phantasien und Spekulationen, die Generationen von Glossatoren daran geknüpft hatten«,[13] einen Hauptfaktor bei seiner Komödienkonzeption bildete.

Falls Bauers Schlußfolgerung, nach der Lenz' Hauptanliegen in der Erneuerung der alten Komödie bestand, richtig ist – und ich glaube, sie ist richtig – dann muß sich die Frage stellen, warum die Forschung Lenz' Komödienthorie mehr oder weniger zugunsten der Tragödientheorie vernachlässigt hat. Eine mögliche Erklärung liegt in der Tatsache, daß die »Anmerkungen übers Theater« sich anscheinend mit der Tragödie beschäftigen, während die Bemerkungen zur Komödie nur wenige sind, die lakonisch in den »Anmerkungen« und über die anderen Aufsätze und die Briefe verstreut erscheinen. Ich möchte aber behaupten, daß Lenz, wann immer er Dramen schrieb oder über das Drama theorisierte, Komödie schrieb oder beschrieb; daß seine Vorstellungen über Dramenstruktur die Struktur der modernen Komödie und des modernen Dramas überhaupt bilden, und daß alle seine Stücke Komödien sind.

Die folgenden Bemerkungen aus den »Anmerkungen« werden häufig zur Erhellung der Lenzschen Komödientheorie zitiert: »Die Hauptempfindung in der Komödie ist immer die Begebenheit, die Hauptempfindung in der Tragödie ist die Person, die Schöpfer ihrer Begebenheiten« (Damm 2, 668), oder ein paar Absätze später: »Ganz anders ist's mit der Komödie. Meiner Meinung nach wäre immer der Hauptgedanke einer Komödie eine Sache, einer Tragödie eine Person« (Damm 2, 669). Lenz verfolgt in diesem Aufsatz die Absicht, Aristoteles umzukehren und eine neue, der Moderne angemessene Dramenpoetik zu entwickeln. Da sich die »Poetik« mit der Tragödie befaßt und Aristoteles' Kommentare zur Komödie zum Teil nicht erhalten sind, muß sich Lenz' Streit mit ihm auf die Tragödie konzentrieren; gleichfalls war der dominante dramentheoretische Diskurs mit der Tragödie befaßt. Deshalb entwarf Lenz eine zeitgenössische Dramenpoetik im Rahmen der Tragödie. Seine Poetik gleicht jedoch nicht mehr der der akzeptierten klassischen Tragödie, da er, ähnlich wie Lessing, Aristoteles umkehrt und den Schwerpunkt auf den dramatischen Charakter und nicht auf die Handlung legt. Entwirft Lenz nicht eine Dramentheorie, die seiner Zeit angemessen ist, einer Zeit, der Periode vergleichbar, in der Aristophanes schrieb und in der das Individuum größere Erwartungen hegte, es ihm aber nicht leicht fiel sich zu behaupten?[14] Könnte man Lenz' Revisionen der aristotelischen Komödienauffassung nicht als provokative Geste verstehen, entworfen in der Absicht, das Ungenügen dieser Poetik für die gegenwärtige, neue Zeit zu unterstreichen? Lenz rang um eine Beschreibung des Dramas, das er vor Augen hatte und glaubte, daß es weder in der Art der aristotelischen Tragödie, die traditionsbildend gewesen war, noch in der der zeitgenössischen Komödie sein sollte, die ihm keine wünschenswerten

Modelle lieferte. Lenz' Kampf war zum Teil sprachlicher Natur. Einerseits schrieb er innerhalb des dominanten Diskurses, der der Tragödie als der höchsten Kunstform den Vorzug gab; andererseits forderte er eine neue Debatte über das Genre. Könnte man nicht argumentieren, daß Lenz' Beobachtungen über die Natur des tragischen Helden und der Struktur der Tragödie seinen Ansichten von einem neuen Drama entsprechen, und daß dieses neue Drama seiner Natur nach komisch und nicht tragisch ist, und daß die »Anmerkungen übers Theater« tatsächlich die Komödie und nicht die Tragödie zum Thema haben?

Lenz' dramatische Werke demonstrieren, daß er nicht am Schreiben von klassischen Tragödien interessiert ist, sondern an einem Drama, das dem Wesen nach komisch ist. Parallel zu seinem Ziel, ein Theater für das Volk zu schaffen, befürwortete Lenz einen radikalen Wandel der dominanten Ästhetik, was ihn erneut mit dem von Bachtin nicht-klassischen Kanon verbindet. Nach Lenz' Überzeugung ist nicht nur das Schöne, sondern auch das Häßliche ein angemessener Gegenstand der Kunst. Unter keinen Umständen dürfe der Dichter seine Darstellung der Natur idealisieren, sondern müsse seine Motive unter allen Erscheinungen des Lebens suchen: »...nach meiner Empfindung schätz ich den charakteristischen, ja selbst den Karikaturmaler zehnmal höher als den idealischen, hyperbolisch gesprochen, denn es gehört zehnmal mehr dazu, eine Figur mit eben der Genauigkeit und Wahrheit darzustellen, mit der das Genie sie erkennt, als zehn Jahre an einem Ideal der Schönheit zu zirkeln, das endlich doch nur in dem Hirn des Künstlers, der es hervorgebracht, ein solches ist« (Damm 2, 653).

Diese und ähnliche Bemerkungen zeigen an, daß Lenz dabei ist, die klassische Ästhetik zu untergraben. Er beschwört den Reichtum der aristophanischen Komödie und des shakespearischen Dramas herauf und entwickelt eine Dramentheorie, die im Schreiben komplexer Komödien kulminiert. Nichts Vergleichbares wurde je zuvor auf der deutschen Bühne gesehen, da Lenz' Komödien auf die aristophanische Komödie zurückgehen und sie zugleich untergraben. Als Kulturkritiker mit einem bewußt didaktischen Ziel, das sich in seinen provokativen und manchmal irritierenden Stücken[15] zeigt – so könnte man Lenz wie auch Aristophanes beschreiben. Lenz' dramatische Figuren können keine stolzierenden, fordernden aristophanischen Helden sein, ihr Milieu ist nicht das des Athener Stadtstaates. Aber wie in der alten Komödie sind die Lenzschen Charaktere Individuen. Kann man Läuffer, Marie und selbst Prinz Tandi nicht sofort erkennen und sich vorstellen, wenn man ihre Namen hört? Aristophanes' wie Lenz'

Figuren handeln, aber anders als bei Aristophanes' komischen Helden, erreichen die Lenzschen Helden nicht was sie wollen. In manchen Fällen, wie im Falle Läuffers, wissen sie nicht einmal was sie wollen. Dennoch haben ihre Handlungen merkbare Auswirkungen auf ihre Umgebungen. Man könnte behaupten, daß Lenz durch die Handlungen seiner dramatischen Figuren bestehende Normen und Werte umkehrt und soziale Erwartungen in Frage stellt.

Lenz' Kritik an herrschenden Normen drückt sich vor allem durch die häufige Verwendung des »verkehrten Welt« Topos aus. Dieser Topos, den ich für das wesentliche operative Prinzip in Lenz's Komödien halte,[16] zeigt eine Welt, in der die Unterdrückten eine Chance haben könnten und die Unterdrücker als Narren entlarvt werden. Es handelt sich um ein antikes Motiv, welches die Barockliteratur dominierte und sich insbesondere in den großen Schelmenromanen spiegelt, in Spanien schon im sechzehnten Jahrhundert, später in Deutschland und England. Im Mittelalter war der »verkehrte Welt« Topos durch Vergil inspiriert und erschien insbesondere in der »Carmina Burana«. Curtius schreibt, daß der Topos »once before, a millenium and a half earlier: in Aristophanes«[17] benutzt worden sei. Satire vielmehr als Parodie ist die mit dem »verkehrte Welt« Topos eng verbundene Gattung. Ihr Zweck ist Sozialkritik wie von Aristophanes und Lenz praktiziert. Indem man alles umkehrt, als das Gegenteil seinerselbst zeigt, »...läßt diese Umkehrung, in der alles anders ist, gerade die heimliche Verkehrtheit dessen, was bei uns ist, in einer Art Zerrspiegel sichtbar werden; ...die satirische Umkehrung traut der Welt zu, sich an ihr als verkehrte und damit auch in ihren wahren Möglichkeiten zu erkennen«.[18]

Inversion ist also mit Lenz' Konzept für ein Volkstheater verbunden, denn der »verkehrte Welt« Topos ist besonders signifikant im Humor des Volkes und seinen Gebräuchen und ist ein Hauptmotiv karnevalesker Handlungsformen. Der Karneval und die öffentlichen Lustbarkeiten, die sich auf den Straßen und Marktplätzen der mittelalterlichen Städte abspielten, haben die symbolische Umkehrung[19] mit kontrollierteren Festen gemeinsam, die man noch heute bei verschiedenen Karnevalsformen in der ganzen Welt beobachten kann, zum Beispiel in St. Vincent auf den Westindischen Inseln, oder das »belsnickling, a form of Christmas mumming in the La Have Islands, Nova Scotia«.[20] Karnevaleske Aktivitäten werden gesteuert durch eine »characteristic logic, the peculiar logic of the ›inside out‹ (à l'envers), of the ›turnabout‹, of a continual shifting from top to bottom, from front to rear«.[21] Zur Schau gestellte Formen der Inversion bestehen aus »transvestism, men dressed as animals or supernatural beings, sexual license, and other behaviors that are the opposite of what is supposed to characterize everyday life«.[22] In der Literatur stellt das häufigste Motiv wohl das des Dieners als Herr und des Herrn als Diener dar. Die durcheinander geratene Welt erlaubt es den Leuten, anders zu handeln (und zu denken), als es ihren vertrauten Rollen entspricht. Umkehrungen sind Handlungen, die den akzeptierten Vorstellungen und Konventionen widersprechen.

Der »verkehrte Welt« Topos kommt vor allem in Lenz' dramatischen Figuren zum Vorschein, die durch ihr Handeln komplexe Fragen der Identität und des Seins in der Welt aufwerfen. Die Forschung hat bei den Lenzschen Figuren vor allem ihr Versagen herausgestellt, ihre Ziele zu erreichen und sich ihre Wünsche zu erfüllen. Es wurde betont, auch von mir, daß die gesellschaftlichen und persönlichen Beschränkungen ihre Handlungsfähigkeit behindern. In der neuesten Forschung wird diese Frage jedoch erneut im Licht zeitgenössischer Handlungstheorien[23] aufgeworfen. Auf der Einsicht beruhend, daß »entscheidend für die Identitätsbildung ist, daß gehandelt wird, nicht ob gut oder böse gehandelt wird«[24] kann das Verhältnis der Lenzschen Figuren zur Handlung in einem anderen Licht gesehen werden. Bekanntlich steht Handlung im Zentrum des Lenzschen Konzepts vom Individuum, was auch für den Sturm und Drang im allgemeinen zutrifft. Durch Handlung konstituiert sich das Individuum, die dramatische Figur reflektiert dies auf der Bühne: »Als ob die Beschaffenheit eines Menschen überhaupt vorgestellt werden könne, ohne ihn in Handlung zu setzen. Es ist dies und das, woran weiß ich es, lieber Freund, woran weißt du es, hast du ihn handeln sehen?« (Damm 2, 651). Demnach wird die Struktur Lenzscher Figuren durch ihr eigenes Verhalten auf der Bühne offengelegt.

Marie und Läuffer, Held beziehungsweise Heldin der »Soldaten« respektive des »Hofmeisters«, handeln. Auch Aristophanes' Figuren handeln, sie sind willentlich individualistisch, überwinden alle Zufälligkeiten und sind überaus erfolgreich. Ihr Erfolg ist das Ergebnis von Umkehrung und Übertreibung. Ihre Triumphe, in den Worten Cedric Whitmans »evolve in extremes and excesses which would make Aristotle quiver«.[25] In »Die Acharner«, zum Beispiel, flieht der komische Held mit Hilfe von Truthahnfedern, »in a total reversal of the laws of ordinary life«.[26] Und in den »Vögeln« überschreitet der Held alle Grenzen, wenn er Zeus absetzt und das Universum übernimmt.[27] Lenz' Figuren sind eine Umkehrung und eine Perversion im Sinne von Gadamers Interpretation von Hegels Gebrauch des Begriffs der »verkehrten Welt« in der »Phänomenologie«.[28] Lenz zeigt, wie das Individuum in der Welt wirklich funktioniert: seine Figuren sind eine

Perversion des »Kraftkerls«, theoretisch erörtert im Sturm und Drang, und des aristophanischen Helden. Sie sind eine Umkehrung autonomer Individuen wie die Aufklärung und Lenz sie sich vorstellten, Individuen die »sich ihre Begebenheiten erschaffen, die selbständig und unveränderlich die ganze große Maschine selbst drehen« (Damm 2, 654). Maries Versuch, ihre Situation zu verbessern, die enthusiastische Umarmung des Unmöglichen, die Heirat mit einem Aristokraten, scheitert schließlich: sie flieht weder noch entthront sie Zeus. Ihr Scheitern zeigt wie das Leben wirklich ist: daß Menschen keine autonomen Individuen sind, sondern daß ihre Handlungen beschränkt sind durch die Welt. Lenz hat das erste Ideal der Aufklärung erfolgreich auf den Kopf gestellt. Aber die Darstellung der Marie ist sogar noch komplizierter, da eine doppelte Inversion in ihrem Charakter zur Geltung kommt: die des schon erwähnten autonomen Individuums einerseits und die der passiven Frau die zu Hause sitzt und fühlt, aber ganz und gar nicht handelt.andererseits. Marie vertritt nicht das bewunderte, propagierte und imitierte Rousseausche Ideal der Weiblichkeit, welches behauptet, daß »die erste und wichtigste Qualität einer Frau ... die Sanftmut«[29] ist. Marie ergibt sich nicht resigniert in ihre Lage, wenn Desportes sie verläßt und akzeptiert auch nicht geduldig ihr Schicksal, noch gibt sie zu erkennen, daß sie ihr Verhalten während der Beziehung zu Desportes bereut. Statt dessen verläßt sie den Schutz ihres Elternhauses, um den Mann zu suchen, der ihr die Heirat versprach, vermutlich um auf die Einhaltung der Zusage zu bestehen. Marie hat keinen Erfolg, so weit geht Lenz nicht. Eine fiktive Heirat im 18. Jahrhundert zwischen einem Aristokraten und einer Bürgerlichen auf der Bühne zu präsentieren, bleibt Marianne Ehrmann vorbehalten. Dies geschieht in ihrem Stück »Leichtsinn und gutes Herz oder die Folgen der Erziehung«, in welchem die Heldin aus niederem Stand die Ehe mit einem Adligen, der sie verführte, mit dem Argument fordert, daß der Adelsstand zufällig sei und keine Überlegenheit bedeute.[30] Aber im Vergleich zur »Empfindsamen« in der Literatur der zweiten Jahrhunderthälfte ist Marie ein regelrechter Dynamo. Die derart aktive Verfolgung eines Mannes durch eine Frau, die dafür sogar ihr Elternhaus verläßt, ist ein Novum in der dramatischen Dichtung und ganz sicherlich eine Umkehrung der Konvention. Man könnte sich solch ein Motiv in der Literatur des Mittelalters vorstellen, zum Beispiel in den »fabliaux«, aber für das deutsche Theater von Gottsched und Lessing ist es ungewöhnlich.[31] Auch ist nicht zu übersehen, daß Marie am Ende des Stückes immer noch am Leben ist, eine wichtige Einzelheit in einem Jahrhundert, dessen bezeichnendste dramatische Fiktion im Tod der weiblichen Zentralfigur kulminiert. Lenz stellt diese

Tradition auf den Kopf und erlaubt Marie das Überleben. Überdies verlacht
sie die Umwelt nicht und ihr Vater erklärt sie nicht für unwürdig, seine
Tochter zu sein. Ganz im Gegenteil, er ist überglücklich wenn er sie endlich
findet und ihr beistehen kann. Die Erkennungsszene, in der Wesener laut
weint: »Ach meine Tochter«, und Marie antwortet: »Mein Vater«, mit den
Bühnenanweisungen, die vorschreiben: »beide wälzen sich halb tot auf der
Erde. Eine Menge Leute versammeln sich um sie und tragen sie fort« (Damm
1, 244–45), ist keine tragische Szene.[32] Am bemerkenswertesten ist das
durchaus »Unwürdige« am Verhalten von Wesener und seiner Tochter, und
auch wie die Menge auf Wesener und Marie reagiert. Die extrem körperliche Vater-Tochter-Umarmung, die sich vor einer Reihe von Leuten
abspielt, und die mitfühlende Teilnahme der Leute, die die beiden wegtra-
gen, gemahnt an den Geist des »grotesken Realismus« im Sinne Bachtins.
Wie bereits erwähnt, meint Bachtin, daß es zu einer besonderen Verständigung kam, wenn sich die Teilnehmer am Karneval auf dem zentralen Platz
der Stadt trafen, denn die sozialen Schranken fielen weg und »people
were...reborn for new, purely human relations«.[33] In der Wiedererken-
nungsszene ist es, wie Guthrie betont,[34] offensichtlich, daß Marie noch eine
Chance gegeben wird. Ihre Erneuerung spielt sich sozusagen in den Armen
der Gemeinde ab, die sie nicht verbannt, sondern sie im Gegenteil unterstützt. Diese Leistung der Gemeinde, die Verständigung unter den Leuten,
deutet auf die soziale Interaktion, die Lenz in »Versuch über das erste
Principium der Moral« erörtert. Lenz erkennt nicht nur das menschliche
Bedürfnis noch Kommunikation: »Noch einen Trieb haben wir in uns, der
den Trieb nach Vollkommenheit beständig begleitet, den ich aber nicht
sowohl einen Grund- als einen Hülfstrieb nennen kann und dies ist der Trieb
– uns mitzuteilen« (Damm 2, 504). Er erachtet auch die Sorge für andere als
ein notwendiges Element bei dem Streben nach Vollkommenheit und bei
der Erlangung der Glückseligkeit: »Wir müssen suchen andere um uns
herum glücklich zu machen« (Damm 2, 510).[35] Glücklich kann für Lenz das
Individuum nur sein, wenn es den Wohlstand der anderen mitberücksich-
tigt. Lenz stellt sich eine demokratische, durch gegenseitige Unterstützung
gekennzeichnete Gesellschaft vor, für die sein Volkstheater, entworfen im
kritischen und komischen Geist der alten Komödie, bestimmt ist.

In seiner Bevorzugung der Inversion als komisches Mittel ähnelt Lenz
einem anderen Autor und respektlosen Gesellschaftskritiker, dem einfluß-
reichsten deutschen Dramatiker des 20. Jahrhunderts, Bertolt Brecht. Brecht
macht Diebe zu Bankern und zeigt, daß Banker eigentlich Diebe sind. Er läßt
den jähzornigen Wirtschaftsmagnaten Jonathan Jeremiah Peachum bürger-

liche Ideale umkehren, wenn er seine Tochter Polly ermahnt, »nicht« zu heiraten. Mrs Peachum teilt die Ansichten ihres Gatten, sie noch machtvoller ausdrückend: »Wenn du schon so »unmoralisch« bist, überhaupt zu heiraten...« (»Die Dreigroschenoper«, I, 3). Im »Hofmeister« zeigt Lenz, wie beschränkt und unmoralisch die Heiratsvorschriften in der Gesellschaft des 18. Jahrhunderts sind, da sie die Bessergestellten bevorzugen und die weniger Erfolgreichen benachteiligen. In einer Heiratsorgie, drei[36], nicht nur eine oder höchstens zwei wie oft in Komödien, stellt er bürgerliche Erwartungen und dramatische Konventionen auf den Kopf. Es wird nicht nur eine Frau, die geächtet werden sollte oder in anderen Stücken hingerichtet oder wenigstens mit Hinrichtung bedroht worden wäre, mit einem Gatten und einem Säugling belohnt, sondern es wird auch einem Mann die Heirat gestattet, der sich kurz zuvor selbst kastrierte. Diese Heiraten fordern bestehende Normen heraus, da sie nahelegen, Männer, die sich nicht fortpflanzen können und Frauen, die schon sexuelle Erfahrung haben, seien geeignete Heiratspartner. Lenz' »Ästhetik des Häßlichen« stellt sich als provokativ heraus, in ethischer wie in ästhetischer Hinsicht.

Es gibt viele Beispiele für Inversionen in Lenz' Komödien. Ich habe hier nur ein paar genannt, um meine These zu bekräftigen. Eine Figur, die wohl erwähnt werden sollte, ist Charlotte, Maries federführende, Briefe schreibende Schwester. Charlotte ist eine ungewöhnliche Figur, der bisher wenig Aufmerksamkeit zu Teil wurde. Ihre bemerkenswerteste Eigenschaft ist, daß sie liest, schreibt und redegewandt ist, mit anderen Worten, daß sie denkt und recht vernünftig ist. Trotz dieser offensichtlichen Nachteile für eine Frau – wir erinnern uns an Orsinas Beschwerde: »Wie kann ein Mann ein Ding lieben, das, ihm zum Trotze, auch denken will?« (»Emilia Galotti«, IV, 3) – hat Charlotte einen Anbeter und sie scheint keine ernsthaften Probleme zu haben. Charlotte könnte eine Umkehrung der Orsina sein, eine Frau, die denkt und blüht, da sie nicht durch Personen wie Desportes oder den Prinzen getäuscht wird. Ihre Kritik an Maries Verhalten stützt diese Interpretation.

Des anderen zentralen dramatischen Helden Lenzens, des Hofmeisters Läuffer, muß hier auch gedacht werden, um Lenz' Komödie im Lichte von Bachtins Darstellung des »grotesken Realismus« zu verstehen. Diese Figur wird im allgemeinen als Vertreter des unglücklichen Individuums gesehen, das völlig von den Umständen niedergedrückt wird. Die meisten Interpreten fühlen mit Läuffer und betrachten ihn vor allem als Opfer. Aber er unterscheidet sich sehr von Marie, die auch als Opfer angesehen wird. Er ist passiver als sie und tut weniger, um seine Lage zu verbessern, aber er beschwert sich ausführlich, eine Haltung, die darauf hindeuten könnte, daß die männlichen Glückserwartungen im 18. Jahrhundert viel höher waren als die der Frauen, und daß die Erlangung des Glückes von Männern eher als selbstverständlich angesehen wurde. Läuffers Pomphaftigkeit ist bemerkenswert, wird aber selten erwähnt. Sein Eröffnungsmonolog offenbart, daß er von sich selbst sehr beeindruckt ist. Auch ist die Tatsache, daß er sich mit Gustchen einläßt, eine Umkehrung des konventionellen Modells der Liebesbeziehungen im bürgerlichen Trauerspiel. In seinem Betragen und in seinen besonderen Erlebnissen ähnelt Läuffer dem komischen Helden von Aristophanes' »Wolken«, »an attic farmer called ›Strepsiades‹ who is gullible, muddle-headed, and given to alternation between too much self-assurance and too little«, und der auch in die oberen gesellschaftlichen Kreise hineingezogen wird, da er eine Aristokratin heiratet.[37] Hier enden die Parallelen aber, und es soll nicht behauptet werden, daß die beiden Stücke thematisch nah verwandt seien. Lenz kannte das Stück von Aristophanes natürlich, da er seine eigene Version der »Wolken« als Parodie auf Wieland schreiben wollte, dann aber seine Bemühungen um Veröffentlichung aufgab, als er merkte, daß das Werk Sophie von La Roche hätte beleidigen können. Die zerrissene Persönlichkeit, das Individuum, das zwischen der einen und der anderen Identität hin und her schwankt ohne einen festen Mittelpunkt zu haben, muß Lenz wie Aristophanes als ihnen angemessen erschienen sein, da beide zu einer Zeit schrieben, in der der Bruch zwischen dem Einzelnen und der Gesellschaft verschärft zu spüren war.[38]

Als Schlußpunkt mag eine Erörterung der Selbstkastration Läuffers nützlich sein. Bei der Selbstkastration handelt es sich um eine Tat, die verblüfft hat und fortgesetzt die Interpreten verblüfft. Am häufigsten wurde die Kastration aus einer politischen Perspektive interpretiert. Läuffers Selbstverstümmelung soll die Frustration und Entmannung des deutschen Bürgers (Mannes) signalisieren, den man, politisch machtlos, seinen Gedanken überließ, während der Adel seine politische Macht bewahrte. Trotz dieser plausiblen Interpretation wird die Kastrationsszene im allgemeinen als übertrieben angesehen, und schon im achtzehnten Jahrhundert behaupteten die Kritiker, daß sie aus dem Stück hätte bleiben sollen. Als komisches Mittel ist die Kastrationsszene aber von superber Wirksamkeit und verstärkt Lenz' Porträt des politisch machtlosen Deutschen eher als daß sie es abschwächt. Lenz nimmt die Entmannungs- oder Ohnmachtsmetapher wörtlich, indem er die Kastration zuläßt. Bei Lenz wird aus der Metapher Realität. Eisenstein nennt dies den »Aristophanischen Effekt«, wovon sich in den »Acharnern« ein Beispiel findet: des »Königs Auge« »turns out to be an actual Persian official, who literally ›keeps an eye‹ on things«.[39] Was Lenz mit der Kastrationsszene erreicht, ist ein Wörtlichnehmen der politischen Realität. Ihm gelingt auch noch eine Umkehrung, nämlich die Abwesenheit des Phallus anstelle seiner Anwesenheit als Fruchtbarkeitssymbol in der antiken Komödie. Viele Kritiker konnten Lenz die Erfindung dieses chirurgischen Eingriffs nicht verzeihen, was zweifellos auch damit zusammenhängt, daß Lenz Läuffer trotz seiner Unfähigkeit zur Fortpflanzung erlaubt zu heiraten. Aus Lises Sicht, die damit beschäftigt ist »her ducks and chickens zu füttern instead of having children«[40] mag dies jedoch eine völlig zufriedenstellende Lösung sein, wenn man sie im Lichte der Tatsache betrachtet, daß im 18. Jahrhundert viele Frauen bei der Geburt ihres Kindes starben.

In diesem Referat wurde der Versuch unternommen, Lenz' Komödienstil zu begreifen. Dieser Stil wurde mit dem Karnevalesken in Verbindung gebracht, das Bachtin als die wesentliche Verkörperung des Volkshumors und der Volkskultur beschreibt und dessen literarische Manifestationen er »grotesken Realismus« nennt, eine komische, literarische Tradition, die in Verbindung mit dem Volk steht und sich, unter anderem, in den Werken von Lenz und Aristophanes zeigt. Es handelt sich um ein ästhetisches Empfindungsvermögen, das Kritik und Humor kombiniert und einer Ästhetik des Häßlichen über einer des Schönen den Vorzug gibt. Lenz' komische Mittel sind mannigfaltig. Der »verkehrte Welt« Topos wurde als das wichtigste von Lenz verwendete komische Mittel des »grotesken Realismus« erkannt. Andere Themen und Kunstgriffe des »grotesken Realismus«, wie Marionetten, Wahnsinn, und Übertreibung sind auch in Lenz' Komödien vorhanden.

---

1   Übersetzt von Uwe Kooker, dem auch dieses Referat gewidmet ist.
2   Guthrie, John: Lenz' Style of Comedy. In: Space to Act. The Theater of J.M.R. Lenz. Ed. by Alan C. Leidner and Helga S. Madland. Columbia 1993, S. 10–24.
3   Guthrie, 1993, S. 19.

4 Siehe Bauer, Roger: Die Komödientheorie von Jakob Michael Reinhold Lenz, die älteren Plautus-Kommentare und das Problem der ›dritten‹ Gattung. In: Aspekte der Goethezeit. Göttingen 1977, S. 11–37 und Duncan, Bruce: A ›Cool Medium‹ as Social Corrective: J. M. R. Lenz's Concept of Comedy. In: Colloquia Germanica (1975), S. 232–45.

5 Bachtin, M. M.: Rabelais and his World. Übersetzt von Helene Iswolsky. Bloomington 1984, S. 18.

6 Bachtin, 1984, S. 28, Anmerkung 10.

7 Bachtin, 1984, S. 10.

8 Bachtin kritisiert Wolfgang Kaysers Beschreibung des Grotesken als primär Schrecken erregend. Er wendet sich gegen Aussparung des Karnevalesken, konzediert aber, daß sich Kayser in erster Linie mit dem 20. Jahrhundert befaßt, in dem viele Ausdrucksformen des Karnevals unkenntlich geworden seien, S. 47– 51.

9 Lenz, Jakob Michael Reinhold: Werke und Schriften in drei Bänden. Herausgegeben von Sigrid Damm. München 1987. Siehe Briefe 1, S. 115. Alle Lenz-Zitate sind dieser Ausgabe entnommen. Die folgenden Nachweise sind in den Text eingefügt.

10 Bauer, 1977, S. 29.

11 Bauer, 1977, S. 31.

12 Bauer, 1977, S. 31.

13 Bauer, 1977, S. 31.

14 Whitman, Cedric H.: Aristophanes and the Comic Hero. Cambridge 1964, S. 52–53.

15 Whitman, 1964, S. 6.

16 Inversion bei Lenz wird in der Forschung erwähnt, aber nicht so stark betont wie in diesem Referat. Siehe, zum Beispiel, Guthrie, 1993, S. 5.

17 Curtius, Ernst Robert: European Literature and the Latin Middle Ages. Übersetzt von Willard R. Trask. Princeton 1973, S. 96.

18 Gadamer, Hans Georg: Die verkehrte Welt. In: Hegel Studien. Beiheft 3. Bonn 1964, S. 149. Gadamer weist darauf hin, daß in Hegels Phänomenologie die vernünftige Welt »die verkehrte Welt« genannt wird, wobei »verkehrt« nicht nur umgekehrt sondern auch pervers bedeutet. Satire, in der der »verkehrte Welt« Topos vorherrscht, ist deshalb Perversion einer Perversion. Eine Untersuchung zur Satire, die allerdings die historische Verwendung des Topos nicht erörtert, stammt von Lazarowics, Klaus: Verkehrte Welt. Vorstudien zu einer Geschichte der deutschen Satire. Tübingen 1963.

19 Bachtin, 1984, S. 11.

20 Abrahams, Roger D. und Bauman, Richard: Ranges of Festival Behavior. In: The Reversible World. Symbolic Inversion in Art and Society. Herausgegeben von Barbara A. Babcock. Ithica und London 1987, S. 193.

21 Bachtin, 1984, S. 11.

22 Abrahams und Bauman, 1988, S. 193.

23 Siehe Unger, Thorsten: Contingent Spheres of Action: The Category of Action in Lenz's Anthropology and Theory of Drama. In: Space to Act (vgl. Anm. 2), S. 77–90.

24 Vgl. Unger (Anm. 23) über Lenz' Vorstellung von Handlung und Luhmanns Theorie. Siehe Luhmann, Niklas: Gesellschaftsstruktur und Semantik. Studien zur Wissenssoziologie der modernen Gesellschaft. 2 Bände. Frankfurt 1980, 1981.

25 Whitman, 1964, S. 23.

26 Beckford, Kenneth J.: Aristophanes' Old-and-New Comedy. Band 1. Chapel Hill und London 1987, S. 164.

27 Whitman, 1964, S. 24.

28 Siehe Anmerkung 18.
29 Rousseau, J. J.: Emile oder über die Erziehung. Stuttgart 1970, S. 733. Zitiert nach Bovenschen, Silvia: Die imaginierte Weiblichkeit. Exemplarische Untersuchungen zu kulturgeschichtlichen und literarischen Präsentationsformen des Weiblichen. Frankfurt 1979, S. 173.
30 Über die Autorin Marianne Ehrmann und ihre Behandlung des bürgerlichen Trauerspiels siehe meinen Aufsatz: An Introduction to the Works and Life of Marianne Ehrmann (1755–1795): Writer, Editor, Journalist. In: Lessing Yearbook 21 (1989), S. 171–96.
31 Die Heldin in Minna von Barnhelm verfolgt zwar den Helden, aber es ist subtiler und nicht herausfordernd wie in Lenz' Darstellung.
32 Guthrie bemerkt dies in seinem Referat, S. 9.
33 Bachtin, 1984, S. 10.
34 Guthrie, 1991, S. 9.
35 Für diese Einsicht danke ich Jürgen Pelzer, der diesen Aspekt des Lenzschen Denkens in seinem Referat: Ethics as Synthesis: Lenz's Moralistic and Theological Writings diskutiert, gehalten anläßlich der Jahrestagung der American Society for Eighteenth Century Studies in Seattle, Washington, im März 1992.
36 Das dritte Paar ist doch Pätus und Jungfer Rehaar.
37 Dover, Kenneth J.: Aristophanic Comedy. Berkeley und Los Angeles 1972, S. 101
38 Whitman, 1964, S. 2.
39 Newman, John Kevin: The Classical Epic Tradition. Madison 1986, S. 516. Ich danke Richard Beck für diesen Hinweis.
40 Korb, Alan: »Der Hofmeister«: J. M. R. Lenz's Sex Comedy. In: Space to Act (vgl. Anm. 2), S. 25–34.

Das ›hohe Tragische von heut‹

Egon Menz (Kassel)

I.

Lenz dachte: die Zeit laufe beschleunigt zu seinen Lebzeiten auf eine Entscheidung zu. Er dachte ungeduldig wie sonst die Schwärmer, er lebe an einer Grenze der Zeiten, wo zwei Zeitalter, ein altes und ein neues »Säkulum«, zusammenstoßen. Von dem neuen dachte er, es werde nicht von selbst kommen; es sei zwar jetzt möglich, müsse aber mit Mühe und Streit gegen die Anhänger der alten Zeit heraufgeführt werden. Die literarische Gruppe, die wir Stürmer und Dränger nennen, soll zwar auch für ihn eine neue Epoche anfangen, aber nicht nur innerhalb der Literatur, sondern vielmehr in unserer Vorstellung vom Menschen und vom Menschenmöglichen. Es gebe, dachte Lenz, eine alte und eine neue Vorstellung von dem, was ein Mensch sei, was er sein solle und was er tun könne; die alte stamme von den Griechen und reiche über die französische Klassik bis in seine Gegenwart; die neue – die man christlich nennen mag, denn Lenz leitet sie von seiner Auslegung von Christentum ab – könne sich jetzt in der Literatur, im Drama und in der Tragödie, durchsetzen.

Die Epochengrenze trennt für ihn zwar zuweilen Autoren der Aufklärung und des Sturm und Drang; sie trennt aber wesentlich ein antikes, heidnisches, schicksalsgläubiges Säkulum von einem potentiell modernen. Das habe zuerst Shakespeare entworfen, in Deutschland Klopstock und Lessing. Aber erst von den beiden Jungen, Goethe und Lenz, werde es ins literarische Werk gesetzt werden.

Denn mit dem neuen Zeitalter komme eine neue Kenntnis von dem, was ein Mensch könne: frei handeln – Lenz definiert ihn als den frei Handelnden[1] –, auf eigne Verantwortung sich vergehen und aus eignem Willen sich wieder erheben. Damit würden auch die Helden der neuen Dramen anders sein als die der alten Periode, in der nach griechischen Modellen die Helden marionettenhaft unfrei, nämlich vom Fatum bestimmt gewesen seien. Daher wird verständlich, daß der Entwurf des jetzt möglichen Tragischen – »von heut«, sagt Lenz dafür, nicht weil es sich heute, zu seiner Zeit durchgesetzt hätte, sondern weil es jetzt endlich an der Zeit wäre – in die Mitte der Gedanken über das künftige Drama und über die künftige Literatur rückt.

Mit zunehmenden Zweifeln an seiner eignen Kraft sieht Lenz sich nicht mehr als den, der selbst die neuen Helden schaffen werde: »leisten« werde Goethe dieses neue Tragische, d.h. in Werken und Helden ausbilden. Sich selber aber spricht Lenz bescheiden-stolz ein anderes Amt zu, das des Vorhersagers, der nicht ein Prophet ist, sondern die neue Epoche des Dramas bekannt macht und für sie Anhänger gewinnt.

II.

Diese Vorstellungen geben Lenzens »Pandämonium Germanicum« die Gedankenstruktur. Der letzte Akt des Stücks ist eine einzige, kurze Szene und dennoch die wichtigste Passage. Denn sie gibt jenen Fluchtpunkt der Zeit, durch den erst die poetologischen Thesen ihre Perspektive erhalten. Ein Gericht Gottes – eines seiner immerwährenden Gerichte in der Geschichte – findet statt, um das Ende der alten Epoche anzusagen. Der Geist der alten Welt behauptet sich noch einmal selbstsicher und wird doch gerichtet vom Ewigen Geist: »Schweig, Säkulum!« Nach diesem Todesurteil meldet sich in der letzten Replik des Dramas Lenz zu Wort: »Soll ich dem kommenden rufen?« Zu solchem Heraufrufen des neuen Zeitalters, so glaubt Lenz, sei er fähig, und das sei sein gottgewolltes Amt.

Skizzieren wir die Handlung: Zu Anfang sehen wir Lenz und Goethe den Parnaß besteigen, den einen mit Mühe, den anderen fliegenden Schrittes – alle anderen Prätendenten gleiten ab. Die beiden vertreiben die poetischen Wechsler und Händler, die sich im Tempel der Dichtung breitgemacht haben. Aus der älteren Generation treten die Väter auf, die das neue Zeitalter vorbereitet haben, Lessing, Klopstock, Herder[2]. Im Gespräch mit ihnen (II, 5), zögernd, wie ein Schüler bescheiden und zugleich sie belehrend, mehr ahnend als beweisend, entwickelt ›Lenz‹ – der fiktive Lenz in dieser Komödie und durch ihn der Autor Lenz – seine Ideen über das jetzt mögliche Tragische. Das »Pandämonium« ist in diesen Abschnitten eine späte, kurze, dichtere Kunsttheorie Lenzens als die »Anmerkungen übers Theater«, weiter reichend in ihrer kühneren Spekulation.

Lenz nun erklärt, ein paar Menschen hinzustellen, »wie Ihr sie da so vor Euch seht«, und Herder fordert ihn »gütig« auf, er solle doch eine Probe seiner Kunst geben. Lenz zieht sich in seine Ecke zurück und kommt daraus mit seinen dichterischen Geschöpfen wieder, die er wie Statuen herbeiträgt. Herder urteilt sogleich: »Mensch, die sind viel zu groß für unsre Zeit«. Das ist ein schwer verständliches Urteil, sieht man, wie wir es gewohnt sind, auf die Werke und zwar auf die Werke, die heute Lenzens Ruhm ausmachen. Warum sollen deren Figuren, ein Läuffer etwa, ein Gustchen, eine Marie Wesener, zu groß für ihre Zeit und nur »für die kommende« tauglich sein? Wir haben uns im Gegenteil daran gewöhnt, sie als klein, als detailgetreu, als realistisch einzuschätzen. Freilich mag Lenz hier noch von anderen Figuren sprechen, teils von den Helden seiner anderen Stücke, teils von Entwürfen und Absichten zu Figuren. Aber die Stelle ist erst plausibel, wenn es uns gelingt, auch in jenen schon geschaffenen Gestalten Größe – und zwar im genauen Sinn »größere Leute ... als ehemals« – nachzuweisen. Das soll später auch versucht werden.

Zunächst aber folgen wir dem Text, worin Lenz, von Lessing herausgefordert, zu einer Erklärung seines poetischen Programms ansetzt. Sie ist in einer Mischung von populärer und spekulativer Tonart gehalten. Und sie antwortet auf Lessings Frage nach ›unserem heutigen Trauerspiel‹:

»O da darf ich mal nicht nach heraufsehn. Das hohe Tragische von heut, ahndet ihr's nicht? Geht in die Geschichte, seht einen emporsteigenden Halbgott auf der letzten Staffel seiner Größe gleiten oder einen wohltätigen Gott schimpflich sterben. Die Leiden griechischer Helden sind für uns bürgerlich, die Leiden unserer sollten sich einer verkannten und duldenden Gottheit nähern. Oder führtet ihr Leiden der Alten auf, so wären es biblische, wie dieser tat (Klopstock ansehend), Leiden wie der Götter, wenn eine höhere Macht ihnen entgegenwirkt. Gebt ihnen alle tiefe, voraussehende, Raum und Zeit durchdringende Weisheit der Bibel, gebt ihnen alle Wirksamkeit, Feuer und Leidenschaften von Homers Halbgöttern, und mit Geist und Leib stehn eure Helden da. Möcht ich die Zeiten erleben!«

Gehen wir auf den vorausgehenden Text zurück: die Welt sollte »itzt anfangen, größere Leute zu haben als ehemals«, hatte Lenz gesagt. »Ist doch solang gelebt worden«. Das heißt wohl: die Menschheit habe nun lange genug Zeit gehabt, sich über die Antike hinauszuentwickeln. Unser Begriff des Menschenmöglichen habe sich erweitert. Daher gelte: »was ehmals auf dem Kothurn ging sollte doch heutzutag ... im Soccus reichen«: d.h. was einst pathetisch-tragisch war, – »was ehmals grausen machte« – sollte »uns lächeln machen«, auf uns als Komödie wirken. Das ist wohl so zu verstehen: vormals – so lesen wir in den »Anmerkungen« – war ein König Ödipus tragisch, der nur zum Schein Täter seiner Handlungen war. In Wahrheit sei er gehandelt worden von einem Fatum, das ihn auch gegen seinen Willen zu Taten zwang, für die er doch bestraft wurde. Daß Menschen wie Marionetten mitgespielt wird, daß die Dichter und das Publikum solche

Unterwerfung unter das Schicksal verehrten, das müsse heute ärgerlich oder komisch auf uns wirken[3].

Wenn also das alte Tragische heute nicht mehr denkbar ist, dann ist die Stelle des Tragischen in der modernen Zeit – Lenz kennt ja dieses Wort und benutzt es betont[4] – leer oder frei, entweder überhaupt nicht mehr zu bestimmen, weil etwa das Tragische eine antike und durch das Christentum antiquierte Kategorie ist, oder gemäß der neuen Denkart neu zu bestimmen. Lenz versucht beide Wege: im Schreiben seiner Stücke zweifelt er praktisch an der Möglichkeit eines gegenwärtig Tragischen, in der zitierten Hypothese aus dem »Pandämonium« entwirft er es als Fluchtpunkt seines Schreibens.

III.

Verfolgen wir den ersten Aspekt in der Form eines Exkurses weiter: in der »Rezension des Neuen Menoza« findet sich in einer zusammenhängenden Argumentation jene bekannte Bestimmung der gegenwärtigen Aufgaben des Komödiendichters und des Tragödiendichters. Die Nation sei in zwei Teile getrennt, in die große Masse – den »Pöbel« in der älteren, Lessingschen Unterscheidung – und die kleinere Gruppe der Gebildeten und Feinerempfindenden. Der Dichter aber, wohl auch der tragische, suche ein ganzes Publikum, das es derzeit nicht gebe. Um den Riß im Publikum zu überbrücken, hatte Lessing eine von ihm so genannte »wahre Komödie« skizziert[5], die sowohl mit kräftigem Witz und Handlung die Vielen zum Lachen als auch mit feinen Seelentönen die Empfindsamen rühren konnte – das erste und meisterhafte Beispiel sah er in einer Komödie des Plautus, den »Captivi«. Lenz nun, Lessings Gedanken weiterentwickelnd, entwirft seine Art der wahren Komödie zu einem ähnlichen Zweck – ob man sie nun Tragikomödie nennen will oder nicht, besagt wenig. Der komische Dichter müsse, um jenes disparate Publikum zu einem gleichgestimmten zu erziehen, dem tragischen vorarbeiten. Offenbar setzt Lenz voraus, die Komödie könne sich mit dem »Mischmasch« des Publikums seiner Zeit noch verständigen, die Tragödie aber nicht: das erste hatte ja schon Lessings »wahre Komödie« beansprucht. Der tragische Dichter brauche ein erzogeneres Volk, das nicht mehr disparat, sondern als ganzes für die offenbar diffizileren Empfindungen empfänglich wäre. Die Erziehung dafür leiste eine Komödie, die komische und tragische Elemente vereine.

Wie Lenz das Programm erfüllte und ob überhaupt jene frühe Poetik mit seinem Schreiben übereinstimmte, das wäre umständlich zu bestimmen. Mir scheint die Theorie in den Hauptaspekten den Werken tatsächlich zu entsprechen, so daß in den Komödien eine Vorschule der Zuschauer zur Wahrnehmung des Tragischen stattfindet. Die Handlungen zwar sind in ihrer Grundstruktur gewohnte Komödienhandlungen, den Fabeln antiker Komödien nicht unähnlich, ihnen aber fremd an den Stellen, wo gegen den Lauf des Glücks gehandelt wird, wo etwa der falsche Liebhaber zum Zuge kommt und der wahre geprellt ist – so im »Hofmeister« – oder wo das natürliche Glück, die Vereinigung von Mann und Frau, als moralisches Unglück gelten muß – im »Neuen Menoza«. An solchen Stellen greift die Moral – vor allem die Frauen, in der Antike noch sprachlose Objekte, werden zu moralischen Subjekten – in den althergebrachten Glücksablauf ein, und statt sich in ein typisches Verhalten einzuordnen, beweisen die Figuren eignen Willen, Schuld- und Reuefähigkeit.

Wir haben es mit der relativ kleinen Welt der Komödie zu tun, mit Liebe und Verführung und Familiengründung; aber Lenz nimmt diese Welt durchaus ernst, wie ein Theologe die Sexualität ernst nimmt. Die wesentliche Abweichung vom alten Muster ist die Problematisierung der Erotik; sie erscheint zuerst als Unsicherheit der alten, vor Irrtümern sicheren Naturanziehung. In der Antike fand sich angezogen und vereinigte sich, was auch vor dem Gesetz als Bürger und Bürgerin und im Familieninteresse zusammengehörte. Sie erscheint ferner jetzt als moralische Bewertung, die sich nicht mehr von selbst versteht, und die verfrühte oder unmoralische Verwirklichung ist ein ›Fallen‹, mit tiefer Reue empfunden. Wer aber gefallen ist und sich dessen bewußt ist, der kann auch büßen und wieder ›aufstehen‹: es gibt Freiheit zu fallen und Freiheit, sich wieder zu erheben. Die Freiheit beweist sich durch falsche wie durch richtige Wahl[6].

Mit diesen Dimensionen, die sich in jeder Lenzschen Komödie wiederfinden, verlassen die Stücke die antiken komischen Strukturen. Es sind die Figuren und ihre Motive, nicht die Handlung, die die Modernität, die Selbstverantwortung, hereinbringen. Mit solchen noch komischen Helden können in der Tat für ein breites gemischtes Publikum moderne Helden vorbereitet werden, die später in größeren Angelegenheiten und größer leidend und handelnd als Halbgötter auf der tragischen Bühne stehen sollen. So kann Komödie Vorschule des öffentlichen Geschmacks für das Tragische sein.

Es deutet sich hier aber zugleich an, daß diese Art von Komödien mit ihren ernsteren Helden nicht so sehr die Vorbereitung als vielmehr die

Verhinderung von Tragödien sein kann. Denn die Freiheit der Entscheidungen wird regelmäßig nicht nur als Freiheit, in die moralische Tiefe einer Handlung zu gehen, genutzt, sondern auch als Freiheit, abzubüßen und neues Glück zu verdienen. Nach der Buße ist der Gerechtigkeit Gottes keine andere Wahl gelassen, als den bußfertigen Sünder wieder in Gnaden und Glück aufzunehmen. So laufen die Stücke immer wieder auf Komödien hinaus, zwar neuartige, aber doch immer Komödien. Wie wären da noch Tragödien möglich? Droht mit der Reue – dem ›metanoein‹, dem Höher-hinauf-Denken, wie Lenz übersetzt[7], – nicht die immerwährende Komödienhaftigkeit? Der Verdacht, daß ein Tragisches nicht bis zum Ende durchgehalten werden kann, deutet sich an. Das Verfehlen der Tragödie läge dann an demselben Grund, der bei Lenz auch das – gewollte – Verfehlen der antiken Komödie ausmacht, an dem christlichen Entwurf, der immer die Möglichkeit der Verzeihung miteinschließt.

IV.

Wenden wir uns nun dem Text aus dem »Pandämonium« wieder zu: ein deutlicher Begriff des Tragischen ist nicht gegeben, nicht wenigstens nach Lenzens eigener Einschätzung. Nicht nur die Textgattung, eine Literaturkomödie, steht dem entgegen. Lenz setzt auch in seiner Sprache andere Zeichen: nicht von sich aus spricht sein alter ego im Drama, sondern herausgefordert und sich rechtfertigend sagt er, was er selber als ein ›Ahnden‹ bezeichnet. Er gibt zu erkennen, daß er fast nicht wagt, seine Idee auszusprechen: »da darf ich mal nicht nach heraufsehen«. Sein Zögern scheint nicht in begrifflichen Schwierigkeiten begründet zu sein. Vielmehr spricht er vom Tragischen, als handle es sich um einen fromm zu verehrenden, heiligen Begriff, hoch über ihm, der doch sein Verkünder sein muß.

Die dann folgenden Sätze im Imperativ, »Geht«, »seht«, »Gebt«, sind Konstruktionen, die an den Gestus eines Predigers gegenüber der zögerndträgen Gemeinde erinnern. Lenz, der fiktive Sprecher, spricht nicht mehr zu Lessing und auch nicht mehr zu den andern Teilnehmern der Szene, sondern er wendet sich, ähnlich wie in einigen seiner theologischen Reden, an die künftigen Dichter und die, die als Zuschauer oder Kunstrichter die künftige Größe der Tragödien erwarten. Er spricht, obwohl er über Leiden und Sterben spricht, in einem begeisterten und ermutigenden Ton: zu solch hohem Tragischen, impliziert er, seien seine Zuhörer imstande und sollten sie sich herauswagen; darin komme eine Würde der Menschen zum Vorschein, wie sie die Griechen nicht kannten. Das Bild vom Helden ist bestimmt von den Worten: emporsteigender Halbgott, ein wohltätiger Gott, Leiden wie der Götter.

Lenz hat aber, trotz der begeisterten Sprache und trotz der Einschränkung, er könne nur ahnden, einige deutliche Konturen seines Bilds vom Helden gezogen: diese sind erstens die Größe und Stärke des nach oben Strebens, zweitens die sozialen Tugenden des neuen Helden, seine Wohltätigkeit oder sein verkanntes, duldendes Wirken, drittens, homerische und biblische Tradition verbindend, seine feurige Energie sowohl wie seine tiefe Weisheit, viertens sein Sturz auf der letzten Stufe, ein schimpflich unverdienter Tod, und fünftens, fast rätselhaft: eine höhere Macht wirke diesen halbgöttlichen Menschen entgegen. Die ist gewiß kein antikes Schicksal, sondern, da Lenz zuvor auf Klopstocks »Tod Adams« angespielt hat, eine Macht Gottes, die sich etwa bei Klopstock als Todverfallenheit des Menschen kundtut. Aber der Mensch Adam hat diese Todverfallenheit selbst sich zugezogen, als er das Verbot Gottes übertrat. Eine solche existenzielle Macht tritt also entgegen, nicht Gott gegen einen Menschen, sondern die zur Macht gewordene menschliche Bedingtheit gegen die Gottheit im Menschen.

Das etwa sind, skizziert, die Konturen des neuen Tragischen, und es sind die ersten Bestimmungen in der neueren deutschen Literatur, die nicht mehr auf die Wirkung und das Publikum, auf eleos und phobos oder Mitleid und Furcht gegründet sind, sondern auf ›tragische‹ Bedingungen im Helden selbst.

V.

An wen denkt Lenz, wenn er von dem neuen Helden, dem emporsteigenden Halbgott, dem wohltätigen Gott und seinem schimpflichen Tod spricht? Es gibt eine Anzahl sinnvoller Vermutungen, welche Exempel ihm vor Augen standen; in größerer Genauigkeit soll ein solcher Held beschrieben werden.

Die Wörter sind so gewählt – man lasse »einen wohltätigen Gott schimpflich sterben« –, daß sie zuerst auf Christus weisen müssen. Klopstock hatte in seinem Vorwort zum »Tod Adams« die Passion Christi, überhaupt das Innere des christlichen Tempels statt des bloßen Vorhofs, vom Drama ausgenommen. Lenz denkt nicht frömmer, sondern weltlicher, wenn er sich Christus als Modell eines Dramenhelden denkt. ›Ein Gott‹, nicht ›Gott‹ stirbt bei ihm; in seinen theologischen Schriften nennt er Christus nie uneingeschränkt Gott; er kann ihn auch einen Menschen oder Halbgott nennen. Vor allem sieht er in ihm den letzten der Propheten und den Arzt der kranken Menschheit – ohne alle dogmatischen Schwierigkeiten, nachdem sowohl die Aufklärung wie der Pietismus den Menschen Jesus zu ehren gelehrt hatten.

Eher als an das Thema und die Handlung eines wirklichen Dramas denkt Lenz aber an eine andere Dimension der Passion Christi. Die tragischen Leiden jedweder Tragödie sollen sich, sagt er, einer verkannten und duldenden Gottheit »nähern«. Das ›Nähern‹ verstehen wir so, daß in der Passion das Urbild des leidenden Menschen entworfen ist; sie ist dann nicht selbst Gegenstand einer Tragödie, sie ist vielmehr das Modell und gibt die Umrisse für das neue Tragische, das höchste Streben, die Menschenliebe, die tatkräftige Weisheit, den schimpflichen, unverdienten Tod.

Es fehlt darin freilich die fünfte und letzte tragische Bestimmung, die entgegenwirkende höhere Macht. Man könnte sie hypothetisch entwerfen, müßte freilich auch spekulieren, da Lenz nichts darüber sagt. Bei aller Breite seiner theologischen Schriften vermeidet er es, dieses Urbild von Vater und leidendem Sohn zu durchdenken: er läßt diesen zentralen Mythos des Christentums aus dem genaueren Blick – vielleicht deshalb, weil seine Auslegung nicht sehr orthodox geworden wäre, vielleicht auch, weil er zuviel über sich selbst und seinen Vater hätte sagen müssen.

Andere Namen sind zu nennen, die damals in Lenzens Horizont waren und die seine Forderungen an den tragischen Helden erfüllten: dem christlichen Mittelpunkt am nächsten steht Abbadona, den Klopstock im »Messias« geschaffen hatte, ein gefallener Engel, der unendlich bereut; auf den Abbadona-Mythos sind wir durch Hubert Gersch und Stefan Schmalhaus aufmerksam geworden[8].

Ihm verwandt ist Prometheus, der Goethe im Jahr 1773 beschäftigt. Lenz spricht an einer merkwürdigen Stelle der »Werther-Briefe« von Werther als einem ›gekreuzigten Prometheus‹[9]. Beide, der alte und der neue Prometheus sind Bilder, die auf ihr Urbild Christus verweisen; ein Menschenfreund ist auch der antike Heros, der dem erbärmlich lebenden Menschengeschlecht hilft, der aber nicht zu leiden bereit ist, sondern trotzig aufbegehrt. Wenn auch weniger hoch im Rang, so ist durch diesen Vergleich der Prometheus der Griechen doch in die Familie derer aufgenommen, die sich dem Urbild »nähern«. Auch das ›Gleiten‹ auf der letzten Stufe und die entgegenwirkende höhere Kraft sind hypothetisch zu erschließen; in Goethes Dramenfragment hätte die Handlung vermutlich so verlaufen sollen, daß die Menschen, die kindergleichen Geschöpfe des Prometheus, sich, wenn sie erst die Not des Lebens kennengelernt hätten, gegen ihn gewandt und mit Zeus verbündet hätten – auch in ihnen wäre die höhere entgegenwirkende Kraft, die Prometheus dann besiegt wird, selbst hervorgerufen.

Dann wäre wohl Sokrates zu nennen, auch ein von Goethe vorgesehener Tragödienheld und auch ein Arzt der Menschheit, die ihn dafür zum Tod verurteilen wird, und schließlich tritt neben diese Entwürfe zu Helden und Tragödien der schon wirkliche dramatische Held Goethes, Götz von Berlichingen, den Lenz so ernst nahm, als könnten er und seine Freunde durch das Nachspielen des Dramas sich ins wirkliche, tätige Leben versetzen[10]. Auch Götz, Inbegriff des Freihandelns, scheitert auf der letzten Stufe.

VI.

Aber vor allem – nicht mit einem Vielleicht, sondern mit Gewißheit – ist Faust zu nennen. Wohl aus dem Jahr 1776, aus Lenzens Weimarer Jahr – die Datierung ist nicht ganz sicher – ist uns ein Lenzsches Fragment überliefert[11], ein Bruchstück aus einem dramatischen Text, worin Faust in einer höllenartigen Unterwelt sichtbar wird und seine unsägliche Einsamkeit beklagt; er wird aufgesucht von Bacchus, der ihm die Befreiung ansagt und ihn zurück auf die Oberwelt führen wird. Das sonst rätselhafte Bruchstück erschließt sich durch seinen Titel: es heißt Die »Höllenrichter« und gibt sich als eine Parodie der »Frösche« des Aristophanes zu erkennen.

»Die Frösche«, nicht die intensivste, aber damals neben den »Wolken« die bekannteste Komödie des Aristophanes, haben diesen Handlungsumriß: Dem Theater in Athen sind seine großen Dichter gestorben, und daher steigen der Theatergott Dionysos (mit seinem andern Namen: Bacchus) und der erfahrene Hadesfahrer Herakles in die Unterwelt hinab, um einen der großen toten Tragiker wieder heraufzuholen. In der Unterwelt streiten sich witzig-grob-großmäulig Aischylos und Euripides im Wettkampf, wer von ihnen der würdigste sei, wieder an die Oberwelt geholt zu werden; sie preisen ihre Kunst an und machen den andern schlecht. Dionysos, Herakles, Hades, unterstützt vom Chor der Unterweltssumpffrösche sind die Kunstrichter, und sie teilen dem alten, rechtschaffenen Aischylos den Sieg zu über den à la mode-Sänger Euripides, den Moralverderber. Aischylos wird mit

Dionysos auf die Oberwelt kommen, dem heruntergekommenen Theater in Athen wiederaufzuhelfen.

Die Analogien sind gut erkennbar: Faust wird von Bacchus-Dionysos aus der Unterwelt geholt. Faust soll dem heruntergekommenen deutschen Theater aufhelfen und eine neue Epoche einleiten. Faust ist der Held, über den Lessing ein Drama angekündigt hat. Friedrich Müller, der ›Maler Müller‹, den Lenz auf seiner Weimarreise 1776 trifft und der fürs künftige Nationaltheater in Mannheim Pläne macht, schreibt an einem Faustdrama; Freund Goethes Hauptgeschäft ist der »Faust«: der wäre also ein Held, der den Neuanfang des deutschen Theaters in sich verkörperte. Faust ist ein einheimischer Held, nicht dem Mythos der Griechen, sondern der eigenen Nation entstammend. Faust ist ein Mythos des Volkes, nicht einer der Gebildeten, sondern vom Volksbuch und vom »Püppelspiel«[12] bekannt. Faust ist ein starker, grober Kerl nach dem Geschmack des Sturm und Drang, und die Höllenrichter, wer immer sie sein sollten, konnten zwischen ihm und einem weichlichen à la mode-Helden leicht entscheiden.

Und Faust ist offenbar ein Held der neuen, gegenantiken Epoche. Er ist in seinem Streben über gewohntes Maß hinaus scheinbar zwar den antiken Sündern im Hades ähnlich, die wegen ihrer Hybris verdammt worden waren und die Lenz als Warnzeichen auf sich bezog, einem Tantalos und Ixion[13]. Aber anders als sie handelt Faust nicht für eignen Vorteil, Macht und Lust, sondern um des Mehrwissens für alle Menschen willen: »Dein Herz war groß«, sagt Bacchus zu ihm, und deswegen befreit er ihn. Es ist für Lenz die nur dem Christentum eigentümliche Gestik, daß der Sünder Buße tun kann und selbst aus der Unterwelt – die Hölle ist dies nicht – erlöst werden kann.

Was für eine Entdeckung für Lenz, den auf ewig Verdammten – ›in aeternum damnatus est‹, hatten ihm im Volksbuch die Teufel gesagt – zu erlösen und wieder ins Leben – der Phantasie des Volkes – zu holen. Faust ist ein Inbegriff dessen, was Lenz vom neuen tragischen Helden sagt: der aus Menschenfreundschaft, mit Leidenschaft und Klugheit emporstrebt. Der auf der obersten Stufe, die ehrenvolle Kraft des Erkenntnistriebs dem Bösen verschreibend, gleitet und fällt. Der aus bester Kraft schuldig wird und dessen Streben den Kern des Falles in sich trägt. Der in der bittersten Einsamkeit büßt. So ist er ein Inbegriff des tragischen Helden.

VII.

Des tragischen? Prometheus, an den Felsen des Kaukasus geschmiedet, wird von Herakles befreit werden – gemäß dem Willen des Zeus. Abbadona wird nach unendlicher Reue wieder von Gott aufgenommen. Faust, auf ewig verdammt, wird von Bacchus erlöst.

Wir hatten schon angedeutet, wie die Komödienhandlungen vor einem allzu düsteren Ende bewahrt bleiben: Gustchen, gefallen und verworfen, »hat bereut wie keine Nonne und kein Heiliger«[14] und wird zum Hochzeitsglück begnadigt. Marie Wesener, aus eigener Schuld und durch Betrug verführt, kehrt zuletzt um und geht zu ihrem Vater zurück. Die verlorenen Töchter, die verlorenen Söhne: wie tief sie immer fallen, sie können umkehren. Die Handlungen mögen immer dunklere Ausgänge nahelegen: welche hält Verzweiflung durch? Die des »Engländer«. Sonst aber sind sie Verzeihungen und Erlösungen. Gott kann nicht ewig zürnen, so stimmt schon das erste Lenzsche Stück, »Der verwundete Bräutigam«, den Ton an[15]. Der Christengott kann nicht anders, wenn er seinen eignen Worten treu bleiben will; er will nicht den Tod des Sünders, sondern daß er sich bekehre und lebe.

Darin steckt Lenzens Aporie, das neue Tragische von der Antike abzutrennen. Nicht Marionetten, sondern freihandelnde Menschen sollen wir sehen, versprach Lenz. Die sollen aus eignem Willen, nicht vom Schicksal gezwungen, schuldig werden. Ihre Schuld soll dem höchsten Streben entstammen. Bacchus, wie ein zweiter Christus herabgestiegen zu der Hölle, befreit Faust. Wie könnte er den in Verdammnis lassen, der zuerst mit großem Herzen handelte und der dann »in undenkbarer Einsamkeit« Qual erlitten hat? Er wäre ein ungerechter Gott, Hohn auf einen Gott.

Es gibt zwei Wege, der Aporie zu entkommen. Der eine und bekannte anerkennt das Ende der Tragödie: unter christlichen Voraussetzungen könne das wahrhaft Tragische nicht stattfinden. Der Glaube an den gerechten Vatergott lasse keine Tragödie mehr zu.

Der andere Weg führt aus der engen Definition heraus: Wer bestimmt denn, was Tragödie und wahrhaft Tragisches heißen? Jedes Theaterstück, das in Athen bei den Großen Dionysien in einer Trilogie aufgeführt wurde, ist nach einer skeptischen Philologendefinition eine Tragödie; der »König Ödipus« ist nur eines unter diesen Stücken, inkommensurabel etwa mit Stücken des Euripides vom lustigen Betrug an den Barbaren, aber eben auch ungleich den Aischyleischen Trilogien, die am Ende und über widersprechende Handlungen Zeus rechtfertigten; auch dem »Gefesselten Prometheus« folgte ein »Von den Fesseln gelöster Prometheus«.

Lenz insistiert für seine Zeit – ob sie sich nun aufgeklärt oder christlich nennt – zu Recht gegen den Dichter des Voltaireschen »Oedip«: »Ich fordre Rechenschaft von dir. Du sollst mir keinen Menschen auf die Folter bringen, ohne zu sagen warum«[16]. Die tragische Unversöhnlichkeit ist These eines späteren Zeitalters; sie setzt voraus, was zuvor in der Aufklärung an Standpunkt gewonnen war, das Beharren auf der Verantwortlichkeit des Helden, der Überprüfbarkeit des Schicksals. Sie setzt Lenzens oder ein analoges Konzept voraus.

Dasselbe Lenzsche Konzept des Tragischen, bei dem wir die endliche Erlösung des Verdammten betonten, könnte ja auch so gelesen werden, daß das aus bestem Willen selbstgemachte und insofern widersinnige Elend des leidenden Menschen betont würde. Lenz geht, unter den Voraussetzungen seiner Religion, bis an die Grenzen, hinter denen die Zweifel und die Lästerung begännen. So sehr für ihn der christliche Gott ein Prinzip schließlicher Versöhnung ist, so wird dieser Schluß ja nicht geschenkt, am wenigsten den tragischen Helden, die wie Faust alle Leiden physisch ins Extrem durchleiden.

Man muß also den Standpunkt ändern und nicht beklagen, was dieses Lenzsche Konzept noch nicht ist – im Blick auf das 19. Jahrhundert –, sondern anerkennen, was es schon ist, mit was für einem großen Schritt Lenz über die moralisch-dramatischen Abrechnungen hinausgeht und im Entwurf wenigstens jenes antike Gesetz des Tragischen wiederentdeckt: ›nicht durch Fremdes, sondern durch unser Eignes gehen wir zugrunde‹[17].

Eine solche Entdeckung, so unerhört-ungelernt sie ist, ist doch nicht ohne Zusammenhang, und daß gerade Lenz die Entdeckung des Tragischen macht, kommt nicht von ungefähr. Eine biographisch-psychologische Begründung, wenn sie überhaupt gelänge, wäre schwierig. Daß einer von Natur oder durch seine Erlebnisse ein Melancholicus ist, prädestiniert ihn nicht für die Tragödie. Und Lenzens Theorie vom Tragischen ist alles andere als eine traurige Theorie. Sie fordert enthusiastisch zum Anschauen der großen Leidensmänner auf.

Wir erwarten eine bessere Erklärung aus dem Umweg über die Theologie. Das Urbild des tragischen Verlaufs hatte Lenz in seinem Gottes-Sohn gesehen. Diesem Leben und Tod nachdenkend, wird ihm seine Idee des Tragischen aufgegangen sein. Die Entdeckungskraft, mit der er in den tragischen Lebensläufen das Scheitern auf höchster Stufe erkennt, das unverschuldete Leid und die entgegenwirkende Kraft, scheint uns sonst fast unerklärlich; vermittelt über das religiöse dialektische Denken jedoch, das ja den sinnlos-sinnvollen, schuldig-unschuldigen, traurig-freudigen Tod verstehen muß, wird die Entdeckung verständlicher. Das Nachdenken über den ›tragischen‹ Sohn wird vermutlich selbst wieder aus dem Nachdenken über sich selbst genährt; Lenz denkt zu dieser Zeit über seinen eignen nahen Untergang nach[18] und will um jeden Preis noch sein der Menschheit helfendes Werk vollenden – die Schrift »Über die Soldatenehen« – und dann sterben. Die groß und tragisch scheiternden Halbgötter sind Entwürfe, die auch das eigne Untergehen, das Lenz vorausfürchtet, deuten können; sie könnten dem eignen Schicksal Rang und Sinn geben, und sie geben Hoffnung, an einem fernen Ende der Leiden erlöst zu werden.

---

1 Vgl. das »Supplement zur Abhandlung vom Baum des Erkenntnisses Gutes und Bösen«, in: J. M. R. Lenz, Werke und Briefe in drei Bänden. Hg. v. Sigrid Damm. München 1987. Bd. 2, S. 514ff.

2 Es sind drei Vorläufer, die Lenz anerkennt, Lessing, Klopstock und Herder. Er wählt sie aus nach Gründen, die ganz die seinen sind und seine Perspektive wiedergeben: Klopstock etwa tritt nicht als der Dichter des »Messias« oder der Oden und Hymnen hier auf, wo es um die Neuerfindung im Dramatischen geht. So wird der Dramatiker Klopstock herbeizitiert, der eine unantike Dramatik gefunden, der aber Shakespeare nicht wahrgenommen habe. Auch Lessing ist nicht der Autor von großen Dramen, sondern der Übersetzer des Plautus, der für Lenzens Komödienanfänge das Vorbild gewesen war, und vor allem einer, der über die Gesetze des Dramas nachdenkt. Vgl. Lenz, Werke. Bd. 1, S. 267ff. und die abweichende Fassung der Krakauer Handschrift, ebd. S. 748.

3 Die unnachweisliche, aber wegen des Untergangs dennoch vorausgesetzte Schuld ist nicht nur für Lenz anstößig, sondern das Ärgernis aller »Ödipus«-Auslegung in der nachantiken Zeit, und die heutige communis opinio, Schuld sei eine unangemessene, christliche Kategorie (vgl. Kurt von Fritz: Tragische Schuld und poetische Gerechtigkeit in der griechischen Tragödie, in: K. v. Fritz, Antike und moderne Tragödie. Berlin 1962, S. 1ff.), beseitigt noch nicht den Anstoß. Dieses Ärgernis führt Lenz entrüstet gegen Voltaire an (vgl. Anm. 16), während er es wenig zuvor bei der Übersicht über die Theaterepochen noch für einen Witz gebraucht hatte: da tritt »der rasende Oedip« aus dem französischen Departement, »in jeder Hand ein Auge«; die Grausamkeit und Ungerechtigkeit der Strafe wird durch Übertreibung dem Lachen preisgegeben.

4 Ein Beleg ist eine Stelle aus einem Brief, den Lenz im September 1776 an seinen Vater schreibt: »So unvollkommen das was man in jedem Fach der menschlichen Erkenntnis m o d e r n nennt, sein mag, so ist es (...) jungen Leuten doch notwendig, sich hinein zu schicken, wenn sie der Welt brauchbar werden wollen.« in: Lenz, Werke. Bd. 3, S. 499f.

5   Lessing vergleicht in der »Theatralischen Bibliothek« von 1754 Chassirons und Gellerts
    Abhandlungen über das weinerliche Lustspiel und stellt in einem kurzen Epilog seine
    eigene These von der »wahren Kommödie« dar.

6   In einer Bußpredigt des Vaters (in: Christian David Lentz (sic) Evangelische Buß- und
    Gnadenstimme in dreyzehn erwecklichen Buß-Predigten. Königsberg und Leipzig 1756,
    S. 85) zeigt sich der theologische Begriff des Willens, von dem der Sohn ausging. Der
    Pastor spricht seine Zuhörer allesamt als »grobe Sünder« an, die »ganz mutwillig mit
    Vorsatz« gesündigt hätten. Aber er eröffnet ihnen auch einen Ausweg, »wenn ihr nur
    wollet«. Dieses Wollen wird von der göttlichen Gnade anerkannt. Der Wille war frei zum
    Bösen, er ist auch frei zur Umkehr, aber er vollbringt nicht allein und nicht wesentlich
    die Rechtfertigung, sondern bereitet nur der Barmherzigkeit Gottes den Weg.
    Dieses altlutherische Konzept ist wohl die wichtigste Lehre, die der Dichter Lenz von
    seinem Vater übernommen, in seinen Werken angewandt und gänzlich verändert,
    nämlich säkularisiert hat: nicht mehr die göttliche Gnade, sondern die Freiheit des
    Menschen selbst entscheidet über die Umkehr.
    Vgl. zum Problem der Willensfreiheit: Martin Rector, Sieben Thesen zum Problem des
    Handelns bei Jacob Lenz, in: Zs. für Germanistik, Bd. 3, 1992.
    Man kann vermuten, daß Lenz dieses neue Evangelium von der selbstverdienten und
    selbstverschuldeten Wahl bei seinem Lehrer Kant an der Universität Königsberg hörte
    und daß damit sein Bruch mit der väterlichen Welt begann.

7   Lenz, Werke. Bd. 2, S. 521 (»Supplement«) und S. 596 (»Zweite Stimme aus den Stimmen
    des Laien«).

8   Vgl. Hubert Gersch und Stefan Schmalhaus, Die Bedeutung des Details: J. M. R. Lenz,
    Abbadona und der »Abschied« in: GRM Bd. 41, 1991, S. 385ff.

9   Lenz, Werke. Bd. 2, S. 685.

10 Lenz, Werke. Bd. 2, S. 637ff.

11 Lenz, Werke. Bd. 1, S. 595f.

12 Vgl. die zweite Szene des V. Aktes des »Neuen Menoza« mit dem Lob auf das Püppelspiel.

13 Im »Tantalus«-Gedicht von 1776 und im gleichzeitigen »Waldbruder« – im Dritten Brief
    des Ersten Teils – sind Tantalus und Ixion Selbstprojektionen.

14 Lenz, Werke. 1. Bd., S. 122 (= V. Akt, Letzte Szene).

15 Als Wort des Geistlichen wird in dem Stück zitiert: »O Gott, du kannst ein so zärtliches
    Paar nicht trennen. Genug schwarze Schicksale! genug gestraft! Du wirst nicht ewig
    Gericht halten.« Der verwundete Bräutigam, 4. Akt, 1. Szene.

16 Anmerkungen übers Theater, in: J. M. R. Lenz, Werke und Briefe in drei Bänden, Band
    2, S. 667f.

17 Aus den »Myrmidonen« des Aischylos ist ein Fragment (74) überliefert, worin eine
    »libysche Fabel« erzählt wird: der Adler, vom Pfeil getroffen und seine Federn erkennend,
    sagt: »So werden wir nicht von fremden, vielmehr von den eignen Federn getroffen«.

18 Vgl. den Briefwechsel zwischen Herder und Lenz vom März 1776, in: Lenz, Werke.
    Bd. 3, S. 390ff.

»Der Engländer«.
Ein Endpunkt im Dramenschaffen von J. M. R. Lenz.

Johannes Glarner (Zürich)

Sucht man nach den Gründen für die merkwürdigen Stilisierungen, die dazu geführt haben, daß uns Lenz' Leben als so imaginär und sein Werk gleichzeitig als so direkt autobiographisch erscheinen, landet man, wie so oft, wenn man sich mit diesem zappelnden Genie aus dem hohen deutsch-russischen Norden beschäftigt[1], bei seinem persönlichen Verhältnis zum eigenen Vater. Man weiß, daß Jakob – das vierte von acht Kindern – der Lieblingssohn des Pastors Christian David Lenz war; man weiß, daß er, wie sein älterer Bruder, vom Vater zum Theologiestudium und zur Pastoren-laufbahn bestimmt war; und man weiß auch, was Jakob dann tat und wie es mit ihm herausgekommen ist.

Pastor Lenz war der Anreger, der erste Leser und wohl auch der erste Kritiker von Jakobs frühen christlichen Versen. Er vermittelte ihm gemäß pietistischer Tradition seine Ansicht vom Pfarrer als eines »großen Gelehr-ten«, als eines »heiligen Menschen, der seine von höheren Berufsgeschäften freien Stunden wohl zu poetischen Produktionen verwenden darf, dem diese aber immer Nebensache bleiben müssen.«[2] Auch wenn Pastor Lenz seinem Sohn nur die Dichtung geistlicher Poesie erlaubte: *de facto* war er es, der ihm das Feld der literarischen Betätigung eröffnete.

Wie man an der ersten erhaltenen poetischen Äußerung des zwölfjähri-gen Lenz ablesen kann – es handelt sich um ein Neujahrsgedicht auf seine Eltern[3] –, hatte sein Dichten ursprünglich eine klare Funktion: die des Schenkens. Die Eltern erscheinen in diesen frühesten Zeilen als Hauptadres-saten, ihr Wohlergehen ist darin zentrales Thema. Bei genauerer Betrach-tung kann man aber bereits hier erste kleine Widerhäkchen ausmachen, erste noch kaum bewußte Zeichen dessen, was sich dann in der Straßburger Zeit zum Kampfgebaren gegen die gesellschaftlich tradierten und etablierten Autoritäten entwickelt. Die Widmung im Titel des Neujahrsgedichts »An meine hochzuehrenden Eltern« redet von der Ehre vielmehr als Pflicht als von einer selbstverständlichen Erfahrung. Mit dem zwiespältigen Wunsch an Gott, die sonntäglichen »Vorträge« des Vaters möchten den »Herzen« der

Kirchgemeinde »lauter Spieß und Nägel sein«, was sie, wie diverse öffentliche Turbulenzen um die Predigten von Pastor Lenz belegen, tatsächlich
auch waren, entwirft er unmerklich das Bild eines bösen, strafenden Vaters;
und im Schlußteil des Gedichts imaginiert er sich ihn in einer auf den ersten
Blick harmlos scheinenden Rokokovision als »einen Stern von der ersten
Größe«, der, abgehoben von der Herde der verstorbenen Seelen, über der
ewigen Weide des Jenseits am Himmel prangen soll: Das ist die
(Wunsch-)Phantasie vom Vater als eines Toten, eines ruhmvollen zwar, aber
eines sehr weit entfernten.

Lenz wollte und konnte nicht Pastor werden, und er ersann sich dazu
allerlei Ausreden, nicht zuletzt die, fürs Predigen ein allzuschwaches Stimm-
organ zu besitzen.[4] Die Absage des Pfarrersohnes ans Pfarramt war faktisch
eine Absage an die von Gott beglaubigte Vaterwelt und kam daher für den
Sohn weniger einer Befreiung gleich als einer Versündigung gegen Gott
nahe. Sie mußte jedenfalls unter den größten Schuldgefühlen vonstatten
gehen und konnte deshalb nie zur vollständigen Emanzipation werden. So
befreite sich Lenz im Alter von zwanzig Jahren durch den heimlichen
Abbruch seines Theologiestudiums in Königsberg und durch die getarnte
Flucht mit den Herren von Kleist nach Straßburg zwar äußerlich vom
direkten Zugriff des gestrengen Vaters, wie aber die Briefe an den Vater aus
der Fremde und die alles dominierenden Vater-Sohn-Konflikte in seinen
nun entstehenden Dramen belegen (so direkt entspringt bei Lenz das Werk
den Spannungen des Lebens), war es ihm nicht möglich, dieses Schisma
jemals wirklich zu verkraften. Pfarrer zu werden, war ihm unmöglich, aber
er konnte auch keinen anderen Beruf ergreifen, denn damit wäre die
Versündigung gegen die im Vater laut gewordene Stimme Gottes perfekt
geworden. So blieb ihm in dieser ausweglosen Situation nichts anderes
übrig, als diese in poetisch-dramatischer Überhöhung zu beschreiben. Er
konnte nichts anderes tun, als den *metakommunikativen Weg* beschreiten, das
heißt, sein komplexes Vaterverhältnis, das ihn von vornherein jeglicher
Handlungsfreiheit beraubte, literarisch zu verwerten, und sich damit, wenn
nicht einen Beruf, so doch eine selbstgewählte Identität zu geben – die eines
Schriftstellers.[5]

Auf diese Weise läßt sich die Genese zumindest des ersten und der beiden
letzten Straßburger Dramen, »Der Hofmeister«, »Die Freunde machen den
Philosophen« und »Der Engländer« erklären. Es ist nicht verwunderlich, das
sich den autobiographisch eingefärbten Helden in diesen Dramen, Läuffer,
Reinhold Strephon und Robert Hot, unentwegt die Berufsfrage stellt.

Gerade das Hofmeister-Drama steht exemplarisch für die *literarische*

Metakommunikation des jungen Lenz mit seinem Vater. Pastor Lenz verbietet seinem Sohn kurz vor dessen Flucht nach Straßburg brieflich, eine vermutlich durch den Königsberger Magister Immanuel Kant persönlich vermittelte Hofmeisterstelle in Danzig anzunehmen;[6] er fordert ihn auf zur unverzüglichen Heimkehr, und er verschafft ihm, wie demselben Brief um Ostern 1771 zu entnehmen ist, selbst eine Hauslehrerstelle in Lettland.[7] Jakob geht nun weder auf den Vorschlag Kants noch auf den des Vaters ein. Mit dem Hofmeisterdasein hat er in Königsberg bereits Bekanntschaft gemacht;[8] anstatt sich vollends diesem demütigenden Berufsstand hinzugeben, fängt er noch in Königsberg an, ein Drama darüber zu schreiben. Er entzieht sich den Forderungen der Realität durch die Kreation einer teils gelebten, teils fiktiven dramatischen Wirklichkeit, in der er an der Figur des Stadtpredigersohnes Läuffer die möglichen Konsequenzen dieser Forderungen in Szene setzt. Um nicht Hofmeister werden zu müssen, verfaßt er ein Hofmeister-Drama.

Im Winter 1775/76, nach der Veröffentlichung seiner drei großen Dramen und nach verschiedenen selbstzweiflerischen Aktionen wie etwa der kurzzeitigen Wiederaufnahme seines Theologiestudiums in Straßburg gerät unser inzwischen mit privaten Sprach- und Geschichtslektionen sich über Wasser haltender Dichter (eine Tätigkeit, die so weit vom Hofmeisterdasein nicht entfernt ist) in eine akute materielle, physische und psychische Existenzkrise. An Johann Heinrich Merck schreibt er: »(...) ich bin arm wie eine Kirchenmaus (...) mir fehlt zum Dichter Muße und warme Luft und Glückseligkeit des Herzens, das bei mir tief auf den kalten Nesseln meines Schicksals halb im Schlamm versunken liegt und sich nur mit Verzweiflung emporarbeiten kann.«[9] Die vom Vater unablässig eingeforderte Heimkehr nach Livland schwebt nun wie ein Damoklesschwert über dem Schicksal des inzwischen 25jährigen. Lenz heuchelt nach Hause: »(...) – und sind so gerecht, daß sie mich außer Landes nicht durch Gewaltsamkeiten nach Hause ziehen wollen, so lang ich den innern Beruf nicht dazu habe (...) Wir sind in allen Stücken *einerlei Meinung*, beste Eltern, die Zeit wirds lehren.« Und im selben Brief: »*Patria ubi bene.* Doch es hat mich freilich Sorgen und Nachtwachen gekostet, es dahin zu bringen und noch jetzt, ich schwör es Ihnen, sind die Wissenschaften und das Theater – nur meine Erholung.«[10] Die einzige Möglichkeit, die vom Vater ständig erneuerte Aufforderung, unverzüglich heimzukehren und damit den Bankrott der mühsam errungenen Schriftstellerexistenz noch einmal abzuwenden, besteht im Rückgriff auf den erprobten metakommunikativen Mechanismus, Dramen über die aktuelle Situation und über die daraus erwachsenden Bedrohungen zu verfassen.

Reinhold Strephon, der autobiographische Held in der nun entstehenden Komödie »Die Freunde machen den Philosophen«, der, genau wie Lenz selber, sein Vaterland seit acht Jahren nicht gesehen hat und gleichwohl nichts schlimmeres sich ausmalen kann als seine Heimkehr, fristet in einem fiktiven Spanien ein verzehrendes Dasein als freier Dramendichter und Verfasser von Liebesversen für seine »Freunde«. Innerlich ausgehöhlt, resigniert und tief verschuldet wagt er den Traum von einer besseren Existenz, von dem sein Vorgänger, der Hofmeister, in seiner hochfahrenden Manier noch beseelt war, nicht mehr zu träumen: »Ins Kloster oder in eine Wüstenei, das sind so meine Gedanken.«[11] Die Abrechnung mit der Schriftstellerei in diesem Drama kommt der Abrechnung mit der eigenen Person gleich. Lenz ist mit der selbstgewählten Identität an ein Ende geraten und kann diese nur retten, indem er sich literarisch harscher Selbstkritik unterzieht. Nur die kritische Dramatisierung des Schriftstellerberufs macht nun seine Ausübung noch möglich.

Im November 1775 berichtet Lenz dem Vater von der Absicht, Straßburg für einige Zeit zu verlassen: »Vielleicht tue ich auf den Frühjahr eine Reise nach Italien und Engelland in Gesellschaft eines reichen jungen Berliners.«[12] Aber der Plan scheitert am Geldmangel. So formt Lenz, anstatt von Straßburg aus nach England und Italien aufzubrechen, das Reiseprojekt in ein weiteres Dramenprojekt um, worin ein junger Engländer seine Heimat fluchtartig verläßt und in ein märchenhaftes Italien reist. Im »Engländer« verarbeitet Lenz wiederum seine ganze Lebenssituation: seine Flucht von Zuhause; seine innerste Angst, vom Vater gewaltsam heimgeholt zu werden; seine unglückliche Liebe zu der adligen Dame, Henriette von Waldner, (die er nur von der Lektüre ihrer Briefe an seine Schlummermutter in Straßburg, Luise König, her kennt); und selbst seine Straßburger Reiseabsicht. Klinisch genau und in weitgehend monodramatischer Form diagnostiziert der Dichter anhand seines letzten Straßburger Dramenhelden den eigenen psychischen Zustand. Nach der bitteren Abrechnung mit der Bohème in »Die Freunde machen den Philosophen« kann er den endgültigen Zusammenbruch seiner Schriftstellerexistenz und die Rückkehr nach Livland nur mehr durch die literarische Abfassung seines Psychogramms verhindern. »Der Engländer« ist ein letztes, verzweifeltes Produkt des Widerstandes gegen die Forderungen des Vaters. Diesmal muß Lenz seinen Protagonisten opfern, um sich noch einmal als Dramatiker definieren zu können.

Seit Albrecht Schönes Lenz-Studie[13] ist bekannt, daß Leben und Werk des Pfarrersohnes Lenz von einem »biblischen Modellgeschehen« bestimmt sind: vom Gleichnis des verlorenen Sohnes. In Selbstverständnis und Selbstdeutung des Dichters taucht dieses Gleichnis leitmotivisch auf. Lenz beschwört es schreibend immer wieder und so lange herauf, bis es sich aus der Imagination zu lösen und zu verselbständigen anfängt und in fataler Weise, das heißt, mit weniger glimpflichem Ausgang als im Bibeltext (Lukas 15, 18–19), in die Lebenswirklichkeit herüberschlägt. Die präfigurative Wirkung dieses Gleichnisses wird zur identifikatorischen, das Spiel der Selbststilisierung gerät zum unausweichlichen Vollzugszwang.

Das Motiv von der Rückkehr zum Vater taucht als exemplarisches Ereignis in allen Straßburger Dramen auf, und seine Ausgestaltung nimmt vom »Hofmeister« bis zum »Engländer« zusehends beklemmendere Formen an. Rückkehr vollzieht sich bei Lenz stets nach dem Schema Wiedererkennung-Reue-Vergebung. Dabei ist der Akt der Umarmung das zentrale Gestaltungsmoment. Im »Hofmeister« finden der Sohn des Geheimen Rats, Fritz von Berg – dieser mit den Worten aus dem Lukas-Evangelium: »Ich bin nicht wert, daß ich ihr Sohn heiße.«[14] –, sein Leipziger Commilitone Pätus und die Majorstochter Gustchen in die Arme ihrer Väter zurück. In der Rettung Gustchens am Teich kündigt sich – noch unter positiven Vorzeichen – eine Umkehrung des Motivs an, die sich bei Lenz von nun an mehr und mehr zur Schreckensvision formt: Das Kind kehrt nicht freiwillig zum Vater zurück, sondern wird von ihm heimgesucht. Im »Neuen Menoza« reist Herr von Biederling dem nach Leipzig gereisten Prinzen Tandi nach und holt ihn heim: »So komm, daß ich dich noch einmal umarme und an mein Herz drücke (*ihn umarmend*) verlorener Sohn!«[15] In den »Soldaten« wird die Umkehrung des Motivs grotesk aufgebläht. Das Zusammenfinden des Galanteriehändlers Wesener und seiner flüchtigen Tochter Mariane in der »Dämmerung an der Lys« nimmt eine ganze Szene ein; sie endet mit einer unheilvollen Umarmung: *»Beide wälzen sich halb tot auf der Erde. Eine Menge Leute versammeln sich um sie und tragen sie fort.«*[16]

Für die beiden letzten, in unmittelbarer zeitlicher Nähe entstandenen Straßburger Dramen ist die örtliche Distanz des Helden zum Vaterland eine fundamentale Prämisse. Das Rückkehrermotiv ist nur noch als angstvolle Vision gestaltet und wird mit der Selbstaufgabe und dem Tod des Helden gleichgesetzt. Reinhold Strephon wird in Cadiz von seinem Vetter Arist fünfmal vergeblich dazu aufgefordert, mit ihm heimzukehren, und die Aussicht auf die überfällig gewordene Heimkehr wird für ihn zur größeren Qual als der Gedanke an das eigene Sterben: »Vetter, das stille Land der Toten ist so fürchterlich und öde nicht als mein Vaterland. Sogar im Traum, wenn Wandlungen des Bluts mir recht angsthafte Bilder vors Gesicht bringen wollen, so deucht mich's, ich sehe mein Vaterland.«[17]

Die vollkommene Pervertierung des Rückkehrermotivs findet sich im »Engländer«. Der entwichene Sohn wird in Turin vom herbeieilenden Vater aufgespürt; beim Wiedersehen im Gefängnis »*fährt*« er »*zusammen*«, »*fällt ihm zu Füßen*«, es verschlägt ihm »*eine Weile*« die Sprache, er »*zittert*«.[18] Er empfindet die väterliche Umarmung nicht mehr als versöhnliche Geste, sondern als lähmende Umklammerung – der gewaltsamen Obhut des übergreifenden Vaters ist nur noch durch den Freitod zu entkommen. Damit ist das Motiv vom verlorenen Sohn bis ins Extrem gesteigert. Die totale Verweigerung der Heimkehr gipfelt in der Absage ans Leben und im Heimgang in den Tod.

Daß der »Engländer« nicht nur Lenz' Straßburger Zeit, sondern, abgesehen von einigen Skizzen, auch seine gesamte autobiographische Dramenproduktion abschließt, hat nebst biographischen auch ästhetische Gründe: Das Motiv ist ausgereizt. Bei der schrittweise sich überbietenden Darstellung der Vater-Sohn-Problematik ist der Dichter mit der (Selbst-)Vernichtung des Sohnes an die Grenzen des Gestaltbaren gelangt.

Parallel zur biographischen Kurve in den Straßburger Jahren verläuft die Entwicklung von Lenz' theoretischer und angewandter Dramaturgie. Nach der enthusiastischen Aufsprengung sämtlicher konventioneller dramaturgischer Regeln in den »Anmerkungen übers Theater« und nach der stürmischen Dramaturgie in den drei großen Tragikomödien, worin Lenz das Geschehen in 35 und mehr, teilweise nur wenige Sekunden dauernden Szenen vorwärtspeitscht und worin er die Drei-Einheiten-Regel durch eine Vielzahl von Handlungselementen, durch ständige Schauplatzwechsel und durch die Ausdehnung der dramatischen Aktion teilweise über Monate und Jahre förmlich zertrümmert hat, ist sowohl in den Shakespeare-Aufsätzen vom Winter 1775/76 als auch bei den beiden letzten Dramen deutlich eine resignative Tendenz auszumachen. Im Aufsatz über »Hamlet« tönt es, als ob Lenz mit seinen früheren Eskapaden ins Gericht ginge:

»Man vergißt daß auch Shakespeare die Veränderung der Szene immer nur als *Ausnahme von der Regel* angebracht, immer nur höheren Vorteilen aufgeopfert und daß je größer die dadurch erhaltenen Vorteile waren, desto mehr Freiheit man in dem Stück dem Dichter gestatten mußte und zu gestatten gar kein Bedenken trug. Das entschuldigt aber nicht um ein Haar junge Dichter die aus bloßem Kitzel einem großen Mann in seinen Sonderbarkeiten nachzuahmen ohne sich mit seinen Bewegungsgründen rechtfertigen zu können, *ad libitum* von einem Ort zum andern herumtaumeln und uns glauben machen wollen, Shakespeares Schönheiten beständen bloß in seiner Unregelmäßigkeit.«[19]

Die in den »Anmerkungen« weit über Bord geworfene Regel von den drei
Einheiten wird zwar nicht wieder zurückgefordert, aber Lenz ermahnt hier
die Dramendichter (und sich selbst) deutlich zum maßhalten. Prompt sind
dann die späten Straßburger Dramen, vor allem das letzte, vergleichsweise
zahm und traditionalistisch gebaut. Die ganze monomythisch auf den
Protagonisten bezogene Handlung im »Engländer« vollzieht sich innerhalb
weniger Tage und nur mehr an drei Spielorten: vor und im Palast der
Prinzessin von Carignan, in Robert Hots Gefängnis und in der von Lord Hot
bezogenen Turiner Wohnung. Lenz' Bemühen um eine geschlossenere
Raum-, Zeit- und Handlungsstruktur ist offensichtlich und auch an der
Reduktion des sprechenden Personals (verglichen mit den großen Dramen
um etwa die Hälfte) ablesbar. Die tiefgreifende Verunsicherung, die den
Dichter angesichts der kritischen Rezeption seiner ersten Stücke erfaßte,
findet hier ihren poetischen, in den Shakespeare-Aufsätzen ihren
poetologischen Niederschlag. Aber die Zugeständnisse an die überkommene Ästhetik in den späten Straßburger Schriften und Dramen sind nicht bloß
aus privat-psychologischen oder materiellen Motiven zu erklären. Die
gesamte Sturm-und-Drang-Bewegung wird Mitte der siebziger Jahre von
einer tiefen Krise erfaßt. Die gemeinsame Vision von der raschen Veränder-
barkeit der Welt durch eine fulminante, an den zeitgemäßen gesellschaftlichen Realitäten gemessene Dramenproduktion – Lenz trieb sie am weitesten voran – bricht auseinander. Goethe folgt dem Ruf von Herzog Karl
August nach Weimar und wendet sich als Geheimer Legationsrat für fast
zehn Jahre der Staatspolitik des Herzogtums Sachsen-Weimar zu. Lenz kann
nun nicht mehr, wie noch zwei Winter zuvor, zur Aufführung des alle
Regeln sprengenden »Götz von Berlichingen« aufrufen, denn »Bruder«
Goethe hat inzwischen »Clavigo« (1774), in dem die Einheit der Handlung,
und »Stella« (1775), worin einigermaßen streng die Einheiten von Zeit und
Ort eingehalten werden, geschrieben. Daran orientiert sich der erfolg-
lose Dichter in seinem letzten Straßburger Jahr. So wie die Rückbesinnung auf die Regeltradition für Goethe eine produktive Krise bedeutete, die
in Richtung Klassik weist, so konnte sie für Lenz nichts anderes als
ein feiger Kompromiß sein, eine scharfe Korrektur am befreienden geistigen
Höhenflug der ersten Jahre in Straßburg, und so ist sie als Anzeichen einer
tiefen, persönlichen Resignation zu verstehen. Allerdings gesellt sich zum
Eindruck der Selbstzurücknahme und des Scheiterns beim »Engländer«
noch ein anderer: Das kleine Drama nimmt sich aus wie die Parodie
auf eine große klassische Tragödie. In ihm ist neben dem konventionellen
Strukturprinzip der Tragödie, die Fünfaktigkeit mit einer Dramaturgie

der Peripetie, der eine Exposition vorangeht und auf die am Ende die Katastrophe folgt, das Verfahren der Szenenreihung wirksam. Nach Lenz' Benennung sind es sechs Szenen in fünf Akten, von der Bauweise her gesehen besteht das Drama aber aus einem Akt mit sechs lose aneinandergereihten Szenen. So gesehen wäre die Art und Weise des Rückgriffs auf die Konvention nicht bloß als Versagen, sondern als bewußtes, komisch-satirisches Spiel mit den überkommenen Formen zu interpretieren.

Lenz' biographische und künstlerische Entwicklung in der Straßburger Zeit von einem entfesselten auch gesellschaftsbezogenen Befreiungsoptimismus bis zur verzweifelt-trotzigen Resignation ist in den Gedankenabläufen und in der Abfolge der Handlungen des Protagonisten des ersten Straßburger Dramas vor-, in denen des letzten nachgezeichnet. Die zentralen Akte im »Hofmeister« und im »Engländer« sind Akte der mißglückten Selbstverwirklichung und der als Strafe bzw. Opferung aufgefaßten Selbstbeseitigung. Das Skandalon der Selbstkastration Läuffers nach dem verbotenen Beischlaf mit Gustchen von Berg erscheint in verwandelter und radikalisierter Form im »Engländer« wieder: Der Selbstentmannung des Hofmeisters entspricht der Selbstmord Robert Hots, und dessen nächtlicher Flintenschuß unter dem rötlich schimmernden Palastfenster der Prinzessin erinnert an die geschlechtliche Vereinigung Läuffers mit der adligen Majorstochter. Im »Engländer« ist die Distanz des Protagonisten zur Geliebten unüberbrückbar geworden – der Flintenschuß vermag den koitalen Akt nur mehr anzudeuten –, und seine Selbstentfremdung nimmt im Gegensatz zu der Läuffers letale Ausmaße an. Was im »Hofmeister« noch möglich war, die »Zeugung neuer Kreatur«,[20] und die Fortsetzung des – freilich beschnittenen – Lebens ist im »Engländer« undenkbar geworden.

Im »Hofmeister« gelangen die komplementären Akte von Selbstverwirklichung und Selbstbeseitigung nur sprachlich vermittelt zur Darstellung. Vom Beischlaf Läuffers mit Gustchen und von dessen doppelter Konsequenz – Schwangerschaft und Selbstkastration – erfährt man nur beiläufig und indirekt im Gespräch auf dem Bett in Augustchens Zimmer. Auch der Kastrationsakt in Wenzeslaus' Dorfschule kommt nicht direkt vor die Augen des Publikums. Er wird, wie der Kongressus, nur mündlich und ebenfalls in kleiner zeitlicher Verschiebung zu seiner Ereignung vermittelt. Im Gegensatz dazu vollziehen sich der nächtliche Flintenschuß und der Scherensuizid im »Engländer« auf offener Szene, unvermittelt und krud. Lenz geht in seinem letzten Straßburger Drama darstellerisch in die Offensive; er wird gewissermaßen obszön. Es ist, als hätten ihn die ständig wachsenden inneren und äußeren Nöte zu einer immer drastischeren künstlerischen Exhibition gedrängt.

Wie nahe in seinem Werk Selbstverwirklichung und Selbstbeseitigung – *in extremis* als Akte der Zeugung und des Selbstmords – gedanklich beieinander liegen, zeigt sich bereits im Bettgespräch zwischen Läuffer und Gustchen. Das erotische Beisammensein nach dem eben (oder kürzlich) erfolgten Beischlaf, signalisiert durch das gegenseitige, schmachtende Küssen der Hände, löst den Gedanken an die schuldhafte Schwängerung und die Idee der Selbstverschneidung aus. Die Kastration, selbst ein sexuelles wie destruktives Attentat, wird für den Hofmeister im Verlauf der Handlung zur notwendigen Bedingung für die Selbstverwirklichung in seinem von der Gesellschaft abgezirkelten Lebensrahmen; eine hoffnungslos tragikomische Selbstverwirklichung in Form der Heirat mit dem naiven Bauernmädchen Lise, die sich, genau genommen, auf das nackte Überleben reduziert.

Auch Robert Hots desolater Flintenschuß trägt in sich beide angesprochenen Bedeutungsebenen: Man möchte ihn einerseits als Metapher für einen verunglückten sexuellen Akt (und auch als Zeichen für die geschlechtliche Impotenz des Protagonisten) verstehen, andererseits scheinen in ihm Mordphantasien – die Tötung des Vaters weniger heftig als die Selbsttötung – eine erste impulsive Umsetzung zu suchen. Schließlich erstaunt es wenig, daß Robert Hots Selbstmord ebenfalls während eines Bettgesprächs geschieht. Der ihm vorangehende Diskurs mit der Buhlschwester Tognina dreht sich unzweideutig und handfest um ihre geschlechtliche Vereinigung.

Die Individuationsversuche der Protagonisten des ersten und des letzten Straßburger Dramas sind durch die dialektisch aufeinander bezogenen und in sich dialektisch angelegten Akte der Selbstverwirklichung und der Selbstbeseitigung von vornherein zum Scheitern verurteilt. Läuffer endet in jämmerlicher, Robert Hot in scheußlicher Resignation.

Durch den Scherensuizid des jungen Lord erfährt die von Lenz im »Hofmeister« aufgestellte Hauptthese, daß das gesellschaftliche (Über-) Leben an die monströse Bedingung der (Selbst-)Kastration gebunden, daß also allgemeiner gesprochen, ein Leben in der Gesellschaft *per se* nur als ein amputiertes möglich sei, eine horrible Zuspitzung: Ein Leben in geistiger und physischer Freiheit außerhalb der sozialen Schranken gibt es nicht; auch die partielle Verstümmelung an Leib und Seele, wie sie noch im »Hofmeister« einen gangbaren Weg eröffnete, hat als Lösung ausgedient, und selbst das Spiel mit dem Wahnsinn und der Wahnsinn selbst, die letzten Refugien vor der sozialen Internierung durch die tyrannische Väter- und Gesellschaftsvernunft, werden als Möglichkeiten im »Engländer« letztlich verworfen. Was zur Gewähr der vollständigen Autonomie bleibt, ist allein der paradoxe, aber eindeutig machende Akt der Selbstauslöschung. Nur der Freitod, als eine freie Tat zur Freiheit, bietet, freilich unter der Bedingung der Abschaffung des eigenen Lebens und damit der Beraubung jeglicher Erlebnismöglichkeit danach, die totale, will heißen ganz ungebundene, selbstbestimmte Verwirklichung der eigenen Person.

Der Akt der stets von autodestruktiven Kräften umkränzten Selbstverwirklichung wird in beiden Dramen von einer scheinbar omnipotenten und -präsenten Vaterfigur begleitet. In der Bettszene zwischen Läuffer und Gustchen markieren die Schritte des umherstreichenden Majors die unheilvolle, ständige Nähe der Vaterinstanz. Und wenn der Vater im »Hofmeister« jede Sekunde herbeizurennen droht, um der eben aufkeimenden Liebe den Garaus zu machen, so ist die frische Liebe des in die Luft schießenden Engländers vom Wissen um die überstürzte Herreise seines ehrenwerten Herrn Papa bedroht. Die Väter erfüllen bei Lenz hauptsächlich interruptive Funktion, einesteils mit massiver Gewalt, anderenteils als unsichtbare und darum unangreifbare Macht aus dem Hintergrund. René Girards zugespitzte Erkenntnis, allen dramatischen Werken von Lenz liege als einziges Sujet die »formation du couple« und diesem das Schema der Zerstörung durch die paternale Gewalt zugrunde, ist zu präzisieren[21]: Entscheidend ist nicht das zerstörerische Verhalten der Väter allein, sondern die merkwürdige Vorbildwirkung, die von ihnen auf die Söhne ausgeht. Im Laufe der jeweiligen dramatischen Aktion wird Zerstörung nämlich immer stärker zum Zentrum ihres eigenen Denkens und Handelns, Zerstörung als Selbstzerstörung. Unter den heftigsten Manifestationen von Protest und Auflehnung beginnen sie die konkreten, aber auch die als bevorstehend imaginierten gewaltsamen Interruptionen der Väter in Form von Selbstzensuren allmählich zu reproduzieren. Ihre Selbstbestrafungsaktionen sind die konsequenten Ausführungen dessen, was die Väter im Begriff sind, mit ihnen zu tun. Der Major stürmt Läuffer hinterher und »will ein Exempel statuieren«[22], Läuffer statuiert es selbst an sich. Der alte Hot will seinem Sohn die Liebe entreißen, aber dieser entreißt sie sich, indem er sich das Leben entreißt. Der Hofmeister und der Engländer bringen in ihren Selbstverstümmelungs- bzw. Selbstauslöschungsaktionen mit fataler Folgerichtigkeit zu Ende, was die Gebrüder von Berg und die beiden Lords je und je an ihnen praktizieren: die Behinderung und Abtötung der selbständigen Persönlichkeitsentwicklung. In diesem Licht werden die »schlechtesten Erdensöhne«, wie es im »Engländer« heißt, in perverser Weise zu den folgsamsten und gelehrigsten. Mit radikalem mimetischem Elan vollführen sie, was man ihnen vorführt.

Sie erteilen sich selber genau die Lektionen, die man ihnen beigebracht hat oder beibringt – und noch besser. Sie machen ihre Exekution zur Selbstexekution. Die Selbstkastration und der Scherensuizid sind nichts anderes als in die Söhne verlängerte potenzierte Akte der Väter. Bevor diese handfest eingreifen, legen jene endgültig Hand an, und wenn es an den eigenen Kragen, ans eigene Geschlecht, ans eigene Leben geht. Eigenhändig überbieten sie ihre Väter, um sie zu übertreffen, um sie zu besiegen, aber auch um ihnen zu gehorchen und ihr Gefallen zu finden. In diesem paradoxen Kräftefeld von Sieg und Selbstbesiegung, von Rebellion und Resignation, von mörderischem Vaterkrieg und suizidaler Versöhnung erschafft sich Lenz seine untergehenden Figuren.

In seinen theoretischen Schriften verstand er sein dramatisches Schaffen als gesellschaftliche Praxis zur Verbesserung der sozialen Zustände in Deutschland, und er setzte diese Auffassung im »Hofmeister« (durch die Forderung öffentlicher Schulen) und in den »Soldaten« (durch die Idee der »Pflanzschule von Soldatenweibern«) auch um. In sozialkritischer Hinsicht bringt dann die Philosophen-Komödie eine Wende. Lenz dokumentiert an seinem denkenden und dichtenden *alter ego*, Reinhold Strephon, die vollständige Desillusionierung über die Möglichkeit der Einflußnahme des Dramatikers auf das öffentliche Leben. Man findet in diesem Drama keinen konzeptuellen Vorschlag mehr zur Verbesserung der herrschenden Verhältnisse. Die flüchtig in die letzte Szene gesetzte Idee des *ménage à trois* weist nicht allein Lenzens Rückzug ins Private auf, sondern in gewissem Sinn auch einen Originalitätsverlust: Er übernimmt ein Motiv, das sein Frankfurter Rivale ein Jahr vorher in »Stella« exponiert hat.

Noch eindrücklicher belegt aber »Der Engländer« den Verlust von Lenz' gesellschaftsbezogenem Veränderungs- und Handlungsoptimismus. Es gibt auch in dieser »dramatischen Phantasei« keine tragbare pragmatische Reformidee mehr, die aus der fiktionalen Welt des Dramas hinauswiese. Die naturideologisch umrahmte sowie aus mythologischen und pietistisch-christologischen Wurzeln gespiesene Liebesreligion Robert Hots wird von Anfang an als unteilbare Privatsache dargestellt und kann, weil Lenz sie an die Bedingungen von Wahnsinn und Suizid knüpft, als Konzept zur Verbesserung der realen Lebensverhältnisse nicht zur Diskussion stehen. Der sozialkritische Impetus in diesem Stück, dessen Untertitel, »eine dramatische Phantasei«, die fugitive Reaktionsweise auf den Zustand des erzwungenen Handlungsverzichts der bürgerlichen Intellektuellen in Deutschland am Vorabend der französischen Revolution benennt – den Rückzug auf

Imagination, Innerlichkeit und Subjektivität –, beschränkt sich auf die drastische Bloßlegung einer äußerst privaten (aber gerade deshalb gesellschaftlich exemplarischen) Situation, in der dem Individuum jegliche Eigenverantwortung entzogen wird. Robert Hots Melancholie und seine Abscheu gegenüber der politischen Betätigung entsprechen der reaktiven Melancholie und der Verachtung der Politik als Beruf in der von der Macht ausgeschlossenen bürgerlichen Intelligenzschicht. Seine religiös gefärbte Weltflucht in der bewachten Enge der Gefängniszelle und in der Wohnung des Vaters, die zu einer letzten Befreiungshandlung, zur Selbstauslöschung, führt, steht paradigmatisch für das in der Zeit liegende Phänomen des bürgerlichen Eskapismus im Zustand der realen Aktionshemmung. Obwohl sich »Der Engländer« ausschließlich in aristokratischem Milieu ereignet, ist das Drama, in Anbetracht der Nobilitierung der in ihm dargestellten zentralen Konflikte, ein eminent bürgerliches Drama. Als solches signalisiert er nicht bloß einen chronologischen Endpunkt im Schaffen Lenz', sondern darüber hinaus das Ende in der Entwicklung der bürgerlich-emanzipatorischen Dramatik im 18. Jahrhundert überhaupt: Die Aggression des ohnmächtigen Protagonisten ist nicht mehr gegen die, die ihm die Macht verweigern, sondern gegen sich selbst gerichtet – er unterwirft sich nicht den herrschenden Verhältnissen, aber er bringt sich ihnen zum Opfer.[23] Ein weiteres Indiz dafür, daß »Der Engländer« am Ende der Entwicklung der bürgerlich-emanzipatorischen Dramatik im 18. Jahrhundert steht, liefert die in ihm abgehandelte Diskussion und Kritik des Vernunftbegriffs. Die rigorose Väter-Vernunft wird von den emotionsgeladenen Angriffen des Sohnes durchleuchtet und durchlöchert und entlarvt sich selbst als stumpfsinniges und zerstörerisches Machtinstrument. Der prononcierte Irrationalismus in diesem Stück ist nicht generell als Antirationalismus und somit als Zeichen des Rückschritts, sondern, als Relativierung und Diversifizierung des seit Beginn der Aufklärung in bürgerlichen Kreisen geläufigen Vernunftbegriffs zu werten. Robert Hot geht gegen einen sturen, durch einseitige Bildung und Kopflastigkeit gekennzeichneten und von allen natürlichen Bedürfnissen abgetrennten, lebensfeindlichen Rationalismus, nicht gegen die Vernunft schlechthin an.

Als Endpunkt im Dramenschaffen von Lenz ist »Der Engländer« schließlich auch unter dem Aspekt seines frappant direkten Einflusses auf die Biographie des »Engländer«-Dichters selbst anzusehen. Kaum je hat Literatur stärkere antizipatorische Kräfte entwickelt als hier. Die Wege, die Lenz Robert Hot in seiner »Phantasei« beschreiten läßt, die betritt er, wie man in den Aufzeichnungen des Steintaler Pfarrers Johann Friedrich Oberlin und in der wertherischen Lenz-Novelle von Georg Büchner nachlesen kann, zwei Jahre später nämlich selbst. Seine »Entleibungssucht« nimmt den im »Engländer« vorphantasierten Lauf: Er stürzt sich zweimal aus dem Fenster und wird von da an von zwei Wächtern bewacht, von denen er ein Messer verlangt. Bei Oberlin heißt es: »Da er im Bett war, sagte er unter Anderm zu seinen Wächtern: ›Ecoutez, nous ne voulons point faire de bruit, si vous avez un couteau, donnez-le moi tranquillement et sans rien craindre.‹ Nachdem er oft deswegen in sie gesetzt und nichts zu erhalten war, so fieng er an sich den Kopf an die Wand zu stoßen.«[24] Und selbst Robert Hots Erstechungsrequisit spielt eine Rolle bei Lenzens suizidären Eskapaden. Oberlin notierte:

»Ich gieng einen Augenblick in die Stubkammer, ohne im allergeringsten mich aufzuhalten, nur etwas zu nehmen, das in dem Pult lag. Meine Frau stand inwendig in der Kammer an der Thür und beobachtete Herrn L....; ich faßte den Schritt wieder herauszugehen, da schrie meine Frau mit grässlicher, hohler, gebrochener Stimme ›Herr Jesus, er will sich erstechen!‹ In meinem Leben habe ich keinen solchen Ausdruck eines tödtlichen, verzweifelten Schreckens gesehen, als in dem Augenblick, in den verwilderten, gräßlich verzogenen Gesichtszügen meiner Frau. Ich war haußen. – Was wollen sie doch immer machen, mein Lieber? – Er legte die Scheere hin.«[25]

Daß seine Literatur, die einem einzigen, großen Befreiungsversuch gleichkommt, ihn derart einholen und sich gegen ihn wenden würde, damit hatte er kaum gerechnet. Es blieb ihm versagt, was Goethe mit dem »Werther« vermochte: sich »aus einem stürmischen Elemente« zu retten.[26]

---

1   So bezeichnete ihn Heinrich Düntzer in: Friederike von Sesenheim im Lichte der Wahrheit, Stuttgart 1893, S. 100.

2   Karl Freye, Lenzens Knabenjahre, in: Zeitschrift für Geschichte der Erziehung und des Unterrichts 6., Berlin 1916, S. 182.

3   Jakob Michael Reinhold Lenz, Werke und Briefe in drei Bänden, hrsg. von Sigrid Damm, München und Wien 1987. Bd. 3, S. 7f.

4   Am 2. September 1772 berichtet Lenz dem Vater aus Weissenburg im Elsaß von einem mißglückten Predigtversuch bei Pastor Brion in Sesenheim: »Ich habe an diesem Orte

kurz vor meiner Abreise eine Predigt, fast aus dem Stegreif gehalten. Sie fiel für den ersten Versuch und für ein Impromptu gut aus, allein ich entdeckte einen wesentlichen Fehler fürs Predigtamt an mir, die Stimme. Ich ward heiser und fast krank, und jedermann beschuldigte mich doch, zu leise geredet zu haben, da überdem die Kirche eine der kleinsten war. Was für eine Stelle mir also dereinst der Hausvater im Weinberge anweisen wird, weiß ich nicht, sorge auch nicht dafür.« Lenz, 1987, Bd. 3, S. 268 (Anm. 3).

5 Der Begriff »Metakommunikation« meint ursprünglich den Fall, daß Kommunikation nicht mehr ausschließlich zur Kommunikation verwendet wird, sondern um über die Kommunikation selbst zu kommunizieren. Vgl. Paul Watzlawick, Janet H. Beavin u. Don D. Jackson, Menschliche Kommunikation, Bern, Stuttgart und Wien 1974[4], S. 41f.

6 Briefe von und an J. M. R. Lenz, hrsg. von Karl Freye u. Wolfgang Stammler, Leipzig 1918, Bd. 1, S. 14: »Nachricht so ich gehöret, daß Prof. Cant ihn nach Rehbinder in Danzig recommendieret.«

7 »Anderwärtiger Vorschlag, den ich ihm gebe. D.H. Obrister Bok bey mir, hat e. Schwester in Lettland, *nomen nescio* hat noch klein. Kind., fordert nur den ersten Unterricht im Bstabieren, Lesen, Schreiben, Rechnen u. sonderl. im französischen (...).« Ebd. S. 16f.

8 »Auf der Akademie in Königsberg nahm ich einen Antrag von der Art auf ein halbes Jahr an; weil meine Überzeugung aber oder mein Vorurteil wieder diesen Stand immer lebhafter wurden, zog ich mich wieder in meine arme Freiheit zurück und bin nachher nie wieder Hofmeister gewesen.« In: Frankfurter Gelehrten Anzeigen 1774. Zit. nach Sigrid Damm, Vögel die verkünden Land, Das Leben des Jakob Michael Reinhold Lenz, Berlin und Weimar 1985, S. 72.

9 Lenz, 1987, Bd. 3, S. 406.

10 Ebd. S. 350.

11 Lenz, 1987, Bd. 1, S. 274.

12 Lenz, 1987, Bd. 3, S. 350.

13 Albrecht Schöne, Säkularisation als sprachbildende Kraft, Studien zur Dichtung deutscher Pfarrersöhne, in: Palaestra, hrsg. von Wolfgang Kayser, Hans Neumann Ulrich Pretzel u.a. Bd. 226., Göttingen 1958.

14 Lenz, 1987, Bd. 1, S. 118.

15 Ebd. S. 186.

16 Ebd. S. 244f.

17 Ebd. S. 286.

18 Ebd. S. 323.

19 Lenz, 1987, Bd. 2, S. 739.

20 Vgl. Werner H. Preuss, Selbstkastration oder Zeugung neuer Kreatur, Zum Problem der menschlichen Freiheit in Leben und Werk von J. M. R. Lenz, Bonn 1983.

21 René Girard, Genèse d'une dramaturgie du tragi-comique, Diss. phil., Paris 1968, S. 77.

22 Lenz, 1987, Bd. 1, S. 77.

23 In diesem Sinn betrachtete Peter Szondi bereits den »Hofmeister« als »Endpunkt der Entwicklung des bürgerlichen Trauerspiels im 18. Jahrhundert«, in: Die Theorie des bürgerlichen Trauerspiels im 18. Jahrhundert, Frankfurt am Main 1973, S. 163.

24 In: Georg Büchner, Sämtliche Werke und Briefe, Historisch-kritische Ausgabe mit Kommentar, hrsg. von Werner R. Lehmann, München 1979[3], Bd. 1, S. 466.

25 Ebd. S. 474.

26 In: Johann Wolfgang von Goethe, Werke, Kommentare und Register, Hamburger Ausgabe in 14 Bänden, hrsg. von Erich Trunz, München 1978[11]. Bd. 9, S. 588.

Johann Wolfgang von Goethe, Werke, Kommentare und Register, Hamburger Ausgabe in 14 Bänden, hrsg. von Erich Trunz, München 1978[11], Bd. 9.

Johann Friedrich Oberlin, Der Dichter Lenz im Steintale, in: Georg Büchner, Sämtliche Werke und Briefe, Historisch-kritische Ausgabe mit Kommentar, hrsg. von Werner R. Lehmann, München 1979[3] Bd. 1.

Jakob Michael Reinhold Lenz, Werke und Briefe in drei Bänden, hrsg. von Sigrid Damm, München und Wien 1987.

Jakob Michael Reinhold Lenz, Briefe von und an J. M. R. Lenz, hrsg. von Karl Freye u. Wolfgang Stammler, Leipzig 1918.

Sigrid Damm, Vögel die verkünden Land, Das Leben des Jakob Michael Reinhold Lenz, Berlin und Weimar 1985.

Heinrich Düntzer, Friederike von Sesenheim im Lichte der Wahrheit, Stuttgart 1893.

Karl Freye, Lenzens Knabenjahre, in: Zeitschrift für Geschichte der Erziehung und des Unterrichts 6, Berlin 1916.

René Girard, Genèse d'une dramaturgie du tragi-comique, Diss. phil., Paris 1968.

Werner H. Preuss, Selbstkastration oder Zeugung neuer Kreatur, Zum Problem der menschlichen Freiheit in Leben und Werk von J. M. R. Lenz, Bonn 1983.

Albrecht Schöne, Säkularisation als sprachbildende Kraft, Studien zur Dichtung deutscher Pfarrersöhne, in: Palaestra, hrsg. von Wolfgang Kayser, Hans Neumann, Ulrich Pretzel u.a. Bd. 226., Göttingen 1958.

Peter Szondi, Die Theorie des bürgerlichen Trauerspiels im 18. Jahrhundert, Frankfurt am Main 1973.

Paul Watzlawick, Janet H. Beavin u. Don D. Jackson, Menschliche Kommunikation, Bern, Stuttgart und Wien 1974[4].

Inszenierung des Leidens. Lektüre von J. M. R. Lenz' »Der Engländer« und Sophie Albrechts »Theresgen«

Dagmar von Hoff (Hamburg)

Ein Liebestoller schneidet sich die Kehle durch, und eine liebeskranke Frau geht ins Wasser. So geschehen in den beiden Dramen, denen gemeinsam ist, daß sie die Trauer nicht beim Namen nennen.

J. M. R. Lenz (1751–1792) betitelt die Geschichte des Liebestollen »Der Engländer« (1777) mit dem dem Bereich der Musik entlehnten Ausdruck »Dramatische Phantasei in fünf Akten«, und Sophie Albrecht (1757–1840) belegt den Selbstmord des liebeskranken Mädchens in dem Drama »Theresgen« (1781) mit dem Titel »Schauspiel mit Gesang in fünf Aufzügen«.

Wenn J. M. R. Lenz (wie schon in seinem Drama »Der Hofmeister«, in dem er die Bezeichnung »Komödie« wählte) den Begriff des Trauerspiels verwendet, so um handfeste Einwände gegen das Regelkorsett des Trauerspiels vorzubringen.[1] Sein Interesse an der offenen nicht-aristotelischen Dramenform liegt vor allem in der Möglichkeit, uneingeschränkt eine charakteristische Leidenschaft zu inszenieren. Dies ist mit der Abkehr von der rigiden Trennung von Komödie und Tragödie verbunden. Die Zusammensetzung des dramatischen Personals kann jetzt gattungsübergreifend sein, d.h. es können auch Figuren aus dem Arsenal der deutschen Typenkomödie, die die Sprache des normalen alltäglichen Umgangs sprechen, auftreten. Die gestrengen Regeln der geschlossenen Dramenform, die Einheit von Ort, Zeit und Handlung müssen nicht aufrechterhalten werden.[2]

Im Gegensatz zur dramentheoretisch reflektierten Position von J. M. R. Lenz (die im Falle seines »Hofmeisters« bis zur Parodie ging[3]) scheinen die Motive für eine Schriftstellerin, nicht vom Trauerspiel zu sprechen, unter anderem wohl auch darin gelegen zu haben, daß weiblichen Dramenautoren die hohe Gattungsform Trauerspiel weitgehend vorenthalten wurde. Deutete sich zum einen schon in der Lustspielproduktion der Louise Adelgunde Gottsched im Gegensatz zu Johann Christoph Gottscheds Trauerspielproduktion eine geschlechtsspezifische Zuordnung an, bei der das poetologische Feld des Lustspiels den Frauen zugewiesen wurde,[4] findet diese Aufteilung ihre Bestätigung unter anderem bei Immanuel Kant, wenn er den Begriff des Schönen mit dem weiblichen Geschlecht, den Begriff des Erhabenen mit dem männlichen Geschlecht in Verbindung gebracht hat. Dieser Aufspaltung entspricht die Auf- und Zuteilung des dramatischen Bereichs auf die Geschlechter: Die Gemütsverfassung des Melancholischen und des Erhabenen findet sich im Trauerspiel, die des Schönen im Lustspiel wieder.[5] Folgt man dieser Dissoziation, ist das Trauerspiel als das poetische Feld auszumachen, das dem weiblichen Charakter nicht entspricht. Diese Sperre mag bei Sophie Albrecht, einer »Vertreterin litterarisch-thätiger Schauspieler jener ersten Periode in der Entwicklung der deutschen Schauspielkunst«[6], am Wirken gewesen sein, da sie als Schauspielerin selber zwar die Hauptrolle in verschiedenen Trauerspielen (so 1784 in Frankfurt als Luise Millerin in Schillers »Kabale und Liebe«) spielte, jedoch als Autorin von Theaterstücken die Darstellung eines melancholischen Charakters unter einer Sammelbezeichnung wie »Schauspiel«, die ja sowohl ein trauriges als auch lustiges Ende beinhalten kann, versteckt.

Die in beiden Dramen gewählte offene Form enthält zugleich auch die Möglichkeit, die Stücke könnten doch noch gut ausgehen: Das liebeskranke Bauernmädchen, das sich unglücklicherweise in den Grafen verliebt hat, würde ihn doch noch heiraten; auch im Falle des liebestollen Engländers gibt es Momente, in denen die Vorstellung, daß ihn die angebetete Prinzessin erhört, als möglich erscheint. Doch das Ende beider Dramen ist unversöhnlich: Der Engländer schneidet sich die Kehle durch, und das Mädchen geht in den Teich. In beiden Dramen ist damit ein Einsatz des Körpers gegeben, der auf ein Leiden verweist, das als melancholisch zu bezeichnen ist. Entsprechend werden die Hauptfiguren in beiden Stücken charakterisiert und tragen die physiognomischen Merkmale des typischen Melancholikers. Während der Engländer als ungestüm, aufbrausend, nachdenklich, grüblerisch, schwärmerisch bezeichnet werden kann, sind beim liebeskranken Theresgen ausschließlich passive melancholische Gemütsbewegungen betont.

In den beiden Dramen werden der Innenraum eines Gefühls und eindringliche Situationen, in die die dramatis personae verwickelt sind, beschrieben und so das Traurige ausgemalt. Die Bezeichnung »Dramatische Phantasei« ist dabei dem Bereich der zeitgenössischen Musik entlehnt und verweist auf mehrteilige Stücke für Soloinstrumente mit zum Teil plötzlichen rhapsodischen Wechseln;[7] der Hinweis »Schauspiel mit Gesang« unterstreicht ebenfalls das besondere Maß an Expressivität in der Darstellung der agierten Innenwelt der Protagonistin. Beide Dramen werden zum Schauplatz von Selbstanalysen, in dem die die Erfüllung versagende Welt angeklagt wird. Die Trauer manifestiert sich in der melancholischen Erkrankung beider Helden und zugleich im dramatischen Gefüge. Sie wird so zur eigentlichen Gesinnung des Dramas, ohne daß die Dramen als Trauerspiel bezeichnet werden.[8]

Obgleich der Begriff der Melancholie der Medizin entstammt und seit seiner frühesten Erwähnung eine Krankheit kennzeichnet, die aus einem Übermaß eines der Humores, der schwarzen Galle, resultiert, bleibt der Term nicht auf die Medizin beschränkt, sondern findet sich ebenso in anderen ideengeschichtlichen Diskursen. Dabei gilt, daß die Melancholie sowohl als Krankheit als auch als Auszeichnung fungieren kann. Die Ärzte des 18. Jahrhunderts diagnostizieren die Melancholie als krankhafte Trübung des Geistes oder als partielle Geisteskrankheit, auf der anderen Seite gibt es die Vorstellung von einer möglichen Dignität der Melancholie, als einem kritischen Wert, der sich mit der Phantasie assoziiert und als Gegenbild zur Normalität erscheint.[9]

Johann Caspar Lavater hat in seinen »Physiognomischen Fragmenten« (1775–1778) eine rein physiognomische Betrachtung des Phänomens vorgenommen und der Melancholie »dumpfe erdenschwere Mut- und Tatenlosigkeit« zugeordnet, zugleich aber auch auf die positive Qualität der Melancholie, als »unzertrennliche Gefährtin« und »Mutter des Genies« hingewiesen.[10] Traditionell wird dabei der Liebesmelancholie[11], also der Form einer übersteigerten heftigen Leidenschaft, die zumeist in Krankheit und Tod einmündet, ebenfalls eine ambivalente Struktur – auf der einen Seite empfindsame Auszeichnung und auf der anderen Seite pathologischer Zustand – zugesprochen.

Im folgenden soll bei der Lektüre der Dramen »Theresgen« von Sophie Albrecht und »Der Engländer« von J. M. R. Lenz die jeweilige Inszenierung des Leidens nachgezeichnet werden. Dabei ist zu fragen, welche Varianten der Melancholie die Autoren aufgreifen und welche spezifisch männliche und weibliche Leidensstruktur in den Dramen konstruiert wird.

»Der Engländer«

Das kurze Stück »Der Engländer« entstand im letzten Straßburger Jahr im Winter 1775/76, veröffentlicht wurde es schließlich 1777 bei dem Verlag Reich. Im Gegensatz zum »Hofmeister« wurde dieses Stück zu Lebzeiten

von J. M. R. Lenz nicht aufgeführt. Ursprünglich hatte Lenz das Stück für
Heinrich Christian Boie und das »Deutsche Museum« vorgesehen, dieser
lehnte jedoch 1776 den Druck ab, da der Held des Stückes Selbstmord
begeht. Inzwischen in den Händen Herders, schreibt dieser am 8.10.1776
an Lenz:

> »Den Engländer« gab mir Boie: er könne es wegen des Endes nicht einrücken. Vorigen
> Sommer hatte sich in Bückeberg die Kehle jemand abgeschnitten, daß nur noch einige Fasern
> hingen: sie wurde zugenäht, er riß sie sich 2mal auf: es wurde eine Maschine gemacht, daß er
> den Kopf nicht regen konnte, und in 4 Tagen war der Mensch besser. Er lebt noch und befindet
> sich wohl u. freut sich, daß ihm das Kehleabschneiden nicht geglückt sei: So hätts Tot auch
> werden sollen. Aber er ist tot wie sein Name anzeigt.«[12]

Herder irrt sich hier, denn nicht etwa Tot, sondern Hot heißt der Held im
»Engländer«. Dieser Fehler scheint aber signifikant, verrät doch die Bezeich-
nung das, worum es im »Engländer« geht: um die Hitze und den Tod. Im
»Engländer« wird der Typ eines Wahnsinns inszeniert, der die Leidenschaft,
die Hitze und die Fülle des Todes enthält, da der Wahnsinn den Tod für das
Leben nimmt. »Melancholia anglica« – die Bezeichnung entspringt der
empfindsamen Psychiatrie in England im 18. Jahrhundert (so bei William
Cullen und Boissier de Sauvages) und beschreibt die besondere Form der
Melancholie, die in einem zum Selbstmord führenden Lebensüberdruß
besteht.[13] In zahlreichen Traktaten über die Melancholie wurde im medi-
zinischen Diskurs darauf hingewiesen, daß die sogenannte englische Krankheit den Aufstieg zu einem Massenphänomen erlebte, entsprechend galt die
allgemeine Vorstellung des melancholischen und suizidalen Engländers.[14]

Michel Foucault hat in seinem Buch »Wahnsinn und Gesellschaft« darauf
verwiesen, daß die Einheit der Manie und der Melancholie (nach Thomas
Willis) ein geheimes Feuer ist, in dem Flammen (gemeint ist der geöffnete
Brand der Manie) und der Rauch (gemeint ist die Melancholie, die Gehirn
und Lebensgeister durch Rauch und dicken Dampf verdunkelt) miteinander
kämpfen als tragende Elemente von Licht und Schatten.[15] Das Bild der
Flamme und des Rauches, die Nähe von Manie und Melancholie findet sich
wieder in Lenz' Drama »Der Engländer. Eine dramatische Phantasei«[16]
(1777), stellt doch schließlich der als Soldat verkleidete Robert Hot, der in
der Nacht vor dem Palast seiner angebeteten Prinzessin Armida steht, sich
in einem solchen Kontext vor. Obgleich es – wie er sagt – »kalt ist«, »brennt
doch ein ewigs Feuer« in seiner Brust, und »wie vor einem Schmelzofen glüh
ich, wenn ich meine Augen zu jenen roten Gardinen erhebe« (S. 318).
Feuermetaphern stehen hier für Wärme und Kälte, für Licht im Dunkeln.
Entsprechend korrespondieren die Bezeichnungen rote Gardinen, Feuer

und Glut miteinander. Schließlich macht Robert Hot gewaltsam auf sich aufmerksam, »er schießt sein Gewehr ab« (S. 319). Im Prinzip tut er das, was am Ende von Goethes »Werther« steht. Schließlich überfällt er die angebetete Armida mit einem Wortschwall: Er erklärt ihr seine Liebe, daß er ein Fremder ist, daß sein Vater, Lord Hot, Pair von England, ihn morgen nach England zurückführen und mit Lord Hamiltons Tochter verheiraten will. Dabei habe er auf der letzten Maskerade bei Hof sie gesehen und mit ihr getanzt (vgl. S. 319f.). Die Maskerade (Inbegriff der Täuschung) wird ihm hier zum Garanten des Authentischen und des Wahrhaftigen. Zwar dürfte er nicht hoffen, sie jemals zu besitzen, doch leben könne er ohne diese Hoffnung nicht. Dieser Widerspruch weist zugleich darauf, daß, wenn die Prinzessin ihn nicht erhören sollte, ihm nur ein Leiden zum Tod verbliebe.

Armida erkennt vom ersten Moment an die wahnhaften Züge des Robert Hot und spricht, nachdem sich Robert als Deserteur selbst dem Kriegsgericht überstellt hat, gegenüber dem Major, seinem Vater, von »verborgener Melancholei« (S. 321). Später wird der Vater – obgleich er mehrere Versuche unternommen hat, seinen Sohn zur Vernunft zu bringen – selber von einer »unheilbaren Raserei« (S. 324) sprechen. Doch Robert sitzt derweilen als Gefangener in einer für einen Melancholiker typischen Haltung im Gefängnis und singt und spielt die Violine in der Dämmerung:

> So komm, o Tod! ich geige dir;
> So komm, o Tod! und tanze mir.
>
> ...
>
> O Wollust, – o Wollust, zu vergehen!
> Ich habe – ich habe sie gesehen. (S. 321f.)

Robert Hot besingt den Tod in Versen in volksliedhaftem Spiel. Es ist bereits die Lust des Todes, die Robert Hot ersehnt. Im Verlauf des Dramas wird er bis zur Leere des Deliriums voranschreiten, um schließlich vor dem Haus seiner Angebeteten zu lallen: » a di di dal da/a di didda dalli di da ...« (S. 328). Er ist bereits im Wahn gefangen; am Ende nimmt er das Falsche für das Wahre, den Tod für das Leben, die Frau für den Mann, den Menschen für Gott.

Hatte Robert Hot die Prinzessin auf der Maskerade gesehen, verkleidete er sich daraufhin als Soldat; sie wiederum sucht ihn nun in der Verkleidung eines jungen Offiziers im Gefängnis auf. Eine Travestie, deren Motiv darin begründet ist, die Leidenschaft des Jünglings zu zerstreuen. Das Gegenteil aber ist der Fall. Ihre androgyne Gestalt scheint seine Leidenschaft bis hin zur religiösen Verzückung zu steigern. »Himmlisches Licht, das mich umgibt« und: »Oft ist das Leben ein Tod, Prinzessin, und der Tod ein besseres Leben« (S. 322) drücken seine Verwirrtheit aus. Armida wird ihm schließlich zur Verkörperung einer Gottheit[17]; die Gebets- und Andachtsstellung Robert Hots bei den Begegnungen mit der Prinzessin sind nicht zu übersehen, der Gleichklang von Armida und Maria ist nicht zu überhören.[18] Armida – die unerreichbare Gottesmutter – ihr gilt all sein Streben und Sehnen: »Sind Sie's, göttliche Armida?« (S. 319). Zugleich imaginiert er sich zum Gottessohn, zum Märtyrer, ans Kreuz geschlagen:

> »...aber sie wird vor mir stehn, ihre Hand wird mir den Schweiß von der Stirne trocknen, die Tränen von den Backen wischen – die Augen mir zudrücken, wenn ich ausgelitten habe« (S. 323).

In dieser geradezu unverhüllten Identifikation mit Christus geht der Erlösergedanke einher, die Vorstellung, er könne auserwählt sein, er wäre das blutige Lamm Gottes und trüge die Dornenkrone Christi.[19] Die passenden Farben dieses Leidens sind, darauf hat Gert Mattenklott für den »Hofmeister« verwiesen, rot und weiß.[20] Aber auch in diesem Stück gibt es die Inszenierung einer entsprechenden Farbsymbolik. Robert Hot beschreibt Armida seinem Vater gegenüber: » ... die roten Bänder an ihrem Kopfschmucke von ihren Wangen die Röte strahlen ...« (S. 325). Dies erinnert auch an die blaßrote Schleife, die Lotte am Busen trug, als Werther sie zum erstenmal sah. Später dann interpretiert Robert Hot irrtümlich ein in Papier gewickeltes Almosen als ein Zeichen von ihr: »... es kam aus dem obern Stock, und wo mir recht ist, sah ich einen roten Ärmel« (S. 328). Robert Hot beginnt sich in seiner Verrücktheit aus der »Vorratskammer«[21] zu bedienen, von der Freud sagte, daß hieraus der Stoff oder die Muster für den Aufbau einer neuen Realität geholt werden können – gemeint ist die Phantasiewelt der Psychose. Hot redet im Wahn, fällt mehrfach in »Ohnmacht«, versucht, sich das Leben zu nehmen.

Während das Drama sehr gut auf die Person der Mutter als dramatis personae verzichten kann, werden (wie schon im »Hofmeister«) zwei Väter eingeführt. Dieses ›Elternpaar‹, Lord Hot und sein Freund Lord Hamilton, mit dessen Tochter der junge Engländer verheiratet werden soll, versucht ihn durch allerlei Tricks vom Wahnsinn zu kurieren.[22] Dabei treiben sie ihn jedoch immer tiefer in seine Verrücktheit hinein, z.B. wenn sie ihm vorgaukeln, daß die Prinzessin heiraten würde, was ihn schließlich zum Rasenden macht. Hannes Glarner hat darauf verwiesen, daß Lenz an der Figur des jungen Engländers »das Wahnsinnigwerden durch das in-den-

Wahnsinn-getrieben-werden« aufzeigt und entsprechend von »therapeutischer Intrige« gesprochen.[23] Im Verlauf dieser Kur richtet sich der Sohn schließlich feminin gegenüber seinen ›Vätern‹ ein und liegt schließlich im Bett, wird von ihnen gepflegt und bewacht, aber auch vom Arzt, den Wächtern, schließlich dem Pfarrer, geschmückt allein vom Porträt der Prinzessin um seinen Hals.

Während er im fiebrigen Zustand mit der Wand spricht, das Bild der Prinzessin, das sie ihm im Gefängnis schenkte, ans Gesicht gedrückt, tritt Tognina, eine schön geputzte Buhlerin herein, die ihn verführen soll – ein letzter Therapieversuch der ›Väter‹. Tognina erzählt ihm von der Oper, in der ein junger Herr von einer Liebesgöttin verführt werden sollte. Sie reißt sich eine Rose von der Brust und bewirft ihn damit: »Sehen Sie, so machten sie's – Spielend« (S. 334). Hier klingt die Szene zwischen Emilia und ihrem Vater an, denn diese nahm die Rose aus ihrem Haar mit den Worten »Du gehörest nicht in das Haar einer – wie mein Vater will, daß ich werden soll!«[24] Emilia war auf der Suche nach einer Haarnadel, um sich zu töten. Robert Hot geht zum Schein auf das Spiel mit der Buhlerin ein, überlistet sie und reißt ihr die Schere aus der Hand, um sich damit einen Stich in die Gurgel zu setzen. Denn Robert Hot hat im Gegensatz zur Emilia Galotti keinen Vater, der das für ihn tun würde.[25]

Am Ende, nachdem der Engländer sich die Kehle mit einer Schere durchschnitten hat, steht der Triumph des Wahnsinns über die symbolische Welt der Väter; aber auch die Abkehr von Gott, denn Robert Hot wehrt die Beichte ab. Robert Hot hält das Bildnis der Geliebten in die Höhe und drückt es sich ans Gesicht, um mit äußerster Anstrengung, halb röchelnd, zu flüstern: »Armida, Armida behaltet euren Himmel für euch!« (S. 337). Er erinnert in diesem Moment – so Albrecht Schöne – an den am Kreuz verlassenen Christus.[26] Und an anderer Stelle hat Lenz darauf hingewiesen, daß Jesus Christus kein »rühmlicher, sondern ein schändlicher« Tod vorbehalten ist.[27] Es ist die »niedrige, verachtete, zertretene Knechtsgestalt«, »unter der ein Gott erscheint«,[28] die Lenz sich zum Vorbild für seine Figur des leidenden Menschen, des Melancholikers, des Engländers Robert Hot nahm.

»Theresgen«

Der »Hofmeister« erlebte als einziges von Lenz' Stücken eine zeitgenössische Inszenierung. Friedrich Ludwig Schröder brachte es 1778 in Hamburg und als Gastspiel in Berlin heraus. In Mannheim wurde diese Fassung zwischen 1780 und 1791 elfmal gespielt.[29] Es ist denkbar, daß Sophie Albrecht, geborene Baumer, die ja neben ihrer Tätigkeit als Autorin zahlreicher Theaterstücke und Mitarbeiterin am »Vossischen Musenalmanach« sowie Schillers »Thalia« und anderen Organen[30] selber Schauspielerin war, dieses Stück gekannt und in Hamburg oder Mannheim gesehen hat. Sophie Albrecht, die sich in ihrer Ausgabe »Gedichte und Schauspiele« (1781) als »trauernde Sophie«[31] vorstellt (auch Lenz bezeichnete sich selbst einmal als »melancholisch und leidend«[32]), greift in ihrem Drama »Theresgen«[33] auf das Ophelia-Leiden zurück, das Lenz in seinem »Hofmeister« ausgestaltet und parodiert hat. Doch während das Gustchen in Lenz' »Hofmeister« ins Wasser geht, jedoch kurz darauf von ihrem Vater gerettet wird, gibt es in Sophie Albrechts Drama keine zärtliche Vereinigungsszene zwischen Vater und Tochter. Die Hauptfigur steht am Ende des Dramas mutterseelenallein, von einem unbarmherzigen Vater verfolgt, vor dem Teich. Während die Hochzeitsmusik in der Ferne erklingt, die ihr die drohende Vermählung mit einem ungeliebten Mann ankündigt, und ihre geheime Liebe zum Grafen Adolf unerhört bleiben soll, ruft sie aus:

> Horch Gott! zum Grabe, zum Grabe, zum Grabe –
> Verzweiflung schüttelt meine Ketten,
> Des Todes Ruf schallt um mich her,
> Mich ist zu retten
> Kein Mensch, kein Gott im Himmel mehr.
> ... Fackeln! Sie sind da – wer rettet mich? Wer hilft mir?
> Franz! Mein Vater! Birg du mich für ihren Grimm –
> (sie springt in den Teich...).
> (S. 359f.)

Während der Vater bei Lenz, wie der ungestüme Major im »Hofmeister«, eben doch zu einer seltsamen Zärtlichkeit fähig ist, ist auch der Vater des Robert Hot voller Treue im Angesicht des Todes seines Sohnes: »Mörder! Mörder!... ihr habt mich um meinen Sohn gebracht« (S. 335). Für Theresgen hingegen gibt es kein Entrinnen vor der Brutalität ihres Vaters: »Ich hätte sie manchmal in der Pfütze ersäufen mögen« (S. 291). Sophie Albrechts Heldin unterliegt einer unbarmherzigen Heiratskontrolle. Der Vater will sie unter allen Umständen verheiraten, Franz will sie zu seiner Frau zwingen, auch wenn diese »halbtodt bey dem Gedanken ist« (S. 333), und schließlich: Der von ihr geliebte Graf drängt sie zur Heirat mit Franz (»die Fesseln sich erträglich ... denken«, S. 295). Der Vater erscheint im Verlauf des Stückes als gewalttätiger und unmenschlicher Patriarch. Wird er in den dialogischen Bezügen immer als solcher bezeichnet, betitelt das Personenverzeichnis (der Nebentext) ihn als »Stiefvater« (S. 250). Diese Ungereimtheiten sind auf das zwiespältige Verhältnis zum Vaterbild bei Sophie Albrecht zurückzuführen. Die Ausgestaltung des grausamen Vaters führt dazu, daß im Drama »Theresgen« die Variante der Trauerspielkonzeption nicht verwandt wird, wie sie seit der »Emilia Galotti« als Vater-Tochter-Achse sich herausbildet, wobei sich ein neues zärtliches Konzept durchsetzt, bei dem dem Konflikt zwischen Vater und Tochter »abgeschworen wird, da man von der Güte des anderen überzeugt ist«[34]. Formulierte sich im 18. Jahrhundert ein Wechsel des Ehestiftungsmodus in der Trauerspielkonzeption, nachdem die Tochter, die früher durch den Vater verheiratet wurde, nun ihren Gatten selber wählen durfte, wobei die Eltern jedoch ihr Vetorecht behielten[35], folgt Sophie Albrecht dieser Konstruktion in keiner Weise. Sie ersetzt ein versöhnendes Tableau – wie im »Hofmeister« – auch wenn das bei Lenz ironisch gemünzt ist – durch eine unüberwindbare Kluft.

Das Drama wird jedoch eröffnet mit Lehngen und Andres – einem glücklichen Paar. In einem Singspiel versichern sie sich beide gegenseitig ihrer Liebe, wenn sie sich necken und in ein Wettspiel darüber geraten. Hier formuliert sich eine Liebesvorstellung, bei der Liebe nicht Müßiggang bedeutet, sondern eingebunden ist in einen Diskurs über Nützlichkeit und arbeitsame Tugenden (Fleiß) sowie mit bestimmten Naturvorstellungen verbunden ist (»unsere Hügel, unser Tal«, S. 254). Lehngen zu ihrem zukünftigen Andres: »Wenn man vier Wochen verheyrathet ist, da vergißt man nach und nach der Liebe. Aber das glaube ich nicht. Ich werde dich immer lieben wie jetzt und an deiner Seite wird mir alles flink von der Hand gehen« (S. 255). Der erste Aufzug stellt also ein ideales Paar vor, das im Verlauf der weiteren Handlung mit einem unglücklichen kontrastiert wird. Lehngens Bruder Franz, der Jäger des Grafen, »bleich und traurig« (S. 261), will ungeachtet des Willens von Theresgen sie zur Frau nehmen.

Im zweiten Aufzug begegnet man Theresgen am Abend auf dem Kirchhof vor einem Leichenstein im Ensemble verschiedener Gräber mit schwarzen Kreuzen. Schwermütig geht sie auf dem Kirchhof umher und spricht zu den Gräbern, die ihr etwas zuzulispeln scheinen:

Lispelt, stille Gräber, mir,
Daß in eurer Erde
Ich, wie diese Todten,
Auch vergessen werde. (S. 267)

Ihre Worte finden keinen Adressaten und verhallen im imaginären Inneren. In dieser Seelenlandschaft demonstriert Theresgen theatralisch ihre Not und präsentiert sich von Beginn des Stückes an als typische Melancholikerin, die von der Erde, dem Herbst, dem Abend und den Dingen beherrscht ist. Und selbst der Tod erhört sie nicht, so daß sie schließlich »stumm liegen« (S. 269) bleibt. Sämtliche Todessymbole (Grabsteine, schwarze Kreuze) lassen sie zudem leichenhaft erscheinen. Dieser Figurenentwurf korreliert mit dem ätherischen Leib des Todesengels, einer Gestalt der Innerlichkeit, wie sie als Topos im 18. Jahrhundert vorhanden ist. Der Todesengel, ein Seelengeleiter, hat gegen Ende des 18. Jahrhunderts seine furchterregenden Attribute verloren und findet sich in der dekorativen Funktion des Bewachers des Grabes wieder und wird zu einer Chiffre für subtile seelische Vorgänge.[36]

In dieser zur Schau getragenen Todessehnsucht läßt sich jedoch ein »trauriges Geheimniß« (S. 321) vermuten, das Ursache dieser Krankheit ist. Schließlich gesteht Theresgen ihrer Freundin, daß sie zur Frühlingszeit unerwartet am Teich beim Anblick eines schlummernden Jünglings überwältigt worden ist. Während der Blick auf den »schönsten Jüngling« einerseits totenähnliche Züge an ihm entdeckt (»blaß wie eine Leiche«), verlebendigt dieser Blick andererseits für Momente die Heldin: (»Ich war durchdrungen von Bewegung;/Die nie zuvor mein Herz durchglüht«). Und als sein »langes Haar« schon im Teiche »schwamm«, stand sie »liebetrunken« da, rettete ihn aber schließlich von des »Todes Rand« (S. 322). Der Jüngling am Teich fungiert wie ein Spiegel, der die narzißtische Wunde von Theresgen freilegt, auf die das Mädchen im Verlauf der weiteren Dramenhandlung festgeschrieben bleibt. Das geliebte Objekt ist dabei wesensmäßig als ein sich versagendes konstruiert. Auffallend an dieser Szene ist, daß scheinbar ganze Handlungszusammenhänge ausgeblendet worden sind. Denn die Tatsache, daß der Graf sie später im Verlauf der Handlung als seine Retterin erkennen wird, weist daraufhin, daß sie sich erblickt haben müssen. Die verbotene Begegnung wird jedoch verleugnet und von Theresgen nicht ausgesprochen. Allein die traurige Empfindung kann jetzt der Steigerung des Daseinsgefühls dienen und zum Gegenstand des Genusses werden. Theresgen gibt ihren Sinn im Leiden an, das in ihr tobt, jedoch im Außen als Krankheit und in der Trauer erscheint. Und als sie später erfährt, daß es sich bei dem Jüngling um den Grafen handelt und sie realisieren muß, daß sie die

Standesschranke nicht überspringen kann, bleibt sie weiterhin auf dieses, sie traumatisierende Erlebnis festgelegt: »Ja, ich liebe ihn, werde ihn ewig, ewig lieben« (S. 321). Hiermit ist zugleich eine wesentliche Bedingung für das Trauma angegeben, wie es Freud versteht, und zwar als ein Ereignis, das definiert wird durch seine Intensität und die Unfähigkeit des Subjekts, adäquat darauf zu reagieren, so daß eine Erschütterung dauerhaft patholo-gische Wirkung hervorruft.[37] Schließlich erstarrt sie, wird »eiskalt« (S. 344) und wiederholt ohnmächtig (S. 350), weint mehrfach und trägt zu guter Letzt die Zeichen einer Verrückten, wenn sie »bebt«, »wild um sich blickt« (S. 346) und im Wahn mit ihrem geliebten Grafen redet: »... du einziger, wie unaussprechlich ich dich liebe, und ich sollte eines andern werden? Nein, dein bin ich nur, du Theurer, dein allein, und will um dich sterben« (S. 347). Am Ende bleibt Theresgen kein anderer Ausweg mehr als der Tod. Wie ein Schraubstock preßt sich die väterliche Gewalt um sie, um ihr das Ja-Wort, das sie vor lauter Angst vor einer öffentlichen Entdeckung verspricht, abzuzwingen. Die Hochzeitsglocken rufen sie schließlich in den Tod.

Sophie Albrecht hat in ihrem Drama »Theresgen« ein Krankheitsbild angegeben, wie es seit dem 18. Jahrhundert als typischer zeitgenössischer Topos unter dem Namen »Liebes-Melancholey«, aber auch »Mutterwuth« und »Muttertollheit« bekannt ist und pädagogische und ästhetische Diskurse bestimmt. Insbesondere dem weiblichen Geschlecht gegenüber kommt dem Begriff der Melancholie die Funktion eines Disziplinierungsinstru-ments zu. Wenn – wie das »Frauenzimmerlexikon von 1755« erwähnt – sich ein »Frauenzimmer allzustarke Liebesideen und brünstige Phantasien derge-stalt macht und einprägt«, wird es »darüber aberwitzig schotenthöricht und verrückt werden«.[38] Bei dieser Vorstellung der Hysterie kommt dem Gehirn die Rolle des Relais zu, der umherwandernde Uterus erscheint weiterhin als Ursprung des Übels. In der Medizin Ende des 18. Jahrhunderts wird für das »Frauenzimmer« ein Zusammenhang zwischen Disposition (Reizbarkeit) und krankhaftem Ereignis (Reizung) konstruiert, den Frauen wird dabei eine »zerbrechliche Fiber« zugewiesen.[39]

Abschließende Bemerkung

Dem Engländer und Theresgen, beiden ist gemein, sich der Melancholie verschrieben zu haben. Das schmerzhafte, melancholische Leiden in beiden Stücken hat aber eine unterschiedliche Ausgestaltung.

Robert Hot wird in die Abfolge der Handlung getrieben, er soll kuriert werden, Wege der Heilung werden beschritten, er kann seine Gegenspieler sprachlich parieren und seine unmögliche Liebe behaupten, bis die Sprache ihm schließlich zerfällt, er Unzusammenhängendes und Unsinniges in einem Singsang herstottert. Schließlich schneidet er sich die Kehle durch und damit das Wort ab. Bei Theresgen verkörperlicht sich hingegen das Leiden in der Heldin und zwar so, daß sie sich von Anbeginn des Dramas an sprachlich nicht behaupten kann, sie auf der Höhe ihres Traumas, das Unerhörte gesehen zu haben, erstarrt und über die ahistorische Immergleichheit des Traurigen langsam und stetig vergeht. Am Ende steht die Pantomime, ihre Ohnmacht und der Sprung in den Teich.

In den Dramen »Theresgen« von Sophie Albrecht und »Der Engländer« von J. M. R. Lenz sind eine männliche und eine weibliche Variante der Liebesmelancholie aufgegriffen worden; entsprechend neigt der »Engländer« zu einem manisch-depressiven Krankheitsbild, während Sophie Albrecht die Figur des Theresgens mit eher hysterischen Zügen versieht. Korrespondierend hierzu sind in beiden Dramen die Leidensstrukturen unterschiedlich figuriert: der Tod des Jesus Christus als Vorbild des Leidens bei Lenz; das Phantasma, daß das weibliche Opfer einen Sinn haben möge, im Bild des Todesengels bei Sophie Albrecht. Orientiert sich Lenz' Leidenskonstruktion eher an der kritischen Variante der Melancholie und klagt gesellschaftliche ausgrenzende Strukturen an, folgt Sophie Albrechts Drama »Theresgen« der pädagogischen Tradition des Melancholie-Vorwurfs. Denn ihre Heldin erscheint vor dem Hintergrund des an Nützlichkeit orientierten familiären Gegenpaares in ihrem unerhörten Begehren als krankhaft und damit als stigmatisiert.

Dennoch liegt das Besondere beider Dramen darin, daß es kein sogenanntes gutes Ende gibt; daß der Einsatz des Körpers, ihr Tod, eben dieser besondere Schnitt (›das Kehle-Abschneiden‹) und der besondere Schritt (›ins Wasser‹), ein Leiden bezeichnet, das bis heute bekannt ist, und zwar das der Sprachlosigkeit angesichts grotesker Widersprüchlichkeit zwischen innerem Erleben und äußerer Realität. Das Nichtausgesprochene ist das Leiden der Helden.

---

1 Vgl. v.a. Gert Mattenklott, Melancholie in der Dramatik des Sturm und Drang, Stuttgart 1968. Mattenklott übertrug Benjamins Trauerspielbuch auf die Texte der Stürmer und Dränger.

2 Zur Theatertheorie von J. M. R. Lenz, vgl. Inge Stephan, Hans-Gerd Winter, »Ein vorübergehendes Meteor?«, J. M. R. Lenz und seine Rezeption in Deutschland, Stuttgart 1984, S. 134–144.

3 Mattenklott hat davon gesprochen, daß die Bezeichnung Komödie in Lenz' »Hofmeister« die Funktion hat, das Trauerspiel zu parodieren. Vgl. Mattenklott, a.a.O., S. 122.

4 Vgl. Jochen Schulte-Sasse, Drama, in: Hansers Sozialgeschichte der deutschen Literatur, hg. v. Rolf Grimminger, Bd. 3: Deutsche Aufklärung bis zur Französischen Revolution 1680–1789, München 1980, S. 423f.

5 Vgl. Immanuel Kant, Beobachtungen über das Gefühl des Schönen und Erhabenen, in: Kant, Werke. Akademie-Textausgabe, Berlin 1968, Bd. 2, S. 228f. u. S. 231f.

6 Allgemeine Deutsche Biographie, hg. durch die Historische Commission bei der Königl. Akademie der Wissenschaften, 56 Bde, Berlin 1967–1971 (11875–1912), Bd. 1, S. 322.

7 Vgl. Hannes Glarner, »Diese willkürlichen Ausschweifungen der Phantasey«. Das Schauspiel »Der Engländer« von Jakob Michael Reinhold Lenz, Zürich 1992, S. 57ff.

8 Vgl. Walter Benjamin, Ursprung des deutschen Trauerspiels (nach der Ausgabe: Gesammelte Schriften. Hg. v. Rolf Tiedemann u. Hermann Schweppenhäuser), Frankfurt am Main 1978. Benjamin hat darauf verwiesen, daß die psychologistische Verflüchtigung des Tragischen, wie sie das Trauerspiel vornimmt, erst den Gehalt der Trauer herausschält, wie sie im Betrachter geweckt wird. Denn die Trauer findet ihr Genügen – nach Benjamin – im Spiel vor Traurigen (vgl. Benjamin, a.a.O., S. 100).

9 Vgl. außerdem zum melancholischen Komplex: Wolf Lepenies, Melancholie und Gesellschaft, Frankfurt 1969, der die Melancholisierung des Bürgertums aufgrund eines erzwungenen Handlungsverzichtes beschreibt. Und Hans-Jürgen Schings, Melancholie und Aufklärung. Melancholiker und ihre Kritiker in Erfahrungsseelenkunde und Literatur des 18. Jahrhunderts, Stuttgart 1977, der die antiaufklärerische melancholische Grundhaltung sowie die aufklärerische stigmatisierende Melancholiekritik herausarbeitet.

10 Dieser Hinweis findet sich im Vorwort von Hanna Hohl im Ausstellungskatalog zu Erwin Panofsky: Saturn-Melancholie-Genie, hg. von Uwe M. Schneede, Stuttgart 1992, S. 8. Hier wird Johann Caspar Lavater, Physiognomische Fragmente. Ausgabe Winterthur 1787, Bd. 3, S. 69 u. 70 zitiert.

11 Vgl. Richard Burton, Anatomie der Melancholie. Über die Allgegenwart der Schwermut, ihre Ursachen und Symptome sowie die Kunst, es mit ihr auszuhalten, München 1991 (1621), S. 148 u. S. 153. Richard Burton rechnet die Liebesmelancholie allgemein zur Kopfmelancholie, d.h. als Auslöser für Seelenqual und Geistesgestörtheit wird vor allem das Hirn als Krankheitsherd angenommen.

12 Dieses Zitat übernimmt Sigrid Damm in ihren Anmerkungen zum »Engländer« in ihrer dreibändigen Ausgabe. Jakob Michael Reinhold Lenz, Werke und Briefe in 3 Bänden, hg. von Sigrid Damm, München/Wien 1987, Bd. 1, S. 752f.

13 Vgl. Esther Fischer-Homberger, Das zirkuläre Irresein, Inaugural-Dissertation, Zürich 1968, S. 36.

14 Vgl. Ute Mohr, Melancholie und Melancholiekritik im England des 18. Jahrhunderts, Frankfurt am Main 1990, S. 48.

15 Vgl. Michel Foucault, Wahnsinn und Gesellschaft. Eine Geschichte des Wahns im Zeitalter der Vernunft, Frankfurt am Main 1969, S. 282. Foucault zitiert hier Thomas Willis, De morbis convulsivis, in: Willis, Opera omnia, 2 vols., Lyon 1681, S. 255.

16 Jakob Michael Reinhold Lenz, Der Engländer: Eine dramatische Phantasei, in: Lenz, Werke und Briefe in 3 Bänden, a.a.O., S. 317–337. Folgende im Text enthaltene Seitenzahlen beziehen sich auf diesen dramatischen Text.

17 Hierauf hat die Sekundärliteratur hingewiesen. Vgl. Ilse Kaiser, Die Freunde machen den Philosophen. Der Engländer, der Waldbruder von Jakob Michael Reinhold Lenz, Inaugural-Diss., Erlangen 1917 S. 44 und Glarner, a.a.O., S. 82.

18 Vgl. Glarner, a.a.O., S. 82.

19 Vgl. Mattenklott, a.a.O., S. 154.

20 Ebenda.

21 Vgl. Sigmund Freud, Der Realitätsverlust bei Neurose und Psychose (1924), in: Freud, Studienausgabe, Bd. III, Frankfurt a. Main 1975, S. 355–363, hier Seite 361.

22 Glarner hat darauf verwiesen, daß Lenz in diesem Drama eine bereits im »Hofmeister« erprobte Väterkonstellation aufgreift. In Lord Hot ist die Figur des Majors, in Lord Hamilton der Geheime Rat zu erkennen (vgl. Glarner, a.a.O., S. 98).

23 Ebenda.

24 Gotthold Ephraim Lessing, Emilia Galotti. Ein Trauerspiel in fünf Aufzügen, in: Lessing, Werke, hg. von G. Göpfert u.a., 8 Bände, München 1970–79, Bd. 2, S. 127–204, hier S. 203.

25 Mit dieser im Drama angespielten Szene wird auf eine Wunschkonstellation verwiesen, die nach einer Begegnung mit dem Vater sucht. Insofern läßt sich die Struktur zwischen Vater und Sohn auch als eine paranoische interpretieren, wie sie Freud am Fall des Gerichtspräsidenten Schreber beschrieben hat. Der Wunsch, geliebt zu werden, verändert sich zum Gefühl des Hasses, der wiederum zur Verfolgung transformiert wird, nach dem Motto: »Ich liebe ihn ja nicht – ich hasse ihn ja – weil er mich verfolgt«. Eine Legitimations- und Projektionsstruktur, in der auch andere paranoische Gedanken und Wahngebilde, wie sie im »Engländer« entwickelt werden, aufgehoben wären. Die Strahlenmetaphorik, die Erlöserrolle und die teilweise feminine Einstellung korrespondieren mit einigen charakteristischen Merkmalen des Krankheitsbildes des Gerichtspräsidenten Schreber, der sich zeitweise als »Gottes Weib« phantasierte und sich dazu berufen fühlte, die Welt zu erlösen und ihr die verlorengegangene Seligkeit wiederzubringen. Vgl. Sigmund Freud, Psychoanalytische Bemerkungen über einen autobiographisch beschriebenen Fall von Paranoia (1911 [1910]), in: Freud, Studienausgabe, Band VII. Frankfurt a.M. 1975, S. 133–205, hier S. 187, 159 u. 145.

26 Vgl. Albrecht Schöne, Säkularisation als sprachbildende Kraft. Studien zur Dichtung deutscher Pfarrersöhne, Göttingen 1958, S. 96.

27 Jakob Michael Reinhold Lenz, Über die Natur unserer Geistes, in: Lenz, Werke und Briefe in drei Bänden, Band 2, S. 619–624, hier S. 123.

28 Ebenda.

29 Vgl. die Anmerkung bei Sigrid Damm. Lenz, Werke, a.a.O., Band 1, S. 711.

30 Vgl. zu Sophie Albrecht vor allem Elisabeth Friedrichs, Lexikon über die deutschsprachigen Schriftstellerinnen des 18. und 19. Jahrhunderts, Stuttgart 1981. Hier werden wichtige Literaturhinweise gegeben. Vgl. außerdem: Dagmar von Hoff, Dramen des Weiblichen. Deutsche Dramatikerinnen um 1800. Opladen 1989.

31 Sophie Albrecht, Gedichte und Schauspiele. Erfurt 1781, S. 3. Sophie Albrecht wird in einer von Fr. Clemens 1840 herausgegebenen Anthologie als todessehnsüchtig inszeniert: »Das Lebendige, was sie liebte, nahm ihr immer früh der Tod, und als sie aus Verzweiflung ihm, den unsterblichen Tod, selbst ihre Liebe antrug, da flohe er ihre Umarmung und ließ, in fürchterlicher Ironie, die sich ihm darbietende, blühende Braut, gleich der

cumäischen Sybille, der vor Alter die Glieder knarreten, zu einer neunzigjährigen bewußtlosen Mumie verschrumpfen, ehe er der, die so frühe und lange mit ihm geliebäugelt, den Häßlichsten seiner Boten sendete, aus Barmherzigkeit sie in das Reich der Schatten abzuführen.« (Anthologie. Aus den Poesien von Sophie Albrecht, erw. u. hg. v. Fr. Clemens, Altona 1841, S. XI).

32   Vgl. Mattenklott, a.a.O., S. 124. Parallelen zwischen J. M. R. Lenz und seiner Figur des Robert Hot im »Engländer« sind immer wieder gesucht worden. Nicht nur, daß der fanatische Pietismus seines Vaters Lenz sein Leben lang verfolgte und all seine Versuche, dem Vater zu entrinnen, scheitern sollten; sondern vor allem auch Lenz' Selbstmordversuche, die im Januar und Februar 1778, den knapp drei Wochen bei Oberlin im Waldbach, durch Oberlin dokumentiert worden sind, – so versucht Lenz in einem »psychotischen Anfall«, wie K. R. Eissler in seiner Goethe-Biographie vermerkt, sich mit einer Schere die Gurgel durchzuschneiden, wie er es im Jahr zuvor in seinem Stück »Der Engländer« beschrieben hatte. (K. R. Eissler, Goethe. Eine psychoanalytische Studie 1775–1786, Band 1, Basel/Frankfurt am Main 1983, S. 70) – konstruierten eine Übereinstimmung von Werk und Leben. Hans-Gerd Winter hat darauf verwiesen, daß eine genaue Untersuchung der psychosozialen Disposition von J. M. R. Lenz, die zwischen der Position von Schings und Lepenies angesiedelt sein könnte, noch aussteht. (Vgl. Hans-Gerd Winter, J. M. R. Lenz, Stuttgart 1987, S. 12.)

33   Vgl. Sophie Albrecht, Theresgen. Ein Schauspiel mit Gesang in fünf Aufzügen, in: Albrecht, Gedichte und Schauspiele, Erfurt 1781, S. 249–360, hier S. 359f. Folgende im Text enthaltene Seitenzahlen beziehen sich auf dieses Stück.

34   Peter Szondi, Die Theorie des bürgerlichen Trauerspiels im 18. Jahrhundert. Der Kaufmann, der Hausvater und der Hofmeister, hg. v. Gerd Mattenklott, Frankfurt am Main 1979, S. 90.

35   Vgl. Bengt Algot Sørensen, Herrschaft und Zärtlichkeit. Der Patriarchalismus und das Drama im 18. Jahrhundert, München 1984, S. 20f. Und Hans Peter Herrmann, Musikmeister Miller, Die Emanzipation der Töchter und der dritte Ort der Liebenden, in: Jahrbuch der deutschen Schillergesellschaft 28, Stuttgart 1984, S. 232f. u. 236.

36   Vgl. u.a. Alfons Rosenberg, Engel und Dämonen, München 1967, S. 44–46.
      War hiermit einmal eine »Engelin« (bei den Etruskern) gemeint, in der die ganze Unerbittlichkeit und die Macht des Todes zum Ausdruck kam, so war der christliche Todesengel schließlich derjenige, der die Seelen über die Grenze zwischen Leben und Tod trug.

37   Vgl. Sigmund Freud, Jenseits des Lustprinzips (1920), in: Freud, Studienausgabe, Bd. III, S. 213–273, hier u.a. S. 222f.

38   Nutzbares, galantes und curieuses Frauenzimmer-Lexicon. Zwey Theile. Dritte durchgesehene umgearbeitete Auflage, Leipzig 1773 [¹1715], S. 1939.

39   Vgl. Foucault, a.a.O., S. 304.

»Dies Geschöpf taugt nur zur Hure...«.
Anmerkungen zum Frauenbild in Lenz' »Soldaten«

Silvia Hallensleben (Berlin)

I.

»Dies Geschöpf taugt nur zur Hure...«[1] Mit diesem vernichtenden Urteil über Marie Wesener, die Protagonistin von Lenzens »Soldaten«, bezieht Friedrich Hebbel Stellung in dem ausufernden Diskurs über Tugend und Unschuld der »Hure« Marie, der sowohl im Stück selbst wie auch in der ihm gewidmeten Sekundärliteratur geführt wird. Hebbel begründet mit seinem Verdikt über die Protagonistin sein Urteil über Lenzens »Soldaten«. Es fehle dem Schauspiel »nichts weiter, als die höhere Bedeutung der verführten Marie. Eine große erschütternde Idee liegt dem Stück zu Grunde, aber sie wird durch dies gemeine sinnliche Mädchen zu schlecht repräsentirt.«[2]

Hebbels Position ist allerdings ungewöhnlich. Er schlägt sich mit seinem Verdikt, zumindest in großen Teilen, auf die Seite des Verführers, der rücksichtslosen Soldateska, kurzum, auf die Seite der Bösen. Solch rigoroser Moralismus ist heutzutage nur noch schlecht denkbar. Im Rahmen einer Rezeption des Dramas als scharfsichtige Analyse von Verhältnissen, in denen das vermeintlich autonome Individuum hilflos den Zwängen ausgesetzt ist, die es von innen und außen in die Zange nehmen und daran nur scheitern kann, wurde die Hure Marie unter dem sozialpädagogischen Blick der Interpreten zwar moralisch rehabilitiert, aber ihrer Sinnlichkeit beraubt und, trotz gegenteiliger Beteuerungen, in den Opferstatus verwiesen. »Da einsehbar wird, daß Marie keine Hure ist, sondern dazu gemacht wird, enthält die Schilderung ihres Schicksals ex negativo die Aufforderung, die gesellschaftlichen Verhältnisse so einzurichten, daß sie tatsächlich, wie Lenz den Feldprediger sagen läßt, dem Triebe ihre ganze Glückseligkeit zu danken hätte.«[3]

Wenn auch aus ganz unterschiedlichen Richtungen argumentierend, deuten beide Stellungnahmen doch auf einen der zentralen Aspekte des Stückes: der Frage nach der weiblichen Tugend. Das Bild der Frau als Hure ist ein Aspekt des Begriffs weiblicher Tugend, der für das bürgerliche Drama des 18. Jahrhunderts von konstitutiver Bedeutung ist. Lenzens Komödie ist offensichtlich von der Interpretation dieser Tradition zugeordnet worden, zu untersuchen wäre, inwieweit das Stück und sein Umgang mit dem Bild der »weiblichen Unschuld« diese Zuordnung rechtfertigen.

II.

Die »große erschütternde Idee« war keine Erfindung Lenzens: »Die Soldaten« variieren ein wohlbekanntes Stereotyp, ein Lieblingsthema bürgerlicher Dramatik (und auch Romankunst) seit der Aufklärung: die Verführung eines unbescholtenen bürgerlichen Mädchens durch einen Bösewicht aus den oberen Klassen mit ihrem Tod als letzter Konsequenz. Bedeutungsträger, Verkörperung der in den Dramen propagierten und diskutierten Werte ist der weibliche Körper. An diesem, an der weiblichen Sexualität als Objekt vollzieht sich die Sinnproduktion der Stücke: »...das eigentliche Kampffeld ist der Körper der Frau; und das Bedeutungsfeld, von dem das Frauen-Opfer seinen Sinn erhält, ist der bürgerliche Diskurs über die Tugendhaftigkeit des Weibes.«[4]

Weibliche Sexualität wird in dieser Funktionalisierung aufgespalten in die Polarisierung Heilige/Hure, die Bedrohung durch Mächte, die der Kontrolle der bürgerlichen Vernunft nicht unterworfen werden konnten, wurde gebannt im Bild weiblicher Tugend, und das heißt hier: unversehrter Jungfräulichkeit. Dieser »Diskurs über die weibliche Unschuld« wird im Zuge der patriarchalischen Neubestimmung weiblicher Natur im 18. Jahrhundert »geradezu zum Bestimmungsmerkmal des bürgerlichen Trauerspiels von Miss Sara Sampson bis hin zu Kabale und Liebe (...). Immer geht es um die Unschuld der Frau, heiße sie nun Sara, Emilia oder Luise, und immer geht es um Verführung oder vermeintliche Verführung«[5].

Der Körper der Frau ist hierbei Objekt, Projektion. Die sexuellen Lüste, Bedürfnisse und Praktiken der wirklichen Frauen kommen nicht vor, ganz im Gegenteil: sie werden kategorisch ausgeschlossen.

III.

Lenz, der Rebell und Umstürzler: Wie verhalten sich seine Texte gegenüber dem Bild der Frau, welches die Theorien und literarischen Imaginationen seiner Zeit beherrschte? Ist er Mitläufer und reproduziert die gängigen Vorstellungen, oder finden wir auch hier in Lenz einen, der eine »wirkliche Alternative zur Weimarer Klassik« (Hans Mayer) hätte sein können? Was für Auswirkungen hat die Revolutionierung der inhaltlichen und formalen Vorgaben der Tradition auf die Darstellung der Geschlechterverhältnisse? Bleiben die Bilder des Weiblichen unberührt oder werden auch sie verändert und zerstört? Verändert sich das Konzept weiblicher Tugend? Und Marie: Hat Hebbel recht, daß es sie, das »gemeine sinnliche Mädchen«, ist, die dem Stück die höhere Idee stiehlt?

Auch Marie ist eine Variation der »verführten Unschuld«, diesem »Urbild bürgerlicher Weiblichkeitsidee«[6]: als pubertärer Teenie noch unter den Fittichen ihres heißgeliebten Vaters, gerät sie, ohne so recht zu wissen wie ihr geschieht, an Desportes, den Offizier, der sein böses Spiel mit ihr treibt. Sie stürzt in den unvermeidlichen Abgrund, einen Abgrund allerdings, der nicht ganz so tief und bodenlos ist, wie wir das aus den anderen Dramen kennen: Marie muß nicht sterben für ihre Tat wie ihre Schwestern, sie kann dem grausamen Ende von Emilia Galotti, Sara Sampson, Evchen Humbrecht, Luise Millerin, und wie sie alle heißen, entgehen. Das »Massensterben von Frauen im Rahmen literarischer Fiktion«, wie Sigrid Weigel es 1983[7] genannt hat, hat endlich einmal Einhalt gefunden.[8]

Der Tod der Heldin, das Frauenopfer für die Tugend, ist wesentlich für den höheren Sinn des Bildes der »Unschuld«, sei es nun das der gefallenen oder der standhaften Unschuld. Das Gebot der sexuellen Reinheit duldet keine Zwischenstufen: es gibt nur die Dualität von Unschuld oder Verderben, schon ein vorbeihuschender Gedanke an Sinnliches verfällt dem Verdikt der Schuld: Hure oder Nicht-Hure...[9] Hinter dieser Vorstellung steht das heimliche Wissen davon, wie gewaltsam der Zwang zur Tugendhaftigkeit dem Weiblichen aufgedrückt wurde: hinter der Fassade lauert die drohende verdrängte Sinnlichkeit.

Diese Absolutheit des Tugendgebots, Fetischisierung der Unschuld, fordert als Tribut das Opfer der Frau. Im und durch den Tod läßt sich die Reinheit wiederherstellen. »Die Reinheit gibt es nur um den Preis des Todes.«[10]

Marie überlebt, sie wird im wörtlichen Sinn zur Hure, zu dem, als was sie die Soldaten immer schon gesehen haben. Sterben müssen Stolzius und

Desportes, eine Konsequenz, die eher zu verstehen ist als eine Lenzsche Selbstvernichtungs- und Rachephantasie denn als »moralischer Endzweck«. Maries Überleben kann als erstes Indiz gelesen werden dafür, daß Lenzens dramatisch-poetischer Neuansatz auch Auswirkungen auf das von ihm imaginierte Frauenbild impliziert.

Marie überlebt. Marie, wenn auch von Hebbel als (mißglückte) Repräsentantin der Idee im Sinne des bürgerlichen Trauerspiels verstanden, nimmt auch sonst eine andere Position in der Struktur des Stückes ein als die traditionelle Tugendheldin. Die Mehrsträngigkeit des Aufbaus relativiert ihre Position, die Tugendhandlung wird im Panorama des Soldatenlebens gespiegelt; nicht umsonst hat Lenz sein Stück »Die Soldaten« genannt und nicht »Marie Wesener«.

IV.

Die weibliche Tugend, die weibliche Schuld/Unschuld ist das Motiv, um welches in den »Soldaten« alles Reden kreist, das Thema, welches alle Gespräche immer wieder ansteuern. Im Zentrum der Rede steht die Frage nach der Verantwortung für den »Sündenfall«: Ist die verführte Frau Opfer von Betrug und Gewalt, oder ist sie selbst schuld, die Ursache für ihren Fall in ihrem Charakter angelegt?

Im Offizierskorps finden sich am deutlichsten die beiden Positionen formuliert, die die inhaltliche Spanne der Stellungnahmen abstecken: »Eine Hure wird immer eine Hure, sie gerate unter welche Hände sie will« (I, 4) erläutert der Offizier Haudy seine Position in einer Debatte über Nutzen und Schaden der Komödie. »Es ist eine Hure von Anfang an gewesen«, bekräftigt Desportes noch einmal kurz vor seinem Ende. Im Offiziersmilieu, allerdings aus dem Munde des aufgeklärten Feldpredigers Eisenhardt, wird auch am deutlichsten und einprägsamsten die Gegenposition formuliert: »...eine Hure wird niemals eine Hure, wenn sie nicht dazu gemacht wird.« Mit diesen Argumenten ist das Spektrum umrissen, in dem sich der Diskurs bewegt: für die Frauen bedeutet es die Alternative zwischen der Verdammung zur Hure oder der Verweisung in die Opferrolle. Dieser von Haudy und Eisenhardt gesteckte Rahmen wird auf der argumentativen Ebene an keiner Stelle überschritten.

Interessant ist die Begründung, die Eisenhardt für seine These anführt: »Der Trieb ist in allen Menschen, aber jedes Frauenzimmer weiß, daß sie dem Triebe ihre ganze künftige Glückseligkeit zu danken hat, und wird sie die aufopfern, wenn man sie nicht drum betrügt?« (I, 4) Die Frauen sind tugendhaft, weil sie wissen, was ihnen droht, wenn sie gegen das Gebot verstoßen.

Hier wird verwiesen auf das Umfeld, in dem die Tugend der Frauen, ihr Glück, ihr Leben ihren Platz haben und aus dem sie erst ihre Bedeutung bekommen. Die Frauen sind nur existent in ihrer Funktion als Töchter, Gattinnen und Mütter. »Welche Familie ist noch je durch einen Officier unglücklich geworden?« (I, 4) fragt der Obrist Spannheim, von den »gröbsten Verbrechen gegen die heiligsten Rechte der Väter und Familien« spricht Eisenhardt (I, 4) Auch in der Schlußszene wird nicht die Person Marie beklagt, sondern die durch die Soldateska »verwüstete Familie«. Maries Schicksal ist von Bedeutung nur in Hinsicht auf den verlassenen Bräutigam, den potentiellen zukünftigen Ehemann, auf die zerstörte Familie, d.h. vor allem den Vater. Bedroht wird durch die Unzucht die Ordnung in Familie und Gesellschaft. Es geht um die »heiligsten Rechte der Väter und Familien« (I, 4). Die (auch sexuellen) Bedürfnisse und Interessen der Frauen sind nicht von Belang; die an der Debatte Beteiligten interessieren sich für das konkrete Schicksal Maries nur in Hinsicht auf dessen Bedeutung für die soziale Ordnung.

Aus dieser Perspektive ist der Reformvorschlag, der von Spannheim am Ende des Stücks gemacht wird, nicht so abwegig, wie gemeinhin behauptet wird. Wenn das Wohl der Familie, das Interesse der bürgerlichen Gesellschaft an ordentlichen Verhältnissen bestimmendes Motiv ist, ist die Vorstellung, eine kanalisierte Sexualabfuhr für das frauenlose Offizierskorps zu organisieren, recht funktional. Mag uns dieser Vorschlag abstrus anmuten, in der Logik der Zeit war er nicht so außergewöhnlich. Daß einige Frauen, Nicht-Gattinnen (aber doch leider Töchter), zur Aufrechterhaltung dieser Ordnung geopfert werden müssen dafür, daß die übrigen »Gattinnen und Töchter verschont bleiben« (V.5.22) ist eine Idee, die auch dem Lenz der sozialreformerischen Schriften keinesfalls widerspricht.[11] Auf der diskursiven Ebene bringt Lenz also das Frauenopfer für die Tugend, auf das er in seiner poetischen Praxis verzichtet hat, wieder ins Spiel.[12]

Gibt es abweichende Stimmen im Chor der Urteile? Vielleicht die Gräfin La Roche: Obwohl auch sie bestimmt ist von der Angst um den Erhalt der Ordnung (»Das heißt, sie wollten die Welt umkehren« (II, 10)), ist sie doch die einzige, die Maries Situation in ihrer Ausweglosigkeit ernst nimmt: »Ich weiß nicht, ob ich dem Mädchen ihren Roman fast mit gutem Gewissen nehmen darf. Was behält das Leben für Reiz übrig, wenn unsre Imagination nicht welchen hineinträgt, Essen, Trinken, Beschäftigungen ohne Aussicht, ohne sich selbst gebildetem Vergnügen sind nur ein gefristeter Tod.« (IV, 3) Aber die Gräfin, auch wenn sie als einzige sich um das Glück Maries besorgt[13], trennt dieses doch wieder nicht von dem ihres zukünftigen Ehemannes: »Armes Kind! Wie glücklich hätten Sie einen rechtschaffenen Bürger machen können...« (III, 10). In der Schlußszene ist es wieder die Gräfin La Roche, die aus der Perspektive einer Frau einen Einwand gegen das Ordnungs-Modell des Obristen vorbringt.

Durch die Gräfin wird, wenn auch in feiner aristokratischer Art, eine separate Frauenstimme ins Stück eingeführt, die sich hier und da ein wenig einmischt. Unterstützung bekommt sie in ihrer Skepsis, wenn auch in anderem, dunklerem Ton, von der alten Mutter, der Großmutter. Deren rätselhaftes und düsteres Lied vom Rösel aus Hennegau läßt sich nur verstehen als Kommentar nicht zu Maries speziellem Schicksal, sondern zur Hoffnungslosigkeit, die der vorbestimmte enge Lebensweg der bürgerlichen Frau in jedem Fall bereithielt.

Der Diskurs über Schuld/Unschuld wird durch diese geschlechtsspezifischen Kommentare erweitert und verschoben, die Alternative zwischen der Frau als Hure und der Frau als Opfer wird aber nicht überschritten.

V.

Alle reden über Maries Schuld/Unschuld und die Gefährdung der Ordnung: Die einzige, die sich nicht beteiligt, ist Marie selbst. Marie stellt die Frage nach der Angemessenheit ihres Handelns im Sinne der weiblichen Moral nicht, das Objekt der Rede über die Tugend entzieht sich dieser Rede.

Die Beschwörung der verlorenen Unschuld und Tugend, wortreiche Reuebekundungen gehören zum standardmäßigen Repertoire der gefallenen Tugendheldinnen: »Mutter! Rabenmutter! schlaf – schlaf ewig! – deine Tochter ist zur Hure gemacht – «[14] verzweifelt Evchen Humbrecht nach vollzogener Tat. Sara Sampson raisonniert nach ihrem Fall »... Tugend? Nennen sie mir dieses Wort nicht! – Sonst klang es mir süße, aber itzt schallt mir ein schrecklicher Donner darin.« (I, 7)[15]

Die Schuldbekenntnisse der Protagonistinnen, ihre Reue und Verzweiflung, auch ihr Heischen um Verständnis[16] haben eine wichtige Funktion für die Dramen: Die Bilder des gefallenen Weiblichen selbst werden zum

Sprechen gebracht, sie zeigen, daß sie die geforderten Normen akzeptieren und verinnerlicht haben, definieren ihren Ort in der patriarchalischen Ordnung: nur so können sie zu Vertreterinnen dieser Ordnung werden.[17]

Maries lakonische Bemerkung »Oh, ich wünschte, daß ich ihn nie gesehen hätte« (III, 3)[18] (und auch dieses äußert sie erst, nachdem Desportes sie verlassen hat) ist nur noch ein schwaches Echo derartiger Selbstbekundungen. Die Frage, die den Ort ihrer moralischen Skrupel angibt, ist auf einem anderen Bedeutungsfeld angesiedelt, dem der persönlichen Gefühle, der Liebe: es ist der Gedanke an das Schicksal des verlassenen Geliebten: »Aber, Papa, was wird der arme Stolzius sagen?«. Und später »Gott! was hab ich denn Böses getan? – Stolzius – ich lieb dich ja noch – aber wenn ich nun mein Glück besser machen kann – und Papa selber mir den Rat gibt« (I, 6).

Marie, die Verkörperung des Tugenddiskurses im Stück, entzieht sich der von diesem gesetzten Deutung, sie ist an einem anderen Ort. Und schlimmer noch: Marie zeigt, daß ihr die Sache Spaß macht: sie albert mit dem Baron Desportes herum, schäkert hemmungslos, kurz: sie amüsiert sich prächtig, der momentanen Lust, des Kitzels wegen, also ohne Sinn und Verstand. Maries Interesse ist anfänglich nicht auf den sozialen Aufstieg gerichtet. Zwar sind es die Accessoires der herrschaftlichen Lebensweise, deren sinnlicher Reiz sie besticht: Zitternadeln, Komödienbesuche, Kutschfahrten. Aber ihr Interesse ist nicht zielgerichtet, es gilt vielmehr der Lust an der Situation selbst; auch der Lust an einer Beziehung, die nicht in das System familialer Vernunft und elterlicher Heiratsabsichten eingebunden ist.

Die zielgerichteten Aufstiegswünsche sind wesentlich das Projekt Vater Weseners, der so auch versucht, das pubertäre Ausbrechen seiner Tochter wieder unter seine Gewalt zu bringen und in die Bahnen zweckrationaler Vernunft zu lenken.[19] Die kindlich unbekümmerte Marie ist ziemlich erschrocken, als sie dies erkennen muß: daß es auch jetzt nicht um ihr aktuelles Glück gehen soll, daß ihr gegenwärtiges Vergnügen nur im Dienste ihres zukünftigen Glücks Berechtigung haben soll.[20]

Die Situation zwischen Marie und Desportes entwickelt eine erotische Dynamik, die von beiden Seiten lustvoll vorangetrieben wird.[21] Marie ist von Anfang an aktivst beteiligt. Desportes Rolle ist die eines Katalysators. Haudy hat schon recht, es hätte kein Desportes kommen müssen, um Marie zu verführen, aber vielleicht wäre auch kein anderer ihr so gemäß gewesen. Offensichtlich kann Desportes ihr etwas bieten, zu dem der biedere Verlobte Stolzius nicht in der Lage ist.[22] Marie beweist Selbstbewußtsein nicht nur gegenüber dem verlassenen Geliebten, sondern auch gegenüber Desportes.

»Nein, ich will selber schreiben.« (II, 3) Die neugewonnene Sicherheit, die spielerische Neudefinition der Machtverhältnisse funktioniert aber nur in der stimulierenden Situation selbst, nur für einen Augenblick, dann ist der Zauber vorüber. Kaum ist Desportes davon, muß wieder der Papa um Hilfe gerufen werden. Das Setzen auf das erotische Abenteuer, und das heißt auch, das Setzen auf einen Mann als Erretter, bietet Marie keine Alternative.

Am Punkt, wo das Geschehen umkippt, wo Marie ihr Höchstmaß an Ausgelassenheit erreicht hat, setzt das dunkle Lied der alten Großmutter einen scharfen Akzent. Ohne zur Moral zu greifen, schildert es den Einschnitt, den das Erwachsenwerden für ein Mädchen bedeutet, das traurige Schicksal, welches Marie auch dann droht, wenn sie brav in der engen Stube bleibt.

Maries Lust an der Sinnlichkeit ist es wohl, worauf Hebbel anspricht, wenn er schreibt: »Ihr Unglück bringt keine tragische Rührung in uns hervor, denn wir empfinden zu lebhaft, daß es schon einmal ihr Glück gewesen ist, daß es unter anderen Umständen ihr Glück wieder werden kann, daß, worauf Alles ankommt, ihr Geschick in keinem Mißverhältnis zu ihrer Natur steht.« Tragisch wird das Leiden der Frauen erst dann, wenn sie sich zum Opfer machten.

Maries Eintreten für die eigenen erotischen Wünsche ist zwar als Verweigerung an die Rolle der »reinen Unschuld« zu sehen, darf aber nicht mißdeutet werden als Ausdruck authentischer Weiblichkeit oder weiblicher Sexualität. Der Figur der Marie gelingt es teilweise, den über sie gefällten Urteilen zu entkommen. Sie beginnt andere, eigene Interessen zu verfolgen, auch hinter dem Rücken der geliebten Autorität, des Vaters. Diese teilweise Befreiung ist allerdings ambivalent: auf dem Weg zur Verwirklichung ihrer Lüste begibt sie sich in neue Abhängigkeiten: sie ist in keinster Weise souverän. In der Verfolgung ihrer erotischen Ziele macht sie sich zum Objekt der Offiziere, biedert sich an, schmeichelt, kokettiert. Anbiederung an die vermeintlichen Wünsche der Herren ersetzt die Unterwerfung unter die Wünsche des Vaters.

Die Brüche in der Zeichnung der Marie, das »Gegeneinander ihrer Unverstelltheit und ihrer Maskenhaftigkeit«[23] ist oft problematisiert worden. Sie wurden gedeutet als graduelle Anpassung der anfangs mit-sich-identischen, unverfälschten Marie zu einem den Offizieren hörigen Aristokratenliebchen.[24] Eine solche Interpretation als schrittweise Entfremdung müßte sich begründen in einer Verabsolutierung der bürgerlichen Normen als natürlich und authentisch (»dem, was ihr gemäß ist«[25], »ihre eigene natürliche Art«[26]), in einem enthistorisierten Bild des ewig naiven Weiblichen. Eine solche These der schrittweisen Selbstentfremdung ist weder theoretisch haltbar noch läßt sie sich plausibel aus dem Text begründen: Die Marie der ersten Szene, die sich von ihrer Schwester einen Brief an die Mutter des Verlobten im väterlich ehrerbietigen Stil schreiben läßt ist nicht authentischer als die Marie, die in II, 3 darauf besteht, selbst an Stolzius schreiben zu wollen, eher im Gegenteil. Eine lineare Entwicklung ist nicht nachweisbar, die Brüche verlaufen sprunghaft wechselnd quer durch den Text. Neben der Marie, die sich anpaßt, verstellt, kalkuliert, finden wir unvermittelt die Marie, die klar und persönlich ausspricht, was sie bewegt. Die Uneinheitlichkeit, das Brüchige, Fragmentarische der Figur Maries als »Prozeß der Entfremdung« (wie Scherpe) zu interpretieren, scheint mir ein allerdings hoffnungsloser Versuch, die Zersplitterung der Person doch wieder als Entwicklungsgeschichte, wenn auch einer in diesem Fall negativen, zu verstehen. Marie ist entfremdet, doch sie war es schon von Anfang an. Eine unentfremdete Marie bekommen wir höchstens im momentanen Aufblitzen zwischen einzelnen Sentenzen und Gesten zu sehen.

Die Uneigentlichkeit der Sprache Maries, ihre Anpassung an von ihr erwartete Verhaltensweisen, ihr Zitieren von Floskeln sind Ausdruck der Entfremdung. Aber andererseits bietet das nicht-authentische Sprechen, das Sich-Verstecken hinter fremden Redeformen auch eine Möglichkeit, die gesellschaftliche Zurichtung, die von der einzelnen gefordert und an ihr durchgesetzt wird, zu umgehen und zu unterlaufen: etwas zu sagen ohne dahinter-zu-stehen ist auch eine der »Listen der Ohnmacht«.

In der Zeichnung der Marie zeigen sich deutlich die Konsequenzen von Lenzens szenisch-unmittelbarer Dramentechnik: durch den Verzicht auf die Innenperspektive, auf Selbsterklärungen, Monologe, ergeben sich Motivationen und Gefühle der Protagonistin nur aus ihren Handlungen, Gesten und Äußerungen, d.h. auch als auseinanderklaffende und widersprüchliche. Die Figur der Marie wird nicht aus einem Kern heraus entwickelt: Es ist ein Blick von außen nach innen, allerdings ein messerscharfer: viele Szenen scheinen mit mimetischer Genauigkeit gespeicherte situative Momentaufnahmen zu sein.

Die Figur der Marie entzieht sich den Normen des in den zeitgenössischen Dramen herrschenden Frauenbildes: durch Nicht-Mit-Sprechen, durch Verweigerung des Reinheitsanspruchs, durch Unterlaufen der Alternative Engel/Hure. Hierbei bleibt es allerdings: zur Erkennenden, Aufbegehrenden im Sinne einer Marwood oder Orsina wird Marie nie.

Hebbel hat recht: es fehlt dem Stück »nichts weiter, als die höhere Bedeutung der verführten Marie«. Im ideellen Bedeutungszentrum des

Stückes tut sich eine Leerstelle auf. »Eine große erschütternde Idee liegt dem Stück zum Grunde, aber sie wird durch dies gemeine sinnliche Mädchen zu schlecht repräsentirt.«

Die Alternative zwischen der Frau, die »immer eine Hure [wird], sie gerate unter welche Hände sie will«, oder die »niemals eine Hure [wird], wenn sie nicht dazu gemacht wird«, eine Alternative, die in ihrer Prägnanz die Parteinahme von mehreren Generationen der Lenz-Forschung herausforderte, fällt in der Person des »gemeinen sinnlichen Mädchens« Marie in sich zusammen. Der Begriff der Hure trifft sie nicht, vor allem deswegen, weil sie ihn nicht annimmt, sich hiermit auch der höheren Bedeutung dieses Begriffs verweigert. Es treffen sie aber die gesellschaftlichen Konsequenzen.

Ein Aspekt von Lenzens Zertrümmerung des bürgerlichen Trauerspiels wäre so auch eine ansatzweise Befreiung des Weiblichen aus dem Bild der Frau als Heldin. Die Demontage des ganzheitlichen Individuums hat für die Frauen noch eine besondere Bedeutung. Erst in den Sprüngen des zerbrechenden Bildes können Spuren der Widersprüche weiblicher Existenz sichtbar werden.

Marie ist keine positive Figur, aber die Zerstörung des Bildes der Frau bietet eine Chance, zumindest erst einmal den künstlichen Entwürfen idealer Weiblichkeit zu entkommen. Von Lenz, dem großen Idealisierer der Frauen, ist das allerdings eine erstaunliche Leistung.

VI.

Während Marie sich den Forderungen der an sie gerichteten Moral entzieht, unterwandert Lenzens Komödie auch auf einer anderen Ebene die Fetischisierung weiblicher Tugend. Ein wesentlicher Aspekt des Begriffs der Tugend im bürgerlichen Trauerspiel ist die Biologisierung der weiblichen Reinheit/Unschuld. Während so einerseits schon ein falscher Gedanke ins Reich der Sünde führt, ist es doch der körperliche Akt des Geschlechtsverkehrs (d.h. meistens der Entjungferung), um den sich alle Gedanken drehen. Erst durch die Zentrierung auf diesen einen Akt bekommen die »wilden Wünsche« ihren Sinn. Die Entjungferung erscheint als natürliche Katastrophe. Diese Fixierung auf den Moment der geschlechtlichen Vereinigung wird auch durch Handlungsstruktur und Spannungskurve der Dramen unterstützt und ausgenutzt. Das geheime Zentrum der Dramen ist der Akt: Mütter müssen eingeschläfert werden, Väter werden zu Inquisitoren.

Abstieg und Untergang der Heldinnen machen sich an der wirklichen oder vermeintlichen Entdeckung der »Hurerei« fest. Ein Moment dieser Biologisierung ist die Schwangerschaft der Protagonistin (die natürlich auch ihre dramentechnischen Vorzüge hat), so z.B. in Wagners »Kindermörderin«, in Goethes »Urfaust« und »Faust« oder auch in Lenzens »Hofmeister«. In den »Soldaten« wird nicht einmal deutlich ausgesprochen, ob, daß und wann es zum physischen Unschuldsverlust Maries kam. Die Szene der Verführung, des Geschlechtsverkehrs selbst bleibt von der Struktur des Stückes her im Hintergrund.[27] Der physische, biologische Akt der »einen Verführung« ist in den »Soldaten« zersplittert und fragmentarisiert in viele Einzelepisoden und aus dem Zentrum verschoben worden. Er wird gespiegelt in den sexuellen Streichen im Offiziersmilieu. Der Akt in seiner Einmaligkeit wird relativiert, das Geschehen ist wiederholbar und variierbar, nur ein Punkt in einer Kette von Ereignissen. Indem Lenz von außen, bei den gesellschaftlichen Umständen ansetzt, erscheinen der Akt und sein Spiegelbild, die weibliche Unschuld, nicht als natürliche, geheime Mitte des Dramas.

Vor allem aber wird dem Begriff der Unschuld seine vermeintliche Natürlichkeit genommen. Die geheimnisvolle Substanz »weibliche Unschuld« wird hervorgezerrt aus ihrem wirkungsvollen Dunkel an die banale Oberfläche gesellschaftlicher Urteile und Konventionen. Der Tugendbegriff wird sichtbar als Funktion des Urteils der Umwelt. Für dieses Urteil reicht es aus, daß sich Marie überhaupt mit Desportes und den anderen Soldaten eingelassen hat. Schon eine Tändelei, schon ein gemeinsamer Theaterbesuch reichen aus, um sie »zur Hure zu machen«, so daß es von größter Bedeutung ist, zumindest den Anschein der Tugendhaftigkeit zu wahren. Die Bedeutung des Tugendverlustes, der »Hurerei« wird nicht mehr auf der natürlich-biologischen Ebene abgehandelt, auch nicht auf die sozialkritisch-gesellschaftliche begrenzt wie in der »Kindermörderin«. Die weibliche Tugend wird entnaturalisiert: Es sind nicht nur die bösen Männer und die sozialen Umstände, die eine Frau zur Hure machen, sondern der Begriff der Hure wird gezeigt als fragwürdiges Konstrukt des herrschenden Diskurses.

VII.

Zu fragen ist, wie es zu einer solchen Demontage von Frauenbild und Tugendbegriff kommen konnte? Daß dies Lenzens fortschrittlicher Einstellung in diesem Punkt zu danken ist, ist kaum anzunehmen, wenn wir seine diesbezüglichen Äußerungen an anderer Stelle in Betracht ziehen. Seine Bemerkungen zur Frauenerziehung könnten auch aus dem Mund einer der Herren seiner Komödie stammen: »Daß man doch immer vergißt, daß ein Frauenzimmer das Pretension auf Verstand macht, das unliebenswürdigste und furchtbarste aller existierenden Dinge ist. Und wozu anders soll sie sich mit unwesentlichen Zahlen plagen, die sie um all ihre Reize und den Mann um sein ganzes Glück bringen«[28]: Auch hier die Zurichtung der Frau auf das *eine* Glück, nämlich das des Mannes. Lenz empfiehlt, den Frauen das Tanzen zu lehren »...wär es auch nicht weiter als um die Begriffe von Takt und Ordnung in ihre Seele zu bringen, – in denen sich die Welt dreht«.[29]

Nun sind wir Widersprüche bei Lenz gewohnt, auch er ist wie ein »Bäumchen im Abendwind«, seine Äußerungen scheinen sich nicht nur an den Vorgaben der jeweiligen Textsorte zu orientieren, sondern oft auch an den Erwartungen der Gesprächspartner.

Die Soldaten basieren in noch stärkerem Maß als viele andere Texte Lenzens auf der Grundlage eigener Erfahrungen und Erlebnisse.[30] Wie so oft bei Lenz überschneiden sich Verarbeitung und Bewältigung sehr persönlicher, irritierender Gefühle und Erfahrungen mit der Schreibmotivation, gesellschaftspolitisch Stellung beziehen zu wollen.[31] Lenz selbst hat die Bedeutung beider Aspekte für die Soldaten, diese Komödie, die sein »halbes Dasein mitnimmt«[32], betont.

Die Grundzüge dieses biografischen Hintergrunds sollen hier nur kurz angerissen werden.[33] Lenz' Dienstherr, der Baron Friedrich Georg von Kleist, hatte wegen eines Verhältnisses mit der Straßburger Goldschmiedstochter Cleophe Fibich ein notarielles Heiratsversprechen ablegen müssen und war in die Heimat gereist, angeblich, um das Einverständnis seines Vaters einzuholen. Lenz, zurückgeblieben in dem Gefühl, Cleophe beschützen zu müssen, entwickelte in dieser Stellvertreterrolle selbst (mehr oder weniger bewußte) verliebte Gefühle gegenüber Cleophe und geriet in Konkurrenz zu Kleists jüngerem Bruder, der ihr auch den Hof machte.

Lenz baut diesen Grundstoff um, paßt ihn den literarisch vorgegebenen Mustern an, aber auch seinen eigenen Ausdruckswünschen. Er dramatisiert, spitzt zu, baut die Figurenkonstellation um, er führt die Figur des verlassenen Verlobten Stolzius ein. Dessen Funktion ist offensichtlich: Stolzius bietet hervorragende Identifikationsmöglichkeiten für Lenz. In der Gestalt des verschmähten und verlassenen bürgerlichen Verlobten kann Lenz nicht nur die verbotenen Gefühle gegenüber Cleophe ideal verarbeiten, sondern auch die Haß- und Rachephantasien gegenüber seinen Herren poetisch umsetzen.[34] In der Rolle des verlassenen bürgerlichen Verlobten kann Lenz Cleophe lieben.

Und Marie? Alle Versuche, reales historisches Vorbild und literarische Figur in Beziehung zueinander zu setzen, bleiben Spekulation und unterliegen der Gefahr unreflektierter Übertragungen, da das Bild der Cleophe Fibich nur aus den literarischen Zeugnissen, die Lenz hinterlassen hat und einigen spärlichen Dokumenten rekonstruiert werden kann. Trotzdem kann davon ausgegangen werden, daß Cleophe Fibich Anlaß und Vorbild für die Gestaltung der Marie war.

Das Bild Lenzens von Cleophe Fibich, zuerst entworfen im »Tagebuch«, ist stark von Projektionen bestimmt. Einerseits ist Cleophe Fibich eine Verkörperung seiner Vorstellungen weiblicher Unschuld und Reinheit, zum anderen projiziert er in ihr Verhalten die sinnlichen Erwartungen und Gefühle, die er sich selbst nicht eingestehen kann. Als die erotische Spannung zusammenbricht, trägt auch diese Konstruktion nicht mehr: zurück bleibt ein getäuschter, betrogener Lenz und die sinnlich-kokette Cleophe der »Moralischen Bekehrungen«, ein Mädchen, welches seiner reinen Gefühle nicht wert ist: »aber mag die Begeisterung noch so göttlich gewesen sein, so war die Veranlassung derselben doch immer meiner unwürdig«[35]. Nach Entzauberung des Idealbildes bleibt nur noch ein »häßliches Porträt«[36] zurück. Lenz, dessen Blick auf seine eigenen Gefühle manchmal erstaunlich scharf ist, erkennt im Rückblick seine Idealisierung des Weiblichen, wie auch schon im Verhältnis zu Friederike Brion[37], ist allerdings schon völlig unreflektiert verstrickt in seine nächste Affäre, der mit Cornelia Schlosser: »Retterin! Engel des Himmels«[38] Was Lenz bei aller zeitweiligen Scharfsicht auf seine Idealisierungen stark verdrängt und verleugnet ist seine eigene Sinnlichkeit. Die Erniedrigung, die er in der Niederlage seinen eigenen moralischen Grundsätzen gegenüber erlebt, wird verdrängt und in das nicht mehr »würdige« Liebesobjekt projiziert. Diese eigene Verwicklung, ganz leise angedeutet im »Tagebuch«, tritt in den »Moralischen Bekehrungen« entstellt und verzerrt massiv ans Tageslicht, und zwar in Form bodenloser Selbsterniedrigung des Schreibers gegenüber dem Idealobjekt Cornelia Schlosser.

Deutliche Spuren dieser Verstrickungen lassen sich auch in den »Soldaten« finden; wie ich versucht habe zu zeigen, geht der Blick auf das

Weibliche in der Komödie aber weit über die Reproduktion persönlicher Projektionen und gesellschaftlicher Stereotype hinaus. Die formalen und technischen Möglichkeiten der dramatischen Form gegenüber der (auto-biographischen) Prosa scheinen hierbei eine wesentliche Rolle zu spielen: Die Strategien mehrfacher und gespaltener Identifikation, die das Drama anbietet, vor allem aber die Möglichkeiten mimetischen Rollenspiels scheinen es Lenz zu ermöglichen, die Beschränkungen eigener Konzepte und Projektionen zu überspringen, einen Zugriff jenseits begrifflicher Vorgaben zu finden.

Es ist die eigene emotionale Verwicklung Lenzens in eine Liebesge-schichte und das Hinschauen ins Detail, sein mimetisches Verhältnis zur Welt, seine »kleinmalende Genauigkeit« (Christoph Hein), die seinen Blick schärfen. Und Lenz guckt genau hin: einige der dargestellten Szenen scheinen auf Papier gebannte Erinnerungsbilder von fotografischer Schärfe zu sein. In seiner dramatischen Technik läßt sich diese Schärfe des Blicks in Bewegung umsetzen. Die Positionen, die das Stück gegenüber der Figur der Marie einnimmt, bewegen sich zwischen erotischer Spannung, Identifika-tion und nüchterner Beobachtung; das zum Frauenbild erstarrte Weibliche kann in dieser Bewegung wieder zum Leben erweckt werden.

Die Faszination des eigenen Erlebens, die unmittelbare Anschauung gekoppelt mit erotischen Projektionen drückt sich in der konkreten Leben-digkeit der Marie Wesener aus. So läßt sich vielleicht auch die spezielle Faszination erklären, die Bewunderung und das Erstaunen, das Marie bei den mit ihrer Erforschung befaßten Germanisten hervorgerufen hat und die Walter Höllerer zu seiner enthusiasmierten Charakterisierung Maries als »Fragment vor dem Hintergrund einer visionären Vollkommenheit«[39] hingerissen hat.

VII.

Im Bild der Weiblichkeit, das Lenz in den Soldaten entwirft, finden wir einen starken Bruch zwischen dem, was er argumentativ propagiert und dem, was er sieht und erlebt, zwischen begrifflicher und künstlerischer Anschauung.[40] Durch die »politische Seite« scheint immer wieder die subjektive Betroffenheit hindurch.

Der Bruch ist auch einer zwischen Marie und der Außenwelt. Doch Marie ist nicht als Gegenbild zu verstehen: Die Tugendheldin wird hier nicht in eine Heldin sich befreiender Weiblichkeit verwandelt, vielmehr entstehen im Prozeß der Destruierung der Heldin (unter der Hand) einzelne Momente konkreten Frauenlebens.

Mit der Dezentrierung der Protagonistin, mit ihrer eigenständigen Präsenz hat Lenz den Einbruch der Geschlechterdifferenz in sein Stück gestattet. Neben der Stimme der allgemeinen Wahrheit, der Ordnung, der Tugend schleichen sich leise andere Stimmen ein und stiften Verwirrung. Vor allem aber: das »geheime Zentrum« seines Stückes ist nicht identisch mit dem Zentrum des Diskurses im Stück.

Die Schreibweise Lenzens, das Fragmentarische, Brüchige, Offene, dem »das Ganze das Unwahre ist«[41], scheint auch in Hinsicht auf die Geschlechter und ihren Umgang miteinander einen offeneren Blick zu ermöglichen, der Einsichten in sonst Verdecktes gestattet.

---

1 Friedrich Hebbel: Sämtliche Werke. Hist.-Krit. Ausgabe besorgt von R. M. Werner, 2. Abt. Bd. I. Berlin 1913, S. 314.

2 Zum besseren Verständnis möchte ich hier den ganzen Abschnitt, in dem Hebbel sich auf »Die Soldaten« bezieht dokumentieren: »Dem Lenzschen Schauspiel: Die Soldaten fehlt zur Vollendung nichts weiter, als die höhere Bedeutung der verführten Marie. Eine große erschütternde Idee liegt dem Stück zum Grunde, aber sie wird durch dies gemeine sinnliche Mädchen zu schlecht repräsentirt. Dies Geschöpf taugt nur zur Hure, was zwar nicht den Officier rechtfertigt, der sie dazu macht, aber doch das Schicksal, welches es geschehen läßt. Der Dichter hat es gefühlt, daß seine Heldin uns kalt lassen könne, darum läßt er zwei miteinander kontrastierende Liebhaber für sie erglühen, er läßt sie sogar das Interesse einer edlen vornehmen Dame erregen und von dieser in's Haus nehmen. Doch, es hilft ihm Nichts; Marie erweckt zwar unser Mitleiden, denn dies ist ein Tribut, den unser Herz auch dem bloßen Leiden, dem Leiden an und für sich bewilligt, aber ihr Unglück bringt keine tragische Rührung in uns hervor, denn wir empfinden zu lebhaft, daß es schon einmal ihr Glück gewesen ist, daß es unter anderen Umständen ihr Glück wieder werden kann, daß, worauf Alles ankommt, ihr Geschick in keinem Mißverhältnis zu ihrer Natur steht.« Hebbel 1913, S. 314f.

3 Klaus R. Scherpe: Dichterische Erkenntnis und »Projektemacherei«. Widersprüche im Werk von J. M. R. Lenz. In: Goethe-Jahrbuch 1977, 94, S. 231.

4 Sigrid Weigel: Die geopferte Heldin und das Opfer als Heldin. In: Inge Stephan, Sigrid Weigel: Die verborgene Frau. Sechs Beiträge zu einer feministischen Literaturwissenschaft. Berlin 1983, S. 142.

5 Stephan, Inge: »So ist die Tugend ein Gespenst«. Frauenbild und Tugendbegriff im bürgerlichen Trauerspiel bei Lessing und Schiller. In: Lessing Yearbook 1985, S. 1–20, hier S. 17. Stephan stellt die immer wieder notwendige Frage nach der Bedeutung der Vorstellung »weiblicher Tugend« für das patriarchalische Weltbild und erläutert die Eingrenzung und Verschiebung des Begriffs weiblicher Tugend auf die sexuelle Unberührtheit im Zusammenhang mit dem «Paradigmenwechsel des Weiblichen von der autonomen, sexuell und gesellschaftlich aktiven Frau hin zur passiven, empfindsamen Frau« im 18. Jh. Ergänzend zu den bisherigen Bestimmungsversuchen der weiblichen Tugend als Kampfbegriff bürgerlicher Wertvorstellungen gegen die Unmoral der Aristokratie interpretiert Stephan den Begriff weiblicher Tugend auch als Manöver, die Bedrohung und Verunsicherung der patriarchalischen Macht im 18. Jh. durch eine Neubestimmung von Weiblichkeit und Familie zu kompensieren. Zentral ist hier die Vater-Tochter-Beziehung : Tugend als Ware in den Tauschverhältnissen zwischen den Familien = Vätern, die Sexualität der Töchter als Bedrohung der väterlichen Macht.

6 Weigel 1983, S. 141.

7 Weigel 1983, S. 141.

8 Geradezu befreiend im »Hofmeister«, obwohl auch am Körper Gustchens das ewige Spiel von Verführung, Unschuld, Niederlage und Schwangerschaft sich vollzieht, wie diese nicht nur der unverdienten Strafe entgeht, sie bekommt sogar den männlichen Helden zum Gatten, eine Belohnung die nun allerdings wieder vollständig patriarchalischen Wertvorstellungen entspricht.

9 Emilia Galotti wünscht den Tod aus Angst vor den zarten Regungen ihrer eigenen Sinnlichkeit. Dazu, wie bei Lessing und Schiller die Sinnlichkeit der Heldinnen, ihre »wilden Wünsche«, in den Text eingehen, vgl. Stephan 1985.

10 Stephan 1985, S. 10.

11 Im »Tagebuch« äußert sich Lenz in einem ähnlichen Zusammenhang: »Wir redten vom König von Preußen, von da kam ich auf die Bordelle in Berlin und die Antwort so er den Pfaffen gegeben, die ihm darüber Vorstellungen getan: ›Wollt ihr eure Weiber und Töchter hergeben?‹ Ich malte ihm lebhaft vor die Unordnungen die junge Freigeister in Familien anrichten könnten und rührte ihn, daß ihm die Augen wässerten.« J. M. R. Lenz: Werke und Briefe in drei Bänden, hrsg. v. Sigrid Damm, Bd. II. München u. Wien 1987, S. 322f.
Zu den gesellschaftspolitischen Implikationen von Lenzens Überlegungen zu den Soldatenehen vgl. Maria E. Müller: Die Wunschwelt des Tantalus. Kritische Bemerkungen zu sozial-utopischen Entwürfen im Werk von J. M. R. Lenz. In: Literatur für Leser 1984, 3, S. 148–161.

12 Erheiternd ist allerdings, wie das Objekt, welches sonst als weibliche Tugend absolut zentralen Stellenwert hat, nun in seiner neuen Funktionalisierung vom Oberst von Spannheim galant als »Delikatesse der weiblichen Ehre« bezeichnet wird.

13 »Ich verzeih es dir niemals, wenn du wider dein eigen Glück handelst.« (IV, 3).

14 Heinrich Leopold Wagner: Die Kindermörderin. Stuttgart 1969, S. 17.

15 Gotthold Ephraim Lessing: Werke, Bd. II. München 1971, S. 20f.

16 »Doch – alles was mich dazu trieb, Gott! war so gut! ach war so lieb!« (Urfaust) J. W. Goethe: Werke, Bd. III, 9. Aufl. Hamburg 1972, S. 410; vgl. auch S. 411f.

17 Zu der Angst vor Entdeckung und der Gewissenspein kommt noch ein anderes Moment: die ganze Welt bietet sich der nicht mehr Unschuldigen plötzlich in einem anderen Licht dar. Das vorher unbefangene Verhältnis zur Welt ist gestört, ein naives Verhalten nicht mehr möglich. So läßt sich die Verführung als Entjungferung auch verstehen als Initiationsritus in das Regel- und Normensystem der patriarchalischen Gesellschaft.

18 Auch an anderer Stelle argumentiert Marie sehr konkret und persönlich: »Er liebte mich aber« gibt sie der Gräfin zur Antwort, als diese ihr lebhaft den begangenen Fehler und das daraus folgende Elend schildert und »Ich habe nur einem zuviel getraut, und es ist noch nicht ausgemacht, ob er falsch gegen mich denkt« (III, 10).

19 Ich würde Lützeler zustimmen, daß man »das Begehren Maries weder allein auf das Erotische noch lediglich auf die sozialen Aufstiegswünsche reduzieren« kann, beides ist eng gekoppelt. Nicht in dem Sinn, daß das Erotische in den Dienst gesellschaftlicher Aufstiegspläne gestellt wird, es scheint eher so zu sein, daß Maries »Eros stimuliert (wird) im Umgang mit Vertretern einer höheren sozialen Schicht, während der bürgerliche Stolzius sie offenbar langweilt und ihre sinnliche Phantasie nicht beflügelt.« Paul Michael Lützeler: Lenz. Die Soldaten. In: Interpretationen. Dramen des Sturm und Drang. Stuttgart 1987, S. 134f.

20 Diese Erfahrung läßt sich als Maries Initiation in den Ernst bürgerlichen Frauenlebens lesen.

21 Was Stephan für die Emilia Galotti und Luise Millerin herausgearbeitet hat, die »wilden Wünsche« auch der Tugendheldinnen, die Doppeldeutigkeit des Bildes der »verführten Unschuld«, ist hier sehr viel offener in Szene gesetzt: weniger in der Argumentation allerdings macht es sich bemerkbar als im unmittelbaren gestischen und szenischem Ausdruck.

22 Daß Marie und Stolzius in keiner Szene gemeinsam auftreten, ist schon verschiedentlich angemerkt worden.

23 Walter Höllerer: Lenz. Die Soldaten. In: Benno von Wiese (Hg.): Das deutsche Drama vom Barock bis zur Gegenwart. Düsseldorf 1972, Bd. I, S. 134.

24 Höllerer sieht diesen Prozeß in Szene II, 3 nachgebildet: »Die Sprache der Szene selbst macht den Weg sichtbar, den Marie geht.« (Höllerer 1972, S. 134); Scherpe argumentiert ähnlich (Scherpe 1977, S. 230).

25 Höllerer 1972, S. 139.

26 1. Scherpe 1977, S. 230.

27 Die Germanistik hat sich allerdings auch hierzu Gedanken gemacht : Osborne z.B. nimmt (und hierin ist er repräsentativ für die Lenzforschung) als Zeitpunkt für die körperliche Vereinigung das Ende von II, 3. an (Back-Stage), wo das Gealbere des miteinander schäkernden Paares im unheimlichen Lied der Großmutter endet (John Osborne: J. M. R. Lenz. The Renunciation of Heroism. Göttingen 1975, S. 129). Max Reinhardt hat diese Interpretation inszenatorisch realisiert (Siegfried Jacobsohn: Max Reinhardt. 6. Aufl., Berlin 1921, S. 129f. zit. nach: Edward McInnes: Lenz. Die Soldaten. München/Wien 1977, S. 176.). Diese Deutung ist plausibel und bietet sich sowohl vom dramaturgischen Aufbau wie auch in Parallele zu anderen Dramen an. Für das spezifische von Lenzens Stück wesentlicher erscheint mir aber, daß das physische Problem der Unschuld Maries aus dem Mittelpunkt gerückt worden ist.

28 Brief an Jakob Sarasin vom 28.09.1777. Lenz 1987, Bd. III, S. 556.

29 Brief an Jakob Sarasin vom 28.09.1777 (Lenz 1987, Bd. III, S. 556.

30 Bemerkenswert ist, daß Hans Mayer neben seiner Würdigung des gesellschaftskritischen Formats der Soldaten betont, daß ihnen »die autobiographische Substanz fehlt« Hans Mayer: Lenz oder die Alternative. In: Britta Titel, Hellmut Haug (Hg.): J. M. R. Lenz: Werke und Schriften, Bd. II, Stuttgart 1976, S. 817.

31 Stephan/Winter haben dieses als Spannung zwischen zwei »Schreibbedürfnissen« beschrieben, einerseits der »Existenzkrise des Autors«, auf der anderen Seite einem »Objektivierungsbedürfnis, das in eine aufklärerisch-gesellschaftskritische Absicht mün-

det«; vgl. Inge Stephan, Hans-Gerd Winter: »Ein vorübergehendes Meteor«?: J. M. R. Lenz und seine Rezeption in Deutschland. Stuttgart 1984, S. 166

32 Brief an Herder vom 23. Juli 1775. Lenz 1987, Bd. III, S. 329

33 Eine sehr informative Darstellung dieser Hintergründe findet sich in McInnes 1977, S. 82–87.

34 Insofern ist es auch wenig verwunderlich, daß Lenz Stolzius nicht zu »sinnvolleren« Aktionen greifen läßt, um die bedrohte Marie zu retten.

35 Moralische Bekehrung eines Poeten. Lenz 1987, Bd. II, S. 335.

36 Moralische Bekehrung eines Poeten. Lenz 1987, Bd. II, S. 331.

37 Brief an Salzmann vom 10.6.1772. Lenz 1987, Bd. III, S. 255.

38 Moralische Bekehrung eines Poeten. Lenz 1987, Bd. II, S. 335.

39 Höllerer 1972, S. 141

40 vgl. Scherpe 1977

41 Leo Kreutzer: Literatur als Einmischung: Jakob Michael Reinhold Lenz. In: Walter Hinck (Hg.) Sturm und Drang. Ein literaturwissenschaftliches Studienbuch, Kronberg 1978, S. 224.

J. M. R. Lenz' Fragment »Die Kleinen«

Ken-Ichi Sato (Sendai)

Einleitung

J. M. R. Lenz stellte in seinen vier Komödien »Der neue Menoza« (1774), »Der Hofmeister« (1774), »Die Soldaten« (1776) und »Die Freunde machen den Philosophen« (1776) den deutschen bürgerlichen Intellektuellen des 18. Jahrhunderts in einer komischen Maske deutlich dar. Es sind durchweg Intellektuelle, die in einer Gesellschaft leben, die einem »erstickenden Morast«[1] gleicht.

Seine letzte Komödie »Die Kleinen« wurde wohl zwischen der letzten Straßburger Zeit 1775 und der Weimarer Zeit 1776 verfaßt; sie besteht aus sechs vollständigen Szenen und mehr als zwanzig zusammenhanglosen Szenenausschnitten.[2] Sucht man die innere Logik der Fragmente auf, so ergibt sich folgende Reihenfolge: zwei adlige Brüder, die sich wegen des Ehrgeizes des einen Bruders entzweit haben, sehen sich nach langer Zeit wieder und versöhnen sich. Außerdem wird auch die Welt des Volks der des Adels gegenübergestellt beschrieben. Hierzu kommt ein junger Adliger Engelbrecht, der von seiner Gesellschaft enttäuscht und von der Sehnsucht nach dem Leben des einfachen Menschen ergriffen ist, und beide Sphären beobachtet.

Während die Lenz-Forschung bisher vorwiegend dazu neigte, in dem Fragment auf die lebendige Darstellung des Volks hinzuweisen,[3] versucht die vorliegende Arbeit, indem sie das Fragment auf den literarischen Boden des 18. Jahrhunderts zurückversetzt, Lenzens Kritik an den bürgerlichen Intellektuellen und möglicherweise auch an seinen eigenen Wunschträumen herauszuarbeiten.

I.

Die Brüder Bismark dienen einem kleinen aufgeklärten Monarchen. Der ältere, der in einem hohen Amt steht, ist so ehrgeizig, daß er durch Hinterlist seinen Aufstieg am Hof zu erreichen sucht. Der Monarch selbst nimmt es sich heraus, seinem Untertan Engelbrecht die Geliebte wegzunehmen. Der Hof ist also ein Nest von Gier, in dem der Ungerechtigkeit Tür und Tor geöffnet ist. Auf der anderen Seite respektiert allein der jüngere Bruder Heinrich, ein Offizier, in der egoistischen Welt die bürgerlichen Tugenden Großmut und Mitleid; er ist ein Adliger voller Empfindsamkeit. Nun versucht der ältere, beim Fürst gegen Heinrich zu intrigieren, sobald dieser in dessen Gunst steht. Jedoch erweist Heinrich sich als großmütiger Aristokrat, wünscht nicht, sich ihm zu widersetzen und zieht sich daher aus Abscheu gegen den verdorbenen Hof als Eremit in den Wald zurück. Hier taucht das Motiv des Bruderzwists auf.

Wie bekannt, ist dieses Motiv seit dem Altertum überliefert. In der griechischen Mythologie kämpfen Ödipus' Söhne Eteokles und Polyneikes bis zum Tod um die Krone in Theben gegeneinander. In der hebräischen Welt des A. T. tötet Kain seinen von Gott gesegneten Bruder Abel. In der Mitte des 18. Jahrhunderts ist in Deutschland das Motiv vom Bruderzwist Kain und Abel populär: z.B. in Klopstocks Trauerspiel »Der Tod Adams« (1757) und in Geßners Gesängen »Der Tod Abels« (1758). Das Motiv bleibt aber hier im ganzen noch innerhalb der theologischen Sphäre, wenn die Figur Kains auch den leidenschaftlichen Helden im »Sturm und Drang« gewissermaßen vorwegnimmt.[4] Nach F. Martini löst sich das Bruderzwist-Motiv erst in drei »Sturm und Drang« – Trauerspielen aus den theologischen Zusammenhängen und stellt sich damit in einen gesellschaftlich-säkularen Kontext: Leisewitz' »Julius von Tarent« (1776), Klingers »Zwillinge« (1776) und Schillers »Räuber« (1781).[5] Jedenfalls wird deutlich, daß Lenz in seinem Fragment das zeitgenössisch weit verbreitete Motiv aufnimmt. Zuerst sind die drei Trauerspiele zu betrachten, um dann auf das Charakteristische des Fragments zu sprechen zu kommen.

In »Julius von Tarent« herrscht zwischen den brüderlichen Prinzen Julius und Guido Feindseligkeit um einer schönen Frau von niedrigerem Stand willen. Während sich Julius und die Frau innig lieben, will Guido sie seinem Bruder nur aus Ehrgeiz abtrotzen. Darum versucht deren Vater, der Fürst, Julius' Geliebte ins Kloster zu sperren und ihm seine Nichte als ebenbürtige Braut zu vermitteln. Davon erhofft er die Versöhnung der Söhne. Der Fürst von Tarent unterdrückt also ohne Bedenken das »Naturrecht« des liebenden

Menschen. Dennoch entschließt sich Julius dazu, das Kloster zu überfallen, um seine Geliebte zurückzugewinnen. Und er vertieft sich in einen vagen Traum, in dem er mit ihr »entweder unter unseren Zitronenbäumen oder den Palmen Asiens oder den nordischen Tannen«[6] lebt. Mit anderen Worten, er ist zur Aufgabe des Erstgeburtsrechts, d.h. der Thronfolge, bereit. Er sagt: »Und mußte denn das ganze menschliche Geschlecht, um glücklich zu sein, durchaus in Staaten eingesperrt werden, wo jeder ein Knecht des andern und keiner frei ist – (...) der Staat tötet die Freiheit.«[7] Julius erkennt letztlich weder die religiöse noch die staatliche Autorität an und weigert sich unbeugsam, zu »einem Knecht« der unmenschlichen Gesellschaft zu verkümmern, indem er sich eine freie Menschenwelt, wenn auch abstrakt, vorstellt. Aber er wird von Guido auf dem Weg zum Überfall auf das Kloster erstochen.

»Die Zwillinge« stellt die Feindschaft um das Erstgeburtsrecht zwischen den adligen Zwillingen Ferdinando und Guelfo dar. Der erstere wird als Erstgeborener in jeder Hinsicht dem letzteren vorgezogen und erhält auch eine schöne Braut. Diese Ungleichheit ärgert Guelfo. Überdies beweist nichts Ferdinandos Erstgeburt; dieser Entscheid könnte doch der Willkür des Vaters entsprungen sein. Guelfo, der seine verzweifelte Wut an der rücksichtslos-ungerechten Gesellschaft ausläßt, erschlägt seinen Bruder und wird selbst vom Vater hingerichtet.

In den »Räubern« wird Karl infolge der Intrige seines Bruders Franz von seinem gräflichen Vater verstoßen. Darauf sagt Karl: »Mein Geist dürstet nach Thaten, mein Athem nach Freyheit«,[8] gründet eine Räuberbande und versucht so wie Gott, sich an der bösen Gesellschaft, für die Franz steht, zu rächen, indem er sich eine freie Gesellschaft erträumt, in der Freundschaft herrscht. Aber er erkennt schließlich seine Anmaßung und gibt sich selbst der Justiz preis.

So weist Martini mit Recht darauf hin, daß der brüderliche Kampf in den drei Trauerspielen nicht bloß innerhalb des privaten Kreises einer königlichen oder einer adligen Familie bleibt, sondern daß er darüber hinaus den »Zusammenbruch eines ganzen gesellschaftlichen Systems« sichtbar macht, weil jede Familie doch hier »als ein Abbild der staatlich-gesellschaftlichen Zuständlichkeit dargestellt wird.« In diesem Sinn erhält das Bruderzwist-Motiv der Trauerspiele einen gesellschaftlichen Kontext.[9]

Nun ist zu überprüfen, wie dieses Motiv in den »Kleinen« bearbeitet wird. Der Hof der Brüder Bismark ist auch eine Welt voller Listen. Der ältere ist ein heimtückischer Aristokrat und sucht, um seiner Karriere willen, seinen Bruder Heinrich zu überspielen. Was tut Heinrich dagegen? Lehnt er sich standhaft so wie Julius, Guelfo und Karl gegen die niederträchtige Welt auf? Nein. Merkwürdigerweise beweist er sich vielmehr als ein großmütiger Adliger und zieht sich gelassen von dem bösartigen Hof in den einsamen Wald zurück. Dort führt er als Eremit in einer Höhle ein asketisch-religiöses Leben. Nach vielen Jahren sieht der Eremit unmittelbar vor dem Tod seinen reuevollen Bruder zufällig wieder und verzeiht ihm. Dennoch opfert sich selbst der ältere beim sterbenden Eremiten zur Sühne auf und tötet sich. Damit ist die Schuld getilgt. Er sagt dabei: »Wir haben viel mit einander zu reden. (Bei ihm niedersinkend.) Wir trennen uns sobald nicht – «.[10] So wird die Szene der Versöhnung vollendet. Gerade dies bietet eine damals populäre sentimentale Lösung an.

Am Schluß der oben genannten Trauerspiele aber wird Julius erstochen, werden Guido und Guelfo jeweils vom Vater hingerichtet, Franz erhängt sich und an Karl wird auch das Todesurteil vollstreckt. Vor allem aber Ferdinando stirbt, unter der Eiche erschlagen, einen grausigen Tod. Im schroffen Gegensatz dazu steht das rührselige Ende der »Kleinen«. Es ist, als ob das Motiv des Bruderzwists letzten Endes in den Bruderschaftskult in der Manier Gellerts umschlüge. Während die drei Trauerspiele provokativ das zeitgenössische soziale System in Frage stellen, indem die Risse in der Familie doch als unheilbar bezeichnet werden, verherrlicht das Fragment scheinbar die feste Bindung der Brüder. Jedoch hinter der empfindungsvollen Maske des Lustspiels verbirgt sich gerade Lenzens tragisches Moment, so wie in seinen anderen Komödien.[11] Im nächsten Teil wird dies sichtbar gemacht, indem das Problem von Heinrichs Weltflucht erörtert wird.

II.

Das 18. Jahrhundert ist ein weltliches Zeitalter: es wird »das Zeitalter der Vernunft« genannt. Als Grundströmung durchzieht jedoch, wirksam immer noch seit dem Mittelalter, die meditative Verachtung der Welt auch diese Epoche. Der englische Garten ist daher damals in Europa, im Gegensatz zum französischen Garten, der die künstliche Ordnung vertritt, beliebt. Zum englischen Garten gehört oft als eine Art Kulisse die Ruine oder die Höhle; und die Höhle dient zur mittelalterlich-asketischen Meditation des Eremiten. So freut sich z.B. der Held in den »Leiden des jungen Werthers« (1774) über seine Abgeschiedenheit auf dem Land mit den Worten: »Die Einsamkeit ist meinem Herzen köstlicher Balsam in dieser paradiesischen Gegend«

und lobt den dortigen englischen Garten: »Der Garten ist einfach, und man fühlt gleich bei dem Eintritte, daß nicht ein wissenschaftlicher Gärtner, sondern ein fühlendes Herz den Plan gezeichnet«.[12]

Nun beschreibt K. Ph. Moritz in seinem autobiographischen Roman »Anton Reiser« (1785–90) die Begeisterung des jungen Anton für den Eremiten. Anton liest die deutsche Ausgabe von »Vitae patrum« (geschrieben im 5. Jh.) und sieht den ersten Eremiten, den heiligen Antonius, der in der ägyptischen Wüste ein asketisches Leben führte, als sein Muster nachahmungswürdig an.[13] Die Gestalt des Eremiten bleibt also auch im 18. Jahrhundert lebendig. Der Eremit wird eigentlich als ein Topos der »Vitae patrum« z.B. über Trevrizent in »Parzival« (ca. 1200) und Simplicius in Grimmelshausens »Abenteuerlichem Simplicissimus« (1668–69) – verschieden bearbeitet – ins 18. Jahrhundert hinübergerettet.[14]

Der Wunsch zur Weltflucht ist – an der Überlieferung festhaltend – vor allem in den Dichtungen der 70er Jahre beliebt, als auch Lenz an den »Kleinen« arbeitet. Es ist kein Wunder, daß der Wunsch, die üble Welt zu verlassen und in die friedliche Abgeschiedenheit zu fliehen, unter dem Einfluß von Rousseauischer Kulturkritik gerade an dem geistig erstickenden Vorabend der Französischen Revolution geweckt wird. Das gilt auch für die oben genannten drei Trauerspiele.[15] Julius verzichtet auf sein Königreich, um seine Liebe zu erfüllen: »Ach, geben Sie mir ein Feld für mein Fürstentum und einen rauschenden Bach für mein jauchzendes Volk!«[16] Und Grimaldi in den »Zwillingen« wurde wegen seines niederen Standes gezwungen, von seiner Geliebten Abschied zu nehmen. Er verflucht, so wie sein Freund Guelfo, die ungerechte Gesellschaft und wünscht, Eremit zu werden. Selbst Karl Moor hat nach einem erbitterten Kampf in den böhmischen Wäldern eine verzehrende Sehnsucht nach heimatlichem Frieden: »o ihr Tage des Friedens! (...) ihr grünen schwärmerischen Thäler! O all ihr Elisiums Scenen meiner Kindheit!«[17]

Lenz verfügt demnach im Fragment nicht nur im Fall des Bruderzwists, sondern auch bei dem der Weltflucht über ein damals beliebtes Motiv.[18] Heinrich als Eremit in den »Kleinen« betet in der Höhle zu Gott für den seelischen Frieden so andächtig wie Simplicius auf der einsamen Insel. Seine Gestalt mit dem langen weißen Bart scheint mithin heilig zu sein.

Dennoch stehen ein paar zeitgenössische Dichtungen der Weltflucht kritisch gegenüber: Das Schauspiel mit Gesang des jungen Goethe »Erwin und Elmire« (1775) und Lenzens unvollendeter Roman »Der Waldbruder, ein Pendant zu Werthers Leiden« (postum 1797). Deshalb kommen erst sie zur Sprache, bevor die Gestalt des Eremiten Heinrich untersucht wird.

Goethes Werk wurde im Jahr 1776 – während Lenzens Aufenthalt – in Weimar mit der Musik von Anna Amalia einige Male erfolgreich gespielt.[19] Erwin, der sich die unerwiderte Liebe zu Elmire einbildet, hält die Welt für leer und wird zum Eremiten. Er kann jedoch keine innere Ruhe finden; im Gegenteil ist ihm doch die Welt unvergeßlich und die Liebe ergreift ihn immer mehr. Daher wirkt es vielmehr komisch, wenn er in der Verkleidung mit weißem Bart und langem Kleid, nur äußerlich ein richtiger Eremit, vor Elmire hintritt. Das Schauspiel erklärt die Weltflucht als Versagen vor dem Leben, wie es im Text lautet: »Erdennoth ist keine Noth, / Als dem Feig' und Matten.« [20]

Lenzens Werk ist ein Briefroman, mit dem er sich, so wie mit den »Kleinen«, 1776 auf dem Lande in der Nähe von Weimar – nach der Enttäuschung am Hof – beschäftigt. Er besteht aber, anders als »Die Leiden des jungen Werthers«, nicht nur aus den Briefen des Helden Herz, sondern auch aus denen seiner Freunde, was die Relativierung seines Gefühls und seiner Handlung ermöglicht.[21] Herz empfindet eine aussichtslose Liebe zu einer Gräfin; seine Freunde lachen ihn als »einen neuen Werther«[22] aus. Deswegen flüchtet er aus der Stadt in den Wald und gibt sich in einer Hütte seiner unstillbaren Sehnsucht hin. Es ist so, als ob er sich einer idealen Liebe widmen würde. Indessen machen die Briefe seiner Freunde deutlich, daß er letzten Endes durch deren abweichende Absichten wie eine Marionette geführt wird und sich seine Liebe selbst eben daraus ergibt. Herz ist eigentlich ein so lächerlicher Idealist, daß er sich in die Gräfin, die er niemals gesehen hat, verliebt. Er sagt selber über sich: »der Mensch sucht seine ganze Glückseligkeit im Selbstbetrug. Vielleicht betrüge ich mich auch.«[23] Der Roman denunziert die Abkehr von der Welt als selbstbetrügerisch.

Nun soll der Eremit Heinrich angesprochen werden. Es ist die zweite Szene, in der ihm Engelbrecht begegnet. Der schon alte heilige Eremit sitzt vor einer Höhle, »das Gesicht halb gegen die Höhle zugekehrt«,[24] Ausdruck dafür, daß er wirklich gegen die Welt Abneigung empfindet. Er benimmt sich zuerst Engelbrecht gegenüber kalt. Doch läßt ihn Engelbrechts innere Anteilnahme sich öffnen. Er sagt weinend: »Ihr schenkt mir das Leben wieder.«[25] Simplicius wurde auf einer paradiesischen Insel zum Eremiten, nachdem er sich durch die chaotische Welt des Dreißigjährigen Krieges gewühlt hatte und ihm dann die Erkenntnis von der Leere der Welt gekommen war. Er gelangte dann zur unerschütterlichen Ruhe. Heinrich aber ist anscheinend innerlich von Simplicius weit entfernt. Er sagt: »Wenn ich tot bin, könnt Ihr meinen Namen in einen Stein schneiden und denen, die mich für närrisch oder abergläubisch hielten, sagen, daß ich meinen gesunden Verstand hatte wie sie.«[26] In seinem Verhalten, an der verlassenen Welt immer noch festzuhalten, spiegelt sich aber das des Erwin von Goethe wider. Heinrich zeigt sich damit des Spottes würdig. Ist er nur die Karikatur eines Eremiten?

Er hat seinem Bruder, trotz dessen Intrigenspiels, den Weg zum höfischen Aufstieg überlassen, und sich in den Wald zurückgezogen. Solch eine Einstellung des sogenannten Heiligen oder Weisen ist wohl für einen Durchschnittsmenschen schwer zu erreichen. Darum erteilt ihm Engelbrecht ein ehrliches Lob: »Heiliger großer göttlicher Mann!«[27] Klingt dennoch in seiner selbstlosen Liebe und Großmut auch ein Gestus des Moralpredigers an? Stimmt seine Haltung mit der bedenklichen, moralisierenden des Grafen Prado im Finale Lenzens Dramas »Die Freunde machen den Philosophen« überein? Der Graf überläßt seine Braut kurioserweise in der Hochzeitsnacht ganz gelassen deren Geliebten Strephon.[28]

In der Tat fragt sich Heinrich selber kurz vor dem Tod, ob er nicht eine Karikatur des Eremiten oder gar ein Moralprediger sei. Einmal problematisiert er die Ehrlichkeit der Weltabgeschiedenheit: »Wem scheint nicht mein Leben eine Karikatur.« Ein anderes Mal wird er bei dem Gedanken ans Glück seines Bruders selbstgenügsam: »Ich weiß, daß ich niemand unglücklich gemacht habe, niemand im Wege gestanden bin«.[29] Dennoch gelangt er letztendlich zur Erkenntnis, daß seine Weltflucht als selbstbetrügerisch – so wie beim Fall von Herz im »Waldbruder« – gelten muß: »Es war falsche Großmut, daß ich meinen Bruder allein auf dem Schauplatz ließ – selbst daß ich seinen Bestrebungen nicht entgegenarbeitete – ich hätte der Welt können nützlicher werden als er – «.[30]

Heinrich sieht also ein, daß er sich beim Anblick der verrotteten Welt nicht – wie Simplicius – in die Einsamkeit hätte zurückziehen sollen, und träumt davon, daß er sich statt dessen hätte sozial engagieren sollen. Der Traum steht im Grunde in Beziehung zu den Handlungen von Julius, Guelfo und Karl. Denn sie empören sich entschlossen gegen die Gesellschaft, weil diese ihr »Naturrecht« als Menschen erdrücken will.[31] Sie handeln als selbständige Menschen, auch wenn sie noch keine konkrete Vorstellung von der neuen Gesellschaft haben können. Allein Heinrichs Leben als Eremit ist »eine Karikatur«, wie er es selbst nennt: Im Kontrast zu den drei Helden ergibt er sich in seine unmenschliche Lage. Mit anderen Worten, er kämpft nicht für sein »Naturrecht«, sondern er verzichtet von selbst im Namen der Großmut auf seine Autonomie als Mensch. Übrigens gilt diese Selbstaufgabe auch für Tandi im »neuen Menoza«, der sich der europäischen Gesellschaft anpaßt, Läuffer im »Hofmeister«, der sich selbst kastriert, Strephon in »Die

Freunde machen den Philosophen«, der bloß selbstquälerisch ist, und Stolzius, einem Zerrbild des bürgerlichen Helden in den »Soldaten«.[32]

Also ist die Sentimentalität des Bruderschaftskults, wie sie im ersten Teil in Betracht gezogen wurde, inhaltsleer. Vielmehr steht der sich von der Welt abkehrende, selbstgenügsame Heinrich spöttisch in seiner lustspielhaften Kleidung im Kontrast zur Umwelt. Was soll aber Heinrichs Wunschtraum von sozialer Aktivität: »der Welt (...) nützlicher werden« konkret bedeuten? Soll er nur auf die Reform am Hof hindeuten? Bevor diese Frage im nächsten Teil näher erörtert wird, soll auf Schnabels »Insel Felsenburg« (1731–43), in der der neue Geist des 18. Jahrhunderts pulsiert, hingewiesen werden. Der Roman, den sowohl Anton Reiser[33] als auch der junge Goethe gern lasen,[34] ist damals sehr beliebt. Einerseits übernimmt er, im Anschluß an den »Simplicissimus«, das Motiv der Weltflucht vom verdorbenen Europa auf die einsame elysische Insel; andererseits steht er unter dem Einfluß der nacheinander erscheinenden Utopie-Romane seit Ende des 17. Jahrhunderts und endet daher keinesfalls mit asketischer Einsamkeit. Im Gegenteil; er stellt als Zufluchtsort einer heruntergekommenen Gesellschaft ein Paradies der alternativen, der Freundschaft zugrunde liegenden Gemeinschaft dar.[35]

Nun schreibt A. Lichtenberger folgendes: »Il est à remarquer combien, depuis le milieu du XVIIIe siècle surtout, sous l'influence des idées de fraternité, d'égalité, de sensibilité, se développa l'amour des petites sociétés où les hommes se sont réunis pour vivre en commun, unis entre eux, à l'abri des vices de la propriété et de la cupidité, et reliés par les liens d'une fraternité mutuelle.« [36]

Das Paradies der »Insel Felsenburg« nimmt wohl gerade »l'amour des petites sociétés« vorweg. Hier sei »der ununterdrückbare Ruf nach Freiheit« hörbar, und »es ist Rousseau vor Rousseau«, so erkennt H. Hettner den Roman an.[37] In diesem Licht scheint es, daß Heinrichs Wunschtraum von sozialer Aktivität die Errichtung solch einer neuen Gemeinschaft bedeuten könnte.

Eingedenk dieser Überlegung, wird in den nächsten Teil hinübergegangen. Dort geht es zuerst um die Volksepisoden, die scheinbar mit der adligen Welt von Heinrich nicht direkt in Beziehung stehen.

III.

Es ist die erste Szene in den »Kleinen«, in der Engelbrecht seinen Prolog spricht. Dieser lautet: »(...) will ich unter den armen zerbrochenen schwachen Sterblichen umhergehen und von ihnen lernen, was mir fehlt, was euch [dem Adel] fehlt – Demut.« Damit übt Engelbrecht Kritik am Adel: »Wer seid ihr, die ihr auf ihren Schultern steht und sie zertretet«.[38]

Engelbrecht geht aufs Land und bewundert das Volk. So z.B. eine anspruchslose junge Bäuerin, die ihre selbst geernteten Kartoffeln auf dem Kopf nach Hause trägt; Annamarie, ein Dienstmädchen im Gasthaus, die ihrem geliebten Schlossergesell treu ergeben ist; Lorchen, ein unschuldiges, natürliches Kammermädchen. Die Szene, in der Engelbrecht mit Lorchen tanzt, wird im Fragment am lebendigsten geschildert. Er tanzt zuerst ein Menuett und erkennt doch sofort, daß dem Volk nicht der feine Tanz in der Manier des französischen Hofes, sondern der naive Walzer (Ländler) paßt. Er macht über den eleganten Adel eine Bemerkung: »Feinere müßigere Leute! (...) Eure Kultur ist Gift für sie [Volk].«[39] Solche Verherrlichung des tugendhaften Volkes soll wohl an Geßners »Idyllen« (1756–72) erinnern. Die lyrische Prosa, die Mitte des 18. Jahrhunderts in ganz Europa vorherrscht, fängt einleitend damit an: »Sie [Hirten] sind frei von allen den sklavischen Verhältnissen und von allen den Bedürfnissen, die nur die unglückliche Entfernung von der Natur notwendig machet«.[40] Hier wird das Volk als unschuldig und friedlich im Licht des vergangenen »goldenen Zeitalters« idealisiert. Man setzt sich dann über Widersprüche der unverfälschten Wirklichkeit hinweg.

Im Gegensatz dazu ist Lenz gar nicht damit zufrieden, bloß die Tugenden des Volks zu schildern, weil er sowohl die »sklavischen Verhältnisse(n)« als auch »Bedürfnisse(n)« des Volkes mit klarem Blick beobachtet, wie etwa im folgenden. Das Dienstmädchen Annamarie wird vom Wirt nicht nur täglich ausgenutzt, sondern auch vergewaltigt. Dem Kammermädchen Lorchen wird ihr Freund, ein Jäger, untreu. Und sie ist so gut wie eine Sklavin für die alte Gräfin und soll den ganzen Tag Spitzen bügeln. Sie sagt: »Wenn meine Alte einmal Mittagsschlaf hält, dann lauf ich auf die Terrasse und schöpf ein zwei, dreimal frischen Othem, dann bin ich wieder gut für den ganzen Tag.«[41] Die Welt des Volks zeigt sich mithin keinesfalls als Utopia. Diese Haltung, die Wirklichkeit, wie sie ist, darzustellen, gilt freilich für die ganze Dichtung des »Sturm und Drang«.[42] Es erhebt sich die Frage, welche Lösung Lenz in der Gegenwart für die Konflikte der Wirklichkeit sucht, in der der Adel das Volk »zertritt«, wie es im Prolog Engelbrechts heißt.

In der Erzählung »Der Landprediger« (1777) läßt Lenz einen Pfarrer Mannheim die Bauern über praktische landwirtschaftliche Probleme aufklären und ihn im utopischen Licht eine versöhnende Rolle des Vermittlers für die Stände spielen. Es handelt sich mithin hier nicht mehr um die scharfe Sozialkritik und den ironischen Verzicht auf die Lösung in seinen vier Komödien, sondern um die Verbesserung der Moral des einzelnen.[43] Wenn Engelbrecht selbst denkt, daß der Adel vom Volk die Tugend lernen soll, sieht Lenz auch im Fragment in der Verbesserung der individuellen Moral eine Lösungsmöglichkeit?

Im Folgenden wird die die gegensätzliche Richtung intendierende Lösung des zeitgenössischen Balladendichters Bürger in Betracht gezogen. Der sechste Absatz seines Gedichtes »Der Bauer. An seinen durchlauchtigen Tyrannen« (geschrieben: 1773) wird 60 Jahre später im »Hessischen Landboten« (1834) von Büchner und Weidig, nur um zwei Wörter ergänzt, aufgenommen. Wie bekannt, ist es eine agitatorische Flugschrift für die Bauern. Somit kann der politische Charakter von Bürgers Gedicht an sich leicht aufgefaßt werden. Der sechste Absatz lautet: »Ha! du wärst Obrigkeit von Gott?/Gott spendet Segen aus; du raubst!/Du nicht von Gott, Tyrann!« Und dasselbe Gedicht beginnt mit dem folgenden Absatz: »Wer bist du, Fürst, daß ohne Scheu/Zerrollen mich dein Wagenrad,/Zerschlagen darf dein Roß?«.[44] Dies entspricht allerdings den Worten nach in etwa der Kritik am Adel in Engelbrechts Prolog, ist aber viel brisanter. Hier klagt ein selbstbewußter Bauer den skrupellos ausnutzenden Adel an; er mißbraucht sein Jagdrecht, die Felder werden von ihm mit Pferden und Hunden verödet. Ihm soll obendrein die Ernte abgeliefert werden.

Bürgers Ballade »Der wilde Jäger« (geschrieben: 1778) wählt als Gegenstand dasselbe Problem. Sie führt auch die volkstümlich-heidnische Überlieferung ein, und der barbarisch jagende Graf wird daher mit Wodan verglichen. Er verfolgt einen weißen Hirsch, die Pferde zerstampfen das Ährenfeld und die Jagdhunde fallen Kühe und den Hirten an, obwohl ihn der Bauer und der Hirt flehentlich um Erbarmen bittet. Da zeigt sich im Wald ein Eremit und drängt den Grafen, seine Tat zu bereuen; »Laß ab, laß ab von dieser Spur!/(...)/Zum Himmel ächzt die Kreatur/Und heischt von Gott dein Strafgericht.«[45] Das göttliche Strafgericht wird an dem nicht folgsamen Graf vollzogen. Demnach wird der rücksichtslose Adel dem bescheidenen Volk gegenübergestellt. Der Eremit tritt dann für das Volk ein und attackiert unmittelbar den Adel.[46] Ist es nicht treffend, von der Ballade Bürgers Wunsch – wenn er auch damals nicht zu verwirklichen ist – nach Zusammenleben mit dem Volk abzulesen?

Hier wird jetzt über die Frage am Ende des letzten Absatzes wiederum nachgedacht. Der Eremit Heinrich spricht nämlich kurz vor dem Tod eindeutig seine Wunschvorstellung von einer sozialen Aktivität aus, den »Bestrebungen« des so verruchten Adels wie seines Bruders doch entgegenzuarbeiten und »der Welt« damit »nützlicher« zu sein. Was soll diese soziale Aktivität konkret heißen? Die Bildung einer paradiesischen Gemeinschaft aufgrund bürgerlicher tugendhafter Freundschaft so wie in der »Insel Felsenburg« und damit das Zustandekommen des Schutzes vor der verrotteten Gesellschaft? Oder die Verbesserung der Gesellschaft durch die Moral des Individuums nach dem Vorbild Mannheims im »Landprediger«? In den Worten von Heinrichs Wunschtraum ist jedoch ein rebellierender Unterton gegen den Adel unüberhörbar. Bedeutet das dann nicht, daß Heinrich im Grunde genommen – so wie der Eremit im »wilden Jäger« – doch dem Volk zur Seite stehen und sich gegen den Adel entschieden auflehnen würde, indem er sich an den selbständig handelnden Julius, Guelfo und Karl ein Beispiel nimmt?

Lenz hat in den vier Komödien die Widersprüche einer von Herrschaftsverhältnissen geprägten Gesellschaft bloßgelegt, jedoch sich und dem Publikum jegliche Aussicht auf Versöhnung versagt. Nachdem der Vorhang jeweils gefallen ist, bleibt der Zwiespalt ungelöst. Lenz hat nicht gewußt, wie die Widersprüche zu lösen sind, und mußte von daher nur darüber lachen, daß sie nicht zu ändern sind. Hinter dem Lachen ist freilich der Aufschrei des im damaligen Sozialsystem hilflosen, bürgerlichen Intellektuellen nicht zu überhören. Wollte trotz allem seine eigentlich letzte Komödie »Die Kleinen« in der Form von Heinrichs Traum den damals unerfüllbaren Wunsch des Intellektuellen darstellen, dem Adel entgegenzuarbeiten und mit dem Volk zusammen ein Paradies zu bilden? Dann würden sich im Fragment die Handlung von Heinrich und die Episoden vom Volk organisch miteinander verbinden und der Titel »Die Kleinen« würde auch gerade gehaltvoll werden. Diese These reicht aber selbstverständlich, da die Komödie ein Fragment ist, über Spekulation nicht hinaus.

Schlußbemerkung

Das Fragment endet, wie man weiß, mit der Versöhnung und dem Tod der Brüder Bismark. Während Lenz unter der Maske des Bruderschaftskults das Publikum zu Tränen zu rühren zu versuchen scheint, zeichnet sich doch gerade auf dem tiefsten Grund der Sentimentalität die Selbstaufgabe Heinrichs ausdrücklich ab. Lenz wendet nämlich in einem Augenblick das Rührende, das er selber darstellt, ins Gegenteil. Bei dem Umschlag der Stimmung entsteht das groteske Lachen: über den tragisch-lächerlichen verzerrten Zustand des deutschen bürgerlichen Intellektuellen im »aufgeklärten« 18. Jahrhundert. Hier wird weit über die Moral des »Rührenden Lustspiels« oder des Lehrbuchs für die Sittlichkeit der Aufklärung hinaus das tragische Moment sichtbar. Der Intellektuelle, der eigentlich mit seiner Wirklichkeit im Einklang stehen will, muß nämlich in der seine Tätigkeit aussperrenden Gesellschaft zugrundegehen (trotz seines möglichen Wunschtraums von sozialer Aktivität).

Dies gilt im wesentlichen auch für Lenzens vier Komödien. »Der neue Menoza« und »Der Hofmeister« beten zwar scheinbar die Harmonie der Familie an, »Die Soldaten« die der Gesellschaft und »Die Freunde machen den Philosophen« die der Freunde, aber sie zeigen in Wirklichkeit den bürgerlichen Intellektuellen in der ausweglosen Gesellschaft.[47]

———

1 Vgl. Werke (Damm), Bd. 1, S. 140.
2 Zu der Entstehungsgeschichte vgl. Werke (Titel/Haug), S. 772–775.
3 Vgl. Z.B. Rosanow, Matvei Nikanorovich: Jakob M. R. Lenz. Der Dichter der Sturm-und Drangperiode. Sein Leben und Werke. (Übers. von Carl von Gütschow) Leipzig 1909, S. 337f.
4 Vgl. Mann, Michael: Die feindlichen Brüder. In: Germanisch-Romanische Monatsschrift. N. F. 18 (1968) S. 237.
5 Martini, Fritz: Die feindlichen Brüder. Zum Problem des gesellschaftskritischen Dramas von J. A. Leisewitz, F. M. Klinger und F. Schiller. In: Geschichte im Drama – Drama in der Geschichte: Spätbarock, Sturm und Drang, Klassik, Frührealismus. Stuttgart 1979 S. 131.
6 Leisewitz, S. 574.
7 Ebd. S. 580.
8 Schiller, S. 32.
9 Martini: Brüder (Anm. 5), S. 183–185.
10 Werke (Damm), Bd. 1, S. 496.

11 Vgl. Sato, Ken-Ichi: Über »Der neue Menoza« von J. M. R. Lenz – Volkstheater als
    Provokation – In: Doitsu Bungaku. 82 (1989) S. 92–101./Ders.: »Die Freunde machen
    den Philosophen« von J. M. R. Lenz – Posse als Kritik – In: Japanisches Goethe-Jahrbuch.
    32 (1990) S. 195–212./Ders.: Theater als sarkastischer Spaß. Über »Die Soldaten« von J.
    M. R. Lenz. In: Mitteilungen der Arbeitsgruppe für die deutsche Literatur des 18.
    Jahrhunderts. 1 (1991) S. 89–110.
12 HA, Bd. 6, S. 8.
13 Moritz, S. 18f.
14 Zu den Wandlungen des Eremitenmotivs seit »Vitae patrum« bis zum 18. Jahrhundert vgl.
    Golz, Bruno: Wandlungen literarischer Motive. Leipzig 1920, S. 18–59.
15 Als andere Beispiele vgl. Lessings »Emilia Galotti« (1772), Klingers »Das leidende Weib«
    (1775) und Schillers »Kabale und Liebe« (1784). Zum Wunsch nach Weltflucht vgl. Pascal,
    Roy: Der Sturm und Drang. Stuttgart 1972, S. 65f., 94f.
16 Leisewitz, S. 579.
17 Schiller, S. 80.
18 Lenz nahm das Motiv der Weltflucht auch in dem Dramenfragment »Catharina von
    Siena« auf. Übrigens prägte er oft auf eigene Weise ein beliebtes Motiv um. Vgl. Anm. 11.
19 Lenz widmete der Musik ein Gedicht: »Auf die Musik zu Erwin und Elmire, von Ihrer
    Durchlaucht, der verwittibten Herzogin zu Weimar und Eisenach gesetzt« In: Werke
    (Damm), Bd. 3, S. 188ff.
20 AG, S. 822.
21 Vgl. Wurst, Karin: Überlegungen zur ästhetischen Struktur von J. M. R. Lenz' »Der
    Waldbruder. Ein Pendant zu Werthers Leiden« .In: Neophilologus. 74 (1990) S. 87–101.
22 Werke (Damm), Bd. 2, S. 389.
23 Ebd. S. 399.
24, 25 Werke (Damm), Bd. 1, S. 475.
26, 27 Ebd. S. 476.
28 Vgl. Sato: »Die Freunde machen den Philosophen« (Anm. 11), 201ff.
29 Werke (Damm), Bd. 1, S. 493.
30 Ebd. S. 494.
31 Vgl. Martini: Brüder (Anm. 5), S. 161.
32 Vgl. dazu Anm. 11.
33 Moritz, S. 33f.
34 HA, Bd. 9, S. 35.
35 Vgl. Mayer, Hans: Die alte und die neue epische Form: Johann Gottfried Schnabels
    Romane. In: Von Lessing bis Thomas Mann. Wandlungen der bürgerlichen Literatur in
    Deutschland. Pfullingen 1959, S. 35–78.
36 Lichtenberger, André: Le Socialisme au XVIIIe siècle. Paris 1895, S. 336.
37 Hettner, Hermann: Geschichte der deutschen Literatur im achtzehnten Jahrhundert.
    Bd. 1. Berlin/Weimar 1979, S. 247.
38 Werke (Damm), Bd. 1, S. 474.
39 Ebd. S. 484.
40 Geßner, Salomon: Werke. Hg. von Adolf Frey. (Nd. 1974) In: Deutsche National-
    Litteratur. Bd. 41. Berlin/Stuttgart 1884, S. 63.
41 Werke (Damm), Bd. 1, S. 487.
42 Vgl. Pascal: Sturm und Drang (Anm. 13), S. 94–112.
43 Vgl. Kreuzer, Leo: Literatur als Einmischung: Jakob Michael Reinhold Lenz. In: Sturm
    und Drang. Hg. von Walter Hinck. Kronberg/Ts. 1978, S. 215ff.

44 Bürger, Bd. 1, S. 98f.
45 Bürger, Bd. 2, S. 84.
46 Vgl. Druvins, Ute: Volksüberlieferung und Gesellschaftskritik in der Ballade. In: Sturm und Drang. (Anm. 43), S. 127f.
47 Vgl. Anm. 11.

Folgende Abkürzungen werden benutzt:

AG Goethe, Johann Wolfgang von: Sämtliche Werke. (Artemis-Gedenkausgabe) Hg. von Ernst Beutler. Bd. 4. Zürich l949.

Bürger, Gottfried August: Sämtliche Schriften. Hg. von Karl Reinhard. (Nd. 1970) Göttingen 1796.

HA Goethe, Johann Wolfgang von: Werke (Hamburger Ausg. in 14 Bdn.) Hg. von Erich Trunz. München 1972–1977.

Leisewitz, Johann Anton: Julius von Tarent. In: Sturm und Drang. Dramatische Schriften. Hg. von Erich Loewenthal und Lambert Schneider. Bd. 1. Heidelberg l972.

Moritz, Karl Philipp: Anton Reiser. Hg. von Wolfgang Martens. Stuttgart l972.

Schiller, Friedlich: Werke. Hg. von Julius Petersen und Hermann Schneider. Bd. 3. Weimar l953.

Werke (Damm) Lenz, Jakob Michael Reinhold: Werke und Briefe in drei Bänden. Hg. von Sigrid Damm. Leipzig l987.

Werke (Titel/Haug) Lenz, Jakob Michael Reinhold: Werke und Schriften. Hg. von Britta Titel und Hellmut Haug. Bd. 2. Stuttgart 1967.

Das »Pandämonium Germanikum« von J. M. R. Lenz und die Literatursatire des Sturm und Drang

Matthias Luserke (Saarbrücken)

> »Goethe schweigt auch gegen mich«
> (Lenz an Lavater, 8. April 1775),
> »Goethe [...] verschwindt«
> (Pandämonium Germanikum, I/1),
> »Lenz [...] antwortet nicht«
> (ebd., II/5).

In der Lenz-Forschung herrscht seit ihren Anfängen ein – sit venia verbo – heilloses Durcheinander, wenn es darum geht, sich Klarheit über ein Stück von Lenz zu verschaffen, das bis in unsere Tage so recht nicht heimisch geworden ist in der Literaturgeschichte. Es ist die Rede vom »Pandämonium Germanikum«, jener Literatursatire von Lenz, von der es zwei Autorhandschriften und eine komplette Abschrift gibt – welch glückliche Lage, eigentlich, wenn man es recht bedenkt, für die (philologische) Lenz-Forschung. Doch es scheint nicht nur ein philologisches Problem zu sein, mit dem »Pandämonium« umzugehen, es ist auch ein interpretatorisches und generell literarhistorisches. Deshalb habe ich meinen Beitrag nach dem Vorbild der russischen Puppe in drei Segmente gegliedert, gleichsam den Weg darstellend von der philologischen Mikrozelle über die interpretative Mikroanalyse der ersten Szene des »Pandämoniums« hin zum Themenkomplex Sturm-und-Drang-Literatursatire.

I.[1]

Um kurz zu bilanzieren, wie die Lage oder besser die editorische Mißlage ist: Nach einer ersten vorsichtigen Schätzung gibt es nahezu 20 verschiedene Ausgaben dieses Lenz-Textes, die sich in zwei Fraktionen teilen lassen. Die einen drucken das »Pandämonium« nach der älteren Handschrift, die anderen nach der jüngeren. Über die einzelnen editorischen Beweggründe und die Beweggründe einzelner Editoren möchte ich hier nicht sprechen, sondern zunächst festhalten: Die ältere handschriftliche Fassung (H1) ist diejenige Handschrift, die in der Berliner Staatsbibliothek Preußischer Kulturbesitz (SPK) aufbewahrt wird. Die jüngere Fassung (H2) ist diejenige Handschrift, die zur Zeit noch in der Bibliotheka Jagiellonska in Kraków liegt. Eine Abschrift des »Pandämoniums« befindet sich in der Bibliothek der Stiftung Weimarer Klassik.[2] Diese Abschrift ist vollständig, es handelt sich weder um das Fragment einer Abschrift, noch gar um das Fragment einer dritten »Pandämonium«-Handschrift, wie zuletzt Winter (1987)[3] meinte. Eine kritische Edition *beider* Handschriften von Lenz liegt erst seit kurzem vor.[4]

Die eine Fraktion der Editoren nun druckt stets H1, dazu zählen die Ausgaben von: Blei (1910), Titel/Haug (1967), Daunicht (1970), Kindermann (1935), Freye (ca. 1910), Lewy (1917), Richter (1980) und Damm (1987). Die andere Fraktion druckt H2, namentlich Lauer (1992), Voit (1992), Sauer (ca. 1890), Stellmacher (1976), Dumpf (1819), Unglaub (1988) und Schmidt (1896).[5]

Um die Verwirrung etwas übersichtlicher zu machen, möchte ich mich in aller Kürze auf drei Editionen beschränken:

1.) Erich Schmidt gab 1896 das »Pandämonium« erstmals in einer Edition heraus, die von Emendationen nahezu frei war, nachdem sich zuvor Dumpf (1819), Tieck (1828) und Sauer (ca. 1890) daran versucht hatten. Allerdings entschied sich Schmidt für den Abdruck der jüngeren Handschrift, statt H1 druckt Schmidt H2. Er greift gelegentlich in Interpunktion und Orthographie der Handschrift ein, geringfügige Lesefehler sind im Variantenverzeichnis zu H1, das er im Fußnotenapparat anführt, auszumachen.

2.) Franz Blei (1910) kompiliert in seiner fünfbändigen Lenz-Ausgabe die beiden handschriftlichen Fassungen des Pandämoniums, unterliegt dabei aber einem gravierenden Irrtum. Im Kommentar zur Druckvorlage schreibt Blei: »Die Stellen, welche nur die ältere Fassung des Pandämonium enthält [sic] sind in unserem Druck in eckige Klammern gesetzt« (Blei 1910, S. 457). Tatsächlich druckt Blei aber in eckigen Klammern in seiner »Pandämonium«-Ausgabe Varianten nach H2, der jüngeren Handschrift. Darüber hinaus ist die Wiedergabe von H1, der älteren Handschrift, gezeichnet von Lesefehlern und orthographischen Modernisierungsversuchen. Ich möchte die Verdienste von Blei keinesfalls schmälern, doch hatte seine Edition des »Pandämoniums« zur Folge, daß einige Editoren nach ihm seine kodikologische Altersangabe unbefragt übernahmen. Erst Titel/Haug (1967) und in deren Folge Damm (1987) druckten die tatsächlich ältere Handschrift, allerdings unterlaufen auch ihnen einige eklatante Transkriptionsfehler.[6] Unverständlich bleibt nach wie vor, weshalb die meisten Editoren das Titelwort *Germanikum* stets mit ›c‹ anstatt mit ›k‹ schreiben, kann doch eine Autopsie der Handschriften, die von zahlreichen Editoren in ihren Kommentaren zum Druck beschworen wird, leicht aufweisen, daß es hierüber keinerlei Unklarheit gibt. *Germanikum* wird von Lenz in H1 und H2 mit ›k‹ geschrieben. Man muß allerdings den meisten Editoren zugutehalten, daß es nicht in ihrer Absicht lag, eine kritische Ausgabe des »Pandämoniums« zu bieten, sondern zunächst einmal durch Leseausgaben den Autor selbst überhaupt erst bekannt(er) zu machen. Richard Daunicht kam mit seiner Ausgabe von 1970 dann schon sehr nahe an eine kritische Ausgabe von H1 heran.

3.) Im Hinblick auf das Lenz-Jahr 1992 und in diesem Jahr selbst sind bisher einige neue Sammelausgaben erschienen, die auch das »Pandämonium Germanikum« abdrucken. Leider wurde in allen Fällen versäumt, die Handschriftenwirrnis, die so verworren eigentlich gar nicht ist, etwas zu lichten. Als Beispiele genügen die Ausgaben von Unglaub (1988) und Voit (1992). Erich Unglaub weist im Kommentar zu seiner Ausgabe den Druck von Erich Schmidt als H1 aus, meint aber H2.[7] Demzufolge druckt Unglaub selbst auch H2. Friedrich Voit (1992) erkennt zwar die Schmidtsche Entscheidung, erkennt sie aber an und gibt den Text nach H2 wieder.

Wenn wir uns diese Kuriositäten vor Augen führen, müssen wir feststellen, daß wir im Lenz-Jahr 1992 keine Ausgabe finden, die H1, also die ältere Handschrift von Lenz' »Pandämonium Germanikum« nicht modernisiert oder nahezu fehlerfrei druckt, geschweige denn kritisch wiedergibt. Um so lohnender und für die Forschung aufschlußreicher scheint es mir denn zu sein, einen synoptisch-kritischen Druck *beider* Handschriften vorzubereiten.

II.

Anagrammatisches Lesen: »Meinen [...] Freunden ein Rätsel« (WuB III, S. 323f.). Diesen resignierenden Satz schrieb Lenz am 28. August 1775 an Herder. So rätselhaft Lenz' Psychographie in vielem noch sein mag, so sinnvoll kann es sein, den Signifikanzen des Textes zu folgen. In der ersten Szene des ersten Akts – auf die ich mich im folgenden beschränke – heißt es in einer Regieanweisung des Autors: »Lenz versucht zu stehen« (S. 10)[8]. Anagrammatisch gelesen heißt dies: ›Lenz sucht zu verstehen‹. Die Eingangsszene des ersten Aktes kann demzufolge als Lenz' Versuch verstanden werden, sich über sich selbst und über sein Verhältnis zu Goethe zu orientieren. Darauf weist schon die parallele Struktur der beiden Redeanteile von Lenz- und Goethe-Figur im Text hin. Goethe eröffnet die Szene mit einer Frage, die Lenz bereits überfordert, er kann sie nicht beantworten. Beide wissen nicht, wo sie sich befinden. Signifikanter als mit der Angabe »Der steil' Berg« (ebd.) kann man die Orientierungslosigkeit beider kaum beschreiben. Goethe hat also zunächst Lenz nichts voraus. Mit der Unterstreichung des subjektiven Willensentschlusses als rhetorischer Duplikation einer topischen Sturm-und-Drang-Gebärde (»Ich will hinauf«, ebd.) wird aber bereits die Differenz deutlich. Es bleibt nicht bei dem sprachlichen Entschluß, die Tat folgt unmittelbar, »Goethe [...] verschwindt« (ebd.). Dem Verschwinden Goethes im »Gebirg« ist diese Differenz vorgängig: *Lenz* stellt nun eine Frage (»wo willt du hin«, ebd.), Goethe antwortet nicht; Lenz möchte verweilen, »Goethe geht« (ebd.); Lenz möchte »erzehlen« (ebd.), Goethe verschwinden. Das Sprechen des Freundes erreicht Goethe nicht mehr, in der Situation der Orientierungslosigkeit läßt der Freund den Freund allein zurück, er erwartet Antworten, antwortet selbst aber nicht. In dem sich nun anschließenden Monolog von Lenz bricht die Differenz vollends auf. Nur dem abwesenden Freund, nur im Sprechen mit sich selbst, kann Lenz mitteilen, was ihm Bedürfnis ist: »Hätt' ihn gern, kennen lernen« (ebd.). Lenz kennt Goethe nicht, der Traum – denn um einen solchen handelt es sich ja bei diesem Stück, wenn man die Regieanweisung des Schlußsatzes des letzten Akts zur Deutung heranzieht – der Traum imaginiert die Identitätslosigkeit Goethes. Neben die Desorientierung tritt die ausgelöschte Identität des Freundes. Was Lenz zu Lebzeiten droht und was sich schließlich realisiert, das Ausgelöschtwerden aus dem Gedächtnis des Freunds, nimmt der Autor hier vorweg, die drohende Verwirrung des späteren Lebenswegs ahnend. Darauf verweist das Requisit, Lenz erscheint in dieser Szene »im Reis'kleid« (ebd.). Natürlich kennt der Träumende wie die Lenz-Figur selbst Goethes Identität. Mißt man den Präfixen ›herauf‹ und ›hinauf‹ Bedeutung zu, so läßt sich schon an dieser Stelle eine subtile Veränderung zwischen H1 und H2 ausmachen. In H1 spricht Lenz: »Wenn er hinaufkommt« (ebd.), in H2 heißt es: »Wenn er heraufkommt« (S. 11). Die Bedeutung des Unterschieds beider Terme liegt in der Gewichtung des Standpunkts. Wenn Goethe *hinauf*kommt, bedeutet dies, daß Lenz *unten* steht; wenn Goethe *herauf*kommt, bedeutet dies, daß Lenz bereits schon oben ist. Dem Einwand, daß es sich hier um ein Alogon handelt, wenn man die tatsächliche Situation der beiden Figuren berücksichtigt, sei damit begegnet, daß ein Traum – und dazu muß man nicht erst die Psychoanalyse bemühen – nur selten logisch strukturiert ist. Ist also der Träumende in H1 noch durchaus bereit, dem Freund den Vorsprung zuzugestehen, wird dies in H2 rückgängig gemacht. Auch der Trost, den Lenz sich selbst spendet (»Ich denk' er wird mir winken wenn er auf jenen Felsen kommt«, S. 10), wird in H2 getilgt. Lenz bedarf des Trostes nicht mehr, er weiß – der Traum realisiert es ihm –, daß Goethe nicht winken wird. Die Geste der Verbundenheit ist ersatzlos gestrichen. Statt dessen erklärt er die Begegnung mit Goethe zum Phantasma, der Träumende zensiert sogar im Traum noch die Realität, die Wirklichkeit der Differenz. Das Traumbild der Desorientierung, der drohenden Auslöschung verdichtet sich in der nun folgenden Regieanweisung noch weiter, der steile Berg ist »ganz mit Busch überwachsen« (ebd.). Der Boden ist demnach kaum mehr oder nur schwer auszumachen, die Wirklichkeit – als deren Sinnbild der Boden gelesen werden kann – droht Lenz verloren zu gehen. Diese Textanmerkung bezieht sich nur auf Lenz, Goethe hingegen ist auf einer »andere[n] Seite des Berges« (ebd.). Lenz wählt also nicht denselben Weg wie Goethe, oder umgekehrt formuliert: Goethe macht aus seinem Wissen, wie man am leichtesten auf den Berg gelangt, welcher Weg kommod und welcher gefährlich ist, ein Herrschaftswissen. Lenz erkämpft sich den Zugang zum Gipfel des Bergs selbst. Der Tribut, den er dafür zollen muß, ist hoch: er regrediert auf eine frühkindliche Phase seiner psychischen Entwicklung. »Lenz kriecht auf allen Vieren« (ebd.) – diese Bemerkung ist nicht ironisch, selbstironisch gemeint, wie man vorschnell einer ähnlichen Formulierung in der vierten Szene des ersten Akts entnehmen könnte. Dort antwortet Lenz, von Goethe auf den Verfall der Künste angesprochen: »Ich wünschte denn lieber mit Rousseau wir hätten gar keine und kröchen auf allen Vieren herum« (WuB I, S. 256). Der Weg zur Dichterelite, die Regression und die Traumarbeit werden von Lenz als »böse Arbeit« (S. 10) bezeichnet, und doch rastet Lenz nicht, er geht weiter seinen beschwerlichen Weg. Wieder weist Lenz auf die Wichtigkeit von Kommunikationssituationen hin. Das Bedürfnis, mit jemandem »reden« (S. 10) zu können, jetzt nochmals artikuliert, verweist auf die Orientierungslosigkeit und zunehmende Isolation von Lenz. So wie man später dem Autor Lenz bei seinem Aufenthalt in Waldersbach und Emmendingen aus Furcht vor unkontrollierbaren Wahnsinnsausbrüchen Papier und Schreibzeug entzog und ihm damit die Möglichkeit zur Selbsttherapie nahm, so verweigert auch hier der beste Freund nicht nur die Hilfe, sondern auch das Wort. Während Lenz noch das Solidaritätsgefühl der Straßburger Gruppensituation beschwört (»Goethe, Goethe! wenn wir zusammenblieben wären«, ebd.) und auch jetzt noch nicht die Realität der Trennung akzeptiert, schwelgt Goethe auf »wieder eine[r] andere[n] Seite des Berges« (ebd.) im unmittelbaren Naturgefühl: »Lenz! Lenz! daß er da wäre – Welch herrliche Aussicht« (ebd.). Auch diese Sequenz erfährt in H2 eine Zuspitzung, getilgt ist Goethes Wunsch nach Lenz' Gegenwart. Goethe bestätigt, nachdem er den Fels leichtfüßig erstiegen hat (»springt nauf«, ebd.), lediglich, was er zu Beginn der Szene bereits ausgesprochen hatte: »ists doch herrlich dort [...] oben« (ebd.) – »Welch herrliche Aussicht!« (ebd.). Dieser Parallelismus ist auf der Ebene sprachlicher Mikrostruktur der versteckte Hinweis auf die Ursache der drohenden Differenz: Was Goethe sehen will, das sieht er – oder in die Sprache der Freundschaftsbeziehung übersetzt: Wie Goethe Lenz sehen will, so sieht er ihn. Auch hier muß Lenz die Auslöschung seiner Individualität gewärtigen. Das »Nachdenken« (ebd.), das Bedenken der realen Situation von Orientierungslosigkeit, Isolation und drohender Trennung, das Denken an die Differenz verursacht Lenz physischen Schmerz (»Kopfweh«, ebd.). Auch dies ist eine erschreckende Antizipation der späteren Biographie. Sozusagen am Gelenk dieser Szene steht nun jener anagrammatisch zu lesende Satz, »Lenz versucht zu stehen« (ebd.) – ›Lenz sucht zu verstehen‹. Die Verlassenheit, in der sich Lenz auf dem Berg wiederfindet, hat für ihn eine existentielle Dimension, er konnotiert Einsamkeit und Isolation mit Todessehnsucht (»O so allein. Daß ich stürbe!«, ebd.). Die Differenz, die zur Trennung führt, bedeutet für Lenz den Tod. Zunächst den ›bürgerlichen‹ als endgültigen Verlust von Individualität, dann den psychischen, schließlich den physischen Tod. Lenz betont noch einmal – und das bedeutet letztlich sich selbst gegenüber, das »Pandämonium« wäre in diesem Sinne ein Stück der Selbstvergewisserung – seine Eigenständigkeit und offenbart damit das äußerst ambivalente Verhältnis zu Goethe. Zwar wäre er gerne mit ihm zusammen auf den Berg gestiegen, die Paaridentität ist nachgerade signifikant. Doch ist der Stolz und der damit verbundene Anspruch auf die eigene Leistung an dieser Gelenkstelle der Szene überdeutlich pointiert, fast drohend an die Adresse Goethes gerichtet: »Ich sehe hier wohl Fußstapfen, aber alle hinunter, keinen herauf« (ebd.). Lenz geht seinen Weg allein, er ist weder auf Goethes noch auf eines anderen Hilfe angewiesen. Und: Der eigene Weg betont die Eigenständigkeit des poetischen Schaffens. Er hat es nicht nötig, in jemandes Fußstapfen zu treten. Lenz gehört nicht zu den Nachahmern Goethes, die dann gleich anschließend in der zweiten Szene persifliert werden, er ist nicht jener »Nachahmer« (WuB I, S. 252), als der er in I/2 diffamiert wird. Lenz steht gleichrangig neben Goethe; wenn es ein Dioskurenpaar gibt, dann heißt es Lenz und Goethe. Der einsame Ort, der nicht nur locus amoenus der Schriftstellertopik ist, wird zum Ort der drohenden Vereinsamung. Auch in der Regieanweisung zu Beginn von Szene I/3 sitzt Lenz »an einem einsamen Ort ins Tal hinabsehend, seinen Hofmeister im Arm« (WuB I, S. 253). Die Isolation und die Differenz mit Goethe, das sich drohend abzeichnende Weimartrauma, inszeniert der Autor Lenz nochmals überdeutlich in dem anschließenden Dialog der Eingangsszene. Goethe erblickt Lenz, ist »mit einem Sprung [...] bey ihm« (S. 12). Die spontane Affektivität der Wiederbegegnung geht aber von Lenz aus. Die Frage Goethes, was Lenz denn hier mache, ist weniger Ausdruck der Freude, als vielmehr Erstaunen darüber, daß es Lenz gelungen ist, überhaupt so weit gekommen zu sein. Er beantwortet die Frage denn auch nicht, vielmehr beschwört Lenz noch einmal gestisch die Paaridentität. Er geht Goethe »entgegen« (ebd.) und »drückt ihn ans Herz« (ebd.). Der »Bruder Goethe« (ebd.) aber reagiert auf die Nähe wie auf eine Bedrohung, die er sogleich abwehrt. Erst in II/5 wird er diese Anrede erwidern, wiederum Lenz anspringen, ihn von hinten umarmen und auch ihn »Mein Bruder« (WuB I, S. 269) nennen; allerdings erst, und das ist das eigentlich Pikante an dieser Sequenz, nachdem Lenz den Segen Klopstocks erhalten hat. Jetzt, in der Eingangsszene, da sich Klopstock noch nicht über Lenz geäußert hat, reagiert Goethe unwirsch: »Wo zum Henker bist du mir nachkommen?« (S. 12). Lenz befindet sich auf einem Territorium, zu dem ihm kein Zugang erlaubt ist. Die nachfolgende Wechselrede zwischen Lenz und Goethe (von »Ich weiß nicht« bis »wo wir herstammen«) findet in I/2 eine nachträgliche Erklärung. Lenz soll, so berichtet dort einer der Nachahmer, »sich einmal verirrt haben ganzer drei Tage lang« (WuB I, S. 252). Ein Fremder fragt, wer denn der Lenz sei, darauf die Antwort: »Ein junges aufkeimendes Genie« (ebd.). Noch führt die Verirrung nicht in die endgültige Isolation, noch ist Lenz in der Nähe Goethes und noch erfährt er den Respekt der wichtigsten Autoritäten, Herder und Klopstock. Analog zu dieser Sequenz in I/2 ist die Sequenz in I/1 aufgebaut. Goethe fragt, wo Lenz denn herkomme, aber Lenz stellt hier die entscheidende Frage: »Wer bist du denn?« (S. 12). Das eigentliche Rätsel ist demnach nicht Lenz selbst, sondern Goethe. Und Goethe ist derjenige, der die Auskunft über seine Identität verweigert (»Weiß ich wo ich her bin«, ebd.). Diese Beziehungsasymmetrie legt nun endgültig die Differenz zwischen beiden frei. Wer sich zu erkennen gibt und sich öffnet, kann auch etwas verlieren; wer sich verschließt, braucht den Verlust nicht zu fürchten. Goethe infantilisiert den Freund, nennt ihn ein »Bübgen« (ebd.) – wie Lenz übrigens später auch von Herder tituliert wird (vgl. II/5, WuB I, S. 268) – und positioniert damit die Machtanteile eindeutig. Väterlich lobt Goethe die Absicht von Lenz, nur »gut seyn« (ebd.) zu wollen – und dann fällt der vielsagende Satz: »Es ist mir als ob ich mich in dir bespiegelte« (ebd.). Eine eindeutigere narzißtische Figurierung läßt sich kaum denken. Lenz' Funktion für Goethe besteht lediglich darin, diesen in seiner Selbstliebe zu bestärken. Der Autor Lenz bringt dadurch den Mißbrauch zum Ausdruck, den er durch Goethe erfährt. Und doch reagiert er im Traum darauf physisch, Lenz wird »roth« (ebd.). Noch hat er Goethe »unter den Armen« (ebd.), später ist es nur noch das eigene Werk, der »Hofmeister« (vgl. I/3, WuB I, S. 253). Und noch bedeutet der Imperativ Goethes »Weiter!« (S. 12), daß »beyde« (ebd.) einer Anhöhe zugehen. Dieser Schlußdialog der Eingangsszene ist aus H2 vollständig getilgt. Der Auslö-schung entgegengesetzt ist lediglich der Schlußsatz Goethes: »Bleiben wir zusammen« (S. 13). Der Träumende legt den Wunsch mit seinem beschwö-renden Unterton dem Freund in den Mund, von dem er längst ahnt, daß er auch hier die Identität des Gemeinten verwehrt.

Wie bewußt dem Autor Lenz die drohende Trennung von Goethe gewesen ist, wird in der vorletzten Szene des Stücks erkenntlich. In II/5 formuliert Goethe expressis verbis jenen Anspruch und reklamiert damit die Anerkennung für sich, die nach der Lesart des Autors Lenz selbst zusteht. Lenz läßt Klopstock, Herder und Lessing unisono (!) über ihn sagen: »Der brave Junge. Leistet er nichts, so hat er doch groß geahndet« (WuB I, S. 270). Der im daktylischen Pentameter geschriebene zweite Satz spricht unmiß-verständlich dem Autor Lenz die größere literargeschichtliche Bedeutung zu. Das Autoritätstriumvirat der Sturm-und-Drang-Autoren ist die letzthin unabhängige Instanz, die das objektive Urteil über die Leistung des Dichters Lenz spricht. Goethes Einspruch hierauf wird in der pointierten Kürze vom Autor geradezu als Anmaßung herausgestellt. Der Bruch ist unabwendbar, Goethe sieht sich in der Linie einer konsequenten Fortschreibung des Lenz'schen Werks. Lenz sieht die Bedrohung, die Goethe für ihn bedeutet, während er für Goethe lediglich Medium der Selbstbespiegelung bleibt. Die

Menge der hereinstürmenden jungen Leute, die denselben Anspruch erheben wie Goethe, potenziert die Bedrohung, die für Lenz aus dieser Situation resultiert. Das Auslöschen des eigenen Werks und damit der eigenen Identität beginnt bereits mit dem Verbot des Autors Goethe, das »Pandämonium Germanikum« drucken zu lassen. Die Realität holt am Ende des Textes im Traum die Fiktion ein, die Fiktion erweist sich bereits als Realität. Die Forschung verweist in diesem Zusammenhang auf jenen Zettel mit dem Personenverzeichnis von Goethes »Hanswursts Hochzeit«, auf dessen Rückseite Lenz folgendes notierte:

> »Sie können sich auf mein Ehrenwort verlassen, daß besagtes Blatt mit *meinem guten Willen* niemals veröffentlicht wird. Auch wurde es nur *mit Rücksicht auf einen großen Teil Ihrer Leser* geschrieben, deren Geschwätz im Hinblick auf Sie und Ihre Schriften niemals bis zu Ihnen gelangt. Ich hätte nie geglaubt, daß Dir das irgendwelchen Kummer bereiten könne, ich habe es nur mitgeteilt, um zu sondieren, wie Du diese Dinge aufnehmen würdest, um in Zukunft etwas Vernünftiges darüber sagen zu können. Das sind meine Absichten. *Ich habe alles aufgeboten*, das zu unterdrücken, und kann Dir im voraus versichern, daß es niemals das Licht der Welt erblicken wird. Le.« (WuB III, S. 836; im Original Französisch).

So kam es zu Lenz' handschriftlicher Anweisung auf beiden Handschriften »wird nicht gedruckt«. Das gleiche Schicksal erfuhren auch Lenz' im selben Zeitraum wie das »Pandämonium Germanikum« entstandene »Briefe über die Moralität der Leiden des jungen Werthers«, die auf Friedrich Heinrich Jacobis und Goethes Einspruch hin nicht gedruckt wurden. Die Auslöschung des Dichters Lenz begann.

III.

Als Desiderat der Literaturwissenschaft kann nach wie vor die Erforschung der Literatursatire des Sturm und Drang bezeichnet werden. Heide Hüchtings Arbeit zu diesem Thema von 1942 durchzieht immer noch die Fußnotenliteratur, obgleich die Mängel ihrer Arbeit offensichtlich sind.[9] Insbesondere müßte die neuere Forschung zur Satire der Aufklärung berücksichtigt werden.[10] Im folgenden wird der Versuch unternommen, Lenz' »Pandämonium« im Kontext genuiner Sturm-und-Drang-Literatursatiren zu situieren, um so über den Weg von Interferenzen und Referenzen die Eigenständigkeit und Bedeutung dieses Textes herausstellen zu können. Wie bereits die Mikroanalyse der ersten Szene des »Pandämoniums« freigelegt hat, handelt es sich bei diesem Stück um einen Text der Selbstvergewisserung.

Im Angriff auf die etablierten Literaten beschwört Lenz nochmals die Paaridentität Lenz – Goethe, auf das sonst andernorts oft beschworene Gruppengefühl wurde längst Verzicht geleistet. Dies mag gewissermaßen der psychische Unterbau der Beweggründe gewesen sein, die Lenz zur Niederschrift des Stücks veranlaßt und auch noch zur Bearbeitung motiviert haben. Der unmittelbare Anlaß hingegen ist mit Sicherheit in einer bösartigen Anspielung Friedrich Nicolais zu sehen. Dieser hatte in der im Januar 1775 veröffentlichten »Werther«-Parodie ›Freuden des jungen Werthers. Leiden und Freuden Werthers des Mannes. Voran und zuletzt ein Gespräch in dem Teil ›Leiden Werthers des Mannes‹ u.a. geschrieben:

> »'s war da ein junges Kerlchen, leicht und lüftig, hatt‹ allerlei gelesen, schwätzte drob kreuz und quer, und plaudert' viel, neust' aufgebrachtermaßen, vom ersten Wurfe, von Volksliedern, und von historischen Schauspielen, zwanzig Jährchen lang, jed's in drei Minuten zusammengedruckt, wie ein klein Teufelchen im Pandämonium. Schimpft' auch alleweil' auf'n Batteux, Werther selbst konnt's schier nicht besser. Sonst konnte der Fratz bei hundert Ellen nicht an Werthern reichen, hatte kein' Grütz' im Kopf und kein Mark in'n Beinen. Sprang ums Weibsen herum, fispelte hier, faselte da, streichelte dort, gabs Pfötchen, holt'n Fächer, schenkt' ›n Büchschen, und so gesellt‹ er sich auch zu Lotten.«[11]

Lenz kannte mit Sicherheit diesen Text von Nicolai, über den Boie in einem Brief an Lenz vom 11. April 1776 schreibt: »Wider N.[icolai] jetzt auch noch was zu sagen, da die Freuden längst vergessen sind, wäre ja zu spät« (WuB III, S. 425). Goethe hatte diese Art von Wertheriaden kurz als »das Berliner ppp Hundezeug« (Brief an Auguste Gräfin zu Stolberg v. 10. März 1775) bezeichnet. Lenz verstand die Anspielung in Nicolais Satire, er wußte, daß er selbst mit jenem »jungen Kerlche[n]« gemeint war, der von Nicolai auch als »Geelschnabel« und »Lecker«[12] bezeichnet wird. Bereits der Titel von Lenz Stück referiert auf diese Textstelle aus Nicolais Satire.[13] »Wie ein klein Teufelchen im Pandämonium« – Lenz als Teufelchen im Aufenthaltsbereich aller Dämonen (wenn man so Pandämonium versteht), diffamatorischer läßt sich die Eigenständigkeit, die Originalität und Individualität eines Dichters kaum infragestellen. Lenz antwortet auf diese Invektive Nicolais mit dem Titel »Pandämonium Germanikum«, was soviel heißen kann wie Gesamtheit aller deutschen Dämonen. Daß zu diesen Goethe und Lenz, Klopstock, Lessing und Herder nicht gehören, erweist der Text. Lenz tut Nicolai nicht einmal die Ehre an, unter der Vielzahl der zitierten Autoren namentlich genannt zu werden. Vergegenwärtigt man sich, welche Fülle von Literatursatiren, Parodien und Pamphleten in den Jahren 1773 bis 1775 erschienen ist, so wird die Abwesenheit Nicolais in Lenz' Text verständlich. Nicolais Ausfall gegenüber Lenz wird, gemessen am eigentlichen Thema des Textes, völlig nebensächlich. Die kritisch-eristische Atmosphäre dieser Jahre ist so satirisch bis hin zu diffamatorisch aufgeladen, daß das »Pandämonium« um so mehr aus dem Korpus anderer Literatursatiren heraussticht. Zu untersuchen wäre in diesem Zusammenhang, inwiefern die Literatursatiren der 1770er Jahre die konservativen Satiren der 1790er Jahre vorbereiten, wie beispielsweise Kotzebues »Der weibliche Jakobiner-Klub«, Goethes »Bürgergeneral«, Ifflands »Die Kokarden« oder Schummels »Die Revolution in Scheppenstedt«. Folgt man dem Vorschlag von Hans-Wolf Jäger, die konservative Revolutionsdramatik der 1790er Jahre im Hinblick auf ihre Thesen und Wirkungsabsichten zu typologisieren, so gelangt man zu dem triadischen Schema von Defension, Denunziation und Agitation.[14] Dieses Raster scheint mir durchaus tauglich, die Literatursatiren der 1770er Jahre in einem neuen Beziehungsgeflecht zu untersuchen. Dieser Untersuchungsbereich verstünde sich als Ergänzung zu der von Werner Rieck erarbeiteten gleichfalls triadischen Klassifikation, die in erster Linie die Binnenstruktur der Texte untersucht. Rieck führt aus, daß sich die Kritik der Literatursatiren des Sturm und Drang auf drei literarische Erscheinungen beziehe: »1. literarische und theoretische Besonderheiten der deutschen und der europäischen Aufklärung, 2. literarische Parallelerscheinungen zum Sturm und Drang wie Sentimentalität und Gefühlskult [...] und 3. Entartungserscheinungen der eigenen Bewegung«[15]. So lassen sich m.E. die von Jäger erstellten Kategorien durchaus als Substruktur jedes einzelnen Punktes von Riecks Kritikmodell einlesen. Auf Nicolais »Werther«-Parodie bezogen würde dies beispielsweise bedeuten, daß Nicolai im *defensorischen Bereich* Werte, (poetologische) Normen und Verhaltensstandards aufgeklärter bürgerlicher Ordnung verteidigt. Im *denunziatorischen Bereich* diffamiert er nicht nur den Prätext des »Werthers«, sondern auch einzelne Autoren des Sturm und Drang (wie z.B. Lenz), sowie den generellen emanzipativen Anspruch dieser Bewegung. Im *agitatorischen Bereich* versucht der Text die dominanten, tradierten Mentalitätsstandards als die eigentlich überlegenen auszuweisen. In diesem Bereich lassen sich die meisten intertextuellen Referenzen mit parodistischer, satirischer oder wiederum diffamatorischer Absicht feststellen. Die Literatursatiren im engeren Sinn, vor deren Hintergrund Lenz' »Pandämonium Germanikum« zu situieren ist, und die Lenz auch bekannt waren, sind: Goethes »Götter, Helden und Wieland« (1774, entstanden Ende September/Anfang Oktober 1773), Nicolais »Werther«-Parodie (Januar 1775), Heinrich Leopold Wagners »Prometheus, Deukalion und seine Recensenten« (Februar 1775) und Johann Jakob Hottingers »Menschen, Thiere und Göthe« (Herbst 1775). Bereits am 8. April 1775 hatte Lenz mit

Lavater über Wagners anonym erschienene Satire, die zunächst Goethe zugeschrieben wurde, korrespondiert.[16] Goethes Farce ist noch eine im engeren Sinn Personalsatire, in deren Gravitationsfeld aus Spott und Ironie Wieland steht. Der Verspottete erwacht am Ende des Stücks aus seinem Traum, während in Lenz' »Pandämonium« der Spötter am Ende aus dem Traum erwacht. Bezeichnend ist, daß bei beiden Autoren, Goethe wie Lenz, die Fiktion des Traums Wunschvorstellungen und Kritik gleichermaßen zu thematisieren erlaubt. Der Traum ist der Ort, wo die Wirklichkeit befragt und wo sie gebeugt werden kann, ohne mit gesellschaftlichen, mentalen oder logischen Normen zu kollidieren. Hottingers und Wagners Texte hingegen sind versifizierte Satiren – und in diesem Sinne auch in einer aufgeklärten Tradition stehend. Hottinger referiert zwar unmittelbar auf Goethes »Werther« und Wagners »Prometheus [...]«, denunziert aber insgesamt auch die emanzipative Haltung der Sturm-und-Drang-Autoren. Dies zeigt sich zum einen am Inventar der dramatis personae (u.a. treten Gans, Rabe, Hund, Esel und Frosch auf). Zum anderen an der Satirisierung programmatischer Positionen des Sturm und Drang. So sagt z.B. der Hund zu Prometheus: »Wir beyde schiken uns wol zusammen,/Mögt alle Regeln zum Feu'r verdammen./Is Quark, is für den Pöbel nur,/Viel besser Herr Doktor [d.i. Prometheus, M. L.] is Natur –/Holla–«[17]. Der moraldidaktische Appell im Epilog des Stücks als aufgeklärter Ordnungsruf, auf den Lenz und Goethe in ihren Literatursatiren verzichten, führt den agitatorischen und den denunziatorischen Bereich des Stücks zusammen: »S' is ä Flegeley 'üch an jedem Biedermann z‹reibä,/Der 'üch nit thät nach 'üerm Gustus schreibä. [...]. S' is Thorhät, s' is eitle Bewegung./Schnakscher Einfall is nit Widerlegung./Is wol 'n Gaudium für d'n Narren;/Aber der klug Mann denkt, Herr Doktor hat 'nen Sparren«[18]. Die Aufforderung aus Wagners Literatursatire »Spitz jezt die Ohren, liebs Publikum«[19] kann als programmatischer Warnruf des Literatursatirenstreits zwischen aufgeklärten Autoren und Autoren des Sturm und Drang in den 1770er Jahren verstanden werden. Auch Wagners Satire rückt noch Wieland in den Mittelpunkt des Spotts (»Ey sieh doch! guck! das nenn ich mir Original!/So was macht Jupiter W★★ [d.i. Wieland, M. L.] nicht mal«[20]), doch wird der Streit um die Beurteilung von Goethes »Werther« mindestens gleichrangig thematisiert. Neben (1) die Auseinandersetzung um eine einzelne Person tritt (2) die Auseinandersetzung um einen literarischen Text, der gleichwohl nicht minder personenbezogen geführt wird. Und (3) werden die Friktionen zwischen den (nicht nur literarischen) Blöcken Sturm und Drang und Aufklärung deutlich markiert. Prometheus sagt in seinem Schlußmonolog in diesem Stück: »Den

Spektakel auf einmal zu enden/Hätt freylich Prometheus die Mittel in Händen;/Doch da er zu gros denkt Insekten zu jagen,/Mag ihnen Epilogus d'Meynung noch sagen.«[21] Und dieser läßt denn auch an Deutlichkeit nichts zu wünschen übrig: »Aber so machts halt euer schäuslich Kritik/Verfolgt's Genie, erstickt manch Mästerstück.«[22] Das Bild der Insekten, die es zu jagen gilt, taucht dann bei Lenz wieder in jenem Brief an Lavater auf, worin er ihn auf Wagners Literatursatire hingewiesen hatte. Lenz fügt einem in Wielands »Teutschem Merkur« erschienenen Epigramm von Christian Heinrich Schmid mit dem Wortlaut »Es wimmelt heut zu Tag von Sekten/Auf dem Parnaß« die knappe Bemerkung hinzu: »Und von Insekten« (WuB III, S. 307). Bei keinem der genannten Autoren erfüllt die Literatursatire die Funktion der Selbstvergewisserung. Hier ist Lenz' »Pandämonium Germanikum« mit Sicherheit singulär. Auch der Auftritt des Satireschreibers im Stück selbst bleibt die Ausnahme. Erst Christian Dietrich Grabbe wird den Selbstauftritt des Autors in einer Satire in seinem Stück »Scherz, Satire, Ironie und tiefere Bedeutung« von 1827 wieder geschickt dramaturgisch nutzen. Keine der Literatursatiren der 1770er Jahre ist so erzwungen defensiv angelegt, wie Lenz' Stück: Der Autor muß sich bereits gegen die zunehmende (kommunikative und soziale) Isolation verteidigen, an deren Ende dann als Folge subtiler Diffamierung die Psychiatrisierung durch die ehemaligen Freunde und Sturm-und-Drang-Gruppenmitglieder steht. Zugleich macht das »Pandämonium Germanikum« nochmals deutlich, daß schon im Bewußtsein der Sturm-und-Drang-Autoren die Theorie der Einzigartigkeit im Geniepostulat zu einer gewollten Exklusivität führt. Die produktionsästhetische Voraussetzung von Genialität ist im »Pandämonium Germanikum« in ein Elitebewußtsein umgekippt, auch wenn es noch als Traum, gleichwohl als visionärer Traum, camoufliert wird.

---

1 Ich danke Christoph Weiß für wertvolle Hinweise und seine Unterstützung bei diesem Teil.
2 Die Handschrift stammt aus dem Goethe-Nachlaß und ist mit diesem zusammen überliefert (Teilbestand Sammlungsstücke, Fremdliterarisches). Die Handschrift trägt die

Signatur GSA 36/Nachtrag 8. In dem von Kräuter angelegten ›Repertorium über die Goethesche Repositur‹ von ca. 1823 wird sie unter der Rubrik ›Originale und Copien der zwischen den 1775 verbündeten Freunden gewechselten Spottgedichte‹ aufgeführt. Der Schreiber dieser »Pandämonium«-Abschrift ließ sich trotz ausgedehnten Handschriftenvergleichs noch nicht ermitteln. – Herrn Archivdirektor Prof. Dr. Gerhard Schmid (Stiftung Weimarer Klassik) sei für die freundliche Auskunft und bereitwillige Zusammenarbeit ausdrücklich gedankt!

3 Vgl. Hans-Gerd Winter: J. M. R. Lenz. Stuttgart 1987. S. 85. – Die einzelnen »Pandämonium«-Ausgaben sind im Anhang in einer ausführlichen Bibliographie nachgewiesen.

4 Vgl. Luserke/Weiß (1993).

5 Die Ausgabe von Peter Müller und Jürgen Stötzer lag mir zum Zeitpunkt der Niederschrift dieses Aufsatzes noch nicht vor.

6 Als Beispiel mögen folgende Verlesungen genügen: In I/2 transkribieren Titel/Haug: »ERSTER: [...]. Ich will mich auf jenen Stein stellen dort gegen mich über.« (Titel/Haug 1967, S. 254). Richtig müßte es nach H1 heißen: »Ich will mich auf jenen Stein stellen dort gegen ihm über [.]«. – Titel/Haug: »O weh! er zermalmt uns die Eingeweide, er wird einen zweiten Ätna auf uns werfen.« (ebd., S. 255) statt: »O weh! er zermalt uns die Eingeweyde, er wird einen zweiten Aetna auf uns werfen [.]«. – Die hier richtiggestellte Transkription wird zitiert nach der Ausgabe Luserke/Weiß (1993), S. 16.

7 Vgl. Unglaub (1988), S. 386.

8 Ich zitiere den Text von I/1 in der Transkription nach dem Vorabdruck der synoptischkritischen Ausgabe des »Pandämonium Germanikum« in: Luserke/Weiß (1992).

9 Heide Hüchting: Die Literatursatire der Sturm- und Drang-Bewegung. Berlin 1942.

10 Die Forschungsliteratur zur Satire der Aufklärung streift, wenn überhaupt, nur nebenbei die Literatursatire des Sturm und Drang. Vgl. Jörg Schönert: Roman und Satire im 18. Jahrhundert. Ein Beitrag zur Poetik. Mit einem Geleitwort von Walter Müller-Seidel. Stuttgart 1969. – Maria Tronskaja: Die deutsche Prosasatire der Aufklärung. Aus d. Russ. übers. v. Brigitta Schröder. Berlin 1969. – Regine Seibert: Satirische Empirie. Literarische Struktur und geschichtlicher Wandel der Satire in der Spätaufklärung. Würzburg 1981. – In dem Buch: Satiren der Aufklärung. Hg. v. Gunter Grimm. Durchges. u. erg. Ausgabe. Stuttgart 1979, fehlt im Quellenteil jeglicher Hinweis auf Sturm-und-Drang-Literatursatiren.

11 Friedrich Nicolai: ›Freuden des jungen Werthers. Leiden und Freuden Werthers des Mannes‹. Voran und zuletzt ein Gespräch [1775]. Mit Materialien ausgew. u. eingel. v. Wilhelm Große. Stuttgart 1980. S. 18f.

12 Ebd., S. 21.

13 Paul Reiff: »Pandämonium germanicum«, by J. M. R. Lenz. In: Modern Language Notes 18/3 (1903). S. 69–72.

14 Vgl. Hans-Wolf Jäger: Gegen die Revolution. Beobachtungen zur konservativen Dramatik in Deutschland um 1790. In: Jb. d. dt. Schiller-Gesellschaft 22 (1978). S. 362–403; hier S. 373f.

15 Werner Rieck: Literatursatire im Sturm und Drang [1969]. In: Sturm und Drang. Hg. v. Manfred Wacker. Darmstadt 1985. S. 144–164; hier S. 155. – Vgl. auch ders.: Poetologie als poetisches Szenarium – Zum »Pandämonium Germanicum« von Jakob Michael Reinhold Lenz. In: Lenz-Jahrbuch 2 (1992). S. 78–111 im Druck].

16 Vgl. eine der wenigen Arbeiten zu diesem Text: Elisabeth Genton: Prometheus, Deukalion und seine Rezensenten. Eine umstrittene Literatursatire der Geniezeit. In: revue d'Allemagne 3/1 (1971). S. 236–254.

17 [Johann Jakob Hottinger:] Menschen, Thiere und Göthe, eine Farce. Voran ein Prologus
an die Zuschauer und hinten ein Epilogus an den Herrn Doktor. [1775]. In: Rheinischer
Most. Erster Herbst. O. O. 1775. – (J. J. Hottinger.) Menschen, Thiere und Goethe. Eine
Farce. 1775. – (Hch. Leop. Wagner.) Confiskable Erzählungen. 1774. Wien bey der
Bücher-Censur. Wortgetreue Neudrucke der seltenen Originalausgaben. Mit einer
litterarhistorischen Einleitung v. M. Desceltes. (= Bibliothek litterarischer und kulturhi-
storischer Seltenheiten Nr. 4/5). Leipzig 1904. S. 1–24. ; hier S. 10.

18 Ebd., S. 23.

19 Heinrich Leopold Wagner: Prometheus, Deukalion und seine Recensenten [1775], in:
Ders.: Gesammelte Werke in fünf Bänden. Zum ersten Mal vollständig hg. durch Leopold
Hirschberg. Bd. 1: Dramen I [mehr nicht erschienen]. Potsdam 1923. S. 7–26; hier S. 17.

20 Ebd., S. 19.

21 Ebd., S. 25.

22 Ebd., S. 26.

Blei (1910): Jakob Michael Reinhold Lenz: Gesammelte Schriften. Hg. v. Franz Blei. Bd. 3:
Dramen, Dramatische Fragmente, Coriolan. München, Leipzig 1910. S. 1–28.

Damm (1987): Jakob Michael Reinhold Lenz: Werke und Briefe in drei Bänden. Hg. v. Sigrid
Damm. Bd. 1: Dramen. München, Wien 1987. S. 247–271. [Ursprünglich Leipzig 1987].
(Jetzt auch als Taschenbuchausgabe: Frankfurt/M. 1992). [Zit. als WuB mit Band- und
Seitenzahl].

Daunicht (1970): Jakob Michael Reinhold Lenz: Werke und Schriften. Hg. v. Richard
Daunicht. Reinbek b. Hamburg 1970. S. 101–122.

Dumpf (1819): [Friedrich Georg Dumpf:] Pandaemonium germanicum. Eine Skizze von J.
M. R. Lenz. Aus dem handschriftlichen Nachlaße des verstorbenen Dichters herausgegeben. Nürnberg 1819.

Falck (1896): Paul Falck: Eine neue Ausgabe des Pandaemonium Germanicum von J. M. R.
Lenz. In: Stern's Literarisches Bulletin der Schweiz Nr. 1, 5. Jg., 1. Juli 1896. S. 742–743
u. Nr. 2, 5. Jg., 1. August 1896. S. 762–763.

Freye (ca. 1910): Sturm und Drang. Dichtungen aus der Geniezeit. In vier Teilen. Hg. mit
Einl. u. Anm. vers. v. Karl Freye. Mit 6 Beilagen in Kunstdruck u. zahlreichen Vignetten.
Zweiter Teil: Lenz – Wagner. Hg. v. K. F. Berlin, Leipzig, Wien, Stuttgart o.J. [ca. 1910].
S. 387–408.

Kindermann (1935): Deutsche Literatur. Sammlung literarischer Kunst- und Kulturdenkmä-
ler in Entwicklungsreihen. Hg. v. Heinz Kindermann. Reihe Irrationalismus, 20 Bde.
Hg. v. H. K. Bd. 6: Von Deutscher Art und Kunst. Hg. v. H.K. Leipzig 1935. S. 283–
303.

Lauer (1992): Jakob Michael Reinhold Lenz: Werke in einem Band. Ausgewählt u.
kommentiert v. Karen Lauer. Nachw. v. Gerhard Sauder. München, Wien 1992. [Dass.
auch als Taschenbuchausgabe: München 1992].

Lewy (1917): Gesammelte Schriften von Jacob Mich. Reinhold Lenz. In vier Bänden. Hg. v.
Ernst Lewy. Bd. 1: Dramen. Leipzig 1917. S. 301–324.

Loewenthal/Schneider (1972): Sturm und Drang. Dramatische Schriften. 2 Bde. Plan u.
Auswahl v. Erich Loewenthal u. Lambert Schneider. 3. Aufl. Heidelberg 1972. S. 407–
431.

Luserke/Weiß (1992): Pandämonium Germanikum. Synoptischer Druck der ersten Szene des ersten Akts beider Handschriften. In: Jakob Michael Reinhold Lenz: Der neue Menoza oder Geschichte des cumbanischen Prinzen Tandi. Hg. v. Landestheater Württemberg-Hohenzollern (LTT). Tübingen 1992. S. 9–13. (= Tübinger Programme H. 8).

Luserke/Weiß (1993): Jakob Michael Reinhold Lenz: Pandämonium Germanikum. Synoptische Ausgabe beider Handschriften. Mit einem Nachwort hg. v. Matthias Luserke u. Christoph Weiß. St. Ingbert 1993. (= Kleines Archiv des achtzehnten Jahrhunderts Bd. 17).

Jean Murat: Le »Pandaemonium Germanicum«. In: revue d'Allemagne 3/1 (1971). S. 255–266.

Richter (1980): Lenz: Werke in einem Band. Auswahl, Textrevision u. Anmerkungen v. Helmut Richter. Einleitung v. Rosalinde Gothe. 3. Aufl. Berlin, Weimar 1980. (= Bibliothek Deutscher Klassiker).

Sauer (ca. 1890): Deutsche National-Litteratur. Historisch-Kritische Ausgabe. Hg. v. Joseph Kürschner. Bd. 80: Stürmer und Dränger II: Lenz und Wagner. Hg. v. A. Sauer. Berlin, Stuttgart o.J. [ca. 1890]. S. 137–160.

Schmidt (1896): J. M. R. Lenz: Pandaemonium Germanicum (1775). Nach den Handschriften hg. u. erläutert [v. Erich Schmidt]. Berlin 1896.

Stellmacher (1976): Komödien und Satiren des Sturm und Drang. Goethe – Lenz – Klinger – Wagner – Maler Müller – Schiller. Hg. u. mit Einleitung u. Anmerkungen v. Wolfgang Stellmacher. Leipzig 1976. S. 289–315.

Tieck (1828): J. M. R. Lenz: Gesammelte Schriften. Hg. v. Ludwig Tieck. 3 Bde. Berlin 1828; hier Bd. III, S. 207–229.

Titel/Haug (1967): Jakob Michael Reinhold Lenz: Werke und Schriften II. Hg. v. Britta Titel u. Hellmut Haug. Stuttgart 1967. S. 249–277.

Unglaub (1988): Jakob Michael Reinhold Lenz: Dramen des Sturm und Drang. Hg. u. mit einem Nachw. vers. v. Erich Unglaub. München 1988.

Voit (1992): Ders.: Werke. Hg. v. Friedrich Voit. Stuttgart 1992.

Teil 4

Das Scheitern einer heroischen Konzeption.
Der Freundschafts- und Liebesdiskurs im »Waldbruder«

Inge Stephan (Berlin)

I. Freundschaft und Liebe vereinigt?
Herz als Freund und Liebhaber

»Was fehlte Dir bei uns? Du hattest Dein mäßiges Einkommen, das zu Deinen kleinen
Ausgaben hinreichte, Du hattest Freunde, die Dich ohne Absichten liebten, ein Glück das sich
Könige wünschen möchten, Du hattest Mädchen die an kleinen Netzen für Dein Herz
webten, in denen Du Dich nur so weit verstricktest, als sie Dir behaglich waren, hernach flogst
Du wieder davon und sie hatten die Mühe Dir neue zu weben. Was fehlte Dir bei uns? Liebe
und Freundschaft vereinigten sich, Dich glücklich zu machen« (...)[1]

Diese vorwurfsvolle Frage findet sich in einem Brief, den Rothe aus der
»großen Stadt« (S. 380) an seinen Freund Herz schreibt, der sich in eine
kleine »Hütte« (ebd.) im Odenwald als Einsiedler zurückgezogen hat. Die
beiden Stichworte »Freundschaft« und »Liebe«, die in dem Brief fallen – auf
das Stichwort »Vermögen« wird später zurückzukommen sein –, verweisen
auf zwei zentrale Begriffe der Epoche[2]: Freundschaft und Liebe sind die
beiden Gefühle, um die die Erfolgstexte der 70er Jahre kreisen, Sophie von
La Roches »Geschichte des Fräuleins von Sternheim« (1771) ebenso wie
Goethes »Die Leiden des jungen Werthers« (1774) oder Lessings »Emilia
Galotti« (1772). Auch der Fragment gebliebene Briefroman »Der Waldbru-
der« von Lenz, der 1776 niedergeschrieben, aber erst 1797 aus Goethes
Nachlaß veröffentlicht wurde[3], gehört in den Kontext des Liebes- und
Freundschaftsdiskurses der 70er Jahre, in dem Gesellschaft, Individuum und
Geschlechterordnung in ein neues problematisches Verhältnis geraten.
Dabei nimmt der Text von Lenz eine ganz besondere Position ein, die von
der Lenz-Forschung m.E. bislang deshalb nicht wahrgenommen worden ist,
weil sie sich fast ausschließlich auf die offensichtlichen Parallelen zwischen
realen Personen und fiktiven Figuren konzentriert und sich damit zufrieden-

273

Walter Gramatté, Lenz – Radierung (1925)

gegeben hat, für die Romanfiguren die jeweiligen ›Originale‹ im Leben von Lenz nachzuweisen[4]. Über dem Naheliegenden ist dabei das Wichtigere übersehen worden: Der Text selbst und seine Bedeutung für den Freundschafts- und Liebesdiskurs der Zeit[5]. In der ausschließlichen Konzentration auf Goethes »Werther«, der bis in die Gegenwart hinein eine kanonische Rolle in den Diskussionen über die »Sprache der Liebe«[6] spielt, ist der Text von Lenz als »Pendant zu Werthers Leiden«, wie es im Untertitel heißt[7], verloren gegangen. Damit aber ist der Freundschafts- und Liebesdiskurs unvollständig rezipiert worden: Ihm fehlt die ›andere Seite‹.

Hierzu ein These vorweg: Im »Waldbruder« von Lenz formuliert sich die ›Nachtseite‹ zu dem Erfolgstext von Goethe und zwar auf inhaltlicher wie formaler Ebene. Der Text ist chaotisch, verwirrend, aggressiv und pessimistisch. Er gehört zu den sogenannten ›dunklen Texten‹ der Aufklärungszeit[8]. Er markiert eine dialektische Position im Freundschafts- und Liebesdiskurs der Epoche, die die seines »Pendants«, den »Werther« von Goethe, an radikalem Skeptizismus weit übertrifft. Im »Waldbruder« sind Liebe und Freundschaft eine bloße Chimäre, hinter der die eigentlichen Triebkräfte – fratzenhaft verzerrt – erkennbar werden: Die sexuellen Triebe, das Machtbegehren und das Geld.

Die Liebe und die Freundschaft, von der Lenz Rothe in seinem Brief an Herz sprechen läßt, gibt es ebensowenig wie die gesicherte finanzielle Position. Das idyllische Bild von ›Liebe und Freundschaft vereinigt‹, das Rothe entwirft, entspricht, wie den vorangegangenen Briefen zu entnehmen ist, nicht der Wahrheit. Das weiß auch Rothe.

Die Frauen weben keineswegs an »kleinen Netzen« für Herz, sondern sie machen sich, wie die beiden Briefe des Fräulein Schatouilleuse an Rothe zeigen, über Herz »weidlich lustig« (S. 383), wobei unklar bleibt, ob Rothe an dem Gelächter beteiligt ist. Aber auch wenn er nicht auf der Seite der Lacher sein sollte, so ist er doch zumindest nicht unschuldig an dem Gespött der Leute. Denn er ist es gewesen, der die geheime Liebe von Herz zur Gräfin Stella, die sich an der Lektüre ihrer Briefe entzündet hat, dem Fräulein Schatouilleuse gegenüber »so romantisch beschrieben« (ebd.) hat, daß sich daraus erst die nachfolgenden Ereignisse ergeben haben. Offensichtlich hat er das, was Herz ihm als Freund anvertraut hat, in die »unheiligen Hände« (ebd.) einer Klatschbase gespielt und damit das Vertrauen des Freundes – aus welchen Gründen auch immer – mißbraucht[9]. Wenn auch im Dunkeln bleibt, »welcher Schelm« (ebd.) es gewesen ist, der Herz eine fremde Person als Gräfin Stella vorgestellt hat, so ist doch deutlich, daß es sich dabei um einen »Streich« (ebd.) gehandelt hat, den nicht nur das boshafte Fräulein

Schatouilleuse mit Häme kommentiert, sondern der von der ganzen Gesellschaft mit Amüsement beobachtet worden ist. Erst im nachherein wird die Verwechselung, in die Herz bewußt hineingetrieben worden ist, von Rothe in übrigens sehr undelikater Weise aufgeklärt, indem er seinem Brief den lieblosen Brief des Fräulein Schatouilleuse, in dem diese sich über die Verwechselung lustig gemacht hatte, beigelegt oder zumindest daraus zitiert hat.

Auch in einem anderen Punkt entwirft Rothe ein wissentlich falsches Bild von der Lage seines Freundes. Aus der Schilderung der ersten Begegnung mit Stella, die Herz – damals noch in Unkenntnis der Verwechslung – dem Freund gegeben hat, wird deutlich, daß die Liebe von Herz keineswegs so »behaglich« erlebt worden ist, wie Rothe ihm im nachherein zu suggerieren versucht. Ganz im Gegenteil. Herz ist heillos in eine Leidenschaft zur Gräfin Stella ›verstrickt‹, er kann nicht ›davonfliegen‹, sondern ist in einem Zauberzirkel von Lust und Qual gefangen:

> »Wenn ich mir noch den Augenblick denke, als ich sie das erstemal auf der Maskerade sah, als ich ihr gegenüber am Pfeiler eingewurzelt stand und mir's war, als ob die Hölle sich zwischen uns beiden öffnete und eine ewige Kluft unter uns befestigte. Ach wo ist ein Gefühl, das dem gleich kommt, so viel unaussprechlichen Reiz vor sich zu sehen mit der schrecklichen Gewißheit, nie, nie davon Besitz nehmen zu dürfen.« (S. 382)

Diese erste Begegnung, in der Herz aus Befangenheit nicht gewagt hat, die Angebetete anzusprechen, ist in ihrer verwirrenden Mischung von offener Maskerade und geheimer Verwechselung alles andere als »behaglich«, sie ist vielmehr bedrohlich und zutiefst erschreckend. Die Assoziationen »Hölle«, »Ixion« und »Tantalus« zeigen, daß Liebe als Leiden erlebt wird. Warum Herz bereits in dieser ersten Begegnung nur die Unmöglichkeit der Vereinigung, die »ewige Kluft« zwischen sich und der Geliebten wahrnimmt, ist an dieser Stelle noch unklar. Daß Stella verlobt ist, erfährt er erst später. Als jemand, der seit längerem im Haus der Gräfin Stella verkehrt, ist Rothe jedoch über die Verhältnisse bestens informiert und durch den Bekenntnisbrief des Freundes weiß er, wie sehr dieser leidet. Mit dem Bild »der kleinen Netze« verharmlost Rothe die Lage des Freundes also ganz bewußt. Aus welchen Motiven er dem Freund gegenüber das trügerische Bild von Freundschaft und Liebe entwirft, ist unklar.

Handelt er aus Freundschaft oder aus dem genau entgegengesetzten Impuls heraus? In welchem Verhältnis steht er zu Herz? Ist er sein Freund oder sein Feind? Der Text gibt an dieser Stelle keine deutliche Antwort. Er produziert Unklarheiten. Damit aber gerät auch die Freundschaft zwischen Herz und Rothe ins Zwielicht. Die Unsicherheit in bezug auf die geliebte

Frau, die zu der peinlichen Verwechselung mit einer fremden Frau geführt hat, wiederholt sich auf der Ebene der Freundschaft. Wer ist Rothe? Ist er der verkannte Freund, an dem sich Herz durch sein Mißtrauen immer wieder ›versündigt‹, wie er selbst am Schluß des Fragments meint, oder ist er in Wahrheit der Verräter und Betrüger, wie Herz zwischendurch argwöhnt? Und wer ist Herz? Offensichtlich nicht der, als der er sich ausgibt. »Herz« ist ein angenommener Name. Darauf wird später noch zurückzukommen sein.

Wie aber ist Freundschaft und Liebe möglich, wenn die Identität der Beteiligten so unklar ist, bzw. vom Autor so verwirrt wird, daß davon alle Personen mehr oder minder stark betroffen sind?

Ist der Obrist von Plettenberg, der als Gönner Rothes und als Oheim der Gräfin Stella im zweiten Teil auftaucht, identisch mit dem Plettenberg, der im vierten Teil des Romans als der langjährige Verlobte Stellas und früherer Freund von Herz erscheint? Handelt es sich um eine oder um zwei verschiedene Personen? Ist Plettenberg der Freund von Rothe oder ist er der Freund von Herz? Solche Unklarheiten lassen sich mit dem Verweis auf den fragmentarischen Charakter des Textes allein nicht erklären, da Unklarheiten, bzw. Widersprüche auch in den relativ ausgearbeiteten Passagen des Textes auftauchen und vom Autor offensichtlich gewollt sind.

Warum ist z.B. die Gräfin Stella mit der unsympathisch gezeichneten Witwe Hohl befreundet und läßt gerade ihr die Briefe zukommen, die Herz in einen Taumel des Entzückens versetzt haben? Ist die Gräfin Stella vielleicht gar nicht die göttliche Schreiberin, als die sie Herz erscheint? Ist sie nicht vielleicht nur eine oberflächliche Vielschreiberin, die ihre Korrespondenz während des morgendlichen Frisierens geschäftsmäßig nebenbei erledigt, wie aus einem Brief Honestas, die in einem nicht ganz klaren Verhältnis zu Herz und den anderen handelnden Personen des Geschehens steht, geschlossen werden kann?

Bilden Namen und Personen, wie im Falle der »Witwe Hohl« und »Honestas« tatsächlich immer eine Einheit oder legen die ›sprechenden Namen‹ eine falsche Fährte? Ist die Witwe Hohl wirklich so widerwärtig, wie sie Fräulein Schatouilleuse und auch Honesta erscheint oder ist sie nicht vielmehr eine bedauernswerte Frau, die aufgrund ihrer ›Häßlichkeit‹ einen verzweifelten und aussichtslosen Kampf um Liebe und Anerkennung führt? Ist sie Opfer von Herz oder ist Herz ihr Opfer?

Oder um eine andere Unsicherheit des Textes aufzunehmen: Was ist eigentlich mit der Beziehung zwischen der Gräfin Stella und Plettenberg? Sie bilden das einzige offizielle Paar des Textes, scheinen aber in einer Art von Dauertrennung zu leben. Während der fünfjährigen Verlobungszeit weilt Plettenberg mehr im Ausland als bei seiner Verlobten und am Ende des Fragments befindet er sich – zusammen mit Herz – auf dem Sprung nach Amerika. Warum macht er Rothe zum Vermittler, um Botschaften an seine Braut zu überbringen, warum ist dieser für ihn ein »Engel« und nicht seine Braut? Wiederholt sich hier eine Verwechselung, die wir aus anderen Konstellationen bereits kennen, diesmal als Verwechselung zwischen Braut und Freund? Und was ist Plettenberg eigentlich für ein Mensch? Ein »garstiger alter Mann« (S. 394), wie Fräulein Schatouilleuse schreibt, ein empfindsamer Liebhaber, wie Honesta meint (S. 406) oder ein depressiver und wunschgehemmter Mann, wie sein Brief an Rothe vermuten läßt[10]. Und um die heikelste Frage für das Verständnis des Textes zu stellen: In welchem Verhältnis stehen Rothe und Stella? Hat Rothe ein eigenes Interesse an Stella oder agiert er jeweils nur als uneigennütziger Freund von Herz und Plettenberg?

Fragen über Fragen, auf die es keine oder keine eindeutigen Antworten gibt.

Der fragmentarische Charakter des Romans, die polyperspektivische, mehrfach ironisch gebrochene Erzählstruktur und die auffällige Zurückhaltung des Erzählers, der sich auf äußerst knappe Erläuterungen zu einzelnen Briefen beschränkt, führen in der Kombination dazu, daß die Personen in ihrer Identität merkwürdig unscharf werden und die Motive aus denen heraus sie handeln, unklar und widersprüchlich erscheinen.

Die Tatsache, daß ›Personen‹ und ›Handlungen‹ vom Erzähler nicht in Übereinstimmung gebracht werden, verweist auf ein generelles Problem, das Lenz als Dramatiker und Theoretiker ebenso beschäftigt wie es ihn als Autor von moraltheologischen Abhandlungen und philosophischen Gedichten beunruhigt hat: Die Skepsis gegenüber dem bürgerlichen Subjektbegriff mit seiner emphatischen Vorstellung von Autonomie und Freiheit. Diese Skepsis ist m.E. der Grund, warum Lenz in seinem »Waldbruder« keine scharf umrissenen Figuren entwirft, die aus einer klaren und eindeutigen Motivation heraus handeln, sondern es handelt aus ihnen. »Was ist das, was in uns hurt, lügt, stiehlt und mordet?« wird Büchner über fünfzig Jahre später – Lenz in kongenialer Weise aufnehmend – seinen Danton fragen lassen[11].

Fragen nach dem Charakter und nach den Motiven für die Handlungen von Personen lenken also von dem ab, worum es im Text eigentlich geht: Um die inneren und äußeren Triebkräfte, von denen die Figuren gesteuert werden. Im »Waldbruder« werden in erster Linie die inneren Triebkräfte thematisiert: Die geheimen Vereinigungs- und Abgrenzungswünsche, die Machtphantasien und die Konkurrenzgefühle, die den offiziellen Freundschafts- und Liebesdiskurs des Textes unterlaufen. Es geht aber nicht nur um Begehren und Macht, sondern es geht auch – ganz einfach – um Geld.

II. Das Geld

Vergegenwärtigen wir uns zum Verständnis einer solchen auf den ersten Blick vom Text her überraschenden These noch einmal den Anfang der vorwurfsvollen Frage von Rothe: »Was fehlt Dir bei uns? Du hattest Dein mäßiges Einkommen, das zu Deinen kleinen Ausgaben hinreichte (...).« (S. 387)

Die darin enthaltene Behauptung, daß Herz finanziell keinen Grund zum Klagen gehabt hätte, ist genau so falsch wie Rothes Behauptung, daß Liebe und Freundschaft sich vereinigt hätten, um Herz glücklich zu machen. Einige Briefe zuvor nämlich hatte Herz Rothe geschrieben, daß ihm sein »letztes Geld« von einem »schelmischen Bauren gestohlen« (S. 381) worden sei. Und aus einem späteren Brief Rothes an Plettenberg, in dem er diesem die geheime Geschichte seines Freundes Herz enthüllt, wird deutlich, daß Herz' finanzielle Lage auch davor keineswegs rosig gewesen sein kann. Seine ursprünglich vornehme Herkunft als illegitimer Sohn einer »großen Dame, die vor einigen zwanzig Jahren noch die halbe Welt regierte« (S. 407), hat ihn nicht reich und mächtig gemacht, sondern ihn in eine schwierige Situation gebracht. »Einem gewissen Grossen« (ebd.) und einem unfähigen und schurkischen Hofmeister nach dem frühen Tod der Mutter überlassen, flieht der junge Herz mit zwölf Jahren aus Rußland »mit einigen dreißig Dukaten« (ebd.) nach Frankreich. In seinem weiteren wechselhaften Lebenslauf, der ihn schließlich nach Deutschland führt, spielt das Geld immer wieder eine schicksalhafte Rolle. Zunächst einmal gerät Herz in Frankreich in die »elendesten Umstände« (ebd.), weil sein Geld zu Ende geht. Bald wendet sich jedoch seine materielle Situation:

»Er wußte sich durch seine Gelehrigkeit und durch die guten Eigenschaften seines Geistes und Herzens in dem Hause eines reichen Bankiers so zu empfehlen, daß er ihn alles lernen ließ was er verlangte, und mit seinem Gelde und Ansehen unterstützte.« (S. 407)

Im Auftrag des ihm freundschaftlich gesonnenen Bankiers gelingt es dem russischen Adeligen, der sich in Frankreich inzwischen den Namen »Herz«

zugelegt hat, »den Bankerut eines der größten Häuser vorzubeugen« (S: 408), worüber sein Gönner so dankbar ist, daß er seinem Retter eine »jährlich Pension« aussetzt, die »Herz verzehren konnte, wo er wollte« (ebd.). Wer denkt, daß damit die Zukunft Herzens zumindest finanziell abgesichert sei, irrt gewaltig. Herz verliert die Pension, weil er – wie Rothe schreibt – »zu nachlässig war die Gewogenheit seiner Wohltäter durch öftere Briefe zu unterhalten« (ebd.) Wovon Herz nach dem Verlust seiner Pension gelebt hat, ist unklar. Seine »Bedienung bei der Kanzlei« (S. 391) hat er niedergelegt und seine Tätigkeit als ›Informant‹, die er nach seiner Rückkunft in die Stadt aufnimmt, »ermattet« (S. 393) ihn. Rothe gegenüber klagt er über die »ewige Sisyphusarbeit« (S. 394) seiner »täglichen Arbeiten« (ebd.):

> »Wenn ich nur durch alle meine Mühe noch was ausrichtete. Ich zerarbeite mich an Leuten die träger als Steine sind und die, was das schlimmste ist, mich mit den bittersten Vorwürfen kränken, daß sie bei mir nicht weiter kommen können.« (S. 394)

Die »Adjutantenstelle« (S. 392), die ihm Plettenberg anbietet, ist ihm – angesichts seiner königlichen Abstammung – ebenso unangemessen wie die »Hofjunkerstelle« (S. 396), für die ihn Rothe empfiehlt.

Im Gegensatz zu Plettenberg, der nach Aussage von Honesta und Fräulein Schatouilleuse »viel Geld« (S. 394/406) hat, scheint Herz nur über wenig Geld zu verfügen und dieses wenige wird ihm auch noch gestohlen. Wenn man all dies bedenkt, kann man Rothes Formulierung vom ›mäßigen Einkommen‹ und den ›kleinen Ausgaben‹ nur als zynisch bezeichnen. Das Geld spielt also eine erhebliche Rolle im Text. Die »äußern Umstände« (S. 381) ›pressen‹ und ›drücken‹ Herz mehr, als er dem Freund gegenüber zuzugeben gewillt ist.

Auch in der Beziehung von Plettenberg zu Stella scheint Geld nicht unwichtig zu sein. Wenn es stimmt, daß Plettenberg alt, häßlich und überdies nicht einmal standesgemäß ist, kann es eigentlich von der Logik des Textes her nur das Geld sein, warum Stellas Familie Plettenberg als Bewerber nicht von vornherein kategorisch abgelehnt hat. Von hier aus erscheint die Konkurrenz zwischen Plettenberg und Herz um die Gunst von Stella in einem speziellen Licht. Herz hat all das, was Plettenberg nicht hat: Er ist jung, attraktiv (vgl. S. 389), und er ist – was außer Rothe jedoch niemand weiß (vgl. S. 408) – von zwar nicht ganz einwandfreier, dafür aber um so höherer Abstammung. Er wäre eigentlich – trotz seiner Armut – der ideale Bewerber. Die königliche Abstammung Herzens verheimlicht Rothe jedoch seinen verschiedenen Briefpartnern – warum er sie Plettenberg enthüllt, ist

eine interessante Frage, auf die noch einzugehen sein wird –, während er auf
der anderen Seite Herzens leidenschaftliche Liebe zu Stella – in diesem
Punkt sehr indiskret – öffentlich macht. (vgl. S. 390) Das Schweigen bzw.
das Enthüllen scheint Teil des komplizierten Beziehungsgeflechts zwischen
den drei Männern zu sein.

III. Männerbünde

Im Mittelpunkt des männerbündisch organisierten Romangeflechts steht
die Beziehung zwischen Rothe und Herz. Mit 18 Briefen bildet die
Korrespondenz zwischen ihnen den Schwerpunkt des Romans, der aus
insgesamt 32 Briefen und einem Zettel besteht, die sich auf neun verschiedene Absender und Adressaten verteilen, von denen vier weiblich sind.
Dabei fällt ein Ungleichgewicht in der Korrespondenz zwischen Herz und
Rothe auf: Herz schreibt an Rothe 15 Briefe, erhält von ihm aber nur drei
Briefe und einen Zettel, auf dem mit Bleistift geschrieben steht: »Herz! Du
dauerst mich!« (S. 381)[12]. Außer mit Rothe steht Herz noch mit zwei
weiteren Personen in brieflicher Verbindung. Von der Gräfin Stella erhält
er ein kurzes Billet, in dem diese ihm ein Treffen anbietet, und an einen
gewissen Fernand, von dem außer dem Namen nichts Näheres bekannt ist,
schreibt er nur einen Satz: »Rothe ist ein Verräter (...) sag ihm er wird
meinen Händen nicht entrinnen.« (S. 411). Rothe dagegen erhält außer von
Herz Briefe von dem Fräulein Schatouilleuse und von Plettenberg und
richtet seinerseits außer an Herz auch Briefe an Plettenberg[13].
   Wann und wie die Freundschaft zwischen Herz und Rothe begonnen hat,
bleibt unklar. Deutlich aber ist, daß sie sich als Freundespaar verstehen und
von der Umgebung auch als solches wahrgenommen werden. Rothe kennt
als einziger das Geheimnis von Herzens Herkunft. Gleich im ersten Brief
betont Herz, daß Rothe der »einzige Mensch« (S. 381) sei, demgegenüber
er »gewohnt« sei, sein »Herz zu öffnen« (S. 390). Ihm teilt er sein Glück und
sein Unglück mit. Auch wenn er der Überzeugung ist, daß auch Rothe ihn
nur »zuweilen« (S. 381) verstehe oder sogar argwöhnt, daß Rothe es darauf
angelegt habe, ihm das »Geheimnis aus seinem Herzen über die Lippen« zu
locken (S. 385), so bittet er ihn doch, seine Briefe »sorgfältig aufzuheben« (S.
383). Herz ist vertrauensselig, er ist zugleich aber auch extrem mißtrauisch.
Auch wenn es vielleicht Grund zum Zweifeln gibt, so ist doch – wie es im
»Zerbin« heißt – Mißtrauen der »Tod der Freundschaft«[14].

Zwar öffnet Rothe sich dem Freund gegenüber und enthüllt ihm sogar die wenig schmeichelhaften Seiten seines Charakters, die er den anderen gegenüber sorgfältig verbirgt. Dabei aber ist die Offenheit Rothes immer mit machtbetonter Selbstdarstellung gepaart. Wenn er sich dem Freund gegenüber als ›Schwein‹ zu erkennen gibt, »das sich von Vergnügen zu Vergnügen wälzt« (S. 384, 387), vergißt er im gleichen Atemzug nicht eitel hinzuzufügen, daß er »ein wenig bei den Frauenzimmern« gelte und überhaupt der Mittelpunkt jeder Gesellschaft sei: »Man nötigt mich überall hin und ich bin überall willkommen, weil ich mich überall hinzupassen und aus allem Vorteil zu ziehen weiß.« (S. 386) Liebe ist für ihn ein bloßes Tauschgeschäft, das er nicht zufällig in Begriffen der Ökonomie beschreibt:

»Ich war heut in einem kleinen Familienkonzert, das nun vollkommen elend war und in dem Du Dich sehr übel würdest befunden haben. Das Orchester bestand aus Liebhabern, die sich Taktschnitzer, Dissonanzen und alles erlaubten, und Hausherr und Kinder die nichts von der Musik verstunden, spähten doch auf unsern Gesichtern nach den Mienen des Beifalls, die wir ihnen reichlich zumaßen, um den guten Leuten die Kosten nicht reu zu machen. Nicht wahr, das würde Dir eine Folter gewesen sein, Kleiner? besonders da seine Töchter mit den noch nicht ausgeschrienen Singstimmen mehr kreischend als singend uns die Ohren zerschnitten. da in laute Aufwallungen des Entzückens auszubrechen und *bravo, bravissimo* zu rufen, das war die Kunst – und weißt Du, womit ich mich entschädigte? Die Tochter war ein freundlich rosenwangigtes Mädchen, das mich für jede Schmeichelei, für jede herzlichfalsche Lobeserhebung mit einem feurigen Blick bezahlte, mir auch oft dafür die Hand und wohl gar gegen ihr Herz drückte, das hieß doch wahrlich gut gekauft.« (S. 386)

Wie sehr das Verhältnis zu Herz von Konkurrenz geprägt ist, wird deutlich aus Rothes Angebot, die »zweite Rolle« zu spielen (S. 387), wenn Herz sich im Gegenzug dazu entschließen würde, endlich ein ›brauchbarer Mensch‹ zu werden. In Wahrheit ist Rothe jedoch keineswegs mit der »zweiten Rolle« zufrieden, der Freund soll ihm – wie Rothe wenig später im gleichen Brief sagt – vielmehr ›nachfolgen‹. (ebd.) Wohl nicht zufällig nennt er Herz »Kleiner« (S. 386), während Herz umgekehrt Rothe als »Bruder« (S. 395) anspricht.

Wenn man all die verstreuten und widersprüchlichen Informationen über das ungleiche Freundespaar Rothe und Herz zusammenträgt, so ergibt sich ein merkwürdiges Bild: Herz, der verarmte Adelige aus königlichem Geblüt, ist als Einsiedler an den Rand gedrängt, während Rothe, von bürgerlicher Herkunft, aber geschäftlich erfolgreich, das Zentrum einnimmt. Die Fürsorge für Herz erscheint nicht als selbstloser Freundschaftsdienst, sondern als Teil einer verdeckten Strategie, mit der Rothe den Freund quasi ›entmündigt‹, um dessen Stelle einzunehmen und den Makel seiner eigenen ›niedrigeren Geburt‹ zu kompensieren.

In die Freundschaft zu Plettenberg tritt Rothe als Dritter ein, und er bleibt – wenn Plettenberg und Herz tatsächlich nach Amerika gehen – als Profiteur einer Situation zurück, die er selbst arrangiert hat: Der Weg zu Stella, zu der eine Beziehung besteht, von der Plettenberg nichts weiß, Herz aber eine Ahnung hat, ist frei. Der Text legt nahe, daß Rothe nicht aus Liebe oder Leidenschaft für Stella handelt, sondern aus dem Wunsch heraus, zwei Konkurrenten aus dem Feld zu schlagen, um bei Stella die »erste Rolle« einzunehmen. Er wird nicht von Liebe angetrieben, sondern von Selbstliebe, wie er dem Freund offen schreibt:

»Die Selbstliebe ist immer das, was uns die Kraft zu den andern Tugenden geben muß, merke Dir das, mein menschenliebiger Don Quischotte! Du magst nun bei diesem Wort die Augen verdrehen, wie Du willst, selbst die heftigste Leidenschaft muß der Selbstliebe untergeordnet sein, oder sie verfällt ins Abgeschmackte und wird endlich sich selbst beschwerlich.« (S. 386)

Es geht also nicht um die Frau. Diese ist bloßes ›Tauschobjekt‹ in dem von Rothe inszenierten Machtkampf zwischen den drei Männern, die so ungleich in Herkunft, Status und Charakter sind. Bezeichnenderweise hat die begehrte Frau als Person so gut wie keine Bedeutung im Text, sondern nur als Bild.

IV. Die Frau als Bild

Ähnlich wie in Lessings »Emilia Galotti«, wo das Porträt der begehrten Frau eine zentrale Rolle spielt[14], geht es auch im »Waldbruder« nicht nur um das Bild der Frau im übertragenen, sondern auch in einem sehr konkreten Sinn. Als Porträt wird es zum Fetisch, um dessen Besitz zwischen den drei Männern eine dramatische Auseinandersetzung geführt wird. Dahinter steht eine höchst verwickelte Geschichte, die von Heimlichkeiten, Untreue, Verrat und Doppelzüngigkeit aller Beteiligten geprägt ist: Stella will sich, wie aus einem Brief der Witwe Hohl an sie hervorgeht, für Rothe malen lassen und zwar ohne daß ihr Verlobter Plettenberg etwas davon erfahren soll. Herz dagegen wünscht ein Bild von Stella als »Talisman« (S. 396) mit nach Amerika zu nehmen, obgleich Plettenberg als »Bräutigam« (S. 411) eigentlich allein das Recht zusteht, ein Bild seiner Braut zu besitzen, daran aber merkwürdigerweise wenig interessiert ist. Durch Vermittlung der Witwe Hohl kommt Stella tatsächlich zu einer Sitzung, auf der ein von Herz bestellter Maler ein Porträt von ihr anfertigt. Voller Seligkeit schreibt Herz, der nicht weiß, daß das Bild für Rothes »Sammlung von Gemälden« (S. 395) gedacht ist:

»Bruder! es ist etwas auf dem Tapet, ich bin der glücklichste unter allen Sterblichen. Die Gräfin – kaum kann ich es meinen Ohren und Augen glauben – sie will sich mir malen lassen. O unbegreiflicher Himmel! wie väterlich sorgst du für ein verlaßnes verlornes Geschöpf. Meine letzten harrenden und strebenden Kräfte waren schon ermattet, ich erlag – ich richte mich wieder auf, ich stehe, ich eile ich fliege – fliege meinen großen Hoffnungen entgegen.« (S. 395, vgl. auch S. 406)

Die Sitzung selbst versetzt Herz in einen Taumel des Entzückens, an dem er seinen Freund durch eine ausführliche Beschreibung teilhaben lassen will:

»Die Geschichte dieses Tages – daß Du doch das alles nicht gesehen hast! Wie kann ich's erzählen? Ich kam mit dem Maler. Nein, ich schickte den Maler voraus und nach einem Weilchen kam ich nach. Sie saß ihm schon – saß da in aller ihrer Herrlichkeit – und ich konnte mich ihr gegenüberstellen und mit nimmersatten Blicken Reiz für Reiz, Bewegung für Bewegung einsaugen. Das war ein Spiel der Farben und Mienen! Wenn der Himmel mir in dem Augenblick aufgetan würde, könnt er mir nichts Schöners weisen. Das Vergnügen funkelte aus ihren Augen, o welch eine elysische Jugend blühend und düftend auf ihren Wangen, ihr Lächeln um die Seele aus dem Körper in das weite Land grenzenloser Schimären. Und ihr Busen, auf dem sich mein ehrfurchtsvoller Blick nicht zu verweilen getraute, den Güte und Mitleid mir entgegenhob – Bruder ich möchte den ganzen Tag auf meinem Angesicht liegen, und danken, danken, danken –« (S. 397)

Aus diesem Himmel der Seligkeit wird Herz jäh herausgerissen als er erfährt, daß das Bild in Rothes Besitz ist:

»Rothe, ich weiß nicht, ob ich noch lebe, ob ich noch da bin oder ob alles dies nur ein beängstigender Traum ist. Auch Du ein Verräter – nein, es kann nicht sein. Mein Herz weigert sich, die schrecklichen Vorspiegelungen meiner Einbildungskraft zu glauben und doch kann ich mich deren nicht erwehren. Auch Du Rothe – nimmermehr!
Schick mir das Bild zurück, oder ich endige schrecklich. Du mußt es nun haben dieses Bild und mit blutiger Faust werde ich's zurückzufodern wissen, wenn Du mir's nicht in gutem gibst.« (S. 398)

Angeblich hat die Witwe Hohl das Bild auf ausdrücklichen Wunsch der Gräfin Stella an Rothe schicken lassen:

»(...) stelle Dir vor, sie hatte während meiner Abwesenheit mein Zimmer vom Hausherrn aufmachen lassen, und das Bild herausgenommen.« (S. 399)

Herz ist unsicher, warum sie das getan hat und aus welchen Gründen sie wünscht, daß Rothe das Bild erhält:

»Was für Ursachen konnte die Gräfin haben, das Bild Dir malen zu lassen? – Nein es ist ein Einfall der Witwe Hohl.« (S. 399)

Handelt es sich um ein »schwarzes Komplott« (S. 398) oder um ein Mißverständnis, zu dem Herz wider Willen selbst beigetragen hat:

> »Ich hatte ihr (der Witwe Hohl) gesagt, ich würde Dir das Bild zuschicken, weil ich wirklich glaubte, die Gräfin hätte vielleicht gewünscht daß Du es auch vorher sehen solltest, eh ich's nach Amerika mitnähme. Jetzt sagte sie mir, daß ich die Gräfin aufs grausamste und unverzeihlichste beleidigen würde, wenn ich ihr nicht mit einem Eide verspräche, Dir das Bild zuzuschicken und es nimmer wiederzufodern – Es nimmer wiederzufodern, sagte ich, wie können Sie das verlangen – Ja das verlange ich, sagte sie, und zwar auf Ordre der Gräfin« (...). (S. 399)

Herzens Darstellung zeigt, daß er den Freund an seinem Glück teilnehmen lassen wollte, für sich jedoch – darin seinem Freund Rothe nicht ganz unähnlich – den besten Teil reklamiert:

> »Ich hatte mir vorgesetzt, davon eine Kopei nehmen zu lassen und sie Dir zuzusenden, das Original aber für mich zu behalten, weil des Malers Hand dabei sichtbarlich von einer unsichtbaren Macht geleitet ward und ich das was die Künstler die göttliche Begeisterung nennen, wirklich da arbeiten gesehen habe – und nun – ich hätte sie mit Zähnen zerreißen mögen – alles fort – – Rothe das Bild wieder, oder den Tod!« (S. 399)

Rothe scheint das Bild tatsächlich, wie es Herz von ihm verlangt hatte, über Fernand an die Adresse Plettenbergs geschickt zu haben, bei dem Herz inzwischen eingetroffen ist, um mit ihm nach Amerika zu fahren. Plettenberg gibt Rothe im letzten Brief des Fragments folgenden Bericht:

> »Er sagte mir (...), Sie wären ein schwarzer Charakter; als ich ihn um die Ursache fragte, gestand er mir, Sie hätten ihm das Porträt meiner Braut zuschicken sollen, und hätten es nun nicht getan. Wirklich hatte ich von jemand anders ein Paket für ihn erhalten, als ich es ihm wies, schlug er beide Hände gegen die Stirn, fiel auf die Knie und schrie: o Rothe! Rothe! wie oft muß ich mich an dir versündigen! Ich fragte ihn um die Ursache, er sagte, er habe selbst alles so angeordnet, daß das Paket durch seinen Kommissionär in ** unter meiner Adresse an ihn geschickt werden sollte, und nun hab er's unterwegens vergessen und Sie im Verdacht gehabt, daß Sie es ihm hätten vorenthalten wollen.« (S. 412)

Plettenberg trägt die ganze Angelegenheit zwar mit Fassung, ist aber etwas indigniert, wie aus dem Brief an Rothe hervorgeht:

> »In der Tat, mein lieber Rothe, habe ich Ursache von diesem Ihrem Verfahren gegen mich ein wenig beleidigt zu sein, besonders aber von der Gewissenhaftigkeit, mit der Sie alles das vor mir verschwiegen gehalten. Ich hatte das Herz nicht, dieses seinsollende Porträt meiner Braut Herzen zu entziehen, weil ich fürchtete seine Gemütskrankheit dadurch in Wut zu verwandeln, aber es kränkt mich doch daß ein Bild von ihr in fremden und noch dazu so unzuverlässigen Händen bleiben soll. Wenn Sie mir's nur vorher gesagt hätten, aber wozu sollen die Verheimlichungen?« (S. 412, vgl. auch 406)

Merkwürdigerweise faßt er kein Mißtrauen gegen Rothe, sondern trägt ihm die Freundschaft an und macht ihn zum Vermittler zwischen sich und der Braut:

»Unsere Truppen marschieren erst den Zwanzigsten, wir haben heute den Ersten, ich dächte es wäre nicht unmöglich, sie vor unserm Abmarsch noch einige Tage zu sehen. Ich habe Ihnen viel viel an meine Braut zu sagen, ich brauche in der Tat einen Mann wie Sie, mir bei meiner Abreise ein wenig Mut einzusprechen.« (S. 412)

Die letzten Zeilen seines Briefes lesen sich fast wie eine Übergabe der Braut in Rothes Hände:

»Freund, ich merke an meinen Haaren, daß ich alt werde. Sollte Stella, wenn ich wiederkom-me und von den Beschwerden des Feldzugs nun noch älter bin – Kommen Sie, Sie werden mein Engel sein. Es gibt Augenblicke wo mir's so dunkel in der Seele wird daß ich wünschte – Plettenberg« (S. 412)

Ahnt Plettenberg etwas von dem Doppelspiel Rothes, weiß er, daß seine Verlobte ihn nicht liebt, sondern ihn nur wegen des Geldes gewählt hat? Hat Rothe am Ende das erreicht, was er gewollt hat?

Produktiver als solche Fragen, auf die es wegen des fragmentarischen Charakters des Textes und der Polyperspektivik seiner Anlage keine sichere Antwort gibt, sind Fragen nach der Funktion der verworrenen Porträt-Geschichte. Die Verwicklungen um Stellas Porträt sind mehr als dramatische, die Spannung steigernde Handlungsschritte, in ihnen drücken sich die tief-gehenden Störungen aus, die die Paarstrukturen des Textes aufsprengen bzw. zersetzen. Das Porträt Stellas steht im Text symbolisch für das ›Bild der Frau‹, das den Geschlechterdiskurs in der zweiten Hälfte des 18. Jahrhunderts in einer ganz spezifischen Weise steuert: Als fetischisiertes ›Tauschobjekt‹ zwi-schen den Männern schafft und zerstört es freundschaftliche Beziehungen und als ins Göttliche gesteigerte ›imaginierte Weiblichkeit‹ schiebt es sich als blutleeres »Hirngespinst« (S. 386) zwischen die Körper der Frauen und Männer.

Das »Bild« (S. 385), das Herz unter mühsamem »Gestotter« (ebd.) dem Freund gegenüber beim Schreiben in Einzelteile zerlegt, damit dieser es sich beim Lesen wieder »zusammensetzen« kann, ist ein synthetisches Produkt, das nach Einschätzung von Herz in der Qualität weit hinter dem von »göttlicher Begeisterung« (S. 399) beseelten »Porträt« des Malers zurück-bleibt. Es ist aber im Text aussagekräftiger als das heißumkämpfte ›reale‹ Bildnis, weil es besonders deutlich macht, welche Art von Phantasien sich hinter der Bildproduktion verbergen:

»Denke Dir alles, was Du Dir denken kannst, und Du hast nie zu viel gedacht – doch nein, was kannst Du denken? Die Erziehung einer Fürstin, das selbstschöpferische Genie eines Dichters, das gute Herz eines Kindes, kurzum alles, alles beisammen, und alle Deine Mühe ist dennoch vergeblich, und alle meine Beschreibungen abgeschmackt. So viel allein kann ich Dir sagen, daß Jung und Alt, Groß und Klein, Vornehm und Gering, Gelehrt und Ungelehrt, sich herzlich wohl befinden wenn sie bei ihr sind, und jedem plötzlich anders wird wenn sie mit ihm redt, weil ihr Verstand in das Innerste eines jeden zu dringen, und ihr Herz für jede Lage seines Herzens ein Erleichterungsmittel weiß. Alles das leuchtet aus ihren Briefen, die ich gelesen habe, die ich bei mir habe und auf meinem bloßen Herzen trage. Sieh, es lebt und atmet darinnen eine solche Jugend, so viel Scherz und Liebe und Freude, und ist doch so tiefer Ernst die Grundlage von alle dem, so göttlicher Ernst – der eine ganze Welt beglücken möchte!« (S. 385)

Das Bild der vollkommenen Geliebten, in dem »alles, alles beisammen« ist, ist Ausdruck der übersteigerten Selbstimagination von Herz, der sich in Stella ein vollkommenes Objekt schafft, in dem er sich selbst spiegeln kann. In dieser grandiosen Selbstinszenierung als Liebhaber im Bild der Geliebten gewinnt Herz nur scheinbar. Zwar bringt er sich durch seine »hohen Empfindungen« (S. 382) in eine überlegene Position gegenüber den »kleinen Empfindungen« (ebd.), mit denen sich Rothe zufrieden gibt, der Geliebten gegenüber aber manövriert er sich ins Aus. Jedes Begehren muß in ihrer Gegenwart schweigen. Die »ewige Kluft« (S. 382), die Herz bereits beim ersten Zusammentreffen zwischen sich und der Geliebten wahrnimmt, ist der Effekt seiner eigenen Imagination. Daß Herz Bilder produziert, die mit der fiktiven Realität der Personen im Text wenig zu tun haben, legen nicht nur die Heimlichkeiten und Zweideutigkeiten nahe, zu denen sich die ins Göttliche stilisierte Stella immerhin bereit findet, sondern vor allem Herzens widersprüchliche Wahrnehmung der Witwe Hohl.

Auf den ersten Blick gesehen ist die Witwe Hohl das genaue Gegenbild zu der göttlichen Stella: Alt, häßlich und moralisch fragwürdig. Herz vergleicht sie in einem Brief an Rothe mit einer »Megäre« (S. 392) und spricht abfällig von ihrem »Medusenhaupt«. Mit dieser Meinung steht er übrigens nicht allein, denn auch Honesta bezeichnet die Witwe Hohl als häßlich:

»Die Witwe Hohl! Sie kennen die Witwe Hohl und ich brauche Ihnen ihre Häßlichkeit nicht zu beschreiben, doch wenn Sie sich nicht mehr auf ihr Gesicht erinnern sollten, sie hat eingefallene Augen, den Mund auf die Seite verzogen, der ein wahres Grab ist, das wenn sie ihn öffnet, Totenbeine weist, eine eingefallene Nase, kurz alles was häßlich und schrecklich in der Natur ist (…)« (S. 400/1)

Erstaunlich ist, wie eine so abstoßende Person eine enge Freundin der Gräfin Stella sein kann. Sie wirkt wie eine Kupplerin und nicht wie eine vertrauenswürdige Person. Ob sie in eigenem Interesse oder aber im Auftrag von Rothe oder Stella handelt, ist unklar. Auf jeden Fall spielt sie eine »höchst komplizierte Rolle« (S. 404). In Anwesenheit der Witwe Hohl trifft Herz zum erstenmal privat mit Stella zusammen und gibt Rothe davon folgenden euphorischen Bericht:

»Ja ich habe sie gesehen, ich habe sie gesprochen – Dieser Augenblick war der erste, da ich fühlte daß das Leben ein Gut sei. Ja ich habe ihr vorgestammelt, was zu sagen ich Ewigkeiten gebraucht haben würde und sie hat mein unzusammenhängendes Gewäsch verstanden. Die Witwe Hohl, Du kennst die Plauderin, glaubte allein zu sprechen, und doch waren wir es, wir allein, die, obgleich stumm, uns allein sprechen hörten. Das läßt sich nicht ausdrücken. Alles was sie sagte war an die Witwe Hohl gerichtet, alles was ich sagte gleichfalls und doch verstand die Witwe Hohl kein Wort davon. Ich bekam nur Seitenblicke von ihr, und sie sah meine Augen immer auf den Boden geheftet und doch begegneten unsere Blicke einander und sprachen ins Innerste unsers Herzens was keine menschliche Sprache wird ausdrücken können. Ach als sie so auf einmal das Gesicht gegen das Fenster wandte und indem sie den Himmel ansah, alle Wünsche ihrer Seele auf ihrem Gesicht erschienen – laß mich Rothe, ich entweihe alles dies durch meine Umschreibungen.« (S. 392)

Herz glaubt, wie das Zitat zeigt, mit Stella zu sprechen, spricht aber in Wahrheit mit der Witwe Hohl. Deren abstoßende Züge verlieren, wie der folgende Brief an Rothe zeigt, für Herz alsbald ihre Schrecken. Als Mittelsperson zu Stella wird ihm die Witwe Hohl immer sympathischer:

»Nun ist es wunderbar welch einen hohen Platz die Witwe Hohl in meinem Herzen einnimmt. Du weißt, welch eine Megäre von Angesicht sie ist, und doch kann ich mich in keiner einzigen Frauenzimmergesellschaft so wohl befinden als in ihrer. Ich verschwende Liebkosungen auf Liebkosungen an sie, und das nicht aus Politik sondern aus wahrer herzlicher Ergebenheit (...).« (S. 392/3)

Herz verhält sich so, daß die Witwe Hohl annehmen muß, daß er sie liebe. Dabei ist ihm klar, daß er ein unfaires Spiel treibt. Er nutzt die Witwe Hohl aus und wird – was er jedoch zu diesem Zeitpunkt noch nicht wissen kann – wahrscheinlich auch von ihr ausgenutzt. Aus der Verwechslungskomödie entwickelt sich eine Tragikomödie. Als Herz der Witwe Hohl für »alle das Vergnügen« (S. 398) danken will, das sie ihm durch das Arrangement mit der Porträtsitzung an der er als Voyeur teilnehmen durfte, verschafft hat, findet er sie krank im Bett vor:

»Mit der wahren Stimme einer Verzweifelnden redte sie mich an: Unglücklicher, fort von mir! was wollt Ihr bei mir – Was ist Ihnen, beste Witwe Hohl – Seht da Euer Werk, Verräter – Ich schuld an Ihrer Krankheit – Ja schuld an meinem Tode – Wodurch – Fragt Euer Herz, Bösewicht!« (S. 398)

Plötzlich findet sich Herz in der Rolle des »Bösewichts« wieder, die er sonst dem Freund Rothe zuschiebt. Ob die Witwe Hohl tatsächlich »eifersüchtig« (S. 399) ist, wie Herz meint oder – was wahrscheinlicher ist –, nur eine Komödie aufführt, ist egal. Entscheidend ist, daß auch Herz zu Täuschung und Mißbrauch anderer fähig ist und in bezug auf die Verblendung anderer Menschen sehr hellsichtig sein kann:

»Hätte sie doch nur einmal während der ganzen Zeit unserer Bekanntschaft in den Spiegel gesehen, wie viel Leiden hätte sie sich ersparen können! Indessen, der Mensch sucht seine ganze Glückseligkeit im Selbstbetrug. Vielleicht betrüge ich mich auch:« (S. 399)

Herz ist jedoch weit entfernt davon, aus diesen Einsichten Konsequenzen für sich zu ziehen. Ganz im Gegenteil: Er beginnt mit verzweifelter Verbissenheit den Kampf um Stellas Bild.

Die Geschichte der Witwe Hohl ist für die Frauenbildproblematik äußerst interessant. Oberflächlich gesehen handelt es sich um eine groteske Verwechslung und Vermischung von zwei völlig unterschiedlichen Figuren. Man kann die Geschichte aber auch als Beschwörung von zwei unterschiedlichen Bildern von Weiblichkeit lesen: Hier die »Göttin« und der »Engel«, dort die »Megäre« und das »Medusenhaupt«. Beide Bilder gehören zusammen, sind Produkt des gespaltenen Frauenbildes von Herz. Die Witwe Hohl ist quasi die ›Hohlform‹, in die Herz seine Ängste vor Stella hineinprojiziert.

Die Fratze der Witwe Hohl, die hinter dem Idealbild Stellas auftaucht, weist zurück auf Erfahrungen, die der junge Herz in der Vergangenheit mit Frauen gemacht hat. Herzens drei Liebesgeschichten, von denen Rothe Plettenberg unter dem Siegel der Vertraulichkeit Mitteilung macht, enden bezeichnenderweise mit der immer gleichen Erfahrung: Die Frauen entsprechen nicht der hohen Vorstellung, die sich Herz von ihnen gemacht hat. Sie sind keine idealen, sondern triebhafte Geschöpfe. Seine erste Liebe in Rußland, in der Herz die »Nymphe des Telemach« (S. 410) zu sehen geglaubt hatte, entpuppt sich als »liederliche Weibsperson« (ebd.), seine zweite Liebe in Frankreich, in der er eine »zweite Ninon« (ebd.) zu finden geglaubt hatte, ist nur »kokett« (ebd.), und seine dritte Liebe in Deutschland, »eine Messiasheldin« (ebd.), ertappt er »bei einer starken Vertraulichkeit mit einem dicken runden Studenten« (ebd.). Wie weit solche Enttäuschungen, die nach dem immer gleichen Muster verlaufen, auf frühere Enttäuschungen zurückverweisen, muß angesichts des fragmentarischen Charakters des Romans Spekulation bleiben. Es ist jedoch bemerkenswert, daß die früh verstorbene Mutter von Herz eine mächtige Herrscherin und zugleich eine sexuell freizügige Frau gewesen ist.

Wichtiger als solche psychologischen Linien, die sich aus Herzens Lebensgeschichte rekonstruieren lassen, ist die Konsequenz, die sich aus Herzens ambivalenter Einstellung Frauen gegenüber ergibt: Das gespaltene Frauenbild und das daraus resultierende Mißtrauen gegen die Tugend der Frau, das eine Parallele im Mißtrauen gegen die Aufrichtigkeit des Freundes hat. Mißtrauen aber entzieht sowohl der Freundschaft wie der Liebe die Basis und treibt Herz in die Einsiedelei.

V. Freundschaft und Liebe getrennt?
Herz als Einsiedler und Waldbruder

Als Einsiedler ist Herz, trotz gegenteiliger Beteuerungen Rothe gegenüber, jedoch keineswegs glücklich. Sein »letztes Geld« wird ihm von einem »schelmischen Bauren« (S. 381) gestohlen, die Bewohner des nahegelegenen Dorfes lassen ihn seine Fremdheit deutlich spüren, um nicht zu verhungern, muß er sich als Tagelöhner verdingen, und ein für die Osterzeit ungewöhnlicher Kälteeinbruch treibt ihn aus seiner Hütte ins Dorf. Obgleich dem Kalender nach Frühjahr sein müßte, herrscht ein strenger Winter:

>»Gestern konnt ich's fast nicht aushalten in meiner Hütte. Alles war versteinert um mich, und ich habe die Kälte in der härtesten Jahrszeit in meinem Vaterlande selbst nicht so unmitleidig gefunden. Ich nahm mir das Eis aus den Haaren, und es war mir nicht möglich, Feuer anzumachen; ich mußte also ziemlich spät ins Dorf hinabgehen, um mich zu wärmen.« (S: 391)

Die zwischendurch durchbrechende Sonne erweckt in Herz nicht die Hoffnung auf den Frühling, sondern die Assoziationen an »Nachsommer« (S. 381) und die Sehnsucht nach dem »Herbst« (S. 382):

>»Ich denke, es wird doch für mich auch ein Herbst einmal kommen, wo diese innere Pein ein Ende nehmen wird. Abzusterben für die Welt, die mich so wenig kannte, als ich sie zu kennen wünschte – o welche schwermütige Wollust liegt in dem Gedanken!« (S. 382)

Herzens Stimmung ist alles andere als ausgeglichen und abgeklärt. Sie schwankt zwischen Trotz (S. 384), Selbstmitleid (S. 388) und Depressivität (S. 382).

Dem Freund gegenüber rechtfertigt er seinen Rückzug aus der Gesellschaft mit folgender grandioser Selbststilisierung:

>»Niemanden im Wege – welch eine erhabene Idee! ich will niemanden in Anspruch nehmen, niemand auch nur einen Gedanken kosten, der die Reihe seiner angenehmen Vorstellungen unterbricht. Nur Freiheit will ich haben, zu lieben was ich will und so stark und dauerhaft, als es mir gefällt. Hier ist mein Wahlspruch, den ich in die Rindentüre meiner Hütte eingegraben:

>>Du nicht glücklich, kümmernd Herz?
>>Was für Recht hast du zum Schmerz?
>>Ist's nicht Glück genug für dich,
>>Daß sie da ist, da für sich?« (S. 388)

Daß die Einsiedelei und das Selbstbild des unabhängigen, autonomen Subjekts nur eine Pose ist, zeigt sich sehr bald. Herz kann auf Freundschaft und Liebe keineswegs verzichten. Er braucht den Kontakt zu Rothe, und er verläßt seinen »Trotzwinkel« (S. 384) sofort, als sich ihm eine Aussicht eröffnet, Stella »sehen und sprechen« (S. 391) zu können. Auf Stellas Billet hin kehrt er sogleich in die Stadt zurück. Der Aufenthalt im Wald ist nur ein kurzes Zwischenspiel gewesen.

In der Stadt ist Herz jedoch nicht weniger isoliert als im Wald: Ein Gespräch mit Stella kommt nicht zustande und mit dem ständig in Geschäften herumreisenden Rothe wechselt er auch in der Stadt nur Briefe. Das Alleinsein kann Herz jedoch trotz aller seiner gegenteiligen Behauptungen nicht ertragen. Er möchte Teil eines Paares sein und sehnt sich nach Freundschaft und Liebe. Sein angenommener Name »Herz« signalisiert seine Vereinigungswünsche ebenso wie seine Selbstinszenierung als »Waldbruder«. Als Einsiedler imaginiert sich Herz als ›Bruder des Waldes‹[15] und als Herz ist er Teil einer Person, und zwar der beste Teil.

Der Name Herz ist Ausdruck einer grandiosen Selbsteinschätzung und zugleich das Eingeständnis einer existentiellen Abhängigkeit: Das Herz allein ist nicht lebensfähig. Wenn man den Namen Herz wörtlich nimmt, erscheint die Freundschaft zwischen Rothe und Herz in einem neuen Licht: Herz ist das Herz von Rothe. Rothe und Herz sind – ähnlich wie die Witwe Hohl und Stella – nicht zwei Personen, sondern eine einzige. Der Text erzählt also nicht die Geschichte einer Freundschaft zwischen zwei Personen, sondern er erzählt von der Spaltung einer Person, in der die späteren Doppelgänger-, Spiegelbild und Schattengeschichten der Romantik bereits keimhaft enthalten sind. Rothe trennt sich von seinem Herz, um sich seinen zweifelhaften Vergnügungen ohne moralische Skrupel hingeben zu können. Er lacht Herz »aus der Haut und der Welt hinaus« (S. 388).

Eine solche wörtliche Lesart, die nicht überstrapaziert werden sollte, könnte übrigens viele verwirrende Verwechslungen und Ungereimtheiten im Text auflösen. Sie stände auch nicht im Widerspruch zum Freundschafts- und Liebesdiskurs, sondern sie wäre Ausdruck einer speziellen Beziehungsphantasie, deren Bedeutung sich erst dann ganz erschließen würde, wenn man sie auf das Verhältnis von Goethe und Lenz übertragen würde. Goethe als erster Leser des Textes hat sich dieser Phantasie jedoch verweigert und damit in der Realität zum Scheitern der Vereinigungswünsche beigetragen, die von Lenz als Paarphantasien auf den verschiedensten Ebenen durchgespielt und im Text bereits ad absurdum geführt werden.

1 Zit. nach J. M. R. Lenz: Werke und Briefe in drei Bänden. Hg. von Sigrid Damm. Leipzig 1987, Bd. 2. Der »Waldbruder« findet sich auf S. 380–412, das Zitat auf S. 387. Im Folgenden werden die Zitate direkt im Text nachgewiesen.

2 Zum Freundschafts- und Liebesdiskurs im 18. Jahrhundert vgl. die beiden älteren wegen ihres Materialreichtums immer noch wichtigen Arbeiten von
   Wolfdietrich Rasch: Freundschaftskult und Freundschaftsdichtung im deutschen Schrifttum des 18. Jahrhunderts. Halle/Saale 1936.
   Paul Kluckhohn: Die Auffassung der Liebe in der Literatur des 18. Jahrhunderts und in der deutschen Romantik. 3. unveränderte Aufl. Tübingen 1966. (Die erste Ausgabe erschien 1921)
   Siehe auch:
   Eckardt Meyer-Krentler: Der Bürger als Freund. Ein sozialethisches Programm und seine Kritik in der neueren deutschen Erzählung. Tübingen 1984.
   Gerhard Kurz: Empfindsame Geselligkeit. Die Bedeutung von ›Freundschaft‹ und ›Liebe‹ in Jacobis Werk. In: ders. (Hg.): Düsseldorf in der deutschen Geistesgeschichte 1750–1850. Düsseldorf 1984. S. 109–119.
   Frauenfreundschaft – Männerfreundschaft. Literarische Diskurse im 18. Jahrhundert. Hrsg. von Wolfram Mauser und Barbara Becker-Cantarino. Tübingen 1991.

3 Veröffentlicht in: Die Horen, Bd. X, 3. Jg. (1797), Stück 4, S. 85–102 und Stück 5, S. 1–30.

4 Die ältere Forschungsliteratur ist verzeichnet bei Hans-Gerd Winter: J. M. R. Lenz. Stuttgart 1987. (Sammlung Metzler)

5 Ansätze dazu finden sich bei:
   Thomas Heine: Lenz's ›Waldbruder‹. Inauthentic narration as social criticism. In: German Life and Letters 33 (1979/80). S. 183–189.
   Maria E. Müller: Die Wunschwelt des Tantalus. Kritische Bemerkungen zu sozialutopischen Entwürfen im Werk von J. M. R. Lenz. In: Literatur für Leser (1984). Heft 3, S. 147–161. (Geht vor allem auf den »Landprediger« ein)
   Friedrich Vollhardt: Der Waldbruder. (Anmerkungen und Kommentar zu der Erzählung) In: Deutsche Erzählungen des 18. Jahrhunderts. München 1988. S. 259–268.
   Jürgen Stötzer: Das vom Pathos der Zerrissenheit geprägte Subjekt. Eigenwert und Stellung der epischen Texte im Gesamtwerk von J. M. R. Lenz. Frankfurt a.M. 1992. Der »Waldbruder« wird auf S. 82–106 behandelt.

6 Vgl. dazu:
   Niklas Luhmann: Liebe als Passion: Zur Codierung von Intimität. Frankfurt a.M. 1982.
   Roland Barthes: Fragmente einer Sprache der Liebe. Frankfurt a.M. 1984.
   Julia Kristeva: Geschichten von der Liebe. Frankfurt a.M. 1989.

7 Ob dieser Titel von Lenz stammt oder ob es sich um eine Hinzufügung des Herausgebers Schiller handelt, ist fraglich.

8 Vgl. Horkheimer/Adorno: Dialektik der Aufklärung. Amsterdam 1947. S. 110.

9 Herz hatte ihn am Ende des Briefes, in dem er Rothe vom ersten Zusammentreffen mit Stella erzählt hatte, gebeten: »Heb es sorgfältig auf, und laß es in keine unheiligen Hände kommen.« (S. 383)

10 Vgl. S. 412. Ob er hier die Verlobte an Rothe abtritt oder eine menage à trois vorschlägt, ist nicht sicher zu entscheiden. Vgl. dazu Vollhardt, S. 266.

11 Georg Büchner: Dantons Tod (II, 5) und Briefe (An die Braut, um den 9.–12. März 1834). In: Georg Büchner: Werke und Briefe (Münchner-Ausgabe), München 1988. S. 110 u. S. 288.

12 Nach Rosanow lautete so ein Billet, das Goethe an Lenz schrieb. M. N. Rosanow: J. M. R. Lenz, der Dichter der Sturm- und Drangperiode. Sein Leben und seine Werke. Leipzig 1909. S. 350.

13 Die vier Briefe, die Honesta an den Pfarrer Claudius richtet – drei von ihnen machen den dritten Teil des Romans aus – bilden einen eigenen Komplex im Romangefüge.

14 Vgl. Inge Stephan: »So ist die Tugend ein Gespenst«. Frauenbild und Tugendbegriff im bürgerlichen Trauerspiel bei Lessing und Schiller. In: Lessing Yearbook XVII (1985). S. 1–20.

15 Vgl. den Ausruf »Wald Wald, bester aller meiner Freunde«, der sich in dem Prosatext »Moralische Bekehrung eines Poeten« befindet. Lenz: Werke und Briefe, Bd. 2, S. 339.

Zur moralischen Kritik des Autonomie-Ideals.
Jakob Lenz' Erzählung »Zerbin
oder die neuere Philosophie«.

Martin Rector (Hannover)

Lenz' literarische Arbeiten, seine Dramen wie seine Erzählungen, stehen zu seinen moralphilosophischen, sozialreformerischen und ästhetischen Schriften nicht in einem einfachen Abbildungs- oder Umsetzungs-Verhältnis. Eher verhalten sie sich zu ihnen wie die sinnliche Wahrnehmung zur spekulativen Idee, wie das Konkrete, Einzelne, Wirkliche zum Abstrakten, Allgemeinen, Gedachten. In seiner auf Mimesis der gesellschaftlichen Wirklichkeit verpflichteten literarischen Darstellung unterzieht Lenz, wie bewußt auch immer, seine theoretischen Überzeugungen und Postulate der Nagelprobe ihres Realitätsgehalts und ihrer Realisierbarkeit hic et nunc. Ergebnis dieser ästhetischen Wahrheitsprobe ist in aller Regel nicht die Entsprechung, sondern die Differenz. Die seine theoretischen Schriften durchziehende Grundüberzeugung Lenzens ist das emphatisch-aufklärerische Axiom, daß der Mensch als an der Spitze der Gattungshierarchie stehendes, gottähnliches Geschöpf sich vor allen anderen Lebewesen dadurch auszeichne, daß er sich als »unendlich freihandelndes Wesen« gegen die Fremdbestimmung durch äußere »Umstände« behaupten könne und solle[1].

Demgegenüber besteht die spezifische Erkenntnisqualität seiner literarischen Werke darin, daß sie dieses anthropologische Axiom, indem sie es wie in einer ästhetischen Probehandlung durch das Fegefeuer der zeitgenössischen gesellschaftlichen Wirklichkeit schicken, als empirisch nicht existent und nicht durchsetzbar erweisen, ohne es doch theoretisch zurücknehmen zu wollen. Aus dieser unbestechlichen Enthüllung eines als schmerzhaft empfundenen Widerspruchs zwischen Entwurf und Wirklichkeit durch ein bestimmtes Verfahren von ästhetischem Realismus resultiert wesentlich die aporetische Struktur der zugleich tragischen und komischen Stücke Lenzens[2].

I.

Diesem Konstruktionsmuster einer Widerlegung contre cœur folgt offensichtlich auch die Ende 1775 in Straßburg entstandene und im Frühjahr 1776 in Boies »Deutschem Museum« gedruckte Erzählung »Zerbin oder die neuere Philosophie«[3]. Der hochherzige Lebensplan des jungen bürgerlichen Intellektuellen Zerbin, der es »für unwürdig hält, den Umständen nachzugeben« und »sich selbst alles zu danken« haben will (S. 351), der deshalb die korrumpierende Apanage seines reichen Vaters, eines skrupellosen Berliner Finanzkaufmanns und Zinswucherers, ausschlägt, um sich ohne einen Heller in der Tasche als eine Art früher Selfmademan emporzuarbeiten und dann seinerseits den Vater zur Wiedergutmachung an den ausgeplünderten Opfern zu zwingen – dieser edle Lebensplan Zerbins scheitert nach verheißungsvollen Anfängen denkbar kläglich. Am Ende muß Zerbin hochverschuldet zu Kreuze kriechen und den Vater um Geld bitten, doch dieser ist, wie die Zufälle bei Lenz so spielen, inzwischen selber vollständig ausgeraubt worden, so daß der niedergemachte Held keinen anderen Ausweg mehr weiß, als seinem Leben selber ein Ende zu setzen.

In diesem Sinne läßt sich die kurze und traurige Geschichte Zerbins lesen als Parabel für das notwendige Scheitern des »freihandelnden« Menschen an den herrschenden »Umständen«, für die unausweichliche Verkehrung des abstrakt-idealen Autonomie-Anspruchs in die konkret-reale Determinations-Erfahrung. Besonders sinnfällig konkretisiert Lenz die das Individuum integrierende und determinierende Macht der bürgerlichen Gesellschaft an der wie mit politökonomischem Sachverstand akzentuierten Rolle des Geldes, das alle Verhältnisse und Beziehungen der Menschen durchdringt, auch die privaten und emotionalen, und so auch über Zerbins Pläne triumphiert. Gerade weil er mittellos antritt, muß Zerbin sich in Abhängigkeiten begeben, die zunächst unverdächtig erscheinen, die dann aber wie eine Kettenreaktion immer neue nach sich ziehen und ihn immer tiefer in jene Verhältnisse verstricken, von denen er sich um keinen Preis fremdbestimmen lassen wollte: zunächst hängt er nur von seinem Leipziger Professor und wohlwollenden Förderer Gellert ab, dann als Privatlehrer von dem säumig zahlenden Grafen Altheim, über diesen von der Tischgesellschaft des Bankiers Freundlach mit dem Offizier Hohendorf, daneben als Magister von den Kolleggeldern seiner Studenten und als Mieter von der Nachsicht seines Hausherrn, schließlich sogar von seiner Aufwärterin Marie, die ihm mit ihrem spärlichen Lohn aus der Klemme hilft.

Doch wie plausibel diese Lesart auch klingt und wie nützlich sie als erste

Interpretations-Hypothese der Erzählung auch sein mag: sie greift zu kurz, weil sie auf einer selektiven Wahrnehmung ihrer komplexen Fabel und Erzählweise beruht. Das Intrikate dieser Erzählung besteht nämlich darin, daß sie nicht nur, wie viele andere Werke Lenzens, das Axiom der Handlungsfreiheit durch das Faktum der sozialen Determination widerlegt, sondern daß sie diese, wenn man einmal so sagen darf: soziologische Widerlegung des Ideals mit dessen moralischer Kritik verschränkt. Lenz läßt hier eben nicht nur sein Autonomie-Ideal, repräsentiert durch den Protagonisten, am determinierenden Räderwerk der bösen Gesellschaft zuschanden gehen, die nicht bereit ist, wie Hans Mayer einmal treffend formulierte, »das Konzept vom Blatt zu spielen«[4]: er läßt Zerbin nicht nur scheitern, er läßt ihn auch schuldig werden am Tod Maries. So jedenfalls sieht es der Erzähler, der von der »Last seiner Schuld« spricht, und so sieht es in freilich zu später Reue auch Zerbin selber, wenn er sich in seinen nachgelassenen Papieren vor den »Richterstuhl« Maries begibt, um von ihr »keine Verzeihung«, sondern seine »Strafe« zu erbitten (S. 378).

Mit dieser Konstruktion der Fabel und des Helden verfolgt die Erzählung also eine doppelte Widerlegungsabsicht: sie dementiert nicht nur, daß das Autonomie-Konzept gesellschaftlich realisierbar sei, sondern auch, daß es, wie gern unterstellt, tugendhaft sei; sie macht Zerbin zugleich zum unschuldigen Opfer und zum schuldigen Täter. Dieser fundamentale Zwiespalt prägt auch den strukturell ambivalenten Kommentar des Erzählers, der je nach Gelegenheit und Stand der Entwicklung um Mitleid oder Verachtung für seinen Helden wirbt, einerseits von wohlmeinenden Absichten, andererseits von schuldhaften Verfehlungen spricht und, den Leser zum Richter aufrufend, gleichermaßen vor einer blinden Verteidigung und einer vorschnellen Verurteilung Zerbins warnt.

Für die Interpretation der Erzählung ergibt sich daraus zunächst, daß sie nicht einzelne Kommentare des Erzählers für das Ganze nehmen darf; der Erzähler beschränkt sich bewußt darauf, den Fall in seiner Widersprüchlichkeit zu exponieren und delegiert die Urteilsfindung an den Leser. Hierin ähnelt die Erzählung den Dramen Lenzens. Die für die Bewertung von Zerbins Lebensplan und Charakter entscheidende Frage lautet daher, ob (und wenn ja: wie) Zerbins Schuld, also die Marie-Handlung, mit dem Scheitern seines Autonomie-Entwurfs ursächlich zusammenhängt.

In den wenigen Interpretationen wird diese Frage so kaum gestellt, entsprechend unbefriedigend oder ausweichend sind die Ergebnisse. Entweder wird die Doppelstruktur selber nicht ernstgenommen und eines der beiden Handlungselemente einseitig gewichtet und folglich auch bewertet, oder es werden zwar beide Handlungselemente beachtet, aber nicht als logisch verknüpfte, sondern als parallel geführte gelesen, so daß am Ende in der Schuldfrage für ein mehr oder weniger ambivalentes Sowohl-Als-Auch plädiert wird[5].

Demgegenüber soll hier die These vertreten werden, daß Lenz in der Erzählung beide Handlungs- und Problemkomplexe bewußt so miteinander verbindet, daß sich Zerbins Verhalten gegenüber Marie ursächlich aus seinem Autonomie-Anspruch ergibt und daß daher seine moralische Schuld gegenüber Marie auch als moralische Kritik (und Selbstkritik) auf das Autonomie-Ideal selber zurückfällt.

II.

Schuldig an Marie wird Zerbin nicht, weil er sie verführt (von einer Verführung kann in der vom Erzähler mit besonderer psychologischer Sorgfalt rekonstruierten Liebesbegegnung überhaupt nicht die Rede sein), sondern weil er sie, die ein Kind von ihm erwartet und ihn bedingungslos liebt, um seiner Karriere willen nicht heiraten will und sie damit nicht nur der gesellschaftlichen Ächtung, sondern, wenn auch befördert durch eine unglückliche Verkettung nachgeordneter Zufälle, letztlich dem Henker ausliefert. Vor sich selbst rechtfertigt Zerbin sein Verhalten mit der »neueren Philosophie«; diese ist nichts anderes als eine sich »vernünftig« im Sinne von gesellschaftlich opportun gerierende Legitimationsideologie der sexuellen Libertinage.

Für die Erörterung von Zerbins Schuld oder Unschuld ist also entscheidend, wie er zu dieser Einstellung und damit zur Revokation jener Gellert-Moral gelangt, mit der er ursprünglich antritt. In der vom Erzähler besonders sorgfältig vorbereiteten und genau beschriebenen Schlüsselszene erscheint Zerbins Konversion nicht als Ergebnis eines längeren Zweifelns und bewußten Reflektierens, sondern als ein unbewußter, geradezu mechanisch-vegetativer Reflex auf sein unmittelbar vorhergehendes Marie-Erlebnis. Und auch diese im Sinne der Gellert-Moral verwerfliche voreheliche sexuelle Vereinigung hat Zerbin, wie der Erzähler plausibel belegt, keineswegs willentlich intendiert; vielmehr hat ihn eine besondere Verkettung von psychischen Prädispositionen und äußeren, teils zufälligen Umständen gewissermaßen schwach werden lassen. Insgesamt jedenfalls vermittelt der Erzähler dem Leser den Eindruck, daß Zerbin gegen seinen Willen in eine existenzielle Grenzsituation getrieben und in ihr mit der Unmoral der Gesellschaft kontaminiert wird. Dadurch wird Zerbin moralisch und juristisch entlastet. Vorzuwerfen ist ihm nicht Vorsatz, sondern allenfalls Fahrlässigkeit, ein gewisser Kontrollverlust, der ihn dann sozusagen automatisch korrumpiert. In diesem Sinne erscheint sein Bekenntnis zur »neueren Philosophie« nur als bewußtseinsmäßige nachträgliche Ratifizierung seines im Taumel des sexuellen Akts selber vollzogenen Abfalls von der früheren Moral.

Diese Entlastungsargumentation läßt sich weiter stützen, wenn man in Rechnung stellt, wie Zerbin für diesen seinen Kontrollverlust sozial zugerichtet wird. Der Umgang mit dem adligen Libertin Altheim und dem ebenfalls nicht eben monogamen Offizier Hohendorf, vor allem aber die ersten erotischen Erfahrungen mit der routinierten Galanterie der Kokotte Renatchen und dem Versorgungs-Ehen-Kalkül der Kaufmannstochter Hortensie fügen ihm schwere psychische Frustrationen und Verletzungen zu, unterminieren seine moralische Standhaftigkeit unterhalb der Willensschwelle und bereiten ihn für jenes ›Erwachen‹ vor, für das die Begegnung mit Marie nur noch als Auslöser fungiert.

Dennoch können alle diese zweifellos mildernden Umstände Zerbin auch nach Auffassung des Erzählers nicht freisprechen; sie spitzen die Untersuchung vielmehr aufs Grundsätzliche zu. Der Erzähler entwickelt sein Problem bewußt nicht am Normal-, sondern am Extremfall, er schickt seinen Helden zur Bewährungsprobe eingestandenermaßen auf »neue Wege«, die »noch keinem unserer Reisebeschreiber eingefallen« seien (S. 354). Er will zeigen, daß Zerbins Übergang auf die Position der »neueren Philosophie«, wie verständlich er auch scheint, nicht nur das Werk einer ruchlosen Gesellschaft ist, die einen untadeligen Charakter verdirbt, sondern daß er auch in der Konsequenz dieses Charakters selbst liegt, ja dessen latente Unmoral enthüllt; er will zeigen, daß Zerbin an der Katastrophe Maries schuldig ist, weil sich in seinem Verhalten ihr gegenüber nichts anderes durchsetzt als die charakterlich-moralische Schattenseite seines Autonomie-Programms und seines Lebensplans. Diese negative Kehrseite seiner edlen Gesinnung verbirgt sich hinter dem, was der Erzähler zwar wortreich, aber doch etwas dunkel und zögernd als sein »reizbares, für die Vorzüge der Schönheit äußerst empfindliches Herz« und sein »Gefühl fürs bessere Geschlecht« bezeichnet (S. 357), also in seinem Bedürfnis nach Liebe.

Nun mag man einwerfen, daß das Bedürfnis nach Liebe erstens nicht verwerflich, sondern im Gegenteil natürlich und menschlich sei und daß es zweitens nichts mit dem Autonomie-Ideal zu tun habe. Doch belehrt schon ein flüchtiger Blick in den Text über das Gegenteil. Exakt an diesem scheinbar unverdächtigen Punkt der Liebe, Erotik und Sexualität macht der Erzähler die entscheidenden Abgründe im Charakter seines Helden aus. Explizit betont er, daß Zerbins Liebesverlangen keineswegs harmlos ist, sondern sich als desto problematischer, zwanghafter und gefährlicher erweist, je weniger es Befriedigung findet: »Er mußte etwas lieben. – Hier fing das Schreckliche seiner Geschichte an.« (S. 367) Ebenso unmißverständlich zeigt er, daß dieses problematische Liebesverlangen Zerbins durchaus mit seinem Autonomie-Ideal zusammenhängt, ja nur eine charakterliche Erscheinungsform dieses Ehrgeizes ist, sich aus eigener Kraft und gegen alle äußeren Widrigkeiten zu einer unabhängigen und herausgehobenen gesellschaftlichen Position emporzuarbeiten. Daß beides zusammenhängt, der Lebensplan und das Liebesverlangen, macht im übrigen gerade das vom Erzähler hervorgehobene, exemplarisch Ganzheitliche an Zerbins Charakter aus, in dem sich ein offener Kopf mit einem glühenden Herzen und einem spannkräftigen Körper verbinden. Weil Zerbin, ganz im Sinne des Sturm-und-Drang-Ideals der allseitig entfalteten Persönlichkeit, als Charakter unteilbar ist, müssen nach dem intellektuell erfolgreichen Karriere-Start auch seine emotionalen Bedürfnisse auf ihre Kosten kommen: »aber er hatte andere Wünsche, andere Begierden, die auch befriedigt sein wollten« (S. 357), und weil das so ist, muß die ausbleibende Befriedigung dieser Begierden Zerbin auch als ganzen Menschen treffen: seine Tatkraft, seine Karriere, sein Autonomie-Anspruch, seine ganze Persönlichkeit erleiden einen irreparablen Knick. Das ist die psychologische Genese seiner Katastrophe.

Die Frage nach Zerbins subjektiver Schuld spitzt sich also zu auf eine genauere Untersuchung seines offenbar problematischen Liebesverlangens. Die These lautet, daß Zerbin bei aller Intensität seiner Gefühle nicht wirklich lieben kann, weil wirkliche Liebe charakterpsychologisch nicht vereinbar ist mit den Zielsetzungen des Autonomie-Ideals.

III.

Schon bei der ersten Vorstellung von Zerbins Lebensplan betont der Erzähler, daß er seinen Helden »im geringsten nicht verschönern« wolle und räumt ein, daß es Zerbin nicht allein darum gehe, die Opfer seines Vaters zu entschädigen, sondern auch darum, »von sich in den Zeitungen reden zu machen« (S. 356). Unmittelbar zuvor hatte er sich zweifelnd gefragt, ob er Zerbins »Gradheit des Herzens« nicht eher als »Stolz« bezeichnen müsse (S. 355), nun einigt er sich in einem seiner typischen, den Erzählerbericht kommentierenden Räsonnements zunächst auf die Formel, daß auch die »edelsten Gesinnungen« des Menschen in gewissem Sinne »eigennützig sein müssen«, weil sie stets »auf den Baum der Eigenliebe gepropft« sind (S. 356).

Mit diesen vielsagenden verallgemeinernden Vorausdeutungen stimmt der Erzähler den Leser gleich zu Beginn auf seinen grundlegenden moralischen Verdacht gegen die Motive des Helden ein. Mit einem geradezu argwöhnischen psychologischen Scharfblick verfolgt er von nun an das gesamte Denken und Handeln Zerbins unter dem Gesichtspunkt, ob sich darin unbeschadet seiner grundsätzlich positiven Qualitäten nicht auch Symptome von Selbstbezogenheit, Eigenliebe und Stolz finden. Und in der Tat ist diese seine Fahndung überaus erfolgreich. Auf Schritt und Tritt kann er zeigen, daß Zerbin nicht nur in Verfolgung seines großen Plans, sondern auch in seinem Sozialverhalten und in den banalsten Alltäglichkeiten letztlich gesteuert ist von Selbstliebe, Stolz und jenem »eingebildeten Hochmut«, dessen er sich in seinen nachgelassenen Papieren am Ende auch selber bezichtigt (S. 378). Am überraschendsten und am folgenreichsten aber ist, daß diese moralische Kritik sich auch, wenn nicht vor allem gegen sein Liebesverlangen und Liebesverhalten richtet.

Zugegeben: verglichen mit den übrigen Figuren der Erzählung erscheint es geradezu rein. Nur die selbstlose Märtyrerin Marie, die ihn auch um den Preis ihres Todes nicht verrät, beschämt ihn schließlich. Doch gegenüber Altheim und Hohendorf, Renatchen und Hortensie, den Repräsentanten des juste milieu, nimmt er sich wie eine Verkörperung der Tugend aus, und zwar nicht nur, weil er unschuldig und sein Begriff von Liebe keusch ist, sondern auch, weil er ohne Kalkül lieben und ganz seinen Gefühlen leben will. Sein »Herz« erweist sich als das zum Geld komplementäre Schlüsselwort der Erzählung.

Doch betrachtet man die Strebungen seines Herzens genauer, erkennt man, daß sie sich nie wirklich auf einen Mitmenschen und Partner richten, sondern selbstbezogen sind. Deutlich wird das schon in der Art und Weise, wie er sich die Vorlesungen Gellerts, des unbestrittenen Moralpräzeptors seiner Zeit, aneignet. Er schreibt diese erste Nahrung seines Herzens wörtlich mit und lernt sie auswendig wie einen beliebigen anderen Prüfungsstoff, wie ein Regelbuch der Algebra oder des Naturrechts; er rezipiert diese Moral auf eine äußerliche, rein verstandesmäßige Weise, die gerade sein Herz nicht tangiert und er verkehrt dadurch ihren inhaltlichen Kern, den empfindsamen Altruismus, geradezu in dessen Gegenteil, einen kalkulierten Egoismus. Statt die inhaltliche Botschaft Gellerts zur Maxime seines Handelns zu machen, für ihre Verbreitung zu werben und so zur moralischen Besserung der Subjekte und der Gesellschaft beizutragen, verbrennt er seine Mitschriften, um wie ein konkurrenzgeleiteter Streber einen persönlichen Vorsprung zu gewinnen und sie zu memorieren als opportunes Aufstiegswissen, als für seine Karriere notwendige und nützliche Kompetenz.

Ähnlich fadenscheinig wird bei genauerem Hinsehen Zerbins moralische Integrität in den Affären mit Renatchen und Hortensie. Natürlich ist er, der »Neuling im Leben« (S. 355), zunächst einmal das unschuldige Opfer durchtriebener weiblicher Routiniers; unbestreitbar sucht er eine Beziehung zum weiblichen Geschlecht, die ganz von den Strebungen seines Herzens getragen ist, während Renatchen eine galante Intrige inszeniert und Hortensie geradewegs eine bürgerliche Versorgungsehe anpeilt. Doch betrogen und verletzt wird Zerbin von den beiden Damen weniger in seinem Bedürfnis, zu lieben, als in seinem Bedürfnis, geliebt zu werden. Was er unter Liebe versteht, ist ohnehin nicht an eine bestimmte Person gebunden, sondern ein Verlangen nach Befriedigung dieses Bedürfnisses an sich, nach Bestätigung seiner Liebes-Würdigkeit durch wen auch immer. Erst diese spezielle Bedürfnisstruktur, nicht seine schlichte Unerfahrenheit, macht ihn zum idealen Objekt für Renatchens Pläne, denn deren Befriedigung kann sie ihm so viel leichter vorspielen als dem abgebrühten Altheim oder auch Hohendorf. Weil sich Zerbin in Renatchens Avancen als begehrenswert spiegelt, stilisiert er sie selbst zur Göttin, und weil er geradezu wahnhaft sein vermeintliches Geliebtwerden liebt, liest er noch in ein läppisches Kartenspiel ihre Liebesbezeugungen hinein. Die Wunde, die ihm Renatchen schlägt, ist daher nicht, daß sie seine Liebe nicht erwidert, sondern daß sie ihn buchstäblich für ihre Zwecke instrumentalisieren kann. Diese Erfahrung trifft Zerbin im Innersten seiner Persönlichkeit, sie verletzt seinen Autonomie-Anspruch, seinen Stolz, seine Selbstliebe. Deshalb muß er, wie der Erzähler kommentiert, diese Enttäuschung nicht etwa »zufälligen Umständen«, sondern seiner »eigenen Unwürdigkeit« zuschreiben (S. 363). Nicht nur als desillusionierter Naiver und enttäuschter Liebhaber geht Zerbin also aus dieser seiner ersten Erfahrung mit der Liebe in der Gesellschaft hervor, sondern als gekränkter Narziß. Und diese Kränkung setzt sich fort in der Begegnung mit Hortensie, die es wagt, seine »Gefälligkeiten« und »Liebkosungen« mit einer »stumpfen, kalten Sprödigkeit«

(S. 367) zu ignorieren und die ihn ebenfalls nicht ob der Qualitäten begehrt, die er an sich selber liebt, sondern ob seiner gesellschaftlichen Reputierlichkeit.

Als ein in Selbstliebe verfangener Narziß erweist sich Zerbin schließlich auch in der entscheidenden Begegnung mit Marie. Hier ist die Konstellation jedoch in zweierlei Hinsicht verändert und verschärft. Erstens erfährt Zerbin hier erstmalig echte Zuneigung, denn im Gegensatz zu Renatchen und Hortensie liebt Marie ihn wirklich. Und zweitens kann Zerbin hier, gerade weil ihn nach seinen bisherigen Erfahrungen die ganz und gar uneigennützigen und ungeschützten Gefühlsäußerungen Maries völlig überraschen, ja überwältigen, erstmals auch selber echte Gefühle zulassen – allerdings nur für die eine Sekunde des Kontrollverlusts, in der Marie mit der unverstellten Kraft ihres Herzens seine narzißtische Panzerung durchbricht und sein Herz erreicht. Weil er jedoch blitzhaft und instinktiv begreift, daß diese echten Gefühle, gäbe er ihnen nach und verbände sich mit Marie, seinen stolzen Lebensplan gefährdeten, ruft er sich sofort zu um so strengerer Kontrolle durch eine »vernünftige« Philosophie zurück. So wird Zerbins Bedürfnis nach Liebe erst in der Herausforderung durch die echte Liebe Maries als das kenntlich, was es schon immer war und was Zerbin nun auch bewußt zur Maxime seines Handelns erhebt: als jene narzißtische Eigenliebe, die nur die moralische Kehrseite seines Autonomie-Stolzes ist.

Um das Gewicht dieser vom Erzähler so untergründig und beharrlich aufgebauten, kritischen Perspektivierung seines Helden zu ermessen, muß man sich vor Augen führen, welche Bedeutung das Syndrom Stolz/ Eigenliebe/Hochmut in der Moralphilosophie des Autors und auch im gelebten Leben des moralischen Subjekts Lenz hatte[6]. Für die protestantisch-pietistische Moral, nach deren strengen Gesetzen Lenz von seinem Pfarrer-Vater erzogen und für sein Leben geprägt wurde, ist das höchste Gebot die Demut, die vollständige Unterwerfung des seiner Sündhaftigkeit und Nichtswürdigkeit bewußten Menschen unter einen Gott, dessen Gnade nur zu erringen ist in einem Bußkampf, der nicht selten einer psychischen Selbstauslöschung gleichkommt. Dieser Zentraltugend der Demut steht als erste Todsünde der Hochmut gegenüber, die Hoffart, der Stolz, die superbia, die frevelhafte Selbstüberhebung des Menschen vor Gott.

Diese Sünde der superbia spürte Lenz über sich schweben, seit er in Königsberg mit dem Theologiestudium und mit dem erklärten Willen des Vaters, der kindlichen Imago des Gottvaters, gebrochen und, ähnlich wie Zerbin, seinen persönlichen »herzhaften Sprung aus all diesen Zweideutigkeiten« (S. 355) gewagt hatte, um seinen Lebensplan, eine Existenz als freier

Schriftsteller, zu verwirklichen. Als säkularisierter und verinnerlichter Gewissensdruck verfolgte ihn dieses Schuldgefühl noch, als er in Straßburg versuchte, den Bruch mit dem Vater und dem Glauben des Vaters mit dem aufklärerischen Axiom der menschlichen Handlungsfreiheit moralisch zu legitimieren. Je nachdem, wieviel äußeren Erfolg er hatte und wie stark er sich innerlich fühlte, oder wie nah er dem materiellen Scheitern und psychischen Zusammenbruch war, versuchte er sich dieses Gewissensdrucks mit der weit ausgreifenden theoretischen Anstrengung seiner moralphilosophischen Vorträge und Abhandlungen zu entledigen, oder er nahm ihn, wie in dem Aufenthalt bei Oberlin, in ohnmächtiger Selbstanklage auf sich. Strukturell blieb seine moralische und intellektuelle Natur zwischen beiden Extremen hin- und hergerissen.

Den vielleicht offensivsten Versuch, sich von diesem Trauma zu befreien und den Stolz als nicht nur moralisch unbedenklich, sondern anthropologisch notwendig zu rechtfertigen, unternahm Lenz in der ebenfalls am Ende seiner Straßburger Jahre entstandenen kleinen Schrift »Über die Natur unseres Geistes«, die er im Untertitel bezeichnenderweise mit dem Untertitel »Predigt« versah. Dort heißt es:

»Dieser Stolz – was ist er? Wo wurzelt er? (...) Sollte er nicht ein Wink von der Natur der menschlichen Seele sein, daß sie eine Substanz die nicht selbständig geboren, aber ein Bestreben, ein Trieb in ihr sei sich zur Selbständigkeit hinauszuarbeiten, sich gleichsam von dieser großen Masse der in einander hangenden Schöpfung abzusondern und ein für sich bestehendes Wesen auszumachen, das sich mit derselben wieder nur soweit vereinigt, als es mit ihrer Selbständigkeit sich vertragen kann. Wäre also nicht die Größe dieses Triebes das Maß der Größe des Geistes, wäre dieses Gefühl über das die Leute so deklamieren, dieser Stolz nicht der einzige Keim unsrer immer im Werden begriffenen Seele, die sich über die Welt die sie umgibt zu erhöhen und über den drüber waltenden Gott aus sich zu machen bestrebt ist. Können die Helvetiusse und alle Leute die so tief in die Einflüsse der uns umgebenden Natur gedrungen sind, sich selbst dieses Gefühl ableugnen das das aus ihnen gemacht hat was sie geworden sind?« (S. 620)

In dieser anthropologischen Skizze kehrt Lenz also die Wertungen um und rehabilitiert Lenz den Stolz geradezu als unentbehrliche Triebfeder jeder aufklärerisch-vernünftigen Mündigkeit des Menschen. Mit deutlicher Stoßrichtung gegen den französischen Materialismus und gegen die Leugnung der Willensfreiheit erhebt er, was gemeinhin Stolz genannt wird, zum Inbegriff menschlicher Entelechie: zu einer in der Natur wirksamen Dynamik, die zuallererst dafür sorge, daß sich die menschliche Spezies als vernünftiges, bewußtes, tätiges und freies Wesen durch Absonderung von der niederen Natur herausbilde. Der Stolz wird so zu einem Konstituens der Menschwerdung des Menschen, zum Unterpfand seiner Handlungsfreiheit.

Zwischen diesen beiden Extremen, der theologischen Verteufelung des Stolzes im Sinne seiner pietistischen Sozialisation, und der rationalistischen Apotheose des Stolzes im Sinne seiner aufklärerischen Emanzipation, diskutiert Lenz die Problematik im »Zerbin«. Hier verschränkt er die eindimensionale Polarität zu jener komplexen Dialektik, die sein Lebensproblem war und die er künstlerisch immer wieder ausstellte: zum Widerstreit zwischen seiner intellektuellen und seiner moralischen Natur.

IV.

Das Syndrom des Stolzes ist der eine wichtige Indikator für die latente Immoralität von Zerbins Liebesverhalten und damit seines gesamten Autonomie-Ideals. Der zweite ist die ihm zugrundeliegende Triebökonomie. Wie Zerbins Liebe sich als Eigenliebe enthüllt, so schlägt seine sexuelle Enthaltsamkeit in Libertinage, sein Gellertsches Tugend-Konzept der bewußten Triebunterdrückung in seine »neuere Philosophie« der bewußten Trieb-Ausagierung um. Und auch dieser Umschlag wird nicht nur als soziale Korruption Zerbins, als zynische Anpassung an die gegebenen Realitäten dargestellt, sondern als notwendige Folge der seinem Triebhaushalt selbst innewohnenden Dynamik enthüllt. Hier greift wieder die Widerlegungs-Struktur von Lenz' literarischen Arbeiten: in der Zerbin-Erzählung zeigt Lenz an einem konkreten Fall, daß sein theoretisches Konzept einer vernünftigen und moralischen Regulierung des Sexualtriebs praktisch nicht realisierbar ist, ja sogar in ihr Gegenteil umschlägt.

In seinen moralphilosophischen Schriften propagiert Lenz immer wieder die Notwendigkeit der Triebunterdrückung, und zwar aus zwei Gründen. Erstens biete nur der zuvor erbrachte Beweis zur Fähigkeit der Unterdrückung des Triebs eine Gewähr für dessen moralisch vertretbaren Genuß, nämlich in der Ehe. Auf die Frage »Welche Ehen sind denn moralisch gut?« antwortet er in einem noch stark von der pietistischen Erziehung geprägten katechismusartigen Text aus der frühen Straßburger Zeit, das wichtigste Kennzeichen einer solchen Ehe sei schon »beim ersten Anfange der Liebe« erkennbar, nämlich »wenn diese Liebe anstatt unsere Begierde zu empören und zu reizen sie vielmehr unterdrückt und also bis auf eine glückliche Zukunft in Geduld und ungeschwächt erhält«[7].

Das zweite Argument für die Triebunterdrückung bezieht sich unmittelbar auf die Willensfreiheit und die Handlungsautonomie. In dem eben zitierten Text heißt es dazu warnend, daß schon die »kleinen Befriedigungen unsrer Konkupiszenz dieselbe abstümpfen und zerstören und zu edlen und großen Entschlüssen unfähig machen«[8]. In der etwas späteren, auch in der Terminologie deutlich säkularisierten Skizze »Meine wahre Psychologie« entwickelt er den Zusammenhang von Triebregulierung und Handlungsfreiheit noch deutlicher und differenzierter. »Die begehrenden Kräfte sind«, betont er dort, »die Quelle aller unserer Entschließungen und Handlungen«, fügt jedoch als entscheidende Bedingung hinzu: »wenn sie in uns geübt werden«[9], wobei »üben« im Gegensatz zu »empören« und »reizen« soviel heißt wie: sie domestizieren, ihnen also nicht widerstandslos nachgeben, sondern sie unter der Führung der Vernunft in sinnvolle Energie umwandeln und veredeln. Mit anderen Worten: nicht die Triebe an sich sind schlecht, sondern nur der falsche Umgang mit ihnen; wer ihnen nachgibt, ist nicht nur ihr Sklave, sondern überhaupt kein frei handelndes Wesen, nur wer sie beherrscht, bezieht aus ihnen den Willen und die Kraft zur Autonomie.

Exakt diese Alternativen seiner Triebtheorie spielt Lenz im »Zerbin« literarisch durch am Gegensatzpaar Altheim – Zerbin. Altheim ist der »erschöpfte Wollustdiener« (S. 357), der ungehemmt seinen Lüsten frönt, der daher aber auch nicht willensfrei und handlungsautonom ist; vielmehr ist er, wie der Erzähler notiert, »eine der wächsernen Seelen, die sich gar zu gern von anderen lenken lassen« (S. 358).

Zerbin dagegen hat durch »Mäßigkeit und Gesundheit des Körpers und Geistes« sein »Gefühl fürs bessere Geschlecht noch in seiner ganzen Schnellkraft erhalten und seine moralischen Grundsätze schienen Winde zu sein, dieses Feuer immer heftiger anzublasen« (S. 357); in diesem Sinne ist sein Autonomie-Ideal untrennbar verbunden mit seinem (von Gellert im Zeitgeist der altruistischen Empfindsamkeit zusätzlich bestätigten) Ehe-Ideal und seiner Sexualmoral der vorehelichen Enthaltsamkeit: beide speisen sich aus der Sublimierungsenergie der Triebversagung oder des Triebaufschubs. Es ist daher nur logisch, daß Zerbin mit dem ersten Triebkontroll-Verlust, in der sexuellen Vereinigung mit Marie, zugleich seine Autonomie-Grundsätze verraten muß, indem er auf die Hilfe seines Vaters spekuliert. Hat die aufgesparte und sublimierte Triebenergie einmal das Ventil einer direkten Befriedigung gefunden, bricht auch der Impuls zur Handlungsfreiheit zusammen. Im Grunde fällt Zerbin damit moralisch auf die Position Altheims zurück. Was ihn von dem Grafen noch unterscheidet, ist lediglich das Bedürfnis des bürgerlichen Intellektuellen nach Selbstreflexion und Selbstlegitimation. Altheim ist der Libertin sans phrase. Zerbin braucht die Rechtfertigungsideologie: das ist die »neuere Philosophie«.

Wichtiger aber sind die Gründe, die Lenz in dieser Erzählung für das Scheitern seiner theoretisch postulierten Triebtheorie freilegt. Sie liegen, wie gesagt, auch hier nicht nur im Generalalibi der gesellschaftlichen Umstände, sondern in der latenten Unmoral dieser Konzeption selber. Diese besteht zunächst in dem grundsätzlichen Nachweis, daß die Forderung nach Triebversagung und Triebaufschub praktisch unmenschlich und nicht zumutbar, weil nur um den Preis einer seelischen oder körperlichen Selbstzerstörung einlösbar ist. In diesem Sinne steht Zerbins Schicksal als allgemeines Plädoyer für die moralische Respektierung der menschlichen Triebnatur in einer Linie mit demjenigen des Hofmeisters Läuffer oder der Mariane Wesener und insofern im Vorfeld der Dramen Büchners. Aber es kommt in dieser Erzählung eine spezielle Pointe hinzu. Zerbin verliert die Kontrolle ja nicht in den Verführungs-Armen einer notorischen Rokoko-Kokotte oder einer gemeinen Hure, sondern in der Begegnung mit einem Mädchen, das selber nur die reinsten Gefühle und Absichten hat. Daß ihn sein Triebaufschub-Ideal in dieser Situation nur auf eine abstrakte Negation programmiert, ihn aber unfähig macht, die aufrichtige Liebe, die ihm entgegengebracht wird, zu erkennen und zuzulassen – das ist der moralische Einspruch, den die Erzählung gegen dieses Ideal selber erhebt. Überall nur Sündhaftes witternd, schließt es letztlich aus, daß es auch vor der Ehe Liebe gibt und macht sich dadurch schuldig an den Liebenden.

V.

Es ist also nicht gerade ein schmeichelhaftes Bild, das Lenz in diesem, wie er sagt, »ersten wahren Gemälde einer Männerseele« (S. 365) malt. In der Tat muß man die Erzählung wohl als frühe sozialpsychologische Charakteranalyse des bürgerlichen Mannes lesen, eines Mannes also, der in der bürgerlichen Gesellschaft Vernunft, Erfolg und Moral versöhnen will und daran scheitern muß. Das ist nicht nur eine schonungslose Demontage der bürgerlich-hausväterlichen Tüchtigkeits- und Tugend-Entwürfe der Jahrhundertmitte, sondern auch der Genie-, Omnipotenz- und Selbsthelfer-Phantasien der Sturm-und-Drang-Schwärmer. Es ist darüber hinaus eine sehr selbstquälerische Gewissenserkundung ihres Autors, denn in diese Exempelerzählung über die Gefährdung eines großen Charakters auf dem schmalen Grat zwischen ehrbarer Absicht und schuldhaftem Fall gehen unübersehbar autobiographische Momente ein. Man fragt sich, woher Lenz, permanent um Selbstbehauptung bemüht und zur Selbstrechtfertigung gezwungen, das Bedürfnis und die Kraft nahm, sich dennoch mit derart kasuistischer Unerbittlichkeit und geradezu psycho-analytischer Tiefenschau der eigenen Immoralität zu überführen. Als Antwort bleibt nur die Vermutung, daß die Schuldgefühle gegenüber dem Vater und dem väterlichen Glauben dieser Erzählung nicht nur den Stoff, sondern auch die Methode geliehen haben. Das pietistische Erbe der selbstquälerischen Introspektion, dessen literarische Säkularisierung in Karl Philipp Moritz' »Anton Reiser« zum genetisch-psychologisch erzählenden »Roman einer Entwickelung« führt, bringt hier bei Lenz so etwas wie ein experimentelles Exerzitium des moralischen Selbstzweifels hervor. Denn daß die Erzählung als Selbstversuchs-Anordnung konstruiert ist, darüber kann auch die biografisch-chronologische Anlage nicht hinwegtäuschen. Ihr entscheidender Kunstgriff besteht darin, daß sie eine strukturelle Aporie erzählerisch in einen Prozeß auflöst, um so jenen imaginären Punkt des Umschlags, des Sündenfalls zu finden, von dem aus sich eine Alternative nennen, ein Lösung finden ließe. In diesem Sinne ist die logisch und soziologisch unmögliche Modellierung des Helden als »Neuling im Leben« nur ein heuristisches Experiment, ein Denkspiel. Doch auch in diesem ästhetischen Denkspiel gaukelt sich Lenz keine Lösung vor, die er nicht sieht. Auch er weiß, daß es ein Leben ohne Erbsünde ebensowenig gibt wie ein richtiges Leben im falschen. Wenn er gleichwohl eine unschuldige Vorgeschichte Zerbins ausphantasiert, um dessen Sündenfall als vermeidbar zu denken, so ist das nur verstehbar als der ästhetische Ausdruck jener verzweifelten Hoffnung, die nicht mehr in die Zukunft blicken kann.

---

1 Jakob Michael Reinhold Lenz: Anmerkungen übers Theater. In: Ders.: Werke und Briefe in drei Bänden, hrsg. von Sigrid Damm, München 1987 (künftig zitiert als »WuB« mit Band- und Seitenzahl), Bd. 2, S. 645. – Vgl. ähnliche Passagen in »Über die Natur unseres Geistes« (WuB 2, S. 619) und »Über Götz von Berlichingen« (WuB 2, S. 637f.)
2 Vgl. dazu Klaus R. Scherpe: Dichterische Erkenntnis und ›Projektmacherei‹. Widersprüche im Werk von J. M. R. Lenz. In: Goethe-Jahrbuch 94, 1977, S. 206–235 sowie Martin

Rector: Lenz von Grabbe her zu verstehen. In: Grabbe und die Dramatiker seiner Zeit. Hrsg. von Detlev Kopp und Michael Vogt, Tübingen 1990, S. 26–44.

3   Zitate aus der Erzählung werden im fortlaufenden Text nachgewiesen unter Angabe der Seitenzahl nach dem Druck in WuB 2, S. 354–379.

4   Hans Mayer: Lenz oder die Alternative (Nachwort). In: J. M. R. Lenz: Werke und Schriften. Hrsg. von Britta Titel und Hellmut Haug, Bd. 2, Stuttgart 1967, S. 822.

5   Zur Rehabilitierung der in der älteren Forschung vernachlässigten Erzählungen Lenz' hat in den Siebziger Jahren vor allem John Osborne beigetragen mit seinen Aufsätzen »From Pygmalion to Dibatude. Introversion in the prose writings of J. M. R. Lenz« (In: Oxford German Studies 8, 1973, S. 23–46) sowie »The postponed Idyll: Two moral tales by J. M. R. Lenz« (In: Neophilologus 59, 1975, S. 68–83); zum »Zerbin« vgl. auch Osbornes Monographie: J. M. R. Lenz. The Renunciation of Heroism. Göttingen 1975, S. 84–95. – Den bisher gründlichsten und ausführlichsten Problemaufriß der Erzählung bietet Hartmut Dedert: Die Erzählung im Sturm und Drang, Stuttgart 1990, S. 39–61. – Vgl. auch Jürgen Stötzer: Das vom Pathos der Zerrissenheit geprägte Subjekt. Eigenwert und Stellung der epischen Texte im Gesamtwerk von J. M. R. Lenz, Frankfurt/M. 1992, S. 106–133, der ebenfalls mehrere »Problemschichten des Textes« erörtert. – Als frühe Einsichten in die Dialektik der Aufklärung interpretiert die Erzählung Hans-Gerd Winter: J. M. R. Lenz as Adherent and Critic of Enlightenment in »Zerbin; or Modern Philosophy« und »The Most Sentimental of All Novels«. In: Impure Reason. Dialectic of Enlightenment in Germany. Ed. by W. Daniel Wilson and Robert C. Holub. Detroit 1993, S. 443–464.

6   Auf die Unterscheidung der Eigenliebe in »amour de soi« und »amour propre« kann hier nicht eingegangen werden. Zum Problem des Stolzes bei Lenz im allgemeinen vgl. John Osborne: The problem of pride in the work of J. M. R. Lenz. In: Publications of the English Goethe Society, Bd. 39, 1969, S. 57–84.

7   J. M. R. Lenz: Meine Lebensregeln. In: WuB 2, S. 487. Die nicht nachweisbare Handschrift druckte M. N. Rosanow: J. M. R. Lenz, der Dichter der Sturm- und Drangperiode, Leipzig 1909, S. 548–554 nur in Auszügen und unter eigenem Titel.

8   Ebenda S. 496.

9   J. M. R. Lenz: Meine wahre Psychologie. In: Gesammelte Schriften, hrsg. von Franz Blei, Bd. 4, Leipzig 1910, S. 29–31. Der Text wurde in die Ausgabe von Damm nicht aufgenommen. – Vgl. hierzu Martin Rector: Sieben Thesen zum Problem des Handelns bei Jakob Lenz. In: Zeitschrift für Germanistik N. F. 3, 1992, S. 628–639, bes. These 3.

Literarische Exerzitien der Selbstdisziplinierung. »Das Tagebuch« im Kontext der Straßburger Prosa-Schriften von J. M. R. Lenz

Jörg Schönert (Hamburg)

Die sozialgeschichtlichen und psychohistorischen Bezugspunkte meiner Überlegungen seien nur angedeutet: Einher mit der Erweiterung von Denk-, Erfahrungs- und Handlungsspielräumen für diejenigen sozialen Gruppen, die im Territorialbereich des einstigen Heiligen Römischen Reiches deutscher Nation die ökonomischen, die verwaltungs- und bildungspolitischen sowie die kulturellen Entwicklungen zur gesellschaftlichen Modernisierung tragen, gehen herrschaftsstützende Regulierungen und selbstbegrenzende Reflexionen zur Reichweite solcher Aufbrüche und Entgrenzungen[1]. Vor allem im Handlungszusammenhang der veränderten, der modernen Arbeitspraxis (in ihrem Übergang von der Manufakturwirtschaft zur Industrialisierung), in der Verwaltung, im Militärdienst werden die Wechselwirkungen von Fremddisziplinierungen und Selbstdisziplinierungen ausgebildet: Die auf ›moderne Ökonomie‹ bezogenen Erwartungen von ›Disziplin‹, von kalkulierbarem Verhalten des Einzelnen im Arbeitsprozeß, bilden fundamentale Strukturen der sich modernisierenden Gesellschaft aus; sie reichen mit ihren Wirkungen über das Arbeitsverhalten hinaus bis in die Selbstgestaltung individueller Lebenswelt[2]; sie führen zur Durchsetzung von ›Sekundärtugenden‹ wie Fleiß, Ordnungsliebe, Pünktlichkeit, vorauseilender Kalkulation und Suspendierung von Genußansprüchen[3]. ›Gesellschaftlichkeit‹ ist dann nicht mehr nur die Erfahrung einer äußeren Ordnung, sondern zugleich eines geordneten Zustandes der ›Innenwelt‹, der Gedanken, Gefühle und Handlungen des Einzelnen. Die ›innere Ökonomie‹ erfüllt die Forderungen der ›äußeren Ökonomie‹[4], so daß Sozialdisziplinierung als Verallgemeinerung der persönlich geforderten und vollzogenen Disziplinierung erscheint[5].

Im letzten Viertel des 18. Jahrhunderts nehmen die Autoren der ›schönen Literatur‹ vielfach Stellung zu diesen Entwicklungen. Besonders erfolgreiche Texte wie Goethes »Die Leiden des jungen Werthers« oder Campes »Robinson der Jüngere«[6] sind durch unterschiedlich orientierte, aber entschiedene Bezugnahmen auf solche Disziplinierungsprozesse bestimmt. Vor allem im Spektrum der kritischen bis hin zu den emphatischen Reaktionen auf Goethes »Werther« wird im engeren Bereich der Belletristik das Thema der Selbstdisziplinierung als Aktion der Sozialdisziplinierung herausgestellt[7].

Dabei steht – vereinfacht gesagt – das Tätigsein des freien Subjekts als Ideal gegen die reale Erfahrung von Einbindung in fremdbestimmte ›Geschäfte‹[8], gegen das Geschäftigsein, die »Aktivität«, wie sie zu Beginn des 2. Buches von Goethes »Werther« beklagt wird[9].

In zwei vielzitierten Texten aus der Straßburger Zeit arbeitet Lenz – über Goethes »Götz« (entstanden Ende 1773 bis Anfang 1775) und »Werther« (entstanden Ende 1774 bis Mitte 1775) handelnd – solche Konstellationen heraus. Für den Lebensgang eines akademisch gebildeten jungen Mannes aus bürgerlichem Stand wird die Sozialdisziplinierung mit Wendungen aus dem zeittypischen Bildbereich des Räderwerks beschrieben. Diszipliniert – abgeschliffen und abgestumpft – wird der Einzelne zum Rädchen in der »großen Maschine«[10]. Die Polemik gegen Nicolais Anti-Werther eröffnet der Protest gegen die Umsetzung Werthers aus dem Bereich des freien Tätigseins[11] in das Schmachten »unter der Last der öffentlichen Geschäfte«[12]. Das Schreckbild von den ruinösen Folgen der »Werther«-Lektüre wird verdrängt durch den Hinweis auf ihre identitätsbildenden Wirkungen in der »Beschäftigung des gut gearteten Herzens und der glücklich gestimmten Einbildungskraft«[13]. Diese Beschäftigung bringe in der Seele der Leser »die glückliche Harmonie« hervor, »die aus starken und männlichen Arbeiten und ausgewählten Vergnügungen der Einbildungskraft und der Sinne allezeit unausbleiblich entstehen muß«[14].

Das Harmonie-Modell, das hier angedeutet wird, erscheint auch als Fluchtpunkt in den grundsätzlichen Überlegungen zur Korrelation von Freiheit und Beschränkung, von selbstbestimmter Ausbildung der Identität[15] und dem Umgang mit Regeln, die sich aus dem Anspruch stabiler Sozialbeziehungen ergeben. Die Notwendigkeit solcher Regeln wird im Vergleich von St. Preux (in Rousseaus »La Nouvelle Héloïse«) mit Werther[16] – in den Überlegungen im 9. der »Briefe über die Moralität der Leiden des jungen Werthers« – herausgestellt: Wer, wie Werther, seinem »Herzen alles [...] gestatten« will, muß es zuvor an der disziplinierenden Macht der Verhältnisse geübt haben, müsse »geschmeckt haben«, »was Geschäfte auf sich haben, was seine Zeit einteilen heiße u.s.f.«[17].

Am 31.8.1774 beantwortet der Züricher Freund Pfenninger Lenzens Brief vom 12. August des Jahres, der nicht mehr erhalten ist. Auch dort muß von Freiheit und Einschränkungen die Rede gewesen sein: »Nimm, Lieber, den Begriff der menschlichen Freiheit aus dem Reich der Idealen herunter ins Reich unserer schlecht und rechten Wirklichkeiten! so wirst finden: Ohne Befehle und Verbote kannst kein Kind auferziehen; also Einschränkung der Freiheit«[18]. Freilich – so bestätigt Pfenninger die Ausführungen im Brief des Freundes – dürfen solche Einschränkungen nicht zu Disziplinierungen führen, »als der Eremit und die Nonne es [als Gottes Gebot] wähnen«[19].

In der sozialen Situation der Straßburger Jahre sich Möglichkeiten der Lebenspraxis zu eröffnen, in denen Erfahrungen für das Wechselspiel von Freiheit und Einschränkung zu finden wären, muß Lenz, folgt man den Zeugnissen der erhaltenen Briefe, unmöglich erschienen sein: »Ich bin nicht frei«[20], – das ist die Bilanz, die sich aus seinem Dienstverhältnis als Reisebegleiter und Sekretär für die Brüder von Kleist ergibt[21]. Es ist kein ›Geschäft‹ der sich entwickelnden Arbeitswelt akademischer Berufe, sondern die althergebrachte Konstellation personal bestimmter Abhängigkeit.

Aus dieser – notwendigerweise vereinfachten – Erfahrung des Autors nehme ich die Vorgaben zur Lektüre des »Tagebuchs« im Kontext der Straßburger Prosa-Schriften[22]. Ich plädiere dafür, vom fiktiven Status des Textes auszugehen, ihn nicht als Dokument einer Liebesbeziehung des Autors zu Cleophe Fibich zu lesen, sondern als Projektion der Einbildungskraft, um über die realen Verhältnisse hinaus zu einem literarischen Exerzitium der Selbstdisziplinierung zu kommen[23].

Der Text (vermutlich im Herbst 1774 entstanden) entwirft primär nicht Bezüge zur lebensgeschichtlichen Realität, sondern zur Erfahrung von Literatur (vor allem zur literarischen Tradition der ›unglücklich Liebenden‹ – von Petrarcas Sonetten bis hin zur »Nouvelle Héloise« und dem »Werther«)[24]. Er soll nicht ›Leben‹ nachstellen, nicht seine Konstruiertheit zum Zweck des Exerzitiums verbergen. Zudem ist er – wie »Der Waldbruder« – in den literarischen Wettstreit mit dem Autor des »Werther« einbezogen und als Entwurf einer ›Verkörperlichung‹ des »Werther«-Problems zu lesen. Er ist also vor allem ›Literatur über Literatur‹.

Als erster Ansatzpunkt für die konsequente Literarisierung autobiographischer Momente erscheint das zeittypisch literarische Motiv von der Aufhebung des Standesunterschieds im Handlungs- und Erfahrungsbereich der Liebe. Die literarischen Figuren, die aus dem Aristokraten Christoph Hieronymus Johann v. Kleist (dem jüngsten der drei Brüder v. Kleist)[25] und dem Studenten Jakob Michael Reinhold Lenz entwickelt werden, konkurrieren als ›der Schwager‹ und das Schreiber-Ich miteinander um die Liebesgunst Aramintas[26] (mit Bezügen zur Goldschmiedetochter Cleophe

Fibich). Dabei wird der unterschiedliche soziale Status weithin vernachlässigt – zugunsten des Konfliktmusters des ›Dreiecks‹.

In der literarischen Fiktion erst kann die ›Freiheit‹ geschaffen werden, die eine differenzierte Auseinandersetzung mit Notwendigkeit und Reichweite von Selbstdisziplinierung eröffnet. Veranlassung für solche Aktionen der selbstverantworteten Beschränkung ist die – aus der Realität der biographischen Verhältnisse – aufgenommene Konstellation, daß Araminta auf die ihr versprochene Ehe mit Scipio wartet. Scipio[27] – der mit dem ältesten der Kleist-Brüder, mit Friedrich Georg v. Kleist zu verbinden ist – war zu seiner Familie gereist, um den Dispens des Vaters für seine Ehe mit einer Bürgerlichen einzuholen. Der Anschluß an die realen Verhältnisse führt zugleich zur aktuellen Variante des literarischen Musters, der »Werther«-Situation: die geliebte Frau als die Braut des Anderen. Varianten des Konflikts ›Liebe zu einer – nach geltendem Recht – gebundenen Frau‹ bestimmen auch Lenzens Prosaschriften »Das Tagebuch«, »Moralische Bekehrung eines Poeten« und »Der Waldbruder ein Pendant zu Werthers Leiden«. Sie greifen persönliche Erfahrungen der Straßburger Zeit auf; sie sind von 1774 bis 1776 niedergeschrieben worden (Herbst 1774 – Frühjahr/Sommer 1775 – Sommer/Herbst 1776) und stehen im textübergreifenden Verbund: Sie bilden einen ›Großtext‹[28]. Diese Texte sind primär nicht als autobiographische Bekenntnisse, sondern als literarische Experimente zu gelungenen und mißlungenen Selbstdisziplinierungen im freien Bewegungsfeld der ›Liebe‹ anzusehen[29].

Eine solche Verschiebung der Sozialdisziplinierung (vom wichtigsten Erfahrungsgebiet der Arbeit in die Sphäre des Privaten) charakterisiert – so Stefan Breuer – Denkformen und Verhaltensweisen des ›Intellektuellen‹[30]. Die literarischen Zeugnisse zur Geschichte der ›Intellektuellen‹ markieren seit dem letzten Drittel des 18. Jahrhunderts einen der wichtigsten Diskussionsbereiche für die Selbsterfahrung und Selbstdarstellung in der Auseinandersetzung mit Erotik und Sexualität. Der Habitus ›des Intellektuellen‹ in der modernen Gesellschaft ist also nicht nur in der Relation von ›Geist und Macht‹, in der politischen Geschichte zu bestimmen; die ›Vergesellschaftung‹ der Intellektuellen, die Reichweite ihrer Verpflichtung auf die fundamentalen Strukturen ›gesellschaftlicher Disziplin‹ wird zumindest im späten 18. und frühen 19. Jahrhundert vorwiegend im »Sexualitätsdiskurs«[31] verhandelt.

Für J. M. R. Lenz wurde diesen Konstellationen erst in jüngster Zeit im Gegenstandsfeld der Erzählprosa nachgegangen – wie überhaupt erst in den letzten Jahren die Erzählprosa des ›Sturm und Drang‹ und die ›Kurzprosa‹

von Lenz in ihren besonderen artifiziellen Bedingungen und Erscheinungsweisen erörtert wird[32]. Diesen Aspekt der ›Artifizialität‹ will ich nun auch für die Diskussion des »Tagebuchs« geltend machen.

»Das Tagebuch« wird von der Gebrauchsform eines Diariums schon auf den ersten Blick dadurch abgerückt, daß keine Daten angegeben werden, sondern die Aufzeichnungen in drei Dekaden mit unterschiedlich ausführlichen Tagesberichten erscheinen. Die zweite Dekade beginnt mit »Wieder erster Tag«; der Beginn der dritten Dekade mit den Aufzeichnungen für die ersten drei Tage ist ebenso verloren wie der Schluß der zweiten Dekade, der neunte und der zehnte Tag. Nach den Vorgaben der Werk-Edition von Sigrid Damm ist davon auszugehen, daß mit dem 10. Tag der dritten Dekade der »Tagebuch«-Text nach dem Willen des Autors abgeschlossen war. Diese Tatsache muß für das Verständnis des Gesamttextes angesichts der Aufzeichnungen für den 30. Tag besondere Bedeutung erhalten.

Den Tagesaufzeichnungen geht eine Einleitung voraus, in der sich der Schreiber an Goethe wendet und »zum Verständnis dessen«, was der Adressat seines Manuskripts lesen wird, »einige Nachrichten« voranschickt[33]. Die Handschrift wird als Übersetzung aus einer Fremdsprache ausgewiesen[34], da der Tagebuchschreiber seine Niederschrift dem Konkurrenten um die Gunst von Araminta unverständlich machen wollte: Er lebt mit ›dem Schwager‹, seinem Dienstherrn, in häuslicher Gemeinschaft; bisweilen habe dieser ihm beim Schreiben »über die Schulter hineingesehen«[35]. Lenz setzt bereits in dieser Einleitung die Namen von Scipio und Araminta; er gibt keine genauen Orts- und Zeitangaben, so daß dieser einleitende Text weniger als ›Nachricht‹ zu den realen biographischen Verhältnissen erscheint, sondern als Information zur literarischen Konzeption, zum ›setting‹ des Diariums. Die Figuren – das erzählende Ich eingeschlossen – sind als »Kunstfiguren« zu verstehen[36]. Diese Konstellation wird auch dadurch gestützt, daß im Verlauf der Tagebuch-Aufzeichnungen mehrmals Goethe als ›intendierter Leser‹ angeredet wird, daß also die interne Kommunikationssituation des Textes das Selbstgespräch des Tagebuchs in die vermittelnde Rede auf einer zweiten Erzählinstanz (begründet durch die Einleitung) einschließt.

Den Einbezug einer zweiten Kommunikations- und Zeitebene mag man der Übersetzungs- und Übermittlungsaktion als nachträgliche Zutat zurechnen; nachdem uns aber »Das Tagebuch« nur in dieser Form zugänglich ist, hat diese übergeordnete Vermittlungsebene für das ›Textverstehen‹ ihr besonderes Gewicht: Der Tagebuchschreiber wird dem Übersetzer und seinem Adressaten zum Gegenstand der Verständigung[37]; die Erzählung der

Begebenheiten – nahezu durchwegs im Präteritum gehalten[38] – wird zeitlich weiter distanziert; der Tagebuchschreiber kann in seiner Rede-Rolle als Übersetzer auch zukünftige Entwicklungen absehen (und in die Aufzeichnungen einbringen), von denen er als Diarist noch nichts wissen konnte[39]; unvermittelt wechselt er auch in die Zeitebene des Übersetzers, zum Beispiel: »Noch heutzutage ist mir's ein Rätsel«[40]. Das erzählende Ich ist also primär nicht als Ort der Repräsentation des Autors zu verstehen, sondern als narratives Konstrukt, als perspektivierende ›Rolle‹[41].

Der einleitende Text baut die Position des Konkurrenten um die Gunst von Araminta auf, indem der Tagebuchschreiber aus der Verpflichtung für den abwesenden ältesten Bruder ›den Schwager‹ für Vermittlungsdienste zwischen Araminta, ihrer Familie und der Familie der Brüder einzuspannen sucht. Aus dieser Vermittlung wird mehr: Der Schwager fängt Feuer und erklärt, Araminta selbst heiraten zu wollen, falls der Bruder Scipio sein Eheversprechen nicht umsetzen will oder umsetzen kann[42]. Die eigentliche Konfliktsituation, die zur Selbstdisziplinierung des erzählenden Ichs führt, ist allerdings noch nicht eröffnet: Der Tagebuchschreiber muß zum einen als Sachwalter der Interessen des fernen Bräutigams agieren, zum anderen erwächst mit fortschreitender Dauer der Abwesenheit Scipios die Möglichkeit, daß es doch nicht zur geplanten Eheschließung kommt, so daß sich nicht nur der Schwager Hoffnungen auf Araminta macht; auch der Tagebuchschreiber wird aufgrund der längeren Vertrautheit mit Araminta[43] zu einem Kandidaten ihrer Gunstbezeugungen, zum Partner im Erwecken und Erregen des erotischen Verlangens. Dabei erscheint das erzählende Ich nicht als Bedersteter der Offiziere, sondern als ›freier Mensch‹ ohne verpflichtende Dienstleistungen, als Herr seiner Zeit, als gleichgestellter Konkurrent. Das ›setting‹ variiert also das Grundmuster des »Werther«: Der Bräutigam bleibt – anders als Albert – auf Dauer fern; er wird als ›Rivale vor Ort‹ durch den Konkurrenten, den Schwager, ersetzt; zugleich gewinnt Araminta gegenüber Lotte an Bewegungsfreiheit im erotischen Spiel, weil sie in den Gunsterweisen für den Schwager und das erzählende Ich dem Bräutigam ›untreu‹ ist bzw. seine Untreue mit gleicher Münze heimzahlt.

Doch davon ist im einleitenden Text noch keine Rede; den Übergang zur Aufzeichnung des ersten Tages der ersten Dekade im »Tagebuch« soll das literarische »Genie« des Freundes, sein »Blick ins menschliche Herz«[44] herstellen; er soll die erotischen Verwicklungen des Tagebuchschreibers gleichsam vorausahnen.

Lenz, Goethes Freund aus gemeinsamen Straßburger Wochen, ist – so könnte man pointiert formulieren – aufgrund seiner sozialen Situation kein

Heiratskandidat; er tritt in und um Straßburg dort ein, wo kurz zuvor ein anderer abgetreten ist – wie bei Friederike Brion (1772) – oder er engagiert sich, wo die geliebte oder verehrte Frau bereits engagiert ist (Cleophe Fibich, 1774 – Cornelia Schlosser, 1775 – Henriette v. Waldner, 1775; dazu kommt die zeittypische Konstellation, daß die Partnerin der affektiven Beziehung zunächst in der Verbindung mit anderen – etwa im Briefwechsel mit einer Freundin – kennengelernt wird). Das Eigentliche der Liebesbeziehungen wird von Lenz im Uneigentlichen ihrer persönlich oder gesellschaftlich bedingten Unmöglichkeit zu erfahren gesucht; die Freisetzung der Leidenschaft ist von Anfang an mit der Notwendigkeit ihrer Disziplinierung verbunden. Oder anders gewendet: das Risiko solcher Leidenschaftlichkeiten ist lebenspraktisch begrenzt; es kann nur im Imaginationsraum der literarischen Fiktionen bis zu unbedingter Gefährdung ausgearbeitet werden.

Dabei werden auch die Besonderheiten dieses literarischen Exerzitiums und der zeittypische Umgang mit dem Problem ›Erotik/Sexualität‹ deutlich[45]. Die Kraft, der es standzuhalten gilt, die ›Begehrlichkeit‹, die zu disziplinieren ist, muß in der Rede bzw. im Schreiben als ›bedrohlich‹ hervorgebracht werden; ihre Präsenz im Wort (in der Niederschrift des Tagebuchs) ist die Voraussetzung für die Selbstdisziplinierung. Im Hervorbringen der Begehrlichkeit wird im Vergleich zum »Werther« von Lenz eine ›materialisierte‹ (körperorientierte) Perspektive, eine ›eigene‹ Erfahrensweise zum Erotisch-Sexuellen entwickelt; ihr wird dann mit den vorgegebenen ›fremden‹ Beherrschungsformen von ›Pflichten und Moral‹ so begegnet, daß die Disziplinierung als ›Eigenleistung‹ erscheint. Aber auch diese Muster zeittypischen Sozialverhaltens sind überlagert von der prinzipiellen ›Literarizität‹ des Textes.

Der letzte Satz der einleitenden, an Goethe adressierten »Nachrichten« wirkt wie die Aufforderung zu einem Wettbewerb der dichterischen Einbildungskraft, die vom Wissen um die »gefährlichen Verwicklungen«, die ›liaisons dangereuses‹, der erotischen Leidenschaft gelenkt wird: »Dies war nur Skelett, das dein eigenes Genie und Blick ins menschliche Herz mit Fleisch bekleiden wird«[46].

Der kurze erste Eintrag im Tagebuch setzt das bestimmende Ritual für die Folgezeit – den Besuch des Tagebuchschreibers bei Araminta: »... ging ich hin ...«, und er entwirft eine gegenüber den einleitenden Ausführungen veränderte Situation. Der Aufzeichnende geht nun davon aus, daß Scipios Braut Besitzansprüche auf seine Gunst erhebt, daß der ›Bedienstete‹ geben soll, was der ferne ›Herr‹ nicht geben kann. Im Zusammenhang mit dem Einleitungstext gelesen, erscheinen die nachfolgenden Passagen allerdings eher als Wunschphantasien des Tagebuchschreibers, nämlich im Verlangen, als ›gleichgestellt‹ mit ›dem Schwager‹ um Araminta konkurrieren zu können – um eine Frau, die sich durch die Entfernung ihres Bräutigams als ›erotisch vernachlässigt‹ fühlen muß. Das Vorhaben zu einem Besuch bei Araminta am Morgen des dritten Aufzeichnungstages ist mit der Imagination verbunden, sie »in dem reizendsten Nachtkleide« anzutreffen. Und in der Tat kommt es zu Avancen von Araminta; wechselseitig verstärken sie sich bis zum 6. Tag, der mit der Lektüre des »Werther« verbunden wird – in der Anrede an den Adressaten des übergeordneten Kommunikationsrahmens: »Ich las deinen Werther«[47].

Die »Werther«-Lektüre führt zum Grundmuster des literarisch in Gang gesetzten Exerzitiums zurück; zur Notwendigkeit der Selbstdisziplinierung: Siebenter Tag »Ich ging nicht hin«, achter Tag »Ging wieder nicht hin«[48]. Alle seine »Selbstbesitzung«[49] wendet der Tagebuchschreiber auf, um im Gespräch mit dem Schwager über Araminta nicht Emotionen zu zeigen. Die Besuche bei Araminta werden freilich wieder aufgenommen; die Beziehungen scheinen sich am Ende der ersten Dekade im Typus der höchst erregten, aber körperlosen Herzensfreundschaft zu stabilisieren. Doch bringt die zweite Dekade Bewegungen und Beunruhigungen, die vor allem von den Aktivitäten Aramintas ausgelöst werden[50]. Ein neuer Ton wird in den Aufzeichnungen vorgegeben: »Welche Marter nicht immer um sie zu sein«[51]. Araminta erklärt, daß der Tagebuchschreiber an die Stelle Scipios treten solle, wenn aus der versprochenen Ehe nichts würde[52]. Angesichts solcher Ermutigungen, die noch dazu vom Konkurrenten, dem Schwager, mitgeteilt werden, erwägt das erzählende Ich sich umzubringen: im ironischen Gegenentwurf zu Werther – nicht angesichts der Versagung von Liebe, sondern angesichts der Ermutigung zu Erwartungshaltungen und Verhaltensweisen, die gemessen an Aramintas Status als ›Braut eines Anderen‹ eigentlich verboten wären. Nur »herkulische Anstrengung«[53] der Selbstdisziplinierung kann den Tagebuchschreiber gegenüber dem Schwager in der Rolle als ehrlichen Makler halten. Sein Vorhaben, Araminta zur Zurückhaltung bei Gunsterweisen und beim Werben um einen möglichen Ersatz für Scipio aufzufordern, vermag er in ihrer Gegenwart freilich nicht umzusetzen: »Aber was ist der Mensch und seine Vorsätze, wenn er gegen eine Menschin anzieht?«[54]

Die Aufzeichnungen am 2. und 4. Tag der zweiten Dekade stehen im Zeichen von intensivierten Beziehungen, die nun auch durch mehr oder weniger spontane körperliche Berührungen angeheizt werden[55]. In der Wahrnehmung des Tagebuchschreibers bestehen keine Zweifel mehr: Er genießt sein Glück, »von ihr geliebt zu sein«[56]. In der Aufzeichnung dieser Gefühle wird die prinzipielle Doppelperspektive der Konstruktion immer wieder sichtbar: Das Bedenken und Beschreiben schließt Intensivierung und Genuß ebenso ein wie Disziplinierung und Versagung. Die intensive sprachliche ›Erzeugung‹ von Erotik und Sexualität in der Fiktion der diaristischen Aufzeichnung mobilisiert – im Sinne des Exerzitiums – nicht minder nachhaltig die Gegenkräfte der Klugheit, der Vorsicht und des – moralisch motivierten – Verzichts. Das ›Liebesglück‹ wird sogleich wieder verbunden mit dem planend-disziplinierenden Kalkül – zugunsten der Verpflichtungen gegenüber dem abwesenden Scipio. Die Liebe Aramintas gilt als Sieg über den Konkurrenten, den Schwager, der eben auch der Konkurrent seines älteren Bruders sein könnte. Sobald der Schwager endgültig als Gefahr für Araminta ausgeschaltet ist, will sich der Tagebuchschreiber von ›der Braut des Anderen‹ zurückziehen und die seit langem geplante Reise in die Schweiz unternehmen[57]. Zugleich wird aber die Konkurrenz mit dem Schwager auch zum traumatischen Erlebnis – im Angsttraum, daß der jüngste Bruder ihn töten wolle[58]. Diese Angst wird später durch Aufforderungen des Schwagers zum Degengefecht und durch Bedrohungen mit der Waffe zur realen Erfahrung[59].

Durch Aramintas Verhalten verstärken sich jedoch die erotischen Verwicklungen. Oder besser gesagt: der Erzähler imaginiert dieses Verhalten, um sein literarisches Experiment zuzuspitzen. Immer mehr bringt die Frau ihren Körper ins Spiel; nur durch einen Zufall, eine unvermutete Störung wird der sich anbahnende Kuß verhindert. Aus dem Blick der Frau – so die Aufzeichnung des erzählenden Ichs – spricht das »Verbotene, Lüsterne, Satte, Selige, Herrliche«[60]. Auf diesem Höhepunkt des literarisch inszenierten Exerzitiums greift nun wieder die Selbstdisziplinierung: »Ich faßte mich – «[61]; gegen die Versuchungen der erotischen Situationen feit »Besonnenheit«; es gilt, »Stand zu halten wider ihre Reize«[62].

In der dritten Dekade setzt mit den Aufzeichnungen des 5. Tages der Versuch ein, durch Abwertung Aramintas (»Es ist vorbei, ich will sie nicht mehr lieben, es ist eine Undankbare Kleinglaubige Leichtsinnige«[63]) die Selbstdisziplinierung zu stärken. Doch wieder werden solche ›Panzerungen‹ aufgebrochen durch das Gespräch mit der Frau, durch die körperlichen Kontakte, die sie – so die Erzählung – herbeiführt oder beim Harfe-Spiel fördert: »sie drückte ihre Schneebrust gegen meine Hand«[64]. Die weitere Entwicklung dieses Experiments von Versuchung und Disziplinierung führt nun zum raschen Wechsel von eifersüchtigen Verdächtigungen und Ablehnungen (»Ich haßte und verabscheute sie jetzt so sehr als ich sie sonst geliebt hatte«[65]), zur ›Vereisung‹ der Gefühle des Tagebuchschreibers (»Ach wie alles Eis mir in der Brust war«[66]) und zum neuen Entfachen der Flammen (»Hier erst fing sich meine Brust wieder an der Flamme zu öffnen«[67]). Dabei verstärken sich die Distanzierungen; die Besuche unterbleiben: »Ich ging heute wieder nicht hin« oder: »[...] NEUNTEN TAG hin, aber fest entschlossen, mein Herz loszumachen«[68]. Doch läßt sich ›das Herz‹ nicht so ohne weiteres befehlen.

Der Ausgang des Experimentes bleibt offen; es ist ungewiß, ob die Selbstdisziplinierung schließlich gelingt. Die Aufzeichnungen des 10. Tages der 3. Dekade schließen mit Bildern der physischen Verführung – mit viel Koketterie von der Frau in Szene gesetzt: »Welche wollüstige Augenblikke«[69]. Der Besucher trifft Araminta beim Bügeln des Weißzeuges, ihrer leinenen Unterbekleidung, an. Sie führt ihn vom Plättisch zum Harfenspiel; er küßt ihr die vom Spiel scheinbar ermatteten Hände, und wenn er ihre Hand in den Saiten führt, drückt sie ihre Brust dagegen. Vom Musizieren geht es wieder zum Plättisch; Araminta kramt ihre »Bänder und Blumen«, die Requisiten der erotischen Dekoration ihres Körpers, hervor und steckt die Rose, die der Tagebuchschreiber ihr aus den Haaren zieht, die er berührt hat, an ihr Dekolleté: »Ich war im Himmel«, wird notiert – und fort geht das verlockende Spiel mit der Gefahr einer entscheidenden Normverletzung: »Wir kehrten wieder zum Weißzeug, immer unruhig immer unbeständig war sie, ich fragte sie, ob sie das Geheimnis wüßte ein glühend Eisen ohne Schaden anzufassen. Sie fragt wie, ich sagte man muß es aus allen Kräften drücken so brennt's nicht. Sie legte mir das Bügeleisen hin die Probe zu machen. Ich ergriff ihre Hand und drückte sie aus allen meinen Kräften. Wie sie gelacht hat! Alles was sie glättete [ihr Unterzeug also] legte sie sich an, zu sehen wie es ihr ließe und fragte mich«[70].

Mit dieser Szene, mit den zitierten Sätzen endet der Text; er fixiert im Bild die Grundspannung des Exerzitiums: die Erregung der Sinnlichkeit mit dem Ziel, solchen Erregungen standzuhalten – d.h. ihnen nicht auszuweichen, die damit verbundenen Gefahren auf sich zu nehmen, um neue Kräfte der Selbstdisziplinierung wachzurufen[71].

Das Experiment hat kein Ergebnis. Es wird erst aufgelöst, indem es durch ein neues Experiment auf der Grundlage des »Werther«-Musters abgelöst wird; durch den »kleinen Roman«[72] die »Moralische Bekehrung eines Poeten von ihm selbst aufgeschrieben«. Auch hier ist wieder eine Ich-Erzählung angelegt – nun nicht mehr als Tagebuch-Aufzeichnung, überwölbt von der Kommunikation mit einem Freund, sondern als Selbstunterhaltung des erlebend-reflektierenden Ichs. In einer neuen und zugleich veränderten Konstellation der Liebesbeziehung zur Frau eines Anderen wird wiederum der »Sturmwind der Leidenschaft« entfacht, um ihm »Grenzen der Klugheit« zu setzen[73]. Mit der literarisch inszenierten Hinwendung zu Cornelia, der verheirateten und überlegenen Frau, wird das Experiment mit der vernachlässigten Braut des Anderen aufgehoben, werden die Konstellationen dieses Experiments verworfen. Araminta heißt nun Cleophe; aus der gleichgeordneten und umschwärmten Partnerin des Exerzitiums zur Selbstdisziplinierung wird die verwerflich Kokettierende, die ihre verführerischen »Hexentänze«[74] aus Gefallsucht und Machtlust inszeniert und den Ich-Erzähler zu hochfliegenden Imaginationen veranlaßt[75].

In der hier konstruierten Konkurrenz mit Cornelia ist das Experiment zur Selbstdisziplinierung in eine neue Konstellation überführt: Cornelia wird als ›Schutzgeist‹ wider Cleophens Verführungen ausgerufen[76] und ist zugleich als verheiratete Frau noch weniger erreichbar als Araminta im »Tagebuch«. Nun gilt es eine weitere Probe zu bestehen, die sich aus den veränderten Bedingungen an die Fähigkeit zur Selbstdisziplinierung stellt. Festzuhalten ist also: Im »Tagebuch« kommt es durchaus nicht zum Konflikt zwischen Idealisierungen von Araminta und ihrem realen Verhalten, sondern erst mit der »Moralischen Bekehrung« rückt ihr Verhalten ins Zwielicht. Im »Tagebuch« erscheint Araminta eher als Gegenentwurf zu Werthers Lotte: Der ihr zugedachte Mann ist fern, sie sucht Ersatz für ihre – spielerisch umgesetzten – erotisch-sexuellen Bedürfnisse; sie ist – im Gegensatz zu Lotte – nicht pflichtorientiert, sondern lebt ihre Wünsche aus, wenn auch nur in gesellschaftlich akzeptablen Formen des Spiels, der Tändelei, der Koketterie[77].

Damit wird im Fiktionsrahmen des »Tagebuchs« eine ›geschlechtsspezifische‹ Möglichkeit markiert, an der Grenze zwischen moralischem Verhalten (gemäß dem ›Tugendideal‹ der Unterdrückung vorehelicher Sexualität) und Ausleben der sinnlichen Bedürfnisse zu experimentieren. Dieses Experiment wird in der »Moralischen Bekehrung« dann verworfen. Für die Position des Mannes gilt im Rahmen des literarischen Exerzitiums, daß ›Leidenschaft‹ nicht mehr (im Sinne christlicher Askese) abgetötet, sondern in einem kontrollierbaren Bereich zugelassen und durch Disziplinierungserwartungen eingedämmt werden soll – solange sich daraus keine sozialschädlichen Wirkungen entwickeln. Das ›Begehren‹ – wie Herz im »Waldbruder« – zu verdrängen, führt in Melancholie und soziale Isolation. Die Perspektive des Sozialen und Öffentlichen ist freilich in der ›Versuchsanordnung‹ des »Tagebuchs« – anders als im »Waldbruder« oder im »Werther« – nicht weiter entfaltet. So kann ›Sozialdisziplinierung‹ im Bereich der ›privaten‹ Liebesbeziehungen vor allem als ›Selbstdisziplinierung‹ desjenigen entwickelt werden, der sich selbst beobachtet. Die ›moderne‹ Disziplinierungskraft der gesellschaftlich relevanten Arbeit spielt keine Rolle[78]. Der Tagebuchschreiber steht in keinem ökonomisch relevanten Beschäftigungsverhältnis; er bewegt sich im Vorfeld des Berufslebens. Lenz traktiert die Probleme der Alters- und Zeitgenossen in der traditionalen literarischen Form der ›Schule der Liebe‹.

---

1 Vgl. Stefan Breuer: Sozialdisziplinierungen. Probleme und Problemverlagerungen eines Konzepts bei Max Weber, Gerhard Oestreich und Michel Foucault. In: Soziale Sicherheit und soziale Disziplinierung. Hg. von Christoph Sachße und Florian Tennstedt. Frankfurt/M. 1986 S. 45–69 (= es 1323); ders.: Die Formierung der Disziplinargesellschaft. Michel Foucault und die Probleme einer Theorie der Sozialdisziplinierung. In: Sozialwissenschaftliche Informationen für Unterricht und Studium (1983), H. 4. S. 257–264; ferner: Jörn Garber u. Hanno Schmitt: Affektkontrolle und Sozialdisziplinierung: Protestantische Wirtschaftsethik und Philanthropismus bei Carl Friedrich Bahrdt. In: Carl Friedrich Bahrdt (1740–1792). Hg. von Gerhard Sauder u. Christoph Weiß. St. Ingbert 1992. S. 127–156.

2 Vgl. dazu Thomas Kempf: Aufklärung als Disziplinierung. Studien zum Diskurs des Wissens in Intelligenzblättern und gelehrten Beilagen der zweiten Hälfte des 18. Jahrhunderts. München 1991. S. 41–48. – In G. Oestreichs Perspektive »handelt es sich bei Sozialdisziplinierung um einen genuin säkularen, in seinem Ursprung städtisch, verwaltungstechnisch gestützten und sowohl wirtschaftlich wie geistig-kulturell bedeutsamen Prozeß, der zentrale Elemente gesellschaftlicher Modernität allererst zur Entfaltung bringt – und sie keineswegs bloß widerspiegelt oder gar behindert.« (S. 44).

3 Vgl. dazu Paul Münch (Hg.): Ordnung, Fleiß und Sparsamkeit. Texte und Dokumente zur Entstehung der »bürgerlichen Tugenden«. München 1984 (= dtv 2940); Wolfgang Asholt u. Walter Fähnders (Hg.): Arbeit und Müßiggang 1789–1914. Dokumente und Analysen. Frankfurt/M. 1991 (= FiTB 10519).

4 Vgl. Garber u. Schmitt, 1992, S. 132.

5 Vgl. Breuer, 1986, S. 49.

6 Vgl. Hans-Christoph Koller: Erziehung zur Arbeit als Disziplinierung der Phantasie. J. H. Campes »Robinson der Jüngere« im Kontext der philanthropischen Pädagogik. In: Harro Segeberg (Hg.): Vom Wert der Arbeit. Tübingen 1991. S. 40–76; dazu auch Garber u. Schmitt, 1992, S. 130.

7 Vgl. Breuer, 1986, S. 47: ›Herrschaft‹ wandert durch Selbstdisziplinierung in die ›Beherrschten‹ ein. – Diese Konstellation ist – im Bezug auf die zeitgenössischen

Erfahrungen und Diskussionen –nicht einfach als ›Aktion der Unterwerfung‹ zu sehen, sondern eben auch als Notwendigkeit, ›Kontingenz‹ in den erweiterten Möglichkeiten des Denkens und Handelns einzuschränken, die Aktionen des Individuums gesellschaftlich anschlußfähig zu halten. Die gelingende ›Selbstbeherrschung‹ stellt den Zugriff der äußeren staatlichen Zwangsgewalt in Frage. Die ›aufgeklärte‹ Moralphilosophie wird zum Ort der diskursiven Konstruktion solcher Selbstbehauptungen als Folge der Selbstkontrolle. So hält auch Lenz in seinen moralphilosophischen Traktaten an den optimistischen Prinzipien von Vernunft und Fortschritt, von Vollkommenheit des Individuums und kollektiver Glückseligkeit fest – allerdings werden ihm die dominierenden Mittel zur Selbstvervollkommnung (›Pflichten und Moral‹) fragwürdig, so daß die – im weitesten Sinne – literarischen Texte die Spannungen und Konflikte erkunden und ausarbeiten, die aus dem generalisierenden Regulierungsanspruch von ›Pflicht und Moral‹ und den Bedürfnissen des Einzelnen (entstehend aus jeweils besonderen Erfahrungs- und Lebensverhältnissen) erwachsen. In meiner Diskussion zum »Tagebuch« wird diese Konstellation unter dem Aspekt einer fragwürdigen Unterwerfung des erzählenden Ichs deutlich: gerade im Sich-Einlassen auf das eigentlich Auszuschließende, im Aufnehmen der erotisch-sexuellen Anziehungskraft von Araminta sollen sich ›Pflicht und Moral‹ bewähren, soll ihre Ordnungskraft ›exerziert‹ werden.

8   Vgl. Jakob Michael Reinhold Lenz: Der Waldbruder. In: Ders.: Werke und Briefe in drei Bänden. Hg. von Sigrid Damm. Bd. 2. Leipzig 1987. S. 380–412. Hier S. 380: Herz flieht die »ewig einförmigen Geschäfte«.

9   Johann Wolfgang Goethe: Die Leiden des jungen Werthers. In: Ders.: Sämtliche Werke. Hg. von Karl Richter. Bd. 1.2. München 1987. S. 197–299. Hier: S. 249. – Vgl. auch die Charakterisierung des Gesandten als »der pünktlichste Narre« (ebd. S. 248); er besorgt seine Arbeiten im Sinne der Tugenden eines ›modernen Verwaltungsbeamten‹.

10 Lenz, 1987, Bd. 2, S. 637–641. Hier: S. 637. – Vgl. dazu auch Garber u. Schmitt, 1992, S. 129f.

11 Lenz, 1987, Bd. 2, S. 673–90. Hier: S. 687. – Vgl. auch im »Waldbruder«: Herz wendet sich mit seiner ›Einsiedelei‹ gegen die praktische Tätigkeit, dagegen ist Rothe in ›Geschäfte‹ verwickelt. Herz arbeitet nur für begrenzte Zeit, um seinen Lebensunterhalt zu sichern. – Lenz, 1987, Bd. 2, S. 380–412: Hier: S. 381.

12 Lenz, 1987, Bd. 2, S. 673–690. Hier: S. 678.

13 Ebd., S. 685.

14 Ebd.

15 Vgl. Hans-Gerd Winter: J. M. R. Lenz. Stuttgart 1987, S. 71 (= SM 233).

16 Für die deutsche Situation seien charakteristisch: »steife Sitten«, »ewiges Gerede von Pflichten und Moral [...] und nirgends Kraft und Leben«, »eiserne Fesseln einer altfränkischen Etikette«, »edelste Wünsche und Neigungen«, »Ersticken in den berauchten Wänden seiner Studierstube« – Lenz, 1987, Bd. 2, S. 673–690. Hier: S. 686.

17 Ebd., S. 688. – Als Alternativen zum ›Abschleifen‹ und ›Abstumpfen‹ kann das Ausbrechen aus den Schranken der Disziplinierungen gelten oder die aktive Auseinandersetzung mit den Disziplinierungsgeboten im Sinne eines ›Standhaltens‹ gegenüber dem Disziplinierungsdruck.

18 Lenz, 1987, Bd. 3, S. 241–684. Hier: S. 301.

19 Ebd.

20 Ebd., S. 299 – Brief an J. K. Lavater vom 31.08.1774.

21 Vgl. nach der Lösung aus dem Dienstverhältnis den Brief vom 07.11.1774 an den Bruder Johann Christian Lenz: »Ich bin jetzt frei, atme das erstemal dreist aus« – ebd., S. 304.

22 Vgl. als erste ausführliche Diskussionen zu diesem Text: Rudolf Käser: Die Schwierigkeit, ich zu sagen. Rhetorik der Selbstdarstellung in Texten des »Sturm und Drang«. Herder – Goethe – Lenz. Bern u.a. 1987. S. 308–329; Jürgen Stötzer: Das vom Pathos der Zerrissenheit geprägte Subjekt. Eigenwert und Stellung der epischen Texte im Gesamtwerk von Jakob Michael Reinhold Lenz. Frankfurt/M. u.a. 1992. S. 39–64. – Stötzer beschreibt erstmals eingehender die narrative Organisation des Textes; ich komme dabei zu vergleichbaren Ergebnissen. Differenzen ergeben sich in der Einschätzung des ›Identitätskonfliktes‹, den der Ich-Erzähler erleidet und darstellt. Stötzer sieht darin eine Existenzkrise, die in ihren psychischen Erscheinungen auf Orientierungsschwierigkeiten des Individuums in den Konstellationen eines gesellschaftlichen Umbruchs verweist (vgl. u.a. S. 56), während ich diese ›Existenzkrise‹ als notwendige Situation, als Konstrukt in der Strategie des literarisch entworfenen Exerzitiums betrachte.

23 Im Begriff des Exerzitiums sollen die Bezüge zur religiösen Praxis durchaus angesprochen sein; sie ist hier freilich ›säkularisiert‹: Die angestrebte ›Abhärtung‹ gegen die ›concupiscentia‹, die Begehrlichkeit, die durch den Anblick des Körpers der Frau ausgelöst wird, erscheint als ›aufgeklärtes Verhalten‹ der »Affektbeherrschung«, als »wichtigste Aufgabe der im Naturrecht entfalteten Tugendlehre« – so Friedrich Vollhardt: Freundschaft und Pflicht. Naturrechtliches Denken und literarisches Freundschaftsideal im 18. Jahrhundert. In: Frauenfreundschaft – Männerfreundschaft. Literarische Diskurse im 18. Jahrhundert. Hg. von Wolfgang Mauser u. Barbara Becker-Cantarino. Tübingen 1991. S. 293–309. Hier: S. 306. – In Lenzens moralphilosophischer Perspektive soll das Individuum nicht wie im Programm der christlichen Askese die ›Begehrlichkeit‹ bzw. die entsprechenden Affekte ausmerzen, sondern sie ausgleichen, ihnen Kräfte der ›vernünftigen‹ Analyse der Situation und ihrer Folgen entgegensetzen (vgl. auch das »Supplement zur Abhandlung vom Baum des Erkenntnisses Gutes und Bösen« – Lenz, 1987, Bd. 2, S. 514–522). Wer einer uneingeschränkt repressiven (Tugend-)Moral folgt, wird zum lebensuntüchtigen, melancholischen ›Waldbruder‹. – Je stärker die Prosa-Texte von Lenz in den Umkreis der moralphilosophischen Abhandlungen einbezogen werden, je weniger also ihr fiktionaler Status ausgearbeitet ist, desto größer wird die Distanz zu Texten wie etwa den Dramen, wo solche Beherrschungs- und Ausgleichsaktionen als »Repression gegenüber dem eigenen Leib« erscheinen – so Matthias Luserke: Jakob Michael Reinhold Lenz. Der Hofmeister. Der neue Menoza. Die Soldaten. München 1993, S. 19 (= UTB 1728).

24 Stötzer, 1992, S. 58ff. vernachlässigt solche Bezüge und Verweise des »Tagebuchs« auf die avancierte zeitgenössische Literatur und die ihr zuzuordnenden literarischen Traditionen; er arbeitet statt dessen die zeittypischen Erfahrungen als Bedingungen einer Krise in der ›Identitätsbestimmung des Individuums‹ heraus (vgl. auch Anm. 22).

25 Christoph v. Kleist, aus Frankfurt/Oder nach Straßburg gereist, hat vom ältesten Bruder Friedrich für Lenz die Funktion des Dienstherrn – für freie Kost und Logis – übernommen; vgl. Lenz, 1989, Bd. 3, S. 241–684. Hier: S. 304.

26 Der ›Schäfername‹ Araminta könnte auf das – unerfüllbare – Verlangen nach arkadischem (Liebes-)Glück verweisen und ironisch die Distanz der ›Liebesidylle‹ zu ›modernen‹ Liebeserfahrungen markieren.

27 Mit dem Namen Scipio verbinden sich Konnotationen von Herrschaft und Disziplin (scipio = Stock). Der ›cognomen‹ der Familie der gens Cornelia ließe als personale Referenz Scipio Aemilianus Africanus assoziieren, der sich als römischer Offizier einen Namen machte durch die entschiedene Disziplinierung eines verkommenen Heeres.

28 Die »Werther«-Schriften – »Briefe über die Moralität der Leiden des jungen Werthers«, »Das Tagebuch«, auch »Moralische Bekehrung eines Poeten« (so Winter, 1987, S. 46) –

wurden im Laufe des Sommers 1775 von Lenz an Goethe gegeben, desgleichen »Der Waldbruder« 1776; als »Lenziana« 1797 von Goethe an Schiller für die »Horen« (für die alles ›zusammengerafft‹ werden muß) weitergereicht – vgl. Lenz 1987, Bd. 2,: Anhang, S. 839–955. Hier: S. 859. Schiller dazu: Die Fragmente haben »biographischen und pathologischen Wert« – ebd. Veröffentlicht wird – neben dem Gedicht »Die Liebe auf dem Lande« – nur »Der Waldbruder« in »Die Horen« 1797, Viertes Stück – ebd., S. 860.

29 Den Aspekt der Selbstdisziplinierung hat Käser, 1987, S. 330–339 nur für die »Moralische Bekehrung« entwickelt. – Freilich sind auch für den zeitlichen Bezugsbereich des »Tagebuchs«, Lenzens Dienstzeit für Christoph v. Kleist vom Juni bis Oktober 1774, keine Briefe von Lenz erhalten, aus denen sich das Ausmaß der ›Konstruktivität‹ dieses Textes ermitteln ließe.

30 Breuer, 1986, S. 62.

31 Vgl. zum wichtigen Bezugspunkt ›Lenz‹: Luserke, 1993, sowie Matthias Luserke u. Rainer Marx: Die Anti-Läuffer. Thesen zur SuD-Forschung oder Gedanken neben dem Totenkopf auf der Toilette des Denkers. In: Lenz-Jahrbuch 2 (1992), S. 126–150.

32 Vgl. zu den jüngsten Diskussionen insbesondere Hartmut Dedert: Die Erzählung im Sturm und Drang. Studien zur Prosa des achtzehnten Jahrhunderts. Stuttgart 1990; zu Lenz vor allem Stötzer, 1992, S. 17f. – Wie Stötzer beziehe ich mich auf Elaboriertheit und Experimentierfreudigkeit in der narrativen Organisation der Prosa-Texte von Lenz; entschiedener als Stötzer frage ich nach – wenn man so will – ›intertextuellen‹ Bezügen als wichtigem Strukturmerkmal der Erzählprosa von Lenz.

33 Lenz, 1987, Bd. 2, S. 289–329. Hier: S. 289.

34 Ob Lenz tatsächlich einen zunächst aufgezeichneten fremdsprachlichen Text »später« übersetzt hat – so Stötzer, 1992, S. 40 – oder im zeittypischen Verfahren einen zusätzlichen Kommunikationsrahmen zur Relativierung der internen (Selbst-)Kommunikation des Tagebuchs herstellen wollte (vgl. etwa Wielands »Goldenen Spiegel«), wäre noch eigens zu erörtern.

35 Lenz, 1987, Bd. 2, S. 289–329. Hier: S. 289.

36 Stötzer, 1992, S. 41.

37 Vgl. ebd., S. 42f. – Der ›Übersetzer‹ kommentiert und bewertet aus der zeitlichen Distanz die Erfahrungen in der Gegenwart des Aufzeichnens.

38 Vgl. das Stilprinzip des dramatisierenden Wechsels ins Präsens: Lenz, 1987, Bd. 2, S. 289–329. Hier: S. 316.

39 Vgl. etwa ebd., S. 297 und S. 307.

40 Ebd., S. 316, vgl. auch S. 308.

41 Vgl. dazu auch den Beitrag von David Hill in diesem Band.

42 Lenz, 1987, Bd. 2, S. 289–329. Hier: S. 291.

43 Vgl. ebd., S. 289 – aber: »Kein Interesse zog mich in das Haus als das meinem Freunde zu dienen« (ebd.).

44 Ebd., S. 292.

45 Zur zentralen Bedeutung der ›Diskursivierung‹ von Sexualität in der Literatur des ›Sturm und Drang‹ vgl. Luserke u. Marx, 1992, S. 133.

46 Lenz, 1987, Bd. 2, S. 289–329. Hier: S. 292.

47 Ebd., S. 295.

48 Ebd.

49 Ebd.

50 Ebd., S. 297.

51 Ebd.

52 Ebd., S. 298.
53 Ebd.
54 Ebd.
55 Vgl. das Kommunikationsspiel der Knie – ebd., S. 300.
56 Ebd., S. 303.
57 Ebd., S. 303f.
58 Ebd., S. 306f.
59 Ebd., S. 314f.
60 Ebd., S. 308.
61 Ebd., S. 309.
62 Ebd., S. 310 und S. 312.
63 Ebd., S. 317.
64 Ebd., S. 318.
65 Ebd., S. 320.
66 Ebd., S. 321.
67 Ebd.
68 Ebd., S. 325.
69 Ebd., S. 329.
70 Ebd.
71 Die Tendenz des Exerzitiums korrespondiert mit der »Moral des Bürgerstands« (die Lenz immer wieder thematisiert), nämlich die Erfahrung von Sexualität auf den Erfahrungsraum der Ehe zu beschränken – vgl. Winter, 1987, S. 44.
72 So Sigrid Damm im Anhang zu Lenz, Bd. 2, S. 839–955. Hier: S. 864.
73 Lenz, 1987, Bd. 2, S. 330–353. Hier: S. 344.
74 Ebd., S. 347.
75 Ebd., S. 331 und S. 334. – Vgl. zur – mit der Figur der Cleophe – vollzogenen ›Entstellung‹ der Araminta des Tagebuches auch Käser, 1987, S. 331.
76 Ebd., S. 348f.
77 In der Fiktion des Textes und in der Beziehung zu den ›Paralleltexten‹ des »Werther« und der »Moralischen Bekehrung« erscheint Araminta – die Frau mit dem Schäferinnen-Namen – weitaus mehr als gleichwertige Partnerin für die erotisch-sexuellen Wünsche des Mannes als es Lotte oder Cornelia sind.
78 Vgl. dazu Münch, 1984; Asholt u. Fähnders 1991 sowie Hans-Christoph Koller: Arbeit und Bildung in deutschen Romanen von 1770 bis 1790. In: IASL 17 (1992), H. 2, S. 17–60 sowie – für die Darstellung von Gegenpositionen – ders.: Destruktive Arbeit: Zur Auseinandersetzung mit der philanthropischen Arbeitserziehung in J. K. Wezels »Robinson Crusoe«. In: Lessing Yearbook 22 (1990). S. 169–197.

Für die kritische Lektüre der Beitragsfassung und nützliche Hinweise danke ich Friedrich Vollhardt und Hans-Christoph Koller (Universität Hamburg bzw. Magdeburg); die Überarbeitung der Druckfassung wäre – wie so oft – ohne die Hilfe von Anett Hoffmann nicht zu leisten gewesen.

Zwei Märchen von J. M. R. Lenz
oder ›Anmerkungen über die Erzählung‹[1]

John Osborne (Warwick)

Nach den drei großen Dramen und der Straßburger Lyrik bilden Werke der erzählenden Prosa, der Briefroman ›Der Waldbruder‹, und die beiden moralischen Erzählungen ›Zerbin oder die neuere Philosophie‹ und ›Der Landprediger‹ die dritte wichtige zusammenhängende Gruppe von dichterischen Werken innerhalb des Lenzschen Oeuvres. Ihr gemeinsamer Ursprung in der Zeit zwischen Ende 1775 und Frühjahr 1777 deutet auf eine bewußte Abkehr von der dramatischen Gattung nach den auch von Lenz als Höhepunkt betrachteten ›Soldaten‹.[2] Der ausdrückliche Hinweis auf literarische Modelle bestätigt den experimentellen Charakter dieser ersten Versuche in der für Lenz neuen Gattung: ›Zerbin‹ wird nämlich als ›eine Erzählung in Marmontels Manier‹ und ›Der Waldbruder‹ als ›ein Pendant zu Werthers Leiden‹ bezeichnet. Zugleich herrscht aber auch eine gewisse Angst vor der Beeinflussung, denn ›Zerbin‹ sollte, so hoffte der Verfasser, zwar ›eine Erzählung in Marmontels Manier, aber [...] nicht mit seinem Pinsel‹ sein;[3] und nach der Monoperspektivik des ›Tagebuchs‹ und der ›Moralischen Bekehrung eines Poeten‹ zeugt ›Der Waldbruder‹ von einem Abrücken vom ›Werther‹-Modell in Richtung eines Multiperspektivismus, der über Richardson und Rousseau hinausgeht; denn Lenz' Briefroman ›Gegensätze und disparate Elemente in sich aufzunehmen, ohne sie zu einem Ganzen d.h. einem abgerundeten Gesamtbild oder einer Synthese zusammenzuzwingen‹.[4] Offensichtlich geht es hier um kritische Reflexion und nicht um Nachahmung; desto überraschender also der Mangel einer Theorie der Epik bei Lenz, die seinen ›Anmerkungen übers Theater‹ entspräche. Die ›Werther-Briefe‹ sind, wohlgemerkt, ›Briefe über die Moralität der Leiden des jungen Werthers‹. Darin befaßt sich Lenz ausschließlich mit dem Gehalt des Goetheschen Romans und verteidigt seinen damaligen Freund gegen Angriffe auf seine Moralität und gegen die Kritik seiner angeblich übertriebenen Empfindsamkeit. Anders als in den ›Anmerkungen übers Theater‹ geht er auf die durchaus naheliegende Frage des ›Standpunkts‹ gar nicht ein.

Das noch Tastende an der Lenzschen Erzählkunst spiegelt sich auch in deutlichen formellen Gegensätzen wider: auf der einen Seite eine didaktische und namentlich warnende Erzählung mit einem moralischen Endzweck (›Zerbin‹); auf der anderen Seite die empfindsame Untersuchung einer selbstzerstörerischen Leidenschaft, die höchstens eine moralische Wirkung in einem sehr unspezifischen Sinn haben könnte (›Der Waldbruder‹).[5] Ebenso auffallend ist der erzähltechnische Kontrast: in jenen Erzählungen mit einem deutlichen oder kaum verschleierten autobiographischen Ursprung und einem empfindsamen Stil ›Der Waldbruder‹ und seinen Vorläufern, ›Das Tagebuch‹ und ›Moralische Bekehrung eines Poeten‹, wird die innenperspektivische Gestaltung (*focalisation interne*) überwiegend bevorzugt; in den eher sozialkritischen Texten ›Zerbin‹ und ›Der Landprediger‹ wird vielmehr aperspektivistisch erzählt (*focalisation zéro*), und zwar durch einen Erzähler, der mehr berichtet, als die Personen wissen.[6] Es wirkt zunächst überraschend, daß die beiden Erzählungen vom gleichen Verfasser und aus einem so engen Zeitraum stammen.[7]

Der Gegensatz zwischen diesen voneinander divergierenden Erzählstrategien wird aber durch zwei wenig bekannte Märchen überbrückt: ›Geschichte des Felsen Hygillus‹ und ›Die Fee Urganda‹. Die thematischen und gattungsbedingten Ähnlichkeiten der beiden Kunstmärchen erlauben es dem Dichter, sich auf Unterschiede in der Erzähltechnik zu konzentrieren und diese in den Vordergrund zu stellen. Wie in den dramaturgischen Schriften ist die Frage des Standpunkts tatsächlich die, worauf es hier ankommt. Dort heißt es vom ›wahren Dichter‹: ›Er nimmt Standpunkt – und dann muß er so verbinden‹;[8] das könnte auch als Motto für die Märchen stehen.

Damit soll nicht behauptet werden, der Inhalt dieser Werke sei an sich unbedeutend oder dem Verfasser gleichgültig gewesen. In der Forschung haben sie zwar wenig Aufmerksamkeit gefunden, aber vor circa zwanzig Jahren wurde darauf hingewiesen, daß hinter deren schematischer Handlung und allegorischem Stil gewisse Motive aus dem Leben des Dichters oder gewisse seiner fixen Ideen möglicherweise durchscheinen.[9] In jüngster Zeit wurde jene Möglichkeit weiter untersucht, wobei sich die ›Geschichte des Felsen Hygillus‹ als ein wahrhafter Schlüsselroman herausgestellt hat;[10] während die den beiden Märchen gemeinsame Bearbeitung des Pygmalion-Themas die gut belegte Lenzsche Tendenz veranschaulicht, ›aufgrund zwiespältigen und glücklosen Werbens um die reale Person den Wunschpartner durch ein in der eigenen Phantasie ausgemaltes Bild zu ersetzen‹.[11]

Jene erste Hypothese bedarf freilich zu ihrer Bestätigung der Ermittlung von biographischen Tatsachen, die wahrscheinlich nicht mehr aufzudecken sind. Im gegenwärtigen Zusammenhang ist sie jedoch von untergeordneter Bedeutung. Anders aber die Faszination durch das Bild, denn in beiden Märchen wird der Abschluß dadurch herbeigeführt, daß das lineare Fortschreiten der Erzählung zum Stillstand gebracht und ein statisches Tableau beschrieben wird. Bezeichnenderweise wird die fragmentarische ›Fee Urganda‹ gerade in dem Moment abgebrochen, wo die vom Helden beleidigte Nymphe erscheint, um ein schönes, symmetrisches Bild zu zerstören und die Handlung wieder in Gang zu setzen. Genau wie in den Dramen hören in den Schlußszenen dieser beiden Märchen eine oder mehrere Personen zu handeln auf, um bewußt oder unbewußt zum Gegenstand des Betrachtens zu werden.

Die Lenzschen Märchen gehören zu den vielen Werken dieses Autors, die zu seinen Lebzeiten nicht veröffentlicht wurden. Sie erschienen zuerst 1828 in der Ausgabe Tiecks; beide wurden 1909 in der Ausgabe Ernst Lewys, die ›Geschichte des Felsen Hygillus‹ auch 1913 in der Ausgabe Bleis wieder abgedruckt.[12] Sie sind in keine der neueren Ausgaben aufgenommen worden. In der Biblioteka Jagiellonska in Kraków befindet sich ein Urganda-Manuskript mit dem handschriftlichen Vermerk: ›Wenn nicht im Deutschen Merkur, in der Zeit oder dem Deutschen Museum bereits abgedruckt, welches ich nicht weiß, weil jene drei Zeitschriften mir nicht zur Hand sind, dann wohl niemals gedruckt.‹ Ist übrigens gewiß aus den Jahren 1776–78. Für die ›Geschichte des Felsen Hygillus‹ vermutet man aus textinternen Gründen die gleiche Ursprungszeit.[13]

Die ›Geschichte des Felsen Hygillus‹ ist eine Geschichte unfreiwilliger Metamorphosen, die von einem unschuldig Verfolgten durchgemacht werden. Sie berichtet von dem Bruder des Aeskulaps, der sich durch seine abgöttische Liebe für ›das schwache Menschengeschlecht‹ die Feindschaft Jupiters zuzog und von ihm erschlagen wurde. Nachdem Hygillus seinem Vater, dem Gott Apollo, bei seiner Rache an den Jupiter dienenden Cyklopen in sehr geringfügigem Maße geholfen hat, wird auch er bestraft, und zwar auf eine besonders sadistische Weise, indem er seine eigene Identität und damit – so scheint es – sein männliches Geschlecht verliert. In seiner jeweilig neuen, inauthentischen Form wird er dazu gezwungen, sich auf eine Weise zu behaupten, die seine Beziehungen gerade zu denjenigen stört, die er am meisten liebt. Dadurch wird er in immer tiefere Isolation gedrängt, so daß er schließlich zu jeder Kommunikation unfähig wird.

Der erste Teil der Geschichte wird von einem auktorialen Erzähler berichtet, der die Errettung eines hilflosen Geschöpfs durch die Königin Thaumasia beschreibt. Es stellt sich heraus, daß dieses Geschöpf, das die Königin von ihrem Landhaus aus gesehen hatte, während es von den Wellen eines stürmischen Meeres hin- und hergetrieben wurde, eine kleine Hündin ist, die sie dann als ihren Schoßhund adoptiert. Dankbar für seine Errettung reagiert das Geschöpf mit zunehmender Artigkeit, wodurch es weitere Anerkennung und sogar eine gewisse Würde erhält, was dazu führt, daß es schließlich seine ursprüngliche Identität und damit die menschliche und namentlich die männliche Gestalt wieder annimmt. Der auktoriale Erzähler berichtet durchweg in der Vergangenheit und somit im vollen Bewußtsein des Ausgangs der Handlung; er ist jedoch ein diskreter Erzähler, der das Nichtwissen seiner Personen respektiert. Er verzichtet darauf, das zu erzählen, was er erst hinterher erfahren hat, und beschränkt sich in seinem Bericht auf das, was die Königin Thaumasia zum gegebenen Zeitpunkt wahrzunehmen imstande war. Dies erzählt er mit großer Akribie in der gleichen Reihenfolge, wie sie es wahrnahm: erst nachdem sie das kleine Ding irrtümlich für eine Welle genommen und sich aus Neugier eines Fernrohrs bedient hat, wird es als ›ein lebendiges Geschöpf‹ (aber noch immer ohne Namen) anerkannt. Die Unsicherheit der entfernten Beobachterin wird sorgfältig beibehalten:

»(sie) sah (…) eine *unkenntliche* weiße Gestalt *wie* hülflos (…) hin- und herwallen. Anfangs *hielt* sie sie *für* eine Welle; (…) (Thaumasia) erkannte *endlich durch Hilfe eines Sehrohrs*, daß es ein lebendiges Geschöpf war, das hier (…) Wasser und Winden (…) zum Spiel zu dienen *schien*.« (S. 117. Hervorhebung von mir)

Der auktoriale Erzähler spricht zunächst mit seiner eigenen *Stimme*; er behält das Recht auf jene quasi-ideologischen Zwischenbemerkungen, die seine Gegenwart verraten, wie etwa: ›die Sorgen (…), *die das Erbteil jeder fein gestimmten Seele sind*‹ oder: ›*wie aber der Blick auf Dinge zu ruhen pflegt, die durch ihre Undeutlichkeit die Neugier reizen*‹ (S. 117). Es entsteht jedoch aus den gerade erwähnten Auslassungen sowie der dubitativen Kommentierhaltung, d.h. der wiederholten Verwendung von Formulierungen, die auf Unsicherheit schließen lassen (›als ob‹, ›es schien, als wäre‹, ›die sich schien verloren zu haben‹, S. 118), eine graduelle Verlagerung des Gesichtspunkts auf die Königin Thaumasia, das heißt in Richtung auf die *focalisation interne*. Diese Verschiebung wird so deutlich, daß beim ersten Wendepunkt in der Mitte der Geschichte der Erzähler sich sehr bemühen muß, um seine Geschichte wieder in den Griff zu bekommen. Dies gelingt ihm schließlich nur mit Hilfe einer expliziten und durch Wiederholung hervorgehobenen Änderung der Erzählebene, was freilich den ganzen Vorgang des Erzählens vorübergehend in den Vordergrund rückt: ›Wie groß war ihr Erstaunen, als sie (...): wie groß war ihr Erstaunen, *sage ich*, als sie (...)‹ (S. 118. Hervorhebung von mir.) Es sind Gründe der Plausibilität, die diese unmißverständliche Rückkehr zum auktorialen Erzählen notwendig machen. Nur ein allwissender Erzähler (und nicht eine sich daran erinnernde Berichterstatterin) kann für die Authentizität der nun zu erzählenden Geschichte bürgen, denn diese wird auf meta-diegetischer Ebene, aber in direkter Rede wörtlich wiedergegeben. Die gerade zum Menschen gewordene Schoßhündin der Königin beschreibt nun in der ersten Person ihren leidensvollen Weg durch viele Metamorphosen bis zu dem Punkt, wo sie die (hündische) Gestalt nahm, in welcher die Königin Thaumasia sie entdeckte. Dies ist also die wahre Geschichte des ›berüchtigten‹ (noch nicht des ›Felsen‹) Hygillus. Erst auf die ausdrückliche Frage der Königin: ›Wer seid Ihr?‹ darf sich Hygillus zum erstenmal namentlich nennen und sowohl sein trauriges Los beklagen als auch seine Unschuld beteuern.

Es folgt nun ein gradliniger Bericht ohne weitere Unterbrechungen, bis der Ich-Erzähler seine eigene Geschichte abbricht. Sowohl was gesehen wird als auch was gesagt wird (also: *mode* und *voix*), haben ihren Ursprung bei Hygillus. Dermaßen privilegiert hat er somit die Gelegenheit, eine äußerst pathetische und überzeugende Darstellung seiner eigenen Sache zu geben und sich gegen die von ihm erlittenen Ungerechtigkeiten zu beschweren; zugleich wird die Möglichkeit eines ironischen oder sonstigen Unterminierens seiner Position auf das mindeste reduziert. Ihm gelingt es jedoch, lediglich die zweitletzte Episode seiner Geschichte zu erreichen, wo er aus der Gestalt der Hündin Dianas befreit wurde, um sich in menschlicher (männlicher) Form und mit deutlich erotischen Absichten der Göttin zu Füßen zu legen:

»(Diana) nahm mich mit sich auf die Jagd, weil ich ihr gefiel – wie ihr ward, gnädigste Königin, als ich einst, da sie erhitzt und ermattet von einem Hirsch, den sie vergeblich verfolgt hatte, an einer dunkeln Buche, unter dichten Büschen, die sie umkränzten, sich auf Blumen niederwarf, und ich auf einmal in Gestalt ihres Endymions ihr zu Füßen lag.« (S. 120).

Diese erzählte Metamorphose seitens Hygillus entspricht genau jener erlebten Metamorphose, die unmittelbar vor dem Anfang seines gegenwärtigen Erzählens stattfand; und das verleiht seiner direkten, vokativen Anrede der ›gnädigsten Königin‹ eine ganz spezifische Bedeutung: zum zweitenmal erhebt er Anspruch auf die Rolle des Endymion. Die Funktion dieses ersten und einzigen, durch Hygillus herbeigeführten Wechsels der Erzählebene (*métalepse narrative*) besteht darin, eine Konvergenz zwischen der Situation des Erzählten (*discours narratif*) und der Situation des Erzählens (*narration*) zu bewirken: das würde bedeuten, die fiktive (bzw. die erinnerte) Gestalt der Diana (die wir ruhig Galathea nennen könnten) ins Leben zu rufen, und zwar als die Königin Thaumasia. Anders – und moderner – ausgedrückt: der Erzähler Hygillus versucht die reale Gestalt der Königin Thaumasia ins Universum seines Diskurses einzufügen.

Wie Henriette von Waldner, Cornelia Schlosser, Cleophe Fibich, Friederike Brion und möglicherweise auch Frau von Stein will sich die Königin Thaumasia jedoch in keinen Text einfügen, und in den Text von Hygillus erst recht nicht. Statt dessen wird ihr Anbeter aus ihrem Hof und aus ihrem Leben ausgestoßen:

»Flieh! sagte Thaumasia, hier von der kecken Sprache Hygillus (...) zu empfindlich beleidigt und voller Unwillen, so über seine Gestalt wie Betragen als über seine Abenteuer und Verwandlungen.« (S. 120–21)

Sobald die reale (politische) Macht der Königin auf diese Weise vor der dichterischen Freiheit des Erzählers geltend gemacht wird, ändert sich der Gesichtspunkt wieder. Die verworrene und den Erzähler selbst teilweise herabsetzende Präsentation der Geschichte des Hygillus wird nun brutal, aber in erlebter Rede (und dadurch relativiert) mit der ›kecken Sprache (...) eines Stutzers aus Persien‹ gleichgesetzt (S. 120). Zum Schluß jedoch distanziert sich der auktoriale Erzähler von der gekränkten Herrscherin, um eine neutrale, aber mitleidsvolle Beschreibung des endgültigen Schicksals des Helden zu geben, die auch nicht ohne Bedeutung für die Erzähltheorie ist. Die autonome und exzentrische Phantasie führt nicht nur zur persönlichen Tragik, indem sie die Grenzen zwischen Erzählung und Wirklichkeit verwischt; sie führt auch dazu, daß das Erzählen selbst nicht mehr möglich ist. Die Verwandlungsfähigkeit, die die Voraussetzung der handlungsreichen Geschichte des Hygillus war, wird nun durch die Monotonie einer einsamen Klage ersetzt. Das ›lebendige Geschöpf‹ des ersten Absatzes erleidet seine letzte Metamorphose zum statischen Felsen Hygillus, und damit hört alles weitere Erzählen auf.

›Die Fee Urganda‹ ist eine fragmentarische Erzählung, die nicht nur aus diesem Grund viel komplizierter ist als die ›Geschichte des Felsen Hygillus‹. Wie manchmal bei den Lenzschen Dramen kann man leicht den Eindruck gewinnen, der Dichter habe sich nicht sehr viel um die Gestaltung einer durchgeformten, kontinuierlichen Handlung gekümmert. Wie im ›Hofmeister‹ wiederholt sich die Geschichte teilweise auf einem niedrigeren gesellschaftlichen Niveau. Im Mittelpunkt steht wieder die raffinierte

Verfolgung von schuldlosen Opfern eines an sich ungerechten Hasses, der ihnen höchstens mittelbar gilt; und auch hier nimmt die Bestrafung eine Form an, welche gesellschaftlichen Erfolg erschwert und normale erotische Beziehungen beinahe ausschließt.

Die Verfolgung hat auch hier ihren Ursprung in einer übernatürlichen Macht. Die Figur, die dem Gott Jupiter entspricht, ist die Fee Urganda des Titels, ein Wesen ohne ihresgleichen an Geist und Schönheit. Wie Jupiter durch Apollo, so wird sie durch die Prinzessin Miranda in ihrer Herrschaft bedroht. In diesem ersten Teil der Geschichte erkennt man einige Anklänge an die Märchen von Dornröschen und Schneewittchen, sowie einen kurzen allegorischen Hinweis auf die literarhistorischen Debatten des Sturm und Drang, denn nachdem die Fee Urganda in den klassischen Ländern ›Gräcien‹ und ›Welschland‹ Triumphe ohne Widerstand genossen hat, wird sie unerwarteterweise in ›Allemaniens rauhen Gebilden‹ übertroffen. Diese Motive werden jedoch nicht weiter entwickelt. Der Haß der bösen Fee richtet sich zwar auf alles, was mit ihrer Rivalin zu tun hat, aber der Erzähler scheint sich zunächst für die Auswirkungen dieses Hasses auf die beiden Söhne Mirandas zu interessieren, insbesondere auf Ricciardetto. Es stellt sich aber bald heraus, daß auch dies eine falsche Spur ist. Im Mittelpunkt der Geschichte steht dessen Hofmeister, Pandolfo, der nicht nur von Urganda verfolgt wird, sondern auch – und wieder ohne eigene Schuld – von dem Zauberer Merlin, der durch die Mutter des damals noch jungen Pandolfos abgewiesen wurde. Diesem äußerst talentreichen jungen Mann wurde die Verwirklichung seiner Talente durch das Eingreifen Merlins unmöglich gemacht, denn dieser hat ihm einen Abscheu vor der roten und der gelben Farbe eingeflößt. Infolgedessen ist er zum Krieg und zur Liebe völlig untauglich; um dies zu kompensieren, hat er sich der Erziehung Ricciardettos, der Sammlung von Skulpturen und der antierotischen Dichtung gewidmet:

»seine ganze Leidenschaft (fiel) mit einem fast pygmalionartigen Enthusiasmus auf alles, was Natur war, sei es männlichen oder weiblichen Geschlechts, an denen er die Schöne, Nacktheit und Entäußerung von allen Farben nie genug bewundern und lieben konnte und sich seine Freunde und seine Geliebten daher lediglich aus dieser kalten und weißen Gesellschaft wählte, mit denen er sich oft ganze Tage lang unterhielt, (...) mit den weiblichen Statuen (...) lange gelehrte Romane spielte, Horazische Oden auf sie machte, dann auf einmal Abschied von ihnen nahm, dann ihnen seine Untreue ankündigte, dann eine Palinodie sang.« (S. 129)

Die wichtigste Begebenheit in dieser Geschichte hat ihren Ursprung in einem Mißverständnis. Um die Leidenschaft des jungen Ricciardetto zu entflammen, nimmt Urganda die Form einer schönen Nymphe an. Zunächst macht sie es sich zur Aufgabe, den Hofmeister Pandolfo zu verführen, um durch ihn auf den Prinzen zu wirken. Sie weiß aber von seiner Aversion gar nichts und kleidet sich ausgerechnet in rote Strümpfe und gelbe Pantoffeln, was ihn zu einem wahrhaften Bildersturm provoziert. Da sonst keine Waffe vorhanden ist, bewirft er nämlich die schamlose Nymphe mit jenen Werken der Kunst, die er am meisten schätzt und die für den keuschen Pandolfo die reale – das heißt die nicht-passive – Frau ersetzen:

»Was war zu tun, die Festung war belagert, der Feind stand auf dem Parapet und schoß ungehindert herein, er mußte sie verteidigen, oder er war verloren. Da sie nun mit Worten nicht fortzubringen war, und er seine Hand nicht an sie legen konnte, ohne über und über elektrisiert zu werden – so war kein anderer Rat, als das erste, das beste, was er zu Händen bekommen konnte, ihr an den Kopf zu werfen. Jetzt sah er in der Angst nicht, was er ergriff; er machte es also wie die Aegyptier, die in der Dummheit der Verzweiflung ihre griechischen Statuen über die Mauer warfen, und ach! die mediceische Venus und der Apoll von Belvedere nebst dem Herkules, wie er den Löwen zerreißt, und Lokens und Newtons Bildnis selbst flogen mit eins zum Fenster hinaus. Loke verwunderte sich höchlich über die unfreundschaftliche Behandlung und blieb in tiefen Spekulationen darüber im Kot sitzen, Apoll hatte den zu langen Diebsfinger entzwei gebrochen, den ihm Ferrani aus großer mythologischer Weisheit angeschafft, und die mediceische Venus war auf dem ungalanten Steinpflaster um das höchste Kleinod der Frauen, um ihre Nase, gekommen. Newton allein behielt noch immer die zufriedene selbständige Miene und schien im Fallen Experimente über die Zentralkraft gemacht zu haben.« (S. 133)

Während sich die ratlose Urganda flüchtet, versucht Pandolfo der Situation wieder Herr zu werden. Für ihn scheint das Problem darin zu liegen, daß Urganda zu eigenwillig war, um sich in seine Kunstsammlung einzufügen; sie hat sich seinen ästhetischen Maßstäben nicht anpassen wollen: ›Pandolfo (…) seufzte: Ach, daß eine so schöne Statue (…) nicht auf einem bessern Gestelle ruht‹ (S. 133). Seine Wünsche auf ästhetische Herrschaft über das Erotische haben sich jedoch gerade als hinfällig erwiesen, denn in einer ironischen Umkehrung der Pygmalion-Geschichte hat er selbst die für ihn lebendig gewordenen Statuen eben zerstört.

Es ist schon klar, daß die Ähnlichkeit zwischen den beiden hier besprochenen Märchen nicht über die gemeinsame Thematik hinausgeht. Dem Gegensatz zwischen der tragischen und der komischen Behandlung entspricht ein radikaler Unterschied in der Art des Erzählens. ›Die Fee Urganda‹ beginnt in der klassischen Manier des Märchens: ›Seit undenklichen Zeiten herrschte die Fee Urganda, an Geist und Schönheit nicht ihresgleichen kennend, in den mittleren Regionen der Luft‹ (S. 125). Anders als in der ›Geschichte des Felsen Hygillus‹, wo sich der Gesichtspunkt nach innen verlagert und die Diegese im gewissen Sinne durch die mimetische Wiedergabe der Worte des autodiegetisch erzählenden Helden, ersetzt wird, herrscht hier das konsequent durchgeführte, aperspektivistische (*non focalisé*), auktoriale Erzählen. Gesprochene Worte werden in sehr wenigen Fällen als direkte Rede wiedergegeben. Die Meinungen der Personen werden aber dem Leser keineswegs vorenthalten. Im Gegenteil, sie werden in erzählter Form (*discours narrativisé*) ausführlich referiert, und zwar von einem ›indiskreten‹ Erzähler, der die Kontinuität seines Berichts immer wieder unterbricht, entweder um seine eigenen zusätzlichen Bemerkungen einzuflechten, oder um sehr weit auszuholen, damit seine Hörer bzw. seine Leser alle Informationen besitzen, die zum vollen Verständnis des Verlaufs der Geschichte nötig sind. Seine Erkenntnisse erstrecken sich bis ins nichtartikulierte Bewußtsein der handelnden Personen: ›Ricciardetto (…) wußte, daß die Stunden, in denen man einem angenehmen Kummer nachhängt, die süßesten des Lebens sind‹ (S. 134); und dies gilt sogar auch, wie wir oben hätten feststellen können, für das Bewußtsein von steinernen Statuen; seine Erkenntnisse erlauben dem Erzähler, weit zurück in die Vergangenheit zu greifen: ›Der uralte Zauberer Merlin hatte auf Pandolfens Kindheit (…) keinen geringern Haß geworfen‹ (S. 127); und er scheut sich nicht davor, auf Entwicklungen zu verweisen, die erst später in seinem Text dargestellt werden: ›wie Ihnen hoffentlich durch den Verfolg meiner Historie deutlicher werden wird‹ (S. 127).[14]

Der unvermittelte Wechsel der Erzählebene, jene einzige direkte Ansprache den Adressaten durch den (an der Geschichte teilnehmenden) Ich-Erzähler mitten in seiner Erzählung, welcher den entscheidenden Wendepunkt der ›Geschichte des Felsen Hygillus‹ herbeiführt, wird in ›Die Fee Urganda‹ zur Norm. Dies wird auf ausgesprochen spielerische Art schon in der ersten *métalepse* hervorgehoben. Nach zweimaligem Ansetzen, erst mit der Vorgeschichte Urgandas und dann mit der von den Söhnen Mirandas, Brilliantino und Ricciardetto, gelangt der Erzähler anscheinend unvermutet zum Hofmeister: ›Einen schönen Frühlingsabend klagte [Ricciardetto] Pandolfen sein Leid in folgenden Worten:‹. Hier bricht der (an der Geschichte <u>nicht</u> teilnehmende) Erzähler jedoch ab und redet seinen Adressaten (von dessen Gegenwart wir erst jetzt erfahren) direkt an: »Eure Hoheit werden aber wie billig vorher zu wissen verlangen, welches Ursprungs, welches Charakters, welcher Geistesgaben dieser Pandolfo war, der als Hofmeister an einem schönen Frühlingsabende auf dem Bette des Prinzen Ricciardetto zu dessen Füßen saß.« (S. 126)

Diese Annahme des Erzählers scheint zunächst durchaus unbegründet zu sein, aber nichtsdestoweniger wird all dies seiner Hoheit trotzdem erklärt. Was diese aber im Verlauf der ganzen Geschichte *nie* zu hören bekommt, sind die an Pandolfo gerichteten, klagenden Worte des Ricciardetto. Diese Worte folgen *nicht*, denn der einführende, oben zitierte Satz bleibt beim Doppelpunkt hängen, während die Geschichte des Hofmeisters Pandolfo den Platz der ›Fee Urganda‹ usurpiert. Was zunächst nur eine rückblickende Erklärung auf dem ersten Erzählniveau zu sein scheint, wird somit zur Hauptgeschichte; dadurch wird unter anderem die Autonomie des Erzählers deutlich hervorgehoben.[15]

Da weder der Erzähler noch sein Adressat an den berichteten Ereignissen beteiligt waren, hat die direkte Anrede des Adressaten eine ganz andere Funktion als in der ›Fee Urganda‹. Der Erzähler braucht sich weder zu rechtfertigen noch zu entschuldigen, aber er muß die Aufmerksamkeit des Adressaten gewinnen und behalten. Er ist ein Erzähler nach Art der Scheherezade. Der Inhalt seiner Geschichte ist nicht von Belang: er darf frei damit umgehen; er darf nur nicht langweilig werden. Soviel wird durch die ausführlichste *métalepse* verdeutlicht:

»Hier zuckte der alte Sultan Schah Nabal plötzlich, dem Faullenz dieses Märchen erzählte, indem er ihm die Füße mit baumwollenen Tüchern über einer Bettpfanne rieb, die der Alte doch nimmer warm bekommen konnte, und nur so lange zu schauern und zu klagen aufhörte, als ihn Faullenz durch sein Märchen aufmerksam zu erhalten wußte (denn es war in der Mitte des Januars); ob nun die Haut durch das lange Reiben oder durch die überheiße Bettpfanne sich entzündet hatte, genug, Schah Nabal fühlte einen heftigen Schmerz, dessen Ursprung weitläufig untersucht werden mußte, und darüber verlor Faullenz den Faden seiner Geschichte, den er so gut er konnte, doch mit Veränderung der Dekorationen der Zeit und des Orts (...) wieder anknüpfte.« (S. 129–30)

Wenn dieser Erzähler irgendeine direkte Beziehung zum historischen Jakob Michael Reinhold Lenz haben soll, was wegen des Namens *Faul-lenz* eine naheliegende Vermutung ist, dann kann das wohl nur in seiner Funktion als Erzähler von Geschichten sein, der seiner dichterischen Freiheit genauso bewußt ist, wie der Grenzen, die dieser Freiheit durch die untergeordnete Stellung des Dichters gegenüber einem mächtigeren Auftraggeber gesetzt sind. Die Situation des Faullenz setzt also eine gewisse Distanz zwischen dem Erzähler und dem Erzählten voraus; der persönliche Einsatz darf nicht zu groß sein. Der frustrierte und schuldlos leidende Pandolfo wird deshalb nicht pathetisch oder tragisch, sondern ironisch und satirisch behandelt. Im gleichen satirischen Sinne schließt die Geschichte mit einem rührenden Bild der beiden melancholischen Brüder, dessen stereotyp Charakter durch die genaue Widerspiegelung des einen in dem anderen in den Vordergrund gestellt wird:

»Indessen hatte der liebenswürdige Ricciardetto – der (...) wußte, daß die Stunden, in denen man einem angenehmen Kummer nachhängt, die süßesten des Lebens sind, (...) einen einsamen Gang in den Garten gemacht, auf dem ihm, aus gleichen sympathetischen Regungen, sein Bruder Brilliantino begegnete. Sie sahen einander an und lasen wechselsweise in ihren Augen ein gleiches Bedürfnis und ähnliche Empfindungen. Voll von diesem Unwiderstehlichen, was allein Brüder macht, von dieser dunklen Ahnung seiner selbst in dem andern, umarmten sie sich, ohne ein Wort zu sprechen, weil niemand den andern in seiner Behaglichkeit unterbrechen wollte.« (S. 134)

In der ›Geschichte des Felsen Hygillus‹ und ›Die Fee Urganda‹ hat Lenz zwei Erzählungen von ähnlichem Umfang und Stil, in der gleichen Gattung und mit einem gleichermaßen phantastischen Charakter geschrieben. Sie behandeln auch die gleichen Themen: Verfolgung eines Unschuldigen, gesellschaftliches Außenseitertum, Flucht ins Imaginäre, Enttäuschung bei der Gegenüberstellung von Wunsch und Wirklichkeit. Die Auseinandersetzung mit diesen Themen bleibt aber etwas oberflächlich, und in der ›Fee Urganda‹ zeugt auch die ganze Handlungsführung von einer bestimmten Sorglosigkeit.

Anders ist es jedoch mit der Erzähltechnik bestellt. Die beiden Märchen verkörpern jeweils extreme Varianten des Mimetischen und Diegetischen, des Intimen und des Distanzierten, des Pathetisch-Tragischen und des Kühl-Satirischen. Verschiedene narrative Möglichkeiten werden mit großer Konsequenz und offensichtlich ganz bewußt ausprobiert, so daß man sich dazu berechtigt fühlen darf, die Märchen als einen Beitrag zur Narrativik zu betrachten, als Lenzens ›Anmerkungen über die Erzählung‹ und als weiteren ›Beleg für dessen kritisch-analytische Fähigkeiten zu einem Zeitpunkt, da man ihn bereits für wahnsinnig erklärt hat‹.[16] Anders als in der bekannten dramaturgischen Schrift geht es hier um Ansätze, die nicht mehr in bedeutenden Werken ausgearbeitet werden konnten.

---

1   Der Verfasser dankt der British Academy für ihre Unterstützung während der Arbeit an diesem Aufsatz.
2   Lenz, J. M. R: Werke und Briefe in 3 Bänden. Hg. von Sigrid Damm. Leipzig 1987. S. den Brief vom 23.07.1775 an Herder; III, 329.
3   An Boie, Dezember 1775; Werke u. Briefe, III, 358. Vgl. Dedert, Hartmut: Die

Erzählung im Sturm und Drang: Studien zur Prosa des achtzehnten Jahrhunderts. Stuttgart 1990. S. 56–57.

4 Wurst, Karin A.: Überlegungen zur ästhetischen Struktur von J. M. R. Lenz' Der Waldbruder ein Pendant zu Werthers Leiden. In: Neophilologus 74 (1990), S. 70–86 (S. 70).

5 Zur Unterscheidung zwischen ›moralischem Endzweck‹ und ›moralischer Wirkung‹ s. die Werther-Briefe (3. Brief); Werke und Briefe, II, 676–77.

6 Meine Analyse der Erzähltechnik beruht in erster Linie auf: Genette, Gérard: Figures III. Paris 1972. Zum Begriff der ›focalisation‹ s.: S. 206–07.

7 Dazu Henning Boëtius: ›Anders als in den Dramen (…) betritt er in der Prosa zunächst zwei entgegengesetzte Wege (…). Der eine Weg, den Lenz (…) beschreitet, ist die höchst exakte, differenzierte Selbstbeobachtung der persönlichen Verwicklung des Subjekts in die Intrigenmaschine. (…) Neben der tagebuchartigen Introspektion entwickelt Lenz die gegenläufige Technik einer bis zur Unerträglichkeit distanzierten Schilderungsart der gleichen Lügenwelt‹; Jakob Michael Reinhold Lenz. In: Deutsche Dichter: Leben und Werk deutschsprachiger Autoren. Hg. von Grimm, Günter E. und Frank Rainer Max. Bd. 4. Sturm und Drang, Klassik. Stuttgart 1989, S. 175–88 (S. 186). Die gleiche Gegenüberstellung schon in: Osborne, John: J. M. R. Lenz: The Renunciation of Heroism. Göttingen 1975, 3. Kapitel, ›Narrative Prose‹. S. 63–99.

8 ›Anmerkungen übers Theater‹. In: Werke und Briefe, III, 648.

9 Osborne (Anm. 7), S. 35, 72–73. S. auch: Oehlenschläger, Eckart: Jacob Michael Reinhold Lenz. In: Deutsche Dichter des 18. Jahrhunderts: Ihr Leben und Werk. Hg. von Benno von Wiese. Berlin 1977. S. 747–81 (S. 777); und Boëtius, Henning: Der verlorene Lenz: Auf der Suche nach dem inneren Kontinent. Frankfurt a. M. 1985. S. 124–29.

10 Menz, Egon: Lenzens Weimarer Eselei. In: Goethe Jahrbuch 106 (1989), S. 91–109.

11 Stephan, Inge und Hans-Gerd Winter: ›Ein vorübergehendes Meteor‹? J. M. R. Lenz und seine Rezeption in Deutschland. Stuttgart 1984. S. 40.

12 Lenz, J. M. R.: Gesammelte Schriften. Hg. von Ludwig Tieck. 3 Bde. Berlin 1828. III, 281–84 (Hygillus), 285–93 (Urganda). Gesammelte Schriften. Hg. von Ernst Lewy. 4 Bde. Berlin 1909. IV, 115–21 (Hygillus) 123–34 (Urganda). Gesammelte Schriften. Hg. von Franz Blei. 5 Bde. München u. Leipzig 1909–13. V, 215–21 (Hygillus). Beide Werke werden hier nach Lewy zitiert.

13 Winter, Hans-Gerd: J. M. R. Lenz. Stuttgart 1987. S. 109. Menz (Anm. 7) meint in einem Brief Lenzens aus dem August 1777 an Frau von Stein (Werke u. Briefe, III, 543–44) einen Hinweis darauf zu erkennen; S. 104.

14 Dieses Versprechen des Erzählers wird nicht eingelöst, denn die Geschichte wird vorher abgebrochen. Man könnte aber in dieser überflüssigen *métalepse* eine (zweite) falsche Spur sehen und somit einen spielerischen Hinweis auf den selbstreflexiven, experimentellen Charakter einer Erzählung, deren Abschluß dem Verfasser unwichtig war; dazu s.u.

15 Die oben zitierte Anrede (›Eure Hoheit usw‹) ist offensichtlich ironisch gemeint; der Erzähler projiziert seine eigenen Absichten auf seinen Hörer, und zwar als dessen Wünsche.

16 Vonhoff, Gert: Subjektkonstitution in der Lyrik von J. M. R. Lenz: Mit einer Auswahl neu herausgegebener Gedichte. Frankfurt a.M., New York, Paris 1990. S. 160. Mit Recht (aber mit bedauerlichem Mangel an Generosität) besteht Vonhoff darauf, daß der Verzicht auf systematische Analyse keineswegs eine Voraussetzung für das Verständnis der späteren Werke Lenzens ist.

Jacob Michael Reinhold Lenz als Briefschreiber

Jens Haustein (Jena)

Für Hans-Jürgen Schrader
in Genf
zum 7. März 1993

In Lenzens Briefen, seinen »stets unmittelbar und originell hervorsprudelnden Herzensergüssen [...] spiegelt sich des Dichters innerstes Sein und Wesen in lebendiger Treue [...].«[1] Diese Ansicht formulierte Franz Waldmann 1894 in schöner Übereinstimmung mit allgemeineren zeitgenössischen Überlegungen zum sogenannten Sturm und Drang-Brief. Der sei, schreibt etwa Georg Steinhausen, »in der That der Abdruck der Seele«[2]. Aber auch heute noch dürfte diese Auffassung, etwas anders ausgedrückt, Zustimmung finden.[3] Das kann man aus der Tatsache schließen, daß, um Lenzens Selbstverständnis und emotionale Situation vor allem während der 70er Jahre zu dokumentieren, immer wieder Zitate aus den Briefen einstehen. Ganz falsch wird die Auffassung wohl auch nicht sein, aber – und dies soll im folgenden gezeigt werden – auch nicht ganz richtig. Als zunächst vielleicht paradox anmutende These sei vorangestellt: Waldmanns Aussage gilt um so weniger, je »unmittelbarer« und persönlicher die Briefe erscheinen; sie dokumentieren des »Dichters innerstes Sein und Wesen« nicht »unmittelbar«, sondern nur in vermittelter Weise, im Bewußtsein des Absenders von seiner Rolle als Schriftsteller und in seiner genauen Kenntnis der literarischen Gesetze des sogenannten Sturm und Drang-Briefes.

I.

Bevor ich meine These zu begründen versuche, füge ich einige Bemerkungen zur Textgrundlage ein. Gewöhnlich herrscht die Auffassung vor, die desolate Situation der editorischen Erschließung Lenzscher Werke gelte wenigstens nicht für die Briefe, da wir über Karl Freyes und Wolfgang Stammlers Briefausgabe verfügen.[4] Daß dies allenfalls mit großen Einschrän-

337

kungen gelten kann und unter Berücksichtigung der Zeitumstände – die Edition war 1914 abgeschlossen und wurde erst 1918, nach dem Tod Karl Freyes, gedruckt –, habe ich an anderer Stelle[5] gezeigt und will deshalb hier nur ein Beispiel wiederholen. Den Brief vom 14. April 1776 an Lavater, geschrieben also kurz nach der Ankunft in Weimar, beschließt Lenz – folgt man der Edition – mit dem Satz: »Goethe ist wirklich Mignon hier und ganz glücklich und ganz unglücklich« (FS I 228). Die tiefen Gedanken, die man sich über den glücklich-unglücklichen Goethe in der Rolle Mignons machen könnte[6], erübrigen sich aber, wenn man in das in der Züricher Zentralbibliothek (Signatur: RP 20) aufbewahrte Original des Briefes schaut. Dort heißt es (mit einer Hervorhebung von mir): »Goethe ist wirklich Mignon hier und *ich* ganz glücklich und ganz unglücklich«.[7] In der Ausgabe von Sigrid Damm[8] ist dieser Satz ebenfalls falsch wiedergegeben (S. 427) und dies, obwohl behauptet wird, die »erhalten gebliebene[n] Handschriften« seien »zum Vergleich herangezogen« worden (D III 771). Es ist auch nicht so, wie jüngst auch auf die Briefe bezogen gesagt wurde, daß die Dammsche Ausgabe »besser als frühere Ausgaben Lenz' Orthographie« bewahre[9]; das Gegenteil ist richtig. Und auch die Tatsache, daß Damm die nach dem Erscheinen der Freye-/Stammlerschen Ausgabe aufgefundenen und edierten Briefe aufgenommen hat, entschädigt nicht dafür, daß sie sowohl mehrere Briefe an Lenz wie sogar solche von Lenz nicht abgedruckt hat.[10] Hinzuzufügen ist noch, daß beide Briefausgaben, die Freye-/Stammlersche wie die Dammsche, ausgesprochen bescheiden kommentiert sind.[11] Ich kann also mit dem Topos der Lenz-Forschung, daß wir dringend eine historisch-kritische Lenz-Ausgabe brauchen[12], nur so umgehen, wie man mit Topoi umzugehen hat, ich wiederhole ihn variierend: wir brauchen eine Lenz-Ausgabe, die auch alle Briefe von und an Lenz enthält.[13] Die gegen historisch-kritische Gesamtausgaben vorgebrachten Argumente[14], so bedenkenswert sie angesichts ausufernder Projekte und knapper Ressourcen auch sein mögen, treffen auf ein im Fall Lenz überschaubares Editionsvorhaben nicht zu.

Die vorstehenden Bemerkungen sollen über das allgemeine Anliegen hinaus, die Dringlichkeit einer neuen Lenz-Ausgabe auch für die Briefe zu verdeutlichen, zudem vor Augen stellen, daß das Folgende auf einer unbefriedigenden Textbasis beruht. Ich hoffe freilich, daß dadurch meine Ausführungen nicht im Wesentlichen berührt werden.

II.

Um meine These vom rhetorisch-kalkulierten Charakter der Lenzschen Briefe zu belegen, gehe ich zunächst auf ein eher unauffälliges Stilmittel ein: die Aufzählung – und auch nur auf die dreigliedrige *enumeratio*.[15] Ein Beispiel – Lenz an Herder, November 1775 : »Ich hab [...] in Garnisonen gelegen gelebt handthiert« (FS I 146). Das erste Wort der Aufzählung beschreibt einen eher passiven Zustand, das zweite zielt ins Allgemeine, das dritte scheint nur einen Teilausschnitt des zweiten, umfassenderen zu bezeichnen. Aber die etymologisch falsche Schreibweise des Wortes mit »-dt-« verrät, daß hier anderes als nur ›ein Gewerbe, Geschäfte treiben‹ gemeint ist. An ›Hand‹ angelehnt, »wendet sich handtieren« – wie es im Grimmschen Wörterbuch heißt (DWb 4,2, Sp. 467) – »zu der bedeutung etwas verrichten, thun, treiben, es empfängt nun den sinn von handeln«.[16] Und ›Handeln‹ ist bekanntlich ein für Lenz zentraler Begriff seines Lebens und Selbstverständnisses, erst im Handeln, in der *vita activa* kommt der Mensch zu seiner eigentlichen Bestimmung – dem Nach-Handeln von Gottes Wirken in Christus.[17] Die einschlägigen Überlegungen hierzu werden im Briefwechsel mit Salzmann entfaltet und in der in den Straßburger Jahren entstandenen Schrift ›Über die Natur unseres Geistes‹ zusammengefaßt. Im Jahr 1775, dem Jahr, aus dem der Brief an Herder stammt, ist der Begriff des Handelns für Lenz bereits untrennbar mit dem des Schreibens verbunden. Sein Schreiben ist sein Handeln. Man könnte also den zitierten Passus folgendermaßen paraphrasieren: ›Ich habe in Garnisonen gelegen, gelebt, aber das Wichtigste war, daß ich geschrieben habe‹. Im unmittelbar folgenden Satz spricht Lenz bezeichnenderweise von seinem Drama ›Die Soldaten‹.

Die Steigerungsbewegung, die das eben genannte Beispiel kennzeichnet, ist für viele dreigliedrige Aufzählungen charakteristisch, so wenn es heißt: »frölich glücklich seelig« (FS I 152) oder »Dein [Goethes] Geist [...] durchdrung durchbebte überfiel mich« (FS I 217) oder »Buße und Glauben und Wiedergeburt« (FS I 236) oder »Landläuffer, Rebell, Pasquillant« (FS II 56) oder auch »unbekannt und verborgen – und gekränkt« (FS II 180). Die Emphase, die in diesen Aufzählungen liegt, läßt dem Ganzen einen Aussagewert zukommen, der über die Summe seiner Teile hinausgeht. Diese Form der Aufzählung hat gewissermaßen einen Aussageüberschuß, der in ihrer rhetorischen Form begründet liegt. »unbekannt und verborgen – und gekränkt« meint tatsächlich: ›unbekannt und verborgen, aber in erster Linie gekränkt‹. Ob sich in solchen Ausdrücken »des Dichters innerstes Sein und Wesen« spiegelt, ist nur im Einzelfall zu entscheiden – und wohl auch nicht mit letzter Sicherheit. Denn es ist ja auch der Fall denkbar, daß die rhetorische Form der Aufzählung für den Schreiber des Briefes im Augenblick des Schreibens eine neue Wirklichkeit schafft, eine Wirklichkeit aber, die für ihn nicht über den Akt des Briefschreibens hinaus Bestand hat. In welcher Beziehung auch immer der ›überschüssige‹ Aussagewert der Aufzählung zum Selbstverständnis des Briefschreibers steht, er ist in jedem Fall einer, der sich einer literarisch-rhetorischen Formung verdankt, ist also niemals »unmittelbarer Herzenserguß«.

Dies gilt aber wohl über diese spezielle Form der Aufzählung hinaus für alle dreigliedrigen Aufzählungen. Das wird schon aus der Tatsache deutlich, daß sie fast sämtlich den Briefen der Jahre 1775 und 1776 entstammen, den Jahren also intensivsten Kontakts mit Schriftstellerkollegen, den literarisch produktivsten Jahren. Die *enumeratio* ist, etwas zugespitzt gesagt, eine Chiffre für die Zugehörigkeit zur *res publica litteraria*. Wenn Pfenninger an Lenz schreibt: »Lob u. Dank u. Preis« (FS I 208), dann Lenz an Boie: »meinen Dank und meinen Kuß und meine Umarmung« (FS I 197f.); wenn Boie an Lenz schreibt: »Natur, Wärme und Leben« (FS I 210), dann Lenz an Lavater: »gesehen und genossen – und gelitten« (FS II 86); wenn Maler Müller an Lenz schreibt: »o! Frühling und Liebe und Jugend!« (FS I 232), dann Lenz an Merck: »mein Vorzug, mein Glück und mein Hochmut« (FS I 203). Solche Aufzählungen kommen in den Briefen der späten Jahre so gut wie nicht mehr vor, sie sind gewissermaßen wieder un-rhetorisch. Und die wenigen Ausnahmen bestätigen sowohl Lenzens Wissen vom rhetorischen Charakter der *enumeratio* wie die These vom ›überschüssigen‹ Aussagewert der steigernden dreigliedrigen Aufzählung. Das schon zitierte »unbekannt und verborgen – und gekränkt« entstammt einem rückblickenden, den Gedanken einer Sammelausgabe einiger seiner Werke formulierenden Brief an Lavater von 1780, und 1779 heißt es in einem Brief an Herder, in dem er diesen um ein Empfehlungsschreiben für die vakante Rektoratsstelle an der Rigaer Domschule bittet[18]: Wenn Herder »ein redlicheres, stärkeres und ausdaurenderes Subjekt« für die Stelle kenne, wolle er gern zurücktreten (FS II 139). ›Redlich, stark, aber vor allem ausdauernd‹ – so wollte Lenz den Passus vom Empfänger Herder vermutlich verstanden wissen, und er hat damit ein Wunschbild von sich gezeichnet, das in der Art seiner Formulierung einerseits den Adressaten überzeugen sollte, das aber andererseits auch das Bewußtsein eigener Defizite spiegelt und so möglicherweise dem Schreiber selbst eine seiner entscheidenden Schwächen überdeutlich vor Augen geführt haben wird – einem Schreiber, der an anderer Stelle seine »herumziehende unstäte Lebensart« (FS II 181) beklagt.

Noch ein zweites Mittel rhetorischer Sprachgestaltung᾽ möge dazu dienen, die Spiegelung des »innersten Seins und Wesens« als literarisches Artefakt zu erweisen – die Metapher. Ich wähle das wohl augenfälligste Metaphernfeld, das von Schiffahrt und Schiffbruch. Lenz begreift seine Lebensreise weg vom Vater unter dem Bild einer Schiffsreise, sein Scheitern als Schriftsteller unter dem vom Schiffbruch.[19] So naheliegend diese Metaphorik auch ist und wie sehr sie bei Lenz vom »eigene[n] Existenzbewußtsein« (Schöne, S. 124) getragen wird, so vielschichtig und auch problematisch ist doch die Verknüpfung der Metapher vom ›Leben als Schiffsreise‹ mit der vom ›Dichten als Schiffsreise‹.

Letztere entstammt der Antike. Curtius[20] nennt u.a. Ovid, Properz, Statius als Autoren, die diese Metapher verwendet haben. »Dichten« heißt, so Vergil, »die Segel setzen, absegeln«. Diese Seefahrt kann gefährlich sein, das Schiff muß durch Klippen gesteuert werden, ihm drohen ungünstige Winde und Stürme (Curtius, S. 139). Diese Metapher ist von den Kirchenvätern aufgenommen und reich und wirkungsmächtig allegorisch entfaltet worden: die Schiffsreise deutet in heilsgeschichtlicher Perspektive auf das Leben des Gläubigen hin, der auf der Suche nach dem göttlichen Hafen ist, der Mast verweist auf das Kreuz, Stürme sind Irrlehren, Klippen Verfolger und der Schiffbruch das Versinken in Sünde. Rainer Gruenter hat im Anschluß an Arbeiten der Theologen Joseph Sauer, Franz Joseph Dölger und Hugo Rahner die Bedeutung des christlichen Verständnisses der Schiffahrtsmetapher für die Literatur vom Mittelalter an über den Humanismus bis hin zur Moderne gezeigt.[21] Gruenter schlußfolgert, daß ein so »mächtiges metaphorisches System, wie es die Schiffssymbolik [...] entwickelt hat«, zwar in seinen Elementen »isoliert«, auch ihrer »originalen Bedeutung entfremdet« werden kann, daß die Elemente aber nicht »die unauslöschliche Kennzeichnung durch das metaphorische System« einbüßen, »dem sie ursprünglich entstammen und auf das sie, wo und wie man sie auch verwende, immer verweisen« (S. 101). Man wird, wenn einem Gruenters Analyse der Metapher aus ihrer Geschichte einleuchtet, nach der Bedeutung dieses »metaphorischen Systems« in den Lenzschen Briefen zu fragen haben.

In der Schrift ›Stimmen des Laien‹ benutzt Lenz die Schiffahrtsmetapher, um die Notwendigkeit göttlicher Offenbarung für die Lebensreise zu verdeutlichen. Wir sind auf einer »wilden See voll Zweifel«, bedürfen »eines Kompasses« aus der Hand der »gütigen Gottheit«, um am Ende unserer Schiffsreise ins »unbekannte Land« zu gelangen (D II 569). Ich habe dies Beispiel zitiert, damit deutlich wird, daß Lenz mit der geistlichen Allegorese der Schiffahrtsmetapher vertraut war. In den Briefen, in denen anfangs das Ziel der Schiffahrt ein geistliches war, gerät dieses schon bald aus den Augen, das Gefahrenvolle der Reise wird immer drängender (FS I, 18, 23), Dunkelheit umgibt den Schiffer (FS I 155) und am Ende ist das *naufragium* unabwendbar (FS II 176). Gerade das *naufragium*, das in der antiken Verwendung der Schiffahrtsmetapher nur eine Nebenrolle spielt, bekommt im Zusammenhang der christlichen Allegorese eine herausgehobene, heilsgeschichtliche Bedeutung.[22] Besonders offenkundig sind beide Traditionsstränge in einer Passage der ›Anmerkungen übers Theater‹ ineinander gespiegelt: er, Lenz, wolle demnächst wieder über das Verfassen von Theaterstücken sprechen, »wo ich mit Kolumbus' Schifferjungen auf den Mast klettern, und sehen will, wo es hinausgeht. [...] willkommen sei mir, Schiffer! der du auch überm Suchen stürbest. Opfer für der Menschen Seligkeit! Märtyrer! Heiliger!« (D II 648f.). Das Scheitern der Schiffsreise, die ja eigentlich im Finden des Vaters oder Gottes enden sollte[23], wird in geistlicher Hinsicht im positiven Bild des Märtyrers und Heiligen aufgefangen. Problematisch wird es aber, wenn die Metapher vom Schiffer, der über dem Suchen stirbt, auf die Situation des Schriftstellers und sein Bemühen, das literarische Werk zu vollenden, übertragen wird, da das metaphorische System der Schiffsreise in dieser Perspektive keinerlei positive Interpretationsmöglichkeit bietet. Der hier Gescheiterte ist eben kein Märtyrer oder Heiliger. Vielleicht kann man sogar so weit gehen zu sagen, daß sich Lenz, indem er beide Metaphernfelder zusammenzieht und sich als Gescheiterter auf der religiös orientierten Lebensreise empfand, mit einer gewissen Zwangsläufigkeit auch als Gescheiterter in seiner Schriftstellerexistenz sehen mußte.

Gleichwie es aber damit im einzelnen bestellt sein mag, die Verwendung der Schiffahrtsmetapher fügt den Briefen für Schreiber und Leser eine zusätzliche Bedeutungsebene hinzu, die sich der Tradition der Metapher verdankt. Und je mächtiger und umfänglicher die Tradition ist, um so mehr führt sie Schreiber und Leser des Briefes über die Aufnahme der einzelnen Briefstelle hinaus. Denn mit den Worten Hans Blumenbergs gesagt: »Metaphern ziehen in imaginäre Kontexte hinein«.[24] Welcher psychischen Situation der Einsatz der Metapher vom Schiffbruch zu verdanken ist, läßt sich gerade der Metapher nicht entnehmen. Sie bietet mehr als nur die Beschreibung des Selbstverständnisses, schafft unter einem Bild einen Raum für die Interpretation der Lage des Schreibers, der sie ihre Verwendung verdankt und die sie doch übersteigt. Man kann deshalb ihren Gebrauch als poetische Leistung begreifen – und daß Lenz dies auch tat, zeigt sich darin, daß die Briefe der

Jahre 1772 bis 1776 in weit stärkerem Maße mit den unterschiedlichsten Metaphern versehen sind als die frühen oder auch die späteren Briefe. Der Blick auf des »Dichters innerstes Sein und Wesen« wird, wie plausibel die Metapher auch erscheinen mag, durch diese aber gerade gebrochen.

III.

Wenn im Voranstehenden am Beispiel der dreigliedrigen Aufzählung und der Schiffahrtsmetapher gezeigt werden sollte, daß gerade die Lenzschen Briefe der mittleren 70er Jahre deutlich literarisiert sind und so der Zugang zum Schreiber dieser Briefe erschwert ist, soll im folgenden mit Blick auf zwei Briefe, je einen an Lavater und an Herder, auf die Bedeutung eingegangen werden, die der Empfänger des Briefes – oder genauer: das Bild, das sich der Schreiber vom Empfänger gemacht hat – für die Gestaltung des Ich hat. Es ist keine neue Einsicht, daß der Briefempfänger den Brief gewissermaßen mit-schreibt, gleichwohl ist es immer wieder lohnend, genau hinzuschauen, wie dies im Einzelfall geschieht, wie das Bild des Empfängers die Ich-Rolle bestimmt und damit nur einen vermittelten Blick »in des Dichters innerstes Sein und Wesen« erlaubt.[25]

In einem Brief vom Mai 1776 (FS Nr. 176), wenige Wochen nach der Ankunft in Weimar, »verschlungen vom angenehmen Strudel des Hofes«, wie es in einem anderen, etwa zeitgleichen Brief heißt (FS I 228)[26], schreibt Lenz an Lavater, er brauche in seiner »selbstgewählten Einsamkeit«, in seiner »Einöde«, etwas, das ihn »dem grossen Ziel entgegenspornt um des willen« er »nur noch lebe«. Er bitte Lavater daher um einen Schattenriß, der gleichwohl nur Schatten, Traum, Betrug ist. Dieser Bitte schließt sich der Hinweis darauf an, daß Lenz »mit dem Herzog« Lavaters zweiten Teil der ›Physiognomischen Fragmente‹ »flüchtig [...] durchlauffen« habe. Sofort im Anschluß an diese Äußerung klagt er erneut »über diese Art« seiner »Existenz«, die er einzig Lavater gestehen könne. Gegen die »Taubheit« seiner »Nerven« benötige er »Schmerzen«. »O Schmerzen Schmerzen Mann Gottes, nicht Trost ist mein Bedürfniß. Diese Taubheit allein kann ich nicht ertragen« (FS I 262).

Leiden, Schmerzen und Einsamkeit[27] als Bedingung und zugleich Gefährdung der literarischen Produktion und Verehrung anderer in Form von Schattenrissen – diese Motive begegnen nicht nur hier, sondern in verschiedenerlei Kombination auch in Lenzschen Werken: Liebende können oder müssen auf die geliebte Person verzichten, wenn sie nur ein Ab-Bild haben[28]; in der ›Moralischen Bekehrung eines Poeten‹ heißt es: »Einsamkeit, Einsamkeit du allein machst mich bekannt mit meinem besseren Selbst und mein Dasein hört auf ein Gericht zu sein. Liebe Cornelia! wenn ich Deine Silhouette hätte«[29]; und im ›Versuch über das erste Principium der Moral‹ steht zu lesen: Unserer Natur »schaudert [...] für nichts so sehr, als einer gänzlichen Einsamkeit, weil alsdenn unser Gefühl unserer Fähigkeiten das kleinstmöglichste wird«[30]. Aus seiner »Einöde« schreibt Lenz ganz vergleichbar an Lavater: »Wie ich itzt so klein so schwach gegen ehemals mich fühle« (FS I 262). Die Interdependenz zwischen oft bis ins einzelne identischen Äußerungen in Werken und in Briefen hat immer wieder dazu geführt, die Werke autobiographisch zu lesen[31], in Lenzschen Figuren Projektionen des Autors zu sehen. Auch wenn solche Sichtweise verführerisch nahe liegt, so geht sie doch am Werkcharakter der ›Werke‹ vorbei. Und es ist ja zudem im Einzelfall auch eine gegenläufige Beeinflussung vorstellbar: die literarische Rolle prägt die des Brief-Ich, die Wirklichkeit, die durch die Literatur entstanden ist, schlägt auf die empirische Wirklichkeit, in der sich der Briefschreiber sieht, zurück. Das Brief-Ich nähert sich den Personen im Werk an, emanzipiert sich gewissermaßen vom Briefschreiber unter dem Einfluß der von ihm geschaffenen literarischen Figuren.

Neben diesem Problem der möglichen wechselseitigen Beeinflussung von Figurenzeichnung im literarischen Werk und Entwurf des Brief-Ich steht, den Zugang zum Briefschreiber weiter erschwerend, die Bedeutung der Empfänger-Rolle für die Konstituierung des Brief-Ich. Motive wie die in diesem Brief genannten: Einsamkeit als Voraussetzung der Selbsteinsicht und literarischen Produktion, die gleichzeitig eine Gefährdung eines ausgeglichenen Gemützustandes darstellt, begegnen immer wieder in den autobiographischen Schriften Lavaters, im ›Geheimen Tagebuch‹ von 1771 oder den ›Unveränderten Fragmenten aus dem Tagebuch eines Beobachters seiner Selbst‹ von 1773.[32] Das Ich des Briefes an Lavater ist also auch auf den Empfänger hin entworfen, auf seine Interessen, seine Themen, sein Ich-Verständnis. Das Motiv der Einsamkeit als Voraussetzung der Selbsterkenntnis wie des Tätigwerdens begegnet deshalb breit entfaltet in den Briefen an Lavater, tritt also um so stärker hervor, je gewisser der Absender sein kann, beim Empfänger auf Verständnis zu stoßen. Das Ich dieser Briefe ist ein auf Lavater hin entworfenes Ich; wenn man will: ein auf den brieflichen Dialog angelegtes Ich, das im Thematisieren der Einsamkeit diese für den Verfasser des Briefes ertragen helfen soll.[33] Um also Waldmanns eingangs zitierten Satz zu variieren: Im Brief spiegelt sich nicht »des Dichters innerstes Sein und

Wesen«, sondern das eines auch durch den Empfänger beeinflußten Brief-Ich. Lenzens Satz im Brief an Lavater: »Du bist der Einzige dem ich *diese* Art meiner Existenz klagen kann« (FS I 262), zeigt gerade, daß auch andere Möglichkeiten der Existenzbeschreibung, ein anderer Ich-Entwurf im Brief möglich bleibt.

Mein zweites Beispiel ist der in manchem vergleichbare, in einem Punkt aber entscheidend anders akzentuierte Brief an Herder vom 28. August 1775 (FS Nr. 64).[34] Auch hier klagt Lenz über sein Leben in einer »fürchterlichen, grausen Einöde«, verbunden damit ist ein »Gefühl« des »Unwerths«; er fühlt sich »muthlos«, versteht sich als den »stinkenden Athem des Volkes«, betitelt sich als »Schwein«, sieht sich »Sümpfe [...] durchwaten«. Unterbrochen werden diese Passagen immer wieder durch Hinweise auf eigene Werke – auf die ›Wolken‹, ›Die Soldaten‹, den ›Menoza‹, den ›Coriolan‹[35]. Um das literarische Muster, das hinter dieser Selbstbeschreibung steht, zu erkennen, braucht man nur auf den Eingangssatz des Briefes zu schauen: »und es ward das Wort des Herrn zu mir, es ist Herder«. Beim Propheten Hesekiel heißt es: »Da geschah des Herrn Wort zu Hesekiel« (1,3; ähnlich Jer 1,2; 1,4 u.ö.).[36] Auch für alle Äußerungen eigenen Unwerts lassen sich Parallelen aus dem Buch Hiob oder den Prophetenbüchern angeben. Von Jesaja wird gesagt: »Er war der Allerverachtetste und Unwerteste« (Jes 53,3); Gott hat Hiobs Herz »mutlos« (23,16) gemacht; Jeremias sagt: »ich saß einsam, gebeugt von deiner Hand« (15,17); Jesaja beschimpft sich: »Denn ich bin unreiner Lippen« (6,5); und Jer 38,6 heißt es: »Da nahmen sie Jeremia, und warfen ihn in die Grube [...], da [...] Schlamm war« oder Hiob 40,21: »Er liegt [...] im Schlamm verborgen«. Lenz sieht sich wie Hiob als »ein Exempel der Gerichte Gottes«, wie die Propheten hofft er auf den Tag, an dem er sein »Haupt aufheben« wird, dann wird »die große, ehrenvolle Zeit« gekommen sein, »da ich reden werde zum Volk«, dann wird auch durch ihn, wie durch Herder jetzt schon, »das Wort des Herrn, das höchste Ziel alles meines Strebens [...] geweissagt. [...] Gott mach mich der Offenbarungen würdig«. In solchem Zusammenhang haben dann auch die Hinweise auf eigene literarische Werke wie auch auf die Schriften Herders ihre spezifische Bedeutung. Herders Werke sind bereits Offenbarungen, in ihnen wird schon »geweissagt«, in Lenzens eigenen Werken hingegen sind noch vielerlei Verfehlungen, die der Grund dafür sind, daß sie bislang nicht »erkannt« wurden. Aber auch dieser Hinweis auf das Zukünftige des eigenen Verkündigungswerkes hat seine Vorlage in biblischen Büchern: Lenzens letzter Satz »Ich werde nicht sterben, sondern leben und des Herrn Werk verkündigen« ist wörtliches Zitat aus der Rede des Psalmisten (Ps 118,17).

Auch wenn man geneigt ist zu glauben, im hier formulierten Selbstverständnis Lenzens »innerstes Sein und Wesen in lebendiger Treue« erkennen
zu können, ist doch zu bedenken, daß die spezifische Ausformung und
Darstellungsweise des Bildes vom Dichter durch den Empfänger mitgeprägt
worden ist. Denn Herder wird unter Aufnahme seiner eigenen Vorstellungen vom geistinspirierten Dichterwort zum Propheten stilisiert, dem sich
der Prophet Lenz dereinst wird an die Seite stellen dürfen. Der Inspirierte
ist bei Herder aber der Verkünder der Worte Gottes, der deshalb Dichter ist,
weil alle Religion auch Poesie ist und die Psalmisten zu den größten
Dichtern gehören.[37] Lenz imaginiert sich in diese vom Empfänger des
Briefes entworfene Rolle, indem er die Unterschiede in beider Auffassung
vom Dichter überspielend die Identität von Verkündigungswerk und
eigenem literarischen Schaffen als zukünftige Möglichkeit zeichnet. Im
Unterschied zum Brief an Lavater wird das Motiv der Einsamkeit, das
verbunden ist mit dem Gefühl eigenen Unwerts, funktionalisiert im Blick
auf die Propheten-/Dichter-Rolle. Wie sehr Herder bereit war, auf diese ja
weitgehend auf ihn selbst zurückzuführende Selbstprojektion Lenzens
einzugehen und sie dadurch zu bestätigen, zeigen spätere Äußerungen in
Briefen an Lenz: »In Dir ist wahrlich Funke Gottes, der nie verlöscht u.
verlöschen muß« (FS I 196) oder »Du mußt noch Morgenstern werden u.
Gott loben« (FS I 205). Über den Hohepriester Simon heißt es, wenn er zum
Gottesdienst trat, um des Herrn Werk zu loben, »so leuchtete er wie der
Morgenstern« (Sir 50,6).[38]

IV.

Um nicht mißverstanden zu werden: Ich habe im Voranstehenden nicht
über die Problematik des Brief-Ich im allgemeinen gesprochen (wenngleich
manches wohl verallgemeinerungsfähig wäre[39]), nicht einmal über die der
Lenzschen Briefe insgesamt, sondern nur über die seiner Briefe aus den
schriftstellerisch produktiven Jahren 1772 bis 1776. In dieser Zeit ist Lenzens
ganze Aufmerksamkeit darauf gerichtet, sich als Schriftsteller zu etablieren.
Alles, was er unternimmt, in erster Linie aber seine Übersiedlung nach
Weimar, dient diesem Ziel. Seine Erlebnisse und Erfahrungen, gerade auch
diejenigen, die aus dieser Anstrengung resultieren, spiegeln sich – scheinbar
unmittelbar – in den Dichtungen dieser Jahre (›Der Waldbruder‹[40], ›Der
Engländer‹, ›Der Landprediger‹). Lenz begründet diese Verfahrensweise in

den ›Anmerkungen übers Theater‹ auch theoretisch mit seinem Realismus-Konzept.[41] Noch die jüngste Lenz-Forschung fällt jedoch angesichts der auffälligen Parallelen zwischen den Werken und den Briefen immer wieder in eine biographisch orientierte Interpretation der Werke zurück. Richtig wäre es hingegen, die Schlußfolgerung zu ziehen, daß auch die biographischen Lebensäußerungen in ihrer Literarizität zu begreifen sind. Denn die Einsicht in die mit Nachdruck betriebene Literarisierung seines eigenen Lebens, in diesen – so Albrecht Schöne – »Kunstcharakter seiner Lebensgeschichte«[42] ist unabdingbare Voraussetzung für ein angemessenes Verständnis der Briefe. Sie kennzeichnet ein Stilisierungswille, ein Bemühen, den rhetorischen Gesetzen der Unmittelbarkeit des Sturm und Drang-Briefes zu folgen, das seinen Ausdruck im Einsatz verschiedenster rhetorischer Sprachmittel findet; die dreigliedrige Aufzählung und die Schiffahrtsmetapher standen hier nur für andere (z.B. Ellipsen, Anakoluthe[43], Parallelismen, Wiederholungen und zweigliedrige Aufzählungen[44], Gedankenstriche als semantische ›Leerstelle‹[45]; Tiermetaphern, Metapher vom Schreiben als Malen, der Mensch als Maschine[46] oder Marionette). Das Ich im Brief ist also ein literarisches – und dies deshalb, weil der Autor dieser Briefe alle seine schriftlichen Lebensäußerungen als integralen Bestandteil seines literarischen Werks aufgefaßt hat. Und in dieser Hinsicht ist Lenz ein Autor der Moderne. Ergänzend wird man berücksichtigen müssen, daß das Brief-Ich auf den Adressaten hin entworfen und entsprechend ausgestaltet wird.[47] Die Literarisierung der Briefsprache und die Stilisierung des Ich auf das Bild des Empfängers hin können im Extrem so weit gehen, daß der Absender diesen Vorgang glaubt kommentieren zu müssen oder daß er meint, sich selbst kaum noch im Brief zu erkennen: »Nun ist's Zeit, daß ich vom Pegasus herabsteige« (FS I 58; ähnlich 62, 64) heißt es da oder aber sogar über einen vorangegangenen Brief: »Gott, wo war ich, als ich ihn schrieb!« (FS I 145).

Dieser Prozeß der Literarisierung, der vor allem in Briefen an andere Autoren erkennbar wird und für den Lenz selbstredend kein Einzelfall darstellt[48], wurde durch zwei Faktoren noch verstärkt: zum einen durch die Konjunktur der Gattung ›Briefdichtung‹ in der zweiten Hälfte des 18. Jahrhunderts, an der Lenz selbst mit seinem Briefroman ›Der Waldbruder‹ oder mit seinen zahlreichen Abhandlungen in Briefform teil hat; zum andern durch den halböffentlichen Charakter zahlreicher seiner Briefe: Lenz bittet, seine Briefe nicht weiterzureichen (FS I 184, 197); er selbst bekommt Briefe etwa von Lavater an Herder zum Lesen (FS I 196); an Friedrich Leopold Stolberg entwirft er einen zur Veröffentlichung bestimmten Brief (FS Nr. 158); 1776 bittet er Boie: »nur daß dieser Brief nicht auch gedruckt wird«

(FS II 26), in dessen ›Deutschem Museum‹ erscheint im Jahr 1777 auszugs-
weise ein Lenz-Brief vom Jahr 1775 (FS Nr. 80).

V.

Man wird also Waldmanns Einschätzung, in Lenzens Briefen zeige sich des
»Dichters innerstes Sein und Wesen« in einem ganz anderen als dem
gemeinten Sinn gelten lassen können: Sie spiegeln Lenzens »Sein und
Wesen« in vermittelter Weise, weil auch sie Ausdruck des Bemühens sind,
mit Hilfe der Literarisierung des eigenen Lebens diesem das literarisch
bedeutende Werk abzuringen. Je ›unmittelbarer‹ das Ich zu sein scheint, um
so höher dürfte sein Literarisierungsgrad sein, um so schwerer wird es fallen,
zu einem anderen als dem Ich vorzudringen, das sich jeweils im Brief
konstituiert und das von Absender zu Absender variiert.[49] Die scheinbare
Identität von biographischem Ich und Brief-Ich ist das Ergebnis einer
beträchtlichen literarischen Anstrengung.[50] Man sollte daher wohl in diesem
Fall Friedrich Sengles auf ein Hölderlin-Gedicht bezogenen Satz: »Es
kommt aber nicht auf den Dichter an, sondern auf das Gedicht«[51] entsprechend abwandeln: ›Nicht auf den Briefschreiber kommt es an, sondern auf
den Brief‹. Dies wäre, wenn die Interpretation stimmt, dem literarischen
Charakter der Briefe angemessen. Und es wäre wohl in Lenzens Sinne.

---

1   Lenz in Briefen. Von Dr. F. Waldmann. Zürich 1894, S. 1. Vgl. auch die gerade in diesem
    Punkt zustimmende Rezension von Robert Hassencamp (Euphorion 3, 1896, S. 527).
2   Georg Steinhausen: Geschichte des deutschen Briefes. Zur Kulturgeschichte des deut-
    schen Volkes, T. 1.2. Berlin 1889/91; hier: T. 2, S. 290.
3   Etwa Rainer Brockmeyer: Geschichte des deutschen Briefes von Gottsched bis zum
    Sturm und Drang. Münster 1961, z.B. S. 217 oder in allgemeinerem Zusammenhang:
    Reinhard M. G. Nickisch: Brief. Stuttgart 1991 (= sm 260), S. 212; aber auch S. 15 u.
    51. Ich verwende das Waldmann-Zitat im folgenden daher stellvertretend für vergleich-
    bare Äußerungen. Zur Geschichte des Topos vgl. Wolfgang G. Müller: Der Brief als

Spiegel der Seele. Zur Geschichte eines Topos der Epistolartheorie von der Antike bis zu Samuel Richardson. In: Antike und Abendland 26 (1980), S. 138–157.

4 Briefe von und an J. M. R. Lenz. Gesammelt und herausgegeben von Karl Freye u. Wolfgang Stammler, 2 Bde. Leipzig 1918 (Nachdruck: Bern 1969). Diese Ausgabe wird im folgenden zitiert mit der Sigle FS, Band- und Seitenzahl; ggf. Briefnummer.

5 Jens Haustein: Anmerkungen zur Interpunktion Lenzscher Briefe. In: Euphorion 80 (1986), S. 110–113.

6 Vgl. z.B. Sigrid Damm: Vögel, die verkünden Land. Das Leben des Jakob Michael Reinhold Lenz. Berlin – Weimar 1985, S. 225.

7 Der Satz ähnelt in seiner Struktur auffällig einem von Lavater an Lenz. Im Brief vom 24. Januar desselben Jahres heißt es ebenfalls am Briefschluß: »Paßavant ist wol u: brav, und ich ein zertretner Wurm« (FS I 169).

8 Jakob Michael Reinhold Lenz. Hg. v. Sigrid Damm, 3 Bde. Leipzig – München 1987. Diese Ausgabe wird zitiert mit der Sigle D, Band- und Seitenzahl. Auch in der gerade erschienenen Taschenbuchausgabe (Frankfurt 1992, insel taschenbuch 1441–43) wurde dieser Fehler nicht korrigiert. Erfreulicherweise ist hingegen im Anschluß an meinen in Anm. 5 genannten Beitrag der Brief Nr. 49 (= FS I Nr. 64) an Herder am Original überprüft und entsprechend verbessert worden.

9 Rüdiger Scholz: Eine längst fällige historisch-kritische Gesamtausgabe: Jakob Michael Reinhold Lenz. In: Jahrbuch der deutschen Schillergesellschaft 34 (1990), S. 195–229; 197.

10 Vgl. Scholz (Anm. 9), S. 196 Anm. 4. Übersehen wurde die Publikation eines Briefes von Lenz an Lindau (Ende Dezember 1775): Josefine Rumpf: Unbekannte Goethe-Briefe aus dem Besitz des Freien Deutschen Hochstifts. In: JbdFDH 1967, S. 1–56; S. 56 (vgl. auch S. 6). Der Brief befindet sich im Besitz des Goethe-Museums, Düsseldorf (Sign.: NW 992/1967). Dies gilt auch für den als verschollen geltenden Brief an Lindau vom Jan. 1776 (FS Nr. 102 = D Nr. 81). Nach Erscheinen der Dammschen Ausgabe wurde ein weiterer Lenz-Brief publiziert: Friedrich Hassenstein: Ein bisher unbekannter Brief von J. M. R. Lenz aus Petersburg [an Carl Werner Curtius]. In: JbdFDH 1990, S. 112–117. In der Dammschen Ausgaben sind offenbar ebenfalls aus Versehen die Lenzschen Randbemerkungen weggefallen, denn der jeweils zugehörige Asteriskus ist gedruckt; vgl. etwa D III 565 mit FS II 122 u.ö.

11 Nicht nur sind keinerlei Kirchenliedzitate nachgewiesen (so ist in FS Nr. 18 mit »Unsern Ausgang segne Gott, unsern Eingang [...]« aus Hartmann Schencks Lied ›Nun Gott Lob, es ist vollbracht‹ zitiert), auch die zahlreichen Bibelzitate sind so gut wie nie nachgewiesen. Selbst die Passagen Lavaterscher Geheimschrift in FS Nr. 75 (= D Nr. 59) lassen sich mit Hilfe der gängigen Hilfsmittel (Dietrich Gerhardt: Lavaters Wahrheit und Dichtung. In: Euphorion 46 (1952), S. 4–30 oder Claus O. Lappe: Lavaters Geheimschrift entziffert. In: Seminar 13 (1977), S. 76–87) unschwer dechiffrieren. Sie lauten (mit Kursivierung des Dechiffrierten): »Inzwischen – *Plan zu grossen allgegenwärtigen* Würkungen. *Lindau* hab' ich angeworben. *Stolbergs* werd ich *anwerben.* [...] *Röderers* Schuld*ner* bin *ich* noch *immer.*« Die Wiedergabe der Chiffren bei FS und Damm ist fehlerhaft. Für eine Kopie der Druckvorlage (Zentralbibliothek Zürich: FA Lav. Ms. 572.22.) habe ich Dr. J. P. Bodmer, Zentralbibliothek Zürich, herzlich zu danken.

12 Scholz (Anm. 9); Gert Vonhoff: Subjektkonstitution in der Lyrik von J. M. R. Lenz [...], Frankfurt a. M. usw. 1990; vgl. z.B. auch die Beiträge im Lenz-Jahrbuch. Sturm-und-Drang-Studien 1 (1991), S. 7, 135, 230, 233.

13 Eine positive Begleiterscheinung einer solchen Ausgabe, die auch die Briefe enthielte,

könnte auch sein, daß der erste der Lenzschen Vornamen nicht weiterhin falsch mit »k« statt mit »c« geschrieben würde.

14 Ulrich Ott: Dichterwerkstatt oder Ehrengrab? Zum Problem der historisch-kritischen Ausgaben. Eine Diskussion [...]. In: Jahrbuch der deutschen Schillergesellschaft 33 (1989), S. 3–6; Walter Müller-Seidel: Erwiderungen pro domo: Nachwort zur Editions-Diskussion. In: ebd. 35 (1991), S. 352–358.

15 Heinrich Lausberg: Handbuch der literarischen Rhetorik. Eine Grundlegung der Literaturwissenschaft. Stuttgart ³1990, §§ 669–674.

16 Dies Beispiel zeigt auch, daß eine normalisierte Ausgabe den Zugang zum Sinn des Textes verstellen kann.

17 Vgl. Schöne (Anm. 19), v.a. S. 118.

18 Arend Buchholtz: Johann Heinrich Voss und Jakob Michael Reinhold Lenz auf der Wahl zum Rector der Rigaschen Domschule. In: Sitzungsberichte der Gesellschaft für Geschichte und Alterthumskunde der Ostseeprovinzen Russlands aus dem Jahr 1888. Riga 1889, S. 25–40.

19 Die wichtigsten Stellen: Henning Boëtius: Der verlorene Lenz. Auf der Suche nach dem inneren Kontinent. Frankfurt a.M. 1985, S. 6–10. Auch: Albrecht Schöne: Säkularisation als sprachbildende Kraft. Studien zur Dichtung deutscher Pfarrersöhne. Göttingen ²1968 (= Palaestra 226), S. 124ff. Zur Bedeutung der Metapher in Lenzens poetologischem Konzept vgl. Eckhart Oehlenschläger: Jacob Michael Reinhold Lenz. In: Deutsche Dichter des 18. Jahrhunderts. Hg. von Benno von Wiese. Berlin 1977, S. 747–781, bes. S. 757ff., 777.

20 Ernst Robert Curtius: Europäische Literatur und lateinisches Mittelalter. Bern – München ⁹1978, S. 138.

21 Das Schiff. Ein Beitrag zur historischen Metaphorik. In: Tradition und Ursprünglichkeit. Akten des III. Internationalen Germanistenkongresses 1965 in Amsterdam. Hg. v. Werner Kohlschmidt u. Herman Meyer. Bern – München 1966, S. 86–101, v.a. S. 93 u. 98. – Hans-Jürgen Schrader ist in einer ausführlichen und eindringlichen Analyse der Bedeutung dieser Metapher für die Briefe Kleists an seine Braut nachgegangen: »Denke Du wärest in das Schiff meines Glückes gestiegen«. Widerrufene Rollenentwürfe in Kleists Briefen an die Braut. In: Kleist-Jahrbuch 1983, S. 122–179; dort S. 125 Anm. 4 auch weitere Literatur zur christlich-allegorischen Verwendung der Metapher.

22 Gruenter (Anm. 21), S. 95f.

23 Zur Verbindung von Vaterbild und Gottesvorstellung vgl. Schöne (Anm. 19), S. 123.

24 Hans Blumenberg: Beobachtungen an Metaphern. In: Archiv für Begriffsgeschichte 15, 1971, S. 161–214; S. 162; vgl. besonders den Abschnitt: Daseinsmetaphorik: Seefahrt, Schiffbruch und Zuschauer, S. 171ff. Vgl. auch: Harald Weinrich: Die Metapher. In: Poetica 2 (1968), S. 100–130; ders.: Semantik der kühnen Metapher. In: DVjs 37 (1963), S. 325–344; Harald Fricke: Norm und Abweichung. Eine Philosophie der Literatur. München 1981, v.a. S. 41f.

25 Vgl. hierzu methodisch grundlegend: Albrecht Schöne: Über Goethes Brief an Behrisch vom 10. November 1767. In: Fs. f. Richard Alewyn. Hg. von Herbert Singer und Benno von Wiese. Köln – Graz 1967, S. 193–229.

26 Vgl. dazu auch die Darstellung bei Damm (Anm. 6), S. 183–190.

27 Vgl. auch FS I 48 (ebenfalls an Lavater).

28 D I 323; 337; 454 u.ö.

29 D II 346.

30 D II 505.

31 Vgl. dazu kritisch Vonhoff (Anm. 12).

32 Hg. von Christoph Siegrist. Bern – Stuttgart 1978 (= Schweizer Texte 3).

33 Allgemeiner: Leo Maduschka: Das Problem der Einsamkeit im 18. Jahrhundert. Weimar 1933 (ND: 1978) (= Forschungen zur neueren Literaturgeschichte 64), v.a. S. 77ff. zu Zimmermanns Schriften über die Einsamkeit; dazu Lenzens Brief an Zimmermann FS Nr. 208.

34 Zu diesem auch Haustein (Anm. 5).

35 Lenz spricht merkwürdigerweise FS I 124 Z 48 davon, daß Herder eben *die* ›Coriolan‹-Szene, die er gerade übersetzt habe, im ›Coriolan‹ aufnehme. Weder im Register zur Suphan-Ausgabe, noch in Irmscher-Adlers Nachlaßband, noch bei Hermann Thost: Nachlaß-Studien zu Herder. Bd. 1 (= Herder als Shakespeare-Dolmetsch). Leipzig 1940, noch bei Martin Brunkhorst: Shakespeares ›Coriolanus‹ in deutscher Bearbeitung [...]. Berlin – New York 1973 (= Komparatistische Studien 3) findet sich ein Hinweis auf eine Beschäftigung Herders mit dem Shakespeare-Stück. Die »worthy voices«-Passage in der Lenzschen Übersetzung, von der er im Brief spricht, D III 685; vgl. auch die Anmerkung zur Stelle bei FS I 302.

36 Ich füge noch eine Bemerkung zum zweiten und dritten Satz an: »Kein Mensch hat mir, Vater! [= Herder; vgl. FS I 153, 216] etwas Deiner Geschichte erzählt gehabt. Itzt sieh in die ›Wolken‹ [...].« Mit »Geschichte« ist Herders Schrift ›Auch eine Philosophie der Geschichte zur Bildung der Menschheit‹ gemeint, die von Lenz in den ›Frankfurter gelehrten Anzeigen‹ vom 18. Juli 1775 gegen Christian Heinrich Schmid verteidigt worden ist. Mit »›Wolken‹« sind wohl nicht die Lenzschen ›Wolken‹ gemeint. Hier scheint ebenfalls biblischer Sprachgebrauch durchzuschlagen (vgl. 2 Mo 16,10; Mt 17,5; außerdem dieser Gebrauch bei Lenz D III 327, 340 (Nr. 55), 361, 417 u.ö.). Siehe auch Lichtenbergs Parodie der Geniesprache: »Siehst's Genie? wies in Wolcken webt?« (zitiert nach: August Langen: Deutsche Sprachgeschichte. In: Wolfgang Stammler (Hg.): Deutsche Philologie im Aufriß, Bd. 1, Berlin ²1957, Sp. 1098). Wenn man also schon Anführungszeichen einfügen will, die Lenz in keinem Fall gesetzt hat, dann muß es heißen: »Kein Mensch hat mir, Vater! etwas Deiner ›Geschichte‹ erzählt gehabt. Itzt sieh in die Wolken [...]«.

37 Vgl. nur Herbert Schöffler: Johann Gottfried Herder aus Mohrungen. In: ders.: Deutscher Geist im 18. Jahrhundert. Essays zur Geistes- und Religionsgeschichte. Göttingen 1956, S. 71; Wilhelm Dobbek: J. G. Herders Weltbild. Versuch einer Deutung. Köln – Wien 1969; Herman Wolf: Die Genielehre des jungen Herder. In: DVjs 3 (1925), S. 401–430.

38 Ich habe hier zwei von der expressiven Stillage her vergleichbare Briefe ausgewählt, weil an beiden besonders gut deutlich zu machen ist, worum es mir in diesem Beitrag insgesamt geht. Ähnliches gilt aber auch für die an epistolographischen Schriften und am Vorbild des natürlichen, das Gespräch imitierenden Briefs orientierten Schreiben an Sophie La Roche oder an Sarasin, die Geschäftsbriefe an Boie, die Abhandlungen in Briefform an Salzmann oder die französischen Briefe (zu diesen: Jegór von Sivers: Jacob Michael Reinhold Lenz als französischer Briefsteller und Autor. In: Baltische Monatsschrift 26 (1878), S. 355–365; zu den französischen Briefen an Lenz s. John Osborne: Deux lettres de Louis-François Ramond de Carbonnières à Jakob Michael Reinhold Lenz. In: L'Art épistolaire au siècle des lumières, hg. v. Jacques Voisine u. Gilbert van de Louw (im Druck)).

39 Vgl. Anm. 48.

40 Man vgl. nur die Naturschilderung im Brief FS I Nr. 25 (bes. S. 62f.) mit der im ersten

Brief des ›Waldbruders‹ (D II 380). Allgemeiner dazu: Heinz Dwenger: Der Lyriker Lenz. Seine Stellung zwischen petrarkistischer Formensprache und Goethescher Erlebniskunst. Diss. phil. masch. Hamburg 1961.

41 Z.B. D II 645: Dichtkunst ist »die Nachahmung der Natur, das heißt aller der Dinge, die wir um uns herum sehen, hören [...].« Vgl. ferner ebd. S. 648.

42 Schöne (Anm. 19), S. 121; auch Gert Mattenklott: Melancholie in der Dramatik des Sturm und Drang. Königstein ²1985, S. 124 Anm. 9; auch: Hans-Gerd Winter: J. M. R. Lenz. Stuttgart 1987 (= sm 233), bes. S. 38f.

43 Hierzu Anne Betten: Ellipsen, Anakoluthe und Parenthesen. Fälle für Grammatik, Stilistik, Sprechakttheorie oder Konversationsanalyse? In: Deutsche Sprache 4 (1976), S. 207–230.

44 Vgl. dazu Emil Dickhoff: Das zweigliedrige Wort-Asyndeton in der älteren deutschen Sprache. Berlin 1906 (= Palaestra 45), S. 219 zu Lenz.

45 Vgl. Jürgen Stenzel: Zeichensetzung. Stiluntersuchungen an deutscher Prosadichtung. Göttingen 1966 (= Palaestra 241), bes. S. 41ff.

46 Vermutlich beeinflußt durch Lamettries ›L'hômme machine‹ (1748), s. dazu Friedrich Albert Lange: Geschichte des Materialismus [...], 8. Aufl., hg. v. Hermann Cohen, Leipzig 1908, Bd. 1, S. 326–359. Zur Verwendung bei Lenz: Martin Stern: Akzente des Grams. Über ein Gedicht von Jakob Michael Reinhold Lenz [...]. In: Jb. d. dt. Schillergesellschaft 10, 1966, S. 160–188, bes. 165, 171. Zum Marionetten-Motiv allgemeiner, aber auch für Lenz ertragreich: Rüdiger Bubner: Philosophisches über Marionetten. In: Kleist-Jb. 1980 (1982), S. 73–85.

47 All dieses gilt noch nicht für die frühen Briefe und nicht mehr für die der späten 70er und der 80er Jahre; zu Ausnahmen s. oben S. 340.

48 Vgl. etwa Heinz-Joachim Fortmüller: Clemens Brentano als Briefschreiber. Frankfurt a.M. – Bern – Las Vegas 1977 (= Europäische Hochschulschriften I/143); vgl. auch Nickisch (Anm. 3), S. 96f.

49 Es erscheint mir verfehlt, diesen Umstand psychologisch, gar mit Blick auf Lenzens spätere Krankheit deuten zu wollen. So: Allan G. Blunden: A Case of Elusive Identity: the Correspondence of J. M. R. Lenz. In: DVjs 50, 1976, S. 103–126, z.B.: »And when he writes to people he feels himself to be a different person in each epistolary relationship. Not yet schizophrenically different [...]« (S. 112f.).

50 Man könnte hier einwenden, daß dies stets für das Brief-Ich gilt, würde dann aber wohl graduelle Unterschiede im Hinblick auf das Maß der Literarisierung verkennen.

51 ›Morgenphantasie‹ und ›Des Morgens‹ oder bessere Fassung und autorisierte Fassung. In: Hölderlin-Jb. [3], 1948/1949, S. 132–138; S. 137. Das Zitat verdanke ich: Herbert Kraft: Editionsphilologie [...]. Darmstadt 1990, 23f.

Das gespaltene Ich.
Zur Thematisierung disparater Erfahrungen und innerer Konflikte in der Lyrik von J. M. R. Lenz

Mathias Bertram (Berlin)

Gemessen an dem anhaltenden Interesse, das Lenzens dramatischem, erzählerischem und essayistischem Werk nun schon seit fast drei Jahrzehnten entgegengebracht wird, haben Lenzens lyrische Gedichte noch längst nicht die ihnen gebührende Aufmerksamkeit gefunden.[1] Die Vernachlässigung und Unterschätzung seiner Lyrik erstaunt um so mehr, als zumindest einzelne Gedichte den Vergleich mit anderen, wegen ihrer thematischen Originalität und wegen ihres ästhetischen Avantgardismus geschätzten Teilen des Lenzschen Werkes nicht zu scheuen brauchen. Gewiß, »dem äußern Schnitt des toten Buchstabens nach« wirken Lenzens Gedichte oft sehr konventionell – das hat schon Johann Heinrich Merck beklagt.[2] Aber bereits ihre zum Teil höchst ungewöhnlichen Themen und Gehalte zeugen davon, daß Lenzens beispiellose Bemühungen um eine genaue poetische Gestaltung der zeitgenössischen Wirklichkeit und der prosaischen Nöte und Konflikte der in ihr lebenden Menschen an seiner Lyrik nicht spurlos vorbeigegangen sind. Und auch der innovative ästhetische Ansatz seines lyrischen Dichtens, der die Darstellung und Reflexion vordem aus der Poesie weitgehend ausgeblendeter menschlicher Welt- und Selbsterfahrungen erst möglich machte, erweist sich als nicht minder einschneidend als die viel diskutierten ästhetischen Neuerungen seiner Dramatik und seiner Prosa.

In vielen grundlegenden Aspekten berühren sich die zwischen 1771 und 1777 entstandenen Gedichte Lenzens – nur von der Lyrik dieser entscheidenden, vom Ende seiner Studienzeit in Königsberg bis zu seinem psychischen Zusammenbruch reichenden Phase seiner poetischen Produktivität kann hier die Rede sein – natürlich mit der Lyrik anderer junger Autoren der Zeit. Dies sind zunächst einmal all jene Momente, die Lenz ebenso wie Goethe, Bürger, Hölty und auch einige andere Autoren des Göttinger Dichterkreises als Erben der empfindsamen Lyrik ausweisen. Im Anschluß an die von Dichtern wie Ewald von Kleist, Uz, Jacobi und zum Teil auch von Klopstock in Gang gesetzte Privatisierung und Intimisierung des

lyrischen Sprechens werden auch in seinen Gedichten vorzugsweise die
Glücks- und Leidenserfahrungen des einzelnen zur Sprache gebracht und –
im Gegensatz etwa zur anakreontischen Dichtung – mit existentiellem Ernst
reflektiert. Geradezu zwangsläufig kommt deshalb auch in seiner Lyrik der
Darstellung der menschlichen Innenwelt zentrale Bedeutung zu, wobei
Empfindungen und Stimmungen stets detailliert und eindringlich geschil-
dert, ausgekostet und reflektiert werden. Im Unterschied zu früheren
Entwicklungsstadien der empfindsamen Lyrik erweist sich die emotionale
Befindlichkeit des Sprechenden auch bei ihm als eigenständiger Indikator
für die Bewertung der reflektierten Erfahrungen und Weltbeziehungen.

Darüber hinaus weisen Lenzens Gedichte besonders enge Berührungs-
punkte mit der Lyrik des kleinen, in wesentlichen Fragen gleichgesinnten
Kreises der Sturm und Drang-Autoren auf. Mit Bürger, dem seinerzeit
populärsten Lyriker des Sturm und Drang, und mit Goethe, dessen Gedichte
das Bild der Lyrik dieses Kreises in späterer Zeit bestimmten, teilt er die
lyrische Artikulation eines neuartigen menschlichen Welt- und Selbstverständnisses. Eine entschiedene Zuwendung zum Diesseits, das nicht länger
nur als Handlungs- und Bewährungsraum, sondern auch als wichtigster
Erfüllungsraum des Menschen begriffen wird, ist in seiner Lyrik ebenso zu
beobachten wie die Etablierung des im Widerspruch zur Enge und Einge-
schränktheit der gesellschaftlichen Verhältnisse formulierten Anspruchs,
Glück und Erfüllung zuallererst durch die »ungebundene« und »freie«
Entfaltung der individuellen Kräfte und Fähigkeiten zu finden.[3] Bedingt
durch diesen verbindenden Glücks- und Existenzanspruch finden sich in
seinen Gedichten auch viele der zentralen Motive der Sturm- und Drang-
Lyrik wieder, sei es der Wunsch, sich aktiv betätigen und bewähren zu
können, sei es das provokante, auf die Unbedingtheit dieser Ansprüche und
Sehnsüchte verweisende und zugleich die Wertschätzung innerer Aktivität
unterstreichende Bekenntnis zu einem emotionsgeleiteten, leidenschaftlichen Verhältnis zur Welt.

Im Unterschied zu manch anderem Autor hat Lenz sich aber nicht darauf
beschränkt, im Gedicht neue Ansprüche und Sehnsüchte programmatisch
zu formulieren oder deren Einlösung in der Gestaltung »erfüllter Augenblikke« vorwegzunehmen. Für beides, für das programmatische Gedicht und für
die lyrische Darstellung »erfüllter Augenblicke«, gibt es natürlich auch in
seiner Lyrik repräsentative Beispiele.[4] In ihrem Zentrum aber steht die
Darstellung der realen Existenzprobleme des nach Selbstverwirklichung
strebenden Menschen. Öfter und eindringlicher als bei anderen Autoren ist
in seinen Gedichten von den Konflikten und Schwierigkeiten die Rede, die

der Versuch mit sich bringt, diesen weitgreifenden Glücks- und Existenzanspruch in der zeitgenössischen Wirklichkeit einzulösen. Dabei geraten bei Lenz auch nicht allein die äußeren Konflikte ins Blickfeld, die der nach Selbstverwirklichung strebende Mensch mit seiner Umwelt auszutragen hat, sondern auch und mehr noch die inneren Konflikte, in die er sich bei dem Versuch, seinen Lebensanspruch durchzusetzen, verstrickt. Lenzens Lyrik kennt deshalb auch nicht nur das für die Lyrik des Sturm und Drang immer wieder als typisch erachtete selbstbewußte und ungeteilte Individuum, das sich gegen seine Umwelt zu behaupten weiß oder aber an ihr scheitert, weil es nicht bereit ist, seine Ansprüche aufzugeben, sondern auch schon das sonst erst in der Lyrik der Moderne begegnende gespaltene, zerrissene Ich, das sich selbst fremd wird und dem Selbstverlust nahe ist, weil es seine inneren Konflikte nicht zu lösen vermag.

Das im Vergleich mit der zeitgenössischen Poesie ungewöhnlich breite Spektrum der in seiner Lyrik zur Sprache gebrachten Welt- und Selbsterfahrungen verdankt sich fraglos Lenzens Neigung, in lyrischen Gedichten Bilder seiner selbst zu entwerfen. Poetologische Selbstaussagen, die dies bezeugen könnten, sind von Lenz zwar nicht überliefert. In Anbetracht des augenscheinlich hohen autobiographischen Gehalts seiner Gedichte bedarf es ihrer aber auch gar nicht, um zu erkennen, daß Lenz in seinen Gedichten in erster Linie seine eigenen, ganz persönlichen Erfahrungen darstellte und Aspekte seiner Weltbeziehungen und seines Selbstverständnisses ausstellte. Das bedeutet natürlich nicht, daß Lenzens Gedichte als unmittelbare Selbstaussagen ihres Autors gewertet und gelesen werden dürften, wie es die ältere Forschung allzu oft bedenkenlos getan hat.[5] Jede seiner lyrischen Selbstreflexionen ist zweifellos eine absichtsvoll kalkulierte Selbstinszenierung, die sich an der Themen-, Motiv- und Formtradition lyrischen Sprechens abarbeitet. Schon deshalb ist der biographische Zeugniswert der Gedichte *im einzelnen* höchst fraglich und letztlich nicht bestimmbar. Andererseits läßt sich jedoch nicht übersehen, daß es gerade die spezifischen Erfahrungen und die spezifische Weltsicht Lenzens sind, die den Ich-Aussagen seiner Gedichte einen besonderen Charakter verleihen.[6] So erklärt sich die Tatsache, daß in seiner Lyrik eher von Leidens- und Krisenerfahrungen als von erfüllten Augenblicken die Rede ist, doch schon zu einem nicht unwesentlichen Teil daraus, daß Lenz auf Grund seiner sozialen Herkunft und bedingt durch seine anhaltende materielle Bedrängnis über ungleich weniger Möglichkeiten als andere verfügte, seine weitgreifenden Ansprüche und Sehnsüchte zu verwirklichen.

Doch die Spezifik der in den Gedichten verarbeiteten Erfahrungen ist es nicht allein, die das Besondere Lenzscher Lyrik ausmacht. Sie zeichnet sich auch durch einige bahnbrechende ästhetische Eigenarten aus. Zwei seien hier zumindest genannt. Das Bedürfnis zur Selbstdarstellung im lyrischen Gedicht teilt Lenz mit Goethe und einigen anderen Lyrikern des Sturm und Drang, die sich wie er darum bemühten, Lyrik zu einem eigenständigen und autonomen Medium der Wieder- und Weitergabe menschlicher Welt- und Selbsterfahrungen und der poetischen Kommunikation über Möglichkeiten menschlicher Welt- und Selbstdeutung umzuformen. Dabei hat sich Lenz aber oft nicht damit begnügt, einzelne Erfahrungen, Empfindungen oder »Erlebnisse« darzustellen. Viele seiner Gedichte zeichnen darüber hinaus komplexe Prozesse der Selbstverständigung nach, in denen Wirklichkeitserfahrungen zu Erwartungen, Ansprüchen und Sehnsüchten in Beziehung gesetzt, in ein umfassendes Welt- und Selbstverständnis eingeordnet und in dessen Rahmen gedeutet werden. Auf diese Weise präsentieren Lenzens Gedichte nicht nur Resultate menschlicher Welt- und Selbstdeutung, sondern machen die tastende Suche nach Weltdeutung und Selbsterkenntnis selbst zu ihrem Thema. Mitunter erweisen sie sich dabei sogar als ein Forum menschlicher Selbstreflexion, das offen für die Thematisierung scheiternder Versuche von »Selbstvergewisserung« ist.[7]

Zu dieser strukturell-thematischen Besonderheit tritt die Lenzens gesamtes poetisches Werk prägende Absage an eine Poesie, in der die subjektive Wahrheit des Ausgesagten der poetischen und moralischen Schönheit untergeordnet wird. Im Gegensatz zu den meisten anderen Lyrikern der Zeit hat Lenz beim Schreiben lyrischer Gedichte nicht länger danach gefragt, ob die Erfahrungen auch exemplarisch, die Empfindungen schön und das ausgestellte Selbstverständnis vorbildlich sind. Lenz hielt auch das scheinbar Partikulare und Singuläre für mitteilenswert und scheute sich nicht, das »Gewöhnliche« und »Gemeine« in seinen Gedichten darzustellen.[8] Nach einem Wort Martin Sterns sind einige seiner Gedichte so zwar »nicht schön im herkömmlichen Sinn«, verfügen aber gerade deshalb über die »Größe der Wahrhaftigkeit«.[9]

Die ältere Forschung hat zur Erhellung der Gedichte, in denen Lenz ambivalente Empfindungen, disparate Erfahrungen und nicht auflösbare innere Konflikte thematisierte, nur wenig beigetragen. Da sie sich zumeist von einem Lyrikverständnis leiten ließ, das die Artikulation schöner Empfindungen, menschheitlicher Ideale oder allgemeingültiger Wahrheiten zur Norm erklärte, stand sie diesen Gedichten oft mit unverhohlener Ablehnung gegenüber und pflegte die beobachteten Abweichungen, von dem, was sie als Norm begriff, auf die als pathologisch eingeschätzte psychologische Disposition ihres Autors zurückzuführen.[10] Im Rahmen dieses oberflächlichen Deutungs- und Erklärungsmusters war es dann auch nur konsequent, die Gedichte, in denen sich das sprechende Ich gespalten und zerrissen zeigt, als »Vorboten der nahen geistigen Erkrankung« ihres Autors zu deuten.[11] Ein partieller Neuansatz im Umgang mit diesen Gedichten zeichnete sich erst mit Martin Sterns Analyse des Gedichts »An den Geist« aus dem Jahr 1966 ab. Stern suchte den Lyriker Lenz erstmals als einen »frühen Vorläufer der Moderne« zu begreifen und bemühte sich darum, die in Lenzens Gedichten zur Sprache gebrachten Erfahrungen als Erscheinungsformen moderner Welt- und Selbstwahrnehmung zu deuten. Letztlich war es aber auch bei ihm noch die sich vermeintlich früh ankündigende Geisteskrankheit Lenzens, die den spezifischen Charakter der in seinen Gedichten dargestellten Erfahrungen und Konflikte erklären mußte.[12]

Inzwischen hat Gert Vonhoff gezeigt, daß man bei der Erschließung von Lenzens Lyrik auch sehr gut ohne dieses in die Irre führende Deutungs- und Erklärungsmuster auskommen kann. Dies gehört zweifellos zu den Vorzügen der von ihm propagierten und praktizierten Abkehr von allen Bestrebungen, Lenzens Gedichte biographisch zu lesen. Wie seine Lesarten zeigen, stellt der Rückzug auf eine puristische Werkästhetik, die den Erfahrungen, der Weltsicht und den Absichten des Gedichtautors keinerlei Bedeutung mehr beimessen zu können glaubt, jedoch keine tragfähige Alternative zu kurzschlüssigen biographischen Deutungen dar.[13] Seine Interpretationen erwecken zu Unrecht den Anschein, Lenz hätte in seinen Gedichten disparate Erfahrungen und bis an die Grenzen des Selbstverlusts führende innere Konflikte thematisiert, um »falsches Bewußtsein« aufzudecken und zu kritisieren. Eine solche Sicht auf diese Gedichte geht nicht nur am poetischen Ansatz der Lenzschen Lyrik vorbei, sie setzt bei Lenz auch eine Distanz zum jeweiligen Problem voraus, über die er gar nicht verfügen konnte.

Demgegenüber soll im folgenden verdeutlicht werden, daß die Disparatheit der Erfahrungen und die Unaufgelöstheit innerer Konflikte in Lenzens Lyrik zwar keineswegs psychopathologisch bedingt sind, geschweige denn als »Vorboten« der »geistigen Erkrankung« ihres Autors gedeutet werden können, daß ihre Thematisierung aber durchaus biographische Ursachen hat und von der persönlichen Betroffenheit Lenzens zeugt. Zu diesem Zweck gilt es zunächst am Beispiel von zwei exemplarischen Gedichten die entscheidenden Ursachen der in Lenzens Lyrik thematisierten Konflikte zu erhellen.[14] Analysiert man die von dem Streben nach Selbstvergewisserung und Selbsterkenntnis strukturierten Reflexionsvorgänge Lenzscher Gedichte – was hier freilich jeweils nur andeutungsweise und ausschnitthaft geschehen kann –, zeigt sich nämlich, daß es in erster Linie der Zusammenprall eines weitgreifenden Glücks- und Existenzanspruchs mit überkommenen, ihm widerstrebenden religiösen Glaubensinhalten ist, der die zur Sprache gebrachten Konflikte und Zwänge bedingt und das sprechende Ich in einen Zwiespalt treibt, den es nicht zu überwinden vermag.

Ein erstes Beispiel für ein Gedicht, das dieses Konfliktfeld beleuchtet, ist das Gedicht »Die Demuth«,[15] in dem man lange Zeit nichts anderes als die »dunkele Phantasie eines fast Wahnsinnigen« zu sehen vermochte.[16] In den ersten vier Strophen dieses Gedichts zieht das sprechende Ich eine Bilanz seines bisherigen Lebens, die auf den ersten Blick durchaus erfolgreich anmutet:

> Ich wuchs empor wie Weidenbäume
> Von manchem Nord geschlenkt
> Ihr niedrig Haupt in lichte Wolken heben
> Wenn nun der Frühling lacht.
>
> Ich kroch wie das geschmeide Epheu
> Durch Schutt und Mauren Wege findt
> An dürren Stäben hält und höher
> Als sie, zum Schutt an ihren Füssen
> Hinunter sieht.
>
> Ich flog empor wie die Rakete
> Verschlossen und vermacht, die Bande
> Zerreißt und schnell sobald der Funken
> Sie angerührt, gen Himmel steigt.
>
> Ich kletterte wie junge Gemsen
> Die nun zuerst die Federkraft
> In Sehn: und Muskeln fühlen, wenn sie
> Die steile Höh, erblicken, empor.

Das Ich vergleicht sich mit vier Wesen, denen eines gemeinsam ist: Sie alle streben nach Selbstverwirklichung, sie suchen ihre jeweiligen Anlagen und Fähigkeiten zu entfalten und wollen sich auf diese Weise aus der »Niedrigkeit« erheben, oder, wie es hier immer wieder heißt, »empor« kommen. So verdeutlichen diese vier Vergleiche zunächst einmal, daß das sprechende Ich das Streben nach Selbstverwirklichung für einen Grundzug seiner bisherigen Biographie hält. Gleichzeitig legitimieren sie dieses Streben aber auch, denn durch sie bekommt es den Anstrich einer universellen Bestimmung; Selbstverwirklichung erscheint durch sie als ein Gesetz alles Bestehenden. Dabei handelt es sich in allen vier Fällen um Bilder gelingender Selbstverwirklichung. Offenbar war das Streben des Ichs bisher von Erfolg gekrönt und dies – wie die Bilder im einzelnen zeigen – obwohl die Umstände und Bedingungen dafür keineswegs günstig waren. Davon zeugt insbesondere der Vergleich mit dem »geschmeiden Epheu«, der sich seinen empor führenden Weg »durch Schutt und Mauren« bahnen mußte und lediglich »dürre Stäbe« vorfand, an denen er empor kriechen konnte. Ähnlich erging es aber auch den Weidenbäumen, die rauhen Nordwinden ausgesetzt waren, denen es aber trotzdem gelang, ihr »niedrig« Haupt in »lichte« Wolken zu heben. Aus diesem Grunde wundert es auch nicht, daß aus der Lebensbilanz des Ichs ein durch und mit dieser Entwicklung entstandenes Selbstbewußtsein und nicht zuletzt auch Stolz auf die eigene Leistung sprechen. So empfinden die jungen Gemsen erst angesichts des selbst gesteckten Zieles, eine »steile Höh« zu erklettern, ihre eigene »Federkraft/ In Sehn: und Muskeln«. Und nicht ohne Stolz blickt die Epheupflanze, in der sich das Ich spiegelt, von der mühsam erreichten Höhe auf die Trümmerlandschaft herunter, aus der sie sich erhob.

Das hier zum Ausdruck kommende Selbstbewußtsein des sprechenden Ichs und sein Stolz auf das von ihm bisher Erreichte beruhen ganz offenkundig auf der Erfahrung, sein Ziel ohne fremde Hilfe erreicht und Hemmnisse, die seinem Lebensplan entgegen standen, aus eigener Kraft bewältigt zu haben. Es ist das durch tätige Auseinandersetzung mit der Welt zu gewinnende Bewußtsein menschlicher Autonomie, das aus dieser Lebensbilanz spricht. Doch nicht dessen Proklamation ist das Thema dieses Gedichts. Es umreißt statt dessen eine Erfahrungssituation, in der dieses Bewußtsein in eine tiefe Krise geraten ist. Denn wie der Fortgang der lyrischen Reflexion ausweist, sieht sich das Ich in der Situation, aus der heraus es spricht und aus der heraus es auch auf seinen Lebensweg zurückblickt, einer Gefährdung ausgesetzt, die es aus eigener Kraft nicht überstehen zu können glaubt:

> Hier häng ich itzt aus Dunst und Wolken
> Nach dir furchtbare Tieffe nieder –
> Giebts Engel hier? O komm' ein Engel
> Und rette mich!

O wenn ich diesen Felsengang stürzte
Wo wär, ihr Engel Gottes! mein Ende?
Wo wär ein Ende meiner Tränen
Um dich, um dich verlorne Demuth?

Nun, da es sich selbst nicht mehr zu helfen weiß und Angst vor dem
Scheitern empfindet, hofft es auf eine von außen kommende Wendung
seines Geschicks, auf den Beistand eines allmächtigen Gottes und seiner
Sendboten. Doch dieser Gott ist offenkundig der christliche Gott, der nur
dem Hoffnung und Zuversicht zu geben vermag, der sich ihm auch
unterwirft. Genau dies aber hat das Ich auf seinem bisherigen Lebensweg
verlernt; es hat durch das Streben nach Selbstverwirklichung und durch
seinen Stolz auf das von ihm bisher Erreichte seine Demut verloren und muß
nun schmerzlich den Verlust an Geborgenheit, Hoffnung und Zuversicht
erfahren, den das Heraustreten des Menschen aus religiösen Bindungen mit
sich bringt. Dabei zeigt sich, daß die Last des Bewußtseins, völlig auf sich
selbst gestellt zu sein, für das Ich so schwer zu tragen ist, daß es sich in seiner
Verzweiflung zur inneren Umkehr zu bewegen versucht: es möchte das
einst besessene Gottvertrauen zurückgewinnen.

Am Anfang dieses hier nicht im einzelnen zu verfolgenden Bekehrungs-
versuchs steht der Lobpreis der »Demuth« als »Heiliger Balsam«, der die
»Wunden« des versengenden »Stolzes« zu heilen vermag und denen »Lind-
rung« gewährt, die sich durch ihr Streben nach Selbstverwirklichung und
sozialer Anerkennung in die gottferne »heisse, öde, verzehrende Wüste
eitler Ehre« verirrten. Im Anschluß daran wendet sich das Ich an Jesus
Christus und bittet diesen in Demut geübten »Gott in verachteter Bildung«,
ihm »der Demuth geheime Pfade« anzuzeigen. Wohin diese Pfade führen,
zeigt eine fast fünfzig Verse einnehmende Vision der »Schattenthale« der
Demut. Es handelt sich dabei um einen paradiesischen Existenzraum »voll
lebendiger springender Brunnen« und rauschender Quellen, voll blühender
Blumen und singender Nachtigallen, der als Gegenentwurf zum vorangegangenen Warnbild der »heissen öden verzehrenden Wüste eitler Ehre«
angelegt ist. Aus dieser Landschaft dringt eine betörende Stimme an das Ohr
des sprechenden Ichs, die es lockt, sich hier niederzulassen, und ihm
eingehend erklärt, wie man durch christliche Demut der hier herrschenden
Glückseligkeit teilhaftig werden kann.

Dabei zeichnet sich in diesem Gedicht eine höchst bemerkenswerte
Abweichung vom traditionellen Demut-Topos ab. Die zur Demut rufende
Stimme suggeriert dem Ich nämlich, daß es von seinem Streben nach

Selbstverwirklichung keineswegs ablassen müßte, wenn es sich der Gottheit wieder unterwerfen würde. Denn auch »hier«, in den »Schattenthalen« der Demut gibt es Wesen – Nachtigallen, Blumen und Quellen –, die ihre Kräfte und Fähigkeiten entfalten und nach Selbstverwirklichung streben. Im Unterschied zu den Akteuren der ersten vier Strophen verfolgen sie dieses Ziel freilich auf den ihnen »bezeichneten Wegen«, und sie tun dies auch allein zur Ehre ihres »Schöpfers«, also ohne auf ihr Vermögen stolz zu sein und frei von jeder Sehnsucht nach Anerkennung:

> Horch hier singen die Nachtigallen
> Auch Geschöpfe wie du, und besser,
> Denn ein Gott hat sie singen lehren
> Und sie dachten doch nie daran ob sie
> Besser sängen als andre.
>
> Hier hier Sterblicher! sieh hier rauschen
> Quellen in lieblichen Melodien
> Jede den ihr bezeichneten Weg hin
> Ohne Gefahr.
>
> Sieh hier blühen die Blumen wie Mädgen
> In ihrer ersten Jugend-Unschuld
> Unverdorbene Lilienmädgen
> Ja sie blühen und lächeln und buhlen
> Ungesehen und unbewundert
> Mit den Winden der lauen Luft.
>
> Lerne von ihnen, für wen blühn sie?
> Für den Gott der sie blühen machte
> All in ihrer unnachahmlichen
> Blumennäivetät.

Rückkehr zu einem von religiöser Demut geprägten Selbstverständnis wird in diesem Gedicht also keineswegs mit der Aufgabe des Strebens nach Selbstverwirklichung gleichgesetzt. Umkehr bedeutet hier lediglich, den Anspruch auf eine autonome, selbstbestimmte Existenz wieder aufzugeben und Abschied von dem stolzen Bewußtsein zu nehmen, Schwierigkeiten und Probleme aus eigener Kraft bewältigen zu müssen und dies auch zu können.

Bemerkenswerterweise bleibt das Verhältnis des sprechenden Ichs zu dieser verlockenden Alternative dennoch ambivalent. Bereits Gert Vonhoff hat darauf hingewiesen, daß dem Gedicht durch die Konfrontation zweier unterschiedlicher Möglichkeiten menschlichen Selbstverständnisses eine »Struktur der Entgegensetzung« eingeschrieben ist, die es von Texten abhebt, »welchen eine derartige Opposition nicht zugrunde liegt, welche also auf den ›Demut‹-Topos beschränkt sind«, und zu Recht betont, daß diese »Struktur der Entgegensetzung« auch »einer Vereinnahmung des ›Demut‹-Topos als Ideal entgegensteht«.[17] Diese Beobachtung kann präzisiert werden, wenn man das Gedicht als Medium und Forum individueller Selbstvergewisserung betrachtet. Die lyrische Reflexion des sprechenden Ichs entfaltet sich ja in einer Krisensituation und zielt darauf ab, diese Krise zu überwinden. Zu diesem Zweck vergegenwärtigt sich das Ich zwar die Vorzüge eines von religiöser Demut geprägten Selbstverständnisses und reflektiert die Möglichkeit, das für sein Leben konstitutive Streben nach Selbstverwirklichung mit religiöser Demut zu vereinbaren. Das bedeutet jedoch noch lange nicht, daß das Ich den reflektierten Ausweg auch tatsächlich beschreitet. Bezeichnenderweise werden die Vorzüge einer demütigen Unterwerfung unter die Gottheit in diesem Gedicht ja auch von einer Stimme artikuliert, die nicht die Stimme des Sprechenden ist, einer Stimme, die ihm fremd gegenübertritt und ihm fremd bleibt. Gerade dieses Reden mit einer fremden Stimme, das sich letztlich daraus erklärt, daß das Ich verzweifelt und suggestiv auf sich einredet, verdeutlicht auf besonders sinnfällige Weise, daß sich das Ich in einem tiefen Zwiespalt befindet, den es nicht ohne weiteres zu überwinden vermag und der deshalb auch unaufgelöst bleibt.

Einen noch tiefer gehenden und ebenfalls unaufgelöst bleibenden Zwiespalt beschreibt das Gedicht »Der verlorne Augenblick/Die verlorne Seeligkeit. Eine Predigt über den Text: Die Malzeit war bereitet,/aber die Gäste waren ihr nicht werth.«[18] Auch hier resultiert die Spaltung des Ichs keineswegs aus einer »pathologischen Ich-Erfahrung«,[19] sondern ist vielmehr auf die sichtliche Unverträglichkeit eines radikal diesseitigen Glücksanspruchs mit überkommenen Glaubensinhalten zurückzuführen. Das Ich dieses Gedichtes beklagt, einen »Augenblick«, in dem es der Erfüllung einer Sehnsucht greifbar nahe war, nicht genutzt zu haben. Da es annimmt, daß sich ihm eine solche Gelegenheit kein zweites Mal bieten wird, glaubt es sogar, daß es sich durch sein Versagen, nicht allein der »Seeligkeit« dieses einen »Augenblicks«, sondern auch der Aussicht, diese »Seeligkeit« überhaupt einmal verspüren zu können, beraubt hat:

> Von nun an die Sonne in Trauer
> Von nun an finster der Tag
> Des Himmels Tore verschlossen
> Wer ist der wiedereröfnen
> Mir wieder entschliessen sie mag.
> Hier ausgesperret verloren
> Sitzt der Verworfne und weint
> Und kennt in seeliger Schöpfung
> Gehässig nichts als sich selber
>
> Ach ausser sich selbst keinen Feind.

Bei dem »Augenblick«, dessen Verlust das Ich hier beklagt, handelt es sich um nichts anderes als um eine intime Begegnung mit einer geliebten Frau, bei der sich ihm die Möglichkeit eröffnete, die »Seeligkeit« der sinnlichen Liebe zu verspüren. Wie bereits Gert Vonhoff gebührend hervorgehoben hat, dürfen die religiöse Bildwelt des Gedichts und das im Untertitel angeführte biblische Gleichnis nicht darüber hinwegtäuschen, daß das Ich dieses Gedichts allein den Verlust dieses »Himmels« auf Erden und nicht etwa die Einbuße postmortalen Glücks im christlichen Jenseits betrauert. Als »Konsequenz aus der Unfähigkeit des sprechenden Ichs, die Selbstverwirklichung in sinnlicher Liebe zu realisieren«, wird, wie Vonhoff ebenfalls zu Recht betont, in diesem Gedicht deshalb auch nicht »die Entsagung von Leidenschaften und deren Sublimation« dargestellt; es ist vielmehr die »Erfahrung der Handlungshemmung«, die Leid und Klage des Ichs veranlaßt.[20]

Ungeklärt bleibt bei Vonhoff jedoch die entscheidende Frage, warum das Ich die »Möglichkeit, sich selbst in sinnlicher Liebe zu verwirklichen«, nicht zu ergreifen vermochte.[21] Eine explizite Antwort auf die Frage »Grosse Götter was hielt mich zurück« bleibt das Ich in der Tat schuldig, dafür läßt jedoch bereits seine Schilderung des besagten »Augenblicks« die Ursache seiner Handlungshemmung deutlich hervortreten:

> Aufgingen die Thore.
> Ich sah die Erscheinung
> Und war's kein Traum.
> Und war's so fremd mir
> Die Tochter die Freude
> Der Seegen des Himmels

Im weissen Gewölken
Mit Rosen umschattet
Düftend hinüber zu mir
In Liebe hingesunken
Wie schröcklich in Reitzen geschmückt
Schon hatt ich so seelig so trunken
Fest an mein Herz sie gedrückt
Ich lag im Geist ihr zu Füssen
Mein Mund schwebt' über ihr
Ach diese Lippen zu küssen
Und dann mit ewiger Müh
Den süssen Frevel zu büssen –

In dem einzigen Augenblick
Grosse Götter was hielt mich zurück
Kommt er nicht wieder?
Er kehrt nicht wieder
Ach er ist hin der Augenblick
Und der Tod mein einziges Glück

Ganz offensichtlich war das Ich durch das intime Zusammensein mit der Geliebten nicht nur beglückt, sondern von vornherein auch geängstigt. Die Schilderung der Geliebten läßt keinen Zweifel daran, daß das Ich im Grunde ein platonisch Liebender ist, dessen Zuneigung von der Sehnsucht nach geistiger Nähe getragen wird. Die Geliebte war und ist für das Ich eine himmlische Erscheinung, sein Verhältnis zu ihr durch Verehrung und Anbetung geprägt. »Im Geist« lag es ihr deshalb auch »zu Füssen«. Angesichts dieser Ausprägung der Liebesbeziehung wundert es nicht, daß es für das Ich eine überraschende und irritierende Erfahrung ist, die Geliebte »in Liebe hingesunken« zu finden und auch selbst das Verlangen nach körperlicher Nähe und erotischem Genuß zu verspüren. Warum sonst sollte das Ich, die Situation als »fremd« empfinden und sich selbst in der Erinnerung an sie noch einmal vergewissern, daß es sich dabei um keinen »Traum« handelte.

Das Ich ist durch das Aufbrechen seines sinnlichen Liebesverlangens jedoch nicht nur befremdet; der Wunsch, diesem Verlangen nachzugeben, treibt es auch in einen inneren Konflikt, den es nicht zu lösen vermag. Der Konflikt kündigt sich bereits dadurch an, daß das Ich von der Erscheinung der Geliebten fasziniert ist, es aber gleichzeitig als »schröcklich« empfindet, seine Sinne durch ihre »Reitze« erregt zu wissen. Die gleiche Ambivalenz scheint in der räumlichen Differenzierung des Verhältnisses zu ihr auf – »im Geist« liegt es ihr »zu Füssen«, sein »Mund« aber »schwebt' über ihr«. Greifbar wird der auf diese Weise bereits angekündigte Konflikt, wenn das Ich sich seines Wunsches erinnert, die Geliebte, die es bereits »seelig« und »trunken« an sein »Herz« gedrückt hat, nun auch zu »küssen«. Der Erfüllung dieses Wunsches steht in dieser Situation nämlich nichts im Wege als das Bewußtsein, daß dies eine schwere Sünde, ein »Frevel« wäre, den es »mit ewiger Müh« »zu büssen« hätte. Es ist also die Unvereinbarkeit seines natürlichen Liebesverlangens mit seiner vom christlichen Sündenbewußtsein geprägten Vorstellung von Tugendhaftigkeit, die das Ich vor der Erfüllung seines Wunsches zurückschrecken ließ und seine »Handlungshemmung« bewirkte.

Ließ sich das Ich in dem vergegenwärtigten »Augenblick« noch durch sein Sündenbewußtsein von der Erfüllung seiner Sehnsucht zurückhalten, so belegt nun zwar sowohl seine Klage über den Verlust, den es dadurch erlitten hat, als auch der Wunsch, daß sich ihm die »Thore« zu diesem »Himmel« »wiedereröfnen« mögen, daß es nicht mehr dazu bereit ist, sein Verlangen nach körperlicher Hingabe und erotischem Genuß zu unterdrükken. Der Vorsatz, sich diesem Verlangen hinzugeben, falls sich ihm doch noch einmal eine solche Gelegenheit, wie die durch seine eigene Schuld versäumte, bieten würde, bedeutet jedoch nicht, daß es sich von seinem Sündenbewußtsein zu befreien und seinen inneren Konflikt zu lösen vermag.

Dies zeigt der letzte Abschnitt der lyrischen Reflexion, in dem sich das Ich vorstellt, was es empfinden und wie es sich verhalten würde, wenn der »Augenblick«, den es durch sein Zögern »verlor«, doch noch einmal wiederkehrte:

> Daß er käme
> Mit bebender Seele
>
> Wollt ich ihn fassen
> Wollte mit Angst ihn
> Und mit Entzücken
> Halten ihn halten
> Und ihn nicht lassen
> Und drohte die Erde mir
> Unter mir zu brechen
> Und drohte der Himmel mir

Die Kühnheit zu rächen
Ich hielte ich fasste dich
Heilige Einzige
Mit all deiner Wonne
Mit all deinem Schmerz
Preßt' an den Busen dich

Sättigte einmal mich
Wähnte du wärst für mich
Und in dem Wonnerausch
In den Entzückungen
Bräche mein Herz.

Dem Ich ist nämlich durchaus bewußt, daß sich mit dem schon einmal empfundenen »Entzücken« auch die »Angst« wieder einstellen würde, von der es schon einmal daran gehindert wurde, sich seinem Liebesverlangen hinzugeben. Zwar scheint es nun dazu bereit, einen solchen »Augenblick« kein zweites Mal ungenutzt vorübergehen zu lassen und sich dem ersehnten »Wonnerausch« ungeachtet aller damit verbundenen Folgen wenigstens »einmal« ganz hinzugeben. Die Befürchtung, daß in diesem Fall die »Erde« unter ihm »brechen« und der »Himmel« ihm diese »Kühnheit« »rächen« könnte, läßt jedoch klar erkennen, wie wenig es sich von seinem Sündenbewußtsein zu befreien vermag.

Obwohl die Bilder, mit denen es seiner »Angst« Ausdruck verleiht, dies auf den ersten Blick vermuten lassen könnten, ist es interessanterweise keineswegs eine außer ihm liegende, »höhere« Instanz, von der es für den »süssen Frevel« bestraft zu werden befürchtet. Das Ich hat die christliche Tabuierung der Sinnlichkeit so stark verinnerlicht, daß sie Teil seiner Identität geworden ist. Wovor es Angst empfindet, ist deshalb allein der Selbstverlust, den der Verstoß gegen seine Moralvorstellungen und Überzeugungen mit sich brächte. Fürchtete es durch eine fremde, außer ihm liegende Instanz bestraft zu werden, könnte es sich ja zumindest dem ersehnten »Wonnerausch« ungeteilt hingeben. Da es aber zwischen den moralischen Ansprüchen, die es an sich selbst stellt, und seinem nicht länger zu unterdrückenden Liebesverlangen hin und her gerissen ist, empfindet es selbst bei dem imaginierten Zusammensein mit der Geliebten nicht nur »Wonne«, sondern auch »Schmerz«. Wie die drei letzten Verse des Gedichts ausweisen, glaubt das Ich, daß der sich aus seinem Zwiespalt ergebende Identitätsverlust bei der Erfüllung seines Wunsches sogar so groß wäre, daß es an ihm zugrunde gehen würde: »Und in dem Wonnerausch/In den Entzückungen/Bräche mein Herz.« Von dem »verlornen Augenblick« unterscheidet sich dessen imaginierte Wiederkehr letztlich allein dadurch, daß der Sprechende die erhoffte »Seeligkeit« nunmehr der Bewahrung seiner moralischen Integrität vorzieht und gewillt ist, den ihm unvermeidlich scheinenden Identitätsverlust hinzunehmen.

Beide Gedichte lassen somit deutlich genug erkennen, daß die von dem um Selbstversicherung ringenden Ich nicht zu lösenden Konflikte keineswegs psychopathologisch bedingt sind, sondern aus dem Zusammenprall eines für den Übergang zur Moderne charakteristischen Strebens nach Selbstverwirklichung mit überkommenen, ihm widerstrebenden religiösen Glaubensinhalten resultieren – sei es, daß das durch das Streben nach Selbstverwirklichung hervorgetriebene Bewußtsein menschlicher Autonomie zu einem schmerzlich empfundenen Verlust der nur im religiösen Glauben zu findenden Geborgenheit führt, sei es, daß das christliche Sündenbewußtsein der sinnlich-erotischen Selbstverwirklichung im Wege steht.

Distanz zum jeweiligen Problem oder gar die kritische Aufdeckung »falschen Bewußtseins« wird man Lenz bei der Darstellung solcher Konflikte und Zwänge nur schwerlich unterstellen können, handelt es sich dabei doch um Probleme, denen er zeit seines Lebens selbst ausgesetzt war. Wie die vielen zwischen 1771 und 1775 entstandenen moraltheologischen Schriften belegen, war Lenz von Anfang an darum bemüht, den Anspruch auf diesseitiges Glück und die Verpflichtung des Menschen zur tätigen Entfaltung seiner individuellen Kräfte und Fähigkeiten in Einklang mit den Maßgaben der ihm anerzogenen Religiosität zu bringen. Zumindest zeitweilig schien ihm das auch zu gelingen. Insofern Lenz glaubte, daß der Mensch dazu bestimmt sei, seine individuellen Kräfte und Fähigkeiten zu entfalten und nach irdischem Glück zu streben, und aus dieser Überzeugung auch die Hoffnung ableitete, daß es möglich sei, das »Reich Gottes auf Erden« zu errichten, gehörte dieser Vermittlungsversuch fraglos zu den entscheidenden Voraussetzungen der sein Leben wie sein Werk prägenden Vorstellung von menschlicher Emanzipation.[22] Dieser Glaube ermöglichte es ihm, die diesseitige Welt für vervollkommnungsfähig zu halten, durch ihn sah er seinen eigenen Existenzanspruch legitimiert und aus ihm vermochte er anfangs auch die persönliche Zuversicht zu ziehen, »hier auf Erden schon ewig selig werden« zu können.[23] Vor allem die in der Königsberger und in der frühen Straßburger Zeit entstandenen Gedichte Lenzens lassen viel von der auf diese Weise gewonnenen Zuversicht erkennen.

Schon sie zeigen aber auch, daß dieser Vermittlungsversuch von vornherein eine Reihe von Selbstbeschränkungen und Zwängen mit sich brachte, die Lenzens Vorstellung von Selbstverwirklichung einengten und zum Teil auch dem Versuch, seinen eigenen Glücks- und Existenzanspruch einzulösen, im Wege standen. Verwiesen sei hier nur auf die im Banne des christlichen Sündenbewußtseins stehende Verdrängung der Sinnlichkeit aus zwischengeschlechtlichen Partnerbeziehungen, die in der Liebeslyrik dieser Zeit als gelungen ausgegeben wird,[24] auf eine den menschlichen Aktionsraum einengende und mitunter auch die Selbsterkenntnis behindernde Schicksalsgläubigkeit, die bereits in diesen »frühen« Gedichten gelegentlich zum Vorschein kommt,[25] und auf die in Lenzens Lyrik wiederholt zu beobachtende hohe Beanspruchung der menschlichen Leidensfähigkeit.[26]

Blieb die Widersprüchlichkeit und Problematik des Versuchs, den Anspruch auf Selbstverwirklichung mit überkommenen Glaubensinhalten zu vereinbaren, in der Lyrik der ersten Straßburger Jahre noch verdeckt, so änderte sich dies mit der 1775 einsetzenden Lebenskrise Lenzens gründlich. Im Zuge der von Sigrid Damm bereits eingehend beschriebenen Desillusionierung Lenzens, die das letzte Straßburger Jahr zu einem »Wendepunkt« seines Lebens werden ließ,[27] wurde ihm nun auch selbst die Brüchigkeit seines bisherigen Welt- und Selbstverständnisses bewußt. Davon zeugen insbesondere die von diesem Zeitpunkt an bis zu seinem psychischen Zusammenbruch entstandenen lyrischen Selbstreflexionen Lenzens, in denen diese Krise immer wieder zum Thema wird. Die Gedichte »Die Demuth« und »Der verlorne Augenblick/Die verlorne Seeligkeit« sind nur zwei Beispiele von vielen. Andere Gedichte, in denen ähnliche Konflikte reflektiert werden, ließen sich nennen, etwa das in letzter Zeit bereits häufig analysierte Gedicht »An den Geist«, Lenzens »Hymne«, seine »Nachtschwärmerei« oder auch »Eduard Allwills erstes geistliches Lied«, das bezeichnenderweise zuerst den Titel »Mein erstes geistliches Lied« trug.

Den beiden vorgestellten Gedichten kann dabei insofern symptomatische Bedeutung für die in diesen und anderen Gedichten thematisierte Krise des Lenzschen Selbstverständnisses und somit auch für das die späte Lyrik beherrschende Weltverhältnis beigemessen werden, als sie weder die Vermutung erhärten, Lenz hätte im Vorfeld seines psychischen Zusammenbruchs Zuflucht im religiösen Glauben gesucht, noch die konträre Annahme bestätigen, er hätte sich angesichts seiner Leidens- und Krisenerfahrungen von seinen religiösen Bindungen gelöst oder gar atheistische Positionen bezogen. Beide Gedichte zeigen statt dessen, daß Lenz durch seine Erfahrungen zwar wiederholt an die Grenzen seines religiös geprägten Selbstverständnisses getrieben wurde, daß es ihm aber dennoch nicht gelang, sie auch zu überwinden.

Wiewohl Lenz in seinen lyrische Selbstreflexionen in erster Linie seine eigenen Erfahrungen und seine persönlichen Konflikte thematisierte, verfügen seine Gedichte mitunter über eine Aussagekraft, die weit über das Persönliche hinausreicht. Gerade weil er nicht darauf aus war, vermeintlich allgemeingültige Erfahrungen im Gedicht zur Sprache zu bringen, sondern sich auf die Darstellung und Reflexion seiner konkreten Existenzprobleme konzentrierte und dabei der subjektiven Wahrheit des Ausgesagten Vorrang vor den Gesetzen der poetischen und der moralischen Schönheit einräumte, ist es ihm gelungen, Empfindungen und Erfahrungen ins Gedicht zu holen, die bei anderen Autoren ausgeschlossen blieben, aber keineswegs nur für seinen eigenen Versuch, zu einer neuen Denk- und Lebenspraxis zu finden, charakteristisch sind. Als lyrische Selbstreflexionen eines Autors, dessen Welt- und Selbstverständnis einerseits von einem weitgreifenden Anspruch auf menschliche Selbstverwirklichung geprägt war, der sich andererseits aber auch nicht von überkommenen religiösen Bindungen zu lösen vermochte, kristallisieren sich in ihnen Probleme, die letztlich höchst symptomatisch für die sich am Beginn der Moderne vollziehende Säkularisierung des menschlichen Welt- und Selbstverständnisses sind.

---

1 Während die Literatur zu anderen Teilen des Lenzschen Werkes kaum noch zu überschauen ist, liegen bisher erst zwei Arbeiten vor, die sich aus der Sicht der neueren Lenz-Forschung mit Lenzens Lyrik auseinandersetzen, das sind: Gert Vonhoff, Subjektkonstitution in der Lyrik von Jakob Michael Reinhold Lenz. Mit einer Auswahl neu herausgegebener Gedichte, Frankfurt/M. u.a. 1990, u. Mathias Bertram, Jakob Michael Reinhold Lenz als Lyriker. Untersuchungen zum poetischen Ansatz und zum Weltverhältnis seiner Sturm und Drang-Lyrik, Diss. Berlin 1992 (veröffentlicht in der Reihe »Saarbrücker Beiträge zur Literaturwissenschaft«, St. Ingbert 1994). Hinzu kommen gelegentliche Bezugnahmen auf einzelne Gedichte im Rahmen übergreifender Untersuchungen.

2 Johann Heinrich Merck an Lenz, 8. März 1776. In: Jakob Michael Reinhold Lenz, Werke und Briefe in drei Bänden, hrsg. v. Sigrid Damm, Leipzig 1987, Bd. 3, S. 397.

3 Auf eine in seiner Lyrik singuläre Weise hat Lenz diesem Glücks- und Existenzanspruch im »Lied zum teutschen Tanz« selbst eine poetische Gestalt gegeben. In dem »erfüllten Augenblick«, den dieses Gedicht darstellt, scheint die Utopie einer selbstbestimmten, gleichermaßen von äußeren wie von inneren Zwängen befreiten Existenz auf, die gerade deshalb beglückt und Genuß bereitet, weil sie die aktive Entfaltung der eigenen Kräfte ermöglicht. Dort heißt es: »Kürzer die Brust/Atmet die Lust/Alles verschwunden/Was uns gebunden/Frei wie der Wind/Götter wir sind.« Vgl. dazu die eingehende Analyse des Gedichts in: Bertram, 1992, S. 220–232.

4 Vgl. etwa das vielzitierte Programmgedicht »An das Herz« und das bereits erwähnte »Lied zum teutschen Tanz«

5 Zum Umgang der älteren Forschung mit den Gedichten vgl. Vonhoff, 1990, S. 9–20, u. Bertram, 1992, S. 9–19.

6 Dies wird von Gert Vonhoff zu Unrecht in Abrede gestellt. Zur Kritik des von ihm entwickelten Ansatzes vgl. Mathias Bertram, [Rez. zu Vonhoff, 1990]. In: Zeitschrift für Germanistik, N. F. 1 (1991) 2, S. 442–446.

7 Vgl. dazu den »Selbstvergewisserung« als thematische Grundfigur des Lenzschen Werkes beschreibenden Beitrag von Horst S. Daemmrich in diesem Band.

8 Zur Darstellung des »Gewöhnlichen« als einer besonderen poetischen Leistung Lenzens vgl. den Beitrag von Gerhard Bauer in diesem Band.

9 Martin Stern, Akzente des Grams. Über ein Gedicht von Jakob Michael Reinhold Lenz. [...]. In: Jahrbuch der Deutschen Schillergesellschaft 10 (1966), S. 160–188, hier S. 167.

10 Vgl. stellvertretend die folgenden Urteile Heinz Dwengers über Lenzens lyrisches Gesamtwerk: »Das Ich, das im Gedicht auftritt, ist [...] kein spezifisch lyrisches Ich [...], es wird nicht in einer Disposition angetroffen, die eine echt lyrische Aussage ermöglicht; bezeichnend für dieses Ich ist die Nacktheit seiner alltäglichen und problematischen Seelenlage«. »Jede Interpretation führt zurück auf die Konfliktsituation des Ichs, die in ihrer pathologischen Vereinzelung aufgedeckt wird. Eine ästhetische Interpretation muß notwendigerweise die Fehlleistungen aufdecken, die aus der Zerrissenheit des Ichs in das Gedicht eingehen. So bleibt abschließend festzustellen, daß die charakteristischen Lenz-Gedichte als Seelenzeugnisse ein wahres Abbild seines Innern sind, als Lyrik aber der allgemeingültigen Aussage und der geläuterten, zwingenden Form entbehren.« (Heinz Dwenger: Der Lyriker Lenz. Seine Stellung zwischen petrarkistischer Formensprache und Goethescher Erlebniskunst, Diss. Hamburg 1961, S. 204 u. 248.)

11 Maßgeblichen Anteil an der Dominanz dieses Deutungs- und Erklärungsmusters hat Karl Weinhold, der die wichtigsten dieser Gedichte in seiner maßgeblichen Gesamtausgabe der Lenzschen Lyrik auf die zweite Hälfte des Jahres 1777 datierte und diese Entscheidung unter anderem damit begründete, daß in ihnen »Vorboten der nahen geistigen Erkrankung« aufträten. (Gedichte von J. M. R. Lenz [...], hrsg. v. Karl Weinhold, Berlin 1891, S. 315.) Trotz des schon früh erbrachten Nachweises, daß Weinholds Datierung nicht aufrecht zu erhalten ist, hielt die Forschung noch lange Zeit an dieser Einschätzung fest. Vgl. etwa Anni Hirschfeld, J. M. R. Lenz als Lyriker, Diss. Frankfurt 1924, S. 78 u.ö., Dwenger, 1961, S. 248.

12 Vgl. Stern, 1966, S. 168f.

13 Zur Einschätzung der sich aus diesem Zugriff ergebenden Defizite vgl. auch Bertram, 1991.

14 Zu den im folgenden vorgestellten Lesarten vgl. die ausführlichen Gedichtanalysen in Bertram, 1992, S. 162–183 u. 184–196.

15 Zit. nach dem Erstdruck der zu Unrecht verschollen geglaubten Handschrift bei Vonhoff,

1990, S. 208ff. Die Datierung des Gedichts ist umstritten. M. E. ist der vorliegende Text erst 1775 entstanden; zur Begründung vgl. Bertram, 1992, S. 162f. u. 179ff.

16 Anni Hirschfeld, 1924, S. 78.

17 Vonhoff, 1990, S. 99.

18 Das 1775 entstandene Gedicht ist in zwei verschiedenen Fassungen überliefert. Die folgenden Überlegungen beziehen sich allein auf die zweite, Spuren der Überarbeitung tragende Fassung des Gedichts. Zit. wird nach der diplomatischen Wiedergabe der Handschrift bei Vonhoff, 1990, S. 225/227.

19 Dies behauptet z.B. Dwenger, 1961, S. 201.

20 Vgl. Vonhoff, 1990, S. 121f.

21 Vgl. Vonhoff, 1990, S. 122f.

22 Vgl. dazu vor allem Lenzens philosophische Briefe an Johann Daniel Salzmann aus dem Jahr 1772 und seinen Vortrag »Versuch über das erste Principium der Moral«.

23 Vgl. das auch für Lenzens eigene Erwartungen charakteristische Widmungsgedicht »Fühl alle Lust, fühl alle Pein«.

24 Vgl. meine Interpretation des Sesenheimer Gedichts »Ausfluß des Herzens«, das als Schlüsselgedicht für Lenzens Liebeslyrik gelten kann (Bertram, 1992, S. 53–87).

25 Vgl. Gert Vonhoffs exzellente Analyse des zu Lenzens Sesenheimer Gedichten gehörenden Epigramms »Dir Himmel wächst er kühn entgegen«. In: Vonhoff, 1990, S. 85f.

26 Vgl. etwa die vielzitierte Schlußstrophe des Gedichtes »An das Herz«.

27 Vgl. Sigrid Damm, Vögel, die verkünden Land. Das Leben des Jakob Michael Reinhold Lenz, Berlin und Weimar 1985, S. 126ff, ferner: Sigrid Damm, Jakob Michael Reinhold Lenz. Ein Essay. In: Lenz, 1987, Bd. 3., S. 725ff.

Teil 5

Lenz und das Bemühen um realistische Tragödienformen im 19. Jahrhundert

Edward McInnes (Hull)

I.

In seinen »Notizen über realistische Schreibweise« (um 1940) bezeichnet Brecht den »Hofmeister« ganz lapidar als »dieses deutsche Standardwerk des bürgerlichen Realismus«, eine Tragödie, die eine gleichartige Schlüsselstellung in der deutschen Literaturgeschichte einnehme wie die Komödie »Figaros Hochzeit« von Beaumarchais in der französischen.[1] Obwohl Brecht hier offensichtlich von den eigenen besonderen Gesichtspunkten her argumentiert und sich in bewußt pointiert-provozierender Weise ausdrückt, knüpft er dennoch, sei es bewußt oder unbewußt, an die bestimmenden Tendenzen der Rezeption der Lenzschen Dramatik im 19. Jahrhundert an. All jene Dichter und Kritiker von Büchner bis zu den Naturalisten, die eigenständige, fördernde Beiträge zum Verständnis des Dramenwerks Lenzens leisteten, sind von der Überzeugung ausgegangen, daß der Dichter des Sturm und Drang einen neuartigen, herausfordernden Dramentypus geschaffen habe, der für die künstlerischen Bestrebungen der eigenen Zeit von unmittelbarer Relevanz war. Ob man, wie Büchner, Lenz als den großen Revolutionär des deutschen Dramas betrachtete, der allein auf sich gestellt die Übermacht der heroisch-idealistischen Tragödie herausforderte und das Drama für den gewöhnlichen, den unscheinbaren Menschen eroberte,[2] oder ob man, wie etwa Bleibtreu, ihn als Schaffer einer lebensechten »Tragik der alltäglichen Wirklichkeit« rühmte[3] oder wie Halbe »Die Soldaten« kurzum als »überwältigende naturalistische Tragödie« bezeichnete,[4] – man glaubte in jedem Fall, in seinem Dramenwerk die entscheidenden Ansätze zu einer realistischen, sozial unmittelbaren Form der Tragödie zu finden, denen man sich – jeder in seiner Weise – anschließen und die man in radikaler Weise weiterführen konnte.

In diesem Aufsatz möchte ich diese allen gemeinsame Überzeugung näher betrachten. Ich möchte die grundlegende Frage stellen: Inwiefern kann von einer konsequenten Entwicklung und radikalen Weiterentwicklung der prägenden Impulse der Lenzschen Dramenkonzeption im realistischen Drama des 19. Jahrhunderts die Rede sein? In welchem Maße und bis zu welchem Grad ist es wirklich berechtigt, Lenz als den Begründer einer alternativen Tradition, als Schöpfer der realistischen gesellschaftskritischen Tragödie anzusehen?

II.

In seiner ersten großen Komödie, dem »Hofmeister«, entwickelt Lenz eine ironisch-ambivalente Gestaltungsweise von erstaunlicher und provozierender Originalität. Das sieht man schon an der Darstellung der Liebesszene am Anfang des Dramas, in der Fritz und Gustchen sich wechselseitige Treue schwören.[5] Lenz ist bestrebt, die drängende, ungestüme Kraft dieser Liebe zu beschwören, es zeigt gleichzeitig aber auch das Unvermögen der jungen Protagonisten, ihre Gefühle zu begreifen, sich ihnen zu stellen und mit ihnen fertig zu werden. Er läßt uns sowohl die Tiefe ihres leidenschaftlichen Sehnens ahnen, wie er gleichzeitig uns auch das Angelernte und Gekünstelte ihres Handelns erkennen läßt. Ihr Drang, sich als tragische Gestalten – wie der Dramatiker sardonisch zu verstehen gibt – aufzublähen, verrät ihre Ratlosigkeit vor der Wirklichkeit der eigenen Gefühle. Indem Fritz und Gustchen sich als Romeo und Julia gebärden, weichen sie eigentlich den Forderungen ihrer realen Situation aus und entfremden sich von dem, was wirklich in ihnen vorgeht. Denn Insterburg ist nicht Verona, es ist kaum zum Schauplatz heroischer Konflikte geeignet, und diese jungen Menschen, die ihre Liebe in solch phantastischer Art überhöhen, zeigen deren Unreife und Gefährdung.

Die Anklänge an die Shakespeare-Tragödie dienen also nicht dazu, das Pathos der Jugendliebe zu steigern, sondern legen im Verhalten der Liebenden eine Diskrepanz zwischen innerem Streben und tatsächlicher Handlungsfähigkeit bloß, welche die eigentliche Kraft ihrer Leidenschaft verdeckt und dem Zuschauer sympathisierende Identifikation erschwert.

Lenz präsentiert die entscheidende Verführungsszene im zweiten Akt auf ähnlich erprobende, verunsichernde Weise (S. 40f.). Er stellt sie in eine direkte ironische Beziehung zur vorangegangenen Liebesbegegnung zwischen Fritz und Gustchen. Jetzt stehen sich Gustchen und Läuffer, der Hofmeister, in analoger Weise gegenüber, die in dieser völlig unerwarteten Situation ebenso darum ringen, mit ihren stark widersprüchlichen Gefühlen ins Reine zu kommen. Gustchen ist sich offenbar der Abwesenheit des geliebten Fritz schmerzhaft bewußt. Das scheint jedoch ihre Sehnsucht nach ihm nicht zu steigern, sondern es läßt sie vielmehr die physische Nähe Läuffers um so stärker erfahren, sie scheint das Bedürfnis in sich erwachen zu fühlen, sich diesem immer stärker zu nähern, ihn immer zärtlicher zu liebkosen. Endlich wird Gustchen von diesem Zwang zum physischen Kontakt dermaßen übermannt, daß sie – so scheint es – die Züge ihres fernen Liebhabers dem vor ihr liegenden Läuffer aufzwingt, damit den ängstlichen, verwirrten Hofmeister unversehens in ihren »Romeo« verwandelnd, in den heiß ersehnten Liebsten, dem sie ewige Treue geschworen hatte.

Lenz stellt diese unerwartete Vereinigung Gustchens und Läuffers dar als ein Aufeinanderstoßen zweier hilflos ausgelieferter, frustrierter junger Menschen, die von der Macht der jäh hervorbrechenden Triebe überwältigt werden. Aus dieser zufälligen Begegnung erwächst ihnen keine Erfüllung, und es entsteht keine echte Zuneigung. Das wird vor allem dann vollkommen klar, als ihr Geheimnis entdeckt ist und sie fliehen; – jeder nämlich für sich allein, beide von einer blinden Angst besessen, die jedes andere Gefühl ausschließt.

Die entlarvende, herabsetzende Tendenz der Lenzschen Darstellung wird am klarsten jedoch in jenen Szenen erkennbar, in denen die drei jugendlichen Protagonisten sich mit einer schrecklichen Katastrophe konfrontiert sehen. Hier besonders wird ersichtlich, in welch großem Maß der Dramatiker sich bemüht, die individuellen Leiden seiner Helden und Heldinnen herunterzuspielen, indem er die Aufmerksamkeit des Zuschauers ganz auf ihre gemeinsame Verwirrung und Willenlosigkeit lenkt, indem er sie zum Objekt anstatt zum Subjekt ihres Geschicks macht. Lenz zeigt, daß sie – weit davon entfernt, sich der sie befallenden Krise in entschlossener Weise zu stellen – ihre Leiden in phantastisch masochistischer Weise nur noch ins Maßlose steigern. Gustchen, die bei einer alten Bettlerfrau im Forst Zuflucht gefunden hat, verfällt einer tiefen Depression, in der sie von lähmenden Schuldgefühlen überwältigt wird (S. 64f.). Dies führt jedoch, wie vielleicht zu erwarten wäre, keineswegs zur vertieften Selbsterkenntnis, sondern dazu, daß sie immer tiefer in die Selbsttäuschung gerät. Im Traum wird ihr nämlich die Botschaft zuteil, daß ihr Vater aus Gram über seine verlorene Tochter gestorben sei (S. 68f.). An der Wahrheit dieses Traums zweifelt Gustchen keinen Augenblick. Sie ist sich dessen gewiß, daß ihr

Vater tot und daß sie allein daran schuld sei. In ratloser Verzweiflung eilt sie ins Freie und wirft sich vor den Augen ihres entsetzten Vaters in den Teich.

In analoger Weise wird auch Läuffer durch die Überzeugung seiner unabweisbaren Schuldhaftigkeit zermürbt. Rein zufällig trifft er auf die alte Marthe, die ein Kind auf dem Arm trägt – ein Kind, das er an den Zügen sofort als das seinige erkennt (S. 76f.). Als die alte Frau ihm nun erzählt, die Mutter des Kindes habe sich ertränkt, kann Läuffer der Wahrheit dieser Eröffnung nicht standhalten, er hat ihr nichts entgegenzusetzen. Von dem Gefühl totaler Wertlosigkeit überwältigt, entmannt er sich.

Es ist offensichtlich, daß der Dritte im Bunde der Unglücklichen, daß Fritz, der indessen in der Ferne auf der Universität studiert hat, eine ähnlich schwere innere Krise durchlebt. Wenngleich er Gustchen während seiner Studienzeit treu bleibt, macht er doch keinen Versuch, sich mit ihr, sei es auch nur indirekt, in Verbindung zu setzen (S. 85f.). Ob man das als Symbol einer ermattenden Schwermut oder eines verzweifelten Bemühens, seine unerträglichen Schmerzen zu verdrängen, zu bewerten hat, wird offengelassen. Ersichtlich ist jedoch, daß die volle Kraft seiner Liebe erst in dem Moment zum Ausbruch und Ausdruck gelangt, als er aus einer Mitteilung des Freundes erfährt, daß Gustchen tot sei. Er weiß sofort, daß diese schreckliche Nachricht wahr sein müsse, und daß er die volle Verantwortung für ihren Tod trägt (S. 85f.).

Diese Szene (V, 6) folgt jedoch sehr bald auf diejenige (V, 5), in der Gustchen von ihrem Vater gerettet wird. Der Dramatiker macht es so dem Zuschauer unmöglich, sich in die Lage des verzweifelten Fritz voll hineinzuversetzen und hineinzuleben. Dieser erscheint vielmehr hier, wie früher schon Gustchen und Läuffer, als ein junger Mensch, der unter dem Druck irrationaler Reuegefühle einer Mitteilung leichtfertig Glauben schenkt, die sein eigenes inneres Versagen zu bestätigen scheint.

In der Gestaltung dieser verschiedenen Krisensituationen ist Lenz konsequent bemüht, dem Verhalten seiner Protagonisten jeden Anschein des Erhabenen und Pathetischen zu nehmen. Er läßt uns allerdings deutlich spüren, daß die drei jugendlichen dramatis personae subjektiv schreckliche Qualen erleiden. Doch wird ihre Leidenserfahrung in jedem Fall durch den spezifischen dramatischen Kontext ironisch stark herabgewürdigt, somit der mitfühlenden Teilnahme des Zuschauers in hohem Maße entrückt. Der Dramatiker zwingt uns hier, die Reaktionen der Protagonisten aus einer ironisch-überlegenen Sicht zu betrachten, in der ihr Leiden zunächst verworren, subjektiv und willkürlich erscheint. So sehr sie sich die pathetischen Gesten der Tragödienhelden anmaßen, ihr Leiden (so scheint Lenz sardonisch zu suggerieren) geht doch primär aus der Selbsttäuschung hervor und steht zu ihrer wirklichen Situation in keiner Beziehung. Gerade an den Stellen, wo wir uns wohl gerne mit den leidenden Personen identifiziert hätten, werden wir uns der Irrelevanz dieser Schmerzen am deutlichsten bewußt.

Nachdem Lenz uns wiederholt an den Rand der Katastrophe geführt hat, wendet sich die Handlung plötzlich und ganz wider Erwarten einem versöhnlichen Ausgang im Stil der konventionellen Komödie zu. Diese letztendliche Versöhnung erweist sich ganz explizit als die Überwindung jenes Bruchs von innerem Sehnen und äußerer Handlungsfähigkeit, der die Konzeption des dramatischen Geschehens bisher bestimmt hat. In dem unerwarteten und total unglaublichen Happy End werden den Gestalten ihre tiefsten Wünsche erfüllt, Wünsche, die ihre Energie und Tatkraft anfangs bei weitem zu übersteigen schienen. In ihrer ratlosen, zermürbenden Verzweiflung überkommt sie einfach – aus heiterem Himmel – das Glück. Die Aussöhnung Gustchens mit ihrem Vater (S. 70), der riesige Lottogewinn, der Fritz und Patus zuteil wird (S. 88f.), die Erscheinung des schönen Bauernmädchens vor Läuffer (S. 93) – das bewirkt in jedem einzelnen Fall die Erfüllung eines Traumes, die sie nicht einmal zu imaginieren gewagt hatten. Der »willkürliche Tanz« des Glücks und der Versöhnung umwirbelt die Personen und reißt sie mit.

In den »Soldaten« (1776) entwickelt Lenz die im »Hofmeister« begründete Darstellungs- und Gestaltungsweise weiter, bemüht sich vor allem jedoch, diese einer konsequent analytischen Konzeption der sozialen Gebundenheit des Einzelnen dienstbar zu machen. Im Gegensatz zu dem früheren Werk artikuliert die Handlung in den »Soldaten« die Unerbittlichkeit sich entfaltender milieuhaft-sozialer Prozesse, die weit über den Bereich des zwischenmenschlichen Geschehens hinausreichen und die Erfahrungen der Gestalten aus einer Tiefe heraus prägen, die diese nicht zu erkennen vermögen.[6]

Dies wird schon in den ersten Szenen des Dramas erkennbar. Marie Wesener, die zentrale Figur, erscheint hier zunächst als ein Mädchen, das sich auf ganz konventionelle Art auf jenes Leben vorbereitet, das die Gesellschaft von ihrer Geburt an für sie vorbestimmt hat (S. 183f.). Als Tochter des Galanteriehändlers freut sie sich auf die Heirat mit Stolzius, dem Tuchhändler, und damit auf eine künftige bürgerliche Existenz, die sich auf klar festgelegten Bahnen entfaltet. Der Umstand, daß sie den Dankbrief an die Mutter des Verlobten mit solch peinlicher Sorgfalt formuliert, scheint auf ihr generelles Bemühen hinzudeuten, den Forderungen dieser ihr gesell-schaftlich zugeteilten Rolle nachzukommen und sich einzufügen.

Das bald darauf folgende Auftreten des aristokratischen Offiziers, Des-portes, untergräbt jedoch, wie Lenz ironisch aufzeigt, mit einem Schlag die ganze Struktur ihrer Erwartungen (S. 185f.). Sobald Desportes erkennen läßt, daß er sie attraktiv findet, scheint ihr Dasein eine ganz neue Richtung anzunehmen. Das bisher so artige Bürgermädchen hintergeht ihren Verlob-ten, betrügt ihren Vater und wirft sich gleichsam in die Arme des imponie-renden, sozial höherstehenden Eindringlings. Der Dramatiker betont das Zwanghafte dieser gedankenlos-unwillkürlichen Reaktion Maries. Er zeigt, daß sie die trügerischen Schmeicheleien des Offiziers durchschaut und daß sie seine affektierten Liebesbeteuerungen verwirft, er zeigt gleichzeitig aber auch, daß sie letztlich doch unbeirrt an seine Wahrhaftigkeit glaubt, genauer gesagt, glauben muß. Es ist so, als würde sie allen rationalen Bedenken zum Trotz geradezu gezwungen, ihr Vertrauen in diesen Unbekannten zu setzen. Um die Beziehung mit Desportes anzuknüpfen, ist sie bereit, vieles zu riskieren, das sie bisher wohl nie in Frage stellte – das Verhältnis zu ihrem Vater, ihren guten Ruf, die Verbindung mit Stolzius.

Diese unvoraussehbaren Reaktionen Maries haben symptomatische wie decouvrierende Bedeutung. Sie scheint sich in dieser Begegnung unwillkür-lich gegen das ihr zugeteilte Los, die ihr zugewiesene Existenz aufzulehnen.[7] Es tritt hier blitzartig, wie es scheint, eine drängende Unzufriedenheit mit ihrem sicheren, eingeengten Leben zutage, die sie sich selbst offensichtlich nie eingestanden hat. Der Traum von einem volleren, reicheren, schöneren Leben hat bereits in ihr gelegen. Es bedurfte nur des Erscheinens des überlegenen, selbstbewußten, weltgewandten Offiziers, um all den bisher unbestimmten Möglichkeiten der Selbstentfaltung plötzlich Gestalt zu geben – Möglichkeiten, die ihr die Realität ihres Alltags verweigert hatte.

Lenz zeigt, daß Marie sich über die gewaltige Verwandlung, die in ihr vorgeht, nie Rechenschaft abzulegen vermag. Ihre Liebe zu Desportes erscheint ihr selbst als eine hinreißende romantische Leidenschaft, die ihrer Existenz eine neue, erhöhende Bedeutung verleiht. Der Dramatiker ermög-licht es uns jedoch, die komplex zweideutige Natur ihrer Gefühle zu erkennen. Er weist wiederholt darauf hin, daß das, was Marie subjektiv als erotische Hingabe erfährt, in Wirklichkeit von sozialen Zwängen stark mitbestimmt ist. So gerne sie sich als die romantische Heldin sieht, so stark wird sie doch auch – wie Lenz ironisch aufzeigt – von dem ganz banalen Wunsch getrieben, durch die Heirat mit Desportes in die höhere Gesell-schaft aufzusteigen, »gnädige Frau« zu werden.

Die analytische Entlarvung der Liebe Maries geht zugleich jedoch mit dem ersichtlichen Bemühen des Dichters einher, die unergründliche Tiefe der Sehnsucht, von der sie beherrscht wird, zu offenbaren. Er läßt uns in seiner Heldin eine angeborene Vitalität, einen wortlosen, lebenskräftigen Drang zur Selbstentfaltung spüren, der in der engen, rigiden Klassengesellschaft ihrer Zeit unausweichlich frustriert wird und nur noch in dem Wunschbild nach einer freieren, großzügigen, eleganten Welt, die sie in der Aristokratie lokalisiert, Ausdruck finden kann. Lenz lotet diese größtenteils verdrängten Aspekte der Erfahrung Maries vor allem dadurch aus, daß er Marie ständig ihrer klügeren, doch recht gesetzten Schwester Charlotte gegenüberstellt. Im Gegensatz zu Marie fügt sich diese offensichtlich ohne Bedenken in ihre Beziehung zu einem biederen Bürger, die voraussichtlich zu einer akzeptablen Ehe führt (S. 194f.). Trotz ihrer höheren Intelligenz und Einsicht scheint sie keine weiteren Ansprüche an das Leben zu stellen.

Lenz faßt den gesteigerten Lebensdrang Maries an sich durchaus positiv auf. Ihm entstammt, wie er wiederholt andeutet, die frische, herausfordernde Schönheit, die sie vor ihren Freundinnen auszeichnet und die die Aufmerksamkeit von Desportes und seinen Kollegen erregt. Es fällt jedoch auf, daß die bejahende Einstellung des Dramatikers zu den Sehnsüchten Maries in der konkreten Darstellung recht wenig zur Geltung kommt. Seine Sicht vom Verhalten Maries wird überwiegend von einer analytisch-psychologischen Tendenz geprägt. Ihm scheint hauptsächlich daran gelegen zu sein, die Maries Reaktionen zugrundeliegende Selbstbetörung zu entlarven und dadurch ihre subjektive Erfahrung der Liebe abzuwerten. Lenz läßt uns zwar zeitweise, wie gesagt, die tiefliegenden Kräfte des Instinkts und Gefühls ahnen, die in der Individualität dieser Frau vorgegeben sind. Solche Hinweise bringt er jedoch ständig zugleich in Beziehung zur Banalität ihrer sozialen Ambitionen, und zwar auf eine Weise, die die Positivität ihrer authentischen Gefühlstiefen eher zu verkürzen scheinen.

In gleicher Weise ist Lenz bestrebt, an der leidenschaftlichen Liebe des Stolzius gegenüber Marie das Widersprüchliche und seltsam Unfertige herauszustellen. Er läßt allerdings keinen Zweifel an der Unbedingtheit seiner Hingabe. Keine andere Gestalt in dem Drama ist einer so konstanten, opferbereiten Liebe fähig – einer Liebe, die, so scheint es, alle Kompromisse ablehnt und vor keiner Schwierigkeit zurückscheut. Doch selbst hier bemüht sich Lenz entschieden, der Leidenschaft des Tuchhändlers allen Anschein des Großartigen und Heroischen zu nehmen. Stolzius' verzweifelte Sehnsucht nach Marie stellt der Dichter in den Kontext und in Opposition zu seinem totalen Versagen als Liebhaber, das durch seine groteske äußere Passivität in der Rolle des Verehrers gekennzeichnet ist. So gelingt es Stolzius nie, in Wort oder Tat seine Liebe auszudrücken. Reflektiert er über seine Leidenschaft zu Marie, fallen ihm stets nur fade, klischeehafte Phrasen ein, die seine Gefühle sentimentalisieren und dadurch verfälschen. Er gefällt sich besonders darin, die Reinheit und Unschuld der jungen Frau zu rühmen, wodurch er eher seine eigene Entrücktheit angesichts des spröden, ja undurchsichtigen Mädchens, das er bis zur Raserei liebt, bezeugt (S. 211f.; 241).

Noch wesentlicher ist jedoch, daß es Stolzius nie gelingt, seinen Anspruch auf seine Geliebte zu behaupten. Symptomatisch für dieses Versagen ist, daß er im Laufe der gesamten Handlung Marie nie direkt gegenübersteht. Statt dessen bedient er sich stets eines distanzierenden Mediums, schreibt ihr lieber Briefe. Als die Nachricht zu ihm dringt, daß sie mit Desportes' eine Beziehung unterhalte, fordert er sie charakteristischerweise nicht heraus, sondern wendet sich – gleichsam unwillkürlich – an die adeligen Offiziere, die Kollegen Desportes, um Rat einzuholen (S. 197f.; 202f.). Auch als sein Leben völlig aus den Angeln gerät, wird sein Verhalten nach wie vor von der alten Gewohnheit und Passivität bestimmt, und er versucht noch einmal, den aristokratischen Vorgesetzten die Verantwortung für sein Leben zuzuschieben. Auch seine Verzweiflung befreit ihn nicht aus der Unterlegenheit seines alltäglichen Daseins, sie bestätigt vielmehr erst recht seine angewöhnte Hilfsbedürftigkeit. Selbst in der Krise wird seine Leidenschaft noch vom Zwang sozial bedingter Haltungen überdeckt. Stolzius' Machtlosigkeit als Liebhaber erreicht, so paradox das klingen mag, ihren Höhepunkt in seiner Rache an Desportes. Die Tötung seines Gegners ist alles andere als ein heroischer Akt oder eine Tat der Selbstbefreiung. Sie ist, weit davon entfernt, sein Recht auf Marie zu restituieren, eine sinnlose Geste, die die ganze Ohnmacht seines gequälten und geschändeten Daseins ausdrückt. Denn Stolzius handelt in dem verzweifelten Wahn, daß Desportes seine unschuldige Verlobte verführt und verdorben habe, und daß der Tod ihres Verführers ihr selbst irgendwo hilfreich sein könne. In Wirklichkeit jedoch ist seine Rachetat sowohl in moralischer wie auch in praktischer Hinsicht wertlos. Er handelt erst, als es zu spät ist, als Desportes keine Macht über das Leben Maries mehr hat. Seine Rache ist so ein Akt ohne positiven Sinn und ohne Größe. Bezeichnend für diese Nichtigkeit ist, daß seine Rache mit dem eigenen Selbstmord zusammenfällt: Mit der Tötung des Verführers macht er auch dem eigenen Leben ein Ende. Indem er das eigene sinnentleerte Dasein verwirft, beleuchtet er noch einmal grell die Ohnmacht seiner ganzen abhängigen und introvertierten Existenz.

Die Konzeption der Lenzschen Komödie wird durch eine von starker Ironie geprägten Erkenntnis der Zerrissenheit der handelnden Personen bestimmt. In beiden Werken ist die Handlung darauf angelegt, eine bei den Gestalten konstitutive Diskrepanz von Innerlichkeit und Handlungsvermögen aufzudecken. Lenz bemüht sich zwar in der Darstellung von Figuren wie Gustchen und Läuffer, Marie und Stolzius kräftige – allerdings auch wieder größtenteils durch sekundäre Verhaltensmuster überdeckte – Impulse des Instinkts und Gefühls zu beschwören: aber er macht immer wieder deutlich, daß es ihnen in der realen Welt der Gesellschaft nicht gelingt, aus ihren eigentümlichen Energien heraus zu leben. Suchen sie sich in der Alltagswirklichkeit zu behaupten, so verfangen sie sich stets in Selbsttäuschung. Der Drang nach Selbstverwirklichung und Selbstentfaltung mündet stets in Verwirrung und Inkonsequenz.

So scheint Lenz in der Konzeption seiner Komödien darauf aus zu sein, die Auffassung der heroischen Individualität des Shakespeareschen Menschen im Drama, die er so sehr bewunderte, ironisch umzukehren. Der tragische Held Shakespeares lebt, wie Lenz in seinen »Anmerkungen übers Theater« ausführt, aus der Freiheit innerster Schöpfungskraft: bei ihm sind Tat und Wille eins (Bd. 1, S. 343f.). In ihrem unbegrenzten Selbstentfaltungsdrang erheben sich diese großen Menschen souverän über die sie umgebenden Weltverhältnisse und mehr als das, sie machen diese zur Arena ihrer titanischen Bestrebungen. Diese Vorstellung von heldenhafter Größe spukt in der Auffassung Lenzens von den sozial gefangenen, entstellten Gegenwartsmenschen in seinen Komödien ironisch-indirekt mit. So mag es sein, daß auch seine Gestalten wie diejenigen Shakespeares von schrecklichen Leiden befallen werden, aber sie leiden nicht aus ihrem innersten Selbst heraus, sondern unfrei, unwissend und daher sinnlos. Das Zerrissene und Inkonsequente ihrer Erfahrung untergräbt von vornherein jede Möglichkeit des Tragischen. Darauf wird in größerem Zusammenhang zurückzukommen sein.

III.

Georg Büchner hat bekanntlich das Verdienst, in den 30er Jahren des 19. Jahrhunderts Lenz aus der Vergessenheit gerettet und dadurch sein Werk der literarischen Nachwelt vermittelt zu haben. Für Büchner ist Lenz vor allem der Schöpfer einer ganz neuartigen, lebensechten, einer demokratisierten Dramenform, in der die Gattung moralische und menschliche Tiefe zurückgewinnt.[8]

In seiner Lenz-Novelle (1836) stellt er im sogenannten Kunstgespräch die revolutionäre Leistung des Lenzschen realistischen Dramas als eine zweifache dar. Ihm gelang einmal wie keinem früheren Dramatiker, Charaktere nach dem Leben zu zeichnen: Charaktere, die – so Büchner – in ihrem Persönlichkeitsumriß und in ihrer Gestik so fein nuanciert und wahrheitsgetreu waren, daß sie in unverwechselbarer Individualität vollkommen überzeugend wirkten. Er hat es gleichzeitig aber auch verstanden, in diesen gewöhnlichen, ja »prosaischen« Menschen tiefliegende Gefühlskräfte, die jenseits ihrer alltäglichen sozial bedingten Identität liegen und die ihr eigentliches Menschtum wesentlich mit bestimmen, wirksam werden zu lassen (S. 86f.). Die Gestalten Lenzens, die in ihrer psychologisch differenzierten Individualität so real scheinen, sind nach der Anschauung Büchners zugleich Träger instinkthafter und gefühlsmäßiger Energien, welche eine allgemeine, zeitlose Bedeutung haben und mit denen der Leser sich in elementarer Weise identifizieren kann. Dabei scheint Büchner den stark zersetzenden ironischen Impuls in der Lenzschen Komödienkonzeption gänzlich zu ignorieren. Es sieht vielmehr so aus, als bemühe er sich, in Lenzens Werken die Ansätze zu einer innovativen Dramenform, die psychologischen Realismus mit tragischem Bewußtsein und Pathos vereinigte, aufzudecken, einer Dramenform, an die er selbst noch nach sechzig Jahren unmittelbar anknüpfen kann und die er nun in zeitgemäßer Weise zu entwickeln sucht. In letzter Zeit stimmen die meisten Kritiker darin überein, daß Büchner in seiner Beschäftigung mit der Lenzschen Dramatik den Versuch macht, sich über sein eigenes sich wandelndes Verständnis der Gattung Drama klar zu werden und sich mit sich selbst und seinen noch recht unbestimmten Bestrebungen nach Neuerung auseinanderzusetzen.[9]

Büchners Bemühungen um die Kompetenz der Lenzschen Komödie sind vor allem aber – so behauptet man immer wieder – mit seinem Anliegen unzertrennlich verbunden, die Geschichte des hingerichteten Mörders Johann Christian Woyzeck in einer angemessenen und möglichen Form dramatisch zu gestalten.

Als Büchner an die Gestaltung seines Woyzeck-Dramas herangeht, setzt er sich bekanntlich mit den Prozeßakten und den Clarus-Gutachten intensiv auseinander. Je tiefer er sich aber mit diesen zahlreichen Materialien befaßt, desto klarer, so scheint es, stellt sich ihm seine eigenständige, intuitive Vision vom Leben und Schicksal des Mörders vor Augen.[10] Indem er all die verschiedenartigen Dokumente untersucht, distanziert er sich zunehmend von dem darin enthaltenen Bild des 40jährigen Arbeitslosen, der auf so unspektakuläre und wenig sympathische Weise der Trunk- und Spielsucht verfallen war und eine Reihe gescheiterter sexueller Verhältnisse hinter sich hatte. Büchners Held ist nicht nur viel jünger als der geschichtliche Woyzeck, sondern auch, was wesentlicher ist, in sexueller Hinsicht unerfahren, ja unschuldig. Er hat die Liebe, wie es scheint, erst in seinen späten 20er Jahren kennengelernt und hat sich von Anfang an als Gatten Maries, seiner Geliebten, gesehen. Er sieht ihr gemeinsames Kind (auch dies eine bedeutsame Erfindung Büchners) als Beweis für die Beständigkeit ihrer Bindung und für die Permanenz ihrer menschlichen Verpflichtung zueinander (S. 413f.; 420).

Es liegt Büchner offensichtlich daran, seinen Helden von der Atmosphäre lähmender Hoffnungslosigkeit, die das Leben des historischen Woyzeck umgab, zu befreien. Sein Protagonist ist nicht mehr der ratlose, sich herumtreibende Mann, den er in den Akten fand, sondern einer, der von einer Liebe ergriffen ist, die sein Dasein erfüllt und ihm Sinn und Ziel verleiht. Wenn Woyzeck Marie seine Frau nennt, dann heißt das nicht nur, daß er im sexuellen Sinne treu ist, sondern auch, daß er für alle Bereiche ihres Wohlergehens Verantwortung übernimmt, indem er etwa für ihre Unterkunft und Ernährung sorgt.

Es wird deutlich, daß diese umfassende Verpflichtung gegen Marie ihn, den ohnehin schon verarmten Soldaten, in eine Tiefe der Armut stößt, die ihm vor dieser Bindung kaum erträglich gewesen wäre. Aber obwohl er eine finanzielle Verpflichtung auf sich nimmt, die seine Mittel weit übersteigt, begreift er sie als selbstverständlich, als etwas, das er nie in Frage stellen könnte. Von diesem Standpunkt des Kampfes um das Überleben aus gesehen, erweist sich die Liebe Woyzecks zu Marie als ein konsequent durchgehaltener Akt der Revolte: ein Aufbegehren gegen eine übermächtige Welt, die sich seiner Liebe widersetzt. Der gehetzte Soldat erscheint als ein Protagonist, der – so unwahrscheinlich das zunächst anmutet – etwa analog der Shakespeareschen Helden sein innerstes Wollen, das, was seine Individualität und seinen Lebenssinn eigentlich ausmacht, mit einer Unerbittlichkeit behauptet, die letztlich ihn selbst zerstören muß. Denn Büchner macht von Anfang an deutlich, daß Woyzecks verzweifelter Kampf um die Liebe seine Kräfte in solchem Maße überfordert, daß er geistig zusammenbricht: die zermürbende chronische Angst vor dem Bankrott in jeder Hinsicht und das damit verbundene Gefühl des sozialen Preisgegebenseins haben die Stabilität seines Gemüts in immer stärkerem Maße unterhöhlt und ihn zunehmend in eine dunkle Welt des Wahns und des Schreckens getrieben (S. 409). Schon in den ersten Szenen wird klar, daß er für Marie zu einem zerfahrenen, unheimlichen Fremden geworden ist, in dem sie kaum mehr den einst geliebten Mann erkennen kann (S. 413f.). Unwillkürlich schreckt sie vor diesem gehetzten Wesen zurück, obwohl sie seine treuherzige Liebe durchaus noch anerkennt. Sein obsessives, verzweifeltes zweijähriges Ringen darum, sein Verhältnis zu Marie aufrechtzuerhalten, führt unweigerlich zur Entfremdung von der Frau, um und für die er täglich kämpft. Die schleichende Entfremdung wird ihr jedoch erst beim Auftreten des kräftigen, selbstbewußten Tambourmajors bewußt.

Büchner ist offensichtlich bestrebt, den Bruch zwischen Woyzeck und Marie als einen unausweichlich sich entfaltenden Prozeß darzustellen. Ebenso deutlich bemüht er sich, die tragisch selbstzerstörerische Liebe des verarmten Soldaten so zu gestalten, daß dessen Treuherzigkeit, Mut und menschliche Würde ständig zur Geltung kommen. Der Dramatiker läßt sehr deutlich erkennen, in welch geringem Maß Woyzeck die komplex ineinander greifenden sozialen Zwänge, die sein Leben bestimmen, zu überschauen vermag. Schon in diesem Sinne erscheint er wie die Dramenfiguren Lenzens als Opfer einer undurchsichtigen, entfremdeten Gesellschaftswirklichkeit, als ein »passiver« Held. Entscheidend ist aber, daß der herabgesetzte und betrogene Woyzeck stets verbissen aus seinem eigensten Selbst heraus um seine Liebe zu Marie kämpft und daß es gerade die obsessiv verzehrende Kraft seiner Hingabe angesichts einer ihm widerstrebenden Welt ist, die ihn innerlich zerrüttet und schließlich zerstört. Büchner gibt uns stets die Möglichkeit, die ergreifende, reine Stärke der Liebe Woyzecks mitzuempfinden, er erlaubt, ja zwingt uns jederzeit, mit einfühlender Sympathie an seinem schrecklichen Schicksal teilzunehmen.

So gelingt es Büchner, im »Woyzeck« zum erstem Mal in der Geschichte des deutschen Dramas sozialkritische Intention mit tragischer Erfahrung wesentlich und notwendig zu verbinden, rigoros analytische Einsicht mit dem Gefühl der unerbittlichen inneren Notwendigkeit so zusammenzubringen, daß sie sich gegenseitig steigern und sich zu einer provozierenden Synthese vereinigen.

IV.

Fast 50 Jahre nach dem Tod Büchners erst kann man ein neu erwachtes positives Interesse am Werk Lenzens feststellen. In den späten 80er Jahren des letzten Jahrhunderts haben sich die jungen opponierenden Dichter des deutschen Naturalismus mit seinen Dramen befaßt und sie zum ersten Mal sogar in den Mittelpunkt der intensiven literaturtheoretischen Diskussion der Zeit gerückt. Die Naturalisten versuchten, an seinem Werk den ersten bedeutenden Vorstoß in Richtung auf ein realistisches Sozialdrama aufzuzeigen. Sie erkannten in seinen beiden großen Dramen die, wie sie immer wieder behaupteten, grundlegenden Impulse zu einem radikal empirisch-analytischen Dramentypus, den sie jetzt erst in ihrem »naturwissenschaftlichen« Zeitalter zur Erfüllung bringen sollten.

So interessant die Überlegungen eines Bleibtreu, Arendt oder Halbe zum Lenzschen Werk auch sicherlich sind, man stellt in der Rückschau fest, daß sich ihre Bemühungen um den Dichter des Sturm und Drang von ihrem primären und weiterreichenden Interesse am Werk Büchners herleiten und von diesem Interesse durchweg bestimmt sind.[11] Bewußt oder unbewußt begnügen sich die Naturalisten damit, die Ansichten Büchners zur Lenzschen Dramatik und Dramentheorie näher zu begründen und im Einzelnen weiterzuführen. Bleibtreu ist z.B. bestrebt, die Bedeutung der Lenzschen Dramatik für die naturalistische Revolution herauszuarbeiten, und Halbe bringt einige eigenständige und förderliche Einsichten zu Lenz' dramentheoretischen Erörterungen sowie zu seiner innovativen Technik als Dramenpraktiker.[12] Im wesentlichen ist jedoch unübersehbar, daß sich all diese Diskussionen über das Werk Lenzens an die Voraussetzungen der Büchnerschen Deutung anschließen und es aus dieser Sicht zu erfassen versuchen.

Man muß die Beschäftigung der Naturalisten mit Lenz aber zugleich in einem weiteren Zusammenhang sehen: im Zusammenhang ihres umfassenden Bemühens, die von ihnen initiierten Dramenformen in fruchtbringende Beziehung zu den immanenten und dabei besonders den stimulierenden Tendenzen der Gattungsentwicklung in Deutschland zu setzen. Obwohl – oder vielleicht gerade weil – die Naturalisten sich sehr bewußt waren, daß ihre Bewegung unter dem direkten Einfluß ausländischer Literaturentwicklungen stand und vor allem Dichtern wie Zola, Tolstoj und Ibsen tief verpflichtet war, strebten sie ständig danach, die allgemeinere nationale Bedeutung ihrer Erneuerungsversuche hervorzuheben. Entgegen der Überzeugung der überwiegenden Mehrzahl ihrer Zeitgenossen, betonten Kritiker wie Brahm, Kühnemann, Brand oder Schlenther, daß ihre Revolution des Dramas aus der zentralen deutschen Dramentradition hervorgehe, und daß ihre Bemühungen um zeitgemäße Gattungsformen besonders von der Tradition und den Konzeptionen der klassischen Tragödie in Deutschland entscheidenden Anstoß erhalten hätten.[13] Immer wieder suchten sie und verwiesen häufig auf zunächst verborgene Zusammenhänge zwischen den eigenen innovativen Bestrebungen und den grundlegenden Konzepten des Tragischen bei Lessing, Schiller, Kleist oder Grillparzer – Dichter, die, wie sie meinten, alle im Hauptstrom der nationalen Dramenentwicklung standen und die, jeder in seiner Weise, Wesentliches zur Ausbildung einer spezifisch deutschen Überlieferung des tragischen Dramas beigetragen hätten. Zwischen der Entfaltung provozierender zeitgenössischer nationaler Gattungsformen und den innerlichen, auf das Individuum gerichteten Tendenzen der klassischen Tragödie ließen sich – so behauptete man unermüdlich – eine lebendige Verbindung und ununterbrochene Kontinuität erkennen.

Solche Versuche der deutschen Naturalisten, ihre so tiefgreifenden wie weitreichenden Reformprogramme vor der Folie des Zusammenhangs nationalliterarischer Traditionen zu sehen, soll man keineswegs als einen taktischen Versuch abtun, mit dem sie die konservativen Gegner zu entwaffnen oder die eigenen artistischen Mittel aufzuwerten versucht hätten. Dieses Streben stellt vielmehr einen starken Impuls in den kritischen Bemühungen des deutschen Naturalismus dar, der sich gerade dort am kräftigsten durchsetzt, wo sie – wie etwa in der Auseinandersetzung mit der Dramatik Ibsens – eine radikal forschend-untersuchende, progressive Energie erlangen. Bedeutsamer erscheint mir jedoch noch, daß dieser Drang, den konsequenten Realismus für überkommene Konzepte des Tragischen zu öffnen, in den Werken selbst zum Ausdruck kommt, und zwar in jenen Werken besonders stark, in denen die Ausdruckskräfte des Naturalismus allein eigenständige, überzeitliche Bedeutung erreichten: in den frühen Dramen Gerhart Hauptmanns. In diesen Dramen, denen Hauptmann zwar explizit die Bezeichnung »Tragödie« abspricht, ist er – anscheinend auf unbewußt-intuitive Weise – in sehr grundsätzlicher Weise bestrebt, wesentliche Tendenzen der tragischen Überlieferung zu assimilieren und zu erneuern.

Die Konzeption dieser naturalistischen Dramen Hauptmanns wird, wie bereits seine Zeitgenossen erkannten, von einer durchgreifenden analytischen Energie geprägt, welche die Grenzen tradierter Gattungsformen zu sprengen scheint.[14] Aus konsequent deterministischer Perspektive versucht er das Schicksal des Helden als durch bestimmte sozialpsychologische

Verstrickungen unabänderbar darzustellen, die die Dramengestalt selbst nicht übersehen, geschweige denn beeinflussen kann. Indem Hauptmann das Ausgeliefertsein des Individuums in solcher Weise empirisch aufzeigt, ist er jedoch gleichzeitig bemüht, dessen menschliche Substanz, seine inneren Kräfte der Empfindung und des Gefühls klar hervorzuheben und seine Erfahrung von innen her zu begründen. Seine Gestalten, die er aus analytischer Sicht als determinierte Opfer außermenschlicher Kausalprozesse darstellt, gestaltet er zugleich als Träger eines einzigartigen Schicksals, das eine übergreifende imaginative Bedeutung erlangt.

Die Protagonisten dieser frühen Dramen Hauptmanns – Figuren wie Wilhelm Scholz, Fuhrmann Henschel, Gabriel Schilling, Rose Bernd, Frau John – sind sämtlich Menschen, die aus einer abnormal starken emotionalen Intensität heraus einen unbedingten Anspruch an das Leben stellen. Sie werden alle von einem belebenden Drang nach Liebe, ja nach Harmonie getrieben, der, wie der Dramatiker immer wieder verdeutlicht, mit ihrer tatsächlichen Lebenserfahrung in unlösbaren Konflikt gerät und damit die geistigen Fundamente ihrer Existenz verunsichert.[15] Der Protagonist in diesen Dramen Hauptmanns erliegt letztlich der sich ständig verstärkenden Erkenntnis der Nichtigkeit seiner Existenz in einer von Brutalität und Grausamkeit beherrschten Welt: einer Welt, die sich den innersten Bedürfnissen seines Wesens entgegensetzt. Er wird in jedem Fall von der Einsicht überwältigt, daß er (um mit Arnold Kramer zu sprechen), »dem Leben nun mal nicht gewachsen« ist, daß er im unversöhnlichen Kampf ums Dasein einfach nicht mehr mitzuhalten vermag.[16] Der besondere innovative Charakter des Hauptmannschen Dramas wird an dieser Struktur aufs deutlichste erkennbar.

Indem der Dramatiker so die Determiniertheit des Helden auf eingehende, analytische Weise erkundet und vorführt, verlegt er den entscheidenden dramatischen Prozeß ins Seelische. Die Gestaltung der naturalistischen Dramen Hauptmanns ist von der Tendenz bestimmt, das eigentlich tragische Geschehen von der äußerlichen Handlungsentwicklung zunehmend abzuheben und es als zum Teil verschlossenen Prozeß darzustellen. In Dramen wie etwa »Fuhrmann Henschel«, »Gabriele Schillings Flucht« oder »Rose Bernd« werden wir uns immer klarer bewußt, daß der Zusammenbruch des Helden sich nicht direkt aus der objektiven äußeren Krisensituation ergibt, sondern aus einer subjektiven inneren Erschütterung hervorgeht, die den anderen Gestalten unverständlich bleibt. Das, was den Protagonisten in diesen Stücken geistig zerstört, ist eine entsetzliche Gewißheit äußerster Verlassenheit, die allerdings mit ihrer zerrüttenden inneren Bedeutung weit über alle relativen, veränderbaren Bedingtheiten und Entwicklungen hinausreicht.[17] Die Geschehnisse, die sich in der objektiven Wirklichkeit abspielen, erhalten in der gequälten und bedrängten Phantasie des Protagonisten visionäre Signifikanz, der er nicht standhalten kann.

Seinen Zeitgenossen galt Hauptmann bekanntlich vor allem als ›Dichter des Mitleids‹. Die Bezeichnung trifft insofern auch zu, als er in der Tat ständig außerordentlich bemüht war, das ausgelieferte, leidende Individuum von innen her zu erfassen und seinen seelisch-emotionalen Zusammenbruch als verinnerlichte, subjektive Erfahrung dem Zuschauer nachvollziehbar zu machen. Aber das ist noch nicht alles. Die Tendenz, den Rezipienten in die Bewußtseinslage des Helden hereinzuziehen, geht mit dem Anliegen zusammen, dessen bestimmendes Streben nach Liebe und Mitmenschlichkeit, das ihn vor allen anderen Dramenfiguren auszeichnet, als eindeutig positiv darzustellen. Weit davon entfernt, dieses Streben als biologisch oder als sozial determinierten Trieb zu relativieren, ist Hauptmann besorgt, es als ethischen, menschlichen Wert zu bejahen und ihm eine letzte sinnstiftende Bedeutung zuzuschreiben.[18]

In seinem naturalistischen Drama bemüht sich Hauptmann noch darum – so fasse ich zusammen –, eine den Charakter wesentlich prägende Beziehung zwischen dem Ausgeliefertsein des Helden und seinem innersten Wesen, seiner Individualität darzustellen. Den getriebenen, passiven Menschen gestaltet er in dieser fundamentalen Hinsicht als unausweichlich leidende tragische Gestalt. In der Intention, die soziale Verstricktheit und Gefährdung des Individuums dramatisch zu gestalten, entwickelt er radikal analytisch-realistische Dramenformen, die eine Absage an klassizistische Konzeptionen der Gattung zu implizieren scheinen. Es läßt sich jedoch in diesen Werken – in anderer Weise, wie wir sahen, im »Woyzeck«- Hauptmanns intuitiv geleitetes schöpferisches Bestreben erkennen, empirische Sichtweisen bestimmenden Impulsen traditioneller Tragödienkonzeptionen dienstbar zu machen.

V.

Die Komödienkonzeption Lenzens beschwört ironisch das Tragische als eine Möglichkeit, die vor der Realität nicht bestehen kann. Die komische Handlung im »Hofmeister« stellt sich als eine parodistische Umkehrung eines geschlossenen, notwendigen Tragödiengeschehens dar. Die Krise geht keineswegs aus dem leidenschaftlichen Wollen der Liebenden hervor, sondern entspringt einer flüchtigen, nichtssagenden sexuellen Begegnung der Heldin mit einem andern. Diese erweist sich auch bald als eine Krise, die sich nur von außen, durch eine Reihe willkürlich hereinbrechender Entwicklungen lösen läßt, Entwicklungen, die die Funktion der Personen als handelnde aufzuheben scheinen.

In den »Soldaten« verfährt Lenz auf den ersten Blick ganz anders. Er bemüht sich, die in der Anfangssituation liegenden Spannungen als kohärenten Prozeß zu entfalten und sie auf eine unausweichliche Katastrophe zuzuführen. Gleichzeitig ist er jedoch auch besorgt, das Widersprüchliche im Verhalten der Hauptpersonen mit einer Schärfe herzustellen, die ihm tragische Energie und Größe nimmt. Die Liebe, die Stolzius in den Tod treibt, vermag ihn nicht von seiner klassenbestimmten, erniedrigenden Passivität zu befreien. Die Hingabe Maries an Desportes ist ebenfalls sozial determinierten Vorstellungen dermaßen verhaftet, daß sie bis zum Ende an der Realität des eigenen Gefühlslebens entfremdet bleibt.

Dieser prägende ironische Drang, die Zwiespältigkeit des sozial gefangenen Menschen bloßzulegen, bestimmt durchweg, wie mir scheint, die Konzeption der Komödie bei Lenz. Seine Auffassung der handelnden Personen ist von einer radikal zersetzenden Skepsis durchdrungen, die jede Verbindung mit überlieferten Konzepten des Tragischen ausdrücklich abzuschlagen scheint. Die Dramatiker des 19. Jahrhunderts, die neuartige Tragödienformen zu entwickeln suchten, konnten an diese grundlegend pessimistische Menschensicht Lenzens, wie ich zu zeigen versuchte, nicht anknüpfen. Die Bemühungen Büchners und Hauptmanns, das realistische, sozialanalytische Drama für neue Möglichkeiten des Tragischen zu erschließen, setzen noch eine Auffassung des Protagonisten als innerliches Subjekt voraus, das in seinem seelisch-emotionalen Streben über eine undurchsichtige entfremdete Welt hinausstrebt. Woyzeck und Henschel leiden – jeder auf seine Weise – aus dem eigensten Wesen heraus und stellen sich der Erkenntnis eines letztlichen Preisgegebenseins, die sie innerlich vernichtet. Diese fundamentale Möglichkeit des tragisch ausgelieferten Menschen ist dem blind verstrickten, brüchigen Menschen Lenzens aber nicht gegeben.

1 Bertolt Brecht: Gesammelte Werke. Hg. vom Suhrkamp Verlag in übarb. mit Elisabeth Hauptmann. Bd. 19, S. 362f. Zur Lenz- Rezeption siehe vor allem: Inge Stephan und Hans-Gerd Winter: Ein vorübergehendes Meteor? J. M. R. Lenz und seine Rezeption in Deutschland. Stuttgart 1984. S. 112f.

2 Georg Büchner: Sämtliche Werke und Briefe. Hg. von W. R. Lehmann. Bd. 1. Hamburg 1967. S. 86f.

3 Carl Bleibtreu: Die Revolution der Literatur. Leipzig 1886. S. 3f.

4 Max Halbe: Der Dramatiker Reinhold Lenz. In: Die Gesellschaft 8 (1892). S. 570–575.

5 Jakob Michael Reinhold Lenz: Werke und Schriften. Hg. von Britta Titel und Hellmut Haug. Bd. 2, Stuttgart 1967. S. 20f.

6 Siehe dazu: Leo Kreuzer: Literatur als Einmischung. Jakob Michael Reinhold Lenz. In: Sturm und Drang. Ein literaturwissenschaftliches Studienbuch. Hg. von Walter Hinck. Kronberg/Ts. 1978. S. 213–229.
Edward McInnes: ›Ein ungeheures Theater‹. The Drama of the Sturm und Drang. Frankfurt am Main 1987. S. 61–73.
Hans-Gerd Winter: J. M. R. Lenz. Stuttgart 1987. S. 71f. Sammlung Metzler Bd. 223.

7 Edward McInnes: J. M. R. Lenz: Die Soldaten. Text. Kommentar. Materialien. Stuttgart 1976. S. 90–93.

8 Georg Büchner: Sämtliche Werke und Briefe. Hg. von W. R. Lehmann. Bd. 1. Hamburg 1967.

9 Walter Hinderer: Büchner. Kommentar zum dichterischen Werk. München 1977. S. 172–174.

10 Maurice Benn: The Drama of Revolt. A critical Study of Georg Büchner. Cambridge 1978. S. 226–255.

11 Stephan/Winter: »Ein vorübergehendes Meteor?« (Anm. 1), S. 112–115.

12 Bleibtreu: Revolution der Literatur (Anm. 3), S. 3.
Halbe: Der Dramatiker (Anm. 4), S. 572–4.

13 Edward McInnes: Das deutsche Drama des 19. Jahrhunderts. Berlin 1983. S. 151–162.

14 John Osborne: The Naturalist Drama in Germany. Manchester 1970. S. 75–131.

15 Ich muß hier leider auf eine eingehende Analyse dieses fundamentalen Aspektes der Hauptmannschen Dramenkonzeption verzichten. Ich verweise auf meine frühere Untersuchung: Edward McInnes: German Social Drama 1840–1900. From Hebbel to Hauptmann. Stuttgart 1976. S. 186–229.

16 Gerhart Hauptmann: Sämtliche Werke (Centenar Ausgabe), Hg. von Hans Egon Haas. Frankfurt am Main/Berlin 1962ff. Bd. 1, S. 1166.

17 »Das Friedensfest«, Bd. 1, S. 138f.: »Fuhrmann Henschel« Bd. 1, S. 993; »Gabriel Schillings Flucht«, Bd. 1, S. 462f.; »Rose Bernd«, Bd. 2, 256; »Die Ratten«, Bd. 2, S. 829f. Siehe dazu E. McInnes: Das deutsche Drama (s. Anm. 13) S. 193–195.

18 McInnes: Das deutsche Drama (s. Anm. 13), S. 193–195.

»Das gegenwärtige Theater ist Schreibanlaß für Prosa«.
Christoph Hein und J. M. R. Lenz –
vom Theater zur Prosa und zurück

Cornelia Berens (Hamburg)

Für Anne Fried

In einer der bekanntesten Erzählungen der deutschen Gegenwartsliteratur gerät gleich zu Beginn die Theater- oder besser Bühnenmetapher ins Blickfeld der Erzählerin, um die Distanz der Heldin zu ihrer Umgebung nicht nur zu benennen, sondern zugleich als aufzuhebende zu kennzeichnen: »Als Zuschauer saß sie vor einer Bühne mit wechselnder Beleuchtung und Szenerie, sie sah die Spieler agieren, und der Gedanke verfolgte sie, daß all diese Bruchstücke am Ende ein Schauspiel ergeben müßten, hinter dessen Sinn sie alleine kommen sollte.«[1]

Im Gegenzug: In der Komödie »Der Hofmeister oder Vorteile der Privaterziehung« fragt der Geheime Rat seinen Sohn und Gustchen angesichts ihrer, ihm naiv-idealisch erscheinenden Liebesbeschwörungen, »Was sind das für Romane, die Sie da spielen?«, und fährt fort: »Ich habe nichts dawider, daß ihr euch gern seht, daß ihr euch lieb habt, daß ihr's euch sagt, wie lieb ihr euch habt; aber Narrheiten müßt ihr nicht machen; keine Affen von uns Alten sein, eh ihr so reif seid als wir; keine Romane spielen wollen, die nur in der ausschweifenden Einbildungskraft eines hungrigen Poeten ausgeheckt sind und von denen ihr in der heutigen Welt keinen Schatten in der Wirklichkeit antrefft«.[2]

Das Feld ist abgesteckt: Theater oder Prosa, Komödie oder Roman, das ist hier die Frage.[3]

Christoph Hein wechselt die Gattungen wie andere Leute das Hemd. Mit diesem Wissen und in der Kenntnis seiner Bemühungen um den für ihn wichtigen Vorläufer auf den Brettern, die die Welt bedeuten, Jakob Michael Reinhold Lenz, stellt sich die Frage, ob sich nicht Kreuz- und Querverbindungen – über Heinsches Autor-Bewußtsein oder gar seine Intention hinausgehend – in beider Werk finden lassen, die Aufschluß über die Gründe der Gattungsvielfalt geben könnten. Zwei verschiedene Zugänge könnten dabei besonders erhellend sein: erstens die Betrachtung unter dem

Signum des Realismus oder um es weniger kennzeichnend vorab zu sagen, unter dem Signum der poetologischen Maßgaben, und zweitens im Zeichen des einerseits entstehenden literarischen Marktes am Ende des 18. Jahrhunderts und andererseits der sogenannten »DDR-Literaturgesellschaft« als Anspruch und dem marktgesetzlichen Theater- und Literaturbetrieb der alten und neuen Bundesrepublik.

»Parzival rides again«, nannte Peter von Matt seinen großartigen Essay über das »Unausrottbare in der Literatur«.[4] Neben Handke, Dorst und Adolf Muschg hatte zuletzt Christoph Hein s e i n e n Parzival im Stück »Die Ritter der Tafelrunde« »illusionslos und aller Träume ledig das Endspiel seiner Republik kommentieren«[5] lassen: »Wo uns Parzival jedoch in den Arbeiten der heute schreibenden Autoren unverhofft als unsereiner begegnet, als unseresgleichen, ein Brudergesicht, ist er nicht Parzival der Gralskönig, sondern Parzival der Ahnungslose. Seine alte Unwissenheit gibt das Echo zur neuen Unwissenheit unserer Jahre. [...] In seiner Unwissenheit wird er emblematisch für die unsrige«.[6]

Der Parzival Christoph Heins ist ein desillusionierter Intellektueller: »Es ist vorbei [...]. Sinnlos gewordene Hoffnungen muß man beizeiten aufgeben.«[7] Ich bin »mein Leben lang auf der Suche nach dem Gral gewesen«, sagt er, »ich bin durch die ganze Welt gekommen, es gibt ihn nicht.«[8]

»Daß dieser verbitterte Mann aber im tiefsten doch mit der Imago Parzivals, wie wir sie heute erfahren, zur Deckung kommt, ergibt sich aus dem, was Artus über ihn sagt: »Parzival ist verzweifelt. Er hat den Glauben an den Gral verloren, weiß nicht, was er hoffen, wohin er gehen soll. Er ist ratlos, und er beschimpft uns, weil er sich beschimpfen muß.« [...] Während sich um diesen Parzival aus der DDR die gesammelten Werke der Vordenker und Cheftheoretiker türmen, hungert er nach einem einzigen kleinen Brocken Wahrheit, nach einem einzigen Zeichen, dem der Sinn noch lebendig innewohnte.«[9]

Während Matt im Anschluß über die Weltliteratur als einen Kontinent von Texten reflektiert, der stets zu neuer Deutung zwinge, indem man die Texte »wiederholt, wieder herholt und umschafft und neuschafft«,[10] sehen wir den ratlosen Intellektuellen nicht nur auf dem Theater des Christoph Hein, sondern zeitgleich in seinem letzten Roman als »Tangospieler«.[11]

Lenz, der vorrangig als Dramatiker rezipiert worden ist, kommt neuerdings auch als Autor epischer Gattungen in den Blick.[12] Dem dramatischen Schaffen Christoph Heins ist erst nach dem Erfolg seiner Prosa[13] größere Beachtung zuteilgeworden. Vom Theater zur Prosa und zurück bezeichnet den Weg Heins bis heute, am vorläufigen Ende dieses Wegs steht für ihn die Simultaneität: Roman und Kammerspiel finden gleichzeitig und gleichermaßen die Resonanz, die ihnen die historischen Umwälzungen in der DDR sowohl auf dem Theater (und in der Fernsehaufzeichnung) als auch in Buchform verschaffen. Doch die Zeitspanne dieser Aufmerksamkeit währt nur sehr kurz, viel kürzer als die Dekade, die man gemeinhin dem Sturm und Drang zugesteht, dann ist der Autor Hein vor allem in seiner Rolle als kritischer Zeitgenosse gefragt, als Redner einer zu bewahrenden oder gar erst im nachhinein zu schaffenden DDR-Identität, als Mitglied von Untersuchungskommissionen und als Auskunftgeber für die ›Journalisten der Welt‹, als Streiter gegen Golfkrieg, Rassismus, Gewalt und Ausländerhaß. Im langen Interview mit Klaus Hammer vom Februar 1991 beschreibt sich Hein einmal mehr als Chronisten, als aufklärerischen Moralisten im spielerischen Dialog mit seinem Publikum, ohne Lehre, ohne Botschaft: »Und vielleicht gibt es so etwas wie ein Generalthema«,[14] gesteht er dem Gesprächspartner zu, der Heins Schaffen unter dem einen Rubrum »Der Intellektuelle und die Macht« sehen möchte. In bezug auf die Komödie »Schlötel oder Was solls« bringt Hein seine Affinität zu Lenz zum Ausdruck. Die Komödie, deren stark gekürzte Fassung 1974 in der Inszenierung von Manfred Karge und Matthias Langhoff in der Volksbühne am Luxemburgplatz uraufgeführt wurde, anschließend jedoch nicht ins Repertoire übernommen wurde und die danach noch einmal 1986 auf die Bühne kam, »in Kassel BRDigt wurde«[15], steht für Hein »ganz stark in der Lenzschen Tradition. Lenz ist für mich sehr wichtig und war es auch damals schon, die Lenzsche Dramatik, die bedauerlicherweise dann abgebrochen wurde mit dem 19. Jahrhundert. Es gibt noch Büchner, das ist für mich so etwas wie ein Glanzstück der Lenzschen Dramatik und Dramaturgie [...]; ich hätte diese Art Dramatik damals auch gerne weiterbetrieben. Es endete aber alles so fürchterlich mit dem Stück, und es gab derart viel Prügel, da bin ich nolens volens davon abgekommen. Ich weiß nicht, ob es mir noch einmal gelingen wird, das hängt von vielem ab, auch von Thematik, Gegenstand usw.«[16]

Ebenfalls in den siebziger Jahren hatten Anna Seghers, Franz Fühmann, Günter de Bruyn und Christa Wolf mit ihren leidenschaftlichen literarischen Plädoyers einigen romantischen Autoren und ihren Werken endlich auch einen Ort in der literaturwissenschaftlichen Debatte der DDR erobert. Vergleichbares, oft identifikatorisches Engagement im Umgang mit der Biographie des Jakob Michael Reinhold Lenz ist vor allem in der westdeutschen Literatur dieser Jahre, meist im Rückbezug auf Büchner, festzustellen.[17] Die literaturwissenschaftliche Auseinandersetzung mit Lenz befaßte sich zu diesem Zeitpunkt, wenn überhaupt, dann mit dem Dramatiker des Sturm und Drang, dessen Bühnenpräsenz im deutschsprachigen Theater sich zumeist auf den »Hofmeister« und »Die Soldaten« beschränkt. Selten wird »Der neue Menoza« gegeben, andere Dramen werden geflissentlich ignoriert. Eine Ausnahme im Jahr des zweihundertsten Todestags des Autors macht Klaus Michael Grübers Inszenierung des Dramenfragments »Catharina von Siena« an der Probebühne der Berliner Schaubühne im November 1992.

Auch Christoph Hein bezog sich mit seiner Arbeit zuerst und vor allem auf den Dramenautor. Daß sich Lenz als Prosaautor einen Platz in der jüngsten Literaturwissenschaft eroberte, verdankt sich wohl anderen Zusammenhängen,[18] kaum dem in der Öffentlichkeit nur am Rande wahrgenommenen Engagement des Autors Hein.[19]

Und wie ist es um die biographische Realität des J. M. R. Lenz bestellt? Er endete als Projektemacher, als Erzieher des russischen Adels, als politischer Pädagoge und nicht als der Künstler, der mit seinen Schriften handelnd eingreifen wollte.

Und Lenz als metaphorische Figur? Lenz als Signum eines verändernwollenden Schreibens? Hein darf nicht vorrangig als Beförderer eines Realismus gesehen werden, der innerhalb des Erbes der Lenzschen Theatertradition, die durch Brecht kurzzeitig wiederbelebt wurde, auf absolute Authentizität und individuelle Unmittelbarkeit setzt. Seine Genauigkeit ist keine, der alles gleich gültig ist. Er befragt die Möglichkeiten der Überlieferung von Geschichte und Geschichten und hält sich als Autor, obwohl er in Novelle und Roman seinen Helden den Erzähler in einer »minutiösen Mimikrie(!)«[20] zur Seite stellt, mit einer eindeutig identifizierbaren Meinung stets zurück. Nicht zuletzt deswegen wird seinem Schreiben von einem Kollegen, und hier gilt es nun vor allem seiner Prosa, nur eine begrenzte realistische Reichweite zugestanden: Wolfgang Hegewald wirft Hein im »Tangospieler« »erzählerische Ungenauigkeit, sei es aus Fahrlässigkeit, sei es aus Kalkül«, vor (da der westliche Leser nicht aufgeklärt würde über die besondere Rolle der Geschichte als akademischer Disziplin in der DDR, »als Magd der rechten Gesinnung«) und verweist den Roman ins »Genre der kunstfertigen Kolportage«, die von »erzählerischer Radikalität [...] jedenfalls weit entfernt« sei. »Kein Widerhaken, der an meinem Bewußtsein zerrt; kein Geheimnis, das mich lockt oder quält; kein Ärgernis, das mir zu denken gibt.«[21]

Heins Vergangenheit als Theaterautor und Dramaturg an der Ost-Berliner Volksbühne bleibt für den Leser stets sichtbar in seinen kurzen Erzählungen, dann auch in der Novelle »Drachenblut«[22] und in dem Roman »Horns Ende«[23]:

»Seine Prosa war, von wenigen Ausnahmen abgesehen, Rollenprosa. Er erzählte nicht, sondern legte seinen Figuren lange innere Monologe in den Mund. Mit dem »Tangospieler«

hat er jetzt seinen ersten »echten« epischen Text geschrieben. Das Buch zeugt von erstaunlicher handwerklicher Sicherheit und großem dramaturgischem Geschick. [...] verfällt Hein in der zweiten Hälfte des »Tangospielers« zunehmend einer Neigung, die sich schon in seinen früheren Büchern andeutete: Er macht aus seiner Hauptfigur mehr und mehr ein Demonstrationsobjekt, er reduziert seinen Roman zum Lehrstück. [...] Kurz: Hein trägt viel zu dick auf, er macht Dallow immer mehr zu einem Popanz, mit dem er etwas zeigen will, was ohnehin auf der Hand liegt – daß man nämlich mit seinem Schicksal nicht fertig werden kann, solange man sich in Bitterkeit und Selbstmitleid ergeht, anstatt an einem ernsthaften Neubeginn oder an seiner Rehabilitierung zu arbeiten. In einem Interview hat Christoph Hein einmal die alte Einsicht hervorgehoben, daß jeder, der seine »Vergangenheit nicht wahrnimmt«, genötigt sei, »sie zu wiederholen«. Mit Dallow [...] liefert er dieser These jetzt nur noch eine literarische Illustration nach.«[24]

1978 hatte Hein den Abschied vom Theater in dem nur in der Bundesrepublik so benannten Essay »Hamlet und der Parteisekretär«[25] begründet. In »Theater der Zeit«[26] hatte er sich den Fragen der Redakteure gestellt, der Essay ist ein Auszug daraus. Neben der so banalen wie offensichtlich notwendigen Rechtfertigung historischer Stoffe in der Gegenwartsdramatik, der Ehrenrettung der von Dramaturgen und Regisseuren lieblos verschandelten zeitgenössischen Stücke, denen ein beliebiger Klassiker vorgezogen wird, dem Ärger über das verdummende Boulevardtheater und der Verweigerung von Öffentlichkeit, die dem Theater als Forum doch unabdingbar notwendig sei, nennt Hein »auch andere Mißlichkeiten«, die seinen Abschied vom Theater zu befördern halfen:

»So hat das gegenwärtige Theater ein schiefes Verhältnis zur Geschichte, insbesondere zur stattfindenden Geschichte. Genauer: zu einem Teil dieser Gegenwart. Geschichte läßt sich vielfach gliedern, einteilen, handhabbar machen; eine durch Jahrtausende üblich gewordene Klassifizierung ist die in erwünschte und ungeliebte Wirklichkeit. Hier sieht das Theater auf Tradition: Friedrich Wolfs »Zyankali« kam erst nach der gesetzlich erlaubten Schwangerschaftsunterbrechung auf unsere Bühnen. Es ist nun in dem Maße als Repertoirestück geeignet wie es zuvor dort unauffindbar war. Mit diesem Beispiel liegt in nuce das ganze Unverhalten der Theater gegenüber gegenwärtiger Geschichte vor.
Störend ist auch ein gewisser Hegelianismus einiger Kulturfunktionäre. Der Ästhetik dieses Philosophen folgend, die das Drama als die »höchste Stufe der Poesie und Kunst überhaupt« ansieht, gewärtigen sie von diesem Genre allzu heftige Wirkungen und sind, um diese einzudämmen, bemüht, das Drama in wohlgeordneten Bahnen zu halten. Das Ergebnis solch väterlicher Sorge ist häufig Langeweile.
Drittens wäre die Errichtung eines sozialistischen Boulevardtheaters – um beim Thema zu bleiben – die nachgeholte Legitimation eines tatsächlichen Zustandes. Das derzeitig stattfindende, verschämte Konglomerat auf unseren Bühnen ist nicht billig: Im Haus der lustigen Witwe zahlt die Theaterkunst drauf.
Meine Gründe für die Trennung des Theaters vom belanglosen, abendlichen Spaßvergnügen sind nicht neu: Hinter den radikalen Forderungen Schillers für eine gute Schaubühne und den freundlichen Ansichten Brechts über das unterhaltende Denken standen ähnliche Hoffnungen.«[27]

Im Rahmen der Legitimationsstrategien des Schreibens gilt für Hein, sowohl auf dem Theater als auch in der Prosa, die Maxime, die Beschädigungen des Individuums aufzuzeigen, damit sich etwas ändere, und zwar nicht in oder an den Figuren, sondern der Widerwille des Zuschauers/Lesers möge so groß werden, daß er einen Veränderungsimpuls an sich selbst verspüre.[28]

Für den Lenzschen Fundamentalrealismus genügt als Legitimation zu seiner Zeit die genaue, detaillierte Beschreibung der Verhältnisse, ohne gleich den Zweck ihrer Verbesserung im Text mitanzulegen. In seiner »Geschichte des Genie-Gedankens« gibt Jochen Schmidt diesbezüglich den Lenzschen »Anmerkungen übers Theater« ebenso wie dessen Shakespeare-Schriften ihren Raum:

»Für diesen Realismus gibt es keine Tabus mehr. Aristoteles hatte in seiner Poetik die »Nachahmung von Menschen« in der Weise empfohlen, daß die Tragödie die Menschen »gleichzeitig ähnlich und *schöner*« macht. Diese Stilisierung und Ästhetisierung lehnt Lenz ab, und er trifft damit auch alle idealisierenden Tendenzen von der französischen Tragödie über Winckelmanns klassizistischen Nachahmungsbegriff bis zu Lessings Vernunftnatur. Im Namen Shakespeares und des Genies ruft er nach der radikal »individuellen« Menschenkenntnis. Er fragt sich, wo in der Gegenwart »die uneckle«, d.h. vor nichts, auch vor dem Häßlichen nicht haltmachende realistische Menschenkenntnis sei, die immer »gleich glänzend« ist, also nicht auf die Unterschiede von Hoch und Niedrig, Schön und Häßlich achtet und ihren Glanz nicht einer Orientierung auf Ideales verdankt. Solche Menschenkenntnis legt er auf eine kompromißlos realistische Haltung in der künstlerischen Darstellung fest, indem er den Begriff der Rückspiegelung verwendet. Wo, so fragt er, auf ›Hamlet‹ anspielend, ist diese Menschenkenntnis, »die uneckle, immer gleich glänzende, rückspiegelnde, sie mag im Todtengräberbusen forschen oder unterm Reifrock der Königin?« Die aus einem solchen realistischen Programm resultierende individuelle Zeichnung von Charakteren kommt, wie er höchst aufschlußreich für die anti-idealistische Tendenz bemerkt, »ohne die Gottheiten in den Wolken« aus; sie führt zur Darstellung von »Menschen«, nicht »von Bildern, von Marionettenpuppen«. [...] Daß Lenz seinen gegen jedweden Überbau gerichteten Fundamentalrealismus, der in dieser radikalen Form utopisch und anarchistisch zugleich anmutet, mit dem Geniegedanken verbindet, entspricht der zu seiner Zeit gängigen Legitimationsstrategie. Ebenso die Berufung auf Shakespeare. Indessen ist der Genie-Gedanke nicht nur äußerlich aufgesetzt. Das Genie selbst wird neu definiert. Es ist nicht mehr autonome Innerlichkeit, nicht mehr Fähigkeit der entfesselten »Einbildungskraft«, nicht mehr »Seele« oder gar »Traum«, wie Herder in seiner Shakespeare-Abhandlung geschrieben hatte. Es ist im Gegenteil Fähigkeit, sich auf die Realität der Menschen-Natur vorbehaltlos einzulassen und sie dann wiederum darzustellen. Das setzt Unmittelbarkeit und Unverstelltheit voraus: eine elementare Natürlichkeit, wie sie dem Genie seit je zugeschrieben wurde. [...] Lenzens individualistischer Realismus muß auf solche pseudoreligiösen Möglichkeiten der Sinnstiftung [Herders Spinozismus, C. B.] verzichten. Seine »Charaktere« sind so horizontlos wie es sein Genie ist. Nur das Streben nach Authentizität gilt.«[29]

Nach dieser Einschätzung erstaunt es kaum, in einer Rezension des »Neuen Menoza«, wie er im März dieses Jahres am Landestheater in Tübingen zur

Aufführung kam, nicht die Traditionslinie Lenz, Büchner, Grabbe, Hauptmann, Brecht, sondern sowohl Verweise auf Jarry und Achternbusch als
auch auf Dario Fo oder beim »Abschmieren der Theaterfiguren vom
Erhabenen ins Volkstheater« sogar den Namen Franz Xaver Kroetz erwähnt
zu finden.[30]

Die Lenzsche Komödie »Der neue Menoza oder Geschichte des cumbanischen Prinzen Tandi«, die 1774 erschienen war und deren Ablehnung
Lenz dazu nötigte, wenig später einen Selbstkommentar als »Rezension des
neuen Menoza von dem Verfasser selbst aufgesetzt« zu veröffentlichen,
wurde von Christoph Hein bearbeitet und 1982 in Schwerin aufgeführt.[31]
Der direkte Bezug zwischen den Autoren erlaubt es, die Akzentverschie-
bungen in der dramaturgischen Konzeption als Beleg eines veränderten
Realismusbegriffs zu deuten. Die Bearbeitung Heins[32] wird in der Forschungsliteratur west-ost-kontrovers diskutiert. Einig ist man sich wohl
darüber, daß die Eingriffe Heins »eher philologisch als ideologiekritisch«[33]
motiviert sind, womit gleichzeitig der fundamentale Unterschied zur
Brechtschen »Hofmeister«-Bearbeitung benannt ist. Der Freiburger Literaturwissenschaftler Greiner fragt nicht, »ob Heins Bearbeitung Lenz ›gerecht‹
wird, sondern, was sie über die mögliche Spielart der Komödie in der DDR
und über die Integrierbarkeit des Lenz'schen Komödientypus in die literarische Öffentlichkeit der DDR – in der Auffassung dieses Bearbeiters –
erkennen läßt.«[34] Sein Urteil fällt vernichtend aus:

> »Während Lenz' Komödie genommen werden kann als – sei es auch geschichtsphilosophisch
> regressive – Wiederkehr der Commedia dell'arte, dreht Hein für seine Zeit, die dem bei Lenz
> Fehlenden, dem selbst- und geschichtsmächtigen bürgerlichen Ich, mißtraut, die Konstella-
> tion des Lachens gerade um. Seine Bearbeitung bringt das Diskontinuierliche, das latent
> Chaotische und Ungereimte des Lenz-Stücks in ein geordnetes, stringentes Gefüge. [...] Aus
> Lenz' Komödie des ohnmächtigen Ich [...] ist so eine Herrschaftskomödie geworden,
> Komödie der Macht, die sich durchgesetzt hat, Komödie der Sieger. Sie ist in die Theater-
> wirklichkeit der DDR als einer Gesellschaft, die nach rigiden Herrschaftsprinzipien organisiert
> ist, gut integrierbar.«[35]

Der Ostberliner Jürgen Stötzer, der Heins Konzeption als eine auf der Höhe
ihrer Zeit zu legitimieren versucht, die seiner Gesellschaft den Spiegel
vorhalte, schreibt dagegen, indem er sich formal auf die »Verwendung der
Darstellungsart der Groteske«[36] bezieht: »Vor allem Heins kritisch-ironische
Schlußwendung, den Prinzen [...] beteuern zu lassen, jetzt endlich Europa
(doch) zu lieben, zeigt pointierter als Lenz' Vorlage, wohin sein Weg führt
(führen kann) – zur Integration in die Gesellschaft. Der exotische Fremde
ist eingebürgert, der verlorene Sohn heimgekehrt, denn mit dem Gefühl der
Fremdheit geht auch der Geist der Opposition verloren«.[37]

In seinem 1981 veröffentlichten Essay, »Waldbruder Lenz«, der wohl im Umkreis der Menoza-Bearbeitung entstanden ist, bezieht sich Hein das zweite Mal unverstellt auf Lenz. Der Titel setzt Lenz, einen möglichen ›Bruder‹ Heins, mit einer seiner poetischen Erfindungen in eins. Im Briefromanfragment »Waldbruder, ein Pendant zu Werthers Leiden«[38] führt Lenz die Realitätstauglichkeit einer idealischen Weltansicht anhand verschiedener Meinungen vor: »Diese Geschichte ist aber so wie das ganze Leben Herzens ein solch unerträgliches Gemisch von Helldunkel daß ich sie Ihnen ohne innige Ärgernis nicht schreiben kann. Kein Zustand der Seele ist mir fataler als wenn ich lachen und weinen zugleich muß, Sie wissen ich will alles ganz haben, entweder erhabene Melancholei oder ausgelassene Lustigkeit«,[39] schreibt Honesta an den Pfarrer, und Rothe versucht, einem Vertreter des Realitätsprinzips, dem Obristen Plettenberg, seinen Freund Herz folgendermaßen begreiflich werden zu lassen: »Er lebt und webt in lauter Phantasien und kann nichts, auch manchmal nicht die unerheblichste Kleinigkeit aus der wirklichen Welt an ihren rechten Ort legen.«[40]

Zwei der wichtigsten Momente Lenzscher Poetologie sind hiermit in seiner Prosa nicht nur angesprochen, sondern durch die Figurenrede negativ bewertet: sowohl die Mischung der Gattungen bzw. der von ihnen erzeugten Effekte, »lachen und weinen zugleich«, als auch die Phantasie, die nicht einen anderen Blick auf Wirkliches erlaubt, sondern dieses bis zur Unkenntlichkeit ›verstellt‹.

Lenz schrieb 1776 den »Waldbruder« wohl als eine erste Verarbeitung seiner Entfremdung zu Goethe. Dieser hatte sich am Weimarer Hof einzurichten begonnen, und Lenz wollte wohl nicht einsehen, daß dies für den befreundeten Autor die Voraussetzung einer möglichen Einflußnahme auf die Gesellschaft war. Für Lenz mag es eine Anpassung gewesen sein, deren Spuren aus Goethes Werk nie mehr zu tilgen sein würden.

Im »Waldbruder Lenz« weiß Hein um die Gefahren der bewußten Nachfolge innerhalb einer literarischen Reihe, die sich auf Lenzsche Dramentechnik und Poetologie bezieht:

»Lenz bringt einen Querschnitt der deutschen Stände des achtzehnten Jahrhunderts, ein Panorama der Zustände. Seine Stücke formulieren die bürgerliche Gesellschaft. Und das Sittengemälde ist die ausreichende Behausung des sich emanzipierenden Bürgers. Die Haupt- und Staatsaktion ist auf dem Stadtanger erhältlich, die Kaffeetafel die angemessene Königsebene.

Die Ästhetik dieses »kleinmalenden« Realismus hat Fallen und Sackgassen. In der Lenz-Nachfolge werden alle beschritten und dadurch deutlich: Die Beschränkung auf Ausschnitte der Gesellschaft verengt das Bild, auch das Weltbild. Die präzise Ausleuchtung vereinzelter Erscheinungen kann sich noch auf Lenzens Genauigkeit berufen, nicht mehr auf seine umfänglichere Gestaltung. Die Vereinfachung seines poetischen Engagements einerseits erbrachte das Tendenzstück, die illustrierte These. Die Bescheidung auf das Sittenstück unter Verzicht auf die gesellschaftliche Dimension andrerseits ergab das boulevardeske Kleine-Leute-Theater, den Naturalismus des Kleinbürgertums, die Psychologisierung des Öffentlichen.«[41]

Hein reduziert den Spielraum seines Bühnen-Personals seit »Lassalle fragt Herrn Herbert nach Sonja. Die Szene ein Salon«[42] kontinuierlich. Obwohl ihm häufig eine künstliche Verengung im Sinne einer experimentellen Versuchsanordnung vorgeworfen wird, die entweder Privates oder Gesellschaftliches ausblende, betont er den Realismus dieser dramaturgischen Strategie. Die private Existenz überlagert scheinbar die politische und wird doch von dieser, wie es auch das Prosawerk unermüdlich demonstriert, immer wieder eingeholt. In dem hinteren Zimmer eines Cafés, in dessen Geschlossenheit ohne jeden Szenenwechsel – für Lenz undenkbar[43] – das Kammerspiel »Passage«[44] über die Bühne geht, findet genauso wie im Sitzungszimmer der Artusrunde in »Die Ritter der Tafelrunde«[45] auch Politik statt: »Ich mußte einfach sehen, was in meiner Zeit passiert. Wo ich die Möglichkeit habe, es auf die Bühne zu bringen, ohne daß es mit der Langeweile des Sitzungszimmers kaputtgeht oder völlig uninteressant ist, da eben auch zunehmend weltgeschichtliche Vorgänge die Banalität eines Sitzungszimmers haben.«[46]

Nachdem bis hierher die Realismusauffassung der beiden Autoren untersucht und ihr Changieren zwischen den Gattungen zumindest angedeutet worden ist, soll die oben auch schon angesprochene Frage des Marktes versus der postulierten Literaturgesellschaft aufgegriffen werden. Mit der Präsenz der Autoren auf der Bühne zu Lebzeiten ist es gleichermaßen schlecht bestellt.[47] »Öffentlichkeit für Ausgewähltes«,[48] mit anderen Worten Zensur, verhindert den uneingeschränkten Gebrauch des Theaters in der DDR: »Wenn man aus politischen Gründen auf ein Stück zehn Jahre warten muß, ehe es auf die Bühne kommen darf, dann ist das ja auch nicht so sehr angenehm«[49], gibt Hein zu bedenken, als er auf die Zwänge der Marktwirtschaft angesprochen wird, die Autoren und Theater in der ehemaligen DDR nun mehr oder weniger unvorbereitet treffen. In seiner berühmten Rede während des X. Schriftstellerkongresses der DDR im November 1987 beklagt Hein vehement die »Stille auf unseren Bühnen«[50] und benennt eine Reihe von Ursachen. Sie münden in das Fazit, ohne das Engagement für das zeitgenössische Werk, das die Theater aus Vorsicht und ›verständlichem Selbsterhaltungstrieb‹ fallengelassen hätten, »haben die Theater auch jedes Recht verloren, sich auf die deutschen Dramatiker von

Lessing bis Büchner zu berufen, auf jene Dramatiker also, die zu Lebzeiten gleichfalls vom Theater ausgeschlossen waren.«[51]

In der Bundesrepublik fallen die Entscheidungen der Theater für oder gegen ein Stück zeitgenössischer Autoren nicht unbedingt durchsichtiger aus. Das ausgeklügelte System von Markt und Subvention, Beziehungsgeflecht und Festival-Einladungskartellen, von Staats- und freiem Theaterbetrieb, von Starschauspielern und Intendantenkarussell scheint jedoch auf die jeweilige Saisonsensation abonniert. Derzeit gelten die Antipoden Klaus Pohl und Werner Schwab als Innovation, die dem Publikum landauf, landab serviert wird. Zwar versucht die wissenschaftliche Produktionsdramaturgie, mit Hilfe umfangreicher Programmhefte auch die Gegenwartsautoren in eine Tradition zu stellen, doch dies wird außerhalb der Theater kaum beachtet und »belegt lediglich die Beschränktheit eines fast einzig auf den Roman reduzierten Literaturbegriffs und -betriebs.«[52]

Schließen möchte ich meine Überlegungen mit dem Hinweis auf die Lenz-Heinschen Interdependenzen biographischer Art.

Biographische Gemeinsamkeiten – beide sind Söhne aus einem evangelischen Pfarrhaus[53] – sind für die Interpretation wohl nur von geringer Aufschließungskraft und gerieten im Falle Heins, über dessen Elternhaus der Öffentlichkeit wenig bekannt ist, zu reiner Spekulation. Interessant wird der thematische Fundus, der aus der Biographie zumindest ableitbar ist, erst in seiner gestalteten Form. Entspricht dem Lenzschen »Weg mit den Vätern!«[54], das er dem »Engländer« Robert Hot in den Mund legt, eine Haltung bei Hein? Lenz macht, als Übersetzer geschult an Plautinisch-drastischem Klamauk, die »tödlichen Väter zu Ereignissen einer stürmischen Komik«,[55] die im 18. Jahrhundert ihresgleichen sucht. Sehr viel unmittelbarer als Hein knüpft zum Beispiel Gert Hofmann an die biographische Überlieferung von Lenzens Geschichte nach seinem Aufenthalt bei Oberlin an. Er siedelt seine Novelle »Die Rückkehr des verlorenen Jakob Michael Reinhold Lenz nach Riga«[56] auf der Folie des biblischen Gleichnisses vom verlorenen Sohn an, das auch Lenz selbst immer wieder in Briefen und im Werk als Palimpsest dient.[57] Die Auseinandersetzungen von Vätern und Söhnen (und Töchtern) in Heins Texten können weder formal noch inhaltlich unmittelbar auf Lenz zurückbezogen werden. Nur ex negativo läßt sich noch stürmisches Revoltieren erkennen: In der Erzählung »Der Sohn«[58] versucht sich der titelgebende Held, Sohn eines vormaligen KZ-Häftlings und ein Jahr nach Kriegsende geboren, in mehrfachem Aufbegehren, das immer wieder kanalisiert wird. Nachdem Pawel in seiner Kindheit dem Vorbild des antifaschistischen Übervaters nacheifert und es zu übertreffen sucht, dabei höchst selbstgerecht

wird und auf alle sozialen Bindungen pfeift, in der Pubertät dann den Vater
mühelos als Funktionär entlarvt, der seinen Argumenten nicht gewachsen
ist und ihn nur ›schlagartig‹ abwehren kann, zweimal versucht, die Republik
zu verlassen und jedesmal vom Vater der Strafverfolgung entzogen wird,
beim dritten Aufbegehren gegen allzu starre Moralvorstellungen – ein
Nachbar zeigt ihn an wegen nächtlicher Ruhestörung – bereit ist, die Folgen
alleine durchzustehen, da passiert ihm nichts mehr, weil der Polizeioffizier
den Vater als Politiker kennt und schätzt:

> »Während der Studienjahre wurde Pawel aufgrund seiner vorzüglich absolvierten Zwischen
> prüfungen ein Leistungsstipendium zugesprochen. Nach dem Studium promovierte er und
> galt in seiner Sektion als einer der vielversprechendsten jungen Wissenschaftler. Bei den
> Kollegen war er beliebt, und seine Meinungen waren stets geachtet als die des Sohnes eines
> verdienten, hohen Funktionärs.
> Pawel selbst aber fügte sich in den zuverlässigen Lauf der Welt. Er begriff, daß sein
> Aufbegehren gegen eine abgeleitete Existenz und die wilde Suche nach seinem wirklichen und
> eigenen Leben schon ein Teil desselben war und gab sich zufrieden mit den unaufhörlichen
> Erfolgen.«[59]

Der zynisch anmutende Schluß der Erzählung, die Mitläufertum und
Opportunismus allenthalben und den Verzicht auf die eigene Meinung
gegenüber institutionalisierter Autorität als Zwangsanpassung darstellt, verweist auf die Erstarrung der Heldin in »Drachenblut«. »Mir geht es gut«,[60]
sind ihre letzten Worte, und nach der Lektüre ihrer Geschichte, die sich als
ein Auf-der-Stelle-Treten entpuppt hat, weiß doch jeder Leser – aufgrund
des Schreibverfahrens, das einen »durchgängigen Untertext«[61] produziert –
um das genaue Gegenteil.

Auch die Lenzschen Helden entkommen der Auseinandersetzung mit
den Vätern nicht unbeschadet, doch verkörpern sie – ob kastriert, dem
Wahnsinn nahe oder selbst noch im Tod – im Vergleich mit den Heinschen
Figuren eine nicht ganz so hoffnungslose, warme Lebendigkeit.

Die Begegnung zwischen Sohn und Vater im »Tangospieler« dient dem
Autor als Vehikel, um die Geschichte, die zur Verurteilung Dallows führt,
auch dem Leser zum erstenmal zu erzählen. »Vergeßt einfach alles‹, sagte
Dallow und legte seine Hand auf den Arm des Vaters, ›ich selbst kann mich
an diese Zeit kaum noch erinnern.‹«[62] Hier wird das väterliche Unverständnis gegenüber der Geschichte des Sohnes nicht nur dem Vater angelastet:
Dallows eigene Erklärung, es »ist aussichtslos, dachte er, es dir erklären zu
wollen, die Geschichte ist zu unglaubwürdig, selbst wenn ich sie jedesmal
vollständig erzählen würde«,[63] befriedigt den Leser nicht, der im Nachvollzug der Romanhandlung die Defizite Dallows erkennt, dessen Unfähigkeit,
sich der eigenen kleinen Geschichte genauso wie der seines Landes zu

stellen. Worüber man nicht reden kann, darüber muß man schweigen. Hier weniger sprachphilosophisch als psychologisch gewendet, muß das wohl heißen, daß einer nicht verlangen kann, von anderen verstanden zu werden, der sich selbst nicht ›erkannt‹ hat.

Hier ist Heins Roman in einer Weise modern, wie sie der Lenzschen Dramatik fremd sein muß. Die beginnende Selbsterkundung des pietistisch geprägten Individuums in den moraltheologischen Schriften wie auch in Teilen der Prosadichtung schafft noch nicht den Sprung auf die Bühne: auch die ›Komödien der Irrungen‹ verdanken sich anderen, vor allem äußeren Zutaten.

Aufschlußreich in diesem Zusammenhang wäre ein Lektürevergleich des Lenzschen »Tagebuchs«[64] mit dem Heinschen Tagebuch der Umbruchsituation im November 1989, mit einem Tagebuch, das sich als Brief an die amerikanische Verlegerin zu erkennen gibt und im New York Times Magazine als »East Berlin Diary« veröffentlicht wurde. Hein zieht dort das Fazit: »Wir haben in einem Land gelebt, das wir erst jetzt kennenlernen.«[65] Selbiges kann in abgewandelter Form für Lenz geltend gemacht werden: die Erkundung seines Ich, »diesen Morgen lag ich auf der Folterbank meiner Gedanken in einem schröcklichen Zustande«,[66] macht ihn mit seinem inneren Kontinent bekannt.

---

1   Christa Wolf: Der geteilte Himmel. München. [12]1980. S. 33.

2   Jakob Michael Reinhold Lenz, Der Hofmeister oder Vorteile der Privaterziehung. Eine Komödie. In: J. M. R. Lenz: Werke und Briefe in drei Bänden. Hg. v. Sigrid Damm. Leipzig und München. 1987, Bd. I, S. 52f. Im folgenden zitiert als Lenz. Zum Funktionswandel der Bezeichnung »Roman« vgl. u.a. Romantheorie. Dokumentation ihrer Geschichte in Deutschland, 1620–1880, Hg. v. Eberhard Lämmert. Köln und Berlin 1971.

3   Theater oder Prosa sei kein Gegensatz. Auch Theater basiere auf Prosa, so Gerhard Bauer in der Diskussion meines Vortrags. Ich bleibe im Vertrauen auf ihre heuristische Funktion bei der von Christoph Hein gewählten Begrifflichkeit, mit der er das Schreiben für Zuschauer und Leser unterscheidet.

4   Peter von Matt: Parzival rides again. Vom Unausrottbaren in der Literatur. In: Frankfurter Allgemeine Zeitung vom 19.5.1990.

5   Matt, 1990.

6   Matt, 1990.

7   Christoph Hein: Die Ritter der Tafelrunde. Eine Komödie. Frankfurt/M. 1989, S. 29.

8   Hein, 1989, S. 42.

9   Matt, 1990.

10 Matt, 1990.

11 Christoph Hein: Der Tangospieler. Roman. Frankfurt/M. 1989.

12 Vgl. Jürgen Stötzer: Das vom Pathos der Zerrissenheit geprägte Subjekt. Eigenwert und Stellung der epischen Texte im Gesamtwerk von J. M. R. Lenz. Frankfurt/M. u.a. 1991.

13 »Symptomatisch dafür stehen die Verleihung des Heinrich-Mann-Preises (1982) nach der Veröffentlichung des ersten Prosabandes ›Einladung zum Lever Bourgeois‹ und die breite Diskussion, die das zweite Prosawerk ›Der Fremde Freund‹ (1982) im DDR-Feuilleton ausgelöst hat.« Bernd Fischer: Christoph Hein. Drama und Prosa im letzten Jahrzehnt der DDR. Heidelberg 1990. S. 7.

14 »Dialog ist das Gegenteil von Belehren«, Gespräch mit Christoph Hein, Februar 1991. In: Chronist ohne Botschaft. Christoph Hein, Ein Arbeitsbuch, Materialien, Auskünfte, Bibliographie. Hg. v. Klaus Hammer. Berlin 1992. S. 11–50, hier S. 27.

15 Andreas Roßmann: Kein leichtes Spiel: DDR-Dramatik im Westen. In: Deutschland Archiv, 1986. H. 12, S. 1256f. Im April und Juni 1989 kam es in Annaberg und Chemnitz, damals noch Karl-Marx-Stadt, zu zwei weiteren Inszenierungen.

16 Hein, 1992, S. 15.

17 Vgl. zu den Gründen Inge Stephan und Hans-Gerd Winter: »Ein vorübergehendes Meteor«? J. M. R. Lenz und seine Rezeption in Deutschland. Stuttgart 1984. Vgl. auch Cornelia Berens, »Ach die Wissenschaft, die Wissenschaft« – »Ach die Kunst!« Die Figur Lenz in der Erzählprosa des 20. Jahrhunderts. Zur Konstellation von literarischer und literaturwissenschaftlicher Auseinandersetzung mit Problemen ›dichterischer Existenz‹. Aachen 1982 (= Typoskript, Magisterarbeit an der RWTH Aachen).

18 Vgl. Stötzer, 1991. Sigrid Damm hat 1985 einen biographischen Roman über Lenz im Ostberliner Aufbau-Verlag vorgelegt: Sigrid Damm: Vögel, die verkünden Land. Das Leben des Jakob Michael Reinhold Lenz: Berlin und Weimar 1985.

19 Christoph Hein: Waldbruder Lenz. In: Connaissance de la RDA, 13, Paris, November 1981. S. 55–72. Wieder in: C. H.: Die wahre Geschichte des Ah Q. Stücke und Essays. Darmstadt und Neuwied 1984. S. 136–160.

20 Fischer, 1990, S. 133.

21 Wolfgang Hegewald: Begrenzte realistische Reichweite, Defizitäre Unternehmen: Die Romane von Christoph Hein und Monika Maron. In: Frankfurter Rundschau vom 4.4.1992.

22 Christoph Hein: Drachenblut. Novelle. Darmstadt und Neuwied 1983 (Berlin und Weimar 1982, u.d.T. »Der Fremde Freund«).

23 Christoph Hein: Horns Ende. Roman. Darmstadt und Neuwied 1985.

24 Uwe Wittstock: Kammerkonzert mit Trillerpfeife. Die Talente und Untugenden des Christoph Hein. In: Frankfurter Allgemeine Zeitung vom 6.5.1989.

25 Christoph Hein: Hamlet und der Parteisekretär. In: C. H.: Schlötel oder Was solls. Stücke und Essays. Darmstadt und Neuwied 1986. S. 177–182.

26 Christoph Hein antwortet auf Fragen. In: Theater der Zeit 33, 1978. H. 7, S. 51f.

27 Hein, 1986, S. 181f.

28 Inwieweit eine »hauptsächlich kathartisch wirksame Betroffenheit« durch den in der DDR »inzwischen nicht mehr seltene[n] Rückgriff auf einen, auch strukturell, strengen, traditionsverpflichteten Gattungsbegriff« verstärkt werden kann, führt im Hinblick auf Heins »Die wahre Geschichte des Ah Q« und das Kammerspiel »Passage« G. Fischborn aus. Vgl. Gottfried Fischborn: Das neue Gattungsbewußtsein der Dramatiker. In: DDR-Literatur '87 im Gespräch. Hg. v. Siegfried Rönisch. Berlin und Weimar 1988. S. 100–107.

29 Jochen Schmidt: Die Geschichte des Genie-Gedankens, 1750–1945. 2 Bde. Darmstadt 1985, Bd. I, S. 175–178.

30 Christian Gampert: Biedermann und die Langweiler. »Der neue Menoza« vom Auf-dem-Kopf-Geher Jakob Michael Reinhold Lenz als LTT-Recycling. In: Die Tageszeitung vom 19.3.1992.

31 Christoph Hein: Der Neue Menoza oder Geschichte des kumbanischen Prinzen Tandi, Komödie nach Jakob Michael Reinhold Lenz. In: C. H.: Cromwell und andere Stücke. Berlin und Weimar 1981, ²1985, S. 233–307. Uraufführung dieser Fassung am Mecklenburgischen Staatstheater Schwerin, im Mai 1982, in der Regie von Wolf-Dieter Lingk.

32 Michael Töteberg sieht in der Heinschen Fassung nur eine von mehreren »Gelegenheitsarbeiten« des Autors, der als Theaterautor ansonsten für die Schublade schrieb. Michael Töteberg: Der Anarchist und der Parteisekretär: Die DDR-Theaterkritik und ihre Schwierigkeiten mit Christoph Hein. In: C. H: Text und Kritik. H. 111, Juli 1991. S. 36–43, hier S. 36.

33 Andreas Roßmann: Die Wiederkehr des verlorenen Sohns. Lenz' »Der Neue Menoza« und eine Bearbeitung durch Christoph Hein, aufgeführt in Schwerin. In: Theater heute 23. 1982. 8, S. 42f., hier S. 43.

34 Bernhard Greiner: Bürgerliches Lachtheater als Komödie in der DDR: J. M. R. Lenz' »Der neue Menoza«, bearbeitet von Christoph Hein. In: Die Literatur der DDR, 1976–1986. Akten der Internationalen Konferenz, Pisa, Mai 1987. Hg. v. Anna Chiarloni u.a. Pisa 1988. S. 329–345, hier S. 331. Wieder in: Hein, 1992, S. 200–212.

35 Greiner, 1988, S. 345.

36 Jürgen Stötzer: »Lenz – ein Schatten nur einer ungesehenen Tradition?« Aspekte der Rezeption J. M. R. Lenz' bei Christoph Hein. In: Zeitschrift für Germanistik 9. 1988. H. 4, S. 429–441, hier S. 433.

37 Stötzer, 1988, S. 435.

38 J. M. R. Lenz: Der Waldbruder, ein Pendant zu Werthers Leiden. In: Lenz, II, S. 380–412.

39 Lenz, II, 400.

40 Lenz, II, 409.

41 Hein, 1984, S. 159f.

42 Christoph Hein: Lassalle fragt Herrn Herbert nach Sonja. Die Szene ein Salon. Schauspiel in drei Akten. In: Hein, 1984, S. 7–75.

43 Hier sei nur an seine Ausführung »Für Wagnern« erinnert, die mit dem emphatischen Ausruf, »Das ist die Theorie der Dramata« endet. In: Lenz, II, 673.

44 Christoph Hein: Passage. Ein Kammerspiel in drei Akten. Darmstadt 1988.

45 Hein, 1989.

46 Hein, 1992, S. 23.

47 Zur Situation des literarischen Marktes im 18. Jahrhundert vgl. u.a. Wolfgang von Ungern-Sternberg: Schriftsteller und literarischer Markt. In: Deutsche Aufklärung bis zur Französischen Revolution, 1680–1789. Hg. v. Rolf Grimminger. München 1980.

(= Hansers Sozialgeschichte der deutschen Literatur vom 16. Jahrhundert bis zur Gegenwart. Hg. v. Rolf Grimminger, Bd. 3), S. 133–185. Zu den Aufführungen Lenzscher Dramen zu Lebzeiten, vgl. Elisabeth Genton: J. M. R. Lenz et la scène allemande. Paris 1966.

48 Christoph Hein: Öffentlich arbeiten. In: C. H., 1984, S. 161–164, hier S. 163.

49 Hein, 1992, S. 44.

50 Christoph Hein: Die Zensur ist überlebt, nutzlos, paradox, menschen- und volksfeindlich, ungesetzlich und strafbar. Rede auf dem X. Schriftstellerkongreß der DDR. In: C. H.: Die fünfte Grundrechenart. Aufsätze und Reden, 1987–1990. Frankfurt/M. 1990. S. 104–127, hier S. 118. Im folgenden zitiert als Hein, 1990 a.

51 Hein, 1990 a, S. 120.

52 Justus Fetscher: Theater seit 68 – verspielt? In: Gegenwartsliteratur seit 1968. Hg. v. Klaus Briegleb und Sigrid Weigel. München 1992 (= Hansers Sozialgeschichte der deutschen Literatur vom 16. Jahrhundert bis zur Gegenwart. Hg. v. Rolf Grimminger, Bd. 12), S. 491–535.

53 Vgl. Albrecht Schöne: Säkularisation als sprachbildende Kraft. Studien zur Dichtung deutscher Pfarrersöhne. Göttingen 1958.

54 Jakob Michael Reinhold Lenz: Der Engländer. Eine dramatische Phantasei. In: Lenz, I, 317–337, hier S. 330.

55 Peter von Matt: Schöpferischer Vaterhaß. Zum zweihundertsten Todestag des Dichters und Dramatikers Jakob Michael Reinhold Lenz. In: Frankfurter Allgemeine Zeitung vom 23.5.1992.

56 Gert Hofmann: Die Rückkehr des verlorenen Jakob Michael Reinhold Lenz nach Riga. In: Literaturmagazin 13, 1980. Wieder in: G. H.: Gespräch über Balzacs Pferd. Vier Novellen. Salzburg 1981. S. 7–39.

57 Vgl. Berens, 1982, S. 133–150.

58 Christoph Hein: Der Sohn. In: C. H.: Einladung zum Lever Bourgeois. Berlin und Weimar 1980, S. 61–70. In der Lizenz-Ausgabe, die von Hans-Jürgen Schmitt bei Hoffmann und Campe u. d. T. »Nachtfahrt und früher Morgen« 1982 herausgegeben wurde, ist die Erzählung nicht enthalten. Wieder in: Zeitmagazin Nr. 42, 11.10.1985. S. 38–43. Im folgenden nach dieser Ausgabe zitiert. Auch wieder in der Taschenbuchausgabe des Luchterhand Literaturverlages, Frankfurt/M. 1989, S. 62–70.

59 Hein, 1985, S. 43.

60 Hein, 1983, S. 156.

61 Hein, 1992, S. 28.

62 Hein, 1989, S. 70–86, hier S. 80.

63 Hein, 1989, S. 83.

64 Jakob Michael Reinhold Lenz: Das Tagebuch. In: Lenz, II, 289–329.

65 Christoph Hein: Brief an Sara. New York. In: Hein, 1990, S. 197–209, hier S. 209. Vgl. zu den weiterführenden Überlegungen, für die hier leider der Platz nicht ausreicht, die kleine Studie von Maurice Blanchot: Tagebuch und Erzählung. In: M. B.: Der Gesang der Sirenen. Essays zur modernen Literatur. Frankfurt/M. u.a. 1982, S. 251–258.

66 Lenz, II, 304.

Historische Tragik und moderne Farce.
Zu Friedrich Goldmanns Opernphantasie
»R. Hot bzw. Die Hitze«

Hanns-Werner Heister (Dresden)

I.

Fünf Opern mit Bezug auf Lenz gibt es, bislang: »Die Soldaten« von Willibald Gurlitt (1930) und von Bernd Alois Zimmermann (1965); »Jakob Lenz« nach Büchners Novelle von Wolfgang Rihm (1979)[1]; »Der Hofmeister« als »Le Précepteur« von Michèle Reverdy (1990)[2]. Und eben »Der junge Engländer« als »R. Hot bzw. Die Hitze« von Friedrich Goldmann (1973/74); den Text verfertigte Thomas Körner, der auch als Librettist für Paul Dessau gearbeitet hat – u.a. bei »Leonce und Lena« (posth. UA 1979). Dessau, der radikale Modernist und (vorwiegend) undogmatische Kommunist, hatte wiederum 1962 den wegen seiner Abneigung gegen ästhetischen Konservatismus vorzeitig (allerdings doch mit Staatsexamen) von der Dresdner Musikhochschule abgegangenen Goldmann in Berlin gefördert: Bezüge also, die hier nur anzudeuten sind. – »R. Hot«, das 1974 fertiggestellte Auftragswerk der Deutschen Staatsoper, wurde dort im Apollo-Saal während der 6. Musikbiennale am 27. Februar 1977 unter der Leitung des Komponisten uraufgeführt[3].

Goldmann (Jg. 1941) und sein Librettist Körner (Jg. 1942) gehen mit Gehalt, Struktur und Text des Lenz-Stücks besonders radikal (oder rabiat) um. Um so interessanter, was damit freigelegt wird – an Lenz-Rezeption und Wirkungsgeschichte, an Rezeption und Reflexion aktueller Realität. Zunächst damals, 1973/1977 und in der damaligen DDR, aktueller Realität, um es genauer zu sagen. Von der Entstehungszeit der Oper trennen uns nur knapp 20 Jahre und nicht 2 Jahrhunderte. Aber inzwischen ist immerhin z.B. der Beginn einer neuen Gesellschaftsordnung einstweilen zu Ende gegangen.

II.

Aktualität schien für Körner/Goldmann das Werk vor allem oder vielleicht sogar nur durch Enthistorisierung[4] zu gewinnen. »Das Interesse an diesem ›gescheiterten‹ Dichter des Sturm und Drang, seiner tragischen Existenz im Schatten der Weimarer Klassik, reagiert nicht auf Geschichte, sondern auf Gegenwart, und es reflektiert sehr bewußt und prononciert unmittelbar umgebende, ›betreffende‹ Probleme der damaligen gesellschaftlichen Realität und eines veränderten sozialen Klimas: Es war geprägt vom Verlust heroischer Illusionen, von neuen Fragen nach den individuellen Spielräumen der Entfaltung in vorgegebenen, verfestigten Strukturen des Lebens, nach den Widersprüchen menschlicher Selbstverwirklichung in postrevolutionärer Zeit.«[5] Anscheinend unterstützt die Veroperung, selbst eine gesellschafts- und gattungskritische, hier die Tendenz, Historisches und Soziales in eine eher vage existenzielle Befindlichkeit aufzulösen. Die verbale Interpretation bekräftigt und verstärkt solche Tendenzen noch: Dann gilt Hot »als theatralische Verkörperung wesentlicher Grundfragen menschlicher Entwicklung, die im Werk exemplarisch gestaltet sind: der des Verhältnisses von Gefühl und Vernunft, von Leben und Gelebtwerden, von Vernunft und Vernünftigkeit, von wahrem Gefühl und blinder Gefühlsseligkeit«[6]. Daß R. Hot tatsächlich eine Entwicklung durchmache, läßt sich jedoch angesichts des dramaturgischen Befunds kaum aufrechterhalten.[7] Daher kann auch von »mühevollem Selbstfindungsprozeß«, von »Erziehung zu selbständigem Denken und eigenverantwortlichem Handeln unter extrem entfremdeten gesellschaftlichen Bedingungen«[8] eigentlich kaum die Rede sein; soweit überhaupt in dieser Weise gehandelt wird, tut es die Prinzessin für Hot.

So erscheinen denn auch die Figuren und ihr Verhalten, vor allem im grellen Scheinwerferlicht der Musik Goldmanns, als Marionetten – der Autoren wie der Verhältnisse.[9] Auch solche Reduzierung ist aber bereits in der Typisierung bei Lenz selber angelegt. Ist Robert Hot als Temperament der hamletische Melancholiker[10] mit einem manisch-depressiven Wechselspiel von Ausbrechen und Erstarren, so könnten ergänzend sein Vater als Choleriker, Lord Hamilton als Sanguiniker und der Beichtvater als Phlegmatiker gelten. Goldmanns Musik legt, wahrscheinlich ohne bewußte Reflexion solcher Bezüge auf die Humoralpathologie, diese Klassifizierung überdies nahe. Inwieweit für Lenz noch die Typen der commedia dell'arte hineinspielen (immerhin ist der Schauplatz Italien), angefangen mit Robert Hot als Arlecchino, als tragischem Hans Wurst, mag offen bleiben.

Eine Abschweifung oder, in der Sprache der Zeit zu reden, »Ausschweifung«, die eigentlich nicht meines Amtes oder Faches ist: Es geht um die Prinzessin und ihren Namen. – Das Stück entstand im Winter 1775/76, also im letzten Straßburger Jahr, vor der Abreise nach Weimar und erschien 1777 in Leipzig bei Weidmanns Erben und Reich. Heinrich Christian Boie hatte den Abdruck im »Deutschen Museum« abgelehnt, weil der Held am Schluß sich tötet/»er könne es wegen des Endes nicht einrücken««, referiert Lenz im Brief an Herder (vermutlich am 8.10. 1776)[11]. In einer Antwort auf Herders Antwort (9. oder 10.10. 1776) beteuert dann Lenz, er selbst habe gebeten, »*es nicht einzurücken*« – allerdings mit einer anderen Begründung: »und das alles nicht wegen des *Schlusses*, sondern wegen der *Prinzessin von Carignan*«. Lenz selber interpretiert das als »Unschicklichkeit noch lebende fürstliche Personen aufs Theater zu bringen«.[12] Ein tieferliegender Grund für Lenz' Rückzieher als solche Rücksicht auf feudale Empfindlichkeiten und Vorrechte dürfte allerdings der aus der Realität der Person sich ergebende sein, nämlich ein gewisser Mangel an poetischer Brechung und Annäherung an die Sphäre der »Idealität«. Tatsächlich spielte die Linie Savoyen-Piemont (nach dem kleinen Ort Carignano in der Gegend von Turin) historisch schon insofern eine gewisse Rolle, als der Prinz Eugen ihr entstammt. Daß die zu Lenz' Zeit lebende fürstliche Person Armida hieß, scheint mir unwahrscheinlich; der Name ist wohl bereits ein Element eben jener Idealität.

Armida ist die gerade auf der Opernbühne beliebte verführerische Zauberin aus Torquato Tassos »Befreitem Jerusalem« (1575); sie wurde u.a. Haupt- oder Titelgestalt in Werken von Lully »Armide et Renaud« (1686), Händel »Rinaldo« (1711), Vivaldi »Armida al campo d'Egitto« (1718), Salieri (1771), Gluck (1777), Mysliveček (1780), Haydn (1784), Rossini (1817), Franz Gläser »Die Zauberin Armide« (1828), Dvořák (1903) u.a.m.[13] – Wie nicht zuletzt Glucks »Drame-héroïque« in 5 Akten nach dem im Prinzip unveränderten Lully-Libretto Philippe Quinaults von 1686 zeigt, lag der Stoff also in der Luft. Es ist geradezu schade, daß Lenz schon aufgrund der Chronologie Glucks Werk vor dem »Engländer« nicht gekannt haben konnte, wenn er den großen Namen Armida zitiert. Gluck sind die halb mythischen, halb historischen Männer aus der Zeit des 1. Kreuzzugs um 1100 n.u.Z. gleichgültig; ihn interessierte »allein das psychologische Drama, das sich in der zugleich hassenden und liebenden Frau abspielt«, um so mehr wegen ihrer Fremdartigkeit. Dabei gelingt ihm die »Neudeutung der alten Vorlage [...] allein mit den Mitteln der Musik«[14] Umgekehrt interessiert sich Lenz ausschließlich für den einen sie liebenden und sich partiell hassenden

Mann – aufschlußreich für sein Verhältnis zu den Frauen wie für historische Aspekte des Geschlechterverhältnisses überhaupt. Nähmen wir[15] noch
eine Permutationsform von Armida hinzu, nämlich – als 3-1-2-4-6 – Maria,
so hätten wir nicht nur den Bezug auf die Marie der »Soldaten«, sondern
auch die allgemeinbürgerliche Dreieinigkeit von Jungfrau, Mutter und
Dirne.

III.

Körner/Goldmanns Oper ist keine Oper. Sie ist, um den eingeschliffenen
Jargon zu verwenden, Musiktheater. Die Autoren bezeichnen ihr Opus als
»Opernphantasie«. Dieser Pseudo- oder Quasi-Gattungstitel greift Lenz'
eigene Bezeichnung »dramatische Phantasey« auf, der wiederum im Zeit-
kontext des Sturm und Drang mit dem besonders von C. Ph. E. Bach
repräsentierten Aufblühen der programmatisch (etwa durch Oden Gerstenbergs) vermittelten musikalischen Phantasie steht. Die Bezeichnung meint
Oper aus der Distanz, sozusagen in Gänsefüßchen, eine sogenannte Oper.
Und sie »schließt sinfonische Konzeption und Nummernoper als bekannt
orientierende Modelle aus.«[16] Mit der eingreifenden, auch rücksichtslosen
Verarbeitung des Lenzschen Stücks als bloßer Vorlage nähert sich »R. Hot«
einer Libretto-Oper durchaus traditionellen Typs mit freilich überaus
modernen Konsequenzen an. Der drastischste Eingriff ist die Umbiegung
des Schlusses in ein sehr opernhaftes lieto fine, also ein happy end in der
Sprache des Films[17]. Die »Opernphantasie« steht insoweit in entschiedenem
Gegensatz zur »Literaturoper«, zu der die Lenz-Opern von Gurlitt, Zimmermann und Reverdy tendieren, wobei freilich besonders Zimmermann
die Begrenzungen dieser Spezialgattung vor allem der bundesdeutschen
50er-Jahre[18] weit unter sich läßt.

Frank Schneider, vehementer Propagandist der neuen Musik in der
DDR und damit auch ihres eminenten Repräsentanten Goldmann, deutet
den Phantasie-Begriff weiträumig:

»Opernfantasie – das ist die erdachte Konstruktion parabelhafter Figurenbeziehungen und
zwingender Handlungen unter zwanghaften Verhältnissen, das ist die Nötigung des Publikums zur expliziten, nachdenkenden Interpretation, das ist die Freiheit, die kontrollierte
Phantastik der Musik, [...], das ist schließlich das artistische Vergnügen der Autoren, sich
spielerisch-absichtsvoll mit Oper überhaupt, ihren ästhetischen und kompositionellen Konventionen in reflektierte Beziehung zu setzen.«[19]

Daß die Opernphantasie Goldmanns einzige Oper blieb, verweist freilich neben der gewollten Distanzierung auch auf ungewollte und unbewältigte Schwierigkeiten im Umgang mit der spezifischen Operntradition und dem großen Apparat – wie andere Komponisten der DDR, und oft gerade die bedeutendsten, bezeichnet der als Librettist wie als Dramaturg praxiserfahrene G. Müller diese »Meister« bei allem schuldigen Respekt im Hinblick auf die Bühne allesamt als »noch Anfänger«[20].

Der Untertitel des Werks – »in über einhundert dramatischen komischen phantastischen posen« -, in dem also die Gattungsbezeichnung Phantasie anaphorisch verdoppelt wird, bringt fast eine Brechung der tendenziellen Emphase des Anti-Konventionellen, Modernen. Es handelt sich um ein höchst artifizielles Spiel und Spiegelkabinett unaufhörlicher Brechungen. Und über allen stehen die Autoren. Die als primäre Einheit firmierende »Pose« steht dabei nicht nur sprachlich in der Nähe von Posse. Wenn das Autorenteam Lenz' Gliederung in 5 Akte bewahrt, so ist auch das noch parodistisch[21] – was im übrigen wohl auch schon für Lenz selber und seine fast schulmäßige aristotelische Anlage des Stücks in Exposition, Peripetie, Katastrophe gilt[22].

Der Begriff »Pose« ist vieldeutig; er erinnert nicht zuletzt an Brechts Gestus-Begriff, dessen »Hofmeister«-Modell seinerseits ein Modell für Körner/Goldmanns Lenz-Aneignung gewesen sein dürfte. »Pose meint hier, daß Figurencharakter, Figurenbeziehungen, Darstellung der Situation und Verhältnisse, das arrangierende, bewertende Denken und das Gefühl der Autoren-Regisseure, die demonstrative Künstlichkeit der Gattung und die Wahrheit der subjektiven Äußerung, Rollenverhalten und kreatives Sein in einem komprimierten Zustand erfaßt sind und zum Ausdruck gelangen.«[23]

Szenenanweisung, (und Angabe von Tempo bzw. Charakter) sowie monologischer oder dialogischer Text skizzieren jeweils den Grundriß einer Pose. Und jede »demonstriert, ganz nach dem Muster der Brechtschen Technik, ein bestimmtes stilisiertes, künstlich erzeugtes Verhalten oder einen durch einen Vorgang forcierten, schließlich fixierten Gestus.«[24] Dabei gibt es allerdings doch innerhalb der einzelnen Posen, zumal der etwas ausgedehnteren, oft einen Wechsel der Affekte.

Gleich zu Beginn heißt es zum Ort: »Turin, vor dem Palast der Prinzessin von Carignan«; und zur Aktion: »Hot spaziert mit der Flinte vor dem Palast auf und ab«. Dazu fast eine Minute lang keine Musik, bloß stummes Spiel. Dann: »Es wird Nacht. In dem einen Flügel des Palastes schimmert hinter einer roten Gardine ein Licht durch.«

Das Grundtempo ist Lento, ein sehr langsamer Puls mit Viertel = 52. Aber dann gibt es doch, synchron mit den Affekten von Hot, ein Fluktuieren zwischen diesem Tempo und mehrmaligem Rascherwerden. Erst am Schluß der Pose wird das Ausgangstempo wiederhergestellt, wie eine Erstarrung. Wie diese Tempowechsel samt raschen Figurationen und jäh auffahrender Diktion der Singstimme die Konturen von Hots Stimmungen und Stimmungsschwankungen noch deutlicher schraffieren, so skizziert ein Orgelpunkt die kontrastierende nächtliche Naturstimmung.

Die 2. Pose, ein »Allegro«, Achtel = 132, hat ein knapp anderthalbmal so rasches Tempo, das durch die wildgezackten, sehr lauten Figuren des Bläserquintetts aber noch beschleunigt wirkt. Deren einheitliche Gesamterscheinung setzt sich aus verschiedenen, variativ behandelten Mikrostrukturen zusammen: im wesentlichen zwei rhythmische Muster und drei diastematische, die ihrerseits noch eine (absteigende) Umkehrungsgestalt haben und eine verwischte, wie mit einer absichtlichen Unschärferelation versehene Kontur ergeben. Der erste instrumentale Aufschrei wird nach dem vokalen »kreischenden« wörtlich wiederholt, als eine Art stilisierender Rahmen, wie dann die unentschieden wellenförmige Fünftonfigur Hots für »komm« und »nur« identisch ist. Die Pose ist ganz kurz (knapp 20 Sekunden) und hat tatsächlich einen einheitlichen Gestus – einmal die lange Pause der Erstarrung nach dem kurzen Ausbruch nicht gerechnet.

Die 3. Pose hält wieder mit Pantomime haus: »Hot geht lange stumm auf und ab«. Eine einzige Tonqualität genügt: d. Sie ist ein Klangrest bzw. ein Rückgriff auf den Orgelpunkt d der 1. Pose im hochgeführten Kontrabaß-Flageolett, hier wieder in derselben Lage; und sogar noch die 4. Pose setzt dann, nun im Englisch-Horn, diesen Orgelpunkt auf d fort. Das Fluktuieren im Tempo (zwischen Viertel = 80, bis 60 bzw. 120) wird durch die Klangfiguren mit regelmäßigen Repetitionen eher verdeckt. Auch hier, nach drei Varianten desselben, eine der Eröffnung asymmetrisch korrespondierende Erstarrung am Schluß.

Das musikalische Prinzip der Parataxe und der Montage entspricht der dramaturgischen wie textlichen Syntax und damit der Entwicklungslosigkeit der Figuren. Das oft bewußt unvermittelte Nebeneinander von kontrastierenden Elementen wird aber, wie hier angedeutet, häufig wiederum durch verdecktere Vermittlungen ausbalanciert. Und es scheint eher die Regel als die Ausnahme, daß eben vor allem durch musikalische Beziehungen doch mehrere Posen zu einer relativ kontinuierlichen übergreifenden Einheit gebündelt werden. Interessanterweise begegnen sich, kurz, an diesem Punkt der »Posen« zwei Extreme der Lenz-Aneignung, nämlich

Bernd Alois Zimmermann und Goldmann. So beschreibt Zimmermann (1960) seine Faszination durch die 10 Spielorte der Lenz'schen »Soldaten«, »pendelnd zwischen den verschiedensten, sich teilweise überlagernden Zeiten; der Pendelschlag holt immer weiter aus, und je weiter er räumlich ausholt, desto kleiner werden die zeitlichen Abstände, bis sie im 4. und 5. Aufzug fast zu einer virtuellen Simultaneität zusammenschießen in Gestalt von Szenen, welche manchmal nur aus einem Satz, einem Ausruf, gleichsam der Geste eines Satzes bestehen«[25]. An die Stelle dieser Symmetrie-Vorstellung setzt jedoch Goldmann Asymmetrie mit der permanenten Fluktuation von äußerer Dauer wie innerem Tempo der Posen. Und die Verdichtung, die bei Zimmermann Resultat ist, ist bei Goldmann Voraussetzung.

IV.

Die Sprachbehandlung mit ihrer Textverknappung entspricht der (ihrerseits in vielen Formulierungen in andern Werken vorgängigen) musikalischen Diktion Goldmanns und arbeitet ihr zugleich zu. Körner tut dabei im wesentlichen nichts anderes, als daß er bereits bei Lenz selber angelegte Tendenzen verschärft. Das Extrem des stammelnd-iterativen, sprachlosen »a di di dal da« usw. bei Lenz, das Ständchen im IV. Akt, bei dem sich Hot selbst mit Drehorgel-Geleier begleitet, ist zwar durch die Verkleidung als Savoyarde (also als Untertan und Landsmann der Prinzessin) und das Stichwort »Narr« sowie die rahmende grotesk-parodistische Steigerung der Anrufung von »Prinzessin« über »königliche« zu »kaiserlicher Majestät« und gar »päpstlicher Heiligkeit« motiviert; es ist in der geradezu dadaistischen Nonsense-Radikalität, die traditionelle Vokalisen des Typs Trallala vom Alleluja bis zum Jodler überbietet, in Lenz' Zeit wohl singulär.

Es versteht sich, daß sich Goldmann diese Gelegenheit nicht entgehen läßt. Die 49. Pose legt er breit an, fast wie eine Parodie des italienischen Opernschemas von Scena ed aria. Wie es sich für ein Ständchen gehört, hat Hot für diese Art szenisch motivierter Musik Begleitmusiker mitgebracht: die Drehorgel wird aufgefächert und transformiert; 3 Maultrommeln, plebejisch-archaische Instrumente, dazu Maracas und Claves, schließlich interpungierend E-Orgel und Kontrabaß schaffen einen Stimmungshintergrund für seinen rezitierenden Einleitungs-Monolog vor dem Arioso. Der textlichen Aphasie im Lied selber dann entspricht eine musikalische Reduktion: instrumental auf die bloßen Geräuschinstrumente Claves und Maracas sowie das Kinder- und Karfreitagsinstrument Ratsche, vokal fast aufs Lallen und auf einen primitiven diatonischen Tonhöhenvorrat. Lange kommt Hot nicht über die vier Töne a, h, c, d hinaus, und erst allmählich erobert er sich den Siebenton-Raum der elementaren C-Dur-Tonleiter. Kontrastierend dazu wie über die Lenzsche Reduktion hinausgehend wird dann allerdings die ursprüngliche Serenade zum Song. Zum einen setzt schon das permutative Ostinato im Kontrabaß mit seiner Chromatik einen Gegenpol; synkopierend und pizzicato gespielt, verweist es wie spätere improvisatorische Passagen auf die Jazz-Sphäre und nähert die Nonsense-Silben einem Scat-Gesang an. Zum andern verwandelt sich das Lallen in einen Refrain, wenn Körner für die Strophe Elemente aus der »Goetz«-Rezension[26] verwendet. Wie schon das »sich entwickelnde Talent« bei Lenz durch das ergänzende »allseitig« bei Körner/Goldmann direkt auf die Gegenwart in der DDR anspielte, so auch Wendungen wie »eine Lücke entsteht in der Republik/da passen wir grad rein/und Freunde und Bekannte/stoßen uns hinein.« Wenn Hot damit »als agitierender Liedermacher«[27] auftritt, dann bereits in der Gestalt parodistischer Verkehrung. Zu dieser gehört auch, daß Goldmann in der Song-Strophe der reduzierten Diatonik des – wieder unter Einschluß der drei Maultrommeln instrumental reicher begleiteten – Refrains eine geradezu übertriebene Chromatik entgegensetzt: als Rückung von C- nach Des-Dur und weiter nach D-Dur – ein in der Schlagersphäre nicht seltenes Verfahren, mit der er überdies auf sehr billige Weise noch in kurzem Prozeß das chromatische Total erfüllt. (Vielleicht ist es zu weit gegangen, dabei Goldmann noch die Subtilität zu unterstellen, daß er hiermit etwa Hanns Eislers nicht seltene Verwendung der Zwölftontechnik zu tonalen Wirkungen karikieren wollte.)

Das Resultat der Sprachreduktion bei Körner/Goldmann ist ein gestauchtes und gesteiltes post-expressionistisches Idiom, das durch witzige Pointierungen allerdings aufgebrochen ist. Es erinnert an August Stramm und Carl Sternheim oder Postexpressionisten wie Heiner Müller, aber auch an den schnarrenden Jargon preußischer Junker und Offiziere, die mit Forschheit und Arroganz Unfähigkeit und Unsicherheit übertönten. Der dergestalt durch Zerrissenheit, aufgelöste Syntax, Abbreviaturen gekennzeichnete spezifische restringierte Code mag so über die karikierende Charakterisierung der Figuren hinaus ebenfalls auf fragwürdige Traditionslinien in der damaligen DDR verweisen.

Dementsprechend verschiebt sich oft die unsentimentale, kritische Grundhaltung der Musik, »jenes bemerkenswerte Grund-Klima der elastischen Widersprüchlichkeit und der distanzierten, konstruktiv gegründeten Härte, jene kühle Stringenz und luzide Formbestimmtheit«[28] in Richtung auf schneidende Kälte oder sogar Schnödheit, die als »aggressiver Humor« oder »skeptische Vergnüglichkeit«[29] fast verharmlosend-freundlich bezeichnet sind.

Goldmann »montiert aus einer Fülle kontrastierender Episoden, kreisend um wechselnde Aggregatzustände von Erstarrungen und Explosionen«[30], sein Patchwork von »Posen«. Das Resultat ist paradox. Goldmanns Idiom wird ausgeglühter Expressionismus, ohne die psychologische Intensität und die »Stallwärme«, der Thomas Manns Tonsetzer Leverkühn in ambivalenter Mischung aus Sehnsucht und Distanzierung absagte, wird entmoralisierte neue Sachlichkeit, ohne deren verdeckt-hintergründiges Pathos sozialer Verantwortlichkeit. Es werden, formelhaft gesprochen, Webern und Stravinskij mit Weill und Dessau gekreuzt und das dann »angewandt« aufs Theater. Goldmanns Musik tanzt, wie es Nietzsche propagierte – und in der nihilistischen Tendenz des Werks mit der freilich zweideutigen Feier des Außenseiters und Kraftgenies steckt auch durchaus ein Stück Nietzscheanismus: Als es die DDR noch gab und dieser noch tabuiert war, wurde über Goldmann geraunt, er lese Nietzsche, womit er sich beinahe schon als Untergrund und als Fast-Dissident qualifizierte.

V.

Zur Herstellung seiner außerordentlich gestaltenreichen und vielfarbigen Musik genügt Goldmann eine kammermusikalische Besetzung, insgesamt nur 14 Mitwirkende. Die Hälfte davon sind die 7 Instrumentalisten. Ihr Ausgangspunkt bzw. ihr Kern für die Uraufführung war die Bläservereinigung Berlin (für die Goldmann vorher schon eine »Sonate für Bläserquintett und Klavier«, 1969 geschrieben hatte)[31], in der klassischen Besetzung mit Flöte, Oboe, Klarinette, Horn und Fagott. Sie werden ökonomisch eingesetzt und spielen zudem Schlaginstrumente wie Claves, Maracas, Holzblock, Guïro, Tom-Tom, Hi-hat, großes Becken, Hängebecken, Triangel, aber auch Waschbrett, ein auf Holz aufgelegtes großes Brett und, besonders apart, die bereits erwähnten Maultrommeln.

Dazu kommt noch Musik vom Band an zwei Stellen, und zwar an Schlüsselstellen – die eine ist der Schluß, die andere Hots Lied im Gefängnis: II/2, »Robert spielt die Violine und singt dazu«. Dort wie hier ist es musikalisch der rohe Einbruch der Außenwelt, bezeichnet durch unseriöse

Musik. Die Anweisung zur 13. Pose: »lange Instrumentaleinleitung, ausgehend vom Orgelpunkt (D), dann deutliche Trivialsphäre (Rock/Beat o.ä.)«. Die I. Strophe Hots (»So geht's denn aus dem Weltchen raus ...« kommt über Tonband; die II., für die Körner die Prosa von Lenz' in Poesie verwandelte, »original über Mikrophon«. Die III. Strophe, als 14. Pose, ist eine verkürzte Wiederkehr der I. und fungiert als Coda; sie kommt wieder vom Band, während Hot tanzt. Dazu: »Rock/Beat verzerrt (über Synthesizer, Ringmodulatoren), allmählicher Abbau, wobei der Ton d^2 als quasi-Orgelpunkt übrigbleibt.«

Auch die restlichen 7 Mitwirkenden werden ökonomisch eingesetzt: 1 Sängerin und 5 Sänger für insgesamt 9 Rollen, dazu 1 Schauspieler für 2 weitere stumme Nebenrollen. Die Disproportion zwischen Weiblichem und Männlichem, obwohl bei Lenz angelegt, ist für eine Oper beträchtlich. Sie wird noch dadurch verschärft, daß, anders als in der Vorlage, Prinzessin und Buhlerin eigentlich keine zwei verschiedenen Rollen sind, sondern sich diese als jene nur verkleidet. Das verweist auf die Realisierungsbedingungen – eben nicht auf einer Staatsopernhauptbühne, sondern im vorwiegend für konzertante Veranstaltungen gedachten Nebensaal, vielleicht auf Mangelwirtschaft, jedenfalls aber auf die neue, von der Handlungsführung bei Lenz abgehende Weichenstellung des Schlusses.

Goldmanns reichdifferenzierte Musik bildet eine relativ eigenständige Dimension, die die szenischen Vorgänge illustriert, kontrapunktiert, kommentiert. Sie schafft überdies »in der klanglichen Konstituierung der Posen, die durch besondere Instrumentenzusammenstellung, Konstruktionsmodelle und unterschiedliche Faktur eigenen Charakter besitzen, [...] fabelbildende Zusammenhänge [...] da, wo der Wortsinn nicht mehr ausreichend ist, die Komplexität des Gemeinten zu bezeichnen.«[32] Schließlich ist es eben die Musik, die wesentlich die Intention verdeutlicht wie den Gesamtgehalt des Werks bestimmt.

Musikalisch gibt es eine produktive Spannung zwischen strenger Konstruktion als Unterfütterung einerseits und Lockerung in Material und Idiomatik andererseits. Für die reihentechnische Organisation der Tonhöhendimension erscheinen dreitönige Gruppierungen mit den strukturbestimmenden Intervallen Kleinterz und Kleinsekund als grundlegend. Die übliche Tendenz zur raschen Erfüllung des zwölftönigen chromatischen Totals balanciert Goldmann aus durch sinnfällige Auswahl und Kontrastbildungen, bei denen er, wie schon angedeutet, Wiederholungen nicht scheut. Neben variierten oder ostinaten Figuren, Tonrepetitionen oder Orgelpunkte (geradezu obligatorisch scheint der auch tonsymbolische auf d) treten nicht selten minimalistische Muster auf. Ein Extrem ist der scheinbar unaufhörliche antizipative Liebes-Jubel im – damit zugleich Opernkonventionen parodierenden – Duett von Prinzessin und Hot in der 20. Pose, »tranquillo«, dessen elementares, statisch in sich kreisendes Wogen und Wallen mit dem Dur-Septakkord über G im Kontrabaß als Fundierung sich noch, ermattend, bei der Übergabe des Medaillons in der 21. Pose fortsetzt und sogar, unterbrochen durch ein bloß instrumentales Bild der Erregtheit Hots in der 22., in der 23. Pose »calmo«, beruhigt, nachhallt – nochmals mit dem Septakkord über G im Kontrabaß.

Bei aller Betonung der eigenständigen Rolle der Musik besonders durch die verbale nachträgliche Interpretation komponiert Goldmann doch fortwährend illustrative Elemente, ikonische Zeichen, eben Gesten und »Posen« bis hin zum Karikaturistischen und Grotesken. Wenn etwa in Pose 38 Lord Hot und Lord Hamilton mit Fagott und Horn (gar ersetzbar durch Wagner-Tuba) auftreten, und dann der Kontrabaß die Stimme des ohnehin als Soloinstrument fast an sich schon grotesken Fagotts verdoppelt, so liegt nicht nur die Assoziation an den altbekannten Musiker-Kalauer »Fagott sei Dank« nahe, sondern auch der werkspezifische Witz »Fagott-Vater«.

Bei aller vorwaltenden Strenge, Reinheit, Anti-Kulinarik des kammermusikalischen, aufgesplitterten Klangbilds – da ist Goldmann eben doch auch der Dresdener Cruzianer, der Schüler der Kreuzschule (1951-59), der Bach gegen die Opernliebhaber verteidigt –, schreibt Goldmann hier musica impura gegenüber der musica pura, also »unreine Musik« (in Begriffen Hans Werner Henzes) bzw. »inklusive Musik« statt »exklusiver« (in Begriffen Luca Lombardis), d.h. schließt Heterogenes, Fremdes, sogar Vulgäres ein:

»Auch die Musik ›posiert‹ auf ihre Weise, indem sie einerseits ihr eigenes Material im Rahmen der reihenmäßig fixierten Parameter durchbildet [...], aber andererseits auch mit jenem zunächst befremdlichen Material spielt [...], das sich als so probates wie fragmentarisches Allgemein-Gut der Opern-Geschichte zu erkennen gibt. In die Partitur eingefügt sind die disparatesten Anspielungen auf Arientypen und Affektklischees, gesangliche Topoi und typische melodische Wendungen, historische Form- und Stilmodelle aus mehreren Jahrhunderten von barocken Koloraturen bis zur süffisanten Harmonik à la Puccini, vom madrigalesken Ensemble bis zur Parodie von Wiener Walzern und zur Travestie von stumpfsinnigen Kampfliedern.«

Die Materialstruktur wird sogar aufgebrochen, »wenn der falsche schöne Schein der Wirklichkeit sich einmal kraß zur Geltung bringen will. Dann wird roh collagiert« – »preußisches Marschlied oder eben Wiener Walzer«, »vom zugespielten Tonband hektische Rockmusik oder ein dümmliches Kinderliedchen zum Schluß«[33].

Obwohl die Scheidelinie im einzelnen nicht immer ganz präzis zu ziehen ist, stehen doch im Werk Goldmanns eigenes avanciertes, postserielles Idiom für das Ernste, dagegen die erwähnten Allusionen und die Anleihen aus anderen Sprachen und Materialien für das Possen- und Farcenhafte. Zwar enthält bereits die strengere Grundschicht auch karikaturistische Momente, aber die Tendenz zu dieser Polarität ist sinnfällig. Sie schließt heftig bewertende Akzente ein: das Eigene und Moderne ist das Positive, das Fremde als Triviales oder Altes das Negative.

Damit erhält dann gerade der Schluß, die Posen 111 und 112, in dem Collage-Prinzipien kulminieren[34], einen Einschlag von Ambiguität, der das von der Fabelführung her eindeutige happy end in ein schiefes, ja schwefliges Licht rückt. Die schlagerhafte Rückung von simpel-kulinarischem Walzer-Duett von Hot und der Prinzessin in D-Dur zum etwas angestrengt kitschigen Kinderchor in Es-Dur, dem wir die Absicht anmerken, verweist in Methode wie Tonart selber auf die ebenso fragwürdige Song-Serenade zurück. Und die negativ besetzte »Trivialmusik«-Sphäre insgesamt entwertet als ironische Brechung das gute Ende mindestens ebenso wie die etwas pennälerhaft-kunstgewerblichen identischen Reime (... »Hot hat nun die Jungfrau die er ritzt/heißt wie der Saft den er verspritzt/und rot ist der Stern der auf uns blitzt«), deren letzter seiner politischen Konnotation wegen auf dem Band der Staatsopern-Uraufführung unverstehbar gemacht wurde – ein eher hilfloser Versuch ideologischer Revision. Da überdies hier die 7 Instrumentalisten das Grundidiom nicht behaupten können, und nach minimalistischen Reduktionen auf das diatonische Material von Es-Dur- und g-Moll-Dreiklang mit einer abrupten vollchromatischen Geste schließen, das Tonband daher das letzte Wort behält, wird durch die musikalische Ausgestaltung die drastische Umkehrung von Lenz somit mindestens partiell dementiert, die Transformation des Tragischen ins Possenhafte allerdings nicht revoziert, sondern eher noch verstärkt.

VI.

Die Tendenz zur Eliminierung des Historisch-Sozialen in der ideologischen Konzeption schließt ein künstlerisches Ausloten und Aufgreifen tieferliegender geschichtlicher Perspektiven von Lenz' Werk nicht aus: »In der historisch unabgegoltenen, politischen Dimension lag der wohl entscheidende Reiz der Vorlage für musiktheatralische Aktualisierung«[35]. Ähnlich wie auch in der damaligen BRD erscheint Lenz hier wie überhaupt im Umfeld der frühen 70er-Jahre als ein Vorläufer der 68er-Generation.

Neben den die Produktion überhaupt motivierenden und stimulierenden Parallelen von Damals und Gegenwart ist es eben auch die Musik, die solche Aktualisierung vermittelt. Sie tut es auf doppelte Weise. Zum einen ist sie, als zeitgenössische Musiksprache, der stofflichen (und partiell auch textlichen) Seite des Dramas gegenüber grundsätzlich anachronistisch.[36] Selbst wenn in Hots Serenade wirkliche Ratschen oder Maultrommeln vorkommen, wie sie auch einst verwendet wurden oder in archaischen Kontexten sogar noch werden, erscheinen sie doch in durchaus modernem, hier sogar fast modischem Idiom; und bezeichnenderweise gegenüber ursprünglichen Gebrauchszusammenhängen insoweit verfremdet, als besagte Instrumente für Ständchen nun wirklich kaum taugten. Zum andern aber bringt gerade die erwähnte Einbeziehung heterogener Elemente dem Musik-Theater etwas von jener sozialen und damit auch historischen Dimension zurück, die in der ideologischen Konstruktion der Fabel eher zurückgedrängt scheinen, weil eben dieses Material als historisch-sozial-determiniert für seine ursprünglichen Kontexte signifikant ist.

Insgesamt freilich geht hier die Wahlverwandtschaft über die Zeiten hinweg zugleich mit einer schroffen Scheidung einher: Die Traditionsaneignung betont gegenüber der Kontinuität den Bruch.

Es ist wohl kein Zufall, daß die Beziehung von Goldmann auf seine Vorlage an einen einst berühmten und vielzitierten Gedanken von Karl Marx erinnert, nämlich am Anfang des »18. Brumaire des Louis Napoleon«, geschrieben 1851/52: »Hegel bemerkt irgendwo, daß alle großen weltgeschichtlichen Tatsachen und Personen sich sozusagen zweimal ereignen. Er hat vergessen hinzuzufügen: das eine Mal als Tragödie, das andere Mal als Farce.«[37] Diese Parallele zwischen dem Staatsstreich Napoleons I. und dem des späteren Napoleon III. auf unser Thema angewendet: 1775/76 scheiterte eine Liebe schon im Vorfeld an Standes- bzw. Klassenschranken. Es ist vielleicht charakteristisch, daß Lenz diese Determinanten gegenüber den individuellen Schranken des traurigen Helden als Motiv in den Hintergrund treten läßt. Wobei er seine eigene, sozial vermittelte Psychologie diesem Sachverhalt aufprägt und umgekehrt sich darin spiegelt. Tragik kommt so fast mehr durch den historischen Kontext, einschließlich des unterstellbaren autobiographischen Bezugs, als durch den Theater-Text zustande. Die Macht, die gesellschaftliche Konvention – vertreten durch die Väter – siegt. 1973/ 74 unterliegt sie, die Liebe scheint zu glücken, jedenfalls in ihrer narzißtischen Version als pars pro toto, ihr Anfang und jedenfalls in einer Oper.

Die Autoren nehmen Lenz nur selektiv und partiell ernst: besonders die subjektive, narzißtische Seite samt dem unbedingten, aber auch hemmungslos-unkommunikativen Glücks- und Liebesverlangen, das damit, entsozialisiert, stark auf einen Trieb reduziert scheint. Einverstanden mit der verallgemeinerten Absage an die Väterwelt, sind sie doch ihrerseits einem eher patriarchalischen Frauen- und Männerbild verhaftet. Und diese Absage kippt tendenziell um in eine Absage an Gesellschaft überhaupt. Sie neigt dazu, eskapistisch zu werden, und wird damit, merkwürdig genug, entgegen der Autorenintention ins Versöhnliche umgebogen: Lenz' Typus von Weltflucht als sog. Freitod oder »als letzte Möglichkeit der Selbstbefreiung«[38] wird zum unvermittelten Sprung in die Utopie, ins positiv gewendete »Kein Ort. Nirgends«. Die Kappung des ungemindert unversöhnlichen Schlusses im »Engländer« ohne jene reformistischen Züge, wie sie Lenz sonst schätzt, tut hier das Ihre und bahnt dieser Tendenz den Weg.

Nicht voll ernstgenommen wird damit auch das Konfliktfeld und der tragende Widerspruch. Das hat, nochmals vermittelt, mit der »realsozialistischen« bzw. proto-sozialistischen Gesellschaftsordnung der damaligen DDR zu tun. Die Vorgeschichte (um Marx' Begriff zu zitieren) mit ihren antagonistischen Beziehungen zwischen Klassen schien, selbst für Körner und Goldmann, Vergangenheit geworden zu sein. (Interessanterweise dürfte dann im Musiktheater der niedergehenden DDR der 80er-Jahre das »Ende der Geschichte« vorerst vertagt[39] worden sein, und vielleicht ist ja sogar das Ende der Vorgeschichte – einstweilen jedenfalls – auf den St.-Nimmerleins-Tag verschoben.) Es ist daher aufschlußreich, daß die Hamburger Aufführung von 1980, die zweite bundesdeutsche nach der Stuttgarter von 1978, mit einigem dramaturgischen Aufwand durch eine Spaltung bzw. Verdopplung des Titelhelden das ursprüngliche böse Ende rekonstruierte: ein Schauspieler figurierte als »realer«, ein Sänger als »imaginärer« Hot. Was bei Lenz tragisch war oder doch als bürgerliches Trauerspiel endete, wird bei Körner/Goldmann possenhaft, also sogar mehr (oder weniger) als komisch: eine Farce. Die selber spöttische Verbeugung vor der verleugneten und verspotteten Opernkonvention des lieto fine gehört dazu. Die Farce ist freilich auch progressiven Bestrebungen gegenüber indifferent bis zynisch – im Gegensatz etwa zu Plenzdorfs auf ein vergleichbares Umfeld rückbezüglichen »Neuen Leiden des jungen W.«[40] Die Lenz-Rezeption bei Goldmann wirkt also ambivalent. Sie verzerrt Grundlinien des Ausgangswerks und setzt asymmetrische Akzente. Und sie wirkt als Reaktion auf die gesellschaftliche Situation ihrerseits ambivalent. Als soweit irgend möglich freischwebendes Musik-Theater sind die 112

artifiziellen Posen ein hochgespanntes Kunststück, ein virtuoser kammer-
musikalischer Seiltanz.

Von den fünf Lenz-Opern ist Goldmanns »Opernphantasie« »R. Hot
bzw. Die Hitze« die kälteste.

---

1 Vgl. dazu u.a.: Hanns-Werner Heister, Natur, Kreatur, Gesellschaft. J. M. R. Lenz und
   das neue deutsche Musiktheater, Spielzeit 1979/80, Hamburgische Staatsoper Jb. VII,
   Hamburg 1980, S. 183–204; H.-W. Heister, Sackgasse oder Ausweg aus dem Elfenbein-
   turm? Zur musikalischen Sprache in W. Rihms »Jakob Lenz«, in: Neue Einfachheit –
   Ästhetisches Neuland oder Zugeständnis an das Publikum, Wien 1981 (Studien zur
   Wertungsforschung, Bd. 14), S. 106–125; Aloyse Michaely, Toccata – Ciacona –
   Nocturno. Zu Bernd Alois Zimmermanns Oper »Die Soldaten«, in: Musiktheater im 20.
   Jahrhundert (Hamburger Jb. für Musikwissenschaft, Bd. 10), Laaber 1988, S. 127–204;
   Peter Petersen und Hans-Gerd Winter. Lenz-Opern. Das Musiktheater als Sonderzweig
   der produktiven Rezeption von J. M. R. Lenz, in: Lenz-Jahrbuch 1991, I, S. 9–58. – Erst
   nach Abschluß der vorliegenden Studie erschien: Dörte Schmidt, Lenz im zeitgenössischen Musiktheater: Literaturoper als kompositorisches Projekt bei Bernd Alois Zimmermann, Friedrich Goldmann, Wolfgang Rihm und Michèle Reverdy. Stuttgart und
   Weimar 1993.
2 Ausf. dazu Peter Petersen in diesem Bd.
3 S. Frank Schneider, Momentaufnahme. Notate zu Musik und Musikern der DDR,
   Leipzig 1979, S. 96.
4 Ausf. dazu Heister 1980, bes. S. 185–188.
5 Frank Schneider, Neues am Rande der Szene. Beispiele und Anmerkungen zu kompositorischen Konzepten im Opernschaffen der DDR, in: Musiktheater im 20. Jahrhundert
   (Hamburger Jb. für Musikwissenschaft, Bd. 10), Laaber 1988, S. 276.
6 Sigrid Neef 1976, in: Theater der Zeit, zit. in Schneider 1979, S. 97.
7 Vgl. Petersen/Winter 1991, S. 33.
8 Schneider 1979, S. 97.
9 Vgl. Schneider 1988, S. 276.
10 Vgl. Petersen/Winter 1991, S. 12.
11 In den Erläuterungen von Sigrid Damm, Werke III, München und Wien 1987, S. 752.
12 Damm 1987, S. 753; Hervorh. Lenz.
13 S. Věra Vysloužilová, in: Pipers Enzyklopädie des Musiktheaters, München u. Zürich
   1987, II, S. 107.
14 Klaus Hortschansky, in: Pipers Enzyklopädie des Musiktheaters, München u. Zürich
   1987, II, S. 454.

15 Nach einer Anregung Hannes Glarners.

16 Sigrid Neef, Aspekte einer Opernphantasie, in: Programmheft der Württembergischen Staatstheater, 15.11.1978, S. 2a.

17 Vgl. Petersen/Winter 1990, S. 14f.

18 Polemisch dazu Jürg Stenzl, Azione scenica und Literaturoper, in: Luigi Nono (Musik-Konzepte 20), München 1981, S. 45–57); vgl. aber auch den Beitrag von Petersen im vorl. Band.

19 Schneider 1979, S. 97.

20 Gerhard Müller, Mobilisierung von Geschichtlichkeit. Tendenzen des neueren Opernschaffens in der DDR, in: Musik und Gesellschaft, 1989, H. 2, S. 80.

21 S. Petersen/Winter 1990, S. 14f.

22 Vgl. Hannes Glarners Beitrag.

23 Neef 1978, S. 2d. – Petersen/Winter 1990 (S. 15) merken zurecht an, diese geballte Aufladung treffe nicht für jede Pose zu.

24 Schneider 1988, S. 277.

25 Zit. n. Petersen/Winter 1991, S. 19.

26 Petersen/Winter 1991, S. 32.

27 Ebd.

28 Schneider 1988, S. 276.

29 Schneider 1988, S. 277.

30 Schneider 1988, S. 276.

31 Schneider 1979, S. 221.

32 Neef 1978, S. 3a.

33 Schneider 1988, S. 277,

34 Ausf. Heister 1980, S. 188f.

35 Schneider 1988, S. 276.

36 S. dazu auch den Beitrag von P. Petersen im vorl. Band.

37 Marx-Engels-Werke (MEW), hg. vom Institut für Marxismus-Leninismus beim ZK der SED, Berlin 1960, Bd. 8, S. 115.

38 So H.-G. Winter im vorl. Band.

39 Vgl. Gerhard Müller 1989.

40 S. Petersen/Winter 1991, S. 30.

Eine Französin deutet den »Hofmeister«.
Die Oper »Le Précepteur« (1990) von Michèle Reverdy

Peter Petersen (Hamburg)

Am Anfang steht das Wort, am Ende die Musik. So einfach läßt sich die Genese eines Musiktheaterwerkes beschreiben, das den Namen Oper verdient. Stünde am Ende das Werk nicht als Musik da, so hätten wir es mit Genres zu tun, in denen Musik wohl vorkommt, aber nicht die Hauptsache ist, also etwa in Sing- und Songspielen, Divertissements, Melodramen, Moritaten, Lehrstücken, Vaudevilles, Operetten, Musicals, Shows, Cabarets, Handlungsballetten und Tanztheatern, ganz zu schweigen von Stumm- und Tonfilmen. Eine Oper liegt vor, wenn Sprache, Handlung und Bild in Musik überführt werden, und zwar auf eine so radikale Weise, daß nur der eine Chance hat, das Werk zu verstehen, der primär die Ohren aufsperrt. Opern muß man hören, und erst in zweiter Linie sollte man sie sehen und ihren Text verstehen. Operntheater beruht auf einer doppelten Fiktion: beispielsweise ist der Selbstmord im Teich (»Hofmeister« IV, 4) ein Bühnenereignis, das auf Wirklichkeit verweist; die Melismen, die die Selbstmörderin singt, und die Sextolen, in denen das Wasser des Teiches zu Klang wird (»*Précepteur*« 16. Sz.), sind ein Operngeschehen, das auf Wirklichkeit verweist, die ihrerseits bereits fiktiv ist, nämlich die als Musik imaginierte Welt.

Am Anfang steht das Stück, am Ende die Literaturoper. Hiermit wäre die Genese der Oper zu umschreiben, um die es hier gehen soll: »Le Précepteur« von Michèle Reverdy nach »Der Hofmeister« von Jakob Michael Reinhold Lenz. Nicht alle Opern sind Literaturopern. »Tristan und Isolde« von Richard Wagner kann man z.B. kaum als Literaturoper bezeichnen, obgleich dieses musikalische Drama in gründlicher Kenntnis des großen Epos von Gottfried von Straßburg geschrieben wurde. Aber weder geriet Wagner der selbstgemachte Text zu Literatur – schrecklich die Vorstellung, sein »*Tristan*« würde als Sprechstück gegeben – noch spielte ein literarischer Text für seinen »Tristan« wirklich eine Rolle. Der Stoff allein, eine Konstellation von Figuren und die Idee des Liebestodes, ganz zu schweigen von dem biographischen Hintergrund, setzten die produktive Energie des Komponisten Wagner in Gang und erbrachten dieses völlig singuläre Meisterwerk der Musikgeschichte des 19. Jahrhunderts.

Die Literaturoper ist etwas anderes. Hier ist der Komponist oder die Komponistin zunächst der Leser oder die Leserin eines literarischen Werkes, das aus dem bloßen Stoff bereits ein artifizielles Gebilde hat werden lassen. Reverdy interessierte nicht nur die Geschichte um einen Hofmeister des 18. Jahrhunderts, der gern Schulmeister wäre und sich am Geschlecht verstümmelt, um vielleicht doch noch ein öffentliches Amt bekleiden zu können, sondern sie war auch fasziniert von dem dramatischen Text des Lenz, also von der Form der Komödie, der Szenendramaturgie, der Sprache der Figuren. Mit ihren eigenen Worten: »Ich habe die meisten Stücke von Lenz gelesen. In allen ist der dramatische Rhythmus so schnell, daß er an Frenesie heranreicht. Figuren und Handlungsorte sind zahlreich und überlagern sich ständig. Auch vergeht die Zeit, ehe man sichs versieht – manchmal liegen zwischen zwei aufeinanderfolgenden Szenen mehrere Jahre. Deshalb wird dieselbe Frenesie und dieselbe Heftigkeit in meiner Musik zu finden sein.« (Reverdy, Tagebuch, S. 68).

Entscheidend bei einer Literaturoper ist also, daß diese nicht nur auf einen Stoff, auf ein Sujet reagiert, sondern auch auf einen Text und somit auf einen Autor. In unserem Falle (wie in den meisten Fällen) ist der Referenztext zudem ein Drama, also ein plurimedialer, für eine Aufführung vor einem Publikum bestimmter Text, der der Gattung des musikalischen Bühnenwerkes gleichsam ein Stück entgegenkommt. Des weiteren ist der Bezugstext bei dieser aktuellen (und übrigens ersten) »Hofmeister«-Vertonung mehr als 200 Jahre alt, wodurch (was ebenfalls bei den meisten Literaturopern der Fall ist) ein unausweichlicher Anachronismus strukturbestimmend für die Oper wird. Dieser Anachronismus, der nicht nur in Kauf genommen sondern vielmehr als Reiz des Divergenten planvoll herbeigeführt wird, zeigt sich daran, daß die Lenz-Zeit, die in der Sprache seiner Figuren aufgehoben ist, mit der Jetzt-Zeit, die sich in der Musik Reverdys (und womöglich in der Inszenierung) niederschlägt, aneinandergerät. Wenn z.B. die Majorin zu dem neuen Hofmeister des Hauses von Berg sagt: »Versuchen Sie doch einmal, mir ein Kompliment aus der Menuet zu machen«, dann stellt sich bei einer Sprechtheateraufführung unweigerlich die Assoziation eines galanten höfischen Tanzes im Dreivierteltakt, in der Dur-Tonart und gespielt auf dem Cembalo ein, weil die Sprache eben nicht nur den Bedeutungsgehalt der Aussage transportiert, sondern die gesamte Lenz-Zeit an sich haften hat. In Reverdys Oper, in welcher der Satz übrigens eine leicht modernisierte Fassung hat: »Versuchen Sie doch einmal mir ein

Kompliment *aus dem Menuett* zu machen«, erklingen dagegen zu den zögerlichen Tanzschritten Läuffers Vier- und Fünfklänge voller kleiner und großer Sekunden, gespielt von Hölzern, Streichern und Vibraphon, die allerdings immerhin so etwas wie einen Dreivierteltakt realisieren. Es gibt folglich nicht nur eine Dissonanzhaltigkeit der Klänge als solcher, sondern zudem die Dissonanz zwischen dem der Sprache angemessenen Zeitklang und dem der Komponistin eigenen Klang unserer Zeit. In der Oper ist dieser stilistische Anachronismus in jedem Moment spürbar, während er in einer heutigen Schauspielaufführung während des Spiels vergessen werden kann, da der Zuschauer sich zu Anfang gleichsam in die Handlungszeit einschwingt und dort dann bruchlos aufgehoben ist.

Nach diesen Vorüberlegungen mag deutlich geworden sein, daß eine Oper, die sich ein Lenz-Drama anverwandelt, zweifellos in die Geschichte der Lenz-Rezeption gehört. »Le Précepteur« ist das Zeugnis einer produktiven Auseinandersetzung mit Lenz' »Hofmeister«. Auch wenn das Ergebnis dieser Auseinandersetzung ein völlig neues Werk ist, das ganz anderen Rezeptions- und Aufführungsbedingungen unterliegt (und insofern z.B. mit Brechts »Hofmeister«-Bearbeitung nicht vergleichbar ist), sind ihm doch Spuren dessen eingeschrieben, was man als Lesart des Librettisten und der Komponistin bezeichnen könnte. Eine Analyse der Oper führt somit nicht nur zu Erkenntnissen über die Eigenart dieses Werkes, über seine Stellung in der heutigen Kunstmusik, über seine Einbindung in die Opern-Tradition, über sein Verhältnis zur heutigen Zeit im allgemeinen, sondern die Analyse fördert auch zutage, wie die Autoren den Lenz verstanden haben, was ihnen an der Komödie wichtig war und vor allem, weshalb es angebracht ist, dieses alte Stück heute mittels einer Oper zu aktualisieren.

Bevor ich einige diesbezügliche Beobachtungen wiedergebe, seien aber die wichtigsten Daten zur Entstehung des Werkes genannt (Tagebuch, S. 66ff.). Die Komponistin und Hochschullehrerin Michèle Reverdy erhielt im Herbst 1988 vom Leiter der Münchener Biennale, Hans Werner Henze, den Auftrag, eine Oper für die 2. Biennale 1990 in München zu komponieren. Noch im selben Jahr traf sie Hans-Ulrich Treichel, der aus Lenz' »Hofmeister« ein Libretto machen sollte. Im März 1989 lag – nach mehreren Rücksprachen mit der Komponistin – das Textbuch (offenbar in französischer Übersetzung) vor. Im Laufe eines Jahres entstand die Partitur von »Le Précepteur«. Michèle Reverdy widmete das Werk Hans Werner Henze. Am 14. Mai 1990 wurde die Oper im Gasteig in München uraufgeführt. Unter der musikalischen Leitung von Diego Masson und mit Dietrich

Henschel in der Titelpartie spielte das Ensemble Modern, Frankfurt. Regie führte Philippe Piffault (Programmheft der UA).

Der Vergleich von Komödie und Oper setzt sinnvollerweise zunächst bei den Texten und den Szenarien an. Ein erster auffälliger Befund bei Treichel und Reverdy ist die stärkere Zentrierung des Geschehens auf die Titelfigur. Während in Lenz' Stück Läuffer nur in etwas mehr als einem Drittel der Szenen auf der Bühne steht (12 von 34), ist er bei Treichel und Reverdy in mehr als der Hälfte aller Szenen anwesend (11 von 21). Dieses Verhältnis findet sich übrigens auch in Brechts Bearbeitung, wo Läuffer in 11 von 19 Szenen sowie im Prolog und Epilog auftritt.

Der rein quantitativen Gewichtung Läuffers entsprechen weitere Akzentsetzungen. So ist Läuffer bei Treichel und Reverdy in der letzten Szene anwesend – was wiederum in Parallele zu Brecht steht – während er bei Lenz am Schluß des Stücks ausgespart ist. Seine szenische Abwesenheit korrespondiert hier klar mit dem Beschluß Fritz von Bergs, diesen und jeglichen Hofmeister in Zukunft abwesend sein zu lassen, das heißt die Erziehung des Kindes lieber einer öffentlichen Einrichtung anzuvertrauen.

Schließlich gibt es bei Treichel und Reverdy eine weitere Hervorhebung Läuffers, die beim Zuschauer wohl die eindrücklichste Spur hinterläßt. Wiederum im Anschluß an Brecht wird die Selbstkastration Läuffers in einer neuen monologischen Szene auf offener Bühne vorgeführt. Der Text dieser Szene (Nr. 18) wurde von Treichel erfunden und ist nicht abhängig von Brecht (IV 14 b). Treichel motiviert die Selbstkastration Läuffers ganz aus dessen Triebhaftigkeit: »Vom Erdboden fegen will ich die uralte Schlange, den Satan, für immer versiegeln den glühenden Abgrund. O Wollust, nun nichts mehr zu spüren!« (Textbuch S. 48). Bei Brecht sind es dagegen eher moralische Skrupel, die Läuffer zu der Tat bringen. Diese folgt direkt aus der Verurteilung durch Wenzeslaus, der ihm die Schändung des Lehrerstandes vorhält und ihn geradeheraus einen »Bösewicht« nennt. Entsprechend fallen die Selbstvorwürfe Läuffers bei Brecht aus: »Du willst Menschlein erziehen nach deinem Ebenbild? Beschau dich im Spiegel der Fensterscheibe und schaudere. Bist du ein Gärtner und reißest die Keime aus? Wächter, wo ist dein Wächter?« (Brecht S. 2381). Der stärkeren Triebbezogenheit bei Treichel und Reverdy entspricht auch die drastischere Szenengestaltung. Während Brecht die Kastration am Ende des Monologs mit der Regiebemerkung »Reißt sich den Rock herunter« nur andeutet, sind die bedrohlichen Anzeichen für das gewalttätige Geschehen bei Treichel und Reverdy von Anfang an ausgestellt: »Eine stürmische Nacht. Läuffer allein in seiner

Kammer. Ein Tisch mit einer Schüssel, ein Handtuch, ein skalpellartiges Messer«. Und nach Läuffers letzten Worten heißt es im Nebentext: »Er greift zum Skalpell. Dunkelheit.« (Textbuch S. 48).

Die besonderen Akzentsetzungen und die Zentrierung der Handlung auf die Titelfigur bei Treichel und Reverdy hat Folgen für das ganze Stück. Am Ende erkennen wir in Läuffer einen Mann, dessen Problem vor allem darin besteht, seinen Sexualtrieb nicht steuern zu können. Mit der Selbstkastration korrigiert er gleichsam einen Fehler seiner Natur. Sein Elend wird gemildert, indem sich eine Frau findet, die ihn auch mit seiner Verstümmelung liebt.

Bei Lenz hat die Selbstkastration Läuffers einen anderen Stellenwert. In den von Treichel und Reverdy gestrichenen Szenen und Dialogteilen wird die wirtschaftliche Not und die Aussicht, vielleicht niemals eine Familie ernähren zu können, immer wieder thematisiert. »Die Selbstkastration erweist sich als letzter Schritt der Anpassung an die einengenden Verhältnisse«, schreiben Stephan und Winter treffend (Stephan/Winter 1984, S. 156). Bei der umfassenden Erbärmlichkeit des Status des Hofmeisters ist dessen Selbstverstümmelung nur das letzte Glied in der Reihe von Erniedrigungen. Für Läuffer scheint sich nach der Tat sogar eine Tür zu neuem Leben und zu einer gesicherten Existenz (deren Kläglichkeit er verdrängt) zu öffnen: »vielleicht könnt ich itzt wieder anfangen zu leben und zum Wenzeslaus wiedergeboren werden« (V, 3).

Die Motivierung der Selbstkastration Läuffers aus der Perspektive eines angepaßten Lebens wird in Brechts Bearbeitung überdeutlich in den Vordergrund gestellt, wodurch die Parallelen mit dem Libretto von Treichel und Reverdy sich erheblich verzerren. In Brechts Fassung erscheint die Entmannung geradezu als Qualifikationsgewinn für einen Lehrer. Dies spricht Wenzeslaus offen aus: »Hochherziger Dulder, jede Lehrerstelle, ich bins sicher, jede Lehrerstelle im Kreis steht ihm jetzt offen« (IV, 14 c) und ebenso bestätigt Läuffer am Schluß des Stücks diese Gewißheit: »Und ich bins gewiß, die Herren zu Insterburg werden mir, so wie ich vor ihnen stehe, eine gute Stell verschaffen, so daß ich mein Eheweib ernähren kann« (V, 17).

(Ein Seitenblick auf die heutigen Verhältnisse in den neuen Bundesländern erscheint unvermeidlich, stimmen doch die jetzt bekanntgewordenen Umstände, wonach arbeitslose Frauen von gewissen Personalchefs aufgefordert werden, sich sterilisieren zu lassen, bevor sie sich um eine Stelle bewerben, auf's Haar genau mit den Insterburger Verhältnissen überein.)

Die Einrichtung des Librettos der Oper »Le Précepteur« erfolgte in enger Absprache zwischen Hans-Ulrich Treichel und der Komponistin. Daß diese die im Libretto sichtbar werdende Lesart mit beförderte, wird eindrucksvoll an einigen kompositorischen Entscheidungen deutlich, die Reverdy alleine getroffen hat. So greift sie zu dem in einer Oper effektivsten Mittel der Hervorhebung, indem sie die Kastrationsszene bereits im Vorspiel zur ganzen Oper vorwegzitiert. Dieses starke Mittel kennen wir aus Mozarts »Don Giovanni«, wo die Ouvertüre mit jener Musik beginnt, die am Ende in der Komtur-Szene Don Giovannis Untergang einleitet. Auch in »Le Précepteur« kann man die Musik des Vorspiels bei Erklingen der späteren Kastrationsszene gut wiedererkennen, weil sie sehr auffällig instrumentiert ist (vgl. auch Tafel I). Der Klang wird zu Beginn von scharf angeschlagenen Gongs und anderen Metallidiophonen dominiert. Der Schlag auf scharfkantige Metallplatten dürfte in synästhetischer Verbindung mit dem Requisit des auf dem Tisch offen liegenden Skalpells stehen. Die Kastrationsszene in der Oper hat aber auch für sich genommen ein sehr großes Gewicht. Mehrfach wird *fff* verlangt, und kurz vor dem gewaltsamen Streich mit dem Messer wird das einzige Mal die höchste dynamische Stufe der ganzen Oper, ein fünffaches Forte, verlangt. Zudem ist die Szene zeitlich überaus gedehnt. Während der Monolog bei mittlerem Sprechtempo ca. 30 Sekunden benötigt, dauert die Szene in der vertonten Fassung 210 Sekunden, also siebenmal so lang. Die Komponistin hat hier durch einen geradezu »frenetischen« Orchestersatz und zudem durch die Vorankündigung der Musik im Vorspiel der Oper eine Szene betont, die bei Lenz gar nicht vorkommt.

Anhand eines zweiten Beispiels will ich zeigen, daß Michèle Reverdy in ihrer Oper eine Figur in den Vordergrund rückt, die bei Lenz nur eine untergeordnete Bedeutung hat. Diese Figur ist Lise, die in Lenz' Komödie zu den Schulkindern gehört, die Läuffer zu betreuen hat. Lise ist in Läuffer verliebt und dieser entwickelt durchaus leidenschaftliche Gefühle für sie, obgleich sein Status als »Eunuch« (Lenz V, 10) dies gar nicht mehr zulassen sollte. Groteskerweise beschließen die beiden, zu heiraten, woraufhin Wenzeslaus alle Hoffnungen auf einen »Origines den Zweiten« (V, 11) fahren läßt.

Lise kommt bei Lenz nur in einer einzigen Szene, nämlich in der 11. Szene des V. Aktes vor. Bei Treichel wird sie dagegen schon in der ersten Schulszene eingeführt, wenngleich am Rande. Sie hilft Wenzeslaus im Haushalt, später nennt sie ihn einmal »Vater« (Textbuch S. 52). Der gerade bei Wenzeslaus untergeschlüpfte Läuffer, der sich auf der Flucht befindet, wirft sofort ein Auge auf Lise. Die entscheidende Akzentsetzung erfolgt aber durch die Musik, die hier also über das Libretto hinausgeht. Lise, die in der 12. Szene kein Wort sagt und nur einmal ein Glas Wasser für den flüchtigen

Gast holt, ist musikalisch von Anfang an präsent. Sie läßt sich in textlosen Vokalisen hören noch bevor Läuffer in dem Schulhaus ankommt (vgl. auch Tafel II). Der Zuschauer bzw. Zuhörer wird in die schönste Idylle eingeführt: Wenzeslaus sitzt an einem Tisch und zieht Linien für die Schönschriftübungen seiner Schüler; Lise ist bei der Hausarbeit und verbreitet mit ihren Koloraturen eine Atmosphäre der Schuldlosigkeit, wie von einem Singvogel oder von einer lieblich duftenden Blume. Auch nachdem Läuffer im Schulhaus angekommen ist und sich ein Gespräch zwischen ihm und Wenzeslaus entspinnt, klingt der reine Gesang Lises als eine dritte Stimme (die freilich nichts zu sagen hat) zu dem Dialog dazu. Derart eindringlich eingeführt – in einer Oper ist der Koloratursopran immer eine Attraktion! – wird Lise auch in den weiteren vier Szenen, in denen sie auftritt (Nr. 15, 17, 20 und 21), eine selbstverständliche Aufmerksamkeit zuteil. Dadurch bekommt aber der Handlungszusammenhang, der endlich in die Heirat zwischen Läuffer und Lise mündet, eine durchgängige Akzentuierung. Was bei Lenz wie eine kaum glaubliche Auflösung der tragischen Lage Läuffers erscheint und nur kurz in der letzten Läuffer-Szene abgehandelt wird, ist in der Oper das Ziel eines gerichteten Prozesses, der den ganzen zweiten Teil der Oper überspannt. Damit wird aber ein zweites Mal die psychologische Seite der Hofmeister-Handlung hervorgekehrt und eine diesbezügliche Lesart des Dramas von der Komponistin bestätigt.

Am Schluß ist noch zu fragen, warum die französische Komponistin Michèle Reverdy gerade Lenz' »Hofmeister« für wert erachtete, ein neues Dasein in Gestalt einer Oper zu gewinnen und somit auch ein Stück 18. Jahrhundert in unsere Zeit zu transportieren. Vieles spricht dafür, daß es vor allem das Thema der unterdrückten Sexualität infolge repressiver gesellschaftlicher Verhältnisse war, das die Komponistin interessierte. Auch heute noch, so wird sie erfahren haben, produziert die Gesellschaft Persönlichkeiten, die in ihrer Sexualität, ihrer Erotik, in ihrem Gefühlsleben insgesamt reduziert sind. Ein drastisches Symbol dieser Reduziertheit ist die Kastration. Reverdy hat den »Hofmeister« primär als Kastrationsgeschichte gelesen und mit ihrer Musik in »Le Précepteur« die entsprechenden Akzentsetzungen herbeigeführt. Ob mit der umgestalteten Figur Lise, die im wortwörtlichen Sinne als eine sprachlose wenngleich wohlklingende Frauengestalt erscheint, wirklich ein zukunftsträchtiges positives Gegenbild zu der starren Männerwelt geschaffen wurde, kann man wohl in Frage stellen.

Brecht 1950
Der Hofmeister von Jakob Michael Reinhold Lenz. Bearbeitung von Bertolt Brecht. Mitarbeiter: R. Berlau, B. Besson, E. Monk, C. Neher. Bertolt Brecht: Gesammelte Werke Band 6. Stücke 6. Frankfurt a. M. 1967, S. 2331–2394. Suhrkamp Michaely 1988
Aloyse Michaely: Toccata – Ciacona – Nocturno. Zu Bernd Alois Zimmermanns Oper Die Soldaten. In: Musiktheater im 20. Jahrhundert. Laaber 1988. S. 127–204. (= HJbMw 10. Hg. v. C. Floros, H. J. Marx u. P. Petersen.)
Petersen/Winter 1991
Peter Petersen und Hans-Gerd Winter: Lenz-Opern. Das Musiktheater als Sonderzweig der produktiven Rezeption von J. M. R. Lenz' Dramen und Dramentheorie. In: Lenz-Jb Bd 1. St. Ingbert 1991. S. 9–58. Röhrig
Programmheft und Libretto
Le Précepteur. Der Hofmeister. Libretto (nach der Tragikomödie »Der Hofmeister« von Jakob Michael Reinhold Lenz) von Hans-Ulrich Treichel. Musik von Michèle Reverdy. Übersetzung ins Französische von Nicole Roche unter Mitarbeit von Didie Deschamps. Uraufführung zur 2. Münchener Biennale 1990.
Reverdy 1989
Michèle Reverdy: Tagebuch [zum »*Précepteur*«]. In: Katalog der 2. Münchener Biennale. Hg. Kulturreferat der Landeshauptstadt München. München 1990. S. 66–74.
Reverdy 1990
Michèle Reverdy: LE PRÉCEPTEUR. D'après Jakob Michael Reinhold Lenz. Livret de Hans-Ulrich Treichel. Traduction française de Nicole Roche. Partitur-Handschrift. Paris. Editions Salabert
Stephan/Winter 1984
Inge Stephan und Hans-Gerd Winter: »Ein vorübergehendes Meteor?« J. M. R. Lenz und seine Rezeption in Deutschland. Metzler 1984. Stuttgart
Wiesmann 1982
Für und wider die Literaturoper. Zur Situation nach 1945. Hg. v. Sigrid Wiesmann. Laaber 1982 Laaber (= Thurnauer Schriften zum Musiktheater Bd 6.)
Winter 1987
Hans-Gerd Winter: J. M. R. Lenz. Stuttgart 1987. (= Sammlung Metzler, Realien zur Literatur Bd. 233.)

Zu den Autorinnen und Autoren

Bauer, Gerhard, Professor am Fachbereich Germanistik der Freien Universität Berlin. Veröffentlichungen: »Geschichtlichkeit«, 1962. Zur Poetik des Dialogs, 1969. Lessings »Emilia Galotti«, 1987. Oskar Maria Graf, 1987. Sprache und Sprachlosigkeit im »Dritten Reich«, 1988. Wahrheit in Übertreibungen, 1989. Aufsätze über Lessing, Kleist, Büchner, Mörike, Valéry, H. Mann, Kafka, Musil, Brecht, Bloch, Seghers, Reichwein, R. Lukas, Borchert, Bobrowski, Lec, Bachmann, Ch. Wolf; über Literaturtheorie, sozialistische Literatur, Exilliteratur, Biographien, Fachdidaktik.

Berens, Cornelia, MA, geb. 1957, Literaturredakteurin des HAMMONIA-LE-Festivals der Frauen e. V. in Hamburg. Veröffentlichungen: Aufsätze zum Kriminalroman von Frauen, zur Wiedergewinnung der Landschaft (D. Wallner), Lexikonbeiträge, Rezensionen, Tagungsberichte, Kunst-, Literatur- und Theaterkritiken.

Bertram, Mathias, Dr. phil., geb. 1960, Wissenschaftlicher Mitarbeiter der Carl von Ossietzky-Forschungsstelle der Universität Oldenburg. Veröffentlichungen: J. M. R. Lenz als Lyriker, 1994; Aufsätze zur Literatur des 19. und 20. Jahrhunderts.

Bosse, Heinrich, geb. 1937, Akademischer Oberrat am Deutschen Seminar II der Universität Freiburg i. Br. Veröffentlichungen: Theorie und Praxis bei Jean Paul, 1970. Autorschaft ist Werkherrschaft. Über die Entstehung des Urheberrechts aus dem Geist der Goethezeit, 1981. Das Hineinspringen in die Totschlägerreihe. Nicolas Borns Roman »Die Fälschung« (zus. mit U. A. Lampen), 1991. Aufsätze zur Literatur, Sozial- und Bildungsgeschichte des 18. Jahrhunderts.

Daemmrich, Horst S., geb. 1930, Professor für deutsche und vergleichende Literaturwissenschaft, University of Pennsylvania, Philadelphia, USA. Veröffentlichungen: The Challenge of German Literature. Hg. zus. mit Dieter Haenicke, 1971. The Shattered Self: E. T. A. Hoffmanns Tragic Vision,

430

1973. Literaturkritik in Theorie und Praxis, 1974. Wiederholte Spiegelungen. Themen und Motive in der Literatur. (zus. mit Ingrid Daemmrich), 1978. Messer und Himmelsleiter. Einführung in das Werk Karl Krolows, 1980. Wilhelm Raabe, 1981. Themes and Motifs in Western Literature. (Zus. mit Ingrid Daemmrich), 1987. Themen und Motive in der Literatur. Ein Handbuch. (Zus. mit Ingrid Daemmrich), 1987. Spirals and Circles. A Key to Thematic Patterns in Classicism and Realism. (Zus. mit Ingrid Daemmrich) 2 Bde, 1994. Aufsätze zur Themenforschung, Literaturtheorie und Literatur des 18. bis 20. Jahrhunderts.

Daunicht, Richard, Dr. phil., Veröffentlichungen: Wieland und Lenz, 1942. Die Entstehung des bürgerlichen Trauerspiels in Deutschland, 1963. J. M. R. Lenz: Gesammelte Werke. Bd. 1, 1967. Lessing im Gespräch, 1971. J. M. R. Lenz: Werke und Schriften, 1970. Aufsätze zur Literatur des 18. Jahrhunderts.

Glarner, Hannes, Dr. phil., geb. 1960, Dramaturg am Schauspielhaus Zürich. Veröffentlichungen: »Diese willkürlichen Ausschweifungen der Phantasey«. Das Schauspiel »Der Engländer« von J. M. R. Lenz, 1991. Aufsätze zu Theaterstücken von Shakespeare, Schiller, L. Heilmann und R. Goetz.

Hallensleben, Silvia, geb. 1956, MA in Germanistik, freie Journalistin und Filmkritikerin in Berlin. Veröffentlichungen zur Filmgeschichte, Reisebücher.

Haustein, Jens, geb. 1956, Professor am Institut für germanistische Literaturwissenschaft der Friedrich-Schiller-Universität Jena. Veröffentlichungen: Briefe an den Vater. Hg., 1987. Der Helden Buch. Zur Erforschung deutscher Dietrichepik im 18. und frühen 19. Jahrhundert, 1989. Goethe über das Mittelalter. Hg., 1990. Wörterbuch zur Göttinger Frauenlob-Ausgabe. Mitarb., 1990. Marner-Studien, 1991. Aufsätze und Lexikonartikel zur Literatur des 12. bis 20. Jahrhunderts.

Heister, Hanns-Werner, geb. 1946, Professor für Musikkommunikation, Musikgeschichte an der Musikhochschule »Carl Maria von Weber«, Dresden. Veröffentlichungen: Das Konzert. Theorie einer Kulturform, 1983. Jazz, 1983. Musik und Musikpolitik im faschistischen Deutschland. Hg. zus. mit H. G. Klein, 1984. Musik, Deutung, Bedeutung. Fschr. für Harry Goldschmidt zum 75. Geburtstag Hg. zus. mit H. Lück, 1985. Der

Komponist Isang Yun. Hg. zus., mit W. W. Sparrer, 1987. Komponisten der Gegenwart (Loseblatt-Lexikon). Hg. zus. u.a. mit W. W. Sparrer, 1992ff. Musik im Exil. Folgen des Nazismus für die internationale Musikkultur. Frankfurt/M. Hg. zus. mit C. Maurer Zenck und P. Petersen, 1993. Zwischen Aufklärung & Kulturindustrie. Fschr. für Georg Knepler zum 85. Geburtstag. 3 Bde. Hg. zus. mit K. Heister-Grech und G. Scheit, 1993. Aufsätze zur Musik und Musikkultur des 18. bis 20. Jahrhunderts.

Hill, David, Dr. phil., geb. 1943, Senior Lecturer am Department of German Studies, University of Birmingham, England. Veröffentlichungen zu Gellert, Goethe, Klinger, Lenz und Lessing.

von Hoff, Dagmar, Dr. phil, geb. 1956, wissenschaftliche Assistentin am Literaturwissenschaftlichen Seminar der Universität Hamburg. Veröffentlichungen: Dramen des Weiblichen. Deutsche Dramatikerinnen um 1800, 1989. Aufsätze zu Autorinnen des 18. und 20. Jahrhunderts, zu Film und Theater.

Jürjo, Indrek, geb. 1956, Archivrat beim Archivamt Estlands. Veröffentlichungen: Aufsätze zur Kulturgeschichte des Baltikums im 18. und Anfang des 19. Jahrhunderts.

Kaufmann, Ulrich, Dr. phil. habil., geb. 1951, Oberassistent am Institut für germanistische Literaturwissenschaft an der Friedrich-Schiller-Universität Jena. Veröffentlichungen: Dichter in »stehender Zeit«. Studien zur Büchner-Rezeption in der DDR, 1992. »Verbannt und Verkannt« – Studien und Porträts. (Mithg.), 1993. Palmbaum. Literarisches Journal aus Thüringen. (Mithg.), 1993. Aufsätze zur deutschen Literatur des 18. und 20. Jahrhunderts. Bemüht sich um den Aufbau einer Lenz-Forschungsstelle in Jena.

Luserke, Matthias, Dr. phil. habil, geb. 1959, wissenschaftlicher Assistent am Fachbereich Germanistik der Universität des Saarlandes. Veröffentlichungen: Wirklichkeit und Möglichkeit. Modaltheoretische Untersuchung zum Werk Robert Musils, 1987. Tractatus methodo-logicus, 1988. Die Aristotelische Katharsis. (Hg.), 1988. Lenz-Jahrbuch. Sturm und Drang-Studien. Bd. 1ff, 1991ff. Pleschtschejew/Lenz: Übersicht des russischen Reichs. (Hg. zus. mit Ch. Weiß), 1992. J. M. R. Lenz: Der Hofmeister, Der neue Menoza, Die Soldaten, 1993. J. M. R. Lenz: Pandämonium Germanikum. Synoptische Ausgabe beider Handschriften. Hg. zus. mit Ch. Weiß, 1993.

Literatur und Leidenschaft, 1994. Aufsätze zur Literatur des 18. bis 20. Jahrhunderts.

Madland, Helga Stipa, geb. 1939, Professorin im Department of Modern Languages, Literatures and Linguistics, University of Oklahoma, USA. Veröffentlichungen: Non-Aristotelian Drama in Eighteenth Century Germany and its Modernity: J. M. R. Lenz, 1982. Space to Act: The Theater of J. M. R. Lenz. (Hg. zus. mit A. Leidner), 1993. Image and Text: J. M. R. Lenz, 1994. Aufsätze zur Literatur des 18. Jahrhunderts.

McInnes, Edward, geb. 1936, Professor of German, University of Hull, England. Veröffentlichungen: German today. (Zus. mit A. J. Harper), 1987. German Social Drama 1840–1900. From Hebbel to Hauptmann, 1976. J. M. R. Lenz »Die Soldaten«, 1977. Das deutsche Drama des 19. Jahrhunderts, 1983. »Ein ungeheures Theater«. The Drama of the Sturm und Drang, 1987. Georg Büchner: Woyzeck, 1991. The Critical Reception of Dickens in Germany 1830–1870, 1992. J. M R. Lenz »Der Hofmeister«, 1992.

Menke, Timm, geb. 1946, Professor of German, Portland State University, Oregon, USA. Veröffentlichungen: Lenz-Erzählungen in der deutschen Literatur, 1984. Arno Schmidt am Pazifik. Deutsch-amerikanische Blicke auf sein Werk, 1992. Aufsätze zur Literatur des 18. und 20. Jahrhunderts.

Menz, Egon, geb. 1939, Professor am Fachbereich Germanistik der Universität – Gesamthochschule Kassel. Veröffentlichungen: Die Schrift K. Ph. Moritzens »Über die bildende Nachahmung des Schönen«. Aufsätze zur antiken Literatur und zur Literatur des 18. und 20. Jahrhunderts.

Osborne, John, geb. 1928, Professor of German, University of Warwick, England. Veröffentlichungen: The naturalist drama in Germany, 1971. J. M. R. Lenz: The renunciation of heroism, 1975. Meyer or Fontane? German literature after the French-Prussian War, 1983. The Meinigen court Theatre 1866–1890, 1988. Aufsätze zur Literatur des 18. und 19. Jahrhunderts.

Petersen, Peter, geb. 1940, Professor für Musikwissenschaft an der Universität Hamburg. Veröffentlichungen: Die Tonalität im Instrumentalschaffen von Béla Bartók, 1971. Hamburger Jahrbuch für Musikwissenschaft (Hg. zus. mit C. Floros, H. J. Marx), bisher 11 Bde, 1974ff. Alban Berg: Wozzeck. Eine semantische Analyse unter Einbeziehung der Skizzen und Dokumente aus dem Nachlaß Bergs, 1985. Zündende Lieder – Verbrannte Musik. Folgen des Nationalsozialismus für Hamburger Musiker und Musikerinnen. Hg. zus. mit der Projektgruppe Musik und Nationalsozialismus, 1988. Hans Werner Henze. Ein politischer Musiker, 1988. Musik im Exil. Folgen des Nazismus für die internationale Musikkultur. (Hg. zus. mit H.-W. Heister, C. Maurer Zenck), 1993.

Rector, Martin, geb. 1944, Professor am Seminar für Deutsche Literatur und Sprache der Universität Hannover. Veröffentlichungen: Literatur im Klassenkampf. (Zus. mit W. Fähnders), 1971. Linksradikalismus und Literatur. (Zus. mit W. Fähnders), 1974. Arbeiterbewegung und Kulturelle Identität. (Hg. zus. mit P. E. Stüdemann) 1983. Mithg. einer Franz Jung-Ausgabe, von Anthologien zur sozialistischen Literatur und des Peter Weiss-Jahrbuchs, 1992ff. Aufsätze zur Literatur des 18. bis 20. Jahrhunderts.

Sato, Ken-Ichi, geb. 1951, Professor am Seminar für deutsche Sprache und Kultur der Tohoku Universität (Tohoku Daigaku, Genkobunka-bu), Sendai, Japan. Veröffentlichungen: Aufsätze zur Literatur des 18. und 20. Jahrhunderts, insbesondere zu J. M. R. Lenz.

Schönert, Jörg, geb. 1941, Professor am Literaturwissenschaftlichen Seminar der Universität Hamburg. Veröffentlichungen: Roman und Satire im 18. Jahrhundert, 1969. Carl Sternheims Dramen. (Hg.), 1975. Die Leihbibliothek als Institution des literarischen Lebens im 18. und 19. Jahrhunderts. (Mithg.), 1980. Literatur und Kriminalität. (Hg.), 1983. Klassik und Moderne. (Mithg.), 1983. Zur theoretischen Grundlegung einer Sozialgeschichte der Literatur. (Mithg.), 1988. Polyperspektivik in der literarischen Moderne. (Mithg.), 1988. Erzählte Kriminalität. (Hg.), 1990. Vom Umgang mit Literatur und Literaturgeschichte. (Mithg.), 1991. Aufsätze zur Literaturgeschichte im 18. bis 20. Jahrhundert, Literaturtheorie und Methodologie, Wissenschaftsgeschichte.

Stephan, Inge, geb. 1944, Professorin am Institut für Germanistik der Humboldt-Universität zu Berlin. Veröffentlichungen: Johann Gottfried Seume. Ein politischer Schriftsteller der deutschen Spätaufklärung, 1973. Literarischer Jakobinismus in Deutschland, 1976. Die verborgene Frau. (Zus. mit S. Weigel), 1983. »Ein vorübergehendes Meteor«? J. M. R. Lenz und seine Rezeption in Deutschland (Zus. mit H. G. Winter), 1984. Das Schicksal der begabten Frau, 1989. Die Gründerinnen der Psychoanalyse,

1992. Aufsätze zur Literatur des 18. bis 20. Jahrhunderts, Hg. und Mithg. zahlreicher Sammelbände zur Literatur von Frauen, zur Feministischen Literaturwissenschaft, zur Französischen Revolution und zur Kultur- und Literaturgeschichte.

Wilson, W. Daniel, geb. 1950, Professor im Department of German, University of California, Berkeley, USA. Veröffentlichungen: The Narrative Strategy of Wieland's »Don Sylvio von Rosalva«, 1981. Humanität und Kreuzzugsideologie um 1780, 1984. Geheimräte gegen Geheimbünde: Ein unbekanntes Kapitel der klassisch-romantischen Geschichte Weimars, 1991. Impure Reason: Dialectic of Enlightenment in Germany. (Hg. zus. mit R. C. Holub), 1993.

Winter, Hans-Gerd, geb. 1939, Professor am Literaturwissenschaftlichen Seminar der Universität Hamburg. Veröffentlichungen: Dialog und Dialogroman im 18. Jahrhundert, 1978. »Ein vorübergehendes Meteor«? J. M. R. Lenz und seine Rezeption in Deutschland. (Zus. mit I. Stephan), 1984. J. M. R. Lenz, 1987. Mithg. des Jahresheftes der Internationalen Wolfgang Borchert – Gesellschaft, sowie von mehreren Sammelbänden zur Literatur- und Kulturgeschichte Hamburgs und zu den Wirkungen der Französischen Revolution. Aufsätze zu Lenz, zur Literatur des 18. bis 20 Jahrhunderts, zur Literaturtheorie und Kultursoziologie.

Personenregister

Deutsche Literaturgeschichte
Von den Anfängen
bis zur Gegenwart

5., überarbeitete Auflage
1994. X, 630 Seiten, 400 Abb., gebunden
ISBN 3-476-01286-7

Deutsche Literaturgeschichte auf einen Blick: reichhaltig illustriert, lebendig und unterhaltsam geschrieben. Dieser Band führt durch die Literatur vom Mittelalter bis zur Gegenwart. Den Schwerpunkt bildet die Moderne des 20. Jahrhunderts, insbesondere die Zeit nach 1945. Das Kapitel DDR-Literatur umfaßt die literarischen Ereignisse bis zur Wiedervereinigung. Ein Schlußkapitel behandelt die Frage nach der »Einheit und Vielfalt der deutschen Literatur«.

»Diese Literaturgeschichte mit der breiten Behandlung der modernen Literatur seit dem Vormärz schließt eine Marktlücke.«

Mitteilungen des Philologenverbandes

»Ein handliches, ein zugriffiges, auch in seinem Äußeren hervorragend gestaltetes Geschichtsbuch, das die deutsche Literaturgeschichte in gedrungener Form darstellt.«

Schweizer Monatshefte

VERLAG J.B. METZLER

Volker Meid
Metzler Literatur Chronik
Werke deutschsprachiger
Autoren

1993. V, 724 Seiten, gebunden
ISBN 3-476-00941-6

Die »Metzler Literatur Chronik« reicht von der
Zeit Karls des Großen bis in unsere Gegenwart.
Die Werkbeschreibungen geben Hinweise auf
den literaturgeschichtlichen Stellenwert; sie nennen Quellen und Entstehungsumstände, Inhalt
und formale Besonderheiten sowie Daten der
Wirkungsgeschichte. Berücksichtigt werden neben der deutschsprachigen Dichtung auch die in
Deutschland übersetzte Literatur von stilbilden-
dem Einfluß oder von großer Breitenwirkung
sowie ästhetische Schriften aus dem Bereich der
Literatur, der Philosophie, der bildenden Kunst
und Malerei. Mit dem chronologischen Konzept
ergibt sich eine zusammenfassende Sicht auf
die Vielfalt der deutschsprachigen literarischen
Kultur. Ein detailliertes Personen-Werk-Register
ermöglicht ein schnelles Auffinden der gesuchten Daten und Fakten.

VERLAG J.B. METZLER

Arnold Feil
Metzler Musik Chronik
Vom frühen Mittelalter
bis zur Gegenwart
1993. XXVI, 836 Seiten, 20 Abb., gebunden
ISBN 3-476-00929-7

Die ›Metzler Musik Chronik‹ informiert über rund 1000 musikalische Werke vom frühen Mittelalter bis zur Gegenwart. Jeder Artikel weist den vollständigen Werk- oder Drucktitel, Ort und Jahr des Erstdrucks nach; er enthält eine kurze Werkbeschreibung und Angaben zum Komponisten sowie zur Wirkungsgeschichte.

Die ›Metzler Musik Chronik‹ ist in 13 Epochen gegliedert, die jeweils durch einen Essay eingeleitet werden, der die wesentlichen form- und stilgeschichtlichen Neuerungen und Besonderheiten erläutert.

Die ›Metzler Musik Chronik‹ verbindet die Vorzüge einer Musikgeschichte mit denen eines Werklexikons.

»Ein ›Lesebuch zur Musikgeschichte‹, kompetent, gut lesbar und trotzdem auch praktisch zum Nachschlagen – das hat es bisher in deutscher Sprache nicht gegeben.«

HESSISCHER RUNDFUNK

VERLAG J.B. METZLER

Printed in the United States
By Bookmasters